Ulrich Paasch

MatheMedien

Fachbezogene Mathematik
Mediengestaltung
Medientechnologie Druck
Fotografie

AF129932

Achte Auflage

Website des Autors:
www.mathemedien.de

Achte Auflage, 2023

© 2023 Ulrich Paasch

ISBN Softcover: 978-3-347-88022-1
ISBN Hardcover: 978-3-347-88028-3

Druck und Distribution im Auftrag des Autors:
tredition GmbH, An der Strusbek 10, 22926 Ahrensburg, Germany

Publikation und Verbreitung erfolgen im Auftrag des Autors,
zu erreichen unter: tredition GmbH, Abteilung „Impressumservice",
An der Strusbek 10, 22926 Ahrensburg, Deutschland

Zu diesem Buch

MatheMedien wurde nicht für Mathe-Genies geschrieben. In diesem Buch geht es nicht um höhere Mathematik, sondern um fachkundliche Fragestellungen, die sich mithilfe von elementaren, vergleichsweise einfachen mathematischen Methoden beantworten lassen.

Wo immer es möglich und sinnvoll ist, werden Beispiele in kurzen, möglichst einfachen Schritten erklärt und durchgerechnet. Für alle, die lieber mit Formeln arbeiten, folgt die mathematisch formalisierte Darstellung als Zugabe.

Mein Tipp: Versuchen Sie bitte nicht, möglichst viele Formeln auswendig zu lernen. Wird irgendwann eine bestimmte Formel gebraucht, haben Sie gerade diese möglicherweise nicht mehr im Kopf. Wenn Sie die fachlichen Zusammenhänge verstanden haben, können Sie die Lösungswege in den meisten Fällen auch ohne Formeln selbst entwickeln.

Beim Bearbeiten der Übungsaufgaben kann durchweg auf die in den Beispielen erläuterten Lösungswege zurückgegriffen werden. Das gilt allerdings nicht für Aufgaben mit erhöhtem Schwierigkeitsgrad: Dort ist die Fertigkeit gefragt, Lösungswege mithilfe der Erläuterungen im jeweiligen Abschnitt selbst zu erarbeiten. Lösungen der Übungsaufgaben stehen in meiner Webpräsenz www.mathemedien.de zum Download bereit.

Fachbezogene Mathematik ist kein Selbstzweck. Die Sachgebiete und Aufgabenstellungen in diesem Buch haben teils unmittelbaren Bezug zur beruflichen Praxis. Andere zielen auf das Verstehen von technischen, physikalischen oder wirtschaftlichen Zusammenhängen, also berufliches Hintergrundwissen.

Es gibt keinen Grund, *MatheMedien* von vorn bis hinten durchzuarbeiten. Suchen Sie sich die benötigten Abschnitte heraus – Inhaltsverzeichnis und Register helfen beim Finden. Falls Sie beim Durcharbeiten eines Abschnitts feststellen, dass Ihnen mathematisches Grundlagenwissen fehlt, schlagen Sie bitte im ersten Kapitel nach.

Inhalt

Lösungen der Übungsaufgaben   *www.mathemedien.de/mathemedien*

1 Mathematische Grundlagen

1.1 Grundrechenarten

1.1.1 Terminologie

Grundrechenarten sind die Rechenoperationen der ersten Stufe (Addition und Subtraktion) sowie die Rechenoperationen der zweiten Stufe (Multiplikation und Division).

Addition, Addieren:

$$42 + 23$$

$\underbrace{\text{Summand } \textit{plus} \text{ Summand}}$

Summe

Subtraktion, Subtrahieren:

$$42 - 23$$

$\underbrace{\text{Minuend } \textit{minus} \text{ Subtrahend}}$

Differenz

Multiplikation, Multiplizieren:

$$42 \cdot 23$$

$\underbrace{\text{Faktor } \textit{mal} \text{ Faktor}}$

Produkt

Division, Dividieren:

$$42 : 23$$

$\underbrace{\text{Dividend } \textit{geteilt durch} \text{ Divisor}}$

Quotient

Bei der Division kann auch der Bruchstrich als Operationszeichen benutzt werden. Der Quotient wird dann Bruch, der Dividend Zähler und der Divisor Nenner genannt.

$$\frac{4}{2} \quad \left. \begin{array}{l} \text{Zähler (Dividend)} \\ \textit{geteilt durch} \\ \text{Nenner (Divisor)} \end{array} \right\} \begin{array}{l} \text{Bruch} \\ \text{(Quotient)} \end{array}$$

1.1.2 Kommutativ- und Assoziativgesetze

Summanden einer Summe und Faktoren eines Produkts können untereinander vertauscht werden (Kommutativgesetz der Addition, der Multiplikation).

$$43 + 24 = 24 + 43 \qquad 32 \cdot 14 = 14 \cdot 32$$

Bei mehr als zwei Summanden oder Faktoren können beliebige Teilsummen bzw. -produkte berechnet werden (Assoziativgesetz der Addition, der Multiplikation). Die Reihenfolge ist gleichgültig.

$$\underline{22 + 14} + 6 = 36 + 6 = 42 \qquad \underline{12 \cdot 5} \cdot 8 = 60 \cdot 8 = 480$$
$$22 + \underline{14 + 6} = 22 + 20 = 42 \qquad 12 \cdot \underline{5 \cdot 8} = 12 \cdot 40 = 480$$

Kommutativ- und Assoziativgesetze gelten nicht für Subtraktion und Division. Ausdrücke mit beiden Rechenarten derselben Stufe werden grundsätzlich von links nach rechts abgearbeitet. Missachtung dieser Regel führt immer dann zum falschen Ergebnis, wenn die weiter rechts stehende Operation auf eine Subtraktion bzw. Division folgt.

In den links stehenden Beispielen kann von der Regel „von links nach rechts" abgewichen werden. In den rechten Beispielen führt das zu falschen Ergebnissen.

$$\underline{15 + 9} - 4 = 24 - 4 = 20 \qquad\qquad \underline{15 - 9} + 4 = 6 + 4 = 10$$
$$15 + \underline{9 - 4} = 15 + 5 = 20 \qquad\qquad 15 - \underline{9 + 4} = 15 - 13 = 2 \quad \text{falsch!}$$
$$\underline{9 \cdot 12} : 3 = 108 : 3 = 36 \qquad\qquad \underline{72 : 12} \cdot 3 = 6 \cdot 3 = 18$$
$$9 \cdot \underline{12 : 3} = 9 \cdot 4 = 36 \qquad\qquad 72 : \underline{12 \cdot 3} = 72 : 36 = 2 \quad \text{falsch!}$$

Kein Regelverstoß ist das Umstellen der Reihenfolge, wenn dabei sichergestellt ist, dass Subtrahenden nicht zu Minuenden und Divisoren nicht zu Dividenden werden (und umgekehrt).

$$15 - 9 + 4 = 15 + 4 - 9 = 10 \qquad\qquad 72 : 12 \cdot 3 = 72 \cdot 3 : 12 = 18$$

1.1.3 Rangfolge der Rechenarten, Klammern

Multiplikation und Division haben Vorrang vor Addition und Subtraktion, sind also zuerst auszuführen. Merksatz: Punktrechnung vor Strichrechnung.

$$\underline{17 \cdot 3} + \underline{12 \cdot 4} = 51 + 48 = 99$$
$$63 - \underline{56 : 7} = 63 - 8 = 55$$
$$74 - \underline{8 \cdot 6} + 19 = 74 - 48 + 19 = 45$$

Wenn eine Rechenoperation der ersten Stufe in Klammern gesetzt ist, erhält sie Vorrang vor einer Operation der zweiten Stufe. Es gilt dann die Rangfolge:
1. Berechnungen in Klammern
2. Multiplikationen und Divisionen
3. Additionen und Subtraktionen

$$17 + 4 \cdot 3 = 17 + 12 = 29 \qquad\qquad 48 : 3 + 5 = 16 + 5 = 21$$
$$(17 + 4) \cdot 3 = 21 \cdot 3 = 63 \qquad\qquad 48 : (3 + 5) = 48 : 8 = 6$$

Klammern können durch Ausmultiplizieren bzw. Ausdividieren entfernt werden (Distributivgesetz). Bei der Division funktioniert das aber nur, wenn das Divisionszeichen rechts von der Klammer steht.

$$(17 + 4) \cdot 3 = 17 \cdot 3 + 4 \cdot 3 \qquad\qquad (32 + 16) : 8 = 32 : 8 + 16 : 8$$
$$3 \cdot (17 + 4) = 3 \cdot 17 + 3 \cdot 4$$

Klammern können auch bei gleichrangigen Rechenarten wichtig sein.

$$20 - 12 + 7 = 8 + 7 = 15 \qquad\qquad 75 : 3 \cdot 5 = 25 \cdot 5 = 125$$
$$20 - (12 + 7) = 20 - 19 = 1 \qquad\qquad 75 : (3 \cdot 5) = 75 : 15 = 5$$

Wenn bei gleichrangigen Rechenarten ein Additions- bzw. Multiplikationszeichen oder kein Rechenzeichen vor der Klammer steht, ist die Klammer überflüssig.

$$15 + (12 - 7) = 15 + 12 - 7 \qquad\qquad 12 \cdot (24 : 3) = 12 \cdot 24 : 3$$
$$(15 + 12) - 7 = 15 + 12 - 7 \qquad\qquad (12 \cdot 24) : 3 = 12 \cdot 24 : 3$$

Klammern hinter Subtraktions- oder Divisionszeichen können entfernt werden. Die Rechenart in der Klammer wird durch die jeweils entgegengesetzte ersetzt.

$$20 - (12 + 7) = 20 - 12 - 7 \qquad\qquad 75 : (3 \cdot 5) = 75 : 3 : 5$$
$$34 - (16 - 9) = 34 - 16 + 9 \qquad\qquad 45 : (9 : 3) = 45 : 9 \cdot 3$$

Summen oder Differenzen in Zähler oder Nenner eines Bruchs sind so zu behandeln, als würden sie in Klammern stehen.

$$\frac{21+9}{17-12} = \frac{30}{5} = 6$$

Soll anstelle des Bruchstriches der Doppelpunkt als Divisionszeichen benutzt werden, müssen Klammern gesetzt werden. Dasselbe gilt für Produkte und Quotienten im Nenner.

$$\frac{21+9}{17-12} = (21+9):(17-12) \qquad \frac{16\cdot6}{12\cdot4} = 16\cdot6:(12\cdot4)$$

Zum Einklammern mehrerer Klammerausdrücke werden der Übersichtlichkeit halber eckige Klammern benutzt. Zur Kennzeichnung einer dritten Klammerebene dienen geschweifte Klammern. Beim Rechnen werden die Klammern von innen nach außen (rund, eckig, geschweift) abgearbeitet.

$$\{27 - [11 - (\underline{25-21})]\} \cdot (\underline{9-4}) = \{27 - [\underline{11-4}]\} \cdot 5 = \{\underline{27-7}\} \cdot 5 = 20\cdot5 = 100$$

1.1.4 Positive und negative Zahlen

Positive Zahlen sind größer, negative Zahlen sind kleiner als null. Um eine Zahl als positiv oder negativ zu kennzeichnen, werden die Vorzeichen Plus und Minus vorangestellt. Vorzeichen und Ziffern werden der Übersichtlichkeit halber oft in Klammern eingeschlossen.

$$(+2) \qquad (+23) \qquad (+99) \qquad (+7398)$$
$$(-2) \qquad (-23) \qquad (-99) \qquad (-7398)$$

Die Klammern verdeutlichen, dass es sich bei den Plus- und Minus-Zeichen um Vorzeichen und nicht um Rechenzeichen handelt. Wenn keine Konfusion zu befürchten ist, kann auf Klammern verzichtet werden.

Das Vorzeichen Plus wird meistens weggelassen. Eine Zahl ohne Vorzeichen ist immer eine positive Zahl.

$$(+7) = 7 \qquad\qquad 37 = (+37)$$

Operationen der ersten Stufe können vereinfacht werden: Wenn Rechen- und Vorzeichen gleich sind, wird eine positive Zahl addiert; wenn Rechen- und Vorzeichen verschieden sind, wird eine positive Zahl subtrahiert.

$$(+38) + (+12) = 38 + 12 \qquad (+38) + (-12) = 38 - (+12) = 38 - 12$$
$$(+38) - (+12) = 38 - 12 \qquad (+38) - (-12) = 38 + (+12) = 38 + 12$$

Bei den Rechenarten der zweiten Stufe gilt: Haben zwei Faktoren bzw. Dividend und Divisor gleiche Vorzeichen, so ergibt sich eine positive Zahl. Haben sie unterschiedliche Vorzeichen, so ergibt sich eine negative Zahl.

$$(+12) \cdot (+4) = (+48) \qquad (+12) : (+4) = (+3)$$
$$(-12) \cdot (-4) = (+48) \qquad (-12) : (-4) = (+3)$$
$$(+12) \cdot (-4) = (-48) \qquad (+12) : (-4) = (-3)$$
$$(-12) \cdot (+4) = (-48) \qquad (-12) : (+4) = (-3)$$

Bei längeren Ausdrücken mit Rechenarten der zweiten Stufe kann einfach die Anzahl der negativen Vorzeichen abgezählt werden. Bei gerader Anzahl ist das Ergebnis positiv, bei ungerader Anzahl negativ.

$$(-2) \cdot (-3) : (+6) \cdot (-5) \cdot (+4) : (-2) = (+10) \qquad \text{vier negative Vorzeichen}$$
$$(-3) \cdot (-5) \cdot (+2) \cdot (-4) \cdot (-2) : (-10) = (-24) \qquad \text{fünf negative Vorzeichen}$$

1.1.5 Die Zahl Null

Wie mit der Zahl Null in einer Berechnung umzugehen ist, hängt von der Rechenart ab. Summand und Subtrahend Null können weggelassen werden.

$$17 + 0 + 33 = 17 + 33 \qquad\qquad 29 + 8 - 0 = 29 + 8$$

Der Minuend Null kann ebenfalls weggelassen werden. Dabei wird das Rechenzeichen Minus zum Vorzeichen der verbleibenden Zahl.

$$0 - 8 = (-8)$$

Ein Produkt, das den Faktor Null enthält, ist immer gleich Null. Bevor mit dem Ausrechnen eines umfangreichen Produkts begonnen wird, sollte also überprüft werden, ob eine Null darin vorkommt.

$$23 \cdot 11 \cdot 13 \cdot 38 \cdot 0 \cdot 63 \cdot 8 = 0$$

Jeder Quotient mit dem Dividenden Null ist gleich Null.

$$0 : 42 = 0$$

Division durch Null ist „nicht erlaubt"; Quotienten mit dem Divisor Null sind mathematisch nicht definierbar.

„unerlaubter" Quotient: $\qquad 42 : 0$

1.1.6 Übungsaufgaben zu Abschnitt 1.1

1. a) $4 \cdot 5 + 3 \cdot 7$ b) $7 + 3 \cdot 6 - 4 \cdot 5$ c) $12 + 6 : 3$ d) $26 - 16 : 2 + 7$

2. a) $(4 + 5) \cdot (9 - 6)$ g) $\dfrac{14 + 6}{7 - 2}$

     b) $7 + 3 \cdot (12 - 4)$

     c) $29 - (17 + 10)$ h) $45 + 3 \cdot 3 - 3 \cdot (4 + 8)$

     d) $16 - 5 + (19 - 14)$ i) $[(48 - 6 \cdot 4) - (9 + 12)] \cdot 5$

     e) $3 \cdot 3 - (28 - 9)$ j) $[30 - (38 - 16)] \cdot [17 - (8 + 6)]$

     f) $6 \cdot 4 : (7 - 4)$

3. a) $(+5) + (-3)$ d) $(-20) + (-15) - (+20)$

     b) $(-6) - (-10) + (-2)$ e) $(+10) - (-5) + (-25) - (+8)$

     c) $(+26) - (+14) + (-8) - (-5)$

4. Prüfen Sie bitte jeweils, ob das Ergebnis positiv, negativ oder Null ist.

     a) $(-28) \cdot (-16)$ d) $(-6) \cdot (-9) \cdot (+2) \cdot (-17) \cdot (+11) \cdot (-8)$

     b) $(+84) : (-12)$ e) $(6 + 4) \cdot (7 - 9) \cdot (2 - 8) \cdot (9 - 3)$

     c) $3 \cdot (-14) \cdot (-8) \cdot 2 \cdot (-9)$ f) $(19 - 9 + 5) \cdot (8 - 16 + 3) \cdot (12 + 5 - 17) \cdot (8 + 2 - 12)$

1.2 Gebrochene Zahlen

1.2.1 Gemeine Brüche

Das Adjektiv „gemein" bedeutet hier „allgemein", grenzt also die gemeinen Brüche vom Spezialfall der Dezimalbrüche ab. Gemeine Brüche, im Folgenden kurz Brüche genannt, sind Quotienten. Beim Bruchrechnen geht es aber nicht darum, diese Quotienten auszurechnen, sondern um Operationen mit diesen Quotienten, also Addition, Subtraktion, Multiplikation und Division von Brüchen.

Brüche, deren Zähler kleiner als ihre Nenner sind, werden eigentliche oder echte Brüche genannt. Brüche, deren Zähler größer als ihre Nenner sind, heißen uneigentliche oder unechte Brüche.

$$\text{Eigentliche Brüche:} \qquad \frac{1}{3} \qquad \frac{2}{5} \qquad \frac{7}{12} \qquad \frac{12}{43}$$

$$\text{Uneigentliche Brüche:} \qquad \frac{8}{3} \qquad \frac{7}{5} \qquad \frac{59}{12} \qquad \frac{91}{43}$$

Uneigentliche Brüche können als gemischte Zahlen geschrieben werden.

$$\frac{8}{3} = 2 + \frac{2}{3} = 2\frac{2}{3}$$

Gegenüber uneigentlichen Brüchen haben gemischte Zahlen zwar den Vorteil größerer Anschaulichkeit. Beim Rechnen mit Brüchen ist es aber in aller Regel günstiger, mit uneigentlichen Brüchen zu arbeiten.

1.2.2 Grundrechenarten mit gemeinen Brüchen

Brüche mit gleichen Nennern, kurz gleichnamige Brüche genannt, werden addiert und subtrahiert, indem ihre Zähler addiert bzw. subtrahiert werden.

$$\frac{8}{17} + \frac{12}{17} = \frac{8+12}{17} = \frac{20}{17} \qquad\qquad \frac{18}{23} - \frac{7}{23} = \frac{18-7}{23} = \frac{11}{23}$$

Um ungleichnamige Brüche zu addieren oder zu subtrahieren, müssen sie zunächst durch Erweitern auf einen gemeinsamen Nenner gebracht werden. Erweitern heißt, Zähler und Nenner mit derselben Zahl zu multiplizieren.

$$\frac{3}{4} + \frac{1}{3} = \frac{3 \cdot 3}{4 \cdot 3} + \frac{1 \cdot 4}{3 \cdot 4} = \frac{9}{12} + \frac{4}{12} = \frac{9+4}{12} = \frac{13}{12}$$

Brüche werden multipliziert, indem ihre Zähler und ihre Nenner miteinander multipliziert werden.

$$\frac{3}{5} \cdot \frac{11}{7} = \frac{3 \cdot 11}{5 \cdot 7} = \frac{33}{35}$$

Ein Bruch wird mit einer ganzen Zahl multipliziert, indem sein Zähler mit dieser Zahl multipliziert wird.

$$\frac{4}{7} \cdot 3 = \frac{4 \cdot 3}{7} = \frac{12}{7}$$

Brüche werden dividiert, indem der Dividend mit dem Kehrwert des Divisors multipliziert wird. Im Kehrwert sind Zähler und Nenner vertauscht.

$$\frac{5}{17} : \frac{2}{3} = \frac{5}{17} \cdot \frac{3}{2} = \frac{5 \cdot 3}{17 \cdot 2} = \frac{15}{34}$$

Ein Bruch wird durch eine ganze Zahl dividiert, indem sein Nenner mit dieser Zahl multipliziert wird.

$$\frac{19}{5} : 4 = \frac{19}{5 \cdot 4} = \frac{19}{20}$$

1.2.3 Kürzen von gemeinen Brüchen

Kürzen bedeutet, Zähler und Nenner eines Bruches durch dieselbe Zahl zu dividieren. Ziel sind möglichst kleine ganze Zahlen als Zähler und Nenner.

$$\frac{25}{40} = \frac{25 : 5}{40 : 5} = \frac{5}{8}$$

Faktoren von Produkten in Zähler und Nenner lassen sich gegeneinander kürzen. Gleiche Faktoren in Zähler und Nenner werden dabei einfach weggelassen.

$$\frac{2 \cdot 3 \cdot 5 \cdot 7 \cdot 13}{2 \cdot 3 \cdot 5 \cdot 11} = \frac{7 \cdot 13}{11}$$

Achtung: Wenn in Zähler oder Nenner alle Faktoren weggekürzt werden, bleibt eine Eins zurück (keine Null!).

$$\frac{2 \cdot 7 \cdot 11}{2 \cdot 5 \cdot 7 \cdot 11} = \frac{1}{5} \qquad \frac{5 \cdot 7 \cdot 8 \cdot 17}{5 \cdot 8 \cdot 17} = \frac{7}{1} = 7$$

Entsprechend kann gekürzt werden, wenn zwar keine gleichen Faktoren, stattdessen aber Faktoren mit gemeinsamen Teilern vorhanden sind.

$$\frac{6 \cdot 25}{9 \cdot 35} = \frac{(6 : 3) \cdot (25 : 5)}{(9 : 3) \cdot (35 : 5)} = \frac{2 \cdot 5}{3 \cdot 7}$$

Summen und Differenzen sind so zu behandeln, als wären sie eingeklammert (vgl. Abschnitt 1.1.3). Sie müssen also vor dem Kürzen ausgerechnet werden.

$$\frac{3 + 7 + 22}{6 + 14 - 8} = \frac{32}{12} = \frac{8}{3}$$

1.2.4 Dezimalbrüche

Dezimalbrüche werden als gemischte Zahlen geschrieben. Die Stellen links vom Komma repräsentieren eine ganze Zahl, die Stellen rechts vom Komma (Dezimalstellen, Dezimale) Brüche mit den Nennern 10, 100, 1000, … (10^1, 10^2, 10^3, …).

$$25{,}582 = 25 + \frac{5}{10} + \frac{8}{100} + \frac{2}{1000} = 25 + \frac{582}{1000}$$

Die Stellen links vom Komma werden sprachlich zu einem Zahlwort zusammengefasst, die Dezimalen dagegen einzeln gesprochen: „fünfundzwanzig Komma fünf acht zwei".

Addieren und Subtrahieren ohne technische Hilfsmittel ist bei Dezimalbrüchen einfacher als bei gemeinen Brüchen, da die Suche nach dem gemeinsamen Nenner entfällt. Bei Multiplikation und Division ist dagegen das Rechnen mit gemeinen Brüchen oft leichter und ergibt „handlichere" Zahlen.

$$\frac{3}{8} \cdot \frac{1}{4} = \frac{3}{32} \qquad 0{,}375 \cdot 0{,}25 = 0{,}093\,75$$

Viele Zahlen, die als gemeine Brüche sehr „handlich" sind (ein Drittel, ein Sechstel, ein Siebtel usw.), haben als Dezimalbrüche unendlich viele, sich periodisch wiederholende Stellen. Die Periodizität wird durch einen Strich über der sich wiederholenden Ziffer oder Zifferngruppe dokumentiert.

$$\frac{1}{3} = 1 : 3 = 0{,}333\,333\ldots = 0{,}\overline{3} \qquad \frac{1}{6} = 1 : 6 = 0{,}166\,666\ldots = 0{,}1\overline{6}$$

$$\frac{1}{7} = 1 : 7 = 0{,}142\,857\,142\,857\ldots = 0{,}\overline{142\,857}$$

Zahlen mit periodischen Dezimalstellen werden notgedrungen gerundet und sind etwas ungenauer als gemeine Brüche. Um hohe Rechengenauigkeit zu erreichen, muss mit entsprechend vielen Dezimalstellen gearbeitet werden.
Andererseits können Dezimalbrüche mit vielen Nachkommastellen ohne periodische Wiederholung als gemeine Brüche sehr große Nenner haben. Hier ist die Darstellung als – gegebenenfalls gerundeter – Dezimalbruch günstiger.

1.2.5 Umwandlung gemein–dezimal

Um einen gemeinen Bruch in einen Dezimalbruch umzuwandeln, wird der Zähler durch den Nenner dividiert. Bei gemischten Zahlen werden ganze Zahl und umgewandelter Bruch addiert.

$$\frac{5}{8} = 5 : 8 = 0{,}625 \qquad 2\frac{3}{4} = 2 + 3 : 4 = 2{,}75$$

Bei der umgekehrten Umwandlung wird zunächst ein Bruch notiert, dessen Zähler dem Dezimalbruch ohne Komma entspricht. Der Nenner ergibt sich aus der Anzahl der Nachkommastellen: 10 bei einer Nachkommastelle, 100 bei zwei, 1000 bei drei Nachkommastellen usw. Dieser Bruch wird anschließend gekürzt.

$$1{,}375 = \frac{1375}{1000} = \frac{1375 : 125}{1000 : 125} = \frac{11}{8}$$

1.2.6 Runden von Dezimalbrüchen

Beim Rechnen mit Dezimalbrüchen, insbesondere bei Multiplikation, Division und bei den höheren Rechenarten, entstehen oft Zahlen mit sehr oder sogar unendlich vielen Dezimalstellen. Sinn des Rundens ist, die Anzahl der Dezimalstellen zu verringern, wobei die gerundete Zahl so genau sein soll, wie es bei der verbleibenden Stellenzahl gerade noch möglich ist.

Einfachstes Rundungsverfahren ist die kaufmännische Rundung, auch bürgerliche Rundung genannt. Das Adjektiv „kaufmännisch" ist etwas irreführend, denn dieses Verfahren wird auch bei den meisten Berechnungen außerhalb des kommerziellen Bereichs benutzt (und nicht nur von Männern!).

Ob ab- oder aufgerundet wird, hängt von der Ziffer an der ersten wegfallenden Dezimalstelle ab. Ist sie kleiner als fünf, wird abgerundet, die überflüssigen Stellen werden einfach abgeschnitten. Ist sie gleich oder größer als fünf, wird die Ziffer an der letzten verbleibenden Stelle um eins erhöht. Wenn an der letzten verbleibenden Stelle bereits vor dem Aufrunden eine Neun steht, wird sie durch eine Null ersetzt und die nächste Stelle um eins erhöht.

$$48{,}6247 \approx 48{,}62 \qquad 48{,}6253 \approx 48{,}63 \qquad 48{,}6962 \approx 48{,}70$$

Bei negativen Zahlen wird entsprechend vorgegangen. Allerdings beziehen sich die Begriffe „Abrunden" und „Aufrunden" hier nicht auf die negative Zahl selbst, sondern auf ihren Absolutbetrag, also die Zahl ohne negatives Vorzeichen.

$$-48{,}6247 \approx -48{,}62 \qquad -48{,}6253 \approx -48{,}63 \qquad -48{,}6962 \approx -48{,}70$$

Bei der wissenschaftlichen (symmetrischen) Rundung gelten dieselben Regeln – mit einer Ausnahme: Wenn an der ersten wegfallenden Stelle eine Fünf steht und keine weiteren Stellen oder ausschließlich Nullen folgen, wird so ab- bzw. aufgerundet, dass an der letzten verbleibenden Stelle eine gerade Ziffer steht.

$$52{,}745 \approx 52{,}74 \qquad 52{,}73500 \approx 52{,}74$$

Das nochmalige Runden einer bereits gerundeten Zahl ist problematisch, wenn an der einzigen wegfallenden Stelle eine Fünf steht. Ist sie durch Abrunden entstanden, wird aufgerundet. Ist sie durch Aufrunden entstanden, wird abgerundet.

$$26{,}7524 \approx 26{,}75 \approx 26{,}8 \qquad 26{,}7486 \approx 26{,}75 \approx 26{,}7$$

Wenn absehbar ist, dass gerundete Zahlen später nochmals gerundet werden, wird eine durch Abrunden entstandene Fünf mit einem Punkt darüber, eine durch Aufrunden entstandene Fünf mit einem Strich darunter gekennzeichnet. Bei einem Punkt über der Fünf wird also auf-, bei einem Unterstrich abgerundet.

$$26{,}7524 \approx 26{,}7\dot{5} \qquad 26{,}7\dot{5} \approx 26{,}8$$
$$26{,}7486 \approx 26{,}7\underline{5} \qquad 26{,}7\underline{5} \approx 27{,}7$$

Im Zweifelsfall, also bei einer Fünf mit unbekannter Vorgeschichte, wird aufgerundet (kaufmännische Rundung) oder zur geraden Ziffer gerundet (wissenschaftliche Rundung).

Auf die Frage, mit wie vielen Dezimalstellen gerechnet werden sollte, gibt es keine allgemeingültige Antwort. Es kommt auf den Zweck der Berechnung an, also darauf, welche Genauigkeit gebraucht wird. Generell gilt, dass Zwischenergebnisse genauer sein, also mehr Dezimalstellen haben sollten als Endergebnisse. Kleine rundungsbedingte Ungenauigkeiten von Zwischenergebnissen können sich durch nachfolgende Rechenschritte vervielfachen. Beim Rechnen mit dem Taschenrechner ist es am einfachsten, sämtliche Dezimalstellen bis zum Ende der Berechnung mitzunehmen und erst ganz am Schluss zu runden.

In einigen Fällen ist es jedoch sinnvoll, Zwischenergebnisse zu runden. Bei Berechnungen mit Geld werden Zwischenergebnisse häufig auf zwei Dezimalstellen (ganze Cent) gerundet. Bildbreiten und -höhen in Pixeln werden ganzzahlig gerundet, denn Pixelbruchteile sind technisch nicht möglich.

Die Rundungsregeln gelten nicht, wenn Bruchteile von Einheiten aus praktischen Gründen wie ganze behandelt werden müssen: Ergibt eine Satzumfangsberechnung zum Beispiel, dass der Text rechnerisch 273,25 Seiten füllt, so wird auf 274 Seiten aufgerundet.

1.2.7 Division mit Rest und Modulo

Quotienten haben häufig keine ganzzahligen Ergebnisse, sie „gehen nicht auf". Bei der Division mit Rest wird anstelle der gebrochenen Zahl ein ganzzahliges Ergebnis und ein verbliebener, ungeteilter Rest ausgewiesen.

Der Quotient $17 : 5$ hat das genaue Ergebnis 3,4. Die Division mit Rest ergibt:

$$17 : 5 = 3 \text{ Rest } 2$$

Während sich dieses Beispiel mühelos im Kopf lösen lässt, ist bei größeren Zahlen schrittweises Vorgehen zu empfehlen. Zuerst wird das ganzzahlige Divisionsergebnis ermittelt. Die unteren Gaußklammern $\lfloor\ \rfloor$ bedeuten, dass der Klammerinhalt nach unten, also auf die nächstkleinere ganze Zahl gerundet wird, wenn er nicht bereits ganzzahlig ist.

$$\lfloor 245 : 28 \rfloor = \lfloor 8,75 \rfloor = 8$$

Der Divisionsrest ergibt sich dann, indem das Produkt aus Divisor und ganzzahligem Divisionsergebnis vom Dividenden subtrahiert wird.

$$Rest = 245 - 28 \cdot 8 = 245 - 224 = 21$$

Alternativer Rechenweg: Differenz aus ungerundetem und gerundetem Divisionsergebnis mal Divisor.

$$Rest = (8,75 - 8) \cdot 28 = 0,75 \cdot 28 = 21$$

Wenn nur der Rest benötigt wird, wird die Operation Modulo benutzt. Rechenweg wie oben – nur das Divisionsergebnis wird nicht explizit ausgewiesen.

$$245 \bmod 28 = 21$$

Bei negativen Zahlen sind Division mit Rest und Modulo etwas heikel, weil es drei Varianten gibt, die zu unterschiedlichen Ergebnissen führen:

▷ mathematisch (engl. *floored division*)
▷ symmetrisch (engl. *truncated division*)
▷ euklidisch (engl. *Euclidean division*)

Tabellenkalkulationsprogramme rechnen nach der mathematischen Variante. Script- und Programmiersprachen verwenden häufig die symmetrische Variante (z. B. JavaScript, PHP, SQL, Visual Basic) oder wahlweise mathematische und symmetrische (z. B. Java, Pearl, Python, Ruby). Auch in Apps und Webtools gibt es unterschiedliche Varianten, leider oft ohne Angabe, um welche es sich handelt.

In der mathematischen Variante wird das Divisionsergebnis in jedem Fall nach unten gerundet *(floored)*. Achtung: Nächstkleinere ganze Zahl zur negativen Zahl −8,75 ist −9. Rest und Modulo haben hier immer dasselbe Vorzeichen wie der Divisor. Die Beispiele zeigen die vier Kombinationen von positiven und negativen Dividenden und Divisoren einschließlich des bereits erläuterten Beispiels mit positivem Dividend und Divisor.

$\lfloor 245 : 28 \rfloor = \lfloor 8{,}75 \rfloor = 8$

$Rest = 245 - 28 \cdot 8 = 245 - 224 = 21$ $\qquad\qquad 245 \bmod 28 = 21$

$\lfloor (-245) : 28 \rfloor = \lfloor -8{,}75 \rfloor = -9$

$Rest = (-245) - 28 \cdot (-9) = (-245) - (-252) = 7$ $\qquad -245 \bmod 28 = 7$

$\lfloor 245 : (-28) \rfloor = \lfloor -8{,}75 \rfloor = -9$

$Rest = 245 - (-28) \cdot (-9) = 245 - 252 = -7$ $\qquad 245 \bmod -28 = -7$

$\lfloor (-245) : (-28) \rfloor = \lfloor 8{,}75 \rfloor = 8$

$Rest = (-245) - (-28) \cdot 8 = (-245) - (-224) = -21$ $\qquad -245 \bmod -28 = -21$

In der symmetrischen Variante wird das Divisionsergebnis immer in Richtung Null gerundet, die Nachkommastellen werden einfach abgeworfen *(truncated)*. Positive Divisionsergebnisse werden also auf die nächstkleinere, negative auf die nächstgrößere ganze Zahl gerundet. Rest bzw. Modulo haben hier immer dasselbe Vorzeichen wie der Dividend. Die oberen Gaußklammern ⌈ ⌉ bedeuten, dass der Klammerinhalt nach oben gerundet wird.

$\lfloor 245 : 28 \rfloor = \lfloor 8{,}75 \rfloor = 8$

$Rest = 245 - 28 \cdot 8 = 245 - 224 = 21$ $\qquad\qquad 245 \bmod 28 = 21$

$\lceil (-245) : 28 \rceil = \lceil -8{,}75 \rceil = -8$

$Rest = (-245) - 28 \cdot (-8) = (-245) - (-224) = -21$ $\qquad -245 \bmod 28 = -21$

$\lceil 245 : (-28) \rceil = \lceil -8{,}75 \rceil = -8$

$Rest = 245 - (-28) \cdot (-8) = 245 - 224 = 21$ $\qquad 245 \bmod -28 = 21$

$\lfloor (-245) : (-28) \rfloor = \lfloor 8{,}75 \rfloor = 8$

$Rest = (-245) - (-28) \cdot 8 = (-245) - (-224) = -21$ $\qquad -245 \bmod -28 = -21$

In der euklidischen Variante wird das Divisionsergebnis bei positivem Divisor nach unten und bei negativem Divisor nach oben gerundet. Rest bzw. Modulo sind hier in jedem Fall positiv.

$\lfloor 245 : 28 \rfloor = \lfloor 8{,}75 \rfloor = 8$

$Rest = 245 - 28 \cdot 8 = 245 - 224 = 21$ $\qquad\qquad 245 \bmod 28 = 21$

$\lfloor (-245) : 28 \rfloor = \lfloor -8{,}75 \rfloor = -9$

$Rest = (-245) - 28 \cdot (-9) = (-245) - (-252) = 7$ $\qquad -245 \bmod 28 = 7$

$\lceil 245 : (-28) \rceil = \lceil -8{,}75 \rceil = -8$

$Rest = 245 - (-28) \cdot (-8) = 245 - 224 = 21$ $\qquad 245 \bmod -28 = 21$

$\lceil (-245) : (-28) \rceil = \lceil 8{,}75 \rceil = 9$

$Rest = (-245) - (-28) \cdot 9 = (-245) - (-252) = 7$ $\qquad -245 \bmod -28 = 7$

Tabelle 1-1 zeigt die Ergebnisse der Modulo-Berechnungen im Überblick.

Tabelle 1-1: Modulo-Varianten

	mathematisch	symmetrisch	euklidisch
245 mod 28	21	21	21
−245 mod 28	7	−21	7
245 mod −28	−7	21	21
−245 mod −28	−21	−21	7

1.2.8 Übungsaufgaben zu Abschnitt 1.2

1.
a) $\dfrac{4}{15} + \dfrac{7}{15}$ b) $\dfrac{1}{2} + \dfrac{2}{3}$ c) $\dfrac{3}{8} + \dfrac{1}{4}$ d) $\dfrac{3}{4} - \dfrac{4}{5}$

2.
a) $\dfrac{2}{7} \cdot 8$ c) $\dfrac{1}{4} \cdot \dfrac{3}{5}$ e) $\dfrac{11}{7} : \dfrac{5}{3}$ g) $\dfrac{1}{6} \cdot \dfrac{5}{7} \cdot \dfrac{5}{2}$

b) $\dfrac{7}{13} : 2$ d) $\dfrac{2}{3} \cdot \dfrac{5}{11} \cdot \dfrac{7}{3}$ f) $\dfrac{7}{9} : \dfrac{3}{8}$ h) $\dfrac{2}{3} \cdot \dfrac{7}{3} : \dfrac{3}{2}$

3. Bitte soweit wie möglich kürzen.

a) $\dfrac{10}{15}$ c) $\dfrac{24}{18}$ e) $\dfrac{5 \cdot 8 \cdot 14}{5 \cdot 7 \cdot 8}$ g) $\dfrac{3 \cdot 25 \cdot 39}{15 \cdot 18 \cdot 26}$

b) $\dfrac{42}{7}$ d) $\dfrac{48}{120}$ f) $\dfrac{9 \cdot 22 \cdot 49}{7 \cdot 18 \cdot 33}$ h) $\dfrac{12 \cdot 21 \cdot 51}{9 \cdot 17 \cdot 35}$

4. Bitte in Dezimalbrüche umwandeln.

a) $\dfrac{2}{5}$ b) $3\dfrac{3}{8}$ c) $\dfrac{12}{25}$ d) $5\dfrac{7}{16}$

5. Bitte in gemeine Brüche umwandeln.

a) 0,8   b) 0,35   c) 0,875   d) 0,36

6. Bitte jeweils auf zwei Dezimalstellen runden.

a) 28,453   c) 89,006   e) 85,039 61   g) 42,997 391
b) 17,475   d) 36,924   f) 33,494 876   h) $42,2\overline{7}$

7. Dividieren Sie bitte mit dem Taschenrechner und runden Sie die Ergebnisse auf drei Dezimalstellen.

a) 127 : 17   b) 21 : 11   c) 391 : 45   d) 779,8 : 19,5

8. Bitte jeweils ganzzahliges Divisionsergebnis und Rest angeben. Bei negativen Zahlen bitte mit der mathematischen Variante rechnen.

a) 86 : 7   c) 144 : 23   e) (−74) : 6   g) (−100) : (−12)
b) 282 : 19   d) 376 : 64   f) 137 : (−25)

9. Modulo bitte jeweils nach mathematischer, symmetrischer und euklidischer Variante berechnen.

a) (−39) mod 7   b) 120 mod (−32)   c) (−154) mod (−8)

1.3 Höhere Rechenarten

1.3.1 Potenzen mit ganzzahligen Exponenten

Eine Potenz hat eine Basis (Grundzahl) und einen Exponenten (Hochzahl):

7^3 („sieben hoch drei").

Potenzen mit ganzzahligen Exponenten können als Produkte gleicher Faktoren verstanden werden. Die Basis der Potenz ist der Faktor des Produkts, der Exponent gibt an, wie oft dieser Faktor vorhanden ist.

$$7^3 = 7 \cdot 7 \cdot 7 \qquad 9^6 = 9 \cdot 9 \cdot 9 \cdot 9 \cdot 9 \cdot 9$$

Der Exponent 1 kann deshalb weggelassen werden.

$$7^1 = 7 \qquad 42^1 = 42$$

Die Basis einer Potenz mit ganzzahligem Exponenten kann positiv oder negativ sein. Potenzen mit positiver Basis haben immer ein positives Ergebnis. Wenn die Basis negativ ist, kommt es auf den Exponenten an: Bei geradem Exponenten ist das Ergebnis positiv, bei ungeradem Exponenten ist es negativ.

$$(-3)^4 = (-3) \cdot (-3) \cdot (-3) \cdot (-3) = 81$$
$$(-3)^5 = (-3) \cdot (-3) \cdot (-3) \cdot (-3) \cdot (-3) = (-243)$$

Bei einer Potenz mit gerader Hochzahl kann das negative Vorzeichen der Basis deshalb weggelassen werden.

$$(-3)^4 = 3^4$$

Eine Potenz mit positivem Exponenten und der Basis null ist gleich null.

$$0^2 = 0 \qquad 0^{17} = 0$$

Jede Potenz mit Exponent null und positiver oder negativer Basis ist gleich eins.

$$3^0 = 1 \qquad (-29)^0 = 1$$

Potenzen mit gleichen positiven oder negativen Basen werden multipliziert (dividiert), indem ihre Exponenten addiert (subtrahiert) werden.

$$3^5 \cdot 3^2 = 3^{5+2} = 3^7 \qquad 7^8 : 7^5 = 7^{8-5} = 7^3$$

Potenzen mit gleichen Exponenten werden multipliziert (dividiert), indem ihre Basen multipliziert (dividiert) werden. Bei der Division muss die Basis des Divisors ungleich null sein, weil Division durch null „nicht erlaubt" ist.

$$5^6 \cdot 7^6 = (5 \cdot 7)^6 = 35^6 \qquad 12^8 : 4^8 = (12 : 4)^8 = 3^8$$

Umgekehrt können Produkte und Quotienten potenziert werden, indem die Faktoren bzw. Dividend und Divisor potenziert werden.

$$(17 \cdot 9)^4 = 17^4 \cdot 9^4 \qquad (25 : 12)^3 = 25^3 : 12^3$$

Eine Potenz wird potenziert, indem die Exponenten multipliziert werden. Deshalb können die Exponenten beim Potenzieren einer Potenz vertauscht werden.

$$(8^3)^5 = 8^{3 \cdot 5} = 8^{15} \qquad (8^3)^5 = (8^5)^3$$

Eine Potenz mit negativem Exponenten und Basis ungleich null ist gleich ihrem Kehrwert mit positivem Exponenten.

$$7^{-5} = \frac{1}{7^5} \qquad 7^{-1} = \frac{1}{7^1} = \frac{1}{7}$$

Potenzen mit der Basis null und negativen Exponenten sind nicht möglich, weil Quotienten mit dem Divisor null mathematisch nicht definierbar sind. Dasselbe gilt für die Potenz 0^0

"erlaubte" Potenzen: $\quad 5^3 \quad 5^{-3} \quad (-5)^3 \quad (-5)^{-3} \quad 5^0 \quad 0^3$

"unerlaubte" Potenzen: $\quad 0^0 \quad 0^{-3}$

1.3.2 Wurzeln

Das Radizieren (Wurzelziehen) kann als Umkehrung des Potenzierens verstanden werden: Exponent und Ergebnis sind bekannt, die Basis der Potenz wird gesucht.

$\sqrt[3]{64}$ ("dritte Wurzel aus 64")

Die Zahl unter dem Wurzelzeichen heißt Radikand, die kleine Zahl links auf dem Wurzelzeichen Wurzelexponent. Die zweite (dritte, vierte, fünfte, ...) Wurzel aus einem Radikanden ist die positive Zahl, deren zweite (dritte, vierte, fünfte, ...) Potenz gleich dem Radikanden ist.

$\sqrt[3]{64} = 4 \quad$ (weil $4^3 = 64$)

$\sqrt[5]{243} = 3 \quad$ (weil $3^5 = 243$)

Zweite Wurzeln werden auch Quadratwurzeln, dritte Wurzeln Kubikwurzeln genannt. Der Wurzelexponent ^{2} kann weggelassen werden. Eine ohne Exponent geschriebene Wurzel ist immer eine zweite Wurzel (Quadratwurzel).

$\sqrt[2]{81} = \sqrt{81} \qquad \sqrt{37} = \sqrt[2]{37}$

Eine Wurzel mit dem Exponenten 1 ist gleich ihrem Radikanden; Wurzelzeichen und Exponent können weggelassen werden.

$\sqrt[1]{17} = 17$

Jede Wurzel mit dem Radikanden null ist gleich null.

$\sqrt[7]{0} = 0$

Der Radikand darf nur positiv oder null sein; negative Radikanden sind "nicht erlaubt". Als Wurzelexponenten sind nur positive ganze Zahlen "erlaubt".

"erlaubte" Wurzeln: $\qquad \sqrt[5]{47} \qquad \sqrt[3]{12,5} \qquad \sqrt[3]{0}$

"unerlaubte" Wurzeln: $\qquad \sqrt[5]{-47} \qquad \sqrt[2,5]{10} \qquad \sqrt[0]{3} \qquad \sqrt[-3]{5}$

Wurzeln mit gleichen Exponenten werden multipliziert (dividiert), indem ihre Radikanden multipliziert (dividiert) werden.

$\sqrt[3]{12} \cdot \sqrt[3]{4} = \sqrt[3]{12 \cdot 4} = \sqrt[3]{48} \qquad \sqrt[3]{12} : \sqrt[3]{4} = \sqrt[3]{12 : 4} = \sqrt[3]{3}$

Umgekehrt können Produkte und Quotienten radiziert werden, indem die Faktoren bzw. Dividend und Divisor radiziert werden.

$\sqrt[4]{17 \cdot 5} = \sqrt[4]{17} \cdot \sqrt[4]{5} \qquad \sqrt[4]{17 : 5} = \sqrt[4]{17} : \sqrt[4]{5}$

Wurzeln mit gleichen Radikanden und unterschiedlichen Exponenten dürfen dagegen nicht ohne weiteres multipliziert oder dividiert werden, weil sich dabei gebrochene und negative Exponenten ergeben können. Eine Lösung dieses Problems folgt im nächsten Abschnitt.

Eine Wurzel wird radiziert, indem die Exponenten multipliziert werden. Deshalb können die Exponenten beim Radizieren einer Wurzel vertauscht werden.

$$\sqrt[5]{\sqrt[3]{96}} = \sqrt[15]{96} \qquad\qquad \sqrt[5]{\sqrt[3]{96}} = \sqrt[3]{\sqrt[5]{96}}$$

Eine Wurzel kann potenziert werden, indem ihr Radikand potenziert wird.

$$\left(\sqrt{8}\right)^3 = \sqrt{8^3}$$

Beim Radizieren einer Potenz können die Exponenten von Potenz und Wurzel gekürzt werden.

$$\sqrt[6]{4^9} = \sqrt[2]{4^3} \qquad\qquad \sqrt[2]{8^4} = \sqrt[1]{8^2} = 8^2$$

1.3.3 Potenzen mit gebrochenen Exponenten

Potenzen können gebrochene Exponenten haben, die als gemeine Brüche oder als Dezimalbrüche geschrieben werden.

$$17^{5/4} = 17^{1,25}$$

Solche Potenzen lassen sich nicht mehr anschaulich als Produkte gleicher Faktoren verstehen. Eine Erklärung liefert vielmehr die Überlegung, wie es überhaupt zu gebrochenen Exponenten kommen kann. Ein gebrochener Exponent kann beim Radizieren einer Potenz entstehen, wenn die Exponenten von Potenz und Wurzel nicht gekürzt (vgl. Abschnitt 1.3.2), sondern dividiert werden.

$$\sqrt[4]{17^5} = 17^{5/4} = 17^{1,25}$$

Auf entsprechende Weise kann jede Wurzel in eine Potenz umgewandelt werden.

$$\sqrt[8]{15} = \sqrt[8]{15^1} = 15^{1/8} = 15^{0,125}$$

Eine Wurzel wird also in eine Potenz umgewandelt, indem der Radikand zur Basis der Potenz und der Kehrwert des Wurzelexponenten zum Exponenten der Potenz gemacht wird.

$$\sqrt{12} = 12^{1/2} = 12^{0,5}$$
$$\sqrt[5]{45} = 45^{1/5} = 45^{0,2}$$

Damit ist der Weg frei für die Multiplikation und Division von Wurzeln mit gleichen Radikanden: Sie werden in Potenzen umgewandelt.

$$\sqrt[4]{17} \cdot \sqrt[10]{17} = 17^{0,25} \cdot 17^{0,1} = 17^{0,25+0,1} = 17^{0,35}$$
$$\sqrt{23} : \sqrt[5]{23} = 25^{0,5} : 23^{0,2} = 23^{0,5-0,2} = 23^{0,3}$$

Bei Potenzen mit ganzzahligen Exponenten kann die Basis positiv, negativ oder Null sein (vgl. Abschnitt 1.3.1). Potenzen mit gebrochenen Exponenten dürfen dagegen keine negativen Basen haben. Das ergibt sich aus ihrer „Abstammung" von den Wurzeln, bei denen negative Radikanden nicht möglich sind.

„erlaubte" Potenzen: $\qquad 17^5 \quad (-17)^5 \quad 17^{0,2} \quad 0^{0,2}$

„unerlaubte" Potenz: $\qquad (-17)^{0,2}$

Von dieser Besonderheit abgesehen, gelten für Potenzen mit gebrochenen Exponenten dieselben Regeln wie für Potenzen mit ganzzahligen Exponenten.

1.3.4 Logarithmen

Das Logarithmieren kann als weitere Umkehrung des Potenzierens verstanden werden: Während beim Radizieren die Basis der Potenz gesucht wurde, wird beim Logarithmieren der Exponent zu einer vorgegebenen Basis gesucht.

$\log_4 64 = 3$ („Logarithmus zur Basis 4 von 64")

Die zu logarithmierende Zahl, im Beispiel also die Zahl 64, wird Numerus (Mehrzahl: Numeri) genannt. Die Lösung ist 3, weil $4^3 = 64$.

Basis kann jede ganze oder gebrochene Zahl sein, die größer als Eins ist. In der angewandten Mathematik wird häufig mit Logarithmen zur Basis 10 gearbeitet. Sie werden auch kurz Zehnerlogarithmen, dekadische Logarithmen oder Briggs-Logarithmen genannt. Zur Vereinfachung der Schreibweise wird anstelle des Rechenzeichens $\log_{10}$ das Zeichen lg benutzt.

$\lg 28 = \log_{10} 28$

Auf den Tastaturen von Taschenrechnern ist anstelle von $\log_{10}$ oder lg meist die in englischsprachigen Ländern übliche Schreibweise „log" zu finden.

Die dekadischen Logarithmen der „glatten" Zehnerpotenzen lassen sich durch Abzählen der Nullen ermitteln.

$\lg 10 = 1$ $(10 = 10^1)$
$\lg 100 = 2$ $(100 = 10^2)$
$\lg 1000 = 3$ $(1000 = 10^3)$
$\lg 10\,000 = 4$ $(10\,000 = 10^4)$
$\lg 100\,000 = 5$ $(100\,000 = 10^5)$
usw.

Entsprechend beim Numerus 1 und bei „glatten" dezimalen Bruchteilen:

$\lg 1 = 0$ $(1 = 10^0)$
$\lg 0,1 = -1$ $(0,1 = 10^{-1})$
$\lg 0,01 = -2$ $(0,01 = 10^{-2})$
$\lg 0,001 = -3$ $(0,001 = 10^{-3})$
$\lg 0,0001 = -4$ $(0,0001 = 10^{-4})$
usw.

Alle Numeri, die größer als 1 sind, haben also positive Logarithmen. Positive Numeri, die kleiner als 1 sind, haben negative Logarithmen. Negative Zahlen und die Zahl Null können nicht logarithmiert werden.

„erlaubte" Logarithmen: $\lg 3500$ $\lg 0,000\,035$
„unerlaubte" Logarithmen: $\lg 0$ $\lg(-3500)$

Anders als in den vorhergehenden Beispielen haben die meisten Logarithmen „krumme" Werte mit zahlreichen Dezimalstellen. Anstelle des sonst bei Dezimalbrüchen üblichen Kommas wird dabei meistens ein Punkt verwendet, um Verwechslungen zwischen Numeri und Logarithmen zu vermeiden.

$\lg 457,6 \approx 2.6605$ $\lg 0,03 \approx -1.5229$

Bei der umgekehrten Rechnung, dem Ent- oder Antilogarithmieren dekadischer Logarithmen (Rechenzeichen: antilg), wird eine Potenz mit der Basis 10 ausgerechnet, deren Exponent der Logarithmus ist.

$$\text{antilg}\,1.5 = 10^{1.5} \approx 31,623$$
$$\text{antilg}\,(-0.8) = 10^{-0.8} \approx 0,158$$

Beim Rechnen mit Logarithmen werden andere Rechenarten angewandt als beim Rechnen mit Numeri. Weil Logarithmen Exponenten von Potenzen sind, gelten die Regeln für das Rechnen mit Potenzen entsprechend (vgl. 1.3.1 und 1.3.3).

Der Logarithmus eines Produkts ist gleich der Summe der Logarithmen der Faktoren; der Logarithmus eines Quotienten ist gleich der Differenz der Logarithmen von Dividend und Divisor.

$$\lg(17 \cdot 100) = \lg 17 + \lg 100$$
$$\lg(500 : 3) = \lg 500 - \lg 3$$

Der Logarithmus einer Potenz ist gleich dem Produkt aus Exponent der Potenz und Logarithmus der Basis der Potenz.

$$\lg 27^{16} = 16 \cdot \lg 27$$

Mithilfe des dekadischen Logarithmus lassen sich auch Logarithmen zu beliebigen anderen Basen berechnen, denn Logarithmen können umbasiert werden. Dabei wird der dekadische Logarithmus des unveränderten Numerus durch den dekadischen Logarithmus der vorherigen Basis dividiert. Um zum Beispiel den Logarithmus zur Basis 2 von 131 072 zu berechnen, wird der dekadische Logarithmus von 131 072 durch den dekadischen Logarithmus von 2 dividiert.

$$\log_2 131\,072 = \lg 131\,072 : \lg 2 = 17$$

1.3.5 Exkurs: Dekadische Logarithmen im Kopf

Zum Logarithmieren und Entlogarithmieren wird normalerweise ein Taschenrechner oder ein Computer mit entsprechender Software gebraucht. Als es diese Technik noch nicht gab, wurde in Tabellen nachgeschlagen.

Einige Numeri können aber auch im Kopf logarithmiert werden. Ganz einfach ist das bei den „glatten" Zehnerpotenzen 10, 100, 1000, 10 000 usw. Der dekadische Logarithmus entspricht der Anzahl der Nullen (1, 2, 3, 4 usw.). Ähnlich bei den „glatten" Dezimalen 0,1, 0,01, 0,001 usw. Die Anzahl der Nullen (einschließlich der Null links vom Komma), mit einem negativen Vorzeichen versehen, entspricht dem Logarithmus (−1, −2, −3 usw.)

Außerdem gibt es zwei Numeri, deren gerundete dekadische Logarithmen sich leicht merken lassen:

$$\lg 2 \approx 0.3$$
$$\lg 5 \approx 0.7$$

Damit können alle Numeri überschlägig im Kopf logarithmiert werden, die sich in die Faktoren 2, 5, 10, 100 usw. zerlegen lassen.

$$\lg 400 = \lg(2 \cdot 2 \cdot 100) = \lg 2 + \lg 2 + \lg 100 \approx 0.3 + 0.3 + 2.0 = 2.6$$
$$\lg 5000 = \lg(5 \cdot 1000) = \lg 5 + \lg 1000 \approx 0.7 + 3.0 = 3.7$$

Umgekehrt können dekadische Logarithmen, die sich in die Summanden 0.3, 0.7, 1.0, 2.0 usw. zerlegen lassen überschlägig im Kopf entlogarithmiert werden.

$$\text{antilg}\, 4.3 = 10^{4.3} = 10^4 \cdot 10^{0.3} \approx 10\,000 \cdot 2 = 20\,000$$
$$\text{antilg}\, 1.4 = 10^{1.4} = 10^{0.7} \cdot 10^{0.7} \approx 5 \cdot 5 = 25$$

1.3.6 Rangfolge der Rechenarten

Die höheren Rechenarten, also Potenzieren, Radizieren und Logarithmieren, haben Vorrang vor den Grundrechenarten Addition, Subtraktion, Multiplikation und Division, sind also immer zuerst auszuführen. Soll davon abgewichen werden, sind Klammern zu setzen.

$$7 \cdot 5^2 = 7 \cdot 25 = 175 \qquad\qquad \lg 25 \cdot 3 \approx 1.3979 \cdot 3 = 4.1938$$
$$(7 \cdot 5)^2 = 35^2 = 1225 \qquad\qquad \lg(25 \cdot 3) = \lg 75 \approx 1.8751$$

Das Wurzelzeichen ersetzt eine Klammer; die Operationen unter dem Wurzelzeichen haben Vorrang vor dem Radizieren.

$$\sqrt{81 - 32} = \sqrt{49} = 7$$
$$\sqrt{81} - 32 = 9 - 32 = -23$$

Beim Umwandeln einer Wurzel in eine Potenz muss der unter dem Wurzelzeichen stehende Ausdruck deshalb in Klammern gesetzt werden.

$$\sqrt{215 + 41} = (215 + 41)^{0,5}$$

Operationen im Exponenten haben Vorrang vor dem Potenzieren.

$$2^{5+3} = 2^8 = 256$$

1.3.7 Übungsaufgaben zu Abschnitt 1.3

1. Bitte als Potenzen notieren:

a) $23 \cdot 23 \cdot 23 \cdot 23$ c) $(-12) \cdot (-12) \cdot (-12)$ e) $1 : (4 \cdot 4 \cdot 4 \cdot 4)$

b) $7 \cdot 7 \cdot 7 \cdot 7 \cdot 7 \cdot 7$ d) $(-3) \cdot (-3) \cdot (-3) \cdot (-3)$ f) $1 : [(-17) \cdot (-17) \cdot (-17)]$

2. Fassen Sie bitte die Potenzen so weit wie möglich zusammen, ohne sie jedoch auszurechnen, also zum Beispiel: $82 \cdot 83 = 8^5$; $7^4 \cdot 6^4 = 42^4$

a) $19^6 \cdot 19^5$ d) $28^7 : 4^7$ g) $16^{2,5} : 16^{0,5}$ j) $(5^4)^2 : 5^3$

b) $13^7 : 13^5$ e) $8^5 \cdot 8^3 \cdot 8^4$ h) $6^{0,2} \cdot 6^{2,5} \cdot 6^{-1,5}$ k) $(3^5)^3 \cdot (3^7)^2 \cdot (3^2)^4$

c) $4^3 \cdot 7^3$ f) $12^7 \cdot 12^{-4}$ i) $(27^4)^7$ l) $17^5 \cdot 19^0$

3. Fassen Sie bitte die Wurzeln so weit wie möglich zusammen.

a) $\sqrt[4]{7} \cdot \sqrt[4]{3}$ c) $\sqrt{9} \cdot \sqrt{6}$ e) $\sqrt[7]{\sqrt{28}}$ g) $\sqrt[5]{27^{15}}$

b) $\sqrt[3]{28} \cdot \sqrt[3]{7}$ d) $\sqrt[5]{\sqrt[3]{3}}$ f) $\sqrt[8]{8^{12}}$ h) $\sqrt[4]{\sqrt[3]{6^2}}$

4. Bitte die Wurzeln in Potenzen umwandeln und ggf. zusammenfassen.

a) $\sqrt{39}$ b) $\sqrt[4]{13}$ c) $\sqrt{16} \cdot \sqrt[5]{16}$ d) $\sqrt{56} : \sqrt[8]{56}$

5. Bitte die Logarithmen bzw. Numeri mit dem Taschenrechner ermitteln und auf vier Dezimalstellen runden.

a) $\lg 3,5$ c) $\lg 17\,320\,150$ e) $\lg 0,03$ g) $\text{antilg}\,0.864$

b) $\lg 812$ d) $\lg 0,25$ f) $\text{antilg}\,3.450$ h) $\text{antilg}\,(-1.180)$

6. Bitte jeweils zu einem Logarithmus zusammenfassen.

a) $\lg 80 + \lg 4$ b) $\lg 400 - \lg 25$ c) $\lg 5 + \lg 6 + \lg 8$ d) $3 \cdot \lg 7$

7. Errechnen Sie Logarithmen bzw. Numeri bitte überschlägig im Kopf.

a) $\lg 50$ c) $\lg 800$ e) $\text{antilg}\,2.7$

b) $\lg 20\,000$ d) $\text{antilg}\,1.3$ f) $\text{antilg}\,3.9$

1.4 Zahlen und Zahlensysteme

1.4.1 Natürliche, ganze, rationale und irrationale Zahlen

Natürliche Zahlen sind die positiven ganzen Zahlen sowie die Zahl Null.

     0, 1, 2, 3, 4, 5, …

Zu den *ganzen Zahlen* gehören neben den natürlichen Zahlen auch die negativen ganzen Zahlen.

     …, −3, −2, −1, 0, 1, 2, 3, …

Rationale Zahlen sind alle Zahlen, die sich als gemeine Brüche mit ganzzahligen Zählern und Nennern schreiben lassen. Ebenfalls rational sind alle Dezimalbrüche mit endlicher Anzahl von Dezimalstellen und alle periodischen Dezimalbrüche, also zum Beispiel:

$$\frac{3}{4} \quad \frac{45}{32} \quad \frac{25}{3} \quad -\frac{4}{7} \quad 0,75 \quad -3,96 \quad 27,406\,253 \quad 8,\overline{3} \quad -1,\overline{285\,714}$$

Irrationale Zahlen lassen sich dagegen nur als nichtperiodische Dezimalbrüche mit unendlicher Anzahl von Dezimalstellen schreiben. Einige Beispiele:

     $\sqrt{2} = 1,414\,213\,562\ldots$

     $\lg 2 = 0.301\,029\,995\ldots$

     $\pi = 3,141\,592\,653\ldots$

Die Punkte hinter den Zahlen weisen darauf hin, dass noch unendlich viele Dezimalstellen folgen.

Um praktisch mit irrationalen Zahlen rechnen zu können, müssen sie durch Rundung „rational gemacht" werden. Bei der Berechnung einer Kreisfläche wird nicht mit der irrationalen Zahl π *(pi)* gearbeitet, sondern mit einer gerundeten, rationalen Zahl, also zum Beispiel 3,142, oder, wenn höhere Genauigkeit erforderlich ist, zum Beispiel 3,141\,592\,653\,59.

Rationale und irrationale Zahlen heißen zusammengefasst *reelle Zahlen*. Neben den reellen gibt es die *komplexen Zahlen*, allgemeine Form $z = a + i \cdot b$. Darin stehen *a* und *b* für reelle Zahlen und i für eine Zahl, deren Quadrat gleich (−1) ist. Die Zahl i (imaginäre Einheit) ist also eine Zahl, die es „eigentlich gar nicht gibt".

Gleichwohl kann mit komplexen Zahlen gerechnet werden. Sie ermöglichen u. a. die Berechnung der „unerlaubten" Wurzeln mit negativen Radikanden (vgl. Abschnitt 1.3.2). Korrekterweise müsste statt „unerlaubt" also gesagt werden, dass diese Wurzeln keine reellen Zahlen sind. Da aber in der fachbezogenen Mathematik für die Berufsfelder Mediengestaltung, Druck und Fotografie nur mit reellen Zahlen gearbeitet wird, kann es bei der vereinfachenden Feststellung bleiben, dass Wurzeln mit negativen Radikanden „nicht gehen" oder „nicht erlaubt" sind.

1.4.2 Zahlensysteme: dezimal, binär, hexadezimal

Das Dezimalsystem (dekadische System) ist ein Positionssystem. Jede Ziffer hat neben ihrem Zahlenwert einen Positionswert, der angibt, ob es sich um Einer (E), Zehner (Z), Hunderter (H) bzw. Zehntel (z), Hundertstel (h) usw. handelt.

$$738{,}26 = 7\,H + 3\,Z + 8\,E + 2\,z + 6\,h$$

Anstelle E, Z, H usw. können Potenzen mit der Basis 10 geschrieben werden:

$$738{,}26 = 7 \cdot 10^2 + 3 \cdot 10^1 + 8 \cdot 10^0 + 2 \cdot 10^{-1} + 6 \cdot 10^{-2}$$

Die Positionswerte im dekadischen System sind also Potenzen zur Basis 10, wobei die erste Stelle links vom Komma (die Einer) den Exponenten Null hat. Der Exponent erhöht sich von rechts nach links bei jeder Stelle um Eins, von links nach rechts wird er jeweils um Eins vermindert.

Ein solches Positionssystem muss nicht zwingend die Basis 10 haben. Prinzipiell ist jede natürliche Zahl außer Null und Eins möglich. Praktische Bedeutung haben vor allem die Positionssysteme mit der Basis 2 (Binär- oder Dualsystem) und der Basis 16 (Hexadezimal- oder Sedezimalsystem).

Digitalrechner rechnen intern mit dem Binärsystem. Das Hexadezimalsystem wird u. a. verwendet, um vielstellige Binärzahlen, zum Beispiel Speicher-, MAC- und IP-Adressen, in kompakterer, leichter les- und schreibbarer Form darzustellen. IP-Adressen nach Version 6 des *Internet Protocols* haben 128 Binärstellen; in eine Hexadezimalzahl umgewandelt sind es nur 32 Stellen.

Die folgende Darstellung der Zahlensysteme beschränkt sich auf ganze Zahlen, gilt aber entsprechend auch für gebrochene Zahlen mit Nachkommastellen.

Im Binärsystem (Dualsystem) wird die Zahl 2 als Basis der Positionswerte benutzt: Einer (2^0), Zweier (2^1), Vierer (2^2), Achter (2^3) usw. Anstelle der zehn Ziffern des Dezimalsystems (0, 1, …, 8, 9) werden deshalb nur zwei (0 und 1) gebraucht.

$$1101 = 1 \cdot 2^3 + 1 \cdot 2^2 + 0 \cdot 2^1 + 1 \cdot 2^0$$

Die Stellenwerte wurden hier noch dezimal dargestellt. Bei konsequent binärer Schreibweise ergibt sich:

$$1101 = 1 \cdot 10^{11} + 1 \cdot 10^{10} + 0 \cdot 10^1 + 1 \cdot 10^0$$

Achtung: Die Ziffernfolgen 11 („eins eins") und 10 („eins null") sind binäre Zahlen, bedeuten also nicht „elf" und „zehn", sondern „ein Zweier und ein Einer" bzw. „ein Zweier und null Einer".

Im Hexadezimalsystem (Sedezimalsystem) ist die Zahl 16 Basis der Positions-werte. Es ergeben sich also die Positionswerte: Einer (16^0), Sechzehner (16^1), Zwei-hundertsechsundfünfziger (16^2), Viertausendsechsundneunziger (16^3) usw. Weil 16 unterschiedliche Ziffernzeichen erforderlich sind, werden zusätzlich zu den arabischen Ziffern von 0 bis 9 die Versalbuchstaben von A bis F verwendet: A entspricht der Dezimalzahl 10, B entspricht 11, …, F entspricht 15.

$$A3F8 = A \cdot 10^3 + 3 \cdot 10^2 + F \cdot 10^1 + 8 \cdot 10^0$$

Achtung: Die Ziffernfolge 10 („Eins Null") ist eine hexadezimale Zahl, bedeutet also „ein Sechzehner und null Einer".

Tabelle 1-2: Dezimalwerte der Hexadezimalziffern

Hexadezimal	0	1	2	3	4	5	6	7	8	9	A	B	C	D	E	F
Dezimal	0	1	2	3	4	5	6	7	8	9	10	11	12	13	14	15

Um Verwechslungen zwischen dezimalen, binären und hexadezimalen Zahlen zu vermeiden, können sie mit Indizes versehen werden, die entweder die Basen oder die abgekürzten Bezeichnungen der Systeme angeben:

1389_{10} 1389_{dec}

1101_2 1101_{bin}

7528_{16} 7528_{hex}

Längere Zahlen werden durch kleine Abstände gegliedert. Dezimalzahlen in Dreier-, Binärzahlen in Vierer-, Hexadezimalzahlen in Zweiergruppen.

927 396 528

1011 0011 1001 1101

8F 49 2A 6B

Nur Dezimalzahlen werden beim Sprechen zu längeren Zahlwörtern zusammen-gefasst. Binär- und Hexadezimalzahlen werden Stelle nach Stelle gesprochen:

2570_{10} „zweitausendfünfhundertsiebzig"

1011_2 „eins, null, eins, eins"

$3F5B_{16}$ „drei, ef, fünf, be"

Die zweistellige Dezimalzahl 15 hat in Hexadezimaldarstellung nur eine Stelle: F. In Binärdarstellung sind es dagegen vier Stellen: 1111. Je kleiner die Basis eines Po-sitionssystems ist, umso mehr Stellen werden also gebraucht, um eine bestimmte Zahl darzustellen. Je größer die Basis des Systems ist, umso mehr unterschiedliche Zahlen können mit einer bestimmten Stellenzahl dargestellt werden.

Beispiel 1-1: Wie viele unterschiedliche natürliche Zahlen können mit maximal vier Stellen im Binär-, im Dezimal- und im Hexadezimalsystem dargestellt werden?

Binär: $2^4 = 16$ (also die Zahlen von 0 bis 15_{10})

Dezimal: $10^4 = 10\,000$ (also die Zahlen von 0 bis 9999_{10})

Hexadezimal: $16^4 = 65\,536$ (also die Zahlen von 0 bis $65\,535_{10}$)

1.4.3 Umwandlung binär–dezimal

Es gibt zahlreiche Tools zur Umwandlung von Zahlen in andere Zahlensysteme. Für das Verständnis der Systeme und ihrer Zusammenhänge ist es aber nützlich, die Umwandlungen einmal in „Kopf- und Handarbeit" vorzunehmen.

Beispiel 1-2: Umwandlung der Binärzahl 1100 1110 zur Dezimalzahl
In die erste Zeile wird die Binärzahl geschrieben, darunter zu jeder Stelle der Positionswert ($2^0 = 1$, $2^1 = 2$, $2^2 = 4$, …). Dann wird senkrecht multipliziert (Stelle mal Positionswert) und in der dritten Zeile waagerecht addiert.

1	1	0	0	1	1	1	0	
128	64	32	16	8	4	2	1	
128	64	0	0	8	4	2	0	= 206

Beispiel 1-3: Umwandlung der Dezimalzahl 206 zur Binärzahl
Erste Methode: Zuerst wird die größte Potenz von 2 gesucht, die kleiner als die umzuwandelnde Dezimalzahl ist. Das ist hier die Zahl 128. Die Zahl 206 wird durch 128 dividiert, ganzzahlige Ergebnis 1 und Rest 78 werden notiert. Im nächsten Schritt wird der Rest 78 durch die nächstkleinere Potenz von 2, also 64, dividiert, ganzzahliges Ergebnis und Rest werden notiert. Das wird so lange fortgesetzt, bis der Teiler 1 erreicht ist. In der Spalte mit den Divisionsergebnissen steht dann, von oben nach unten zu lesen, die Binärzahl, also 1100 1110.

$$206 : 128 = 1 \text{ Rest } 78$$
$$78 \ : 64 = 1 \text{ Rest } 14$$
$$14 \ : 32 = 0 \text{ Rest } 14$$
$$14 \ : 16 = 0 \text{ Rest } 14$$
$$14 \ : 8 = 1 \text{ Rest } 6$$
$$6 \ : 4 = 1 \text{ Rest } 2$$
$$2 \ : 2 = 1 \text{ Rest } 0$$
$$0 \ : 1 = 0$$

Zweite Methode: Die Dezimalzahl 206 wird durch 2 dividiert, ganzzahliges Ergebnis (103) und Rest (0) werden notiert. Im nächsten Schritt wird das Ergebnis der ersten Division wiederum durch 2 dividiert. Damit wird so lange fortgefahren, bis das Divisionsergebnis null erreicht ist. In der Spalte mit den Divisionsresten steht dann, von unten nach oben zu lesen, die Binärzahl 1100 1110.

$$206 : 2 = 103 \text{ Rest } 0$$
$$103 : 2 = 51 \text{ Rest } 1$$
$$51 : 2 = 25 \text{ Rest } 1$$
$$25 : 2 = 12 \text{ Rest } 1$$
$$12 : 2 = 6 \text{ Rest } 0$$
$$6 : 2 = 3 \text{ Rest } 0$$
$$3 : 2 = 1 \text{ Rest } 1$$
$$1 : 2 = 0 \text{ Rest } 1$$

1.4.4 Umwandlung hexadezimal–dezimal

Bei der Umwandlung hexadezimaler in dezimale Zahlen wird ähnlich vorgegangen wie bei der Umwandlung binär–dezimal im vorigen Abschnitt.

Beispiel 1-4: Umwandlung der Hexadezimalzahl A4F zur Dezimalzahl
In die erste Zeile kommen die Stellen der umzuwandelnden Hexadezimalzahl, darunter die dezimalen Positionswerte ($16^0 = 1$, $16^1 = 16$, $16^2 = 256$, …). Dann wird senkrecht multipliziert (Stelle mal Positionswert) und in der dritten Zeile waagerecht addiert.

$$
\begin{array}{cccc}
A\,(= 10_{10}) & 4 & F\,(= 15_{10}) & \\
256 & 16 & 1 & \\
2560 & 64 & 15 & = 2639
\end{array}
$$

Beispiel 1-5: Umwandlung der Dezimalzahl 2639 zur Hexadezimalzahl
Erste Methode: Zuerst wird die größte Potenz von 16 gesucht, die kleiner als die umzuwandelnde Dezimalzahl 2639 ist. Bei kleinen Zahlen geht das im Kopf, bei großen durch Schätzen und Ausprobieren mit dem Taschenrechner. Die Dezimalzahl wird durch die gefundene Zahl dividiert, ganzzahliges Divisionsergebnis und Rest werden notiert. Der Rest wird durch die nächstkleinere Potenz von 16 dividiert und so fort, bis der Teiler 1 erreicht ist. Die Divisionsergebnisse werden als Hexadezimalzahlen notiert.
Das Ergebnis steht dann, von oben nach unten zu lesen, in der Spalte mit den Divisionsergebnissen, also A4F.

$$
\begin{array}{lll}
2639 : 256 & = \mathbf{A} & \text{Rest } 79 \\
79 \ : 16 & = \mathbf{4} & \text{Rest } 15 \\
15 \ : 1 & = \mathbf{F} &
\end{array}
$$

Zweite Methode: Die Dezimalzahl 2639 wird durch 16 dividiert, das ganzzahlige Divisionsergebnis wird dezimal, der Rest wird hexadezimal notiert. Das Divisionsergebnis wird wiederum durch 16 dividiert und so fort, bis die Division null ergibt.
Das Ergebnis A4F steht dann, von unten nach oben zu lesen, in der Spalte mit den Divisionsresten.

$$
\begin{array}{lll}
2639 : 16 & = 164 & \text{Rest } \mathbf{F} \\
164 : 16 & = 10 & \text{Rest } \mathbf{4} \\
10 : 16 & = 0 & \text{Rest } \mathbf{A}
\end{array}
$$

1.4.5 Umwandlung binär–hexadezimal

Die Umwandlung auch sehr großer Binär- in Hexadezimalzahlen ist vergleichsweise einfach: Vier Stellen im Binärsystem entsprechen einer Stelle im Hexadezimalsystem. Denn sowohl mit vier binären Stellen als auch mit einer hexadezimalen Stelle lassen sich 16 unterschiedliche Zahlen darstellen: $2^4 = 16^1$.

Beispiel 1-6: Umwandlung der Binärzahl 11 0101 1101 1110 zur Hexadezimalzahl
Die Binärzahl wird, rechts beginnend, in Gruppen von vier Stellen aufgeteilt. Ergibt sich links keine vollständige Vierergruppe, kann sie der Übersichtlichkeit halber nach links mit Nullen aufgefüllt werden. Dann wird jede Gruppe einzeln durch Addition der Stellenwerte umgewandelt.

0011	0101	1101	1110
0+0+2+1	0+4+0+1	8+4+0+1	8+4+2+0
3	5	D	E

Beispiel 1-7: Umwandlung der Hexadezimalzahl B7F9 zur Binärzahl
Die Stellen können einzeln mit der Divisionsmethode umgewandelt werden.

B : 2 = 5 Rest 1
5 : 2 = 2 Rest 1
2 : 2 = 1 Rest 0
1 : 2 = 0 Rest 1

Der binäre Wert der Stelle ergibt sich, von unten nach oben gelesen, in der Restespalte, also 1011. Entsprechend werden die weiteren Stellen umgewandelt.

B	7	F	9
1011	0111	1111	1001

Wer häufig mit Hexadezimalzahlen arbeitet, hat die Binärwerte der sechzehn Ziffern im Kopf. Wer nicht so viel Routine hat, kann sich die Arbeit mit einer kleinen Umwandlungstabelle erleichtern.

Tabelle 1-3: Binärwerte der Hexadezimalziffern

0	1	2	3	4	5	6	7	8	9	A	B	C	D	E	F
0000	0001	0010	0011	0100	0101	0110	0111	1000	1001	1010	1011	1100	1101	1110	1111

1.4.6 Römische Zahlen

Das Rechnen im römischen Zahlensystem wäre sehr umständlich, da es kein Positions-, sondern ein Additionssystem ist. Römische Zahlen finden sich gelegentlich bei der Nummerierung von Kapiteln oder Bänden von Werken, zur Paginierung der Titelei, wenn die erste Textseite des Werks die arabische Seitenzahl 1 erhalten soll oder bei der antikisierenden Darstellung von Jahreszahlen. Tabelle 1-4 zeigt die römischen Ziffern und ihre „Übersetzung" ins dezimale Positionssystem mit arabischen Ziffern.

Tabelle 1-4: Römische Ziffern

römisch	I	V	X	L	C	D	M
arabisch dezimal	1	5	10	50	100	500	1000

Für das Schreiben römischer Zahlen gelten heute diese Regeln:
▷ Alle Zahlen werden durch Addition der Ziffern gebildet, wobei die größte Ziffer links steht.
▷ Es werden immer die größtmöglichen Ziffern benutzt.
▷ Von den Zeichen I, X und C dürfen höchstens drei gleiche nebeneinanderstehen. Die Zeichen V, L und D dürfen nur einzeln stehen.
▷ Nur um diese Forderung zu erfüllen, kann eine kleinere von einer größeren Ziffer subtrahiert werden. Die zu subtrahierende Ziffer steht links von der zu vermindernden.
▷ Der Subtrahend I darf nur von V oder X abgezogen werden, der Subtrahend X nur von L oder C. Die Ziffern V, L und D dürfen niemals von größeren subtrahiert werden. Soll eine von mehreren gleichen Ziffern vermindert werden, so wird immer die rechts stehende vermindert.

Durch diese Regeln erhält das römische Zahlensystem, obwohl seinem Aufbau nach ein Additionssystem, eine gewisse Ähnlichkeit mit dem dezimalen Positionssystem. Die zu addierenden bzw. zu subtrahierenden Zeichen bilden Gruppen, die Einern, Zehnern, Hundertern und Tausendern entsprechen.

Beispiel 1-8: Umwandlung der römischen Zahl MMCDLXVII zur Dezimalzahl
Die Zahl kann in Tausender, Hunderter, Zehner und Einer gruppiert werden:

MM	CD	LX	VII	
2000	400	60	7	= 2467

Beispiel 1-9: 1794 als römische Zahl

1000	700	90	4	
M	DCC	XC	IV	= MDCCXCIV

Um kürzere und leichter lesbare römische Zahlen zu erhalten, wird gelegentlich von der Regel abgewichen, dass I nur links von V oder X bzw. X nur links von L oder C stehen darf.

Beispiel 1-10: 1999 als römische Zahl
Bei Einhaltung aller Regeln ergibt sich:

MCMXCIX

Wird dagegen die Regel ignoriert, dass I nur links von V oder X stehen darf, ergibt sich die erheblich kürzere Schreibweise:

MIM

1.4.7 Übungsaufgaben zu Abschnitt 1.4

1. Wie viele unterschiedliche natürliche Zahlen lassen sich jeweils darstellen?

a) 8 Binärstellen
b) 12 Binärstellen
c) 16 Binärstellen
d) 3 Hexadezimalstellen
e) 6 Hexadezimalstellen
f) 8 Hexadezimalstellen

2. Wandeln Sie bitte die Binärzahlen in Dezimalzahlen um.

a) 1001 1101

b) 1010 1100

c) 1111 0011

d) 1100 1011 1001

3. Bitte die Dezimalzahlen in Binärzahlen umwandeln.

a) 49   b) 183   c) 229   d) 254

4. Wandeln Sie bitte die Hexadezimalzahlen in Dezimalzahlen um.

a) 8B   b) 26F   c) 14CE   d) AD29

5. Bitte die Dezimalzahlen in Hexadezimalzahlen umwandeln.

a) 60   b) 2654   c) 1504   d) 6735

6. Wandeln Sie bitte die Binärzahlen in Hexadezimalzahlen um.

a) 1100 0111

b) 1011 0011 1101

c) 110 0101 1110

d) 1010 1111 1011 0111

7. Wandeln Sie bitte die Hexadezimalzahlen in Binärzahlen um.

a) D7   b) A2C   c) E9B6   d) 8C5F

8. Bitte als Dezimalzahlen schreiben:

a) XCVII

b) LIX

c) XXIV

d) CCXCVIII

e) MCDXLII

f) MCMXXIV

9. Bitte als römische Zahlen schreiben:

a) 217   c) 49   e) 750   g) 1848

b) 134   d) 433   f) 1024   h) 1997

1.5 Größen und Einheiten

1.5.1 Rechnen mit Größenwerten

Während in der „reinen" Mathematik mit abstrakten Zahlen gerechnet wird, geht es in der angewandten Mathematik um Größen und Größenwerte. Größen sind reale, mess- oder zählbare Eigenschaften wie zum Beispiel Länge, Fläche, Masse, Zeit oder Anzahl.

Größenwerte sind in den meisten Fällen Produkte aus Zahlenwert (Maßzahl) und Einheit (Maßeinheit), zum Beispiel 25 m (Länge), 3,2 m² (Fläche), 27 kg (Masse), 45 s (Zeit). Es gibt aber auch Größenwerte ohne Einheit.

Grundsätzlich gilt: Die Werte messbarer Größen (Länge, Fläche, Masse, Zeit, Temperatur, Lichtstärke u. v. m.) haben immer eine Einheit. Die Werte zählbarer Größen, zum Beispiel Pixel, Schwingungen, Umdrehungen, haben keine Einheit. Dasselbe gilt für Verhältniszahlen, also Quotienten aus den Werten gleicher Größen, zum Beispiel Maßstab (neue Strecke : ursprüngliche Strecke) oder Transmissionsfaktor (durchgelassener Lichtstrom : auftreffender Lichtstrom).

Bei einigen zählbaren Größen werden Hilfseinheiten (Pseudoeinheiten) verwendet, zum Beispiel Bit (bit) und Byte bei Datenraten und Datenmengen. Das logarithmische Verhältnis gleicher physikalischer Größen, zum Beispiel Schalldruck oder elektrische Spannung, hat die Hilfseinheit Bel (B) oder Dezibel (dB).

Größenwerte mit gleichen Einheiten werden addiert und subtrahiert, indem ihre Zahlenwerte addiert bzw. subtrahiert werden. Addition und Subtraktion unterschiedlicher Größen ist nicht möglich. Bei Multiplikation und Division werden sowohl Zahlenwerte als auch Einheiten multipliziert bzw. dividiert. Beim Potenzieren und Radizieren wird entsprechend verfahren. Auf diese Weise entstehen neue Größen mit den dazu gehörigen neuen Einheiten.

Das Multiplikationszeichen wird bei Einheiten meist durch einen kleinen Abstand ersetzt, also zum Beispiel lx s (Luxsekunde) anstatt lx · s. Wenn die Einheit ein Quotient ist, wird Schrägstrich als Divisionszeichen benutzt: m/s, g/m². Anstelle der Division durch eine Einheit kann auch mit ihrem Kehrwert multipliziert werden, also zum Beispiel $m\,s^{-1}$ statt m/s und $g\,m^{-2}$ statt g/m².

$24\,cm + 9\,cm = 33\,cm$	Länge + Länge = Länge
$90\,s - 50\,s = 40\,s$	Zeit − Zeit = Zeit
$20\,cm \cdot 4\,cm = 80\,cm^2$	Länge · Länge = Fläche
$3\,m \cdot 5\,m \cdot 4\,m = 60\,m^3$	Länge · Länge · Länge = Volumen
$900\,m : 60\,s = 15\,m/s$	Länge : Zeit = Geschwindigkeit
$2000\,lx \cdot 5\,s = 10\,000\,lx\,s$	Beleuchtungsstärke · Zeit = Belichtung

Durch konsequentes Rechnen mit Größenwerten lassen sich Fehler in Lösungswegen rasch erkennen. Soll zum Beispiel eine Geschwindigkeit ausgerechnet werden, muss das Ergebnis die Einheit m/s (oder m/min, km/h) haben. Ergibt sich stattdessen eine andere Einheit (zum Beispiel s/m, m²/s), so ist der Lösungsweg und damit auch das Ergebnis offensichtlich falsch.

Da die Größe das Produkt aus Zahlenwert und Einheit ist, genügt in Formeln die Angabe des Größensymbols – es schließt die Einheit ein. Die Formel für die Kreisfläche lautet deshalb einfach:

$$A = r^2 \cdot \pi$$

Das Symbol r (Radius) steht für eine Strecke in der Einheit Meter (m), das Symbol A für eine Fläche in der Einheit Quadratmeter (m²). Einsetzen in die Formel führt aber auch dann zum richtigen Ergebnis, wenn r in einer anderen Längeneinheit angegeben wird, egal welcher. Wird für r die Einheit Zentimeter (cm) oder Millimeter (mm) benutzt, ergibt sich die Fläche in Quadratzentimeter (cm²) bzw. Quadratmillimeter (mm²).

In anderen Fällen kommt es aber darauf an, die einzig richtigen Einheiten zu verwenden. So ist zum Beispiel der Brechwert D einer Linse, Einheit Dioptrie (dpt), gleich dem Kehrwert ihrer Brennweite f in der Einheit Meter. Wird stattdessen mit der Brennweite in Millimeter oder Zentimeter gerechnet, ist das Ergebnis zwangsläufig falsch.

In solchen Fällen sollten die Einheiten als Legende zur Formel angegeben werden. Oder sie werden – formal nicht ganz korrekt, aber allgemein verständlich – in eckigen Klammern in die Formel eingetragen.

$$D \, [\text{dpt}] = \frac{1}{f \, [\text{m}]}$$

Um Verwechslungen zwischen Größensymbolen (Formelzeichen) und Einheitensymbolen zu vermeiden, werden Größensymbole *kursiv* gesetzt, Einheitensymbole dagegen in der Grundschrift.

Größen: *A* (Fläche), *m* (Masse), *V* (Volumen), *t* (Zeit)

Einheiten: A (Ampere), m (Meter), V (Volt), t (Tonne)

Symbole in Versal- bzw. Kleinbuchstaben haben oft unterschiedliche Bedeutungen: *V* steht für Volumen, *v* für Geschwindigkeit, t für Tonne, T für Tesla.

Die Einheitensymbole sind international und in allen Anwendungsgebieten weitgehend gleich. Nicht ganz so einfach ist es dagegen bei den Größensymbolen. In der Physik gibt es zwar international einheitlich verwendete Formelzeichen. Beim praktischen Rechnen in den Berufsfeldern Mediengestaltung, Drucktechnik und Fotografie gibt es aber keine ganz einheitliche, vollständige Symbolsprache. Deshalb gehört hier zu jeder Formel eine Legende, in der die Größensymbole erläutert werden.

1.5.2 SI-Basiseinheiten und abgeleitete Einheiten

SI-Einheiten sind international genormte Einheiten (SI: *Système International d'Unité* – Internationales Einheitensystem). Es gibt nur sieben SI-Basiseinheiten (Tabelle 1-5); alle übrigen SI-Einheiten sind aus diesen Basiseinheiten abgeleitet. Bezeichnungen und Symbole abgeleiteter Einheiten ergeben sich entweder direkt aus den Basiseinheiten, zum Beispiel Quadratmeter (m^2), Kubikmeter (m^3), Meter pro Sekunde (m/s), Candela pro Quadratmeter (cd/m^2). Oder sie haben eigenständige Namen und Symbole, zum Beispiel Newton ($N = kg\,m/s^2$), Watt ($W = kg\,m^2/s^3$), Hertz ($Hz = 1/s$).

Tabelle 1-5: SI-Basisgrößen und SI-Basiseinheiten

Basisgröße	Symbol	Basiseinheit	Symbol
Länge	$l, s, r, b, h, \dots$	Meter	m
Masse	m	Kilogramm	kg
Zeit	t	Sekunde	s
Stromstärke	I	Ampere	A
Temperatur	T	Kelvin	K
Lichtstärke	I_v	Candela	cd
Stoffmenge	n	Mol	mol

1.5.3 Vielfache und Bruchteile von Einheiten

Aus den meisten Einheiten können Vielfache und Bruchteile durch Multiplikation mit Zehnerpotenzen abgeleitet werden. Die Namen und Symbole der Einheiten erhalten dann entsprechende Vorsätze (Präfixe). Einige Beispiele:

km (Kilometer) = 10^3 m (Tausend Meter)

MW (Megawatt) = 10^6 W (Million Watt)

cm (Zentimeter) = 10^{-2} m (Hundertstel Meter)

ms (Millisekunde) = 10^{-3} s (Tausendstel Sekunde)

Tabelle 1-6: Vorsätze und Vorsatzzeichen für Einheiten

Vielfaches	Faktor	Vorsatz	Zeichen	Bruchteil	Faktor	Vorsatz	Zeichen
Zehn	10^1	Deka	da	Zehntel	10^{-1}	Dezi	d
Hundert	10^2	Hekto	h	Hundertstel	10^{-2}	Zenti	c
Tausend	10^3	Kilo	k	Tausendstel	10^{-3}	Milli	m
Million	10^6	Mega	M	Millionstel	10^{-6}	Mikro	µ
Milliarde	10^9	Giga	G	Milliardstel	10^{-9}	Nano	n
Billion	10^{12}	Tera	T	Billionstel	10^{-12}	Piko	p
Billiarde	10^{15}	Peta	P	Billiardstel	10^{-15}	Femto	f
Trillion	10^{18}	Exa	E	Trillionstel	10^{-18}	Atto	a

Die Umwandlung in Vielfache bis Kilo und Bruchteile bis Milli erfolgt in Zehnerschritten. Zur Umwandlung in die nächstgrößere Einheit wird durch 10 dividiert, in die nächstkleinere mit 10 multipliziert. Darüber und darunter wird mit der Umwandlungszahl 1000 gerechnet.

Die Masseeinheiten passen nicht ganz in diese Logik. Tausend Gramm sind zwar ein Kilogramm, eine Million Gramm jedoch kein Megagramm, sondern eine Tonne (t). Die Einheit Tonne kann wiederum mit Vorsätzen versehen werden, zum Beispiel Kilotonne (kt), Megatonne (Mt).

Bei der Zeiteinheit Sekunde sind zwar Bruchteile möglich, zum Beispiel Millisekunde (ms), Vielfache werden aber in Minuten (min), Stunden (h) oder Tagen (d) angegeben.

Die Umwandlung in Vielfache oder Bruchteile von Einheiten kann praktisch durch Verschieben des Kommas um eine Stelle (Umwandlungszahl 10) bzw. drei Stellen (Umwandlungszahl 1000) erledigt werden. Bei der Umwandlung in größere Einheiten wird das Komma nach links verschoben, bei der Umwandlung in kleinere Einheiten nach rechts. Bei Bedarf werden Nullen ergänzt und links ein Komma eingefügt, ein ganz rechts stehendes Komma entfällt.

Beispiel 1-11: Umwandlung von 750 g in Kilogramm und von 2,5 kg in Gramm

750 g = 0,750 kg   Umwandlungszahl 1000, drei Stellen nach links

2,5 kg = 2500 g   Umwandlungszahl 1000, drei Stellen nach rechts

Wenn die Umwandlung nicht im Kopf durch Kommaverschiebung erledigt, sondern vollständig notiert wird, sollte auf korrekten Umgang mit den Einheiten geachtet werden. Also entweder so:

$$750\,g = 750\,kg : 1000 = 0{,}750\,kg \qquad 2{,}5\,kg = 2{,}5\,g \cdot 1000 = 2500\,g$$

Oder so:

$$750\,g = 750\,g : 1000\,g/kg = 0{,}750\,kg \qquad 2{,}5\,kg = 2{,}5\,kg \cdot 1000\,g/kg = 2500\,g$$

Wenn nicht in die nächstgrößere oder -kleinere Einheit umgewandelt wird, also Einheiten übersprungen werden, können die Umwandlungszahlen multipliziert bzw. die Stellen, um die das Komma verschoben wird, addiert werden.

Beispiel 1-12: Umwandlung 0,03 cm in Mikrometer

Umwandlungszahlen sind 10 (mm/cm) und 1000 (μm/mm). Umwandlung von Zentimeter in Mikrometer also mit dem Faktor $10 \cdot 1000 = 10\,000$.

$$0{,}03\,cm = 0{,}03\,cm \cdot 10\,000\,\mu m/cm = 300\,\mu m$$

Das Komma wird um $1 + 3 = 4$ Stellen nach rechts verschoben.

$$0{,}03\,cm = 300\,\mu m$$

1.5.4 Metrische Längen-, Flächen- und Volumeneinheiten

Während die Umwandlung von metrischen Längeneinheiten in Bruchteile oder Vielfache durchweg keine größeren Probleme bereitet, kann es bei Flächen- und Längeneinheiten etwas schwieriger werden.

Da die Flächeneinheiten (m^2, cm^2, mm^2 usw.) quadrierte Längeneinheiten sind, wird mit den quadrierten Umwandlungszahlen der Längeneinheiten gerechnet, also $10^2 = 100$ und $1000^2 = 1\,000\,000$. Bei Volumeneinheiten (m^3, cm^3, mm^3 usw.) werden die Umwandlungszahlen in die dritte Potenz erhoben: $10^3 = 1000$ und $1000^3 = 1\,000\,000\,000$.

Beispiel 1-13: Fläche in Quadratzentimeter (cm^2) eines $350\,mm \times 250\,mm$ großen Rechtecks

$$350\,mm \cdot 250\,mm = 87\,500\,mm^2$$
$$\text{Umwandlungszahl } 10^2 = 100$$
$$87\,500\,mm^2 : 100\,mm^2/cm^2 = 875\,cm^2$$

Beispiel 1-14: Volumen in Kubikmeter (m^3) eines $300\,mm \times 700\,mm \times 500\,mm$ großen Quaders

$$300\,mm \cdot 700\,mm \cdot 500\,mm = 105\,000\,000\,mm^3$$
$$\text{Umwandlungszahl } 1000^3 = 1\,000\,000\,000$$
$$105\,000\,000\,mm^3 : 1\,000\,000\,000\,mm^3/m^3 = 0{,}105\,m^3$$

Derart große Umwandlungszahlen können leicht zur Fehlerquelle werden. Einfacher und sicherer geht es, indem vorab die Seitenlängen in die Einheit Meter umgewandelt werden (Teiler 1000).

$$0{,}3\,m \cdot 0{,}7\,m \cdot 0{,}5\,m = 0{,}105\,m^3$$

Die vor allem bei Grundstücksgrößen verwendete Flächeneinheit Ar (Symbol a) entspricht 100 Quadratmetern. Ein Hektar (ha) ist gleich 100 a (10 000 m²), ein Quadratkilometer (km²) ist gleich 100 ha.

Die Volumeneinheit Liter (Symbol l oder L) ist gleich einem Kubikdezimeter (dm³). Vorsätze für Vielfache und Bruchteile sind möglich: Hektoliter (hl), Deziliter (dl), Zentiliter (cl), Milliliter (1 ml = 1 cm³).

1.5.5 Nichtmetrische Längeneinheiten

Die nichtmetrischen Längeneinheit Inch (Symbol inch, in oder ″), Foot (ft) und Yard (yd) sind nicht SI-konform.

$$1\,\text{ft} = 12\,\text{inch}$$
$$1\,\text{yd} = 3\,\text{ft} = 36\,\text{inch}$$

Im Medienbereich ist vor allem die Einheit Inch wichtig. Da selten konsequent nur mit Inch oder nur metrisch gearbeitet wird, sind häufig Inch in Millimeter oder Zentimeter bzw. Millimeter oder Zentimeter in Inch umzuwandeln.

$$1\,\text{inch} = 25{,}400\,\text{mm} = 2{,}5400\,\text{cm}$$

Um eine in Inch angegebene Länge in Zentimeter oder Millimeter umzuwandeln, wird also mit 2,54 bzw. 25,4 multipliziert. Um eine in Zentimeter oder Millimeter angegebene Länge in Inch umzuwandeln, wird durch 2,54 bzw. 25,4 dividiert.

Beispiele 1-15: Umwandlung von Inch in Zentimeter und Millimeter und umgekehrt

$$5\,\text{inch} \cdot 2{,}54\,\text{cm/inch} = 12{,}7\,\text{cm}$$
$$5\,\text{inch} \cdot 25{,}4\,\text{mm/inch} = 127\,\text{mm}$$
$$15\,\text{cm} : 2{,}54\,\text{cm/inch} \approx 5{,}906\,\text{inch}$$
$$150\,\text{mm} : 25{,}4\,\text{mm/inch} \approx 5{,}906\,\text{inch}$$

Die typografischen Einheiten Point und Pica werden in Abschnitt 2.1 behandelt.

1.5.6 Zeiteinheiten

Neben der SI-Einheit Sekunde (s) gibt es die Zeiteinheiten Minute (min), Stunde (h) und Tag (d). Bruchteile von Tag, Stunde und Minute werden jeweils in der nächstkleineren Einheit angegeben, Bruchteile der Sekunde dagegen als Dezimale. Also zum Beispiel 8 h 36 min, 12 min 20 s, aber 10,45 s.

Bei der Umwandlung von Stunden in Minuten und von Minuten in Sekunden wird mit dem Faktor 60 gerechnet, bei direkter Umwandlung von Stunden in Sekunden mit dem Faktor 60 · 60 = 3600.

Beispiel 1-16: Umwandlung von 2 h 35 min 30 s in Sekunden

$$2\,\text{h} \cdot 3600\,\text{s/h} + 35\,\text{min} \cdot 60\,\text{s/min} + 30\,\text{s} = 7200\,\text{s} + 2100\,\text{s} + 30\,\text{s} = 9330\,\text{s}$$

Beim Berechnen von Zeitdauern in größeren Einheiten ergeben sich oft gebrochene Zahlen. Um dezimale Bruchteile in nächstkleinere Einheiten umzuwandeln, wird mit 60 multipliziert.

Beispiel 1-17: Umwandlung von 3,68 h in Stunden, Minuten und Sekunden

0,68 h · 60 min/h = 40,8 min

0,8 min · 60 s/min = 48 s

Lösung: 3 h 40 min 48 s

Technisch-wissenschaftliche Taschenrechner ermöglichen diese Umwandlung bequemer mit der Tasten- oder Zweitfunktion [° ′ ″] oder [DD▷DMS].

Bei der Umwandlung von Sekunden in Minuten und von Minuten in Stunden wird durch 60 dividiert, bei der Umwandlung von Sekunden in Stunden durch (60 · 60) = 3600.

Beispiel 1-18: Umwandlung von 8559 s in Stunden, Minuten und Sekunden

Umwandlung in Stunden: Division durch 3600

8559 s : 3600 s/h = 2,3775 h   nicht runden!

Weiter wie in Beispiel 1-17:

0,3775 h · 60 min/h = 22,65 min

0,65 min · 60 s/min = 39 s

Lösung: 2 h 22 min 39 s

1.5.7 Frequenz, Drehzahl, Ortsfrequenz

Frequenz ist die Häufigkeit von regelmäßig sich wiederholenden Ereignissen – zum Beispiel Schwingungen, Umdrehungen, Messungen – pro Zeiteinheit. Einheit der Frequenz ist das Hertz (Hz).

Die Einheit Hertz ist gleich dem Kehrwert der Zeiteinheit Sekunde; anstelle von zum Beispiel 50 Hz kann also 50 · 1/s oder 50/s geschrieben werden. Der Kehrwert der Einheit Sekunde kann auch durch den negativen Exponenten $^{-1}$ gekennzeichnet werden, also zum Beispiel 50 s^{-1}. Bei höheren Frequenzen werden die Einheiten Kilohertz (kHz = 1000 Hz), Megahertz (MHz = 1 000 000 Hz) und Gigahertz (GHz = 1 000 000 000 Hz) benutzt. Bei manchen Berechnungen ist es sinnvoll, die Einheit Hertz durch die bedeutungsgleiche Einheit 1/s oder s^{-1} zu ersetzen.

Beispiel 1-19: Die Wellenlänge von Schall wird berechnet, indem die Schallgeschwindigkeit durch die Schallfrequenz dividiert wird. Wie groß ist die Wellenlänge bei der Schallgeschwindigkeit 340 m/s, Frequenz 680 Hz?

Die Lösung soll die Einheit Meter haben. Wenn mit der Einheit Hertz gerechnet wird, sieht aber das Ergebnis zunächst etwas merkwürdig aus:

340 m/s : 680 Hz = 0,5 m/s : Hz = 0,5 m/(s · Hz)

Die Einheit m/(s · Hz) muss noch umgewandelt werden. Wird für Hz der Kehrwert 1/s eingesetzt, ergibt sich:

0,5 m/(s · 1/s) = 0,5 m/1 = 0,5 m

Wird dagegen von Anfang an mit der Einheit 1/s gerechnet, ergibt sich:

340 m/s : 680/s = 0,5 (m/s) : (1/s) = 0,5 (m/s) · s = 0,5 m

Einheit der Drehzahl (Umdrehungsfrequenz) ist der Kehrwert der Zeiteinheit Sekunde (1/s oder s^{-1}). Auch die Kehrwerte von Minute (1/min, min^{-1}) und Stunde (1/h, h^{-1}) werden verwendet, zum Beispiel bei Motoren bzw. Druckmaschinenzylindern.

Gelegentlich noch anzutreffende alte Schreibweisen wie zum Beispiel Upm, U/min oder rpm *(revolutions per minute)* sollten nicht mehr benutzt werden. Umdrehungen sind zählbar und haben keine Einheit.

Bei der Umwandlung in größere oder kleinere Einheiten ist zu beachten, dass es um Kehrwerte von Zeiteinheiten geht. Wo beim Umwandeln von Zeiteinheiten mit 60 multipliziert wurde, muss jetzt durch 60 dividiert werden und umgekehrt.

Beispiel 1-20: Umwandlung der Drehzahl 600/min in 1/h bzw. 1/s

$$600/min \cdot 60\,min/h = 36\,000/h$$
$$600/min : 60\,s/min = 10/s$$

Ortsfrequenz ist die Häufigkeit gleichabständiger Elemente – zum Beispiel Rasterpunkte, Pixel oder Recorder-Elemente – pro Längeneinheit. Rasterfeinheiten periodischer Raster, Abtastfrequenzen beim Scannen, Pixelauflösungen digitaler Bilder und Aufzeichnungsfeinheiten von Druckplattenrecordern sind Ortsfrequenzen.

In der Praxis werden häufig Einheiten wie lpi (lines per inch), L/cm (Linien pro Zentimeter), ppi, ppcm, px/cm (Pixel per inch bzw. pro Zentimeter), dpi, dpcm, d/cm (Dots per inch bzw. pro Zentimeter) verwendet. Rasterpunkte, Pixel und Dots sind zählbar und haben keine Einheiten. Beim Rechnen mit Ortsfrequenzen sollte deshalb der Kehrwert der jeweiligen Längeneinheit verwendet werden, also 1/cm oder cm^{-1} bzw. 1/inch oder inch^{-1} (vgl. auch Abschnitt 3.2.1).

1.5.8 Bits und Bytes

Das *Bit* (Kurzwort für *binary digit*) ist die kleinste Informationseinheit in der elektronischen Datenverarbeitung, entsprechend einer Stelle im Binärsystem (vgl. Abschnitt 1.4.2). *Byte* ist eine Gruppe von acht Bits, entspricht also einer achtstelligen Binärzahl. Es wird deshalb auch *Oktett* (engl. *octet*) genannt. Beim Rechnen mit Bits und Bytes werden die Hilfseinheiten bit (oder b) und Byte (oder B) und ihre Vielfachen verwendet.

Datenmengen, Dateigrößen und Speicherkapazitäten werden in Vielfachen des Byte angegeben. Die Vorsätze Kilo, Mega, Giga usw. stehen – wie bei allen anderen Einheiten – für die dezimalen Vielfachen Tausend, Million, Milliarde usw. In der Computertechnik werden traditionell auch Vielfache zur Basis 2 benutzt, also $2^{10} = 1024$, $2^{20} = 1\,048\,576$, $2^{30} = 1\,073\,741\,824$ usw. Nach der Norm IEC 80\,000-13 sind für diese binären Vielfachen die Vorsätze Kibi (kurz für *Kilobinary*), Mebi (*Megabinary*), Gibi (*Gigabinary*) usw. zu verwenden.

Tabelle 1-7: Dezimale und binäre Byte-Vielfache (IEC 80 000-13)

Bezeichnung	Symbol	Vielfaches	Bezeichnung	Symbol	Vielfaches
Kilobyte	kB	$10^3 = 1000$	Kibibyte	KiB	$2^{10} = 1024$
Megabyte	MB	$10^6 = 1000^2$	Mebibyte	MiB	$2^{20} = 1024^2$
Gigabyte	GB	$10^9 = 1000^3$	Gibibyte	GiB	$2^{30} = 1024^3$
Terabyte	TB	$10^{12} = 1000^4$	Tebibyte	TiB	$2^{40} = 1024^4$
Petabyte	PB	$10^{15} = 1000^5$	Pebibyte	PiB	$2^{50} = 1024^5$
Exabyte	EB	$10^{18} = 1000^6$	Exbibyte	EiB	$2^{60} = 1024^6$

Die Unterschiede zwischen binären und dezimalen Vielfachen sind durchaus beachtlich. Bei Kibi/Kilo beträgt der Unterschied zwar nur 2,4 %. Bei Mebi/Mega, Gibi/Giga und Tebi/Tera sind es dagegen rund 4,9 %, 7,4 % bzw. 10,0 %. Bei der Umwandlung von dezimalen Byte-Vielfachen in das nächstkleinere oder nächstgrößere wird mit der Umwandlungszahl 1000 gerechnet, bei der Umwandlung binärer Byte-Vielfacher dagegen mit 1024.

Beispiel 1-21: Umwandlung von 35 Megabyte in Kilobyte
$$35 \text{ MB} \cdot 1000 \text{ kB/MB} = 35\,000 \text{ kB}$$

Beispiel 1-22: Umwandlung von 35 Mebibyte in Kibibyte
$$35 \text{ MiB} \cdot 1024 \text{ KiB/MiB} = 35\,840 \text{ KiB}$$

Bei Bedarf lassen sich binäre in dezimale Vielfache – und umgekehrt – umrechnen. Die Faktoren und Divisoren ergeben sich aus den jeweiligen Vielfachen.

Beispiel 1-23: Umwandlung von 48 Mebibyte in Megabyte
$$1 \text{ MiB} = 1024^2 \text{ Byte} \qquad 1 \text{ MB} = 1000^2 \text{ Byte}$$
$$48 \text{ MiB} \cdot 1024^2 \text{ Byte/MiB} : 1000^2 \text{ Byte/MB} \approx 50{,}33 \text{ MB}$$

Beispiel 1-24: Umwandlung von 16 Gigabyte in Gibibyte
$$1 \text{ GB} = 1000^3 \text{ Byte} \qquad 1 \text{ GiB} = 1024^3 \text{ Byte}$$
$$16 \text{ GB} \cdot 1000^3 \text{ Byte/GB} : 1024^3 \text{ Byte/GiB} \approx 14{,}90 \text{ GiB}$$

Datenraten (Transferraten, Datenübertragungsraten) werden in Bit pro Sekunde (bit/s) oder dezimalen Vielfachen angegeben, also Kilobit, Megabit und Gigabit pro Sekunde (kbit/s, Mbit/s, Gbit/s). Binäre Vielfache sind zwar ebenfalls möglich, aber unüblich.

1.5.9 Übungsaufgaben zu Abschnitt 1.5

1. Wandeln Sie bitte die Strecken in die angegebenen Einheiten um.

a) 173,5 cm in m

b) 2,36 m in mm

c) 180 μm in mm

d) 850 m in km

e) 2,7 dm in mm

f) 950 μm in cm

g) 720 mm in m

h) 0,72 mm in μm

2. Bitte die Flächen in die angegebene Einheiten umwandeln.

a) 80 mm² in cm²   c) 3,5 cm² in mm²   e) 0,8 dm² in cm²

b) 17 000 cm² in m²   d) 500 000 m² in km²   f) 0,12 m² in cm²

3. Wandeln Sie bitte die Volumina in die angegebenen Einheiten um.

a) 570 dm³ in m³   c) 80 000 cm³ in m³   e) 0,8 l in ml

b) 2,5 cm³ in mm³   d) 250 l in m³   f) 450 cm³ in l

4. Bitte umwandeln:

a) 12 inch in cm   c) 8¼ inch in cm   e) 274 mm in inch

b) 4,5 inch in mm   d) 21 cm in inch   f) 32,4 cm in inch

5. Bitte in Sekunden umwandeln.

a) 27 min 48 s   c) 1 h 36 min 45 s   e) 3 h 54 min 20 s

6. Bitte in Stunden, Minuten, Sekunden umwandeln. Beispiel: 2 h 37 min 28 s

a) 2,65 h   c) 1,6125 h   e) 9750 s

b) 4,375 h   d) 1674 s   f) 16 645 s

7. Eine Druckmaschine läuft mit 10 800/h (Umdrehungen pro Stunde). Bitte in Umdrehungen pro Minute und in Umdrehungen pro Sekunde umrechnen.

8. Wandeln Sie bitte um.

a) 28 KiB in Byte   d) 1536 KiB in MiB   g) 760 KiB in kB

b) 36 000 KB in MB   e) 27 000 MB in GB   h) 650 MB in MiB

c) 12,5 MiB in KiB   f) 32 GiB in MiB   i) 2,5 GiB in MB

9. a) Wie viel Speicherplatz (in Gigabyte) wird gebraucht, um 3000 Seiten mit einer durchschnittlichen Datenmenge von 6 MiB abzuspeichern?

b) Wie viele Bilder mit 4 MiB durchschnittlichem Speicherplatzbedarf lassen sich auf einem Speicherchip mit 8 GB Kapazität unterbringen?

1.6 Variable, Gleichungen, Funktionen

1.6.1 Rechnen mit Variablen

Anstelle von Zahlen kann mit Variablen (Platzhaltern) gerechnet werden. Eine Variable steht prinzipiell für jede beliebige Zahl; innerhalb desselben Ausdrucks stehen gleiche Variable für gleiche Zahlen. Als Symbole werden in der „reinen" Mathematik meist die Buchstaben a, b, c, … verwendet. In der angewandten Mathematik sind es Größensymbole.

Beim Rechnen mit Variablen gelten im Grundsatz dieselben Regeln wie beim Rechnen mit Zahlen. Es gibt aber einige Besonderheiten.

Das Multiplikationszeichen wird oft weggelassen. Stehen also zwei oder mehr Variable, Zahl und Variable oder Klammerausdrücke ohne Operationszeichen nebeneinander, sind sie Faktoren eines Produkts.

$$abc = a \cdot b \cdot c \qquad (a + b)(c + d) = (a + b) \cdot (c + d)$$
$$2a = 2 \cdot a \qquad 7(a + b) = 7 \cdot (a + b)$$

Gleiche Summanden, die in gleicher Potenz stehen, können zu einem Produkt aus Zahl und Variabler zusammengefasst werden.

$$a + a + a = 3a \qquad b^2 + b^2 + b^2 + b^2 = 4b^2$$

Die Zahl (der Faktor) vor der Variablen heißt Beizahl oder Koeffizient. Gleiche Variable werden addiert (subtrahiert), indem ihre Koeffizienten addiert (subtrahiert) werden. Ungleiche Variable und gleiche Variable, die in unterschiedlichen Potenzen stehen, können nicht addiert oder subtrahiert werden.

$$2a + 7b + 4a - 5b = 6a + 2b \qquad 3a^2 + 5a + 7a^2 + 2a = 10a^2 + 7a$$

Der Koeffizient 1 kann weggelassen werden.

$$4a - 3a = 1a = a$$

Gleiche Faktoren (Dividenden, Divisoren) können zu Potenzen zusammengefasst werden. Es gelten die in Abschnitt 1.3.1 behandelten Regeln für Multiplikation und Division von Potenzen mit gleicher Basis.

$$a \cdot a \cdot a = a^3 \qquad a^4 \cdot b^5 \cdot a : b^3 = a^{4+1} \cdot b^{5-3} = a^5 b^2$$

Koeffizienten können multipliziert und dividiert werden.

$$3a \cdot 4b : 6c = 12ab : 6c = 2ab : c$$

Die Regeln über die Reihenfolge der Rechenarten und das Rechnen mit Klammerausdrücken (vgl. Abschnitte 1.1.3, 1.3.6) gelten genauso wie beim Rechnen mit Zahlen. Allerdings ist hier die Forderung, den Klammerausdruck zuerst auszurechnen, in der Regel nicht erfüllbar. Eine Summe mit unterschiedlichen Summanden (zum Beispiel $a + b$) kann nicht „ausgerechnet" werden.

Nach dem Distributivgesetz wird eine Summe oder Differenz multipliziert (dividiert), indem alle Summanden bzw. Minuend und Subtrahend mit dem Faktor multipliziert (durch den Divisor geteilt) werden.

$$3 \cdot (a + b) = 3a + 3b \qquad (a + b) : 5 = a : 5 + b : 5$$
$$a \cdot (b - c) = ab - ac \qquad (a - b) : c = a : c - b : c$$

Zwei Summen oder Differenzen werden miteinander multipliziert, indem jedes Glied der ersten Summe (Differenz) mit jedem Glied der zweiten Summe (Differenz) multipliziert wird.

$$(a + b) \cdot (c + d) = ac + ad + bc + bd$$
$$(a - b) \cdot (c - d) = ac - ad - bc + bd$$
$$(a + b) \cdot (c - d) = ac - ad + bc - bd$$

Daraus ergibt sich auch die Vorgehensweise beim Potenzieren von Summen und Differenzen.

$$(a + b)^2 = (a + b) \cdot (a + b) = a^2 + ab + ba + b^2 = a^2 + 2ab + b^2$$
$$(a - b)^2 = (a - b) \cdot (a - b) = a^2 - ab - ba + b^2 = a^2 - 2ab + b^2$$

Eine Summe (Differenz), deren Summanden (Minuend und Subtrahend) einen gemeinsamen Teiler haben, kann in ein Produkt umgewandelt (faktorisiert) werden; der gemeinsame Teiler wird als Faktor „vor die Klammer gezogen".

$$5a + 5b + 5c = 5 \cdot (a + b + c) \qquad a^2 + ab + ac = a \cdot (a + b + c)$$
$$3a + 12b - 6c = 3 \cdot (a + 4b - 2c) \qquad 8a^2b + 4ac - 2a = 2a \cdot (4ab + 2c - 1)$$

Ein Bruch, dessen Zähler und Nenner Produkte sind, kann gekürzt werden.

$$\frac{8a^4b^2c}{2a^2bc^2} = \frac{4a^2b}{c}$$

Stehen dagegen Summen oder Differenzen in Zähler und Nenner, muss zunächst durch Faktorisieren ein gemeinsamer Teiler gefunden werden.

$$\frac{6a^3b + 3a^2 - 9ab}{9a^3 + 3a^2} = \frac{3a \cdot (2a^2b + a - 3b)}{3a \cdot (3a^2 + a)} = \frac{2a^2b + a - 3b}{3a^2 + a}$$

1.6.2 Lösung von linearen Gleichungen

Lineare Gleichungen werden gelöst, indem die „unbekannte" Variable, meist das Symbol x, isoliert wird. Von der Gleichungsseite, auf der die Variable x steht, werden alle anderen Summanden, Subtrahenden, Faktoren und Dividenden entfernt. Es geht also darum, eine Gleichung wie zum Beispiel

$$8x - 7 = 5x + 17$$

in diese Form zu bringen (und damit zu lösen):

$$x = 8$$

Ein Summand oder Subtrahend wird entfernt, indem die Zahl auf beiden Gleichungsseiten subtrahiert bzw. addiert wird.

$$\begin{aligned} x + 3 &= 7 & x - 5 &= 4 \\ x + 3 - 3 &= 7 - 3 & x - 5 + 5 &= 4 + 5 \\ x &= 4 & x &= 9 \end{aligned}$$

Der Zwischenschritt in der zweiten Zeile wird normalerweise nicht aufgeschrieben. Stattdessen wird die vorzunehmende Operation hinter einem senkrechten Strich notiert, also zum Beispiel so:

$$\begin{aligned} x + 3 &= 7 \quad | \; -3 \\ x &= 4 \end{aligned}$$

Ein Faktor oder Divisor wird entfernt, indem beide Seiten der Gleichung durch die Zahl dividiert bzw. mit der Zahl multipliziert werden.

$$\begin{aligned} 3x &= 12 \quad | \; :3 & x : 5 &= 4 \quad | \; \cdot 5 \\ x &= 4 & x &= 20 \end{aligned}$$

Die Umformung funktioniert entsprechend, wenn eine Variable auf einer Seite der Gleichung entfernt werden soll, also zum Beispiel

$$\begin{aligned} 3x &= x + 8 \quad | \; -x \\ 2x &= 8 \end{aligned}$$

Ist die Variable Divisor eines Quotienten, kann sie durch Multiplikation zum Faktor gemacht werden.

$$\begin{aligned} 3 &= \frac{15}{x} \quad | \; \cdot x \\ 3x &= 15 \end{aligned}$$

Stattdessen können auch auf beiden Gleichungsseiten Kehrwerte gebildet werden.

$$3 = \frac{15}{x}$$

$$\frac{1}{3} = \frac{x}{15}$$

Um das Vorzeichen zu ändern, wird die Gleichung mit (-1) multipliziert.

$$-x = 12 \qquad | \cdot (-1)$$
$$x = -12$$

Die beiden Seiten einer Gleichung können vertauscht werden.

$$25 = 5x$$
$$5x = 25$$

Mit diesen Umformungen lassen sich alle linearen Gleichungen lösen. Begonnen wird normalerweise mit dem Entfernen von Summanden oder Subtrahenden, im zweiten Schritt folgen die Faktoren oder Dividenden.

Beispiel 1-25: $5x - 4 = 2x + 14$

$$5x - 4 = 2x + 14 \qquad | +4$$
$$5x = 2x + 18 \qquad | -2x$$
$$3x = 18 \qquad | :3$$
$$x = 6$$

Bei komplizierteren Gleichungen ist es sinnvoll, vor den „Seitenwechseln" beide Gleichungsseiten so weit wie möglich zu vereinfachen.

Beispiel 1-26: $3 \cdot (7x + 5) + 2x = x + \dfrac{4x - 40}{2}$

$$21x + 15 + 2x = x + 2x - 20$$
$$23x + 15 = 3x - 20 \qquad | -3x \quad -15$$
$$20x = -35 \qquad | :20$$
$$x = -1{,}75$$

1.6.3 Lösung von quadratischen Gleichungen

Gleichungen, in denen die gesuchte Variable x in der zweiten Potenz auftritt, heißen quadratische Gleichungen oder Gleichungen zweiten Grades, zum Beispiel:

$$2x^2 + 20x = 22$$

Keine quadratische Gleichung liegt vor, wenn das quadratische Glied beim Vereinfachen der Gleichung verschwindet.

$$6x^2 : 2x = 12$$
$$3x = 12$$

Umgekehrt kann sich eine Gleichung, in der x zunächst nicht in der zweiten Potenz sichtbar ist, als quadratische Gleichung erweisen:

$$3x = 15 : x \qquad | \cdot x$$
$$3x^2 = 15$$

In rein quadratischen Gleichungen kommt die gesuchte Variable ausschließlich in der zweiten Potenz vor, in gemischt quadratischen Gleichungen dagegen sowohl in der zweiten Potenz als auch linear.

Beispiel 1-27: $3x^2 = 48$ (rein quadratische Gleichung)
Die Gleichung wird zunächst in die Normalform $x^2 = q$ gebracht.

$$3x^2 = 48 \quad | :3$$
$$x^2 = 16$$

Durch Ausprobieren lässt sich leicht feststellen, dass die Gleichung die zwei Lösungen $+4$ und -4 hat, denn:

$$4^2 = 16 \quad (-4)^2 = 16$$

Der vollständige Lösungsweg lautet deshalb:

$$x_{1,2} = \pm\sqrt{16}$$
$$x_1 = \sqrt{16} = 4$$
$$x_2 = -\sqrt{16} = -4$$

In der angewandten Mathematik muss abschließend noch untersucht werden, ob beide Lösungen sinnvolle Antworten auf die gestellte Frage sind. Soll zum Beispiel die Seitenlänge eines Quadrats mit der Fläche $16\,cm^2$ ermittelt werden, so ergeben sich die Lösungen $4\,cm$ und $-4\,cm$. Sinnvoll ist nur die positive Lösung, denn die Seitenlänge eines Quadrats kann nicht negativ sein.

Rein quadratische Gleichungen haben entweder – wie im Beispiel – zwei Lösungen mit gleichen Beträgen und entgegengesetzten Vorzeichen oder die Lösung null (wenn $x^2 = 0$). Sie haben keine reelle Lösung, wenn q, also die beim Lösen der Gleichung unter der Quadratwurzel stehende Zahl, negativ ist.

Gemischt quadratische Gleichungen werden im ersten Arbeitsschritt in die Normalform gebracht:

$$x^2 + px + q = 0$$

Dann werden sie mit dieser Formel gelöst:

F1-1 $\quad x_{1,2} = -p : 2 \pm \sqrt{(p : 2)^2 - q}$

Beispiel 1-28: $2x^2 + 20x = 78$
Die Gleichung wird in die Normalform gebracht:

$$2x^2 + 20x = 78 \quad | -78$$
$$2x^2 + 20x - 78 = 0 \quad | :2$$
$$x^2 + 10x - 39 = 0$$

Jetzt wird in die Lösungsformel eingesetzt: $p = 10 \quad q = -39$

$$x_{1,2} = -10 : 2 \pm \sqrt{(10 : 2)^2 - (-39)}$$
$$x_{1,2} = -5 \pm \sqrt{25 + 39}$$
$$x_{1,2} = -5 \pm \sqrt{64}$$
$$x_1 = -5 + 8 = 3$$
$$x_2 = -5 - 8 = -13$$

Gemischt quadratische Gleichungen haben keine reelle Lösung, wenn der Ausdruck unter dem Wurzelzeichen der Lösungsformel negativ ist. Sie haben nur eine Lösung, wenn der Radikand in der Lösungsformel gleich null ist. Ist der Radikand größer als null, hat die gemischt quadratische Gleichung zwei Lösungen.

Gemischt quadratische Gleichungen, in denen nur x^2- und x-Glieder vorkommen, sind mit weniger Aufwand lösbar. Sie werden zunächst in diese Form gebracht:
$$x \cdot (x + p) = 0$$
Die Bedingung $x \cdot (x + p) = 0$ ist erfüllt, wenn entweder $x = 0$ oder $x + p = 0$. Somit hat die Gleichung die zwei Lösungen $x_1 = 0$ und $x_2 = -p$. Quadratische Gleichungen, die nur x^2- und x-Glieder enthalten, haben also immer zwei Lösungen; eine davon ist null.

Beispiel 1-29: $2x^2 - 7x = 3x$

$$
\begin{aligned}
2x^2 - 7x &= 3x &&| -3x \\
2x^2 - 10x &= 0 &&| :2 \\
x^2 - 5x &= 0 \\
x \cdot (x - 5) &= 0 \\
x_1 &= 0 \\
x_2 &= -(-5) = 5
\end{aligned}
$$

1.6.4 Umformulieren von Gleichungen mit Variablen

Wenn Gleichungen mehrere Variable enthalten, kann jede beliebige Variable isoliert werden. Eine bereits nach a aufgelöste Gleichung mit den Variablen a, b und c kann auch nach b oder c aufgelöst werden. Das ist in der angewandten Mathematik sehr nützlich, weil auf diese Weise aus der Formel zur Errechnung einer bestimmten Größe die Formeln für alle anderen Größen entwickelt werden können, die in der ursprünglichen Formel enthalten sind.

Beispiel 1-30: $a = 2b - 0{,}5c + 8$

Auflösen nach b:

$$
\begin{aligned}
a &= 2b - 0{,}5c + 8 &&| +0{,}5c - 8 \\
a + 0{,}5c - 8 &= 2b &&| :2 \\
0{,}5a + 0{,}25c - 4 &= b \\
b &= 0{,}5a + 0{,}25c - 4
\end{aligned}
$$

Auflösen nach c:

$$
\begin{aligned}
a &= 2b - 0{,}5c + 8 &&| -a + 0{,}5c \\
0{,}5c &= -a + 2b + 8 &&| \cdot 2 \\
c &= -2a + 4b + 16
\end{aligned}
$$

Beispiel 1-31: $a = \dfrac{bc}{2}$

Auflösen nach b:

$$
\begin{aligned}
a &= \frac{bc}{2} &&| \cdot 2 : c \\
\frac{2a}{c} &= b
\end{aligned}
$$

Auflösen nach c:

$$
\begin{aligned}
a &= \frac{bc}{2} &&| \cdot 2 : b \\
\frac{2a}{b} &= c
\end{aligned}
$$

Wenn beim Umformulieren quadratische Gleichungen entstehen, darf nicht vergessen werden, dass sie meist zwei Lösungen haben. Außerdem ist zu überprüfen, ob die entstandene Gleichung für alle möglichen Werte der Variablen reelle Lösungen hat. So hat zum Beispiel die Gleichung $x_{1,2} = \pm\sqrt{a}$ nur dann reelle Lösungen, wenn der Radikand a positiv oder gleich Null ist. Diese einschränkende Bedingung kann schriftlich festgehalten werden:

$$x_{1,2} = \pm\sqrt{a} \qquad \textit{für} \quad a \geq 0$$

Beispiel 1-32: $a = 4b^2 : c$

Auflösen nach b ergibt eine rein quadratische Gleichung.

$$a = 4b^2 : c \qquad\qquad | : 4 \cdot c$$
$$0{,}25ac = b^2$$
$$b_{1,2} = \pm\sqrt{0{,}25ac} \qquad\qquad \text{für} \quad ac \geq 0$$

1.6.5 Funktionen, Koordinatensystem

Eine Funktion ordnet jedem Wert einer veränderlichen Größe x einen Wert einer anderen veränderlichen Größe y zu. Allgemeine Schreibweise:

$$y = f(x) \quad (y \text{ ist Funktion von } x)$$

Die Größe x wird Argument oder unabhängige Variable genannt, die Größe y Funktionswert oder abhängige Variable. Funktionen sind durch Zuordnungsvorschriften definiert, die jedem Wert von x genau einen Wert von y zuweisen. Zuordnungsvorschrift kann also eine Formel wie zum Beispiel $y = 0{,}5x + 1$ sein, nicht aber zum Beispiel $y = \pm 3x$. Nur im ersten Fall ist die Zuordnung eindeutig, während es im zweiten Fall zu jedem Wert von x zwei y-Werte geben würde.

Beispiel 1-33: $y = 0{,}5x + 1$

Werden für x nacheinander die ganzen Zahlen von -3 bis 3 eingesetzt und die y-Werte ausgerechnet, ergibt sich die Wertetabelle:

x	-3	-2	-1	0	1	2	3
y	$-0{,}5$	$0{,}0$	$0{,}5$	$1{,}0$	$1{,}5$	$2{,}0$	$2{,}5$

Die Wertetabelle kann durch Einsetzen weiterer x-Werte (einschließlich gebrochener Zahlen) beliebig erweitert werden. Anschaulicher als eine umfangreiche Wertetabelle ist aber die grafische Darstellung im Koordinatensystem.

Ein rechtwinkliges oder kartesisches Koordinatensystem besteht aus zwei senkrecht zueinander stehenden Zahlengeraden (Koordinaten, Achsen). Die waagerechte Koordinate heißt Abszisse oder x-Achse, die senkrechte heißt Ordinate oder y-Achse. Der Schnittpunkt der beiden Koordinaten ist der Ursprung oder Nullpunkt des Koordinatensystems. Auf der Abszisse liegen die positiven Zahlen rechts und die negativen Zahlen links vom Ursprung. Auf der Ordinate liegen die positiven Zahlen oberhalb und die negativen Zahlen unterhalb des Ursprungs.

Die Achsen des Koordinatensystems teilen die Fläche in vier Quadranten.

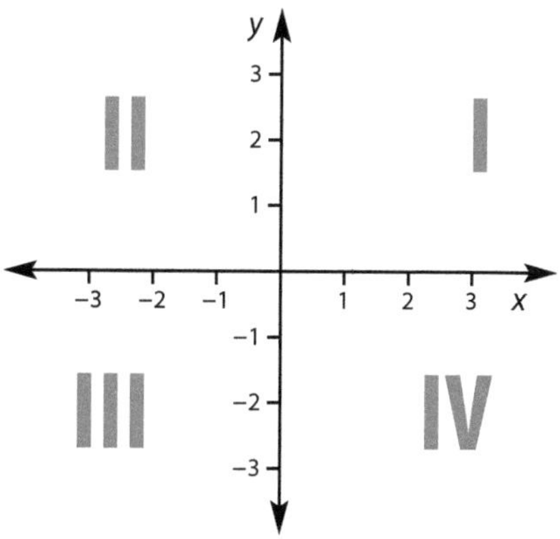

Bild 1-1 Rechtwinkliges (kartesisches) Koordinatensystem mit Quadranten I bis IV

Der Ort eines Punkts P ist eindeutig durch seine zwei Koordinaten, also den x- und den y-Wert, definiert. Allgemeine Schreibweise: $P(x,y)$

Beispiel 1-34: Orte der Punkte $P_1(-3,1)$ und $P_2(2,3)$ im Koordinatensystem

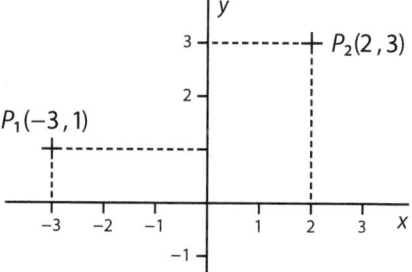

Bild 1-2 Punkte $P_1(-3,1)$ und $P_2(2,3)$

Die grafische Darstellung einer Funktion heißt Graph. Bei linearen Funktionen liegen alle Punkte auf einer Geraden. Es reicht deshalb aus, zwei Punkte einzuzeichnen und eine Gerade hindurchzulegen.

Beispiel 1-35: Graph der Funktion $y = 0{,}5x + 1$
Es werden zwei Punkte, zum Beispiel $(-3,-0{,}5)$ und $(3,2{,}5)$ in das Koordinatensystem eingetragen. Dann wird mit dem Lineal die Gerade gezeichnet, auf der beide Punkte liegen.

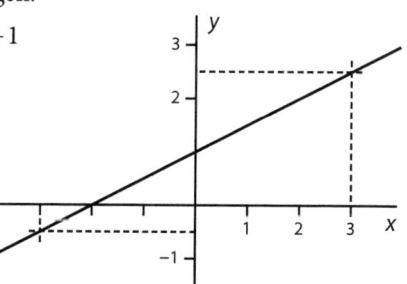

Bild 1-3 Graph der Funktion $y = 0{,}5x + 1$

Die Graphen quadratischer Funktionen sind nicht geradlinig, sondern parabelförmig. Um den Graphen möglichst genau in „freihändiger Näherung" zeichnen zu können, müssen also erheblich mehr Punkte berechnet und in das Koordinatensystem eingezeichnet werden.

Beispiel 1-36: $y = x^2 - 2$

x	y
$-3{,}0$	$7{,}00$
$-2{,}5$	$4{,}25$
$-2{,}0$	$2{,}00$
$-1{,}5$	$0{,}25$
$-1{,}0$	$-1{,}00$
$-0{,}5$	$-1{,}75$
0	$-2{,}00$
$0{,}5$	$-1{,}75$
$1{,}0$	$-1{,}00$
$1{,}5$	$0{,}25$
$2{,}0$	$2{,}00$
$2{,}5$	$4{,}25$
$3{,}0$	$7{,}00$

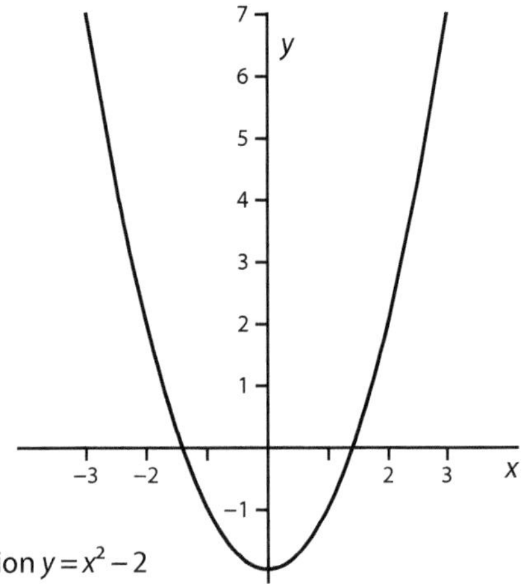

Bild 1-4
Graph der Funktion $y = x^2 - 2$

1.6.6 Übungsaufgaben zu Abschnitt 1.6

1. Fassen Sie bitte die folgenden Ausdrücke so weit wie möglich zusammen.

a) $3a + 7b + 9a - 3b$

b) $8a + 5b - 2c + 4a - 3b - 8c$

c) $5a^2 + 8a + 2a^2 + 6a$

d) $7a^3 + 2a^2 + 5b^2 + 5b - 3a^2 + 6b^2 - 7b$

e) $a^3 \cdot b^2 \cdot c^4 \cdot a \cdot b^3 \cdot c^2$

f) $4a^5 \cdot 2a^3 \cdot 5a^2 \cdot a \cdot 3$

g) $a^6 \cdot 3a^{-3} \cdot 2a^{-2} \cdot a^0$

h) $\dfrac{a^5 b^2 c^6 d^3}{a^3 b c^2 d}$

i) $\dfrac{3a^5 \cdot 5a^3 \cdot 4a}{5a^4 \cdot 2a^2 \cdot 3a^2}$

2. Bitte die Klammerinhalte multiplizieren, dividieren bzw. potenzieren.

a) $7 \cdot (a + b)$

b) $2a \cdot (b - c)$

c) $5ab \cdot (a + 2b + 3c)$

d) $(3a + 6b + 12c) : 3$

e) $(14a^3 + 21a - 28a) : 7a$

f) $(a + b) \cdot (c + 2)$

g) $(a + 3) \cdot (a - b)$

h) $(a + 3)^2$

i) $(2a - b)^2$

3. Faktorisieren Sie bitte die folgenden Ausdrücke, indem Sie den gemeinsamen Faktor vor die Klammer stellen. Beispiel: $6a + 9ab = 3a \cdot (2 + 3b)$

a) $7a + 21b$

b) $16ab - 4ac$

c) $4a + 4$

d) $9abc - 6acd + 12abcd$

e) $2a^3 b^2 - 2a^2 b^3$

f) $5a^2 bc^3 + 10a^2 b^2 c$

4. Bitte diese linearen Gleichungen lösen.

a) $8x + 3 = 19$

b) $15x = 8x + 21$

c) $4x + 10 = 2x + 20$

d) $6x - 15 = 3 \cdot (x + 3)$

e) $7 \cdot (2x + 3) = 10x - 3$

f) $9x - 16 = (8x + 20) : 4$

g) $\dfrac{36x - 48}{3} = 20 - 24x$

h) $\dfrac{4x^2 + 3x}{x} = 55$

i) $\dfrac{1}{4x} + 3 = 5$

5. Bitte die rein quadratischen Gleichungen lösen.

a) $4x^2 = 36$

b) $5x^2 - 25 = 100$

c) $13x^2 = 7x^2 + 24$

d) $4 \cdot (x^2 + 3) = 2 \cdot (x^2 + 6)$

e) $7x = \dfrac{63}{x}$

6. Diese gemischt quadratischen Gleichungen können in die Form $x \cdot (x + p) = 0$ gebracht werden.

a) $x^2 = 8x$

b) $5x^2 = 2x^2 + 33x$

c) $4x^2 - 10x = 3x^2 - 15x$

d) $6x^2 - 16x = 4 \cdot (x^2 - x)$

7. Bitte die gemischt quadratischen Gleichungen in die Normalform umwandeln ($x^2 + px + q = 0$) und mithilfe der Lösungsformel lösen.

a) $x^2 - 10x = 11$

b) $3x^2 + 15x = 3x - 9$

c) $4x^2 = x^2 + 18x + 48$

d) $8x^2 - 20x + 15 = 3x^2 + 60x - 60$

e) $5x = \dfrac{200 - 90x}{x}$

f) $(3x - 1) \cdot (2x - 1) = x + 37$

8. Lösen Sie bitte die Gleichungen nach b und nach c auf.

a) $a = 4b + 2c + 8$

b) $a = 8b - 5c + 5d$

c) $a = 5bc$

d) $a = \dfrac{4b}{c}$

e) $a = (b + 2c) \cdot d$

f) $a = 2b + \dfrac{c}{5}$

9. Lösen Sie bitte die Gleichungen nach b und nach c auf.
Achtung: Es können sich quadratische Gleichungen ergeben!

a) $a = b^2 + 2c$

b) $a = 2b + 0{,}5c^2$

c) $a = b^2 \cdot \dfrac{c}{2}$

d) $a = \dfrac{c^2 - b^2}{4}$

10. Bitte jeweils die Wertetabelle für $y = f(x)$ mit $x = (-2), (-1{,}5), \ldots, (+1{,}5), (+2)$ erstellen und den Graphen der Funktion skizzieren.

a) $y = 3x - 1$

b) $y = 0{,}5x + 2$

c) $y = x^2 + 1$

1.7 Verhältnisgleichungen (Dreisatz) und Prozentrechnen

1.7.1 Verhältnisgleichungen

Verhältnisgleichungen (Proportionalgleichungen) sind immer anwendbar, wenn das quantitative Verhältnis zweier Größen entweder proportional (direkt, gerade) oder antiproportional (umgekehrt, ungerade) ist.

Proportional heißt: Beide Größenwerte verändern sich mit demselben Faktor. Wird eine Größe verdoppelt (verdreifacht, vervierfacht, …), so verdoppelt (verdreifacht, vervierfacht, …) sich die andere ebenfalls.

Antiproportional heißt: Wenn sich ein Größenwert mit einem bestimmten Faktor verändert, verändert sich die andere mit dem Kehrwert dieses Faktors. Wird eine Größe verdoppelt (verdreifacht, vervierfacht, …), so verkleinert sich die andere auf die Hälfte (ein Drittel, ein Viertel, …).

Bei Proportionalität sind die Quotienten der beiden Größen gleich, bei Antiproportionalität ihre Produkte.

F1-2 $b_2 : a_2 = b_1 : a_1$ (proportionales Verhältnis)

F1-3 $b_2 \cdot a_2 = b_1 \cdot a_1$ (antiproportionales Verhältnis)

Werden für drei Variable konkrete Werte eingesetzt, kann die vierte Variable errechnet werden. Verhältnisgleichungen lassen sich wie alle linearen Gleichungen lösen – jede Variable kann isoliert werden, also zum Beispiel b_2.

$$b_2 = b_1 : a_1 \cdot a_2 \qquad \text{(proportionales Verhältnis)}$$
$$b_2 = b_1 \cdot a_1 : a_2 \qquad \text{(antiproportionales Verhältnis)}$$

Beispiel 1-37: Ein Stapel Papier mit 2500 Bogen ist 37,5 cm hoch. Welche Höhe hat ein Stapel mit 4000 Bogen derselben Papiersorte?

Bogenzahl und Stapelhöhe stehen im proportionalen Verhältnis: Je mehr Bogen, desto höher der Stapel. In die Ursprungsgleichung wird eingesetzt:

$$a_1 = 2500$$
$$b_1 = 37,5 \, \text{cm}$$
$$a_2 = 4000$$
$$b_2 : 4000 = 37,5 \, \text{cm} : 2500 \qquad\qquad | \cdot 4000$$
$$b_2 = 37,5 \, \text{cm} : 2500 \cdot 4000 = 60,0 \, \text{cm}$$

Beispiel 1-38: Bei der Druckmaschinenleistung 12 500 Druck pro Stunde beträgt die reine Druckzeit für eine Auflage 9 Stunden. Wie lang wäre sie bei der Maschinenleistung 15 000 Druck pro Stunde?

Maschinenleistung und Druckzeit stehen im antiproportionalen Verhältnis: Je mehr Druck pro Stunde, desto kürzer ist die Druckzeit.

$$a_1 = 12\,500/\text{h}$$
$$b_1 = 9 \, \text{h}$$
$$a_2 = 15\,000/\text{h}$$
$$b_2 \cdot 15\,000/\text{h} = 9 \, \text{h} \cdot 12\,500/\text{h} \qquad\qquad | : 15\,000/\text{h}$$
$$b_2 = 9 \, \text{h} \cdot 12\,500/\text{h} : 15\,000/\text{h} = 7,5 \, \text{h}$$

Anstelle des Einsetzens in die Ursprungsgleichungen und deren Auflösen nach b_2 kann auch gleich in entsprechend umgestellte Formeln eingesetzt werden.

1.7.2 Schematische Dreisatzrechnung

Die Dreisatzrechnung ist ein schematisiertes, vereinfachtes Verfahren zur Lösung von Verhältnisgleichungen. Auch beim Dreisatzschema muss vor dem Rechnen gefragt werden, ob das Verhältnis proportional (direkt, gerade) oder antiproportional (umgekehrt, ungerade) ist.

Beispiel 1-39: Ein Stapel Papier mit 2500 Bogen ist 37,5 cm hoch. Welche Höhe hat ein Stapel mit 4000 Bogen derselben Papiersorte?

Das erste Wertepaar (2500 und 37,5 cm) wird nebeneinander geschrieben. Unter die alte Bogenzahl (2500) kommt die neue (4000), der Platz unter der alten Höhe bleibt zunächst frei für die zu berechnende neue Höhe.

2500   37,5 cm
4000

Proportionales (gerades, direktes) Verhältnis: Der Wert oben rechts wird durch den linken dividiert, das Divisionsergebnis mit dem dritten Wert multipliziert.

$$2500 \xleftarrow{\text{geteilt durch}} 37,5\,\text{cm}$$

$$mal \downarrow \quad \xrightarrow{\text{ist gleich}}$$

$$4000 \xrightarrow{\hspace{2cm}} 60,0\,\text{cm}$$

Beispiel 1-40: Druckmaschinenleistung 12 500 Druck pro Stunde, Druckzeit 9 Stunden. Druckzeit bei 15 000 Bogen pro Stunde?

Antiproportionales (umgekehrtes, ungerades) Verhältnis: Multiplikation der Werte in der oberen Zeile, Division des Ergebnisses durch den dritten Wert.

$$12\,500 \xleftarrow{\text{mal}} 9\,\text{h}$$

$$geteilt \downarrow durch \quad \xrightarrow{\text{ist gleich}}$$

$$15\,000 \xrightarrow{\hspace{2cm}} 7,5\,\text{h}$$

Merkhilfen für die Anwendung der Rechenarten bei proportionalem (geradem, direktem) und antiproportionalem (umgekehrtem) Verhältnis:

▷ Beim **ge**raden Verhältnis wird zuerst **ge**teilt.
▷ Beim **di**rekten Verhältnis wird zuerst **di**vidiert.
▷ Beim **mul**gekehrten Verhältnis wird zuerst **mul**tipliziert.

1.7.3 Prozentrechnen

Beim Prozentrechnen geht es rechentechnisch um Verhältnisgleichung oder Dreisatzrechnung mit proportionalem (geradem, direktem) Verhältnis.

Prozent bedeutet zwar „von Hundert", das Prozentzeichen steht für „hundertstel" oder „geteilt durch hundert". Beim Rechnen wird das Prozent aber wie eine Hilfseinheit mit dem Symbol % verwendet.

Die Größen heißen hier Grundwert, Prozentwert und Prozentsatz. Der Grundwert entspricht in jedem Fall 100 %, der Prozentwert entspricht dem Prozentsatz. Der Quotient aus Prozentwert (w) und Prozentsatz (p) ist gleich dem durch 100 % dividierten Grundwert (g). Oder umgekehrt: Der Quotient aus Prozentsatz und Prozentwert ist gleich 100 % geteilt durch Grundwert.

F1-4.1 $w : p = g : 100\,\%$ **F1-4.2** $p : w = 100\,\% : g$

Anstelle der Gleichung kann die schematische Dreisatzmethode benutzt werden.

Beispiel 1-41: Um wie viel Euro verringert sich ein Preis von 2850 €, wenn 5 % Rabatt eingeräumt wird?

Grundwert $g = 2850\,€$ Prozentsatz $p = 5\,\%$
Der Prozentwert w wird berechnet (Formel 1-4.1).
$w : 5\,\% = 2850\,€ : 100\,\%$ $| \cdot 5\,\%$
$w = 2850\,€ : 100\,\% \cdot 5\,\% = 142,50\,€$

Dasselbe mit dem Dreisatzschema:

$$100\,\% \quad : \quad 2850\,€$$
$$\cdot$$
$$5\,\% \quad = \quad 142{,}50\,€$$

Beispiel 1-42: Es wurde eine Anzahlung von 20 % des Rechnungsbetrags geleistet. Wie hoch war der Rechnungsbetrag, wenn die Anzahlung 785 Euro betrug?

Prozentwert $w = 785\,€$ Prozentsatz $p = 20\,\%$

Der Grundwert g wird berechnet (Formel 1-4.1; linke und rechte Seite der Gleichung sind der Übersichtlichkeit halber vertauscht, sodass die gesuchte Größe g ganz links steht).

$g : 100\,\% = 785\,€ : 20\,\%$ $\qquad |\ \cdot 100\,\%$

$g = 785\,€ : 20\,\% \cdot 100\,\% = 3925\,€$

Dreisatzschema:

$$20\,\% \quad : \quad 785\,€$$
$$\cdot$$
$$100\,\% \quad = \quad 3925\,€$$

Beispiel 1-43: Bei einer Umfrage gaben 450 der 2500 Befragten an, dass sie von allen Eissorten am liebsten Himbeereis essen würden. Wie viel Prozent entspricht das?

Grundwert $g = 2500$ Prozentwert $w = 450$

Der Prozentsatz p wird berechnet (Formel 1-4.2).

$p : 450 = 100\,\% : 2500$ $\qquad |\ \cdot 450$

$p = 100\,\% : 2500 \cdot 450 = 18\,\%$

Dreisatzschema:

$$2500 \quad : \quad 100\,\%$$
$$\cdot$$
$$450 \quad = \quad 18\,\%$$

In manchen Fällen ist es etwas schwieriger, Prozentsatz, Grund- und Prozentwert richtig zu identifizieren.

Beispiel 1-44: Nach Abzug von 15 % Rabatt lautet eine Rechnung auf 2465 Euro. Wie hoch wäre der Rechnungsbetrag ohne Rabattabzug?

Grundwert g ist der gesuchte Rechnungsbetrag ohne Rabattabzug. Der um den Rabatt reduzierte Betrag kann als Prozentwert w interpretiert werden. Der Prozentsatz p beträgt 100 % − 15 % = 85 %.

$g : 100\,\% = 2465\,€ : (100\,\% - 15\,\%)$ $\qquad |\ \cdot 100\,\%$

$g = 2465\,€ : 85\,\% \cdot 100\,\% = 2900\,€$

Dreisatzschema:

$$85\,\% \quad : \quad 2465\,€$$
$$\cdot$$
$$100\,\% \quad = \quad 2900\,€$$

Der Rechnungsbetrag nach Rabattabzug in Beispiel 1-44 wird auch verminderter Grundwert genannt. Entsprechend kann der erhöhte Preis im folgenden Beispiel als erhöhter Grundwert bezeichnet werden.

Beispiel 1-45: Nach einer Preiserhöhung um 8 % kostet eine Ware 849,42 €. Um wie viel Euro wurde der Preis erhöht?

Gesucht ist der Prozentwert w. Der erhöhte Preis ist die Summe aus Grundwert g und Prozentwert w, die entsprechende Prozentzahl folglich 100 % + 8 % = 108 %.

$w : 8\,\% = 849,42\,€ : (100\,\% + 8\,\%)$ | $\cdot 8\,\%$

$w = 849,42\,€ : 108\,\% \cdot 8\,\% = 62,92\,€$

Dreisatzschema:

$$108\,\% \quad : \quad 849,42\,€$$
$$8\,\% \quad = \quad 62,92\,€$$

Zuschläge werden normalerweise vom Hundert berechnet, der ursprüngliche, noch nicht erhöhte Wert ist Grundwert. In einigen Fällen wird aber im Hundert gerechnet. Grundwert ist dann der bereits um den Zuschlag erhöhte Wert.

Beispiel 1-46: Wie hoch muss der Zuschlag sein, damit nach Abzug von 3 % Kundenskonto der kalkulierte Betrag von 2470 € verbleibt?

Berechnung im Hundert: Der kalkulierte Betrag ist Differenz aus Grundwert g und Prozentwert p (verminderter Grundwert), entspricht also 100 % − 3 % = 97 %

$w : 3\,\% = 2470,00\,€ : (100\,\% - 3\,\%)$ | $\cdot 3\,\%$

$g = 2470,00\,€ : 97\,\% \cdot 3\,\% \approx 76,39\,€$

Dreisatzschema:

$$97\,\% \quad : \quad 2470,00\,€$$
$$3\,\% \quad \approx \quad 76,39\,€$$

1.7.4 Übungsaufgaben zu Abschnitt 1.7

1. 12 Flaschen Limonade kosten 11,40 €. Wie hoch ist der Preis für 16 Flaschen?

2. Bei einem mittleren Verbrauch von 360 kWh pro Arbeitstag betragen die verbrauchsabhängigen monatlichen Stromkosten 2646 €. Welche monatlichen Kosten ergeben sich, wenn der Tagesverbrauch auf 300 kWh gesenkt wird?

3. Bei einer durchschnittlichen Geschwindigkeit von 70 km/h wurde eine Strecke in 9 Stunden zurückgelegt. Wie lange hätte die Fahrt bei einer Durchschnittsgeschwindigkeit von 90 km/h gedauert?

4. Für den Druck einer Auflage wurden 15 Stapel Papier mit je 12 000 Bogen bereitgestellt. Wie viele Stapel wären es bei 9000 Bogen Stapelhöhe gewesen?

5. Bei 12 m/s Bahngeschwindigkeit werden an einer Druckmaschine 36 000 Zeitschriftenexemplare pro Stunde gedruckt. Wie viele wären es bei 15 m/s?

6. Bei einem durchschnittlichen Tagesverbrauch von 120 Druckplattenrohlingen reicht die im Materiallager liegende Menge für 25 Arbeitstage. Wie lange reicht sie aus, wenn sich der tägliche Verbrauch auf 150 Rohlinge erhöht?

7. Beim Druck von 48 000 Zeitschriftenexemplaren wurde 5280 kg Papier verbraucht. Wie hoch wäre der Papierverbrauch bei 42 000 Exemplaren?

8. Ein 440-seitiges Buch wurde mit 36 Zeilen pro Seite gesetzt. Wie viele Seiten hätten sich ergeben, wenn es mit 40 Zeilen pro Seite gesetzt worden wäre?

9. Der Upload einer Datei dauerte 540 Sekunden, Übertragungsrate 4,8 Megabit pro Sekunde. Wie lange hätte die Übertragung mit 12 Mbit/s gedauert?

10. 10 000 Bogen Papier, Flächenmasse 80 g/m², haben die Masse 560 kg. Welche Masse haben 10 000 formatgleiche Bogen mit der Flächenmasse 70 g/m²?

11. Eine Arbeitnehmerin erhält eine Lohnerhöhung um 4,5 %. Um wie viel erhöht sich dadurch ihr Monatslohn von bisher 2976 Euro?

12. Wie viel Euro werden durch Abzug von 2 % Skonto eingespart, wenn die Rechnung auf 17 543 € lautet?

13. Die auf durchschnittlich 8 % komprimierten Bilddaten eines Buchprojekts belegen 962 Megabyte Speicherplatz auf der Festplatte. Wie viel Speicherplatz wäre für die unkomprimierten Bilddaten erforderlich?

14. Von den 184 Beschäftigten eines Betriebs sind 46 jünger als 30 Jahre. Wie viel Prozent sind das?

15. Der Preis eines Monitors von bisher 1250 € wurde um 300 € gesenkt. Wie viel Prozent beträgt die Preissenkung?

16. Ein Autofahrer fuhr mit 54 km/h durch eine Tempo-30-Zone. Um wie viel Prozent hat er die höchstzulässige Geschwindigkeit überschritten?

17. Nach einer Preiserhöhung um 6 % kostet ein PKW 23 850 €. Wie hoch war der Preis vor der Erhöhung?

18. Nach Abzug von 2,5 % Skonto wurde eine Rechnung mit 776,10 € beglichen. Bitte den Rechnungsbetrag vor Skontoabzug berechnen.

19. Auf eine Rechnung wurde eine Anzahlung von 840 € entsprechend 30 % geleistet. Wie hoch ist die verbleibende Restzahlung?

20. Drei Arbeitnehmer*innen eines Betriebs gehen zu Fuß zum Arbeitsplatz, zwölf fahren mit dem Fahrrad, 21 mit dem Bus, 45 mit der U-Bahn und 39 mit dem PKW. Wie viel Prozent benutzen öffentliche Verkehrsmittel?

21. Nach Abzug von 5 % Vermittlungsprovision vom Rechnungsbetrag soll ein Betrag von 4690 € verbleiben. Bitte den erforderlichen Zuschlag berechnen.

22. Die Kalkulation eines Druckauftrags ergibt Selbstkosten von 6743 €. Wie viel Euro beträgt der Angebotspreis bei einem Gewinnzuschlag von
    a) 10 % vom Hundert,
    b) 10 % im Hundert?

1.8 Geometrie

1.8.1 Flächen- und Volumenberechnungen

Bei der Berechnung von Flächen und Volumina ist darauf zu achten, dass alle Größen gleiche bzw. einander entsprechende Einheiten haben. Ist das nicht der Fall, sind sie vor dem Rechnen entsprechend umzuwandeln (vgl. Abschnitt 1.5.3).

Beispiel 1-47: Fläche eines Rhomboids, Seitenlänge 1,5 m, Höhe 90 cm

Richtig:	$1,5\,m \cdot 0,9\,m = 1,35\,m^2$
Auch richtig:	$150\,cm \cdot 90\,cm = 13\,500\,cm^2$
Falsch:	$1,5\,m \cdot 90\,cm$

Beispiel 1-48: Volumen eines Quaders, Grundfläche 60 cm², Höhe 40 mm

Richtig:	$60\,cm^2 \cdot 4\,cm = 240\,cm^3$
Auch richtig:	$6000\,mm^2 \cdot 40\,mm = 240\,000\,mm^3$
Falsch:	$60\,cm^2 \cdot 40\,mm$

1.8.2 Ebene geometrische Körper: Fläche und Umfang

A Fläche	d Durchmesser (Kreis)	r Radius
U Umfang	h Höhe	
Z Mittelpunkt	m Mittellinie (Trapez)	
$a\ b\ c\ d$ Seitenlängen	n Anzahl Ecken oder Seiten	

Dreieck

F 1-5 $\quad A = \dfrac{a \cdot h_a}{2} = \dfrac{b \cdot h_b}{2} = \dfrac{c \cdot h_c}{2}$

F 1-6 $\quad U = a + b + c$

Besondere Dreiecke

gleichseitig:	$a = b = c$	$h_a = h_b = h_c$
gleichschenklig:	$a = b$	$h_a = h_b$
rechtwinklig:	$a = h_b$	$b = h_a$

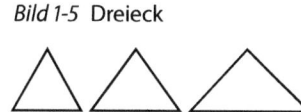

Bild 1-5 Dreieck

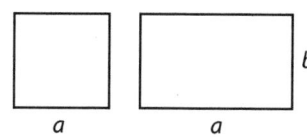

Bild 1-6 Dreiecke: gleichseitig, gleichschenklig, rechtwinklig

Quadrat

F 1-7 $\quad A = a^2$

F 1-8 $\quad U = 4a$

Rechteck

F 1-9 $\quad A = a \cdot b$

F 1-10 $\quad U = 2 \cdot (a + b)$

Bild 1-7 Quadrat, Rechteck

Parallelogramm (Rhomboid)

F 1-11 $\quad A = a \cdot h_a = b \cdot h_b$

F 1-12 $\quad U = 2 \cdot (a + b)$

Rhombus (gleichseitiges Parallelogramm)

$\quad a = b \quad h_a = h_b$

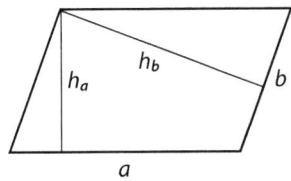

Bild 1-8 Parallelogramm

Trapez

$\quad A = h \cdot m$

$\quad m = (a + c) : 2$

F 1-13 $\quad A = h \cdot (a + c) : 2$

F 1-14 $\quad U = a + b + c + d$

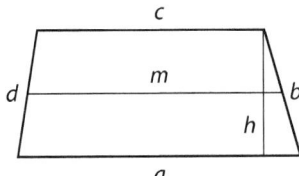

Bild 1-9 Trapez

Regelmäßiges Vieleck (n-Eck)

F 1-15 $\quad A = a \cdot r \cdot n : 2$

F 1-16 $\quad U = a \cdot n$

Kreis

F 1-17 $\quad A = r^2 \cdot \pi$

$\quad A = (d : 2)^2 \cdot \pi = d^2 : 4 \cdot \pi$

F 1-18 $\quad U = 2r \cdot \pi$

$\quad U = d \cdot \pi$

$\quad d = 2r$

$\quad \pi = 3{,}141\,592\,653\ldots$

Bild 1-10
Regelmäßiges Vieleck

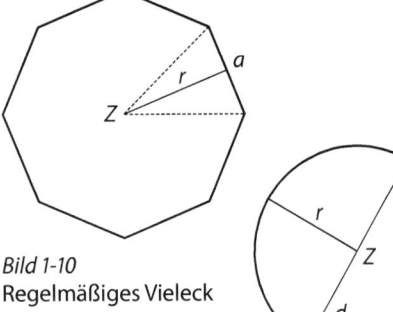

Bild 1-11 Kreis

1.8.3 Räumliche geometrische Körper: Volumen und Oberfläche

V Volumen

M Mantelfläche

O Oberfläche

Z Mittelpunkt

A_G Grundfläche (gleich Deckfläche)

U_G Umfang der Grundfläche

a Kantenlänge

d Durchmesser

h Höhe

r Radius

Würfel

F 1-19 $\quad V = a^3$

F 1-20 $\quad O = 6a^2$

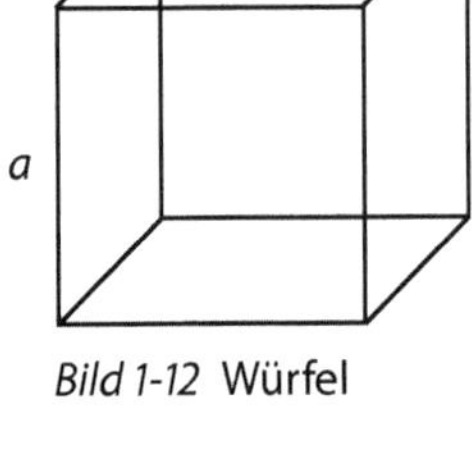

Bild 1-12 Würfel

Gerade Kantensäule (Prisma), gerade Rundsäule (Zylinder)

Grundfläche A_G und deren Umfang U_G werden mit der entsprechenden Formel aus Abschnitt 1.8.2 berechnet. Jedes Drei-, Vier- oder Vieleck kann Grundfläche einer Kantensäule sein. Kantensäulen mit rechteckiger Grundfläche heißen Quader.

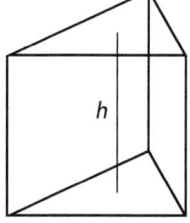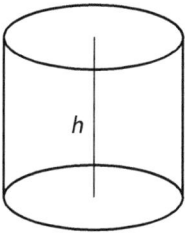

Bild 1-13 Gerade Kanten- und Rundsäule

F 1-21 $V = A_G \cdot h$

F 1-22 $M = U_G \cdot h$

F 1-23 $O = 2 \cdot A_G + M$

$O = 2 \cdot A_G + U_G \cdot h$

Kugel

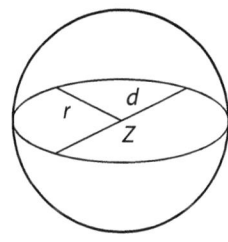

F 1-24 $V = \dfrac{4\,r^3}{3} \cdot \pi$ $\qquad V = \dfrac{d^3}{6} \cdot \pi$

F 1-25 $O = 4 \cdot r^2 \cdot \pi$ $\qquad O = d^2 \cdot \pi$

Bild 1-14 Kugel

1.8.4 Satz des Pythagoras

Im rechtwinkligen Dreieck werden die beiden kürzeren Seiten a und b, die im rechten Winkel zueinander liegen, als Katheten bezeichnet. Die längste Seite c, die dem rechten Winkel gegenüberliegt, heißt Hypotenuse. Nach dem Satz des Pythagoras ist die Summe der Quadrate der beiden Katheten gleich dem Quadrat der Hypotenuse.

F 1-26 $a^2 + b^2 = c^2$

Wenn zwei der drei Seiten bekannt sind, kann die dritte ausgerechnet werden. Dazu muss nur die allgemeine Formel nach c, a bzw. b aufgelöst werden (rein quadratische Gleichung, vgl. Abschnitte 1.6.3):

F 1-27 $c = \sqrt{a^2 + b^2}$

F 1-28 $a = \sqrt{c^2 - b^2}$

F 1-29 $b = \sqrt{c^2 - a^2}$

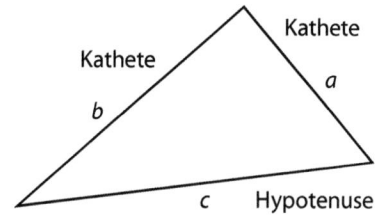

Bild 1-15 Seiten des rechtwinkligen Dreiecks

Beispiel 1-49: Hypotenuse eines rechtwinkligen Dreiecks mit den Katheten $a = 9\,cm$ und $b = 7\,cm$
$$c = \sqrt{9^2\,cm^2 + 7^2\,cm^2} = \sqrt{130\,cm^2} \approx 11{,}40\,cm$$

Beispiel 1-50: Kathete b eines rechtwinkligen Dreiecks mit Hypotenuse $c = 80\,mm$ und Kathete $a = 60\,mm$
$$b = \sqrt{80^2\,mm^2 - 60^2\,mm^2} = \sqrt{2800\,mm^2} \approx 52{,}9\,mm$$

Bei gleichschenkligen rechtwinkligen Dreiecken wird einfach mit der Quadratwurzel aus 2 multipliziert bzw. durch die Quadratwurzel aus 2 dividiert.

Beispiel 1-51: Hypotenuse eines gleichschenkligen rechtwinkligen Dreiecks mit der Kathete $a = b = 5\,cm$
$$5\,cm \cdot \sqrt{2} \approx 7{,}07\,cm$$

Beispiel 1-52: Kathete eines gleichschenkligen rechtwinkligen Dreiecks mit der Hypotenuse $c = 20\,cm$
$$20\,cm : \sqrt{2} \approx 14{,}14\,cm$$

Die allgemeine Herleitung dieser Rechenwege sieht so aus:
$$c^2 = a^2 + b^2 \quad | \quad a = b$$
$$c^2 = 2a^2$$
$$c = \sqrt{2a^2}$$

F 1-30 $\quad c = a \cdot \sqrt{2}$ $\qquad$ **F 1-31** $\quad a = c : \sqrt{2}$

1.8.5 Ebene Winkel

Die ebenen Winkel lassen sich nach ihrer Größe einteilen:
▷ spitze Winkel (kleiner als 90°)
▷ rechter Winkel (= 90°)
▷ stumpfe Winkel (größer als 90°, kleiner als 180°)
▷ gestreckter Winkel (= 180°)
▷ überstumpfe Winkel (größer als 180°, kleiner als 360°)
▷ Vollwinkel (= 360°)

Wenn es nicht auf die Drehrichtung des Winkels ankommt, wird die Gradzahl ohne Vorzeichen notiert. Ist die Drehrichtung von Bedeutung, so gilt: Bei Linksdrehung (gegen den Uhrzeigersinn) wird der Winkel mit dem Vorzeichen Plus angegeben, bei Rechtsdrehung (im Uhrzeigersinn) mit dem Vorzeichen Minus.

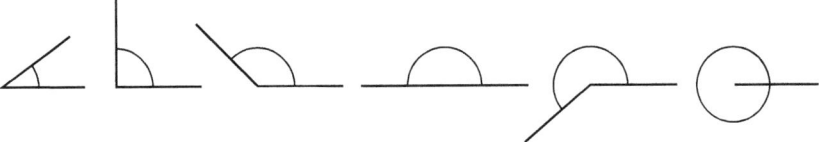

Bild 1-16 Spitzer, rechter, stumpfer, gestreckter und überstumpfer Winkel, Vollwinkel

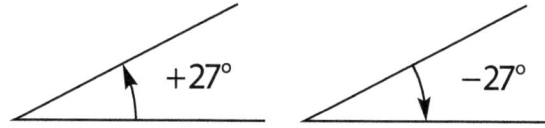

Bild 1-17
Winkel mit positiver und
negativer Drehrichtung

Bruchteile des Grad werden als Dezimalstellen oder in Minuten (1° = 60′) und Sekunden (1′ = 60″) angegeben. Beispiel: 65,84° = 65° 50′ 24″. Technisch-wissenschaftliche Taschenrechner erlauben beide Formen sowie Umwandlung in die jeweils andere (Taste oder Zweitfunktion [°′″], [DD▷DMS], [DMS▷DD]).
Winkel können anstatt in Grad auch in der Einheit Gon oder im Bogenmaß (Radiant) angegeben werden. Bei der Angabe in Gon hat der rechte Winkel 100 gon, der Vollwinkel 400 gon.

Beim Bogenmaß (Radiant, Einheit rad) wird die Länge des Bogens b angegeben, den die Schenkel des Winkels aus einem Kreis mit dem Radius 1 (Einheitskreis) ausschneiden, in dessen Mittelpunkt der Scheitel des Winkels liegt. Ein Kreis mit dem Radius 1 hat den Umfang 2π. Das Bogenmaß des Vollwinkels beträgt folglich 2π rad, des rechten Winkels $0,5\pi$ rad.

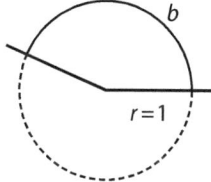

Bild 1-18 Bogenmaß

Tabelle 1-8: Winkeleinheiten und ihre Umrechnung

| | Vollwinkel | rechter Winkel | Umrechnung in | | |
			Grad	Gon	Radiant
Grad	360°	90°		: 0,9	: 180 · π
Gon	400 gon	100 gon	· 0,9		: 200 · π
Radiant	2π rad	0,5π rad	: π · 180	: π · 200	

1.8.6 Winkelfunktionen

Bei den Winkelfunktionen geht es um die Quotienten aus zwei Seiten eines rechtwinkligen Dreiecks in Abhängigkeit von einem der nicht-rechten Winkel. Da ein rechtwinkliges Dreieck zwei Katheten hat, werden sie zur Unterscheidung An- und Gegenkathete genannt. Die Ankathete liegt am untersuchten Winkel, die Gegenkathete liegt ihm gegenüber.

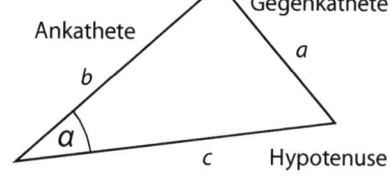

Bild 1-19
An- und Gegenkathete zum Winkel α (alpha)

Die wichtigsten Winkelfunktionen:

F 1-32   Sinus $= \dfrac{Gegenkathete}{Hypotenuse}$ $\sin\alpha = \dfrac{a}{c}$

F 1-33   Kosinus $= \dfrac{Ankathete}{Hypotenuse}$ $\cos\alpha = \dfrac{b}{c}$

F 1-34   Tangens $= \dfrac{Gegenkathete}{Ankathete}$ $\tan\alpha = \dfrac{a}{b}$

Die nicht-rechten Winkel rechtwinkliger Dreiecke sind immer spitz, also größer als 0° und kleiner als 90°. Als theoretische Grenzfälle lassen sich noch die Winkel 0° und 90° einbeziehen. Beim Winkel 0° entsteht ein Dreieck ohne Fläche, dessen Ankathete und Hypotenuse deckungsgleich sind und dessen Gegenkathete die Länge Null hat. Beim Winkel 90° sind Gegenkathete und Hypotenuse gleich, die Ankathete hat die Länge Null.

Um die Winkelfunktionen auch für größere Winkel erklären zu können, wird der Scheitel des Winkels in den Ursprung (Achsenschnittpunkt) eines Koordinatensystems gelegt. Die rechte (positive) Seite der Abszisse (x-Achse) bildet den festen Schenkel des Winkels. Der freie Schenkel durchläuft in positiver Richtung, also nach links (gegen den Uhrzeigersinn) drehend die vier Quadranten.

Wird um den Ursprung des Koordinatensystems ein Kreis mit dem Radius 1 (Einheitskreis) gezeichnet, ergeben sich die Funktionswerte aus den Schnittpunkten ($B_1, B_2, B_3, \dots$) des freien Schenkels mit dem Kreis. Der Radius des Einheitskreises entspricht der Hypotenuse des rechtwinkligen Dreiecks, die Koordinaten des Schnittpunkts von freiem Schenkel und Kreis der Gegen- und der Ankathete.

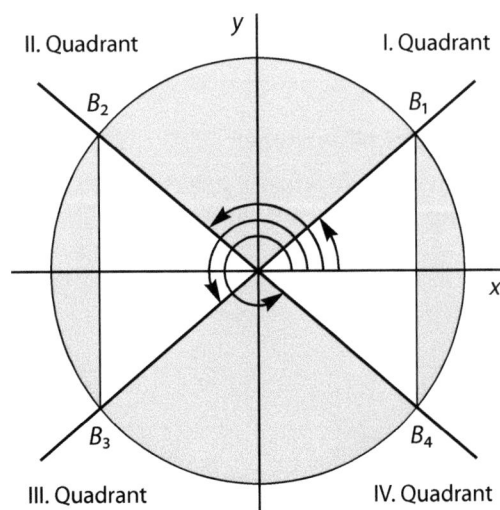

Bild 1-20
Winkel im Einheitskreis

Die folgenden Definitionen gelten für beliebig große Winkel; die weiteren Überlegungen in diesem Abschnitt werden sich aber im Wesentlichen auf Winkel bis unter 360° beschränken.

F 1-35 Sinus = *Ordinatenwert* $\qquad\qquad$ $\sin\alpha = y$

F 1-36 Kosinus = *Abszissenwert* $\qquad\qquad$ $\cos\alpha = x$

F 1-37 Tangens = $\dfrac{Ordinatenwert}{Abszissenwert}$ $\qquad\quad$ $\tan\alpha = \dfrac{y}{x}$

Bei Sinus und Kosinus entfällt die Division durch die Hypotenuse, weil sie immer die Länge 1 hat. Sinus und Kosinus können für jeden beliebigen Winkel ermittelt werden. Beim Tangens muss der Abszissenwert x ungleich null sein, weil eine Division durch Null „nicht erlaubt" ist (vgl. Abschnitt 1.1.6). Deshalb gibt es für die Winkel 90° und 270° keine Tangenswerte.

Die Funktionswerte können positiv oder negativ sein. Das Vorzeichen hängt davon ab, in welchem Quadranten des Koordinatensystems der Schnittpunkt des freien Schenkels mit dem Einheitskreis liegt, bis in welchen Quadranten also der Winkel reicht.

Tabelle 1-9: Vorzeichen der Winkelfunktionswerte

Quadrant	Sinus	Kosinus	Tangens
I	+	+	+
II	+	−	−
III	−	−	+
IV	−	+	−

Die Funktionswerte können problemlos mit jedem technisch-wissenschaftlichen Taschenrechner ermittelt werden; auch das Vorzeichen wird richtig angezeigt. Achtung: Bei den meisten Taschenrechnern bestimmt eine Voreinstellung, ob der Winkel in Grad, Gon oder Bogenmaß einzugeben ist. Also vor der Eingabe des Winkels immer die Einstellung überprüfen und nötigenfalls korrigieren! Die aktive Einstellung wird im Display angezeigt:

▷ D oder DEG (*degree*) für Grad
▷ G oder GRA (*gradian*) für Gon
▷ R oder RAD (*radian*) für Bogenmaß

Beispiel 1-53: Funktionswerte der Winkel 30°, 150°, 210° und 330°

$\sin 30° = 0{,}500$	$\sin 150° = 0{,}500$	$\sin 210° = -0{,}500$	$\sin 330° = -0{,}500$
$\cos 30° \approx 0{,}866$	$\cos 150° \approx -0{,}866$	$\cos 210° \approx -0{,}866$	$\cos 330° \approx 0{,}866$
$\tan 30° \approx 0{,}577$	$\tan 150° \approx -0{,}577$	$\tan 210° \approx 0{,}577$	$\tan 330° \approx -0{,}577$

Die Umkehrungen der Winkelfunktionen heißen Arkussinus (arcsin), Arkuskosinus (arccos) und Arkustangens (arctan). Hier geht es darum, von gegebenen Sinus-, Kosinus- oder Tangenswerten auf die Winkel zu schließen. Auf Tastaturen von Taschenrechnern sind diese Operationen meistens als $\sin^{-1}$, $\cos^{-1}$ und $\tan^{-1}$ bezeichnet.

Zu jedem Winkelfunktionswert gibt es zwei Winkel, die kleiner als 360° sind (und unendlich viele größere). Das liegt daran, dass unterschiedliche Winkel gleiche Winkelfunktionswerte haben können (vgl. Beispiel 1-53).

Taschenrechner zeigen die Hauptwerte von Arkussinus, Arkuskosinus und Arkustangens an. Daraus können in einem weiteren Rechenschritt die Winkel ermittelt werden. Für die Hauptwerte werden die Operationszeichen Arcsin, Arccos und Arctan (mit Versalien als Anfangsbuchstaben) verwendet.

$$-90° \leq \text{Arcsin}\, x \leq 90°$$
$$0° \leq \text{Arccos}\, x \leq 180°$$
$$-90° < \text{Arctan}\, x < 90°$$

Tabelle 1-10 zeigt, wie die beiden Winkel aus dem jeweiligen Hauptwert zu ermitteln sind und in welchen Quadranten des Koordinatensystems ihre freien Schenkel liegen.

Tabelle 1-10: Hauptwerte und Winkel von Arkussinus, Arkuskosinus, Arkustangens

Hauptwert	arcsin	arccos	arctan
positiv	$\alpha_1 = \text{Arcsin}\, x$ (I. Quadrant)	$\alpha_1 = \text{Arccos}\, x$ (I. o. II. Quadrant)	$\alpha_1 = \text{Arctan}\, x$ (I. Quadrant)
	$\alpha_2 = 180° - \text{Arcsin}\, x$ (II. Quadrant)	$\alpha_2 = 360° - \text{Arccos}\, x$ (III. o. IV. Quadrant)	$\alpha_2 = 180° + \text{Arctan}\, x$ (III. Quadrant)
negativ	$\alpha_1 = 180° - \text{Arcsin}\, x$ (III. Quadrant)	–	$\alpha_1 = 180° + \text{Arctan}\, x$ (III. Quadrant)
	$\alpha_2 = 360° + \text{Arcsin}\, x$ (IV. Quadrant)		$\alpha_2 = 360° + \text{Arctan}\, x$ (IV. Quadrant)

Beispiel 1-54: $\arcsin 0,25$
Der Taschenrechner liefert den Hauptwert:
$$\text{Arcsin}\, 0,25 \approx 14,48°$$
Daraus ergeben sich die beiden Winkel:
$$\alpha_1 \approx 14,48° \qquad \alpha_2 \approx 180° - 14,48° = 165,52°$$

Beispiel 1-55: $\arccos(-0,7)$
$$\text{Arccos}(-0,7) \approx 134,43°$$
$$\alpha_1 \approx 134,43° \qquad \alpha_2 \approx 360° - 134,43° = 225,57°$$

Beispiel 1-56: arctan $(-0,4)$

Arctan $(-0,4) \approx -21,80°$

$\alpha_1 \approx 180° + (-21,80°) = 158,20°$ $\qquad \alpha_2 \approx 360° + (-21,80°) = 338,20°$

Wenn sich die ungefähre Größe des gesuchten Winkels vorab schätzen lässt, kann er eindeutig bestimmt werden. Denn in diesem Fall ist ja bekannt, in welchem Quadranten des Koordinatensystems sein freier Schenkel liegt.

Tabelle 1-11: Ermittlung des Winkels im bekannten Quadranten

Quadrant	arcsin	arccos	arctan
I	Arcsin	Arccos	Arctan
II	180° – Arcsin	Arccos	180° + Arctan
III	180° – Arcsin	360° – Arccos	180° + Arctan
IV	360° + Arcsin	360° – Arccos	360° + Arctan

Beispiel 1-57: arcsin 0,25; der gesuchte Winkel liegt zwischen 90° und 180°, sein freier Schenkel also im II. Quadranten.

$\alpha = 180° - \text{Arcsin}\, 0,25 \approx 180° - 14,48° = 165,52°$

Beispiel 1-58: arccos $(-0,7)$; der gesuchte Winkel liegt zwischen 180° und 270°, sein freier Schenkel also im III. Quadranten.

$\alpha = 360° - \text{Arccos}\,(-0,7) \approx 360° - 134,43° = 225,57°$

Beispiel 1-59: arctan $(-0,4)$; der gesuchte Winkel liegt zwischen 270° und 360°, sein freier Schenkel also im IV. Quadranten.

$\alpha = 360° + \text{Arctan}\,(-0,4) \approx 360° + (-21,80°) = 338,20°$

1.8.7 Raumwinkel

Raumwinkel Ω *(Omega)* ist der räumliche Öffnungswinkel eines geraden Kreiskegels. Wenn die Spitze des Kegels im Mittelpunkt einer Kugel liegt, ergibt sich der Raumwinkel als Quotient der Fläche A, die der Kegel aus der Kugeloberfläche ausschneidet, und dem Quadrat des Radius r der Kugel.

F 1-38 $\quad \Omega = A : r^2$

Einheit des Raumwinkels ist der Steradiant (sr). Der Name weist darauf hin, dass es sich um die stereometrische (räumliche) Variante des Bogenmaßes (Radiant) handelt. Ein Steradiant entspricht dem Öffnungswinkel eines Kegels, dessen Spitze im Mittelpunkt einer Kugel mit dem Radius ein Meter liegt und der eine Fläche von einem Quadratmeter aus der Oberfläche ausschneidet.

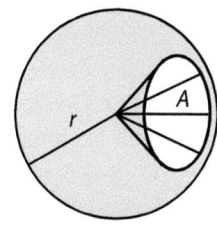

Bild 1-21 Raumwinkel

Der Vollwinkel ergibt sich aus der Kugeloberfläche im Verhältnis zum Quadrat ihres Radius. Da sich die Kugeloberfläche nach der Formel $O = 4 \cdot r^2 \cdot \pi$ (vgl. Abschnitt 1.8.3, Formel 1-25) errechnet, ergibt sich für den Vollwinkel:

$$\Omega = (4 \cdot r^2 \cdot \pi) : r^2 = 4\pi \, \text{sr} \approx 12{,}566 \, \text{sr}$$

1.8.8 Übungsaufgaben zu Abschnitt 1.8

1. Berechnen Sie bitte jeweils Fläche und Umfang.
   a) Rechteck, Seitenlängen 7,5 cm und 12 cm
   b) Rhombus, Seitenlänge 96 mm, Höhe 5 cm
   c) Kreis, Radius 42 mm
   d) Kreis, Durchmesser 18 cm

2. Bitte die Flächen berechnen.
   a) Trapez, parallele Seiten 16 cm und 10 cm, Höhe 50 mm
   b) Dreieck, Seitenlänge $c = 9$ cm, Höhe $h_c = 7$ cm
   c) Rechtwinkliges Dreieck mit den Katheten $a = 12$ cm und $b = 16$ cm

3. Berechnen Sie bitte jeweils Volumen und Oberfläche.
   a) Quader, Seitenlängen der Grundfläche 15 cm und 8 cm, Höhe 6 cm
   b) Zylinder, Radius der Grundfläche 64 mm, Höhe 11 cm
   c) 16 cm hohe Kantensäule; Grundfläche ist ein regelmäßiges Sechseck mit dem Radius 5,2 cm und der Seitenlänge 6 cm.

4. Bitte Volumina und Oberflächen der Kugeln berechnen.
   a) Radius 5 cm
   b) Durchmesser 17 cm

5. a) In einem rechtwinkligen Dreieck sind die Katheten 12 cm und 9 cm lang. Wie lang ist die Hypotenuse?
   b) Die Hypotenuse eines rechtwinkligen Dreiecks ist 95 mm, eine der Katheten 64 mm lang. Wie lang ist die andere Kathete?
   c) Wie lang ist die Diagonale eines Rechtecks mit 45 cm und 70 cm Seitenlänge? Lösungshilfe: Die Diagonale teilt das Rechteck in zwei rechtwinklige Dreiecke.
   d) Die Diagonale eines Rechtecks ist 306 mm lang, eine der Seiten 275 mm. Wie lang ist die andere Seite des Rechtecks?
   e) Wie lang ist die Hypotenuse eines gleichschenkligen rechtwinkligen Dreiecks mit der Kathete 17 cm?
   f) Welche Seitenlänge hat ein Quadrat, dessen Diagonale 193 mm lang ist?

6. Wandeln Sie bitte die Winkel in die angegebenen Einheiten um.
   a) 45° in Gon und in Radiant
   b) 250° in Gon und in Radiant
   c) 150 gon in Grad und in Radiant
   d) 360 gon in Grad und in Radiant
   e) $0{,}3\pi$ rad in Grad und in Gon
   f) 5,6 rad in Grad und in Gon

7. Ermitteln Sie bitte mit dem Taschenrechner jeweils Sinus, Kosinus und Tangens der Winkel 0°, 30°, 45°, 60° und 90°.

8. Ermitteln Sie bitte die Winkelfunktionswerte mit dem Taschenrechner.

a) $\sin 240°$ c) $\cos 320°$ e) $\tan 290°$ g) $\tan 2,5\,\text{rad}$

b) $\sin 180\,\text{gon}$ d) $\cos 3,6\,\text{rad}$ f) $\tan 210\,\text{gon}$

9. Ermitteln Sie bitte die Winkel in Grad, Bruchteile ggf. als Dezimalstellen.

a) $\arcsin 0,5$ (I. Quadrant)   d) $\arccos 0,96$ (IV. Quadrant)

b) $\arcsin(-0,58)$ (III. Quadrant)   e) $\arctan 11,4$ (I. Quadrant)

c) $\arccos(-0,47)$ (II. Quadrant)   f) $\arctan(-0,28)$ (IV. Quadrant)

Erhöhter Schwierigkeitsgrad

10. a) Welche Höhe hat ein Dreieck mit $c = 70\,\text{mm}$ und $A = 15,75\,\text{cm}^2$?

b) Welchen Durchmesser hat ein Kreis mit der Fläche $72,4\,\text{cm}^2$?

11. Die Schenkel eines gleichschenkligen Dreiecks sind je 17 cm lang, die dritte Seite ist 14 cm lang. Bitte Höhe und Fläche berechnen. Lösungshilfe: Die Höhe teilt das gleichschenklige Dreieck in flächengleiche rechtwinklige Dreiecke.

12. Ein rechtwinkliges Dreieck hat einen spitzen Winkel $\alpha = 40°$, die Ankathete ist 16 cm lang. Bitte Gegenkathete und Hypotenuse berechnen.

13. In einem rechtwinkligen Dreieck ist eine Kathete 140 mm und die Hypotenuse 170 mm lang. Wie groß sind die beiden nicht-rechten Winkel des Dreiecks?

1.9 Mittelwerte

1.9.1 Arithmetisches Mittel

Das arithmetische Mittel aus zwei Werten ist ihre durch zwei dividierte Summe. Bei mehr als zwei Werten wird die Summe durch die Anzahl der Werte dividiert. Das arithmetische Mittel wird umgangssprachlich meist Durchschnitt oder Durchschnittswert genannt.

Beispiel 1-60: Arithmetisches Mittel der Strecken 16 cm und 25 cm

     $(16\,\text{cm} + 25\,\text{cm}) : 2 = 20,5\,\text{cm}$

Beispiel 1-61: Arithmetisches Mittel der Preise 799 €, 848 €, 898 €, 978 €, 1095 €

     $(799\,€ + 848\,€ + 898\,€ + 978\,€ + 1095\,€) : 5 = 923,60\,€$

Beim einfachen arithmetischen Mittel gehen die Werte mit gleichen Gewichten in die Berechnung ein. Beim gewichteten (gewogenen) arithmetischen Mittel haben die Werte dagegen unterschiedliche Gewichte. Die Werte werden mit Gewichtsfaktoren multipliziert, die Summe dieser Produkte wird durch die Summe der Gewichtsfaktoren dividiert.

Um anstelle des mittleren Angebotspreises (Beispiel 1-61) den mittleren Preis zu berechnen, der von Käufer*innen gezahlt wurde, werden die Preise mit den verkauften Stückzahlen gewichtet.

Beispiel 1-62: Berechnung des gewichteten arithmetischen Mittels, der Übersichtlichkeit halber in tabellarische Form

Stückpreis	Stückzahl	Preis · Stückzahl
799 €	96	76 704 €
848 €	147	124 656 €
898 €	125	112 250 €
978 €	74	72 372 €
1095 €	25	27 375 €
Summen	467	413 357 €
Arithm. Mittel:	413 357 € : 467 ≈ 885,13 €	

Einfaches und gewichtetes arithmetisches Mittel als Formeln:

F 1-39 $\bar{x} = (x_1 + x_2 + x_3 + \ldots + x_n) : n$

F 1-40 $\bar{x} = (x_1 \cdot f_1 + x_2 \cdot f_2 + x_3 \cdot f_3 + \ldots + x_n \cdot f_n) : (f_1 + f_2 + f_3 + \ldots + f_n)$

$\bar{x}$ (x quer) arithmetisches Mittel f Gewichtsfaktor
n Anzahl der Werte x, deren Mittelwert errechnet wird

1.9.2 Geometrisches Mittel

Das geometrische Mittel aus zwei Zahlen ist die Quadratwurzel ihres Produkts. Bei mehr als zwei Werten wird ebenfalls das Produkt radiziert, wobei der Wurzelexponent der Anzahl der Faktoren entspricht. Berechnung des geometrischen Mittels ist nur möglich, wenn alle Werte größer als null sind.

Beispiel 1-63: Geometrisches Mittel der Strecken 16 cm und 25 cm

$$\sqrt{16\,\text{cm} \cdot 25\,\text{cm}} = 20,0\,\text{cm}$$

Zum Vergleich: Das arithmetische Mittel beträgt (16 cm + 25 cm) : 2 = 20,5 cm (Beispiel 1-60). Beim arithmetischen Mittel weichen die beiden Werte um den gleichen Subtrahenden bzw. Summanden vom Mittelwert ab:

  20,5 cm − 4,5 cm = 16,0 cm   20,5 cm + 4,5 cm = 25,0 cm

Beim geometrischen Mittel ist dagegen der Faktor bzw. Divisor gleich:

  20,0 cm : 1,25 = 16,0 cm   20,0 cm · 1,25 = 25,0 cm

Das geometrische Mittel der beiden Seitenlängen eines Rechtecks ist zugleich Seitenlänge eines flächengleichen Quadrats.

  16 cm · 25 cm = 400 cm²   20 cm · 20 cm = 400 cm²

Das geometrische Mittel aus zwei Werten ist immer kleiner als das arithmetische. Bei mehr als zwei Werten können die Mittelwerte ausnahmsweise gleich sein. Das geometrische Mittel ist aber in keinem Fall größer als das arithmetische.

Das geometrische Mittel wird insbesondere bei aufeinander aufbauenden Verhältniswerten benutzt, zum Beispiel wirtschaftlichen Wachstumsraten. Das arithmetische Mittel wäre hier sachlich unzutreffend.

Beispiel 1-64: Die Jahresumsätze eines Unternehmens erhöhten bzw. verringerten sich jeweils um die folgenden Prozentsätze gegenüber dem Vorjahr:
+6 %, +12 %, −2 %, ±0, +5 %, +8 %, +6 %
Gerechnet wird nicht mit diesen Veränderungsraten (Veränderung um p %), sondern mit den entsprechenden Faktoren (Veränderung auf 100 % + p %).
$$\sqrt[7]{106\,\% \cdot 112\,\% \cdot 98\,\% \cdot 100\,\% \cdot 105\,\% \cdot 108\,\% \cdot 106\,\%} \approx 104{,}9\,\%$$
Die Umsätze veränderten sich also im Mittel um:
104,9 % − 100 % = 4,9 %

Das geometrische Mittel als Formel:

F 1-41 $\bar{x}_G = \sqrt[n]{x_1 \cdot x_2 \cdot x_3 \cdot \ldots \cdot x_n}$ $x_1, x_2, x_3, \ldots, x_n > 0$

$\bar{x}_G$ geometrisches Mittel n Anzahl der Werte x

1.9.3 Zentralwert

Um den Zentralwert (Median) zu ermitteln, werden die Werte aufsteigend geordnet und durchnummeriert. Bei ungerader Anzahl von Werten ist der in der Mitte liegende der Zentralwert; bei gerader Anzahl von Werten wird das arithmetische Mittel aus den beiden in der Mitte liegenden Werten berechnet.
Besonderheit des Zentralwerts: „Ausreißer", also einzelne Werte, die stark von der Mehrzahl der Werte abweichen, haben keinen Einfluss auf das Ergebnis.
Der Zentralwert wird vor allem in der Statistik, also bei großen Datenmengen, zusätzlich zum arithmetischen Mittel angegeben. In den folgenden Beispielen werden die Zentralwerte der Kürze und Anschaulichkeit halber aus nur sieben bzw. acht Werten ermittelt.

Beispiel 1-65: Monatliche Arbeitsentgelte der sieben Beschäftigten eines kleinen Betriebs: 2800 €, 2900 €, 2900 €, 3000 €, 3100 €, 3250 € und 4800 €. Zentralwert?
Die Ordnungsnummer des in der Mitte liegenden Werts ergibt sich, indem die um 1 erhöhte Anzahl der Werte durch 2 dividiert wird.
(7 + 1) : 2 = 4
Zentralwert ist also der Wert mit der Ordnungsnummer 4.

Ordnungsnummer	1	2	3	**4**	5	6	7
Wert	2800	2900	2900	**3000**	3100	3250	4800

Der Zentralwert beträgt also 3000 €.
Zum Vergleich: Das arithmetische Mittel beträgt hier 3250 €.

Bei gerader Anzahl von Werten liegt kein einzelner Wert genau in der Mitte. Hier wird das arithmetische Mittel der beiden links und rechts von der Mitte liegenden Werte ausgerechnet.

Beispiel 1-66: Zentralwert der acht Arbeitsentgelte 2800 €, 2900 €, 2900 €, 3000 €, 3100 €, 3150 €, 3250 €, 4800 €

Die Ordnungsnummer des unmittelbar unterhalb der Mitte liegenden Werts entspricht der halben Anzahl der Werte; die Ordnungsnummer des unmittelbar oberhalb der Mitte liegenden Werts ist um 1 höher.

$$8 : 2 = 4 \qquad 8 : 2 + 1 = 5$$

Vierter und fünfter Wert liegen also in der Mitte.

Ordnungsnummer	1	2	3	**4**	**5**	6	7	8
Wert	2800	2900	2900	**3000**	**3100**	3150	3250	4800

Der Zentralwert beträgt:

$$(3000 \, € + 3100 \, €) : 2 = 3050 \, €$$

In formalisierter Darstellung sieht die Ermittlung des Zentralwerts so aus:

F 1-42 $\quad Z = x_{(n+1):2}$ $\qquad$ für ungerade n

F 1-43 $\quad Z = (x_{n:2} + x_{n:2+1}) : 2$ $\qquad$ für gerade n

1.9.4 Übungsaufgaben zu Abschnitt 1.9

1. Errechnen Sie bitte jeweils arithmetisches und geometrisches Mittel.
   a) 9 cm 16 cm $\qquad$ b) 120 mm 180 mm $\qquad$ c) 1189 mm 1414 mm

2. Bitte das einfache arithmetische Mittel der Angebotspreise und das mit den Verkaufszahlen gewichtete arithmetische Mittel berechnen.

Angebotspreis	189 €	195 €	219 €	225 €	240 €
Verkaufte Stückzahl	244	286	170	196	87

3. Ein Roman wurde von Leser*innen mit einem Stern bis fünf Sternen bewertet. Bitte das gewichtetes arithmetische Mittel berechnen.

Bewertung (Sterne)	1	2	3	4	5
Anzahl Bewertungen	2	3	8	17	10

4. Die sieben Beschäftigten eines kleinen Betriebs legen auf dem Weg zum Arbeitsplatz diese Entfernungen zurück: 2 km, 5 km, 7 km, 8 km, 10 km, 14 km, 74 km. Bitte arithmetisches Mittel berechnen und Zentralwert ermitteln.

5. In einer Region gibt es zwölf Druckereien mit folgenden Beschäftigtenzahlen: 5, 7, 12, 15, 16, 20, 24, 29, 36, 42, 73, 126
   Errechnen Sie bitte die mittlere Betriebsgröße als arithmetisches Mittel und geben Sie den Zentralwert an.

6. Bitte die mittlere Steigerungsrate als geometrisches Mittel berechnen.
   +3 %, +8 %, +5 %, +10 %, +12 %, +2 %, −1 %, +5 %, +7 %, +4 %

2 Typografie und Layout

2.1 Typografische Längeneinheiten

2.1.1 PostScript, Pica und Didot

Schriftgrößen, Zeilenabstände und andere vertikale oder horizontale Ausdehnungen werden in der typografischen Praxis oft in typografischen, nichtmetrischen Längeneinheiten angegeben.

Das heute ganz überwiegend verwendete typografische Einheitensystem stammt aus der Seitenbeschreibungssprache PostScript. Die Einheit Point oder Punkt (pt) entsteht durch nichtdezimale Teilung des Inch: $1\,pt = \frac{1}{72}\,inch \approx 0{,}353\,mm$. Bruchteile werden meist als Dezimale angegeben, selten in der Einheit twip (*twentieth point*; $1\,pt = 20\,twip$). Die größere Einheit Pica (P) ist nichtdezimales Vielfaches des Point: $1\,P = 12\,pt \approx 4{,}233\,mm$.

Um Verwechslungen mit anderen typografischen Längeneinheiten zu vermeiden, die ebenfalls Point oder Punkt heißen, wird der Point (Punkt) im PostScript-System auch PS-Point, DTP-Point oder Big Point genannt.

Die Einheiten des PS-Systems ähneln denen des älteren amerikanischen Pica-Systems, sind aber nicht identisch. Der Point im Pica-System (Printer's Point) ist etwas kleiner als der PS-Point: $1\,pt = \frac{0{,}966}{72}\,inch \approx 0{,}351\,mm$.

Die Einheit Punkt (p) des Didot-Systems (deutsch-französisches Normalsystem) ist etwas größer als der PostScript-Point. DIN 16 507-1 nennt das historische Maß 0,376 065 mm, das mit drei Nachkommastellen angegebene exakte Maß 0,376 mm und das gerundete Maß 0,375 mm. Das Zwölffache des Punkts heißt Cicero (c), exaktes Maß 4,513 mm, gerundet 4,500 mm.

Tabelle 2-1: Typografische Einheitensysteme

System	Einheiten	Umwandlung		
PostScript (DTP-Point, Big Point)	Point (pt) Pica (P)	$12\,pt = 1\,P$ $1\,pt = \frac{1}{72}\,inch = \frac{25{,}4}{72}\,mm \approx 0{,}353\,mm$ $1\,P = \frac{1}{6}\,inch = \frac{25{,}4}{6}\,mm \approx 4{,}233\,mm$		
Pica (Printer's Point)	Point (pt) Pica (P)	$12\,pt = 1\,P$ $1\,pt = \frac{0{,}996}{72}\,inch \approx \frac{25{,}3}{72}\,mm \approx 0{,}351\,mm$ $1\,P = \frac{0{,}996}{6}\,inch \approx \frac{25{,}3}{6}\,mm \approx 4{,}217\,mm$		
Didot (deutsch-franz. Normalsystem)	Punkt (p) Cicero (c)	$12\,p = 1\,c$ $1\,p = 0{,}376\,mm$ $1\,p \approx 0{,}375\,mm$	$1\,c = 4{,}513\,mm$ $1\,c \approx 4{,}500\,mm$	(exakt) (gerundet)

2.1.2 Umwandlung Point – Pica

Bei der Umwandlung von Pica in Point wird mit dem Faktor 12 gerechnet. In Point angegebene Pica-Bruchteile werden addiert.

Beispiel 2-1: Umwandlung von 16 Pica in Point
$$16\,P \cdot 12\,pt/P = 192\,pt$$

Beispiel 2-2: Umwandlung von 9 Pica 4 Point in Point
$$9\,P \cdot 12\,pt/P + 4\,pt = 108\,pt + 4\,pt = 112\,pt$$

Bei der Umwandlung von Point in Pica wird durch 12 dividiert. Pica-Bruchteile sind, sofern sie nicht als Nachkommastellen angegeben werden sollen, in Point auszuweisen.

Beispiel 2-3: Umwandlung von 168 Point in Pica
„Glattes" Ergebnis:
$$168\,pt : 12\,pt/P = 14\,P$$

Beispiel 2-4: Umwandlung von 189 Point in Pica, Bruchteil in Point
Division mit Rest:
$$\lfloor 189\,pt : 12\,pt/P \rfloor = 15\,P$$
$$Rest = 189\,pt - 12\,pt/P \cdot 15\,P = 9\,pt$$
Alternativer Lösungsweg – Umwandlung in Pica mit Nachkommastellen und Umwandlung des Pica-Bruchteils in Point:
$$189\,pt : 12\,pt/P = 15{,}75\,P$$
$$0{,}75\,P \cdot 12\,pt/P = 9\,pt$$
Lösung mit Angabe des Pica-Bruchteils in Point:
$$15\,P\,9\,pt$$

2.1.3 Umwandlung PostScript-Point – Millimeter

Bei der Umwandlung von PostScript-Point und -Pica in Millimeter besteht das Problem der „krummen" Umwandlungsfaktoren. Rechnen mit den auf drei Nachkommastellen gerundeten Werten $1\,pt \approx 0{,}353\,mm$ und $1\,P \approx 4{,}233\,mm$ führt bei längeren Strecken zu kleinen Ungenauigkeiten. Wenn hohe Genauigkeit nötig ist, sollte mit $1\,pt = {}^{25{,}4}/_{72}\,mm$ und $1\,P = {}^{25{,}4}/_{6}\,mm$ oder den auf vier Nachkommastellen gerundeten Werten $1\,pt \approx 0{,}3528\,mm$ und $1\,P \approx 4{,}2333\,mm$ gerechnet werden.

Beispiel 2-5: Umwandlung von 460 pt in Millimeter
Mit kleiner Ungenauigkeit:
$$460\,pt \cdot 0{,}353\,mm/pt = 162{,}380\,mm \approx 162{,}4\,mm$$
Genauer:
$$460\,pt \cdot {}^{25{,}4}/_{72}\,mm/pt = 460\,pt \cdot 25{,}4\,mm : 72\,pt \approx 162{,}278\,mm \approx 162{,}3\,mm$$
$$460\,pt \cdot 0{,}3528\,mm/pt = 162{,}288\,mm \approx 162{,}3\,mm$$

Beispiel 2-6: Umwandlung von 64 P 8 pt in Millimeter

$$64\,P \cdot 4{,}233\,mm/P + 8\,pt \cdot 0{,}353\,mm/pt = 270{,}912\,mm + 2{,}824\,mm \approx 273{,}7\,mm$$

$$64\,P \cdot {}^{25{,}4}\!/_{6}\,mm/P + 8\,pt \cdot {}^{25{,}4}\!/_{72}\,mm/pt \approx 270{,}933\,mm + 2{,}822\,mm \approx 273{,}8\,mm$$

$$64\,P \cdot 4{,}2333\,mm/P + 8\,pt \cdot 0{,}3528\,mm/pt = 270{,}9312\,mm + 2{,}8224\,mm$$

$$\approx 273{,}8\,mm$$

Das Problem der „krummen" Umwandlungszahlen tritt natürlich auch bei der umgekehrten Umwandlung von Millimeter in Point oder Pica auf.

Beispiel 2-7: Umwandlung von 105 mm in Point

$$105\,mm : 0{,}353\,mm/pt \approx 297{,}450 \approx 297{,}5\,pt$$

$$105\,mm : {}^{25{,}4}\!/_{72}\,mm/pt = 105\,mm : 25{,}4\,mm \cdot 72\,pt \approx 297{,}638\,pt \approx 297{,}6\,pt$$

$$105\,mm : 0{,}3528\,mm/pt \approx 297{,}619\,pt \approx 297{,}6\,pt$$

Beispiel 2-8: Umwandlung von 105 mm in Pica, Pica-Bruchteil in Point
Division mit Rest, Umwandlung des Divisionsrests in Point:

$$\lfloor 105\,mm : 4{,}2333\,mm/P \rfloor = 24\,P$$

$$Rest = 105\,mm - 4{,}2333\,mm/P \cdot 24\,P = 105\,mm - 101{,}5992\,mm = 3{,}4008\,mm$$

$$3{,}4008\,mm : 0{,}3528\,mm/pt \approx 9{,}6\,pt \qquad \text{Lösung: } 24\,P\,9{,}6\,pt$$

Alternativer Lösungsweg – Umwandlung in Pica mit Nachkommastellen und Umwandlung des Pica-Bruchteils in Point:

$$105\,mm : 4{,}2333\,mm/P \approx 24{,}8033\,P$$

$$0{,}8033\,P \cdot 12\,pt/P \approx 9{,}6\,pt \qquad \text{Lösung: } 24\,P\,9{,}6\,pt$$

Beide Lösungswege funktionieren entsprechend mit den Umwandlungszahlen 4,233 mm/pt und 0,353 mm/pt oder ${}^{25{,}4}\!/_{6}$ mm/P und ${}^{25{,}4}\!/_{72}$ mm/pt.

2.1.4 Geviert

Die relative Einheit Geviert wird in der Typografie vor allem für horizontale Ausdehnungen wie Einzug, Unterschneidung oder Spationierung verwendet. Das Geviert ist ein (fiktives) Quadrat, dessen Seitenlänge der Schriftgröße entspricht. Die englischen Bezeichnung *em quad* bezog sich ursprünglich auf die Breite des Versal-M; heute steht sie, ebenso wie das daraus entstandene Symbol em, für das Geviert.

Beispiel 2-9: Einzug von Kapitelüberschriften um 3 em, Schriftgröße 10,5 pt
Einzug in pt: $3\,em \cdot 10{,}5\,pt/em = 31{,}5\,pt$

Beispiel 2-10: Einzug 15 pt, Schriftgröße 12 pt
Einzug in em: $15\,pt : 12\,pt/em = 1{,}25\,em$

Geviertbruchteile werden oft als gemeine Brüche angegeben, also zum Beispiel Halb-, Viertel- oder Achtelgeviert. Layout- und Grafikprogramme unterteilen das Geviert sehr fein, zum Beispiel in Tausendstel (Adobe InDesign) oder Zweihundertstel (QuarkXPress).

Bei der Formatierung von HTML-Seiten mit der Formatierungssprache CSS *(Cascading Style Sheets)* können Schriftgrößen, Breiten und Höhen, Abstände und Rahmenstärken in der Einheit em notiert werden. Bei Breiten, Höhen, Abständen und Rahmenstärken bezieht sich die Einheit em auf die Schriftgröße im jeweiligen Element. Wird die Schriftgröße selbst in em notiert, bezieht sich die Einheit em auf die Schriftgröße des unmittelbar übergeordneten Elements (Elternelements).

Beispiel 2-11: CSS-Breitenwert (width) 45 em, Schriftgröße (font-size) 16 Pixel Breite in Pixel?

$$16\,px/em \cdot 45\,em = 720\,px$$

Beispiel 2-12: CSS-Schriftgrößenwert 28 px, Schriftgröße des übergeordneten Elements 16 Pixel – Schriftgröße in der Einheit em?

$$28\,px : 16\,px/em = 1.75\,em$$

Anstelle von em kann die Einheit rem *(root-em)* verwendet werden. Wesentlicher Unterschied: Die Einheit rem bezieht sich nicht auf die Schriftgröße des jeweiligen Elements bzw. des Elternelements, sondern auf die für das Wurzelelement <html>…</html> festgelegte Schriftgröße. Die Rechenwege in den Beispielen 11 und 12 gelten entsprechend für die Umwandlung von rem in Pixel und umgekehrt.

2.1.5 Pixel und Längeneinheiten in Cascading Style Sheets (CSS)

Das Pixel *(picture element)* ist keine Längeneinheit. Breite und Höhe des Pixels hängen von der jeweiligen Pixelauflösung ab, also von der Anzahl der Pixel pro Längeneinheit. Je höher die Pixelauflösung, desto kleiner ist das einzelne Pixel. Umrechnung einer in Pixeln angegebenen Breite oder Höhe in eine Längeneinheit (oder umgekehrt) ist nur möglich, wenn die Pixelauflösung bekannt ist (mehr dazu in Abschnitt 3.2).
Innerhalb der Formatierungssprache *Cascading Style Sheets* (CSS) kann das Pixel aber wie eine Längeneinheit verwendet werden. Breite und Höhe des Pixels sind hier nicht variabel, sondern eindeutig festgelegt:

$$1\,px = {}^{1}/_{96}\,inch \qquad 96\,px = 1\,inch$$

Deshalb ist es möglich, alle in CSS zulässigen Längeneinheiten mit eindeutigem Ergebnis in Pixel (und umgekehrt) umzurechnen. Am häufigsten ist wahrscheinlich die Umwandlung von Point in Pixel (oder umgekehrt) von Interesse.

Beispiel 2-13: CSS-Schriftgrößenwert 14 Point, Umwandlung in Pixel
Im ersten Schritt wird in Inch umgewandelt (72 pt = 1 inch).

$$14\,pt : 72\,pt/inch = 0{,}19\overline{4}\,inch \qquad \text{nicht runden!}$$

Dann die Umwandlung in Pixel (1 inch = 96 px).

$$0{,}19\overline{4}\,inch \cdot 96\,px/inch = 18{,}\overline{6}\,px \approx 19\,px$$

Das Ergebnis wird ganzzahlig gerundet. Angabe von Nachkommastellen ist nicht sinnvoll, denn Pixel sind nicht teilbar.

Die Berechnung lässt sich zusammenfassen und etwas vereinfachen, indem Divisor 72 und Faktor 96 gekürzt werden.

$$14\,pt : 3\,pt \cdot 4\,px \approx 19\,px$$

Beispiel 2-14: CSS-Schriftgrößenwert 24 Pixel, Umwandlung in Point
Umwandlung in Inch: 24 px : 96 px/inch = 0,25 inch
Umwandlung in Point: 0,25 inch · 72 pt/inch = 18 pt
Auch hier lässt sich der Rechenweg abkürzen, indem Divisor 96 und Faktor 72 gekürzt werden.

$$24\,px : 4\,px \cdot 3\,pt = 18\,pt$$

Die übrigen Längeneinheiten dürften in der Praxis des Webdesigns nur geringe Bedeutung haben. Tabelle 2-2 enthält der Vollständigkeit halber alle in CSS möglichen Längeneinheiten und die Umwandlungen in Pixel.

Tabelle 2-2: Längeneinheiten in Cascading Style Sheets, Umwandlung in Pixel

Längeneinheit	CSS-Symbol	Umwandlung Längeneinheit in Pixel	Umwandlung Pixel in Längeneinheit
Inch	in	· 96 px/in	: 96 px/in
Point	pt	: 72 pt/in · 96 px/in oder : 3 pt · 4 px	: 96 px/in · 72 pt/in oder : 4 px · 3 pt
Pica	pc	: 6 pc/in · 96 px/in oder · 16 px/pc	: 96 px/in · 6 pc/in oder : 16 px/pc
Zentimeter	cm	: 2,54 cm/in · 96 px/in	: 96 px/in · 2,54 cm/in
Millimeter	mm	: 25,4 mm/in · 96 px/in	: 96 px/in · 25,4 mm/in
Quarter-Millimeter	Q	: 101,6 Q/in · 96 px/in	: 96 px/in · 101,6 Q/in

CSS-Wertzuweisungen in Längeneinheiten garantieren keine entsprechenden Darstellungsgrößen auf Displays. Das ist nur der Fall, wenn die Pixelauflösung des Displays 96 Pixel per Inch beträgt. Je höher die Auflösung des Displays, desto kleiner sind die Displaypixel und umso kleiner werden Webseiten dargestellt.

2.1.6 Übungsaufgaben zu Abschnitt 2.1

1. Bitte in Point umwandeln.
 a) 37 P   b) 8 P 6 pt   c) 28 P 4 pt   d) 8,25 inch

2. Bitte in Pica umwandeln, Pica-Bruchteile (falls vorhanden) in Point.
 a) 324 pt   b) 90 pt   c) 392 pt   d) 6¾ inch

3. Bitte in Millimeter umwandeln und mit einer Nachkommastelle angeben.
 a) 44 pt   b) 524 pt   c) 12 P 6 pt   d) 42 P 8 pt

4. Bitte in Point (eine Nachkommastelle) umwandeln.

    a) 52 mm   b) 160 mm   c) 139,7 mm   d) 96,8 mm

5. Bitte in Pica umwandeln, Bruchteile ggf. in Point angeben (eine Dezimalstelle).

    a) 114,3 mm   b) 39,5 mm   c) 142 mm   d) 29,7 cm

6. Bitte in Point bzw. Pixel umwandeln.

    a) 4,5 Geviert, Schriftgröße 9 pt   d) $^{35}/_{200}$ em, Schriftgröße 12 pt

    b) Viertelgeviert, Schriftgröße 24 pt   e) 1.75 em, Schriftgröße 20 px

    c) $^{125}/_{1000}$ em, Schriftgröße 28 pt   f) 27.5 em, Schriftgröße 18 px

7. Bitte die in Point bzw. Pixel angegebenen Werte in em (Geviert) umwandeln.

    a) 22,5 pt, Schriftgröße 9 pt   c) 360 Pixel, Schriftgröße 16 px

    b) 12 pt, Schriftgröße 16 pt   d) 24 Pixel, Schriftgröße 20 px

8. Bitte die CSS-Werte in Pixel umwandeln.

    a) 12 pt   b) 42 pt   c) 16 pt   d) 396 pt

9. Bitte die CSS-Werte in die Einheit Point umwandeln.

    a) 28 px   b) 84 px   c) 1080 px   d) 270 px

2.2 Größe und vertikaler Raumbedarf der Schrift

2.2.1 Schriftgröße und Zeilenabstand

Schriftgröße (Kegelhöhe) ist die Nenngröße für die vertikale Ausdehnung einer Schrift. Diese Größe stimmt aber mit keiner am Schriftbild messbaren Höhe genau überein. Am nächsten kommt ihr die durchweg etwas kleinere kp-Höhe, also die Summe aus Mittel-, Ober- und Unterlänge. Die k-Höhe, also die Summe aus Mittel- und Oberlänge, entspricht etwa 70 % der Schriftgröße. Die Versalhöhe (Höhe der Großbuchstaben ohne Umlautpunkte oder Akzente) ist bei vielen Schriften etwas kleiner als die k-Höhe.

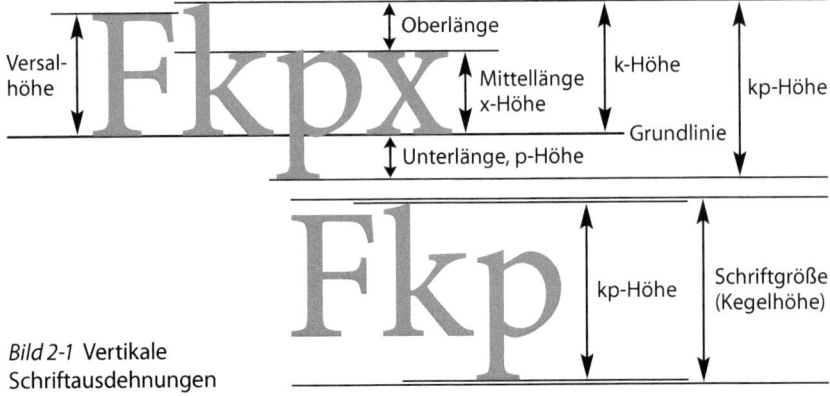

Bild 2-1 Vertikale Schriftausdehnungen

Zeilenabstand (abgekürzt ZAB) ist der Abstand von zwei untereinander stehenden Zeilen, gemessen von Grundlinie zu Grundlinie. Bei Kompresssatz sind Zeilenabstand und Schriftgröße gleich, bei durchschossenem (splendidem) Satz ist der Zeilenabstand größer als die Schriftgröße.
Die Differenz aus Zeilenabstand und Schriftgröße wird Durchschuss genannt. Zeilenabstand und Durchschuss können absolut, normalerweise in derselben Einheit wie die Schriftgröße, oder relativ in Prozent der Schriftgröße angegeben werden. Schriftgröße und absoluter Zeilenabstand werden auch in kurzer Form mit Schrägstrich notiert, zum Beispiel 9/12 pt (gesprochen „Neun auf Zwölf").

Beispiel 2-15: Schriftgröße 10 pt, Zeilenabstand 12,5 pt (10/12,5 pt)
Durchschuss in Point (Zeilenabstand minus Schriftgröße):

    12,5 pt − 10 pt = 2,5 pt

Prozentualer Zeilenabstand (Schriftgröße entspricht 100 %):

    100 % : 10 pt · 12,5 pt = 125 %

Prozentualer Durchschuss (Schriftgröße entspricht 100 %):

    100 % : 10 pt · 2,5 pt = 25 %

Bild 2-2
Schriftgröße,
Zeilenabstand (ZAB)
und Durchschuss

2.2.2 Satzspiegelhöhe

Die Satzspiegelhöhe (Kolumnenhöhe) ergibt sich aus Anzahl der Zeilen, Schriftgröße und Zeilenabstand oder Durchschuss. Um die exakte Höhe von Oberlänge der ersten bis Unterlänge der letzten Zeile zu bestimmen, muss außerdem die kp-Höhe bekannt sein, die ja durchweg etwas kleiner ist als die Schriftgröße. Die Satzspiegelhöhe ergibt sich, indem die um 1 verminderte Anzahl der Zeilen mit dem Zeilenabstand multipliziert und dann die kp-Höhe addiert wird.

Beispiel 2-16: Satzspiegelhöhe, 35 Zeilen mit 12,5 pt ZAB, kp-Höhe 9,6 pt
Anzahl Zeilen minus 1, multipliziert mit dem Zeilenabstand:

    (35 − 1) · 12,5 pt = 34 · 12,5 pt = 425 pt

Addition der kp-Höhe ergibt Satzspiegelhöhe:

    425 pt + 9,6 pt = 434,6 pt

Wenn es nicht auf höchste Genauigkeit ankommt, kann vereinfachend auch mit der Schriftgröße anstelle der kp-Höhe gerechnet werden. Die Ungenauigkeit ist so groß wie die Differenz von Schriftgröße und kp-Höhe, bei Schriften in Lesegrößen also wenige Zehntel eines Point.

Beispiel 2-17: Satzspiegelhöhe, 35 Zeilen mit 12,5 pt ZAB, Schriftgröße 10 pt
$$(35 - 1) \cdot 12{,}5\,\text{pt} = 425\,\text{pt}$$
Addition der Schriftgröße ergibt (ungefähre) Satzspiegelhöhe:
$$425\,\text{pt} + 10\,\text{pt} = 435\,\text{pt}$$

Unterlängen der in der unteren Zeile stehenden Zeichen beanspruchen zwar vertikalen Raum, gehören aber visuell nicht zum Satzspiegel. Die visuell wahrgenommene Fläche endet mit der Grundlinie der unteren Zeile. Auch Bilder oder grafische Elemente, die im Satzspiegel stehen, reichen nur bis zur Grundlinie der letzten Zeile. Soll also die visuelle Höhe des Satzspiegels oder der für Bilder und grafische Elemente zur Verfügung stehende Raum berechnet werden, ist anstelle von kp-Höhe oder Schriftgröße die k-Höhe zu addieren.

Beispiel 2-18: Visuelle Satzspiegelhöhe, 35 Zeilen, ZAB 12,5 pt, k-Höhe 7,1 pt
$$(35 - 1) \cdot 12{,}5\,\text{pt} = 425\,\text{pt}$$
Addition der k-Höhe ergibt visuelle Satzspiegelhöhe:
$$425\,\text{pt} + 7{,}1\,\text{pt} = 432{,}1\,\text{pt}$$

Wenn die k-Höhe nicht genau bekannt ist, kann vereinfachend mit 70 % der Schriftgröße gerechnet werden.

Beispiel 2-19: Visuelle Satzspiegelhöhe, 35 Zeilen, ZAB 12,5 pt, Schriftgröße 10 pt
$$(35 - 1) \cdot 12{,}5\,\text{pt} = 425\,\text{pt}$$
Geschätzte k-Höhe der Schrift (70 % der Schriftgröße):
$$10\,\text{pt} : 100\,\% \cdot 70\,\% = 7\,\text{pt}$$
Satzspiegelhöhe:
$$425\,\text{pt} + 7\,\text{pt} = 432\,\text{pt}$$

Die Rechenwege als Formel:

F 2-1 $\quad h = (n - 1) \cdot ZAB + x$

h Satzspiegelhöhe $\quad n$ Anzahl Zeilen $\quad ZAB$ Zeilenabstand
x kp-Höhe, Schriftgröße, k-Höhe, 70 % der Schriftgröße (je nach Fragestellung); x und ZAB müssen gleiche Einheiten haben

2.2.3 Zeilen und ZAB bei vorgegebener Satzspiegelhöhe

Die Anzahl der Zeilen, die in einen vorgegebenen vertikalen Raum passen, hängt von Zeilenabstand und Schriftgröße ab.

Beispiel 2-20: Satzspiegelhöhe (vertikaler Raum einschließlich Unterlänge der letzten Zeile) 460 pt, Zeilenabstand 12,5 pt, Schriftgröße 10 pt
Zur überschlägigen Schätzung wird einfach die vorgegebene Satzspiegelhöhe durch den Zeilenabstand dividiert. Das Ergebnis wird ganzzahlig gerundet, da es ja keine Bruchteile von Zeilen gibt.
$$460\,\text{pt} : 12{,}5\,\text{pt} = 36{,}8 \approx 37$$

Zur genaueren Berechnung wird zunächst die vorgegebene Höhe um die Schriftgröße verringert.

460 pt – 10 pt = 450 pt

Dann wird durch den Zeilenabstand dividiert und das Ergebnis um 1 erhöht.

450 pt : 12,5 = 36

36 + 1 = 37

Ergebnis der Berechnung und gerundeter Schätzwert stimmen hier also überein. Das folgende Beispiel zeigt, dass die Schätzung per Division von Satzspiegelhöhe durch Zeilenabstand aber auch in die Irre führen kann.

Beispiel 2-21: Der Satzspiegel soll visuell (ohne Unterlänge der letzten Zeile) etwa 460 pt hoch werden; Zeilenabstand 13 pt, Schriftgröße 10,5 pt, k-Höhe 7,3 pt.
Schätzung (Satzspiegelhöhe geteilt durch Zeilenabstand):

460 pt : 13 pt ≈ 35,4 ≈ 35

Zur genauen Berechnung wird zunächst die vorgesehene Höhe um die k-Höhe verringert:

460 pt – 7,3 pt = 452,7 pt

Division durch den Zeilenabstand und Erhöhung des Ergebnisses um 1:

452,7 pt : 13 ≈ 34,8 ≈ 35

35 + 1 = 36

Zur Kontrolle wird die Satzspiegelhöhe alternativ für 35 und für 36 Zeilen (Schätz- bzw. Berechnungsergebnis) ausgerechnet:

(35 – 1) · 13 pt + 7,3 pt = 449,3 pt

(36 – 1) · 13 pt + 7,3 pt = 462,3 pt

Bei berechneten 36 Zeilen liegt also die Satzspiegelhöhe deutlich näher an der Vorgabe von 460 pt als bei geschätzten 35 Zeilen.

Berechnung der Zeilenzahl als Formel:

F2-2 $n = (h - x) : ZAB + 1$

n Anzahl Zeilen h Satzspiegelhöhe ZAB Zeilenabstand
x kp-Höhe, Schriftgröße, k-Höhe, 70 % der Schriftgröße (je nach Fragestellung); h, x und ZAB müssen gleiche Einheiten haben

Durch Variation des Zeilenabstandes kann die gewünschte Satzspiegelhöhe genau realisiert werden. Die Frage lautet also jetzt: Welcher Zeilenabstand ist erforderlich, um bei vorgegebener Höhe eine bestimmte Zeilenzahl unterzubringen?

Beispiel 2-22: Zeilenabstand bei 460 pt Satzspiegelhöhe (visuell, ohne Unterlänge der letzten Zeile), 36 Zeilen, Schriftgröße 10,5 pt, k-Höhe 7,3 pt
Die vorgegebene Höhe wird um die k-Höhe verringert:

460 pt – 7,3 pt = 452,7 pt

Das Ergebnis wird durch die um 1 verminderte Anzahl der Zeilen dividiert:

452,7 pt : (36 – 1) ≈ 12,93 pt

Berechnung des Zeilenabstands als Formel:

F 2-3 $ZAB = (h - x) : (n - 1)$

  ZAB Zeilenabstand h Satzspiegelhöhe n Anzahl Zeilen
  x kp-Höhe, Schriftgröße, k-Höhe, 70 % der Schriftgröße (je nach Fragestellung); h und x müssen gleiche Einheiten haben

2.2.4 Übungsaufgaben zu Abschnitt 2.2

1. Bitte den Zeilenabstand (ZAB) in Prozent sowie den Durchschuss sowohl in
   Point als auch in Prozent angeben.
   a) Schriftgröße 9 pt, ZAB 11,7 pt   b) Schriftgröße 11,25 pt, ZAB 13,5 pt

2. Geben Sie bitte jeweils Zeilenabstand und Durchschuss in Point an.
   a) Schriftgröße 12 pt, ZAB 125 %   b) Schriftgröße 8 pt, ZAB 135 %

3. Bitte jeweils die Satzspiegelhöhe (vertikaler Raumbedarf einschließlich Unterlänge) berechnen.
   a) 40 Zeilen, Schriftgröße 9 pt, Zeilenabstand 11 pt
   b) 32 Zeilen, Zeilenabstand 13 pt, kp-Höhe 10,2 pt
   c) 48 Zeilen, Schriftgröße 8 pt, Zeilenabstand 130 %

4. Berechnen Sie bitte jeweils die visuelle Höhe des Satzspiegels, also ohne Be-
   rücksichtung der Unterlänge.
   a) 34 Zeilen, Zeilenabstand 13,5 pt, k-Höhe 7,6 pt
   b) 42 Zeilen, ZAB 12 pt, Schriftgröße 9,5 pt, k-Höhe 70 % der Schriftgröße
   c) 28 Zeilen, Schriftgröße 12,5 pt, Durchschuss 3,5 pt, k-Höhe 8,7 pt

5. Wie viele Zeilen müssen jeweils im Satzspiegel stehen, wenn die Abweichung
   von der Soll-Höhe 520 pt (Raumbedarf einschließlich Unterlänge) möglichst
   gering sein soll?
   a) Schriftgröße 12,5 pt, Zeilenabstand 16 pt
   b) Schriftgröße 9 pt, Zeilenabstand 130 %

6. Wie viele Zeilen müssen jeweils im Satzspiegel stehen, wenn die Abweichung
   von der Soll-Höhe 480 Point (ohne Berücksichtigung der Unterlänge) möglichst gering sein soll?
   a) Zeilenabstand 13,5 pt, k-Höhe 7,4 pt
   b) Schriftgröße 10 pt, Durchschuss 2,5 pt, k-Höhe 70 % der Schriftgröße

7. Welcher Zeilenabstand in Point ist jeweils einzustellen, um die Satzspiegelhöhe
   450 pt (Raumbedarf einschließlich Unterlänge) zu erreichen?
   a) 33 Zeilen, Schriftgröße 11 pt
   b) 40 Zeilen, Schriftgröße 9 pt

8. Wie groß muss der Zeilenabstand jeweils sein, um die angegebene Satzspiegelhöhe (ohne Berücksichtigung der Unterlänge) zu erreichen? Lösungen bitte absolut in Point und relativ in Prozent angeben.

a) Satzspiegelhöhe 400 pt, 29 Zeilen, Schriftgröße 11,5 pt, k-Höhe 8,0 pt

b) Höhe 540 pt, 46 Zeilen, Schriftgröße 9 pt, k-Höhe 70 % der Schriftgröße

2.3 Seiten- und Teilungsverhältnisse

2.3.1 Angabe von Formaten, Seiten- und Teilungsverhältnissen

Rechteckige Formate werden in Mediengestaltung, Drucktechnik und Fotografie immer in der Reihenfolge Breite × Höhe angegeben. Die Reihenfolge kennzeichnet also die Formatlage: 18 cm × 12 cm steht für ein Querformat (Breite größer als Höhe), 12 cm × 18 cm für ein Hochformat (Höhe größer als Breite).

Für Seitenverhältnisse gilt dieselbe Regel: Die Angabe 3 : 2 kennzeichnet das Seitenverhältnis von Querformaten, deren Breite ³⁄₂ der Höhe und deren Höhe ²⁄₃ der Breite beträgt. Umgekehrt steht das Seitenverhältnis 2 : 3 für Hochformate, deren Breite ²⁄₃ der Höhe und deren Höhe ³⁄₂ der Breite beträgt.

Dividend und Divisor des Seitenverhältnisses werden entweder als ganze Zahlen oder – insbesondere bei „krummen" Verhältnissen – in der Form $x : 1$ bzw. $1 : y$ notiert, wobei x bzw. y für eine Zahl steht, die größer als 1 ist.

Um Seitenverhältnisse ohne Festlegung auf eine bestimmte Formatlage zu kennzeichnen, werden reine Verhältniszahlen angegeben. Die Verhältniszahl 1,5 bedeutet, dass die längere Seite 1,5-mal so lang ist wie die kürzere. Damit ist aber keine Aussage darüber getroffen, ob die längere Seite Breite oder Höhe des Formats ist.

Teilungsverhältnisse können wie Seitenverhältnisse als Quotienten oder Verhältniszahlen angegeben werden. Der Quotient 3 : 2 bedeutet, dass die längere Teilstrecke ³⁄₂ der kürzeren und die kürzere ²⁄₃ der längeren beträgt. Bei der Teilung waagerecht und senkrecht verlaufender Strecken steht der Dividend (die zuerst genannte Zahl) des Quotienten üblicherweise für die linke bzw. obere Teilstrecke und der Divisor für die rechte bzw. untere Teilstrecke. Die Verhältniszahl 1,5 bedeutet, dass die längere Strecke 1,5-mal so lang ist wie die kürzere.

2.3.2 Rechnen mit Seitenverhältnissen

Wenn das Seitenverhältnis eines Rechtecks ohne Angabe der Formatlage durch eine Verhältniszahl gekennzeichnet ist, wird die längere Seite durch Multiplikation bzw. die kürzere Seite durch Division der jeweils anderen berechnet. Achtung: längere und kürzere Seite stehe hier nicht für Breite und Höhe (oder umgekehrt); die Formatlage (Hoch- oder Querformat) ist gar nicht definiert.

Beispiel 2-23: Kürzere Seite 130 mm, Seitenverhältnis 1,4
Längere Seite (kürzere Seite mal Verhältniszahl):
$$130\,\text{mm} \cdot 1,4 = 182\,\text{mm}$$

Beispiel 2-24: Längere Seite 245 mm, Seitenverhältnis 1,75
Kürzere Seite (längere Seite geteilt durch Verhältniszahl):
$$245\,\text{mm} : 1,75 = 140\,\text{mm}$$

Das als Quotient angegebene Seitenverhältnis kennzeichnet nicht nur das Längenverhältnis der beiden Seiten, sondern zugleich die Formatlage (Hoch- oder Querformat). Sicherster Rechenweg ist hier Verhältnisgleichung oder Dreisatz (proportionales Verhältnis). Es gilt das Verhältnis:
$$Breite : Verhältniswert_{\text{Breite}} = Höhe : Verhältniswert_{\text{Höhe}}$$

Beispiel 2-25: Höhe 150 mm, Seitenverhältnis 5 : 3
Berechnung der Breite mittels Verhältnisgleichung oder Dreisatzschema:

$b : 5 = 150\,\text{mm} : 3 \quad | \cdot 5$ 3 : 150 mm
$b = 150\,\text{mm} : 3 \cdot 5 = 250\,\text{mm}$ 5 = 250 mm

Der Rechenweg lässt sich abkürzen: Höhe mal Seitenverhältnis ergibt Breite.
$$b = 150\,\text{mm} \cdot (5:3) = 150\,\text{mm} \cdot 5 : 3 = 250\,\text{mm}$$
Überprüfung der Lösung: Das Seitenverhältnis 5 : 3 kennzeichnet ein Querformat; die errechnete Breite muss also größer sein als die vorgegebene Höhe.

Beispiel 2-26: Ein Bild ist 480 Pixel breit, Seitenverhältnis 5 : 8
Berechnung der Höhe mittels Verhältnisgleichung oder Dreisatzschema:

$h : 8 = 480 : 5 \quad | \cdot 8$ 5 : 480
$h = 480 : 5 \cdot 8 = 768$ 8 = 768

Kürzerer Rechenweg: Breite geteilt durch Seitenverhältnis ergibt Höhe.
$$h = 480 : (5:8) = 480 : 5 \cdot 8 = 768$$
Überprüfung der Lösung: Das Seitenverhältnis 5 : 8 kennzeichnet ein Hochformat; die errechnete Höhe muss also größer sein als die vorgegebene Breite.

Anstelle eines Seitenverhältnisses können auch die Maße eines anderen Rechtecks als Referenz angegeben werden. So kann zum Beispiel die Breite oder Höhe des Satzspiegels nach der Vorgabe berechnet werden, dass er das gleiche Seitenverhältnis wie die Buchseite haben soll, auf der er steht.

Beispiel 2-27: Satzspiegelhöhe 156 mm, Format der Buchseite 128 mm × 205 mm
Das Seitenverhältnis der Buchseite beträgt 128 : 205. Berechnung der Satzspiegelbreite mit Verhältnisgleichung oder Dreisatz (proportionales Verhältnis):

$b : 128 = 156\,\text{mm} : 205 \quad | \cdot 128$ 205 : 156 mm
$b = 156\,\text{mm} : 205 \cdot 128 \approx 97,4\,\text{mm}$ 128 ≈ 97,4 mm

Kürzerer Rechenweg: Höhe mal Seitenverhältnis ergibt Breite.
$$b = 156\,\text{mm} \cdot 128 : 205 \approx 97,4\,\text{mm}$$

Die kurzen Rechenwege zur Berechnung von Breite und Höhe als Formeln:

F2-4 $b = h \cdot x : y$ **F2-5** $h = b : (x : y)$ b h Breite, Höhe
   $h = b : x \cdot y$ $x : y$ Seitenverhältnis

Die erläuterten Rechenwege sind nicht nur auf Breiten und Höhen rechteckiger Formate anwendbar, sondern auch auf beliebige andere Strecken, die in einem bestimmten Verhältnis stehen oder stehen sollen.

Beispiel 2-28: Lange und kurze Achse einer Ellipse bilden das Verhältnis 7 : 4. Die kurze Achse ist 64 mm lang. Berechnung der langen Achse:
   $64\,\text{mm} \cdot 7 : 4 = 112\,\text{mm}$

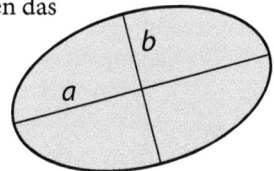

Bild 2-3 Ellipse mit langer Achse a und kurzer Achse b

2.3.3 Rechnen mit Teilungsverhältnissen

Dividend und Divisor von Teilungsverhältnissen kennzeichnen das Verhältnis von zwei Teilstrecken. Die Gesamtstrecke, also die Summe der beiden Teilstrecken, entspricht der Summe aus Dividend und Divisor.

Beispiel 2-29: Teilung einer 190 mm langen Strecke im Verhältnis 3 : 2
Die 190 mm lange Strecke entspricht der Summe von Dividend und Divisor des Teilungsverhältnisses:
   $3 + 2 = 5$
Das Verhältnis von längerer Teilstrecke und Gesamtstrecke beträgt also 3 : 5, das Verhältnis von kürzerer Teilstrecke zur Gesamtstrecke beträgt 2 : 5.
Berechnung der längeren Teilstrecke mit Verhältnisgleichung oder Dreisatz:

$s_1 : 3 = 190\,\text{mm} : 5 \quad | \cdot 3$ 5   :   190 mm
$s_1 = 190\,\text{mm} : 5 \cdot 3 = 114\,\text{mm}$ 3   =   114 mm

Kürzerer Rechenweg: Gesamtstrecke geteilt durch Summe aus Dividend und Divisor des Teilungsverhältnisses mal Dividend:
   $190\,\text{mm} : (3 + 2) \cdot 3 = 190\,\text{mm} : 5 \cdot 3 = 114\,\text{mm}$
Die kürzere Teilstrecke kann auf drei unterschiedlichen Wegen berechnet werden. Sie ergibt sich erstens als Differenz von Gesamtstrecke und längerer Teilstrecke:
   $190\,\text{mm} - 114\,\text{mm} = 76\,\text{mm}$
Sie kann zweitens mittels Verhältnisgleichung oder Dreisatz aus der Gesamtstrecke berechnet werden, Verhältnis 2 : 5.

$s_2 : 2 = 190\,\text{mm} : 5 \quad | \cdot 2$ 5   :   190 mm
$s_2 = 190\,\text{mm} : 5 \cdot 2 = 76\,\text{mm}$ 2   =   76 mm

Kürzerer Rechenweg:
   $90\,\text{mm} : (3 + 2) \cdot 2 = 190\,\text{mm} : 5 \cdot 2 = 76\,\text{mm}$

Drittens kann sie auch mit Verhältnisgleichung oder Dreisatz aus der längeren Teilstrecke errechnet werden, Verhältnis $2:3$.

$$s_2 : 2 = 114\,\text{mm} : 3 \quad | \cdot 2$$
$$s_2 = 114\,\text{mm} : 3 \cdot 2 = 76\,\text{mm}$$

3	:	$114\,\text{mm}$
2	=	$76\,\text{mm}$

Kürzerer Rechenweg:
$$114\,\text{mm} : 3 \cdot 2 = 76\,\text{mm}$$

Beispiel 2-30: Teilung einer 198 mm langen Strecke im Verhältnis 1,75
Das Verhältnis der beiden Teilstrecken kann als Quotient $1,75 : 1$ geschrieben werden. Die Gesamtstrecke entspricht der Summe aus Dividend und Divisor, also $1,75 + 1 = 2,75$. Das Verhältnis von längerer Teilstrecke und Gesamtstrecke beträgt $1,75 : 2,75$, das Verhältnis von kürzerer Teilstrecke und Gesamtstrecke $1 : 2,75$. Die kürzere Teilstrecke lässt sich also sehr einfach errechnen, indem die Gesamtstrecke durch $1,75 + 1 = 2,75$ dividiert wird:
$$198\,\text{mm} : (1,75 : 1) = 198\,\text{mm} : 2,75 = 72\,\text{mm}$$
Die längere Teilstrecke ergibt sich entweder als Differenz zur Gesamtstrecke oder als 1,75-Faches der kürzeren Teilstrecke.
$$198\,\text{mm} - 72\,\text{mm} = 126\,\text{mm}$$
$$72\,\text{mm} \cdot 1,75 = 126\,\text{mm}$$
Verhältnisgleichung oder Dreisatzrechnung führt zum gleichen Ergebnis. Die längere Teilstrecke entspricht 1,75, die Gesamtstrecke $1,75 + 1 = 2,75$.

$$s_2 : 1,75 = 198\,\text{mm} : 2,75 \quad | \cdot 1,75$$
$$s_2 = 198\,\text{mm} : 2,75 \cdot 1,75 = 126\,\text{mm}$$

2,75	:	$198\,\text{mm}$
1,75	=	$126\,\text{mm}$

Die Rechenwege als Formeln:

F2-6 $\quad s_1 = s : (x + y) \cdot x$ $\qquad$ **F2-8** $\quad s_1 = s : (V + 1) \cdot V$

F2-7 $\quad s_2 = s : (x + y) \cdot y$ $\qquad$ **F2-9** $\quad s_2 = s : (V + 1)$

$s\ s_1\ s_2$ $\quad$ Gesamtstrecke, Teilstrecken
$x\ y$ $\qquad$ Dividend, Divisor des Teilungsverhältnisses $x : y$
V $\qquad$ Teilungsverhältnis (Verhältniszahl)

Bei der Teilung von Strecken in mehr als zwei Teile werden die Verhältnisse üblicherweise als Ausdruck mit mehreren Divisionszeichen geschrieben, also zum Beispiel $5 : 3 : 2$. Die Berechnung entspricht der Teilung in zwei Teile.

Beispiel 2-31: Dreiteilung einer 230 mm langen Strecke, Verhältnis $5 : 3 : 2$
Die Gesamtstrecke entspricht $5 + 3 + 2 = 10$; die drei Teilstrecken können mit Verhältnisgleichungen oder Dreisatzrechnungen ermittelt werden. Oder auf dem kurzen Rechenweg:
$$230\,\text{mm} : (5 + 3 + 2) \cdot 5 = 230\,\text{mm} : 10 \cdot 5 = 115\,\text{mm}$$
$$230\,\text{mm} : (5 + 3 + 2) \cdot 3 = 230\,\text{mm} : 10 \cdot 3 = 69\,\text{mm}$$
$$230\,\text{mm} : (5 + 3 + 2) \cdot 2 = 230\,\text{mm} : 10 \cdot 2 = 46\,\text{mm}$$

2.3.4 Goldener Schnitt

Beim goldenen Schnitt – auch stetige Teilung oder *Sectio aurea* genannt – wird eine Strecke so geteilt, dass der Quotient aus größerer und kleinerer Teilstrecke gleich dem Quotienten aus Gesamtstrecke und größerer Teilstrecke ist:

$$\frac{a}{b} = \frac{a+b}{a} = \varphi \qquad \varphi = 0,5 + \sqrt{1,25} \approx 1,618\,034$$

Die goldene Zahl φ *(phi)* ist irrational, hat also unendlich viele Nachkommastellen, die sich nicht periodisch wiederholen. Gerechnet wird mit gerundeten Werten, je nach erforderlicher Genauigkeit zum Beispiel 1,618 oder 1,62. Zwei im Verhältnis des goldenen Schnitts zueinanderstehende Strecken werden auch Major (die Größere) und Minor (die Kleinere) genannt.

Rechnen mit dem goldenen Schnitt ist sehr einfach – es wird lediglich durch die gerundete goldene Zahl $\varphi \approx 1,618$ dividiert oder mit ihr multipliziert.

Beispiel 2-32: Teilung einer 190 mm langen Strecke nach dem goldenen Schnitt
Division der Gesamtstrecke durch $\varphi \approx 1,618$ ergibt längere Teilstrecke.

$190\,\text{mm} : 1,618 \approx 117,4\,\text{mm}$

Division der längeren Teilstrecke durch φ ergibt kürzere Teilstrecke.

$117,4\,\text{mm} : 1,618 \approx 72,6\,\text{mm}$

Die kürzere Teilstrecke kann auch berechnet werden, indem die Gesamtstrecke durch $\varphi + 1$ dividiert wird.

$190\,\text{mm} : (1,618 + 1) = 190\,\text{mm} : 2,618 \approx 72,6\,\text{mm}$

Beispiel 2-33: Höhe einer hochformatigen Buchseite, Breite 135 mm, Seitenverhältnis nach dem goldenen Schnitt
Da die Höhe größer ist als die Breite (Hochformat), wird mit φ multipliziert.

$135\,\text{mm} \cdot 1,618 \approx 218,4\,\text{mm}$

Herleitung des Zahlenwerts von φ: In der Gleichung

$$a : b = (a+b) : a$$

wird a durch φ und b durch 1 ersetzt. Dann kann sie als quadratische Gleichung gelöst werden (vgl. Abschnitt 1.6.3, Formel 1-1 und Beispiel 1-28).

$$\varphi : 1 = (\varphi + 1) : \varphi \qquad | \ \cdot \varphi$$
$$\varphi^2 = \varphi + 1 \qquad | -(\varphi + 1)$$
$$\varphi^2 - \varphi - 1 = 0 \qquad | \ \text{Normalform;} \ p = -1; \ q = -1$$
$$\varphi_{1,2} = -(-1) : 2 \pm \sqrt{(-1 : 2)^2 - (-1)}$$
$$\varphi_{1,2} = 0,5 \pm \sqrt{0,25 + 1}$$
$$\varphi_{1,2} = 0,5 \pm \sqrt{1,25}$$
$$\varphi_1 \approx 0,5 + 1,118\,033\,989 = 1,618\,033\,989$$
$$\varphi_2 \approx 0,5 - 1,118\,033\,989 = -0,618\,033\,989$$

Die erste Lösung (φ_1) ist der gesuchte Zahlenwert von φ. Die zweite Lösung ist wegen des negativen Vorzeichens nicht sinnvoll.

Eine mehr oder minder genaue Annäherung an die goldene Zahl ergibt sich aus den Gliedern der Fibonacci-Folge, auch Lamé-Zahlenreihe genannt. Jedes Glied der Folge ist Summe der zwei vorhergehenden:

$$1,\ 1,\ 2,\ 3,\ 5,\ 8,\ 13,\ 21,\ 34,\ 55,\ 89,\ 144,\ 233,\ 377,\ 610,\ 987,\ 1597,\ \dots$$

Der Quotient aus zwei aufeinander folgenden Gliedern entspricht annähernd der goldenen Zahl $\varphi = 1{,}618\,033\,988\dots$ – je höher die Glieder, desto genauer:

$$8:5 = 1{,}60 \qquad\qquad 89:55 \approx 1{,}618\,182$$
$$13:8 = 1{,}625 \qquad\qquad 144:89 \approx 1{,}617\,978$$
$$21:13 \approx 1{,}615\,385 \qquad\qquad 233:144 \approx 1{,}618\,056$$
$$34:21 \approx 1{,}619\,048 \qquad\qquad 377:233 \approx 1{,}618\,026$$
$$55:34 \approx 1{,}617\,647 \qquad\qquad 610:377 \approx 1{,}618\,037$$

2.3.5 Seitenverhältnis der Normformate

Alle Normformate der Reihen A, B und C nach DIN EN ISO 216 und DIN 476-2 haben gleiche Seitenverhältnisse (vgl. auch Abschnitt 5.1.1). Die jeweils längere Seitenlänge ergibt sich, von kleinen Rundungsabweichungen abgesehen, durch Multiplikation der kürzeren mit dem Faktor $\sqrt{2} \approx 1{,}414$. Dieses Seitenverhältnis kann natürlich auch auf andere, nicht genormte Formate übertragen werden.

Beispiel 2-34: 220 mm hohe Buchseite (Hochformat), Seitenverhältnis $\sqrt{2}$
Höhe geteilt durch Verhältniszahl $\sqrt{2}$ ergibt Breite:
$$220\,\text{mm} : \sqrt{2} \approx 155{,}6\,\text{mm}$$

2.3.6 Ermittlung von Seiten- und Teilungsverhältnissen

Hier geht es um die Frage, welches Seiten- oder Teilungsverhältnis vorliegt, wenn Breite und Höhe bzw. Teilstrecken bekannt sind.
Vergleichsweise einfach ist die Berechnung von Seiten und Teilungsverhältnissen in der Form $x:1$ bzw. $1:y$.

Beispiel 2-35: Seitenverhältnis einer Buchseite, Format 150 mm × 228 mm
Der Quotient Breite : Höhe wird durch den kleineren der beiden Werte – hier also die Breite – gekürzt.
$$(150\,\text{mm} : 150\,\text{mm}) : (228\,\text{mm} : 150\,\text{mm}) = 1 : 1{,}52$$

Beispiel 2-36: Die Breite einer Webseite ist in eine 68 % breite Contentspalte und eine 32 % breite Spalte für Zusatzinformationen und Werbung unterteilt.
$$(68\,\% : 32\,\%) : (32\,\% : 32\,\%) = 2{,}125 : 1$$

F 2-10 $\quad x:y = (s_1:s_{\min}):(s_2:s_{\min})$ $\qquad x:y$ Seiten-, Teilungsverhältnis $x:1$ oder $1:y$
$\qquad\qquad\qquad\qquad\qquad\qquad\qquad s_1\ s_2$ Breite, Höhe bzw. Teilstrecken
$\qquad\qquad\qquad\qquad\qquad\qquad\qquad s_{\min}$ kleinere Seitenlänge bzw. Teilstrecke

Die Angabe des Seiten- oder Teilungsverhältnisses als Quotient mit zwei ganzen Zahlen ist nur möglich, wenn es einen gemeinsamen Teiler gibt, durch den sich die beiden Ursprungswerte (Breite und Höhe bzw. Teilstrecken) mit ganzzahligem Ergebnis dividieren lassen. In manchen Fällen ist dieser gemeinsame Teiler auf den ersten Blick erkennbar.

Beispiel 2-37: Bildformat 180 mm × 120 mm
Die Zahlen 180 und 120 haben offensichtlich den gemeinsamen Teiler 60.

$$(180 : 60) : (120 : 60) = 3 : 2$$

Bei weniger „glatten" Werten sind gemeinsamer Teiler und ganzzahliges Verhältnis nicht so leicht zu bestimmen. Und es ist durchaus möglich, dass es gar keinen gemeinsamen Teiler gibt. Komfortabelster Weg ist hier die Benutzung eines Taschenrechners, der die Eingabe von Brüchen erlaubt und diese automatisch kürzt.

Beispiel 2-38: Seitenformat 130 mm × 208 mm
Der Quotient Breite : Höhe wird als Bruch in den Rechner eingegeben. Nach dem Druck auf die Gleichheitstaste erscheint der gekürzte Bruch mit kleinstmöglichem ganzzahligen Zähler und Nenner im Rechnerdisplay.

$$\frac{130}{208} = \frac{5}{8} \qquad \text{Seitenverhältnis also } 5 : 8$$

Beispiel 2-39: Satzspiegelformat 273 pt × 452 pt
Versuch mit dem Taschenrechner zeigt, dass sich der Bruch nicht kürzen lässt.

$$\frac{273}{452} = \frac{273}{452}$$

Wenn nur ein einfacher Taschenrechner ohne Bruchrechenfunktion zur Verfügung steht, kann die Berechnung ganzzahliger Seiten- und Teilungsverhältnisse etwas mühsamer sein. Das folgende Beispiel zeigt ein vereinfachtes Verfahren, das häufig zum Ziel führt.

Beispiel 2-40: Seitenformat 130 mm × 208 mm (wie Beispiel 2-38)
Das Seitenverhältnis in zunächst der Form 1 : y berechnet (Rechenweg wie in Beispiel 2-35, Formel 2-10).

$$(130\,\text{mm} : 130\,\text{mm}) : (208\,\text{mm} : 130\,\text{mm}) = 1 : 1,6$$

Das Verhältnis 1 : 1,6 wird jetzt so erweitert, dass sich ganze Zahlen ergeben. Die Frage lautet also, mit welchem ganzzahligen Faktor die Zahl 1,6 multipliziert werden muss, um ein ganzzahliges Ergebnis zu erhalten. Das ist offensichtlich beim Faktor 5 der Fall. Erweitern des Verhältnisses 1 : 1,6 mit Faktor 5 ergibt:

$$(1 \cdot 5) : (1,6 \cdot 5) = 5 : 8$$

„Mathematisch korrekte" Vorgehensweise ist die Ermittlung des größten gemeinsamen Teilers (ggT) durch Primfaktorzerlegung oder mit dem Euklidischen Algorithmus.

Beispiel 2-41: Seitenformat 130 mm × 208 mm (wie Beispiel 2-38 und 3-40)
Primfaktorzerlegung: Die beiden Zahlen werden in Produkte aus Primzahlen
(2, 3, 5, 7, 11, 13, …) umgewandelt. Der Ursprungswert wird durch die kleinste
Primzahl dividiert, bei der das Ergebnis ganzzahlig ist, hier also in beiden Fällen
durch 2. Das Ergebnis wird wiederum durch die kleinstmögliche Primzahl dividiert und so fort, bis das Divisionsergebnis 1 beträgt.

$$130 : \mathbf{2} = 65 \qquad\qquad 208 : \mathbf{2} = 104$$
$$65 : 5 = 13 \qquad\qquad 104 : \mathbf{2} = 52$$
$$13 : \mathbf{13} = 1 \qquad\qquad 52 : \mathbf{2} = 26$$
$$26 : \mathbf{2} = 13$$
$$13 : \mathbf{13} = 1$$

Die gemeinsamen Faktoren 2 und 13 ergeben den größten gemeinsamen Teiler.

$$ggT = 2 \cdot 13 = 26$$
$$(130 : 26) : (208 : 26) = 5 : 8$$

Euklidischer Algorithmus: Im ersten Schritt wird die größere Zahl durch die kleinere dividiert und das Ergebnis ganzzahlig mit Divisionsrest notiert. Im nächsten
Schritt wird der ursprüngliche Divisor zum Dividenden und der Divisionsrest
zum Divisor – und so fort, bis sich der Divisionsrest Null ergibt.

$$208 : 130 = 1 \quad \text{Rest } 78$$
$$130 : 78 = 1 \quad \text{Rest } 52$$
$$78 : 52 = 1 \quad \text{Rest } 26$$
$$52 : \mathbf{26} = 2 \quad \text{Rest } 0$$

Der zuletzt verwendete Divisor 26 ist größter gemeinsamer Teiler.

Beispiel 2-42: Satzspiegelformat 273 pt × 452 pt (wie Beispiel 2-39)
Versuch mit dem Euklidischen Algorithmus:

$$452 : 273 = 1 \quad \text{Rest } 179$$
$$273 : 179 = 1 \quad \text{Rest } 94$$
$$179 : 94 = 1 \quad \text{Rest } 85$$
$$94 : 85 = 1 \quad \text{Rest } 9$$
$$85 : 9 = 9 \quad \text{Rest } 4$$
$$9 : 4 = 2 \quad \text{Rest } 1$$
$$4 : \mathbf{1} = 4 \quad \text{Rest } 0$$

Der letzte Divisor ist 1, das Verhältnis 273 : 452 lässt sich also nicht kürzen.

2.3.7 Übungsaufgaben zu Abschnitt 2.3

1. Bitte die jeweils andere Seitenlänge berechnen.
   a) Kürzere Seitenlänge 90 mm, Seitenverhältnis 1,5
   b) Längere Seitenlänge 20 cm, Seitenverhältnis 1,25
   c) Hochformat, Breite 126 mm, Seitenverhältnis 1,45
   d) Querformat, Breite 756 Pixel, Seitenverhältnis 1,35

2. Berechnen Sie bitte die jeweils fehlende Seitenlänge (Breite oder Höhe).
a) Höhe 200 mm, Seitenverhältnis 5 : 8   c) Höhe 165 mm, 7 : 5
b) Breite 372 pt, Seitenverhältnis 2 : 3   d) Breite 1024 Pixel, 16 : 9

3. Der Satzspiegel eines Buchs soll dasselbe Seitenverhältnis wie das Seitenformat 140 mm × 220 mm erhalten.
a) Welche Höhe in Millimeter ergibt sich bei 100 mm Satzspiegelbreite?
b) Welche Breite in Point ergibt sich bei 480 pt Satzspiegelhöhe?

4. Bitte jeweils die beiden Teilstrecken berechnen.
a) Teilung einer 16 cm langen Strecke im Verhältnis 2 : 3
b) Teilung einer 228 mm langen Strecke, Verhältnis 7 : 5
c) Teilung einer 44 em langen Strecke, Verhältnis 5 : 3

5. Berechnen Sie bitte jeweils die beiden Teilstrecken.
a) 15 cm lange Strecke, Teilung im Verhältnis 1,5
b) 282 mm lange Strecke, Teilungsverhältnis 1,35
c) 960 Pixel lange Strecke, Teilungsverhältnis 1,6

6. Bitte die drei bzw. vier Teilstrecken berechnen.
a) Teilung einer 40 cm langen Strecke, Teilungsverhältnis 8 : 5 : 3
b) Teilung einer 345 mm langen Strecke, Teilungsverhältnis 12 : 7 : 4
c) Teilung einer 240 mm langen Strecke im Verhältnis 13 : 9 : 6 : 4

7. Bitte mit dem Verhältnis des goldenen Schnitts berechnen.
a) Höhe eines 540 Pixel breiten Bilds (Hochformat)
b) Breite eines 435 pt hohen Satzspiegels (Hochformat)
c) Teilung einer 140 mm langen Strecke in zwei Teilstrecken
d) Teilung einer 1280 Pixel langen Strecke in zwei Teilstrecken

8. Ein Querformat ist 270 mm breit. Welche Höhe ergibt sich jeweils?
a) Seitenverhältnis 5 : 4   c) Seitenverhältnis der Normformate ($\sqrt{2}$)
b) Seitenverhältnis 1,45   d) Goldener Schnitt

9. Der 485 pt hohe Satzspiegel soll vertikal in zwei Teile für Bild und Text unterteilt werden. Bitte jeweils die beiden Höhen (gerundet auf ganze Point) berechnen.
a) Teilungsverhältnis 4 : 3   c) Goldener Schnitt
b) Teilungsverhältnis 1,8   d) Teilungsverhältnis $\sqrt{2}$

10. Bitte die Seiten- und Teilungsverhältnisse in der Form $x : 1$ bzw. $1 : y$ angeben.
a) Satzspiegel 290 pt × 493 pt   c) Zwei Teilstrecken, 160 mm und 260 mm
b) Bildgröße 900 × 720 Pixel   d) Zwei Teilstrecken 16,2 cm und 12,0 cm

11. Bitte die Seitenverhältnisse als Quotienten mit ganzen Zahlen angeben.
a) Format 210 mm × 280 mm   c) Satzspiegel 98 mm × 140 mm
b) Bildformat 105 mm × 84 mm   d) Bildgröße 1440 × 810 Pixel

12. Eine 260 mm lange Strecke soll so in drei unterschiedlich lange Teilstrecken geteilt werden, dass jede der beiden längeren Teilstrecken 1,2-mal so lang ist wie die jeweils nächstkürzere.

13. Eine Strecke wurde in drei Teilstrecken mit den Längen 147 mm, 84 mm und 63 mm aufgeteilt. Ermitteln Sie bitte das Teilungsverhältnis ($x : y : z$) mit ganzen Zahlen.

2.4 Satzspiegel, Ränder und Spalten

2.4.1 Ränder bei vorgegebenem Satzspiegel

Wenn Seitenformat und Satzspiegel bereits festgelegt sind, kann der verbleibende Raum in bestimmten Verhältnissen auf die Ränder an Bund, seitlichem Schnitt, Kopf und Fuß (Innen-, Außen-, Kopf- und Fußsteg) verteilt werden. Der Rand am seitlichen Schnitt wird im Regelfall breiter angelegt als der Rand am Bund, der Rand am Fuß höher als der Rand am Kopf.

Beispiel 2-43: Seitenformat 132 mm × 195 mm, Satzspiegel 97 mm × 150 mm; Breiten bzw. Höhen der Ränder sollen im Verhältnis 2 : 3 stehen.

Gesamtbreite der beiden Ränder an Bund und seitlichem Schnitt (Seitenbreite minus Satzspiegelbreite):

   132 mm − 97 mm = 35 mm

Aufteilung auf die Ränder an Bund und seitlichem Schnitt (vgl. Abschnitt 2.3.3):

   35 mm : (2 + 3) · 2 = 35 mm : 5 · 2 = 14 mm

   35 mm : (2 + 3) · 3 = 35 mm : 5 · 3 = 21 mm

Nach Berechnung eines Randes kann der jeweils andere auch als Differenz zur Summe beider Ränder bestimmt werden, also zum Beispiel:

   35 mm − 14 mm = 21 mm

Entsprechende Berechnung der Ränder an Kopf und Fuß:

   195 mm − 150 mm = 45 mm

   45 mm : (2 + 3) · 2 = 18 mm

   45 mm : (2 + 3) · 3 = 27 mm   oder: 45 mm − 18 mm = 27 mm

Bei Aufteilung der Ränder im Verhältnis des goldenen Schnitts sind aufgrund der stetigen Teilung weitere Rechenvarianten möglich.

Beispiel 2-44: Seitenformat und Satzspiegel wie im vorigen Beispiel; Breiten bzw. Höhen der Ränder sollen im Verhältnis des goldenen Schnitts stehen.

Summe der beiden seitlichen Ränder geteilt durch gerundete goldene Zahl φ ergibt den breiteren der beiden Ränder (Rand am seitlichen Schnitt, Außensteg):

   35 mm : 1,618 ≈ 21,632 mm ≈ 21,6 mm

Der schmalere Rand kann auf drei Arten berechnet werden: breiterer Rand geteilt durch φ, Summe beider Ränder geteilt durch $\varphi + 1$ oder minus breiterer Rand.

$21,632\,\text{mm} : 1,618 \approx 13,4\,\text{mm}$

$35\,\text{mm} : (1,618 + 1) = 35\,\text{mm} : 2,618 \approx 13,4\,\text{mm}$

$35\,\text{mm} - 21,6\,\text{mm} = 13,4\,\text{mm}$

Die Ränder an Kopf und Fuß der Seite werden entsprechend berechnet.

$45\,\text{mm} : 1,618 \approx 27,812\,\text{mm} \approx 27,8\,\text{mm}$

$27,812\,\text{mm} : 1,618 \approx 17,2\,\text{mm}$

$45\,\text{mm} : 2,618 \approx 17,2\,\text{mm}$

$45\,\text{mm} - 27,8\,\text{mm} = 17,2\,\text{mm}$

2.4.2 Satzspiegel und Ränder nach Teilungsmethode

Mit der Teilungsmethode (Divisionsmethode) werden sowohl Satzspiegel als auch Ränder bestimmt. Dabei erhält der Satzspiegel dasselbe Seitenverhältnis wie das Seitenformat; die Ränder an Kopf und Fuß stehen im gleichen Verhältnis zueinander wie die Ränder an Bund und seitlichem Schnitt.

Breite und Höhe der Seite werden durch dieselbe Zahl dividiert, zum Beispiel durch neun. Ein Neuntel wird für den Rand am Bund verwendet, zwei Neuntel für den Rand am seitlichen Schnitt, sechs Neuntel für den Satzspiegel. Bei der Höhe wird entsprechend verfahren. Die „klassische" Neuner-Teilung ergibt recht kleine Satzspiegel, da nur jeweils zwei Drittel von Seitenbreite und -höhe genutzt werden. Andere Teiler und Aufteilungen auf Ränder und Satzspiegel sind möglich.

Beispiel 2-45: Ränder und Satzspiegel nach Divisionsmethode mit Teiler 20, Aufteilung im Verhältnis $2 : 15 : 3$, Seitenformat $160\,\text{mm} \times 230\,\text{mm}$

Rand am Bund:	$160\,\text{mm} : 20 \cdot 2 = 16\,\text{mm}$
Satzspiegelbreite:	$160\,\text{mm} : 20 \cdot 15 = 120\,\text{mm}$
Rand am seitlichen Schnitt:	$160\,\text{mm} : 20 \cdot 3 = 24\,\text{mm}$
Rand am Kopf:	$230\,\text{mm} : 20 \cdot 2 = 23\,\text{mm}$
Satzspiegelhöhe:	$230\,\text{mm} : 20 \cdot 15 = 172,5\,\text{mm}$
Rand am Fuß:	$230\,\text{mm} : 20 \cdot 3 = 34,5\,\text{mm}$

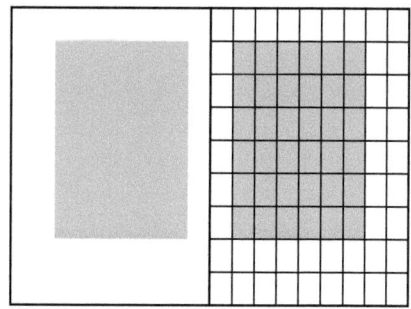

Bild 2-4
Bestimmung von Satzspiegel und Rändern nach der Teilungsmethode mit Teiler 9

2.4.3 Seitenformat, Satzspiegel und Ränder nach goldenem Schnitt

Wenn Seitenformat und Satzspiegel das Seitenverhältnis des goldenen Schnitts haben und die Ränder ebenfalls in diesem Verhältnis zueinander stehen, muss nur je eine Seitenlänge von Format und Satzspiegel vorgegeben sein – alle übrigen Maße lassen sich rechnerisch mithilfe der goldenen Zahl $\varphi \approx 1{,}618$ bestimmen.

Beispiel 2-46: Formathöhe 210 mm, Satzspiegelhöhe 160 mm; Seitenverhältnisse und Aufteilung der Ränder nach dem goldenen Schnitt
Formatbreite:

  210 mm : 1,618 ≈ 129,8 mm
Satzspiegelbreite:

  160 mm : 1,618 ≈ 98,9 mm
Summe der Ränder an Bund und seitlichem Schnitt:

  129,8 mm – 98,9 mm = 30,9 mm
Seitliche Ränder:

  30,9 mm : 1,618 ≈ 19,1 mm

  30,9 mm : (1,618 + 1) ≈ 11,8 mm
Summe der Ränder an Kopf und Fuß:

  210 mm – 160 mm = 50 mm
Ränder an Fuß und Kopf:

  50 mm : 1,618 ≈ 30,9 mm

  50 mm : (1,618 + 1) ≈ 19,1 mm

Die Ergebnisse des Beispiels zeigen interessante Besonderheiten: Breite des Rands am seitlichen Schnitt und Höhe des Rands am Kopf sind gleich (19,1 mm), ebenso Summe der beiden seitlichen Ränder und Höhe des Rands am Fuß (30,9 mm). Die erste Übereinstimmung tritt immer auf, wenn Seiten- und Satzspiegelformat dasselbe Seitenverhältnis haben und die Ränder ebenfalls in diesem Verhältnis aufgeteilt sind. Die zweite tritt nur auf, wenn Seiten- und Aufteilungsverhältnis dem goldenen Schnitt entsprechen.

2.4.4 Spalten

Wenn Spaltenbreite, -anzahl und -abstand vorgegeben sind, ergibt sich die Satzspiegelbreite aus diesen Vorgaben.

Beispiel 2-47: Vier Spalten, Spaltenbreite 41 mm, Spaltenabstand 5 mm
Bei der Berechnung der Satzspiegelbreite ist zu berücksichtigen, dass die Anzahl der Spaltenabstände um 1 kleiner ist als die Anzahl der Spalten.

  4 · 41 mm + (4 – 1) · 5 mm = 179 mm

Umgekehrt ergibt sich die Breite der einzelnen Spalte aus Satzspiegelbreite, Anzahl der Spalten und Spaltenabstand.

Beispiel 2-48: Drei Spalten, Satzspiegelbreite 178 mm, Spaltenabstand 5 mm
Die Spaltenabstände werden von der Satzspiegelbreite subtrahiert.

$$178\,\text{mm} - (3-1) \cdot 5\,\text{mm} = 168\,\text{mm}$$

Division durch Anzahl der Anzahl der Spalten ergibt Spaltenbreite.

$$168\,\text{mm} : 3 = 56\,\text{mm}$$

Wenn anstelle der Satzspiegelbreite die Breite des Seitenformats angegeben ist, sind bei der Berechnung auch die Ränder zu berücksichtigen. Bei der Berechnung von Web-Layouts in Pixeln wird entsprechend vorgegangen.

Beispiel 2-49: 400 mm breite Zeitungsseite, Ränder 13 mm und 17 mm, sieben Spalten, Spaltenabstand 4,5 mm
Seitenbreite minus Ränder ergibt Satzspiegelbreite.

$$400 - 13\,\text{mm} - 17\,\text{mm} = 370\,\text{mm}$$

Weiter wie in Beispiel 2-48

$$370\,\text{mm} - (7-1) \cdot 4,5\,\text{mm} = 343\,\text{mm}$$
$$343\,\text{mm} : 7 = 49\,\text{mm}$$

Beispiel 2-50: Website-Gestaltungsraster, Breite einschließlich Ränder 960 Pixel, Ränder links und rechts je 32 Pixel, acht Spalten, Spaltenabstand 16 Pixel

$$960 - 2 \cdot 32 = 896$$
$$896 - (8-1) \cdot 16 = 784$$
$$784 : 8 = 98$$

2.4.5 Übungsaufgaben zu Abschnitt 2.4

1. Eine Buchseite hat das Format 150 mm × 225 mm, der Satzspiegel ist 112,5 mm breit und 175 mm hoch. Berechnen Sie bitte Breiten bzw. Höhen aller Ränder.
   a) Aufteilung im Verhältnis 1 : 2   c) Aufteilung im Verhältnis 2 : 3
   b) Aufteilung im Verhältnis des goldenen Schnitts

2. Eine Buchseite hat das Format 135 mm × 198 mm. Errechnen Sie bitte Satzspiegel und Ränder nach der Divisionsmethode mit Teiler 9, Aufteilung 1 : 6 : 2.

3. Auf einer A5-Seite (148 mm × 210 mm) sollen Satzspiegel und Ränder nach der Divisionsmethode mit dem Teiler 28 festgelegt werden, Aufteilung 3 : 21 : 4.

4. Seitenverhältnis von Seitenformat und Satzspiegel sowie Breiten und Höhen der Ränder sollen nach dem goldenen Schnitt bestimmt werden. Das Seitenformat ist 250 mm hoch, der Satzspiegel 190 mm. Berechnen Sie bitte die Breiten von Seite und Satzspiegel sowie Breiten bzw. Höhen aller Ränder.

5. a) Seitenformat 155 mm × 220 mm; welche Höhe hat der 120 mm breite Satzspiegel, wenn sein Seitenverhältnis dem des Seitenformats entspricht?
   b) Welche Randbreiten und -höhen ergeben sich beim Teilungsverhältnis 3 : 5?
   c) Welche Randbreiten und -höhen ergeben sich beim Teilungsverhältnis $1 : \sqrt{2}$?

6. Seitenformat 192 mm × 240 mm, Satzspiegelhöhe 196 mm
   a) Welche Breite hat der Satzspiegel, wenn die Seitenverhältnisse von Seitenformat und Satzspiegel übereinstimmen?
   b) Welche Breiten bzw. Höhen haben die Ränder, wenn das Aufteilungsverhältnis dem Seitenverhältnis von Buchseite und Satzspiegel entspricht?

7. Welche Satzspiegelbreite ergibt sich bei fünfspaltigem Umbruch mit 52 mm Spaltenbreite und 4,5 mm Spaltenabstand?

8. Die Seiten einer Zeitung sind 360 mm breit. Das Layout ist sechsspaltig angelegt, Spaltenabstand 4 mm, die seitlichen Ränder sind 15 mm und 19 mm breit.
   a) Bitte die Spaltenbreite berechnen.
   b) Welche Breite hat eine dreispaltige Anzeige in dieser Zeitung?

9. Das Gestaltungsraster für eine Website wird mit 16 Spalten angelegt, Ränder links und rechts jeweils 24 Pixel, Spaltenabstand acht Pixel.
   a) Welche Gesamtbreite ergibt sich bei einer Spaltenbreite von 64 Pixeln?
   b) Mit welcher Breite sind die Spalten anzulegen, wenn die Gesamtbreite 1080 Pixel betragen soll?

10. Ein Nachschlagewerk, Seitenbreite 130 mm, ist dreispaltig mit 32 mm Spaltenbreite umbrochen, Spaltenabstand 3 mm. Die Breiten der seitlichen Ränder stehen im Verhältnis 3 : 4 zueinander. Bitte die Randbreiten berechnen.

2.5 Manuskript- und Satzumfang

2.5.1 Manuskriptumfang

Der Begriff Manuskriptumfang steht hier allgemein für den Umfang von Texten, die nicht in codierter, digitaler Form vorliegen. Dabei kann es sich in sehr seltenen Fällen tatsächlich um Manuskripte (handgeschriebene Texte) handeln, häufiger um Typoskripte (maschinengeschriebene Texte) oder ältere gedruckte Werke, die noch nicht mit digitaler Technik produziert wurden.

Maß des Manuskriptumfangs ist die Anzahl der Zeichen; dazu gehören neben Buchstaben und Ziffern auch alle Satz- und Sonderzeichen sowie Wortzwischenräume (Leerzeichen). Um nicht die gesamte Textvorlage auszählen zu müssen, wird nach der Methode

F 2-11   *Manuskriptumfang = Zeichen/Zeile · Zeilen/Seite · Seiten*

vorgegangen. Das setzt allerdings voraus, dass die Textvorlage durchgängig gleiche Zeilenbreiten hat und auf allen Seiten gleich viele Zeilen stehen.

Um die durchschnittliche Zeichenzahl je Zeile zu finden, genügt es meist, zehn Zeilen auszuzählen und das arithmetische Mittel zu errechnen: Die Zeichen der ausgezählten Zeilen werden addiert und durch die Anzahl der Zeilen dividiert.

Beispiel 2-51: Typoskript mit 58 Zeichen pro Zeile, 40 Zeilen pro Seite, 579 Seiten

$$58 \cdot 40 \cdot 579 = 1\,343\,280$$

Anstelle körperlicher, geschriebener oder gedruckter Vorlagen liegen Texte heute durchweg in codierter, digitaler Form vor. Jedes Textverarbeitungsprogramm ist in der Lage, Zeichen, Wörter, Zeilen und Absätze zu zählen und anzuzeigen; die Mühe des Auszählens und Rechnens erübrigt sich also.

2.5.2 Satzumfang

Satzumfangsberechnungen sind rechnerisch fundierte Prognosen, wie viele Seiten der umbrochene Text eines Werks oder wie viele Spalten zum Beispiel ein Zeitschriftenartikel einnehmen wird. Sachlich und rechnerisch fehlerfreie Umfangsberechnungen können sich im Nachhinein als nicht ganz zutreffend erweisen, da sich bestimmte Raumbedarfe erst beim Umbrechen des Satzes ergeben und deshalb in der Berechnung nicht berücksichtigt werden können. Das gilt zum Beispiel für die typografische Regel, dass die erste Zeile eines Absatzes nicht als letzte Zeile auf einer Seite stehen soll.

Satzumfangsberechnungen folgen zunächst der einfachen Logik, dass der umbrochene Satz die gleiche Anzahl Zeichen enthält wie Textdatei oder Manuskript. Zusätzlich ist aber zu berücksichtigen, dass im umbrochenen Satz noch Raum für Dinge gebraucht wird, die in Textdatei oder Manuskript nicht enthalten sind: zum Beispiel Leerräume an Kapitelanfängen, Zwischenschläge, Vignetten, Bilder und Titelei (Schmutztitel, Haupttitel, Impressum, Vorwort, Inhaltsverzeichnis).

Beispiel 2-52: Die Textdatei enthält 527 400 Zeichen. Das Werk soll mit 36 Zeilen je Seite, 62 Zeichen pro Zeile umbrochen werden. Hinzu kommen je 6 Zeilen für Überschrift und Leerraum am Beginn von 30 Kapiteln und acht Seiten Titelei. Anzahl der Zeilen: Umfang in Zeichen geteilt durch Zeichen pro Zeile plus je sechs Zeilen an 30 Kapitelanfängen.

$$527\,400 : 62 + 6 \cdot 30 \approx 8506{,}45 + 180 \approx 8687$$

Bruchteile von Zeilen werden ganzzahlig aufgerundet, auch wenn die erste Nachkommastelle kleiner als fünf ist. Angefangene Zeilen belegen im umbrochenen Satz genauso viel Raum wie ganze.
Anzahl der Seiten: Zeilen geteilt durch Zeilen pro Seite plus 8 Seiten Titelei. Auch hier wird in jedem Fall ganzzahlig aufgerundet.

$$8687 : 36 + 8 \approx 241{,}31 + 8 \approx 250$$

Etwas umfangreicher wird die Berechnung, wenn unterschiedliche Schriftgrößen und Zeilenabstände innerhalb des Werks verwendet werden. Wird zum Beispiel ein Anhang in kleinerer Schrift mit geringerem Zeilenabstand gesetzt (also mit mehr Zeichen pro Zeilen und mehr Zeilen pro Seite), sind Hauptteil und Anhang zunächst getrennt zu berechnen und die Seitenzahlen am Schluss zu addieren.

Schwieriger wird es, wenn unterschiedliche Schriftgrößen und Zeilenabstände auf derselben Seite vorkommen, zum Beispiel für Grundtext und Fußnoten.

Beispiel 2-53: Die Textdatei eines wissenschaftlichen Werks enthält 748 500 Zeichen Haupttext und 265 800 Zeichen Fußnotentext. Der Haupttext wird mit 40 Zeilen pro Seite und 68 Zeichen pro Zeile gesetzt, die Fußnoten mit 50 Zeilen pro Seite und 84 Zeichen pro Zeile. Zwischen Haupttext und Fußnoten ist auf jeder Seite ein vertikaler Abstand zu berücksichtigen, der etwa so hoch ist wie der Zeilenabstand des Haupttexts.

Zuerst werden die Textmengen in Seiten umgerechnet; an dieser Stelle werden die Seitenanzahlen noch nicht aufgerundet.

Haupttext: $748\,500 : 68 \approx 11\,008$ $11\,008 : 40 = 275{,}2$

Fußnoten: $265\,800 : 84 \approx 3165$ $3165 : 50 = 63{,}3$

zusammen: $275{,}2 + 63{,}3 = 338{,}5$

Jetzt fehlen noch die Abstände zwischen Text und Fußnoten. Es wird davon ausgegangen, dass auf allen Seiten Fußnoten stehen, folglich also je Seite eine Zeile hinzukommt. In Seiten umgerechnet:

$$339 : 40 \approx 8{,}475$$

Damit beträgt die Anzahl der Seiten einschließlich Raumbedarf für die Abstände zwischen Haupttext und Fußnoten vorläufig:

$$338{,}5 + 8{,}475 = 346{,}975$$

Das bedeutet aber, dass nicht 339 zusätzliche Zeilen hätten berücksichtigt werden müssen, sondern 347. Umgerechnet in Seiten also:

$$347 : 40 = 8{,}675$$

Damit ergibt sich die endgültige Seitenzahl:

$$338{,}5 + 8{,}675 = 347{,}175 \approx 348$$

Das Leerzeilenproblem lässt sich eleganter lösen:

$$338{,}5 + (339 + 339 : 40) : 40 \approx 338{,}5 + 8{,}687 = 347{,}187 \approx 348$$

2.5.3 Umfang bei mehrspaltigem Satz

Bei mehrspaltigem Satz, zum Beispiel in Fachbüchern oder Nachschlagewerken, ist zu berücksichtigen, dass zwar Textzeilen durchweg einspaltig gesetzt werden, Überschriften, Bilder, Grafiken oder Tabellen dagegen auch über mehrere Spalten laufen können. Bei der Berechnung des Raumbedarfs ist also ihre Höhe in Zeilen mit der Anzahl der Spalten zu multiplizieren.

Beispiel 2-54: Zweispaltig mit 52 Zeichen pro Zeile und 48 Zeilen pro Spalte umbrochenes Fachbuch, Textmenge 1 867 500 Zeichen. Hinzu kommen 17 zweispaltige Überschriften, vertikaler Raumbedarf jeweils 8 Textzeilen, 136 einspaltige Überschriften, vertikaler Raumbedarf jeweils 6 Textzeilen und 94 zweispaltige Grafiken, vertikaler Raumbedarf jeweils 20 Textzeilen. Zuerst werden alle Raumbedarfe in Zeilen berechnet.

Text:	$1\,867\,500 : 52 \approx 35\,914$
Zweispaltige Überschriften:	$8 \cdot 2 \cdot 17 = 272$
Einspaltige Überschriften:	$6 \cdot 136 = 816$
Zweispaltige Grafiken:	$20 \cdot 2 \cdot 94 = 3760$
Insgesamt:	$35\,914 + 272 + 816 + 3760 = 40\,762$

Anzahl Zeilen geteilt durch Zeilen pro Spalte ergibt Anzahl Spalten:
$$40\,762 : 48 \approx 849{,}2 \approx 850$$
Anzahl Spalten geteilt durch Spalten pro Seite ergibt Anzahl Seiten:
$$850 : 2 = 425$$

Bei kürzeren Texten, zum Beispiel Artikeln in Zeitschriften, wird nicht auf volle Seiten gerundet. Hier wird der Raumbedarf meist in Spalten angegeben, Bruchteile von Spalten in Zeilen.

Beispiel 2-55: Eine Zeitschrift wird vierspaltig mit 64 Zeilen pro Spalte und durchschnittlich 32 Zeichen pro Zeile umbrochen. Ein Artikel hat 13 500 Zeichen. Hinzu kommen: dreispaltige Überschrift, vertikaler Raumbedarf 8 Textzeilen, drei zweispaltige Bilder, vertikaler Raumbedarf jeweils 20 Textzeilen und vier einspaltige Zwischenüberschriften, Raumbedarf jeweils 8 Textzeilen.

Text:	$13\,500 : 32 \approx 422$
Dreispaltige Überschrift:	$8 \cdot 3 = 24$
Zweispaltige Bilder:	$20 \cdot 2 \cdot 3 = 120$
Zwischenüberschriften:	$8 \cdot 4 = 32$
Zusammen:	$422 + 24 + 120 + 32 = 598$
Umrechnung in ganze Spalten:	$\lfloor 598 : 64 \rfloor = 9$
Rest in Zeilen:	$598 - 64 \cdot 9 = 598 - 576 = 22$
Lösung:	9 Spalten 22 Zeilen

2.5.4 Satzumfang bei verändertem Umbruch

Wenn der Text eines Werks bereits in umbrochener Form vorliegt, lässt sich der voraussichtliche neue Satzumfang bei verändertem Umbruch mit Verhältnisgleichung oder Dreisatzrechnung ermitteln.

Beispiel 2-56: Ein mit 35 Zeilen pro Seite und 56 Zeichen pro Zeile umbrochenes Werk hat 440 Textseiten. Wie viele Seiten ergeben sich, wenn es mit 38 Zeilen pro Seite und 63 Zeichen pro Zeile neu umbrochen wird?

Zuerst die Umfangsveränderung, soweit sie auf die veränderte Anzahl der Zeilen pro Seite zurückzuführen ist. Verhältnisgleichung oder Dreisatz mit antiproportionalem Verhältnis (je mehr Zeilen auf einer Seite, desto weniger Seiten). Das Ergebnis wird mit Nachkommastellen notiert.

$$n_1 \cdot 38 = 440 \cdot 35 \quad | : 38$$
$$n_1 = 440 \cdot 35 : 38 \approx 405{,}263$$

$$\frac{35}{38} \approx \frac{440}{405{,}263}$$

Hinzu kommt die Veränderung des Umfangs aufgrund der veränderten Zeichenanzahl pro Zeile. Verhältnisgleichung oder Dreisatz mit antiproportionalem Verhältnis (je mehr Zeichen pro Zeile, desto weniger Seiten). Das Endergebnis wird ganzzahlig (auf volle Seiten) aufgerundet.

$$n_2 \cdot 63 = 405{,}263 \cdot 56 \quad | : 63$$
$$n_2 = 405{,}263 \cdot 56 : 63 \approx 361$$

$$
\begin{array}{ccc}
56 & \cdot & 405{,}263 \\
\vdots & & \vdots \\
63 & \approx & 361
\end{array}
$$

Die beiden Berechnungen können auch in umgekehrter Reihenfolge ausgeführt werden. In gleicher Weise kann auch direkt von den Seiten eines Typoskripts auf die Seiten des Werks geschlossen werden.

2.5.5 Übungsaufgaben zu Abschnitt 2.5

1. Ein Typoskript besteht aus 862 Seiten mit jeweils 30 Zeilen und durchschnittlich 60 Zeichen je Zeile. Errechnen Sie bitte den Umfang in Zeichen.

2. Der Text eines Romans enthält 624 860 Zeichen. Wie viele Seiten ergeben sich, wenn mit 35 Zeilen pro Seite und 56 Zeichen pro Zeile gesetzt wird? Berücksichtigen Sie bitte 8 Seiten Titelei, 12 ganzseitige Illustrationen und jeweils 12 Zeilen für Überschriften und Leerräume am Beginn von 30 Kapiteln.

3. Der Text eines Sachbuchs enthält 847 540 Zeichen. Wie viele Seiten ergeben sich beim Umbruch mit 40 Zeilen pro Seite und durchschnittlich 60 Zeichen pro Zeile, wenn zusätzlich zum reinen Text noch 46 Überschriften, Raumbedarf jeweils 6 Textzeilen, 53 Grafiken, Raumbedarf jeweils 16 Textzeilen, und 12 Seiten Titelei zu berücksichtigen sind?

4. Der Hauptteil eines Fachbuchs enthält 1 426 470 Zeichen, der Anhang 485 965 Zeichen. Der Hauptteil wird mit 44 Zeilen pro Seite und 64 Zeichen pro Zeile, der Anhang mit 54 Zeilen pro Seite und 80 Zeichen pro Zeile umbrochen. Wie viele Seiten ergeben sich insgesamt, wenn im Hauptteil zusätzlich 1250 Zeilen für Überschriften und Bilder, im Anhang zusätzlich 180 Zeilen für Überschriften zu berücksichtigen sind und 24 Seiten Titelei hinzukommen?

5. Der Text einer Dissertation hat 962 943 Zeichen; hinzu kommen Fußnoten mit insgesamt 83 460 Zeichen. Der Satzspiegel nimmt 38 Textzeilen mit 60 Zeichen bzw. 48 Fußnotenzeilen mit 76 Zeichen auf. Auf allen Seiten befinden sich Fußnoten; zwischen Text und Fußnoten ist etwa eine Textzeile Abstand vorzusehen. Bitte die Anzahl der umbrochenen Seiten berechnen.

6. Ein dreispaltig umbrochenes Nachschlagewerk enthält 2 365 000 Zeichen. Wie viele Seiten ergeben sich bei 44 Zeilen pro Spalte, 38 Zeichen pro Zeile, wenn 370 einspaltige Bilder, Höhe jeweils 12 Textzeilen, 60 zweispaltige Bilder, Höhe jeweils 16 Textzeilen, und 8 Seiten Titelei zu berücksichtigen sind?

7. Eine Zeitschrift enthält 60 Zeilen pro Spalte mit durchschnittlich 39 Zeichen pro Zeile. Wie viele Spalten, Bruchteile in Zeilen, ergeben sich für einen Artikel mit 28 470 Zeichen, wenn Überschriften und Bilder einen Raumbedarf haben, der 210 Textzeilen entspricht?

8. Ein Zeitschriftenartikel ist 24 318 Zeichen lang. Die Zeitschrift ist dreispaltig umbrochen, 72 Zeilen pro Spalte, 42 Zeichen/Zeile. Die Höhe der zweispaltigen Überschrift entspricht 12 Textzeilen; ferner sind drei einspaltige und zwei zweispaltige Bilder zu berücksichtigen, deren Höhe jeweils 24 Textzeilen entspricht. Wie viele Spalten (Bruchteile in Zeilen) umfasst der umbrochene Artikel einschließlich Überschrift und Bildern?

9. Eine Zeitschrift wird vierspaltig mit 68 Zeilen/Spalte und 34 Zeichen/Zeile gesetzt. Beim Umbruch eines Artikels mit 14 980 Zeichen sind zusätzlich zu berücksichtigen: vierspaltige Überschrift, Höhe 8 Zeilen, fünf zweispaltige Bilder, Höhe jeweils 28 Zeilen, vier einspaltige Zwischenüberschriften, Höhe jeweils 10 Zeilen. Um wie viele Zeilen muss der Text gekürzt werden, wenn der Artikel einschließlich Überschriften und Bildern nicht umfangreicher als 2,5 Seiten (= 10 Spalten) werden soll?

10. Ein Werk, Umfang 324 Seiten, wurde mit 38 Zeilen je Seite und durchschnittlich 64 Zeichen je Zeile umbrochen, Satzspiegelbreite 92 mm. Wie viele Seiten ergeben sich jeweils, wenn der Text neu umbrochen wird?
    a) 35 Zeilen pro Seite, Zeichen pro Zeile unverändert
    b) 72 Zeichen pro Zeile, Zeilen pro Seite unverändert
    c) 110 mm Satzspiegelbreite, Schrift und Zeilen pro Seite unverändert

11. Ein Werk mit 256 Seiten wurde mit 36 Zeilen je Seite und durchschnittlich 62 Zeichen pro Zeile umbrochen. Wie viele Seiten ergeben sich jeweils beim neuen Umbruch?
    a) 40 Zeilen pro Seite, 67 Zeichen pro Zeile
    b) 33 Zeilen pro Seite, 55 Zeichen pro Zeile

12. Ein einspaltig umbrochenes Fachbuch hat einschließlich 16-seitiger Titelei 592 Seiten mit je 38 Zeilen, durchschnittlich 73 Zeichen pro Zeile. Wie viele Seiten ergeben sich bei zweispaltigem Umbruch mit 42 Zeilen pro Spalte und durchschnittlich 46 Zeichen pro Zeile, wenn die Titelei unverändert bleibt?

Erhöhter Schwierigkeitsgrad

13. Ein Werk, gesetzt in einer 10-pt-Schrift mit 13 pt Zeilenabstand, 32 Zeilen je Seite, hat einschließlich achtseitiger Titelei 460 Seiten. Welcher Umfang ergibt sich bei einer Neuauflage, wenn dieselbe Schrift in der Größe 9 pt mit 11 pt Zeilenabstand verwendet und dabei die Breite des Satzspiegels nicht und seine Höhe so wenig wie möglich verändert wird? Die Titelei bleibt unverändert.

3 Bild, Video und Audio

3.1 Maßstab und Bildgröße

3.1.1 Allgemeines

Die Begriffe Maßstab, Skalierungsfaktor oder Abbildungsverhältnis stehen für denselben Sachverhalt: In jedem Fall geht es um das Verhältnis einer neuen oder noch zu schaffenden Größe zur vorherigen oder ursprünglichen Größe.

Beim Scannen steht der Maßstab also für das Größenverhältnis von digitalisiertem Bild und Vorlage, beim Skalieren digitaler Bilder um das Verhältnis von neuer, veränderter Bildgröße zur ursprünglichen. In der Fotografie kennzeichnet er das Größenverhältnis von Abbildung auf Sensor oder Film zum aufgenommenen Objekt, in Kartografie und Modellbau das Größenverhältnis von Landkarte und Natur bzw. Modell und Original.

Der Maßstab kann auf drei Arten angegeben werden: numerisch, prozentual oder als Quotient. In der Praxis der Medienvorstufe wird normalerweise mit dem prozentualen Maßstab gearbeitet (mehr dazu in den folgenden Abschnitten).

Maßstäbe beziehen sich auf Strecken, also auf Breiten, Höhen oder andere Messstrecken. Wenn zum Beispiel von der Vergrößerung eines Bilds auf das Zweifache die Rede ist, so ist damit gemeint, dass sich die linearen Ausdehnungen verdoppeln. Dass sich die Fläche quadratisch zur Seitenlänge verändert, bei der Verdoppelung von Breite und Höhe die Fläche des Bilds also vervierfacht wird, ist im Zusammenhang mit Maßstabsberechnungen irrelevant. Beim Rechnen mit Maßstäben geht es immer um Strecken, niemals um Flächen!

Um Missverständnisse zu vermeiden, sollte immer angegeben werden, *auf* welche Größe bzw. *auf* welchen Maßstab vergrößert oder verkleinert wird. Beim Vergrößern *auf* das Zweifache (*auf* 200 %) werden Breite und Höhe verdoppelt, beim Vergrößern *um* das Zweifache (*um* 200 %) werden sie verdreifacht.

Wie überall in Mediengestaltung, Drucktechnik und Fotografie gilt natürlich auch hier, dass Formate in der Reihenfolge Breite × Höhe angegeben werden.

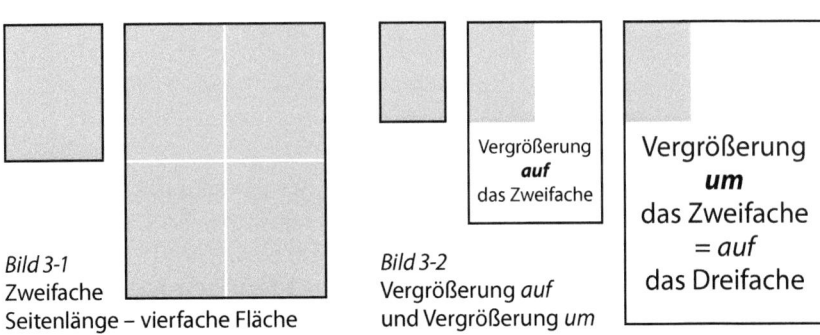

Bild 3-1
Zweifache
Seitenlänge – vierfache Fläche

Bild 3-2
Vergrößerung *auf*
und Vergrößerung *um*

Vergrößerung
auf
das Zweifache

Vergrößerung
um
das Zweifache
= *auf*
das Dreifache

3.1.2 Numerischer und prozentualer Maßstab

Der numerische Maßstab (Skalierungsfaktor) wird berechnet, indem die neue, veränderte Größe (Zielgröße, Sollgröße) durch die ursprüngliche Größe (Istgröße, Originalgröße) dividiert wird. Bei Vergrößerungen ist der Maßstab größer als 1, bei Verkleinerungen kleiner als 1. Beim Maßstab 1 ist die Größe unverändert.

Beispiel 3-1: Ein 40 mm breites Bild wird auf 168 mm vergrößert.

$$m = 168\,\text{mm} : 40\,\text{mm} = 4{,}2$$

Beispiel 3-2: Ein 280 mm hohes Bild wird auf 35 mm verkleinert.

$$m = 35\,\text{mm} : 280\,\text{mm} = 0{,}125$$

Neue und ursprüngliche Größe müssen dieselbe Einheit haben. Sollte das nicht der Fall sein, ist vor dem Berechnen des Maßstabs entsprechend umzuwandeln.

Beispiel 3-3: Eine 20 cm breite Grafik soll auf 150 mm skaliert werden.

20 cm = 200 mm	150 mm = 15 cm
$m = 150\,\text{mm} : 200\,\text{mm} = 0{,}75$	$m = 15\,\text{cm} : 20\,\text{cm} = 0{,}75$

Um die neue, veränderte Größe zu errechnen, wird die ursprüngliche Größe mit dem numerischen Maßstab multipliziert. Um von der neuen Größe auf die ursprüngliche zurückzuschließen, wird durch den Maßstab dividiert.

Beispiel 3-4: Welche neue Breite b_{neu} ergibt sich, wenn ein 160 mm breites Bild auf den Maßstab 1,45 skaliert wird?

$$b_{neu} = 160\,\text{mm} \cdot 1{,}45 = 232\,\text{mm}$$

Beispiel 3-5: Nach Skalieren auf den Maßstab 0,32 ist das Bild 48 mm hoch. Welche Höhe h_{alt} hatte es vor dem Skalieren?

$$h_{alt} = 48\,\text{mm} : 0{,}32 = 150\,\text{mm}$$

Der prozentuale Maßstab gibt an, auf welchen Prozentsatz vergrößert oder verkleinert wird. Die ursprüngliche Größe (Istgröße, Originalgröße) ist Grundwert, entspricht also 100 %. Maßstäbe über 100 % stehen für Vergrößerungen, Maßstäbe unter 100 % für Verkleinerungen. Um den numerischen Maßstab in den prozentualen umzuwandeln, wird mit 100 % multipliziert; um den prozentualen Maßstab in den numerischen umzuwandeln, wird durch 100 % dividiert.

Gegenüber dem numerischen Maßstab unterscheidet sich die Berechnung nur durch den zusätzlichen Faktor bzw. Divisor 100 %. Bei möglichen Unsicherheiten hilft eine Verhältnisgleichung oder das Dreisatzschema.

Beispiel 3-6: Ein 80 mm breites Bild wird auf 172 mm vergrößert.

$$m\,\% = 172\,\text{mm} : 80\,\text{mm} \cdot 100\,\% = 215\,\%$$

Dasselbe mit Verhältnisgleichung und Dreisatzschema

$m\,\% : 172\,\text{mm} = 100\,\% : 80\,\text{mm} \quad \mid \cdot 172\,\text{mm}$	$80\,\text{mm} \quad : \quad 100\,\%$
$m\,\% = 100\,\% : 80\,\text{mm} \cdot 172\,\text{mm} = 215\,\%$	$172\,\text{mm} \quad = \quad 215\,\%$

Beispiel 3-7: Welche neue Breite b_{neu} ergibt sich, wenn ein 160 mm breites Bild auf den Maßstab 145 % skaliert wird?

$$b_{neu} = 160 \text{ mm} \cdot 145\% : 100\% = 232 \text{ mm}$$

$$b_{neu} : 145\% = 160 \text{ mm} : 100\% \quad | \quad \cdot 145\%$$
$$b_{neu} = 160 \text{ mm} : 100\% \cdot 145\%$$

100 %	:	160 mm
145 %	=	232 mm

Beispiel 3-8: Nach Skalieren auf den Maßstab 32 % ist das Bild 48 mm hoch. Welche Höhe h_{alt} hatte es vor dem Skalieren?

$$h_{alt} = 48 \text{ mm} : 32\% \cdot 100\% = 150 \text{ mm}$$

$$h_{alt} : 100\% = 48 \text{ mm} : 32\% \quad | \quad \cdot 100\%$$
$$h_{alt} = 48 \text{ mm} : 32\% \cdot 100\% = 150 \text{ mm}$$

32 %	:	48 mm
100 %	=	150 mm

Rechenwege für numerischen und prozentualen Maßstab als Formeln:

F3-1 $\quad m = s_{neu} : s_{alt}$ $\qquad\qquad$ *F3-4* $\quad m\% = s_{neu} : s_{alt} \cdot 100\%$

F3-2 $\quad s_{neu} = s_{alt} \cdot m$ $\qquad\qquad$ *F3-5* $\quad s_{neu} = s_{alt} \cdot m\% : 100\%$

F3-3 $\quad s_{alt} = s_{neu} : m$ $\qquad\qquad$ *F3-6* $\quad s_{alt} = s_{neu} : m\% \cdot 100\%$

$\quad m \qquad$ Maßstab (Skalierungsfaktor, Abbildungsverhältnis)

$\quad s_{alt}\, s_{neu} \quad$ ursprüngliche, neue Seitenlänge (Breite oder Höhe)

3.1.3 Maßstab als Quotient

In der Schreibweise als Quotient besteht der Maßstab immer aus einer Eins und einer Zahl, die größer als 1 ist. Bei Vergrößerungen wird er in der Form $x : 1$ notiert (zum Beispiel 5 : 1), bei Verkleinerungen in der Form $1 : x$ (zum Beispiel 1 : 5). Die Angabe 1 : 1 steht für unveränderte Größe.

Maßstabsquotienten werden oft wie Fußballergebnisse gesprochen: „fünf zu eins" oder „eins zu fünf". Die rechnerische Bedeutung wird klarer, wenn die Maßstabsangabe als Quotient und der Doppelpunkt als Divisionszeichen verstanden wird. Statt 5 : 1 kann der numerische Maßstab 5 angegeben werden, statt 1 : 5 der numerische Maßstab $\frac{1}{5} = 0{,}2$.

Beispiel 3-9: Ein 40 mm breites Bild wird auf 168 mm vergrößert.

Zielgröße und Istgröße werden in dieser Reihenfolge als Quotient notiert.

$$m = 168 \text{ mm} : 40 \text{ mm}$$

Der Quotient wird durch den kleineren der beiden Werte gekürzt; Dividend und Divisor werden hier also durch die Istgröße 40 mm geteilt.

$$m = (168 \text{ mm} : 40 \text{ mm}) : (40 \text{ mm} : 40 \text{ mm}) = 4{,}2 : 1$$

Beispiel 3-10: Ein 280 mm hohes Bild wird auf 35 mm verkleinert.

$$m = 35 \text{ mm} : 280 \text{ mm}$$

Kürzen durch den kleineren Wert, hier also durch die Zielgröße 35 mm:

$$m = (35 \text{ mm} : 35 \text{ mm}) : (280 \text{ mm} : 35 \text{ mm}) = 1 : 8$$

Insbesondere bei sehr stark verkleinerten Darstellungen kann es auf die korrekte Umwandlung von Einheiten ankommen.

Beispiel 3-11: Eine 34 km lange Strecke ist auf der Landkarte 85 mm lang dargestellt.

$$34\,km = 34\,000\,m = 34\,000\,000\,mm$$
$$m = (85\,mm : 85\,mm) : (34\,000\,000\,mm : 85\,mm) = 1 : 400\,000$$

Formel zur Berechnung des Maßstabs als Quotient:

F3-7 $m = (s_{neu} : s_{min}) : (s_{alt} : s_{min})$ m Maßstab

$s_{alt}\,s_{neu}$ ursprüngliche, neue Seitenlänge

s_{min} kleinere der beiden Seitenlängen

Beim Berechnen von neuer und ursprünglicher Größe wird wie beim numerischen Maßstab vorgegangen: Multiplikation der Ursprungsgröße mit dem Maßstab ergibt neue Größe, Division der neuen Größe durch den Maßstab ergibt ursprüngliche Größe.

Beispiel 3-12: Welche neue Breite b_{neu} ergibt sich, wenn ein 160 mm breites Bild auf den Maßstab 1,45 : 1 skaliert wird?

$$b_{neu} = 160\,mm \cdot 1,45 : 1 = 160\,mm \cdot 1,45 = 232\,mm$$

Beispiel 3-13: Nach Skalieren auf den Maßstab 1 : 3,125 ist das Bild 48 mm hoch. Welche Höhe h_{alt} hatte es vor dem Skalieren?

$$h_{alt} = 48\,mm : (1 : 3,125) = 48\,mm \cdot 3,125 = 150\,mm$$

Maßstäbe in Quotientenschreibweise können leicht in numerische umgewandelt werden. Bei Vergrößerungen ($x : 1$) entfällt nur der Divisor 1, bei Verkleinerungen wird der Quotient $1 : x$ ausgerechnet. Um den prozentualen Maßstab zu erhalten, wird der numerische Maßstab mit 100 % multipliziert.

Beispiel 3-14: Umwandlung der Quotienten 1,45 : 1 und 1 : 3,125 in rein numerische und prozentuale Maßstäbe.

$$1,45 : 1 = 1,45 \qquad\qquad 1 : 3,125 = 0,32$$
$$1,45 \cdot 100\,\% = 145\,\% \qquad 0,32 \cdot 100\,\% = 32\,\%$$

Um prozentuale Maßstäbe in numerische umzuwandeln, wird durch 100 % dividiert. Zur Umwandlung numerischer Maßstäbe in Quotienten wird bei Vergrößerung ($x : 1$) einfach der Divisor 1 angehängt. Bei Verkleinerung ($1 : x$) ist der Divisor x Kehrwert des numerischen Maßstabs.

Beispiel 3-15: Umwandlung der prozentualen Maßstäbe 145 % und 32 % in rein numerische Maßstäbe und in Quotienten

$$145\,\% : 100\,\% = 1,45 \qquad 32\,\% : 100\,\% = 0,32$$
$$1,45 = 1,45 : 1 \qquad\qquad 0,32 = 1 : (1 : 0,32) = 1 : 3,125$$

3.1.4 Proportionalität von Breite und Höhe

Beim Vergrößern oder Verkleinern werden Breite und Höhe normalerweise proportional verändert. Das Seitenverhältnis bleibt gleich, ursprüngliches und neues Format sind ähnliche Rechtecke. Scanning- und Bildbearbeitungsprogramme bieten zwar die Möglichkeit, unterschiedliche Maßstäbe für Breite und Höhe einzugeben und dadurch das Bild zu verzerren. Das kann zwar in Ausnahmefällen sinnvoll sein – Normalfall ist aber proportionales Skalieren.

Beim proportionalen Skalieren gilt der für eine Strecke – zum Beispiel die Breite – ermittelte Maßstab auch für alle anderen Strecken, also zum Beispiel Höhe, Diagonale und alle Ausdehnungen innerhalb des abgebildeten Motivs.

Beispiel 3-16: Ein Bild mit dem Format 140 mm × 95 mm wird auf 152 mm Höhe vergrößert. Welche Breite ergibt sich?

Bei der Lösung in zwei Schritten wird zuerst der Maßstab ausgerechnet.

$$152\,mm : 95\,mm = 1{,}6$$

Im zweiten Schritt wird die ursprüngliche Breite mit dem Maßstab multipliziert.

$$140\,mm \cdot 1{,}6 = 224\,mm$$

Kürzer und eleganter ist der folgende Lösungsweg: Die neue Breite wird direkt mit Verhältnisgleichung oder Dreisatz (proportionales Verhältnis) berechnet, also ohne Umweg über den Maßstab.

$$b_{neu} : 140\,mm = 152\,mm : 95\,mm \quad | \quad \cdot 140\,mm$$
$$b_{neu} = 152\,mm : 95\,mm \cdot 140\,mm = 224\,mm$$

$$
\begin{array}{ccc}
95\,mm & : & 152\,mm \\
\hline
140\,mm & = & 224\,mm
\end{array}
$$

Allgemeine Verhältnisgleichung für proportionale Größenänderung:

$$b_{neu} : b_{alt} = h_{neu} : h_{alt} \qquad b_{neu}\ b_{alt}\ h_{neu}\ h_{alt} \ \text{neue, ursprüngl. Breite, Höhe}$$

Aufgelöst nach b_{neu} bzw. h_{neu}:

F 3-8 $\quad b_{neu} = h_{neu} : h_{alt} \cdot b_{alt}$

F 3-9 $\quad h_{neu} = b_{neu} : b_{alt} \cdot h_{alt}$

Der Lösungsweg mit Dreisatz oder Verhältnisgleichung funktioniert auch, wenn die neue Breite oder Höhe in einer anderen Einheit als die ursprünglichen Bildmaße angegeben ist. Die zu errechnende neue Breite oder Höhe hat dann dieselbe Einheit wie die vorgegebene neue Höhe bzw. Breite.

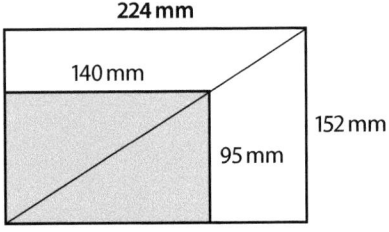

Bild 3-3
Zeichnerische Lösung von Beispiel 3-16
mithilfe der gemeinsamen Diagonalen
von ursprünglichem und neuem Format

Beispiel 3-17: Eine Bildvorlage im Format 130 mm × 90 mm wird so digitalisiert, dass sich eine Breite von 1280 Pixel ergibt. Höhe?

$h_{neu} : 90\,mm = 1280 : 130\,mm \quad | \cdot 90\,mm$ $130\,mm \quad : \quad 1280$

$h_{neu} = 1280 : 130\,mm \cdot 90\,mm \approx 886$ $90\,mm \quad \approx \quad 886$

Das rechnerische Ergebnis 886,1538… wird ganzzahlig auf 886 Pixel gerundet, weil Pixel nicht teilbar sind, es also keine Pixel-Bruchteile gibt.

Die Proportionalität ist nicht auf Breite und Höhe des Formats beschränkt, sondern gilt auch für alle übrigen Strecken.

Beispiel 3-18: Die Entwurfsskizze für ein 168 cm hohes Plakat wird mit 30 cm Höhe angelegt. Ein kreisförmiges Logo wird mit 5 cm Durchmesser skizziert. Durchmesser auf dem Plakat?

$d_{neu} : 5\,cm = 168\,cm : 30\,cm \quad | \cdot 5\,cm$ $30\,cm \quad : \quad 168\,cm$

$d_{neu} = 168\,cm : 30\,cm \cdot 5\,cm = 28\,cm$ $5\,cm \quad = \quad 28\,cm$

3.1.5 Formatänderung mit Wegfall oder Ergänzung

Seitenverhältnisse von zu druckenden oder auf Displays darzustellenden Bildern ergeben sich aufgrund gestalterischer Gesichtspunkte oder, bei ganzseitigen Bildern, aus den Seitenformaten der Drucksachen. Vorlagen und digitale Bilder haben oft andere Seitenverhältnisse, sodass sie sich nicht durch einfaches proportionales Skalieren in das Zielformat überführen lassen.

Neben zahlreichen anderen Möglichkeiten sind in dieser Situation zwei Vorgehensweisen denkbar:

▷ Erstens kann das Bild so skaliert werden, dass eine Seitenlänge (Breite oder Höhe) genau die gewünschte Größe erhält, während die andere zu groß wird. In diesem Fall entfällt etwas von einer Seitenlänge des skalierten Bilds.

▷ Zweitens kann so skaliert werden, dass eine Seitenlänge die richtige Größe erhält, die andere aber zu klein wird. In diesem Fall muss das Bild durch Retusche auf das gewünschte Format ergänzt werden.

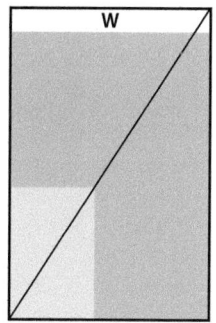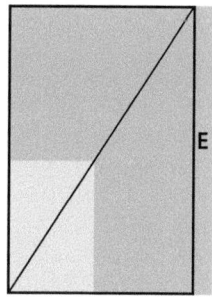

Bild 3-4
Anpassung an das Seitenverhältnis
des Soll-Formats durch Wegfall (W)
oder Ergänzung (E)

Beispiel 3-19: Ein 90 mm × 135 mm großes Bild soll für den Druck auf das Format 213 mm × 303 mm gebracht werden. Wie viel entfällt von welcher Seitenlänge (Breite oder Höhe) des proportional skalierten Bilds?

Mit Verhältnisgleichung oder Dreisatz wird errechnet, welche neue Breite bzw. Höhe sich ergibt, wenn die jeweils andere Seitenlänge auf die gewünschte Größe gebracht wird. Wie im vorigen Abschnitt gilt die allgemeine Verhältnisgleichung

$$b_{neu} : b_{alt} = h_{neu} : h_{alt}$$

$b_{neu} : 90\,\text{mm} = 303\,\text{mm} : 135\,\text{mm} \quad | \cdot 90\,\text{mm}$

$b_{neu} = 303\,\text{mm} : 135\,\text{mm} \cdot 90\,\text{mm} = 202\,\text{mm}$

| $135\,\text{mm}$ | : | $303\,\text{mm}$ |
| $90\,\text{mm}$ | = | $202\,\text{mm}$ |

$h_{neu} : 135\,\text{mm} = 213\,\text{mm} : 90\,\text{mm} \quad | \cdot 135\,\text{mm}$

$h_{neu} = 213\,\text{mm} : 90\,\text{mm} \cdot 135\,\text{mm} = 319,5\,\text{mm}$

| $90\,\text{mm}$ | : | $213\,\text{mm}$ |
| $135\,\text{mm}$ | = | $319,5\,\text{mm}$ |

Die erste Rechnung bringt eine Breite (202 mm), die kleiner ist als die Soll-Breite (213 mm). Die zweite Rechnung ergibt eine Höhe (319,5 mm), die größer ist als die Soll-Höhe (303 mm). Wenn das skalierte Bild die richtige Höhe hat, ist also die Breite zu klein. Hat es die richtige Breite, ist die Höhe zu groß.

Da laut Aufgabenstellung etwas entfallen soll, wird die im Vergleich zum Soll-Format zu große Seitenlänge, hier also die Höhe, ausgewählt. Zum Schluss wird ausgerechnet, um wie viel Millimeter sie zu groß ist, wie viel also entfällt.

$$319,5\,\text{mm} - 303\,\text{mm} = 16,5\,\text{mm}$$

Lösung: 16,5 mm von der Höhe des skalierten Bilds entfällt.

Beispiel 3-20: Ist- und Soll-Format wie in Beispiel 3-19. Um wie viel muss welche Seitenlänge des proportional skalierten Bilds ergänzt werden?

Wie in Beispiel 3-19 wird ausgerechnet, welche Breite bzw. Höhe sich ergibt, wenn die jeweils andere Seitenlänge auf die richtige Größe gebracht wird (siehe dort). Da das skalierte Bild jetzt ergänzt werden soll, wird die im Vergleich zum Soll-Format zu kleine Seitenlänge ausgewählt, hier also die Breite (202 mm).

$$213\,\text{mm} - 202\,\text{mm} = 11\,\text{mm}$$

Lösung: Die Breite des skalierten Bilds ist um 11 mm zu ergänzen.

Die Fragestellungen können auch auf das ursprüngliche Bildformat bezogen werden: Wie viel entfällt von welcher Seitenlänge des ursprünglichen Formats? Um wie viel muss welche Seitenlänge des ursprünglichen Formats ergänzt werden?

Beispiel 3-21: Ist- und Soll-Format wie in Beispiel 3-19 und 3-20. Wie viel entfällt von welcher Seitenlänge des ursprünglichen Formats?

Mit Dreisatz oder Verhältnisgleichung wird errechnet, welche Breite bzw. Höhe das ursprüngliche Format haben müsste, wenn die jeweils andere Seite die erforderliche Länge hat. Die allgemeine Verhältnisgleichung wird also entsprechend umgestellt.

$$b_{alt} : b_{neu} = h_{alt} : h_{neu}$$

$$b_\text{alt} : 213\,\text{mm} = 135\,\text{mm} : 303\,\text{mm} \quad | \quad \cdot\,213\,\text{mm} \qquad 303\,\text{mm} \quad : \quad 135\,\text{mm}$$
$$b_\text{alt} = 135\,\text{mm} : 303\,\text{mm} \cdot 213\,\text{mm} \approx 94{,}9\,\text{mm} \qquad 213\,\text{mm} \quad \approx \quad 94{,}9\,\text{mm}$$

$$h_\text{alt} : 303\,\text{mm} = 90\,\text{mm} : 213\,\text{mm} \quad | \quad \cdot\,303\,\text{mm} \qquad 213\,\text{mm} \quad : \quad 90\,\text{mm}$$
$$h_\text{alt} = 90\,\text{mm} : 213\,\text{mm} \cdot 303\,\text{mm} \approx 128{,}0\,\text{mm} \qquad 303\,\text{mm} \quad \approx \quad 128{,}0\,\text{mm}$$

Die errechnete Breite (94,9 mm) ist größer als die Ist-Breite (90 mm), die errechnete Höhe (128,0 mm) ist kleiner als die Ist-Höhe (135 mm). Da etwas vom ursprünglichen Format entfallen soll, wird das Ergebnis ausgewählt, das kleiner ist als die entsprechende Seitenlänge des Ist-Formats, hier also die Höhe.

135 mm − 128 mm = 7 mm

Lösung: Es entfällt 7 mm von der Höhe des ursprünglichen Formats.

Beispiel 3-22: Ist- und Soll-Format wie in den vorherigen Beispielen. Um wie viel muss welche Seitenlänge des ursprünglichen Formats ergänzt werden?

Wie in Beispiel 3-21 wird ausgerechnet, welche Breite bzw. Höhe das ursprüngliche Format haben müsste, wenn die jeweils andere Seite auf genau die richtige Größe gebracht wird (siehe dort). Da jetzt gefragt ist, an welcher Seite des ursprünglichen Formats eine Ergänzung nötig ist, wird das Ergebnis ausgewählt, das größer ist als die entsprechende Seitenlänge des Ist-Formats, hier also die Breite (94,9 mm). Durch Subtraktion ergibt sich dann, wie viel fehlt.

94,9 mm − 90 mm = 4,9 mm

Lösung: Die Breite muss um 4,9 mm ergänzt werden.

3.1.6 Übungsaufgaben zu Abschnitt 3.1

1. Bitte die Maßstäbe sowohl numerisch als auch prozentual angeben. Numerische Maßstäbe bitte ggf. auf drei, prozentuale auf eine Dezimalstelle runden.
   a) Vergrößerung eines 152 mm breiten Bilds auf 190 mm
   b) Verkleinerung eines 2500 Pixel hohen Bilds auf 640 Pixel
   c) Vergrößerung eines Bilds, Format 134 mm × 98 mm, auf 255 mm Breite
   d) Verkleinerung eines 240 mm × 320 mm großen Bilds auf 154 mm Höhe

2. Eine Aufsichtsvorlage, Format 172 mm × 232 mm, wird beim Scannen
   a) auf 70 mm Höhe verkleinert,
   b) auf 30 cm Breite vergrößert.
   Errechnen Sie bitte die prozentualen Maßstäbe.

3. Auf wie viel Prozent muss ein Bild im Format 18 cm × 24 cm mindestens vergrößert werden, um es ohne Ergänzung durch Retusche auf das Hochformat A4 (210 mm × 297 mm) plus 3 mm Beschnittzugabe an allen vier Kanten zu bringen?

4. Eine Zeichnung im Format 300 mm × 480 mm wird auf 42 % verkleinert. Welche Breite und welche Höhe ergeben sich dabei?

5. Nach Skalierung auf 28 % ist ein Bild 70 mm breit und 56 mm hoch. Wie breit und wie hoch war es ursprünglich?

6. Ein Kleinbilddia (36 mm × 24 mm) wird mit unterschiedlichen Maßstäben digitalisiert. Bitte berechnen:
a) Breite bei Maßstab 8,5
b) Höhe bei Maßstab 3,35
c) Breite bei Maßstab 427,5 %
d) Höhe bei Maßstab 1275 %

7. Durch Vergrößern auf 524 % entsteht das Format 419,2 mm × 314,4 mm. Bitte Breite und Höhe des ursprünglichen Formats berechnen.

8. Eine 60 mm breites Bild wird auf 258 mm vergrößert. Geben Sie bitte den Maßstab numerisch, prozentual und als Quotient ($x:1$ bzw. $1:x$) an.

9. Eine 800 Pixel breite Grafik wird auf 640 Pixel verkleinert. Wie groß ist der Maßstab numerisch, prozentual, als Quotient?

10. Bitte die Maßstäbe als Quotienten ($x:1$ bzw. $1:x$) angeben.
a) Ein 2670 mm hohes Bauteil einer Produktionsanlage ist in der technischen Zeichnung 133,5 mm hoch dargestellt.
b) Ein 2,25 mm langes Insekt ist in einem Lehrbuch 36 mm lang abgebildet.
c) Eine Landkarte hat das Format 90 cm × 70 cm; die Breite entspricht 225 km in der Natur.

11. Bitte jeweils die Größe in Millimeter ausrechnen.
a) Detailzeichnung eines 3,5 mm breiten Bauteils, Maßstab 20 : 1
b) Modell eines 4,2 m langen Automobils, Maßstab 1 : 48

12. Bitte die Strecken in der Natur in Meter bzw. Kilometer berechnen.
a) 17,5 cm auf technischer Zeichnung im Maßstab 1 : 20
b) 28 mm auf Landkarte im Maßstab 1 : 1 250 000

13. Bitte die folgenden Maßstabsangaben als Quotienten ($x:1$ bzw. $1:x$) notieren.
a) 2,75
b) 0,04
c) 350 %
d) 12,5 %

14. Die folgenden Maßstäbe bitte sowohl numerisch als auch prozentual angeben.
a) 1 : 6,25
b) 4,48 : 1
c) 1 : 1,6
d) 1 : 3,4

15. Ein 3200 × 2400 Pixel großes Bild soll proportional skaliert werden.
a) Welche neue Höhe ergibt sich bei einer Breite von 1200 Pixeln?
b) Welche neue Breite ergibt sich bei einer Höhe von 1440 Pixeln?

16. Bitte die jeweils fehlende neue Seitenlänge (Breite bzw. Höhe) berechnen, die durch proportionales Skalieren entsteht.
a) Ist-Format 70 mm × 60 mm, neue Breite 178,5 mm
b) Ist-Format 60 mm × 48 mm, neue Höhe 250 mm
c) Ist-Format 8 inch × 10 inch, neue Breite 42 mm (Lösung in Millimeter)
d) Ist-Format 105 mm × 148 mm, neue Höhe 196 pt (Lösung in Point)

17. Auf einem Foto im Format 13 cm × 9 cm ist das Motiv 80 mm breit abgebildet.
    a) Es soll so vergrößert werden, dass sich die Motivbreite 136 mm ergibt. Welche Breite und welche Höhe in Zentimeter hat das proportional skalierte Foto?
    b) Welche Motivbreite in Millimeter ergibt sich beim Verkleinern des Fotos auf 7,5 cm Höhe?

18. Die Entwurfsskizze für ein Plakat, Format 356 cm × 252 cm, ist 300 mm breit.
    a) Welche Höhe in Millimeter hat die Skizze?
    b) Das Bild des beworbenen Produkts wird 160 mm hoch skizziert. Welcher Höhe in Zentimeter entspricht das auf dem Plakat?

19. Ein Bild, Format 90 mm × 60 mm, wird durch proportionales Skalieren und Beschnitt auf 200 mm × 140 mm gebracht.
    a) Wie viel entfällt von welcher Seite (Breite oder Höhe) des vergrößerten Bilds?
    b) Wie viel entfällt von welcher Seite des ursprünglichen Bilds?

20. Ein 100 mm × 70 mm großes Bild soll durch proportionales Vergrößern und Ergänzung das Format 400 mm × 300 mm erhalten.
    a) Welche Seitenlänge des skalierten Bilds ist um wie viel zu ergänzen?
    b) Wie viel fehlt an welcher Seite des ursprünglichen Bildformats?

21. Ein 2400 × 1800 Pixel großes Bild soll auf 400 × 315 Pixel gebracht werden.
    a) Es soll keine Ergänzung vorgenommen werden. Wie viele Pixel entfallen also von welcher Seite des proportional skalierten Bilds?
    b) Vom Bild darf nichts entfallen. Um wie viele Pixel muss welche Seite des proportional skalierten Bilds ergänzt werden?

22. Eine Zeichnung, 250 mm × 350 mm, soll auf das Format 190 mm × 260 mm gebracht werden.
    a) Wie viel entfällt von welcher Seite des Originals?
    b) Um wie viel Millimeter ist welche Seite der Zeichnung zu ergänzen, wenn nichts entfallen soll?

23. Nach einem Kleinbilddia, 24 mm × 36 mm, soll ein 1896 × 2640 Pixel großes digitales Bild hergestellt werden.
    a) Wie viele Pixel entfallen von welcher Seitenlänge des digitalen Bilds?
    b) Um wie viel ist welche Seite zu ergänzen, wenn nichts wegfallen soll?

24. Nach einer hochformatigen A4-Vorlage (210 mm × 297 mm) soll ein 720 Pixel breites und 960 Pixel hohes Bild hergestellt werden. Wie viel entfällt dabei von welcher Seite der Vorlage?

25. Ein 3600 × 2400 Pixel großes Bild soll auf 1260 × 900 Pixel verkleinert werden.
    a) Von welcher Seite des ursprünglichen Bilds fallen wie viele Pixel weg?
    b) Um wie viele Pixel muss welche Seite des Bilds vor dem Skalieren ergänzt werden, wenn nichts wegfallen soll?

26. Fünf Bilder gleicher Größe sollen mit jeweils 1,5 mm Abstand nebeneinander- stehend die Gesamtbreite 175 mm und die Höhe 50 mm haben. Die Bildvorla- gen haben das Format 130 mm × 180 mm.

    a) Auf wie viel Prozent müssen die Bilder verkleinert werden, damit sich die geforderte Gesamtbreite ergibt?

    b) Um wie viel müssen die Höhen der verkleinerten Bilder ergänzt werden?

27. Eine Lageskizze, Maßstab 1 : 2500, ist 36 cm breit.

    a) Welcher Maßstab ergibt sich, wenn sie auf 210 mm Breite verkleinert wird?

    b) Die Lageskizze soll den Maßstab 1 : 4000 erhalten. Wie breit wird sie?

28. Eine Landkarte im Maßstab 1 : 50 000, Format 80 cm × 55 cm, soll für den Ab- druck in einem Reisekatalog auf das Querformat A5 zuzüglich 3 mm Beschnitt links, rechts und unten verkleinert werden.

    a) Wie viel entfällt von welcher Seite der Original-Landkarte?

    b) Welchen Maßstab hat die verkleinerte Landkarte?

29. Auf einem Rohlayout finden Sie die ungewöhnliche Anweisung „Bild auf 60 % seiner Fläche verkleinern". Auf wie viel Prozent skalieren Sie das Bild?

30. Eine 122,5 mm breite Reproduktion hat die sechsfache Fläche der Vorlage. Wie breit ist die Vorlage?

3.2 Pixelauflösung und Bildgröße

3.2.1 Rechnen mit Pixelauflösungen

Digitale Bilder bestehen aus einer Vielzahl kleiner, normalerweise quadratischer Bildelemente (Pixel – *picture elements*), die regelmäßig in den Spalten und Zeilen einer Matrix angeordnet sind. Die Feinheit einer solchen Matrix wird als Orts- frequenz quantifiziert, also durch die Anzahl der Elemente je Längeneinheit. In der Praxis werden anstelle von Ortsfrequenz oder Pixelfrequenz meist die Begriffe Pixelauflösung oder Pixeldichte benutzt.

Pixel haben – wie andere zählbare Größen auch – keine Einheit. Die Anzahlen von Pixeln werden als Zahlen ohne Einheit angegeben. In der Praxis wird aller- dings häufig die Hilfseinheit px benutzt. Entsprechend praxisübliche Hilfseinhei- ten der Pixelauflösung sind ppi (pixel per inch) und px/cm (Pixel pro Zentimeter). Beim Rechnen mit Pixeln und Pixelauflösungen sollte jedoch auf diese und ähn- liche Hilfseinheiten verzichtet werden. Korrekte Einheiten der Pixelauflösung sind die Kehrwerte der Längeneinheiten Zentimeter und Inch, also 1/cm (cm^{-1}) und 1/inch (inch^{-1}). Statt zum Beispiel 120 px/cm also 120/cm oder 120 cm^{-1}, statt 96 ppi entsprechend 96/inch oder 96 inch^{-1}.

Dasselbe gilt für die Feinheit periodischer Raster (Rasterfrequenz, Rasterfeinheit) und die Aufzeichnungsfeinheit von Druckern oder Druckplattenrecordern. In der Praxis sind zwar die Hilfseinheiten L/cm (Linien/cm), lpi (lines per inch), dpi (dots per inch), d/cm oder REl/cm (dots oder Recorder-Elemente pro Zentimeter) üblich. Beim Rechnen sind die einzig richtigen Einheiten aber auch hier 1/cm (cm^{-1}) und 1/inch ($inch^{-1}$).

3.2.2 Umwandlung der Einheiten von Strecken und Pixelauflösungen

Bei der Umwandlung von Inch in Zentimeter und umgekehrt gilt:
1 inch = 2,54 cm
Bei der Umwandlung von Strecken gelten folglich diese Rechenwege (vgl. auch Abschnitt 1.5.5):

▷ Umwandlung von Inch in Zentimeter: Multiplikation mit 2,54 cm/inch
▷ Umwandlung von Zentimeter in Inch: Division durch 2,54 cm/inch

Beispiel 3-23: Umwandlung von 12 inch in Zentimeter
12 inch · 2,54 cm/inch = 30,48 cm

Beispiel 3-24: Umwandlung von 16 cm in Inch
16 cm : 2,54 cm/inch ≈ 6,299 inch

Beim Umwandeln von Pixelauflösungen geht es nicht um die Längeneinheiten Inch und Zentimeter, sondern um ihre Kehrwerte, also 1/inch ($inch^{-1}$) und 1/cm (cm^{-1}). Die Rechenoperationen werden deshalb entsprechend umgekehrt.

▷ Umwandlung von Pixel per Inch (1/inch) in Pixel pro Zentimeter (1/cm): Division durch 2,54 cm/inch
▷ Umwandlung von Pixel pro Zentimeter (1/cm) in Pixel per Inch (1/inch): Multiplikation mit 2,54 cm/inch

Beispiel 3-25: Umwandlung der Pixelauflösung 600/inch in die Einheit 1/cm
600/inch : 2,54 cm/inch ≈ 236,2/cm

Beispiel 3-26: Umwandlung der Pixelauflösung 50/cm in die Einheit 1/inch.
50/cm · 2,54 cm/inch = 127/inch

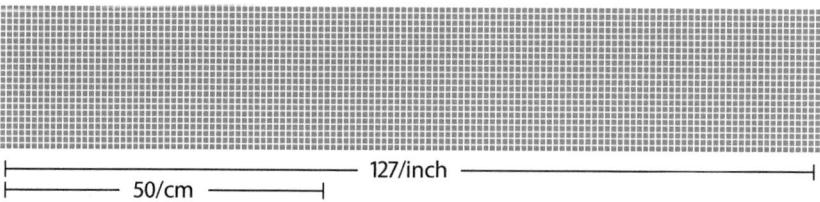

Bild 3-5 Pixelauflösung 127/inch = 50/cm (Beispiel 3-26) in vergrößerter Darstellung; die kleinen Quadrate symbolisieren Pixel.

3.2.3 Bildgröße und Pixelauflösung

Breiten und Höhen digitaler Bilder können auf zwei Arten angegeben werden: entweder in Pixel oder in Längeneinheiten. Zur Umrechnung wird die Pixelauflösung gebraucht.

Beispiel 3-27: Wie viele Pixel liegen in der Breite eines 20 cm breiten Bilds mit der Pixelauflösung 120/cm?
Die Breite in Zentimeter wird mit der Pixelauflösung multipliziert.

$$20\,\text{cm} \cdot 120/\text{cm} = 2400$$

Beispiel 3-28: Welche Breite in Zentimeter hat ein 2400 Pixel breites Bild mit der Pixelauflösung 120/cm?
Die Breite in Pixel wird durch die Pixelauflösung dividiert.

$$2400 : 120/\text{cm} = 20\,\text{cm}$$

Beispiel 3-29: Welche Pixelauflösung hat ein digitales Bild, wenn 2400 Pixel in seiner Breite von 20 cm liegen?
Die Breite in Pixel wird durch die Breite in Zentimeter dividiert.

$$2400 : 20\,\text{cm} = 120/\text{cm}$$

Bei der Berechnung von Breite oder Höhe in Pixeln muss die Einheit der Pixelauflösung Kehrwert der Längeneinheit von Breite bzw. Höhe sein, also zum Beispiel 1/cm (cm^{-1}), wenn Breite oder Höhe die Einheit Zentimeter haben.

Beispiel 3-30: Wie viele Pixel liegen in der Höhe eines 12 cm hohen Bilds mit der Pixelauflösung 600/inch?
Hier muss vorab entweder die Breite in die Einheit Inch oder die Pixelauflösung in die Einheit 1/cm umgewandelt werden. Also entweder:

$$12\,\text{cm} : 2{,}54\,\text{cm/inch} \approx 4{,}7244\,\text{inch}$$
$$4{,}7244\,\text{inch} \cdot 600/\text{inch} \approx 2835$$

Oder: $\quad 600/\text{inch} : 2{,}54\,\text{cm/inch} \approx 236{,}22/\text{cm}$
$$12\,\text{cm} \cdot 236{,}22/\text{cm} \approx 2835$$

Absolute Anzahlen von Pixeln werden immer ganzzahlig gerundet – Pixel sind nicht teilbar, sodass es keine Pixelbruchteile geben kann. Pixelauflösungen sind dagegen relative, rechnerische Werte (Pixel pro Längeneinheit) und können deshalb durchaus „krumme" Werte mit Nachkommastellen haben.

Die Längeneinheit von Breite oder Höhe ergibt sich bei der Berechnung als Kehrwert der Einheit der Pixelauflösung. Umgekehrt ergibt sich die Einheit der Pixelauflösung als Kehrwert der Längeneinheit von Breite oder Höhe. Wenn andere Einheiten benötigt werden, wird zum Schluss umgewandelt.

Beispiel 3-31: Welche Höhe in Zentimeter hat ein 3000 Pixel hohes Bild mit der Pixelauflösung 600/inch?

$$3000 : 600/\text{inch} = 5\,\text{inch} \qquad 5\,\text{inch} \cdot 2{,}54\,\text{cm/inch} = 12{,}7\,\text{cm}$$

Beispiel 3-32: Welche Pixelauflösung (1/inch) hat ein digitales Bild, wenn 1200 Pixel in seiner Höhe von 15 cm liegen?

$$1200 : 15\,\text{cm} = 80/\text{cm} \qquad 80/\text{cm} \cdot 2{,}54\,\text{cm/inch} = 203{,}2/\text{inch}$$

Alle Zusammenhänge als Formeln:

F3-10 $\quad s_{px} = s_{LE} \cdot f_{px}$

F3-11 $\quad s_{LE} = s_{px} : f_{px}$ $\qquad s_{px}$ Seitenlänge (Breite oder Höhe) in Pixel

F3-12 $\quad f_{px} = s_{px} : s_{LE}$ $\qquad s_{LE}$ Seitenlänge (Breite oder Höhe) in einer Längeneinheit

$\qquad\qquad\qquad\qquad\qquad f_{px}$ Pixelauflösung

$\qquad\qquad\qquad\qquad\qquad$ Einheit von f_{px} ist Kehrwert der Einheit von s_{LE}.

3.2.4 Skalieren digitaler Bilder

Bildbearbeitungsprogramme bieten die Möglichkeit, digitale Bilder zu skalieren – also zu verkleinern oder zu vergrößern – und ihre Pixelauflösung zu verändern. Dabei gibt es zwei Möglichkeiten: ohne Resampling (Neuberechnung von Pixeln) und mit Resampling.

Beim Skalieren ohne Resampling bleibt die Anzahl der Pixel unverändert. Die Pixelauflösung verändert sich antiproportional zu Breite und Höhe des Bilds – Verkleinerung des Bilds erhöht die Pixelauflösung, Vergrößerung verringert sie.

Beispiel 3-33: Ein 15 cm breites Bild, Pixelauflösung 300/inch, wird ohne Resampling auf 20 cm Breite skaliert.

Je breiter das Bild, desto geringer die Pixelauflösung. Berechnung mit Verhältnisgleichung oder Dreisatzschema, antiproportionales Verhältnis.

$$f_{px\,neu} \cdot 20\,\text{cm} = 300/\text{inch} \cdot 15\,\text{cm} \quad | \ : 20\,\text{cm} \qquad \frac{15\,\text{cm}}{20\,\text{cm}} \ \cdot \ 300/\text{inch}$$
$$f_{px\,neu} = 300/\text{inch} \cdot 15\,\text{cm} : 20\,\text{cm} = 225/\text{inch} \qquad\quad = \ 225/\text{inch}$$

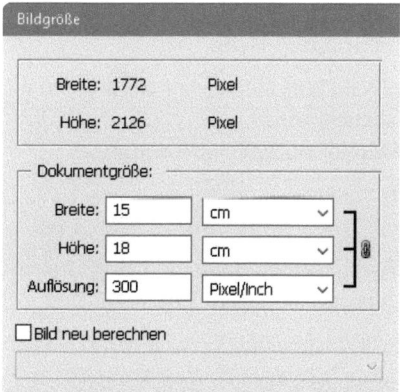 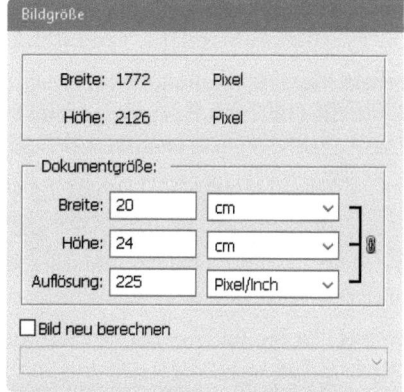

Bild 3-6 Zu Beispiel 3-33: Bildgrößenfenster (vereinfacht) vor und nach Skalierung auf 20 cm Breite ohne Resampling; die Option „Bild neu berechnen" ist nicht aktiviert.

Beispiel 3-34: Pixelauflösung 300/inch, Skalierung ohne Resampling auf 80 %. Verhältnisgleichung oder Dreisatz, antiproportionales Verhältnis; die ursprüngliche Pixelauflösung entspricht 100 %.

$$f_{\text{px neu}} \cdot 80\,\% = 300/\text{inch} \cdot 100\,\% \quad | \; :80\,\%$$
$$f_{\text{px neu}} = 300/\text{inch} \cdot 100\,\% : 80\,\% = 375/\text{inch}$$

100 %	·	300/inch
80 %	=	375/inch

Wenn die Pixelauflösung ohne Resampling erhöht oder verringert wird, verändern sich Breite und Höhe des Bilds antiproportional dazu.

Beispiel 3-35: Die Pixelauflösung eines 160 mm breiten Bilds wird ohne Resampling von 150/cm auf 120/cm verringert.
Je kleiner die Pixelauflösung, desto breiter ist das Bild. Verhältnisgleichung oder Dreisatz, antiproportionales Verhältnis.

$$b_{\text{neu}} \cdot 120/\text{cm} = 160\,\text{mm} \cdot 150/\text{cm} \quad | \; :120/\text{cm}$$
$$b_{\text{neu}} = 160\,\text{mm} \cdot 150/\text{cm} : 120/\text{cm} = 200\,\text{mm}$$

150/cm	·	160 mm
120/cm	=	200 mm

Verhältnisgleichungen für Skalieren und Änderung der Pixelauflösung ohne Resampling (Pixelneuberechnung):

$$f_{\text{px neu}} \cdot s_{\text{neu}} = f_{\text{px alt}} \cdot s_{\text{alt}} \qquad f_{\text{px neu}} \cdot m\,\% = f_{\text{px alt}} \cdot 100\,\%$$

Aufgelöst nach $f_{\text{px neu}}$ bzw. s_{neu}:

F 3-13 $\quad f_{\text{px neu}} = f_{\text{px alt}} \cdot s_{\text{alt}} : s_{\text{neu}}$

F 3-14 $\quad s_{\text{neu}} = s_{\text{alt}} \cdot f_{\text{px alt}} : f_{\text{px neu}}$

F 3-15 $\quad f_{\text{px neu}} = f_{\text{px alt}} \cdot 100\,\% : m\,\%$

$f_{\text{px alt}}$ $f_{\text{px neu}}$ Pixelauflösung vor, nach Skalierung bzw. Änderung
s_{alt} s_{neu} Seitenlänge vor, nach Skalierung / Änderung d. Pixelauflösung
m Maßstab

Beim Skalieren mit Resampling wird die absolute Anzahl der Pixel verringert oder erhöht, während die Pixelauflösung unverändert bleibt.

Beispiel 3-36: Die Bildhöhe 16 cm entspricht 1920 Pixel. Wie viele Pixel werden es, wenn die Höhe mit Resampling auf 12 cm skaliert wird?
Die Anzahl der Pixel verändert sich proportional zur Höhe in Zentimeter.

$$h_{\text{px neu}} : 12\,\text{cm} = 1920 : 16\,\text{cm} \quad | \; \cdot 12\,\text{cm}$$
$$h_{\text{px neu}} = 1920 : 16\,\text{cm} \cdot 12\,\text{cm} = 1440$$

16 cm	:	1920
12 cm	=	1440

Wird die Pixelauflösung erhöht oder verringert, bleiben Breite und Höhe unverändert. Die Anzahl der Pixel verändert sich proportional zur Pixelauflösung.

Beispiel 3-37: Ein Bild mit der Pixelauflösung 200/inch ist 1600 Pixel hoch. Wie viele Pixel sind es, wenn die Auflösung mit Resampling auf 150/inch verringert wird?

$$h_{\text{px neu}} : 150/\text{inch} = 1600 : 200/\text{inch} \quad | \; \cdot 150/\text{cm}$$
$$h_{\text{px neu}} = 1600 : 200/\text{inch} \cdot 150/\text{inch} = 1200$$

200/inch	:	1600
150/inch	=	1200

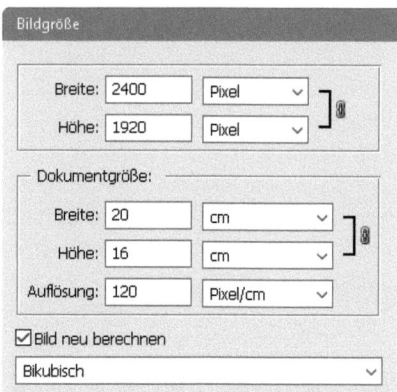
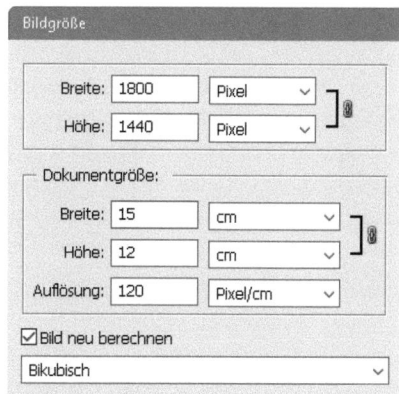

Bild 3-7 Zu Beispiel 3-36: Bildgrößenfenster (vereinfacht) vor und nach Skalierung auf 12 cm Höhe mit Resampling; die Option „Bild neu berechnen" ist aktiviert.

Verhältnisgleichungen für Skalieren und Auflösungsänderung mit Resampling:

$$s_{\text{pxneu}} : s_{\text{LEneu}} = s_{\text{pxalt}} : s_{\text{LEalt}} \qquad s_{\text{pxneu}} : f_{\text{pxneu}} = s_{\text{pxalt}} : f_{\text{pxalt}}$$

Aufgelöst nach s_{pxneu}:

F3-16 $\quad s_{\text{pxneu}} = s_{\text{pxalt}} : s_{\text{LEalt}} \cdot s_{\text{LEneu}}$

F3-17 $\quad s_{\text{pxneu}} = s_{\text{pxalt}} : f_{\text{pxalt}} \cdot f_{\text{pxneu}}$

$s_{\text{pxalt}}\ s_{\text{pxneu}}$ ursprüngliche, neue Seitenlänge in Pixel

$s_{\text{LEalt}}\ s_{\text{LEneu}}$ ursprüngliche, neue Seitenlänge in einer Längeneinheit

$f_{\text{pxalt}}\ f_{\text{pxneu}}$ ursprüngliche, neue Pixelauflösung

3.2.5 Pixelauflösung und Bilddetailauflösung

Beim Scannen oder digitalen Fotografieren werden Farbinformation pixelgroßer Bildausschnitte aufgenommen. Differenzierungen innerhalb dieser kleinen Ausschnitte werden dabei nicht erfasst. Es gehen also Informationen verloren; sehr kleine Details von Vorlage oder Motiv fehlen im digitalen Bild. Um den Informationsverlust gering zu halten, müssen Pixel also sehr klein sein.

Informationstheoretischer Hintergrund ist das Abtasttheorem (Sampling-Theorem), nach den Informationstheoretikern Claude E. Shannon und Harry Nyquist auch Shannon-Nyquist-Theorem genannt: Um ein analoges Signal ohne Verlust oder Verfälschung zu digitalisieren, muss die Abtastfrequenz (Sampling-Frequenz) mehr als doppelt so hoch sein wie die höchste Frequenz im Analogsignal.

Bei der Bilddigitalisierung geht es aber nicht darum, jedes noch so kleine Bilddetail zu erhalten. Kleine Details dürfen entfallen, wenn sie mit der jeweiligen Ausgabetechnik ohnehin nicht dargestellt werden können oder unter normalen Betrachtungsbedingungen nicht sichtbar sind.

Beim periodisch (autotypisch) gerasterten Druck von Halbtonbildern entspricht die Anzahl der pro Zentimeter oder Inch darstellbaren Bilddetails der Rasterfrequenz (Rasterfeinheit). Um diese Möglichkeit für alle denkbaren Lagen von Rasterpunkten und Bilddetails vollständig zu nutzen, müsste die Pixelauflösung (Pixelfrequenz) nach dem Abtasttheorem mehr als doppelt so hoch sein wie die Rasterfrequenz. In der Praxis wird die erforderliche Pixelauflösung aber meist durch schlichte Multiplikation der Rasterfrequenz mit dem Faktor 2 ermittelt. Dieser Faktor wird Qualitätsfaktor, Abtastfaktor oder Sampling-Faktor genannt.

Beispiel 3-38: Pixelauflösung für Rasterfrequenz 70/cm, Qualitätsfaktor 2

$$f_{px} = 70/cm \cdot 2 = 140/cm$$

Im Normalfall wird zwar mit Qualitätsfaktor 2 gearbeitet. Bei geringeren Anforderungen an die Detailwiedergabe kann er etwas kleiner sein, sollte aber 1,5 nicht unterschreiten. Gelegentlich wird auch mit Qualitätsfaktoren größer als 2 gearbeitet. Das ergibt zwar keine Verbesserung der Detailwiedergabe im Druck, kann aber als Skalierungsreserve für möglicherweise später nötige Vergrößerungen sinnvoll sein.

Für die Berechnung der Pixelauflösung in Abhängigkeit von der Rasterfrequenz gilt also allgemein:

F 3-18 $\quad f_{px} = f_R \cdot Q \qquad f_{px}$ Pixelauflösung $\quad f_R$ Rasterfrequenz $\quad Q$ Qualitätsfaktor

Ob sehr kleine Bilddetails überhaupt erkennbar sind, hängt von Betrachtungsabstand und Auflösungsvermögen der Augen ab. Bei einem Meter Abstand sind zwei Elemente unter günstigen Bedingungen (helle Beleuchtung, hoher Kontrast) gerade noch getrennt wahrnehmbar, wenn ihre Zentren 0,4 mm bis 0,5 mm voneinander entfernt sind (Frequenz 25/cm bzw. 20/cm).

Um alle sichtbaren Bilddetails zu erhalten, muss die Pixelauflösung unter Berücksichtigung des Qualitätsfaktors 2 etwa 40/cm bis 50/cm (rund 100/inch bis 125/inch) betragen. Unter realen Bedingungen dürfte der niedrigere der beiden Werte durchweg ausreichen.

Auf dieser Basis lassen sich optimale Pixelauflösungen für kürzere und längere Betrachtungsabstände berechnen. Betrachtungsabstand und Pixelauflösung stehen im antiproportionalen Verhältnis – je kleiner der Abstand, umso höher muss die Pixelauflösung sein.

Beispiel 3-39: Pixelauflösung für Bilder in einem hochwertigen Bildband, angenommener Betrachtungsabstand 25 cm, berechnet auf Basis 40/cm für 1 m (= 100 cm) Abstand.

Verhältnisgleichung oder Dreisatz, antiproportionales Verhältnis

$$f_{px} \cdot 25\,cm = 40/cm \cdot 100\,cm \quad | \; : 25\,cm \qquad 100\,cm \; \cdot \; 40/cm$$
$$f_{px} = 40/cm \cdot 100\,cm : 25\,cm = 160/cm \qquad \; 25\,cm \; = \; 160/cm$$

Allgemeine Verhältnisgleichung:
$$f_{px} \cdot a = f_{px\,1m} \cdot 1\,m$$
Aufgelöst nach f_{px}:

F3-19 $\quad f_{px} = f_{px\,1m} \cdot 1\,m : a \qquad f_{px}\quad$ Pixelauflösung für Betrachtungsabstand a

$f_{px\,1m}$ Pixelauflösung für Betrachtungsabstand 1 Meter

$a\quad$ Betrachtungsabstand

Wenn die nach Betrachtungsabstand und nach Rasterfrequenz berechneten Pixelauflösungen voneinander abweichen, wird in der Regel das kleinere der beiden Ergebnisse ausgewählt.

Beispiel 3-40: Pixelauflösung für Bilder in einem Bildband, Rasterfrequenz 70/cm, Qualitätsfaktor 2, angenommener Betrachtungsabstand 25 cm
Pixelauflösung nach Rasterfrequenz, Qualitätsfaktor 2 (Beispiel 3-38):
$$f_{px} = 140/cm$$
Pixelauflösung für Betrachtungsabstand 25 cm (Beispiel 3-39):
$$f_{px} = 160/cm$$
Lösung: Die Pixelauflösung 140/cm reicht aus, da die Möglichkeit zur Wiedergabe feiner Details hier durch die Rasterfrequenz begrenzt ist. Aus 25 cm Abstand wären zwar auch noch etwas kleinere Details erkennbar; mit der Rasterfrequenz 70/cm sind sie aber nicht darstellbar.

Nichtperiodische (frequenzmodulierte) Raster haben keine Rasterfrequenz – die druckenden Elemente sind nicht regelmäßig angeordnet, sondern scheinbar zufällig verteilt. Die Detailwiedergabe ist sehr gut, der genaue Wert hängt aber von mehreren Faktoren ab und ist deshalb nicht universell berechenbar. Im Zweifel ergibt sich hier die optimale Pixelauflösung aus dem angenommenen Betrachtungsabstand.

Der angenommene Betrachtungsabstand muss im sinnvollen Verhältnis zur Bild- oder Mediengröße stehen. Bei Büchern und Zeitschriften sind Abstände von etwa 25 cm bis 35 cm realistisch. Plakate werden aber aus deutlich größeren Entfernungen betrachtet. Als Faustregel gilt, dass der Betrachtungsabstand normalerweise nicht kleiner als die Formatdiagonale ist.

Beispiel 3-41: Pixelauflösung für Großplakat, Format 356 cm × 252 cm, berechnet auf Basis 100/inch für 1 m Abstand
Die Diagonale (= angenommener kleinster Betrachtungsabstand) wird mithilfe des Pythagorassatzes ermittelt.
$$d = \sqrt{356^2\,cm^2 + 252^2\,cm^2} \approx 436\,cm = 4{,}36\,m$$
Verhältnisgleichung oder Dreisatz, antiproportionales Verhältnis

$f_{px} \cdot 4{,}36\,m = 100/inch \cdot 1{,}00\,m \quad | \; :4{,}36\,m \qquad \begin{array}{ccc} 1{,}00\,m & \cdot & 100/inch \\ \vdots & & \vdots \\ 4{,}36\,m & \approx & 23/inch \end{array}$

$f_{px} = 100/inch \cdot 1\,m : 4{,}36\,m \approx 23/inch$

Layouts für Großplakate werden meist nicht in der Endgröße, sondern kleiner angelegt, zum Beispiel im Verhältnis 1 : 5 oder 1 : 10. Je kleiner das Layout im Verhältnis zur Endgröße, desto höher muss die Pixelauflösung der verwendeten Bilder sein.

Beispiel 3-42: Layout im Maßstab 1 : 10 (10 %) für Großplakat, Pixelauflösung 30/inch in der Endgröße
Um die im Layout erforderliche Pixelauflösung zu berechnen, wird durch den Maßstab dividiert.

$$30/\text{inch} : (1 : 10) = 30/\text{inch} \cdot 10 = 300/\text{inch}$$
$$30/\text{inch} : 10\,\% \cdot 100\,\% = 300/\text{inch}$$

Strichbilder *(Line Work, Line Art)* werden im Offset-, Flexo-, Sieb- und Digitaldruck nicht gerastert. Die Berechnung der Pixelauflösung anhand des Betrachtungsabstands lässt sich nicht umstandslos auf Strichbilder übertragen. Bei Strichbildern kommt es nicht nur auf den Erhalt feiner Details an, sondern vor allem auf glatte Darstellung schräg verlaufender oder gekrümmter Kanten ohne „Pixeltreppchen".

Die beim jeweiligen Ausgabeverfahren bestmögliche Kantenglätte wird erreicht, wenn die Pixelauflösung des digitalen Strichbilds so groß ist wie die Aufzeichnungsfeinheit (Ausgabeauflösung) des Ausgabegeräts. Wenn der Druckplattenrecorder zum Beispiel mit 2400/inch aufzeichnet, sollte das Strichbild die Pixelauflösung 2400/inch haben. Bei hohen Aufzeichnungsfeinheiten wird allerdings in der Praxis oft mit Pixelauflösungen von etwa 1200/inch gearbeitet, um unnötig große Datenmengen zu vermeiden.

3.2.6 Scanning-Frequenz

Die Pixelauflösung bezieht sich auf die endgültige Bildgröße, also auf die Größe, in der das Bild später auf eine Druckform übertragen oder digital gedruckt wird. Die Scanning-Frequenz (Abtastfrequenz, Sampling-Frequenz) bezieht sich dagegen auf die zu digitalisierende Vorlage.

Am einfachsten ist die Berechnung, wenn die Größe des zu erzeugenden digitalen Bilds in Pixel angegeben ist. Der Rechenweg entspricht Beispiel 3-29 (Abschnitt 3.2.3); dort ging es aber um die Pixelauflösung des bereits digitalisierten Bilds, hier um die Scanning-Frequenz.

Beispiel 3-43: Das digitale Bild soll 4200 Pixel breit werden; mit welcher Frequenz (1/inch) wird die 17,5 cm breite Vorlage beim Scannen abgetastet?
Die Soll-Breite in Pixel wird durch die Vorlagenbreite dividiert.

$$f_{\text{sc}} = 4200 : 17{,}5\,\text{cm} = 240/\text{cm}$$
Umwandlung in 1/inch:
$$240/\text{cm} \cdot 2{,}54\,\text{cm/inch} = 609{,}6/\text{inch}$$

Wenn Seitenlängen (Breiten oder Höhen) von Vorlage und digitalem Bild in Längeneinheiten angegeben sind, wird die erforderliche Scanning-Auflösung mit Verhältnisgleichung oder Dreisatz berechnet. Dazu muss bekannt sein, welche Pixelauflösung das digitale Bild haben soll. Oder sie wird aus für den Druck vorgesehener Rasterfrequenz und Qualitätsfaktor errechnet.

Beim Maßstab 1:1 (100 %) sind Pixelauflösung des digitalen Bilds und Scanning-Frequenz gleich. Beim Vergrößern oder Verkleinern ist die Scanning-Frequenz höher bzw. geringer als die Pixelauflösung des Bilds.

Beispiel 3-44: Digitalisierung für den Druck mit Rasterfrequenz 180/inch, Qualitätsfaktor 2, Vergrößerung auf 125 %

Pixelauflösung des digitalen Bilds: Rasterfrequenz mal Qualitätsfaktor.

$180/inch \cdot 2 = 360/inch$

Scanning-Auflösung: Berechnung mit Verhältnisgleichung oder Dreisatzschema. Proportionales Verhältnis – je größer der Maßstab, umso größer die Scanning-Frequenz. Beim Maßstab 100 % beträgt sie 360/inch, beim Maßstab 125 % ist sie entsprechend höher.

$f_{Sc} : 125\% = 360/inch : 100\%$ | $\cdot 125\%$ $\quad 100\% \quad : \quad 360/inch$

$f_{Sc} = 360/inch : 100\% \cdot 125\% = 450/inch$ $\quad 125\% \quad = \quad 450/inch$

Beispiel 3-45: Eine 12 cm breite Halbtonvorlage soll für den Druck mit der Rasterfrequenz 180/inch, Qualitätsfaktor 2, auf 15 cm Breite vergrößert werden.

Pixelauflösung des digitalen Bilds:

$180/inch \cdot 2 = 360/inch$

Verhältnisgleichung oder Dreisatz mit proportionalem Verhältnis – je größer das digitale Bild im Verhältnis zur Vorlage, umso höher muss die Scanning-Frequenz sein. Bei unveränderter Breite von 12 cm beträgt sie 360/inch, bei 15 cm Breite ist sie entsprechend höher.

$f_{Sc} : 15\,cm = 360/inch : 12\,cm$ | $\cdot 15\,cm$ $\quad 12\,cm \quad : \quad 360/inch$

$f_{Sc} = 360/inch : 12\,cm \cdot 15\,cm = 450/inch$ $\quad 15\,cm \quad = \quad 450/inch$

Verhältnisgleichungen zur Berechnung der Scanning-Frequenz:

$f_{Sc} : m\% = f_{px} : 100\%$ $\qquad f_{Sc} : s_{Bild} = f_{px} : s_{Vorl}$

Aufgelöst nach f_{Sc} (Scanning-Auflösung):

F 3-20 $f_{Sc} = f_{px} : 100\% \cdot m\%$

F 3-21 $f_{Sc} = f_{px} : s_{Vorl} \cdot s_{Bild}$

$f_{Sc}\ f_{px}$ Scanning-Frequenz, Pixelauflösung des digitalen Bilds

m Maßstab

$s_{Vorl}\ s_{Bild}$ Seitenlänge (Breite oder Höhe) der Vorlage, des digitalen Bilds

s_{Vorl} und s_{Bild} müssen dieselbe Einheit haben (z. B. Zentimeter, Millimeter); f_{Sc} hat dieselbe Einheit wie f_{px}, in der Regel 1/cm oder 1/inch.

3.2.7 Verwendung von Digitalfotos und Archivbildern

Wenn Bilder bereits in digitaler Form vorliegen, zum Beispiel digital fotografiert oder als digitales Archivbild, stellt sich die Frage, ob die Anzahl der Pixel für die Ausgabe in benötigter Größe und Pixelauflösung ausreicht.

Beispiel 3-46: Lässt sich ein 3000×2000 Pixel großes Archivbild ohne Resampling oder Ergänzung durch Retusche für den Druck im Format 21,3 cm $\times$ 15,4 cm, Rasterfrequenz 70/cm, ausgegeben, ohne den Qualitätsfaktor 2 zu unterschreiten? Erforderliche Pixelauflösung für den Druck:

$$70/cm \cdot 2 = 140/cm$$

Im zweiten Schritt wird einer der in Abschnitt 3.2.3 (Beispiel 3-27 bis 3-29) erläuterten Rechenwege benutzt. Wegen der unterschiedlichen Seitenverhältnisse von Druckformat und Archivbild muss die Prüfung sowohl für die Breite als auch für die Höhe erfolgen.

Erster Lösungsweg: Breite und Höhe des Druckformats werden mit der für den Druck erforderlichen Pixelauflösung multipliziert.

$$21,3 \, cm \cdot 140/cm = 2982$$
$$15,4 \, cm \cdot 140/cm = 2156$$

Ergebnis: Die Größe des Archivbilds (3000×2000 Pixel) reicht nicht aus; in der Höhe sind für den Druck mehr als 2000 Pixel erforderlich.

Zweiter Lösungsweg: Die Pixelzahlen in Breite und Höhe des Archivbilds werden durch die für den Druck erforderliche Pixelauflösung dividiert.

$$3000 : 140/cm \approx 21,43 \, cm$$
$$2000 : 140/cm \approx 14,29 \, cm$$

Ergebnis: Die Größe des Archivbilds reicht nicht aus; bei der für den Druck erforderlichen Pixelauflösung ist die Höhe kleiner als 15,4 cm.

Dritter Lösungsweg: Die Pixelzahlen in Breite und Höhe des Archivbilds werden durch Breite bzw. Höhe des Druckformats dividiert.

$$3000 : 21,3 \, cm \approx 140,8/cm$$
$$2000 : 15,4 \, cm \approx 129,9/cm$$

Ergebnis: Die Größe des Archivbilds reicht nicht aus, da sich bei der Höhe eine Pixelauflösung von weniger als 140/cm ergibt.

3.2.8 Übungsaufgaben zu Abschnitt 3.2

1. Rechnen Sie die Pixelauflösungen bitte in die Einheit 1/cm bzw. 1/inch um.
   a) 144/inch   b) 2400/inch   c) 80/cm   d) 500/cm

2. Ein Bild mit der Pixelauflösung 80/cm hat das Format 22 cm $\times$ 14 cm. Wie viele Pixel liegen jeweils in Breite und Höhe des Bilds?

3. Welche Breite und welche Höhe in Zentimeter hat ein 2000×2960 Pixel großes Bild mit der Pixelauflösung 160/cm?

4. Bitte die Pixelauflösungen (1/cm) berechnen.
a) Breite 19 cm, 3420 Pixel   b) Höhe 66,5 cm, 1995 Pixel

5. Wie viel Pixel sind die Bilder breit und hoch? Achten Sie auf die Einheiten!
a) Format 9,5 inch × 12 inch, Pixelauflösung 96/inch
b) 21,6 cm × 30,3 cm, Pixelauflösung 400/inch
c) 156 mm × 111 mm, Pixelauflösung 180/cm
d) 130 mm × 180 mm, Pixelauflösung 1200/inch

6. Errechnen Sie bitte jeweils Breite und Höhe in Zentimeter.
a) 1040 × 1360 Pixel, Pixelauflösung 80/cm
b) 360 × 300 Pixel, Pixelauflösung 72/inch
c) 2556 × 3636 Pixel, Pixelauflösung 140/cm
d) 16 535 × 12 756 Pixel, Pixelauflösung 2400/inch

7. Bitte jeweils die Pixelauflösung in Pixel per Inch (1/inch) berechnen.
a) Bildbreite 7,5 inch, 720 Pixel   c) Bildbreite 96 mm, 6803 Pixel
b) Bildhöhe 16,5 cm, 1559 Pixel   d) Bildhöhe 228 mm, 3000 Pixel

8. Ein 18 cm breites digitales Bild, Auflösung 140/cm, wird ohne Pixelneuberechnung (Resampling) auf 21 cm skaliert. Welche Pixelauflösung ergibt sich?

9. Bitte die Pixelauflösungen nach dem Skalieren ohne Resampling berechnen.
a) Pixelauflösung 96/inch, Verkleinerung von 28 cm auf 16 cm
b) Pixelauflösung 480/cm, Vergrößerung von 85 mm auf 320 mm
c) Pixelauflösung 90/cm, Verkleinerung auf 30 %
d) Pixelauflösung 1800/inch, Vergrößerung auf 666,7 %

10. Die Pixelauflösung 600/inch eines Bilds im Format 90 mm × 130 mm wird ohne Resampling (Pixelneuberechnung) verändert.
a) Welche Breite ergibt sich bei Verringerung der Pixelauflösung auf 400/inch?
b) Welche Höhe ergibt sich bei Erhöhung der Pixelauflösung auf 800/inch?

11. Ein 148 mm breites Strichbild, 2400/inch, wird ohne Resampling modifiziert.
a) Welche Pixelauflösung ergibt sich durch Vergrößern auf 125 %?
b) Welche Pixelauflösung ergibt sich durch Vergrößern auf 210 mm Breite?
c) Welche Breite ergibt sich durch Verringerung der Auflösung auf 1800/inch?

12. Ein Bild im Format 15 cm × 22 cm, 1650 Pixel breit und 2420 Pixel hoch, wird mit Resampling (Pixelneuberechnung) skaliert.
a) Wie viele Pixel ergeben sich beim Vergrößern auf 18 cm Breite?
b) Wie viele Pixel ergeben sich beim Verkleinern auf 13,5 cm Höhe?

13. Ein 4800 Pixel breites und 3840 Pixel hohes Bild, Format 300 mm × 240 mm, wird mit Resampling skaliert.
a) Wie viele Pixel entstehen durch Skalieren auf 85 mm Breite?
b) Wie viele Pixel entstehen durch Skalieren auf 273,5 mm Höhe?

14. Ein Bild mit der Pixelauflösung 72/inch ist 480×360 Pixel groß. Wie viele Pixel ergeben sich jeweils in Breite und Höhe, wenn die Pixelauflösung mit Resampling (Pixelneuberechnung) auf 96/inch erhöht wird?

15. Ein Bild ist 4200 Pixel breit und 3150 Pixel hoch, Pixelauflösung 1200/inch.
a) Wie viele Pixel werden es in der Breite, wenn die Pixelauflösung mit Resampling auf 750/inch verringert wird?
b) Wie viele Pixel werden es in der Höhe, wenn die Pixelauflösung mit Resampling auf 1400/inch erhöht wird?

16. Bitte die erforderlichen Pixelauflösungen berechnen.
a) Druck mit Rasterfrequenz 80/cm, Qualitätsfaktor 2
b) Druck mit Rasterfrequenz 150/inch, Qualitätsfaktor 2,4
c) Druck mit Rasterfrequenz 48/cm, Qualitätsfaktor 1,5

17. Welche Pixelauflösung sollten Bilder für Schautafeln in einem Museum haben, wenn der Betrachtungsabstand auf 75 cm geschätzt wird? Gehen Sie bitte in Ihrer Berechnung von der Pixelauflösung 40/cm bei 100 cm Abstand aus.

18. Bitte die erforderlichen Pixelauflösungen berechnen; gehen Sie von 100/inch bei einem Meter Betrachtungsabstand aus.
a) Plakat, Betrachtungsabstand 2,5 m
b) Format $5\,m \times 8\,m$, Betrachtungsabstand entspricht der Formatdiagonalen

19. Das Layout für eine Großplakat wird im Maßstab 1 : 10 angelegt. Welche Pixelauflösung ist in den Layoutdaten erforderlich, wenn das Plakat aus einem Abstand von mindestens acht Metern betrachtet wird? Gehen Sie in Ihrer Berechnung bitte von 100/inch bei einem Meter aus.

20. Bitte die Scanning-Frequenzen berechnen.
a) Vorlagehöhe 25 cm; das digitale Bild soll 800 Pixel hoch werden.
b) Verkleinerung auf 43 %, Pixelauflösung des digitalen Bilds 600/inch
c) Vergrößerung auf 575 %, Druck mit Rasterfrequenz 110/inch, Qualitätsfaktor 2
d) Vorlagenbreite 6 cm; Vergrößerung auf 19,5 cm Breite, Auflösung 200/inch
e) Verkleinerung einer 240 mm hohen Vorlage auf 150 mm, vorgesehene Rasterfrequenz 60/cm, Qualitätsfaktor 2

21. Bitte die Abtastfrequenzen sowohl in Pixel pro Zentimeter (1/cm) als auch in Pixel per Inch (1/inch) angeben.
a) Vergrößerung einer 45 mm breiten Vorlage auf 216 mm, vorgesehene Rasterfeinheit 40/cm, Qualitätsfaktor 1,5
b) Maßstab 35 %, vorgesehene Rasterfrequenz 180/inch, Qualitätsfaktor 2,5
c) Vorlagenbreite 45 cm, Verkleinerung auf 21,6 cm, Pixelauflösung 1200/inch
d) Maßstab 785 %, vorgesehene Rasterfrequenz 80/cm, Qualitätsfaktor 2

22. Bitte überprüfen, ob die Bilder ohne Resampling, Ergänzung und Unterschreitung des Qualitätsfaktors 2 im jeweiligen Format gedruckt werden können.

a) 2000 × 3000 Pixel, Druck im Format 18 cm × 25 cm, Rasterfrequenz 54/cm

b) 3800 × 2850 Pixel, Druck im Format 28 cm × 21 cm, Rasterfrequenz 70/cm

c) 2400 × 3200 Pixel, Format 297 mm × 420 mm, Rasterfrequenz 100/inch

Erhöhter Schwierigkeitsgrad

23. Die Pixelauflösung eines 210 mm hohen Bilds wurde zunächst ohne Resampling von 150/inch auf 96/inch verringert. Später wurde die Höhe mit Resampling auf 135 mm skaliert. Wie viele Pixel lagen danach in der Höhe des Bilds?

24. Für Bilder auf einem 280 cm × 200 cm großen Plakat reicht unter Berücksichtigung des üblicherweise angenommenen Betrachtungsabstands (Diagonale) die Pixelauflösung 35/inch aus. Berechnen Sie bitte die entsprechenden Pixelauflösungen für Plakate mit den Formaten 3 m × 4 m und 4,5 m × 7,5 m.

25. Ein Flachbettscanner hat die maximale Abtastfrequenz 3200/inch. Auf welche Breite kann ein 18 mm breiter Vorlagenausschnitt höchstens vergrößert werden, wenn das Bild mit der Rasterfrequenz 60/cm gedruckt werden und der Qualitätsfaktor nicht kleiner als 2 sein soll?

26. Eine Vorlage wurde mit der Sampling-Frequenz 2400/inch gescannt. Wie hoch ist der Qualitätsfaktor beim Maßstab 1250 %, wenn mit der Rasterfrequenz 54/cm gedruckt werden soll?

3.3 Datenmengen und Datenkompression

3.3.1 Rechnen mit Datenmengen

Grundlegende Einheit von Datenmengen, Dateigrößen, Speicherplatzbedarf und -kapazität ist das Byte. Ein Byte besteht zwar aus acht Bits (*binary digits*) und wird deshalb auch Oktett genannt. Bytes sind aber nicht teilbar, sondern können nur als Ganzes gespeichert, adressiert und verarbeitet werden.

Datenmengen und Dateigrößen von Bild-, Video- und Audiodateien werden in Vielfachen des Byte angegeben. Leider wird in der Praxis immer noch mit zwei unterschiedlichen Reihen von Vielfachen gearbeitet. Die dezimalen Vielfachen Kilo-, Mega-, Giga- und Terabyte sind Potenzen zur Basis 10, die binären Vielfachen Kibi-, Mebi-, Gibi- und Tebibyte dagegen Potenzen zur Basis 2 (vgl. Tabelle 3-1 auf der folgenden Seite sowie Abschnitt 1.5.8).

In diesem Buch werden ausschließlich die normgerechten Bezeichnungen nach IEC 80 000-13 verwendet. In der Praxis wird leider häufig etwas schlampig mit den Begriffen umgegangen und zum Beispiel unterschiedslos von „Kilobyte" gesprochen oder geschrieben, egal ob 1000 oder 1024 Bytes gemeint sind.

Tabelle 3-1: Normgerechte Byte-Vielfache

Bezeichnung	Symbol	Anzahl Bytes
Kilobyte	kB	$10^3 = 1000$
Megabyte	MB	$10^6 = 1000^2 = 1\,000\,000$
Gigabyte	GB	$10^9 = 1000^3 = 1\,000\,000\,000$
Terabyte	TB	$10^{12} = 1000^4 = 1\,000\,000\,000\,000$
Kibibyte	KiB	$2^{10} = 1024$
Mebibyte	MiB	$2^{20} = 1024^2 = 1\,048\,576$
Gibibyte	GiB	$2^{30} = 1024^3 = 1\,073\,741\,824$
Tebibyte	TiB	$2^{40} = 1024^4 = 1\,099\,511\,627\,776$

Beim Rechnen mit Bytes kommt es darauf an, die Einheiten nicht zu verwechseln und die jeweils richtige Umwandlungszahl zu benutzen.

Beispiel 3-47: Umwandlung von 33 850 000 Byte
in Kilobyte (Umwandlungszahl 1000):
$$33\,850\,000 \text{ Byte} : 1000 \text{ Byte/kB} = 33\,850 \text{ kB}$$
in Kibibyte (Umwandlungszahl 1024):
$$33\,850\,000 \text{ Byte} : 1024 \text{ Byte/KiB} \approx 33\,056{,}6 \text{ KiB}$$
in Megabyte (Umwandlungszahl 1000^2):
$$33\,850\,000 \text{ Byte} : 1000^2 \text{ Byte/MB} = 33{,}85 \text{ MB}$$
in Mebibyte (Umwandlungszahl 1024^2):
$$33\,850\,000 \text{ Byte} : 1024^2 \text{ Byte/MiB} \approx 32{,}28 \text{ MiB}$$

Beim Umwandeln aus einer Einheit der binären in eine Einheit der dezimalen Reihe (und umgekehrt) muss zunächst in Byte umgewandelt werden.

Beispiel 3-48: Umwandlung von 24 800 Kibibyte in Megabyte
Zuerst die Umwandlung in Byte (Umwandlungszahl 1024):
$$24\,800 \text{ KiB} \cdot 1024 \text{ Byte/KiB} = 25\,395\,200 \text{ Byte}$$
Dann die Umwandlung in Megabyte (Umwandlungszahl 1000^2):
$$25\,395\,200 \text{ Byte} : 1000^2 \text{ Byte/MB} \approx 25{,}40 \text{ MB}$$
Beide Rechenschritte zusammengefasst:
$$24\,800 \text{ KiB} \cdot 1024 \text{ Byte/KiB} : 1000^2 \text{ Byte/MB} \approx 25{,}40 \text{ MB}$$

3.3.2 Komprimierte Datenmenge

Dateien werden komprimiert, also verkleinert, um Speicherplatz einzusparen und die Datenübertragung zu beschleunigen. Dabei ist zwischen Kompression ohne Informationsverlust *(non-lossy, lossless)* und mit Informationsverlust *(lossy)* zu unterscheiden.

Bei verlustfreier Kompression, zum Beispiel nach dem ZIP-Verfahren, sind die komprimierten und wieder entkomprimierten Daten identisch mit den Ursprungsdaten. Bei verlustbehafteter Kompression, zum Beispiel mit dem JPEG-Verfahren, kommt es dagegen zu kleinen oder größeren Veränderungen. Bei geringerer Kompression sind sie kaum oder gar nicht wahrnehmbar, bei stärkerer wird die Bildqualität sichtbar beeinträchtigt. Solche Verfahren sind skalierbar, es kann also zwischen geringerer und stärkerer Kompression und damit zwischen höherer und geringerer Qualität gewählt werden.

Die Stärke der (verlustfreien oder verlustbehafteten) Kompression wird durch unterschiedliche Kennwerte charakterisiert. In der Praxis werden überwiegend Kompressionsrate oder Kompressionsfaktor in der Schreibweise als Quotient verwendet. Kompressionsrate ist der Quotient aus unkomprimierter und komprimierter Datenmenge. Beim Kompressionsfaktor ist es umgekehrt, also Quotient aus komprimierter und unkomprimierter Datenmenge. In beiden Fällen steht die Zahl 1 für die komprimierte und die größere Zahl für die unkomprimierte Datenmenge.

$$\text{Kompressionsrate:} \quad x:1 \qquad \text{Beispiel: } 8:1$$
$$\text{Kompressionsfaktor:} \quad 1:x \qquad \text{Beispiel: } 1:8$$

Um die komprimierte Datenmenge zu berechnen, wird die unkomprimierte durch die Kompressionsrate dividiert bzw. mit dem Kompressionsfaktor multipliziert. Die Klammern um Kompressionsrate und Kompressionsfaktor in den folgenden Beispielen dienen nur der Übersichtlichkeit – mathematisch sind sie nicht erforderlich. Das Ergebnis hat dieselbe Einheit wie die ursprüngliche Datenmenge. Falls eine andere Einheit gewünscht ist, wird entsprechend umgewandelt.

Beispiel 3-49: Unkomprimierte Datenmenge 8 Megabyte, Kompressionsrate 20:1
Division durch die Kompressionsrate ergibt komprimierte Datenmenge in MB.
$$D_k = 8\,\text{MB} : (20:1) = 8\,\text{MB} : 20 = 0{,}4\,\text{MB}$$
Umwandlung in Kilobyte:
$$0{,}4\,\text{MB} \cdot 1000\,\text{kB/MB} = 400\,\text{kB}$$

Beispiel 3-50: Unkomprimierte Datenmenge 8 Megabyte, Kompressionsfaktor 1:20
Multiplikation mit dem Kompressionsfaktor und ggf. Umwandlung in Kilobyte:
$$D_k = 8\,\text{MB} \cdot (1:20) = 8\,\text{MB} : 20 = 0{,}4\,\text{MB}$$
$$0{,}4\,\text{MB} \cdot 1000\,\text{kB/MB} = 400\,\text{kB}$$

Der Kompressionsfaktor kann auch als rein numerischer Faktor oder Prozentsatz angegeben werden, zum Beispiel 0,25 oder 25 %.

Beispiel 3-51: Unkomprimierte Datenmenge 480 Kibibyte, Kompressionsfaktor 0,25 bzw. 25 %
$$D_k = 480\,\text{KiB} \cdot 0{,}25 = 120\,\text{KiB}$$
$$D_k = 480\,\text{KiB} : 100\,\% \cdot 25\,\% = 120\,\text{KiB}$$

Die Bezeichnung Kompressionsrate wird leider gelegentlich auch für die Verringerung der Datenmenge *um* einen bestimmten Prozentsatz verwendet. Um Verwechslung dieses Kompressionsprozentsatzes mit dem prozentualen Kompressionsfaktor zu vermeiden, sollte er mit negativem Vorzeichen notiert werden.

Beispiel 3-52: Unkomprimierte Datenmenge 960 Kibibyte, Datenkompression mit Kompressionsrate −75 %

$$D_k = 480\,\text{KiB} : 100\,\% \cdot (100\,\% - 75\,\%) = 480\,\text{KiB} : 100\,\% \cdot 25\,\% = 120\,\text{KiB}$$

Weitere Möglichkeit zur Kennzeichnung der Kompressionswirkung ist die Angabe von Bit pro Byte, also das Verhältnis der komprimierten Datenmenge in Bit zur unkomprimierten Datenmenge in Byte (Bit/Byte-Kompressionsverhältnis).

Beispiel 3-53: Unkomprimierte Datenmenge 960 kB, Kompression auf 0,5 bit/Byte
Multiplikation mit dem Bit/Byte-Kompressionsverhältnis ergibt komprimierte Datenmenge in Kilobit.

$$960\,\text{kB} \cdot 0,5\,\text{bit/Byte} = 480\,\text{kbit}$$

Umwandlung in Kilobyte (8 bit = 1 Byte):

$$480\,\text{kbit} : 8\,\text{bit/Byte} = 60\,\text{kB}$$

Alternativer Rechenweg: Verhältnisgleichung oder Dreisatz, proportionales Verhältnis. Die unkomprimierten Daten sind mit 8 Bit pro Byte gespeichert, die komprimierten mit 0,5 Bit pro Byte.

$$D_k : 0,5\,\text{bit/Byte} = 960\,\text{kB} : 8\,\text{bit/Byte} \quad | \quad \cdot 0,5\,\text{bit/Byte}$$
$$D_k = 960\,\text{kB} : 8\,\text{bit/Byte} \cdot 0,5\,\text{bit/Byte} = 60\,\text{kB}$$

$$8\,\text{bit/Byte} \quad : \quad 960\,\text{kB}$$
$$0,5\,\text{bit/Byte} \quad = \quad 60\,\text{kB}$$

Bei Bild- und Videodaten kann die Kompressionsstärke auch durch das Bit/Pixel-Kompressionsverhältnis gekennzeichnet werden. Das ist das Verhältnis der komprimierten Datenmenge in Bit zur Anzahl der Pixel, also die rechnerisch auf ein Pixel entfallende Anzahl Bits.

Beispiel 3-54: Bildgröße 1800 × 1200 Pixel, 1,5 Bit pro Pixel
Anzahl der Pixel:

$$1800 \cdot 1200 = 2\,160\,000$$

Multiplikation mit 1,5 bit ergibt Datenmenge in Bit.

$$2\,160\,000 \cdot 1,5\,\text{bit} = 3\,240\,000\,\text{bit}$$

Umwandlung in Byte und in Kilobyte:

$$3\,240\,000\,\text{bit} : 8\,\text{bit/Byte} = 405\,000\,\text{Byte}$$
$$405\,000\,\text{Byte} : 1000\,\text{Byte/kB} = 405\,\text{kB}$$

Wenn Datenmenge und Datentiefe der unkomprimierten Daten bekannt sind, kann analog zu Beispiel 3-53 gerechnet werden. Datentiefe (Bittiefe) ist die Anzahl der Bits, mit denen die Farbe eines Pixels codiert ist (vgl. auch Abschnitt 3.4.1).

Beispiel 3-55: Unkomprimierte Datenmenge 6480 kB, Datentiefe 24 Bit, Kompression auf 1,5 Bit pro Pixel
Verhältnisgleichung oder Dreisatz, proportionales Verhältnis:

$$D_k : 1,5\,\text{bit} = 6480\,\text{kB} : 24\,\text{bit} \quad | \cdot 1,5\,\text{bit} \qquad \begin{array}{ccc} 24\,\text{bit} & : & 6480\,\text{kB} \\ \cdot \\ 1,5\,\text{bit} & = & 405\,\text{kB} \end{array}$$

$$D_k = 6480\,\text{kB} : 24\,\text{bit} \cdot 1,5\,\text{bit} = 405\,\text{kB}$$

Formeln zur Ermittlung der komprimierten Datenmenge:

Kompressionsrate $x:1$ *(KR)*	**F3-22**	$D_k = D : KR$
Kompressionsfaktor $1:x$ *(KF)*	**F3-23**	$D_k = D \cdot KF$
Kompressionsfaktor numerisch *(KF)*	**F3-24**	$D_k = D \cdot KF$
Kompressionsfaktor prozentual *(KF)*	**F3-25**	$D_k = D : 100\,\% \cdot KF\,\%$
Kompressionsprozentsatz $-x\,\%$ *(KP)*	**F3-26**	$D_k = D : 100\,\% \cdot (100\,\% + KP\,\%)$
Kompressionsverhältnis Bit/Byte $(K_{b/B})$	**F3-27**	$D_k = D \cdot K_{b/B} : 8\,\text{bit/Byte}$
Kompressionsverhältnis Bit/Pixel $(K_{b/px})$	**F3-28**	$D_k = n \cdot K_{b/px} : 8\,\text{bit/Byte}$
Kompressionsverhältnis Bit/Pixel $(K_{b/px})$	**F3-29**	$D_k = D : d \cdot K_{b/px}$

$D\ D_k$ unkomprimierte, komprimierte Datenmenge
 D und D_k haben gleiche Einheiten
 n Anzahl Pixel des Bilds oder Videos
 d Datentiefe [bit]

3.3.3 Kompressionsfaktor und Kompressionsrate

Kompressionsrate ist der Quotient aus unkomprimierter und komprimierter Datenmenge. Beim Kompressionsfaktor ist es umgekehrt, also Quotient aus komprimierter und unkomprimierter Datenmenge. Wichtig bei allen Berechnungen: Unkomprimierte und komprimierte Datenmenge müssen gleiche Einheiten haben. Ist das nicht der Fall, muss vorab entsprechend umgewandelt werden.

Beispiel 3-56: Datenmenge unkomprimiert 1500 KiB, komprimiert 240 KiB
Kompressionsrate $(x:1)$: Der Quotient aus unkomprimierter und komprimierter Datenmenge wird durch den kleineren der beiden Werte gekürzt, also durch die komprimierte Datenmenge.

$$KR = (1500\,\text{KiB} : 240\,\text{KiB}) : (240\,\text{KiB} : 240\,\text{KiB}) = 6,25 : 1$$

Der Rechenweg lässt sich abkürzen, da rechts vom Divisionszeichen immer eine Eins steht.

$$KR = (1500\,\text{KiB} : 240\,\text{KiB}) : 1 = 6,25 : 1$$

Kompressionsfaktor $(1:x)$: entsprechender Rechenweg, umgekehrte Reihenfolge.

$$KF = (240\,\text{KiB} : 240\,\text{KiB}) : (1500\,\text{KiB} : 240\,\text{KiB}) = 1 : 6,25$$

$$KF = 1 : (1500\,\text{KiB} : 240\,\text{KiB}) = 1 : 6,25$$

Um Kompressionsrate in Kompressionsfaktor (oder umgekehrt) umzuwandeln, werden also einfach Dividend und Divisor vertauscht: Kompressionsrate 6,25 : 1 entspricht Kompressionsfaktor 1 : 6,25.

Um den rein numerischen Kompressionsfaktor zu berechnen, wird einfach die komprimierte durch die unkomprimierte Datenmenge dividiert. Um den prozentualen Kompressionsfaktor zu erhalten, wird anschließend mit 100 % multipliziert.

Beispiel 3-57: Datenmenge unkomprimiert 1500 KiB, komprimiert 240 KiB
Numerischer Kompressionsfaktor:
$$KF = 240 \text{ KiB} : 1500 \text{ KiB} = 0,16$$
Prozentualer Kompressionsfaktor:
$$KF\% = 240 \text{ KiB} : 1500 \text{ KiB} \cdot 100\% = 16\%$$

Der Prozentsatz, *um* den die Datenmenge vermindert wird, ergibt sich durch Verminderung des prozentualen Kompressionsfaktors um 100 %. Das dabei entstehende negative Vorzeichen verdeutlicht, dass die Datenmenge nicht *auf*, sondern *um* diesen Prozentsatz vermindert wird.

Beispiel 3-58: Datenmenge unkomprimiert 1500 KiB, komprimiert 240 KiB
Prozentualer Kompressionsfaktor (wie im vorigen Beispiel) minus 100 %.
$$KP\% = 240 \text{ KiB} : 1500 \text{ KiB} \cdot 100\% - 100\% = 16\% - 100\% = -84\%$$

Bei der Berechnung des Bit/Byte-Kompressionsverhältnisses kommt das Bit als weitere Einheit hinzu. Hier geht es um das Verhältnis der komprimierten Datenmenge in Bit (oder einem Vielfachen) zur unkomprimierten Datenmenge in Byte (oder dem entsprechenden Vielfachen).

Beispiel 3-59: Datenmenge unkomprimiert 1920 kB, komprimiert 120 kB
Die komprimierte Datenmenge (120 Kilobyte) wird mit 8 bit/Byte multipliziert, also in Kilobit umgewandelt.
$$120 \text{ kB} \cdot 8 \text{ bit/Byte} = 960 \text{ kbit}$$
Komprimierte Datenmenge in Kilobit geteilt durch unkomprimierte in Kilobyte:
$$K_{b/B} = 960 \text{ kbit} : 1920 \text{ kB} = 0,5 \text{ bit/Byte}$$
Alternativer Lösungsweg: Verhältnisgleichung oder Dreisatz, proportionales Verhältnis.
$$K_{b/B} : 120 \text{ kB} = 8 \text{ bit/Byte} : 1920 \text{ kB} \quad | \quad \cdot 120 \text{ kB}$$
$$K_{b/B} = 8 \text{ bit/Byte} : 1920 \text{ kB} \cdot 120 \text{ kB} = 0,5 \text{ bit/Byte}$$

$$\begin{array}{ccc} 1920 \text{ kB} & : & 8 \text{ bit/Byte} \\ & \cdot & \\ 120 \text{ kB} & = & 0,5 \text{ bit/Byte} \end{array}$$

Oder kürzer: Komprimierte Datenmenge geteilt durch unkomprimierte Datenmenge (= numerischer Kompressionsfaktor) mal 8 bit/Byte
$$K_{b/B} = 120 \text{ kB} : 1920 \text{ kB} \cdot 8 \text{ bit/Byte} = 0,0625 \cdot 8 \text{ bit/Byte} = 0,5 \text{ bit/Byte}$$

Das Bit/Pixel-Verhältnis bei Bild- und Videodaten ist am einfachsten zu berechnen, wenn komprimierte Datenmenge und Anzahl der Pixel bekannt sind. Die in Bit umgewandelte Datenmenge wird durch die Anzahl der Pixel dividiert.

Beispiel 3-60: Bildgröße 2000×1500 Pixel, komprimierte Datenmenge 600 kB
Datenmenge in Bit:

$600 \,\text{kB} \cdot 1000 \,\text{Byte/kB} \cdot 8 \,\text{bit/Byte} = 4\,800\,000 \,\text{bit}$

Anzahl Pixel:

$2000 \cdot 1500 = 3\,000\,000$

Bit/Pixel-Kompressionsverhältnis

$K_{b/px} = 4\,800\,000 \,\text{bit} : 3\,000\,000 = 1,6 \,\text{bit}$

Alternativ kann mit unkomprimierter und komprimierter Datenmenge sowie Datentiefe der unkomprimierten Daten gerechnet werden. Die Datentiefe (Bittiefe) gibt an, mit wie viel Bits die Farbe eines Pixels codiert ist.

Beispiel 3-61: Unkomprimierte Datenmenge 9000 Kilobyte, Datentiefe 24 Bit, komprimierte Datenmenge 600 Kilobyte
Verhältnisgleichung oder Dreisatz, proportionales Verhältnis:

$K_{b/px} : 600 \,\text{kB} = 24 \,\text{bit} : 9000 \,\text{kB} \quad | \quad \cdot 600 \,\text{kB}$ $9000 \,\text{kB} \quad : \quad 24 \,\text{bit}$

$K_{b/px} = 24 \,\text{bit} : 9000 \,\text{kB} \cdot 600 \,\text{kB} = 1,6 \,\text{bit}$ $600 \,\text{kB} \quad = \quad 1,6 \,\text{bit}$

Kurzer Rechenweg: Komprimierte Datenmenge geteilt durch unkomprimierte Datenmenge (= numerischer Kompressionsfaktor) mal Datentiefe

$K_{b/px} = 600 \,\text{KiB} : 9000 \,\text{KiB} \cdot 24 \,\text{bit} = 1,6 \,\text{bit}$

Formeln zur Ermittlung der Kompressionskennwerte:

Kompressionsrate $x:1$	*F3-30*	$KR = (D : D_k) : 1$
Kompressionsfaktor $1:x$	*F3-31*	$KF = 1 : (D : D_k)$
Kompressionsfaktor numerisch	*F3-32*	$KF = D_k : D$
Kompressionsfaktor prozentual	*F3-33*	$KF\% = D_k : D \cdot 100\%$
Kompressionsprozentsatz $-x\%$	*F3-34*	$KP\% = D_k : D \cdot 100\% - 100\%$
Kompressionsverhältnis Bit/Byte	*F3-35*	$K_{b/B} = D_k : D \cdot 8 \,\text{bit/Byte}$
Kompressionsverhältnis Bit/Pixel	*F3-36*	$K_{b/px} = D_k \cdot 8 \,\text{bit/Byte} : n$
Kompressionsverhältnis Bit/Pixel	*F3-37*	$K_{b/px} = D_k : D \cdot d$

$D \; D_k$ unkomprimierte, komprimierte Datenmenge
        D und D_k müssen gleiche Einheiten haben
n Anzahl Pixel des Bilds oder Videos
d Datentiefe [bit]

3.3.4 Übungsaufgaben zu Abschnitt 3.3

1. Bitte umwandeln:
   a) 4 630 000 Byte in Kilobyte und in Megabyte
   b) 8 028 960 Byte in Kibibyte und in Mebibyte

2. Bitte jeweils in die angegebene Einheit umwandeln.
   a) 24 300 Kilobyte in Megabyte   d) 27 Gibibyte in Mebibyte
   b) 12 685 Kibibyte in Mebibyte   e) 9 216 000 Kibibyte in Gibibyte
   c) 2,4 Gigabyte in Kilobyte   f) 6,25 Mebibyte in Byte

3. Bitte in die jeweils angegebene Einheit umwandeln.
   a) 16 Megabyte in Kibibyte   c) 42 Mebibyte in Kilobyte
   b) 6200 Megabyte in Gibibyte   d) 6 836 000 Kibibyte in Gigabyte

4. Welche Datenmengen ergeben sich durch die Kompression, wenn die unkomprimierte Datenmenge 8,5 Megabyte beträgt? Geben Sie Datenmengen von weniger als einem Megabyte bitte in Kilobyte an.
   a) Kompressionsrate 2,5 : 1   c) Kompressionsfaktor 0,08
   b) Kompressionsfaktor 33 %   d) Kompressionsfaktor 1 : 15

5. Welche Datenmengen ergeben sich durch Kompression? Datenmengen von weniger als einem Mebibyte bitte in Kibibyte angeben.
   a) Unkomprimierte Datenmenge 64,8 Mebibyte, Kompressionsfaktor 1 : 6
   b) Unkomprimierte Datenmenge 4,2 Mebibyte, Kompressionsrate 17,5 : 1
   c) Unkomprimierte Datenmenge 24 Mebibyte, Kompressionsfaktor 0,33
   d) Unkomprimierte Datenmenge 17,5 Mebibyte, Kompressionsfaktor 4 %

6. Unkomprimierte Datenmenge 28 Mebibyte – welche Datenmengen ergeben sich durch Kompression um folgende Prozentsätze?
   a) −33 %   b) −87,5 %   c) −94 %

7. Welche Datenmenge ergibt sich jeweils durch Kompression?
   a) Unkomprimierte Datenmenge 450 Kilobyte, Kompression auf 2 bit/Byte
   b) 48 Megabyte, Kompression auf 0,75 bit/Byte
   c) 173 Mebibyte, Kompression auf 0,3 bit/Byte

8. Bitte die komprimierten Datenmengen in Kibibyte berechnen.
   a) Bildgröße 480 × 640 Pixel, Kompression auf 2 Bit pro Pixel
   b) Bildgröße 1280 × 720 Pixel, Kompression auf 1,6 Bit pro Pixel
   c) Bildgröße 2400 × 1800 Pixel, Kompression auf 1,2 Bit pro Pixel

9. Berechnen Sie bitte die komprimierten Datenmengen in Kilobyte.
   a) 1200 Kilobyte, Datentiefe 24 Bit, Kompression auf 3,5 Bit pro Pixel
   b) 640 Kilobyte, Datentiefe 8 Bit, Kompression auf 0,4 Bit pro Pixel
   c) 4,7 Megabyte, Datentiefe 24 Bit, Kompression auf 1,25 Bit pro Pixel

10. Die Datenmenge 38,5 Kibibyte wurde auf 15,4 KiB komprimiert.
a) Bitte Kompressionsrate (x : 1) und Kompressionsfaktor (1 : x) berechnen.
b) Geben Sie bitte den Kompressionsfaktor numerisch und in Prozent an.

11. Wie hoch ist jeweils die Kompressionsrate (x : 1), wenn die Kompression von 24 MB Daten folgende Datenmengen ergibt?
a) 2 Megabyte   b) 3,7 Megabyte   c) 900 Kilobyte

12. Bitte jeweils den Kompressionsfaktor als Quotient (1 : x), numerisch und prozentual angeben.
a) 80 MB, komprimiert auf 12,5 MB   c) 33 MB, komprimiert auf 1320 kB
b) 852 KiB, komprimiert auf 240 KiB   d) 12 MiB, komprimiert auf 768 KiB

13. Um wie viel Prozent wird die Datenmenge jeweils durch die Kompression verringert? Lösung bitte mit Vorzeichen angeben.
a) 250 MB, komprimiert auf 37,5 MB   c) 4,8 MB, komprimiert auf 120 kB
b) 580 KiB, komprimiert auf 261 KiB   d) 7,5 MiB, komprimiert auf 960 KiB

14. Wie viel Bit der komprimierten Daten entsprechen jeweils einem Byte der unkomprimierten Daten (Bit/Byte-Kompressionsverhältnis)?
a) 744 kB, komprimiert auf 186 kB   c) 4 MB, komprimiert auf 375 kB
b) 17 MiB, komprimiert auf 6,4 MiB   d) 13,5 MiB, komprimiert auf 500 KiB

15. 720 Kilobyte Bilddaten, Datentiefe 24 Bit, werden auf folgende Datenmengen komprimiert. Bitte die Bit/Pixel-Kompressionsverhältnisse berechnen.
a) 180 Kilobyte   b) 22,5 Kilobyte   c) 42 Kilobyte

16. Die Daten eines 800 × 600 Pixel großen Bilds werden komprimiert gespeichert. Bitte jeweils das Bit/Pixel-Kompressionsverhältnis berechnen.
a) 21 000 Byte   b) 138 Kilobyte   c) 264 Kibibyte

17. Berechnen Sie bitte die Bit/Pixel-Kompressionsverhältnisse.
a) Datenmenge 6,5 MB, Datentiefe 16 Bit, komprimiert auf 960 kB
b) Bildgröße 2400 × 3600 Pixel, komprimierte Datenmenge 3,8 MB

Erhöhter Schwierigkeitsgrad

18. Wie viel Bit pro Byte entspricht die Datenkompression mit Faktor 7,5 %?

19. Welche Kompressionsrate ergibt 1,25 Bit pro Pixel, wenn die Datentiefe der unkomprimierten Bilddaten 24 Bit beträgt?

20. Bilddaten mit 24 Bit Datentiefe wurden mit der Rate 12,5 : 1 auf 1200 Kilobyte komprimiert. Welche komprimierte Datenmenge hätte sich bei Kompression auf 1,5 Bit pro Pixel ergeben?

3.4 Bilddaten

3.4.1 Datentiefe und Farbtiefe

Die Daten- oder Bittiefe gibt an, wie viele Bits zur Codierung der Farbinformation eines Pixels verwendet werden. Aus der Datentiefe ergibt sich die Farbtiefe, also die Anzahl der binär codierbaren Quantisierungsstufen (Farbwerte).

Mit einem Bit können zwei (2^1) Zustände oder Quantisierungsstufen codiert werden; mit d Bits sind folglich 2^d Stufen darstellbar.

F3-38 $C = 2^d$ C Farbtiefe d Datentiefe (Bittiefe)

Strichbilder *(Line Work, Line Art)* haben nur zwei Farben und deshalb die Datentiefe 1 Bit. Halbtonbilder haben meist Datentiefen von 8 oder 16 Bit pro Kanal. Bei Graustufenbildern sind es also 8 oder 16 Bit. Bunte Bilder haben im RGB- und im CIELAB-Modus 24 oder 48 Bit ($3 \cdot 8$ Bit bzw. $3 \cdot 16$ Bit) Datentiefe, im CMYK-Modus 32 oder 64 Bit ($4 \cdot 8$ Bit bzw. $4 \cdot 16$ Bit). HDR-Bilder werden im RGB-Modus mit 96 Bit ($3 \cdot 32$ Bit) Datentiefe gespeichert (HDR: *High Dynamic Range,* hoher Dynamikumfang).

Bei indizierten Farben (Palettenfarben) werden keine Quantisierungsstufen, sondern Verweise auf eine Liste mit codierten RGB-Farbwerten gespeichert. Die Farbtiefe entspricht der Anzahl der Listeneinträge. Da die Datentiefe hier durchweg auf 8 Bit begrenzt ist, sind maximal $2^8 = 256$ indizierte Farben möglich.

Datentiefen von RGB-, CIELAB und CMYK-Bildern werden entweder pro Kanal oder als Gesamtdatentiefe für alle drei bzw. vier Kanäle angegeben.

Beispiel 3-62: Farbtiefe eines RGB-Bilds, (Gesamt-)Datentiefe 24 Bit
$$C = 2^{24} = 16\,777\,216$$

Beispiel 3-63: Farbtiefe eines RGB-Bilds, Datentiefe 8 Bit pro Kanal
Die Datentiefe pro Kanal wird mit der Anzahl der Kanäle multipliziert:
$$d = 8 \cdot 3 = 24$$
Weiter wie in Beispiel 3-62:
$$C = 2^{24} = 16\,777\,216$$
Alternativer Lösungsweg: Im ersten Schritt wird die Farbtiefe pro Kanal berechnet.
$$C_{Kanal} = 2^8 = 256$$
Das Ergebnis wird potenziert; Exponent (Hochzahl) ist die Anzahl der Kanäle.
$$C_{gesamt} = 256^3 = 16\,777\,216$$

Im CMYK-Modus ergeben sich zwar rechnerisch 2^{32} bzw. 2^{64} Farben. Praktisch sind es jedoch auch hier nur 2^{24} bzw. 2^{48} Farben. Die (Hilfs-)Druckfarbe Schwarz dient nur zur Unterstützung von Cyan, Magenta und Yellow in sehr dunklen Farben und ersetzt sie teilweise in Farben mit geringer Buntheit.

Um die Datentiefe zu berechnen, die zur Codierung einer bestimmten Anzahl von Farben nötig ist, wird der Exponent einer Potenz mit der Basis 2 ermittelt.

Beispiel 3-64: Erforderliche Datentiefe zur Codierung von rund 1000 Graustufen
Die Farbtiefe wird als Potenz mit der Basis 2 notiert; der Exponent wird ganzzahlig gerundet, da es keine Bit-Bruchteile gibt. Bei kleinen Farbtiefen lässt sich der Exponent im Kopf oder durch Ausprobieren mit dem Taschenrechner ermitteln.

$$1000 \approx 2^{10}$$

Datentiefe ist der Exponent, hier also 10.

Mathematische Operation ist der Logarithmus zur Basis 2 ($\log_2$). Falls der verwendete Taschenrechner nur Logarithmen zur Basis 10 ($\log_{10}$ oder kurz lg) berechnet, hilft der kleine mathematische Umweg über den Zehnerlogarithmus in Formel 3-40.

F3-39 $\quad d = \log_2 C$ $\qquad$ **F3-40** $\quad d = \lg C : \lg 2$ $\qquad$ d Datentiefe $\quad$ C Farbtiefe

Beispiel 3-65: Interne Datentiefe einer Digitalkamera mit rund 16 000 Quantisierungsstufen pro RGB-Kanal
Datentiefe pro Kanal:

$$d_{\text{Kanal}} = \log_2 16\,000 \approx 14$$
$$d_{\text{Kanal}} = \lg 16\,000 : \lg 2 \approx 4.204 : 0.301 \approx 14$$

Gesamtdatentiefe für die drei RGB-Kanäle:

$$d_{\text{gesamt}} = 14 \cdot 3 = 42$$

3.4.2 Bilddatenmenge

In diesem Abschnitt geht es um die reine Bilddatenmenge (Nutzdaten) von Pixelbildern. Die Bilddatenmenge ergibt sich aus der Anzahl der Pixel des digitalen Bilds und der Datentiefe.

Beispiel 3-66: Datenmenge eines RGB-Bilds, 640 × 480 Pixel, Datentiefe 24 Bit
Zuerst wird ausgerechnet, aus wie viel Pixeln das Bild besteht.

$$640 \cdot 480 = 307\,200$$

Durch Multiplikation mit der Bittiefe ergibt sich die Datenmenge in Bit.

$$307\,200 \cdot 24\,\text{bit} = 7\,372\,800\,\text{bit}$$

Um die Datenmenge in Byte zu erhalten, wird durch 8 dividiert.

$$7\,372\,800\,\text{bit} : 8\,\text{bit/Byte} = 921\,600\,\text{Byte}$$

Datenmenge in Kilobyte (1 kB = 1000 Byte):

$$921\,600\,\text{Byte} : 1000\,\text{Byte/kB} = 921{,}6\,\text{kB}$$

Datenmenge in Kibibyte (1 KiB = 1024 Byte):

$$921\,600\,\text{Byte} : 1024\,\text{Byte/KiB} = 900{,}0\,\text{KiB}$$

Formel für die Berechnung der Datenmenge in Byte:

F3-41 $\quad D\,[\text{Byte}] = b_{\text{px}} \cdot h_{\text{px}} \cdot d_{\text{ges}}\,[\text{bit}] : 8\,[\text{bit/Byte}]$

$\qquad$ D $\quad$ Datenmenge $\qquad$ b_{px} h_{px} Breite, Höhe des Bilds in Pixel
$\qquad$ d_{ges} Gesamtdatentiefe (Datentiefe pro Kanal mal Anzahl der Kanäle)

Etwas komplizierter wird die Berechnung, wenn Breite und Höhe des Bilds nicht in Pixel, sondern in einer Längeneinheit angegeben sind. Berechnung der Datenmenge ist nur möglich, wenn neben Breite und Höhe auch die Pixelauflösung bekannt ist.

Beispiel 3-67: Datenmenge eines CMYK-Bilds, Format 21,3 cm × 30,3 cm, Pixelauflösung 120/cm, Datentiefe 8 Bit pro Kanal
Um Breite und Höhe des Bilds in Pixel auszurechnen, werden Breite und Höhe in Zentimeter jeweils mit der Pixelauflösung multipliziert.

$$21,3 \, cm \cdot 120/cm = 2556$$
$$30,3 \, cm \cdot 120/cm = 3636$$

Durch Multiplikation von Breite und Höhe ergibt sich die Pixelzahl des Bilds.

$$2556 \cdot 3636 = 9\,293\,616$$

Gesamtdatentiefe der vier Kanäle:

$$8 \, bit \cdot 4 = 32 \, bit$$

Um die Datenmenge in Byte zu erhalten, wird die Anzahl der Pixel mit der Gesamtdatentiefe multipliziert und durch 8 bit/Byte dividiert:

$$9\,293\,616 \cdot 32 \, bit : 8 \, bit/Byte = 297\,395\,712 \, bit : 8 \, bit/Byte = 37\,174\,464 \, Byte$$

Datenmengen dieser Größenordnung werden üblicherweise in Megabyte (MB) oder Mebibyte (MiB) angegeben.

$$37\,174\,464 \, Byte : 1000^2 \, Byte/MB \approx 37,17 \, MB$$
$$37\,174\,464 \, Byte : 1024^2 \, Byte/MiB \approx 35,45 \, MiB$$

Die Einheit der Pixelauflösung muss bei der Berechnung Kehrwert der Längeneinheit von Breite und Höhe sein. Falls die Bildgröße zum Beispiel in Zentimeter, die Pixelauflösung aber in Pixel per Inch vorliegt ist, wird vorab umgewandelt.

Beispiel 3-68: Datenmenge eines RGB-Bilds, Format 21,3 cm × 30,3 cm, Pixelauflösung 400/inch, Datentiefe 16 Bit pro Kanal
Die Pixelauflösung wird in die Einheit 1/cm umgewandelt.

$$400/inch : 2,54 \, inch/cm \approx 157,480/cm$$

Bei der Berechnung der Pixel in Breite und Höhe des Bilds werden die Ergebnisse ganzzahlig gerundet – Bruchteile von Pixeln gibt es nicht. Tatsächlich ist das Bild nicht exakt 21,3 cm × 30,3 cm groß; Breite und Höhe kommen diesem Format so nahe, wie es mit ganzen Pixeln bei Auflösung 400/inch möglich ist.

$$21,3 \, cm \cdot 157,48/cm \approx 3354$$
$$30,3 \, cm \cdot 157,48/cm \approx 4772$$

Weiter wie in Beispiel 3-67:

$$3354 \cdot 4772 = 16\,005\,288$$
$$16 \, bit \cdot 3 = 48 \, bit$$
$$16\,005\,288 \cdot 48 \, bit : 8 \, bit/Byte = 96\,031\,728 \, Byte$$
$$96\,031\,728 \, Byte : 1000^2 \, Byte/MB \approx 96,03 \, MB$$
$$96\,031\,728 \, Byte : 1024^2 \, Byte/MiB \approx 91,58 \, MiB$$

Formel zur Berechnung der Datenmenge in Byte:

F 3-42 $\quad D = b_{LE} \cdot f_{px} \cdot h_{LE} \cdot f_{px} \cdot d_{ges} : 8 \, [\text{bit/Byte}]$

$\quad D$ Datenmenge [Byte]

$\quad b_{LE} \, h_{LE}$ Breite, Höhe des Bilds in einer Längeneinheit

$\quad f_{px}$ Pixelauflösung $\quad d_{ges}$ Gesamtdatentiefe [bit]

Breite und Höhe haben dieselbe Längeneinheit; Einheit der Pixelauflösung ist Kehrwert der Längeneinheit von Breite und Höhe.

3.4.3 Datenkompression

Wenn Bilddaten komprimiert gespeichert werden, wird der Rechenweg entsprechend ergänzt. Das folgende Beispiel zeigt alle Varianten im Überblick. Häufigste Formen in der Praxis sind Kompressionsrate und Kompressionsfaktor ($x:1$ bzw. $1:x$). Ausführlichere Erläuterungen zur Datenkompression in Abschnitt 3.3.2.

Beispiel 3-69: RGB-Bild, 640 × 480 Pixel, Datentiefe 24 Bit (wie in Beispiel 3-66) Ausgangswert beim Rechnen mit Kompressionsrate, Kompressionsfaktor, Kompression um einen Prozentsatz und Bit/Byte-Verhältnis ist hier die unkomprimierte Datenmenge von 921 600 Byte (Berechnung siehe Beispiel 3-66). Alternativ kann auch mit unkomprimierten Datenmengen in Kilo- oder Kibibyte gerechnet werden, bei größeren Datenmengen auch in Mega- oder Mebibyte.

▷ Kompressionsrate 20 : 1

921 600 Byte : (20 : 1) = 921 600 Byte : 20 = 46 080 Byte

▷ Kompressionsfaktor 1 : 20

921 600 Byte · (1 : 20) = 921 600 Byte : 20 = 46 080 Byte

▷ Kompressionsfaktor 0,05

921 600 Byte · 0,05 = 46 080 Byte

▷ Kompressionsfaktor 5 %

921 600 Byte : 100 % · 5 % = 46 080 Byte

▷ Kompression um −95 %

921 600 Byte : 100 % · (100 % − 95 %) = 921 600 Byte : 100 % · 5 % = 46 080 Byte

▷ Bit/Byte-Verhältnis 0,4 bit/Byte

921 600 Byte · 0,4 bit/Byte : 8 bit/Byte – 46 080 Byte

▷ Bit/Pixel-Verhältnis 1,2 bit pro Pixel

921 600 Byte : 24 bit · 1,2 bit = 46 080 Byte

Beim Bit/Pixel-Verhältnis kann alternativ von 640 · 480 = 307 200 Pixeln ausgegangen werden.

307 200 · 1,2 bit : 8 bit/Byte = 46 080 Byte

Umwandlung in Kilobyte und in Kibibyte in allen Fällen:

46 080 Byte : 1000 Byte/kB ≈ 46,1 kB

46 080 Byte : 1024 Byte/KiB = 45,0 KiB

3.4.4 Bilddateigröße und Speicherplatzbedarf

Jede Bilddatei enthält neben den Nutzdaten *(Body, Payload)* einen Dateikopf *(Header)* mit Informationen über Datenformat, Bildgröße, Auflösung, Farbmodus, Erstellungsdatum usw. Einige Dateiformate – zum Beispiel TIFF – erlauben außerdem die Einbettung von ICC-Profilen. Die Datenmengen von Dateiheadern reichen – in Abhängigkeit von Datenformat und Informationsgehalt – von weniger als einem Kilo- oder Kibibyte bis in den niedrigen zweistelligen Bereich. Auch ICC-Profile für RGB-Farbräume sind meist nur wenige Kilo- oder Kibibyte groß, CMYK-Profile dagegen bis zu etwa zwei Mega- oder Mebibyte.

Die Dateigröße ergibt sich also aus Nutzdaten (Bilddatenmenge), Dateikopf und ggf. eingebettetem ICC-Profil.

Beispiel 3-70: Dateigröße eines CMYK-Bilds, Format 21,3 cm × 30,3 cm, Pixelauflösung 120/cm, Datentiefe 8 Bit pro Kanal (wie in Beispiel 3-67); hinzu kommen 20 Kibibyte für den Dateikopf und 1784 Kibibyte für das eingebettete ICC-Profil. Nutzdatenmenge in Byte (zur Berechnung vgl. Beispiel 3-67):

$$37\,174\,464 \text{ Byte}$$

Da die Datenmengen von Dateikopf und ICC-Profil in Kibibyte angegeben sind, wird auch die Nutzdatenmenge in Kibibyte umgewandelt.

$$37\,174\,464 \text{ Byte} : 1024 \text{ Byte/KiB} \approx 36\,303{,}4 \text{ KiB}$$

Nutzdatenmenge sowie Datenmengen von Dateikopf und Profil werden addiert.

$$36\,303{,}4 \text{ KiB} + 20 \text{ KiB} + 1784 \text{ KiB} = 38\,107{,}4 \text{ KiB}$$

Umwandlung in Mebibyte:

$$38\,107{,}4 \text{ KiB} : 1024 \text{ KiB/MiB} \approx 37{,}21 \text{ MiB}$$

Speicherplatzbedarf ist nicht genau dasselbe wie Dateigröße. Dateisysteme adressieren keine einzelnen Bytes auf Datenträgern, sondern größere Zuordnungseinheiten (Datenblöcke, *Cluster*). Der belegte Speicherplatz ist daher ein ganzzahliges Vielfaches der Zuordnungseinheit.

Wenn Bilddateien relativ groß und Zuordnungseinheiten relativ klein sind, fällt das kaum ins Gewicht – Dateigröße und Speicherplatzbedarf sind nahezu gleich. Bei kleinen Dateien und vergleichsweise großen Zuordnungseinheiten kann der Speicherplatzbedarf aber deutlich größer sein als die Datei.

Beispiel 3-71: Wie viel Speicherplatz belegt eine 70 Kibibyte große Bilddatei auf dem Datenträger, wenn die Zuordnungseinheiten 16 Kibibyte groß sind? Die Dateigröße wird durch die Größe der Zuordnungseinheit dividiert. Das Ergebnis wird in jedem Fall auf eine ganze Zahl aufgerundet, auch wenn die erste Nachkommastelle kleiner als 5 ist.

$$70 \text{ KiB} : 16 \text{ KiB} = 4{,}375 \approx 5$$

Die Bilddatei belegt also 5 Zuordnungseinheiten; der Speicherplatzbedarf beträgt:

$$16 \text{ KiB} \cdot 5 = 80 \text{ KiB}$$

3.4.5 Veränderung der Datenmenge durch Bildmodifikation

Modifikationen von Datentiefe, Bildgröße oder Pixelauflösung verändern die Bilddatenmenge. In solchen Fällen kann rechnerisch direkt von der ursprünglichen auf die neue Bilddatenmenge geschlossen werden.

Bei Änderung der Datentiefe oder einseitigem Beschnitt des Bilds verändert sich die Datenmenge proportional, bei Änderung der Pixelauflösung und beim Skalieren des Bilds dagegen quadratisch dazu.

Beispiel 3-72: Umwandlung eines RGB-Bilds, Datentiefe 48 Bit, Datenmenge 36 MB, in CMYK mit 32 Bit Datentiefe
Datentiefe und Bilddatenmenge sind proportional; Berechnung mit Verhältnisgleichung oder Dreisatz.

$$D_{neu} : 32\,bit = 36\,MB : 48\,bit \quad | \cdot 32\,bit$$
$$D_{neu} = 36\,MB : 48\,bit \cdot 32\,bit = 24\,MB$$

48 bit	:	36 MB
32 bit	=	24 MB

Beispiel 3-73: Beschnitt eines 30 cm breiten Bilds, Datenmenge 36 MB, auf 24 cm
Die Anzahl der Pixel in der Breite des Bilds wird durch Beschnitt verringert, in die Höhe bleibt sie unverändert. Breite und Datenmenge sind proportional.

$$D_{neu} : 24\,cm = 36\,MB : 30\,cm \quad | \cdot 24\,cm$$
$$D_{neu} = 36\,MB : 30\,cm \cdot 24\,cm = 28,8\,MB$$

30 cm	:	36 MB
24 cm	=	28,8 MB

Beispiel 3-74: Bilddatenmenge 36 MB; die Pixelauflösung wird mit Pixelneuberechnung (Resampling) von 300/inch auf 96/inch verringert.
Die Pixelauflösung – und damit Anzahl der Pixel – wird sowohl in der Breite als auch in der Höhe des Bilds verändert. Die Datenmenge verändert sich daher proportional zum Quadrat der Pixelauflösung.

$$D_{neu} : (96/inch)^2 = 36\,MB : (300/inch)^2 \quad | \cdot (96/inch)^2$$
$$D_{neu} = 36\,MB : (300/inch)^2 \cdot (96/inch)^2 \approx 3,69\,MB$$

$(300/inch)^2$	:	36 MB
$(96/inch)^2$	$\approx$	3,69 MB

Beispiel 3-75: Ein 30 cm breites Bild, Datenmenge 36 MB, wird proportional mit Resampling auf 24 cm Breite skaliert.
Da das Bild proportional skaliert wird, verringert sich die Anzahl der Pixel in Breite und Höhe im gleichen Verhältnis. Die absolute Höhe muss deshalb nicht bekannt sein – entscheidend ist nur, dass sie sich proportional zur Breite verringert. Beim proportionalen Skalieren kann mit einer der beiden Seitenlängen – Höhe oder Breite – gerechnet werden. Die Datenmenge verändert sich proportional zum Quadrat der Seitenlänge.

$$D_{neu} : (24\,cm)^2 = 36\,MB : (30\,cm)^2 \quad | \cdot (24\,cm)^2$$
$$D_{neu} = 36\,MB : (30\,cm)^2 \cdot (24\,cm)^2 = 23,04\,MB$$

$(30\,cm)^2$	:	36 MB
$(24\,cm)^2$	=	23,04 MB

Beispiel 3-76: Proportionale Skalierung des Bilds mit Pixelneuberechnung auf 40 %, Datenmenge 36 MB

Beim proportionalen Skalieren wird die Pixelzahl in Breite und Höhe im gleichen Verhältnis verändert. Die Datenmenge verändert sich also proportional zum Quadrat des Skalierungsfaktors 40 %.

$$D_{neu} : (40\,\%)^2 = 36\,MB : (100\,\%)^2 \quad | \cdot (40\,\%)^2 \qquad (100\,\%)^2 \quad : \quad 36\,MB$$
$$D_{neu} = 36\,MB : (100\,\%)^2 \cdot (40\,\%)^2 = 5,76\,MB \qquad (40\,\%)^2 \quad = \quad 5,76\,MB$$

Alle Rechenwege dieses Abschnitts als Formeln:

Datentiefe   **F3-43** $D_{neu} = D_{alt} : d_{alt} \cdot d_{neu}$

Pixelauflösung   **F3-44** $D_{neu} = D_{alt} : f_{px\,alt}^2 \cdot f_{px\,neu}^2$

Beschnitt   **F3-45** $D_{neu} = D_{alt} : s_{alt} \cdot s_{neu}$

Skalierung   **F3-46** $D_{neu} = D_{alt} : s_{alt}^2 \cdot s_{neu}^2$ **F3-47** $D_{neu} = D_{alt} \cdot (m\,\% : 100\,\%)^2$

$D_{alt}\ D_{neu}$ ursprüngliche, neue Datenmenge [Byte o. Vielfaches]

$d_{alt}\ d_{neu}$ ursprüngliche, neue Datentiefe [bit]

$f_{px\,alt}\ f_{px\,neu}$ ursprüngliche, neue Pixelauflösung

$s_{alt}\ s_{neu}$ ursprüngliche, neue Seitenlänge

m Maßstab (Skalierungsfaktor)

3.4.6 Übungsaufgaben zu Abschnitt 3.4

1. Wie viele Quantisierungsstufen (Grau- oder Farbstufen) sind mit den Datentiefen 4 Bit, 12 Bit und 16 Bit jeweils möglich?

2. Der Analog-Digital-Wandler eines Scanners arbeitet mit 12 Bit Datentiefe pro RGB-Kanal. Bitte die Farbtiefe pro Kanal und für alle drei Kanäle berechnen.

3. Welche Bittiefe ist erforderlich, um rund 500 Graustufen zu codieren?

4. Welche Datentiefe ist rechnerisch nötig, um rund 4 Millionen Farben binär zu codieren?

5. Datenmengen bitte in Kibibyte, bei mehr als 1024 KiB in Mebibyte berechnen.
   a) Graustufenbild, Datentiefe 8 Bit, 480 × 640 Pixel
   b) RGB-Bild, Datentiefe 24 Bit, 540 × 360 Pixel
   c) RGB-Bild, Datentiefe 16 Bit pro Kanal, 4896 × 3264 Pixel
   d) Strichbild, Datentiefe 1 Bit, 6000 × 4200 Pixel

6. Datenmengen bitte in Kilobyte angeben, bei mehr als 1000 kB in Megabyte.
   a) RGB-Bild, Datentiefe 24 Bit, Format 4,5 cm × 6,0 cm, Pixelauflösung 80/cm
   b) Graustufenbild (16 Bit), Format 18,0 cm × 25,5 cm, Pixelauflösung 120/cm
   c) CMYK-Bild (32 Bit), Pixelauflösung 140/cm, Format 216 mm × 154 mm
   d) CIELAB-Bild, 16 Bit/Kanal, Format 26 cm × 20 cm, Pixelauflösung 160/cm

7. Bitte die Datenmengen in Mebibyte berechnen.
a) RGB-Bild, 8 Bit pro Kanal, 16 cm × 12 cm, Pixelauflösung 360/inch
b) Strichbild (1 Bit), 128 mm × 96 mm, Pixelauflösung 2400/inch
c) RGB-Bild, 16 Bit pro Kanal, Pixelauflösung 600/inch, Format 12 cm × 18 cm
d) CMYK-Bild, Datentiefe 16 Bit pro Kanal, Format A3 (297 mm × 420 mm) plus 3 mm Beschnittzugabe allseitig, Pixelauflösung 300/inch

8. Bitte die komprimierten Datenmengen in Kibibyte angeben.
a) Indizierte Farben, Datentiefe 8 Bit, 800 × 640 Pixel, Kompressionsrate 4 : 1
b) RGB-Bild, Datentiefe 24 Bit, 1800 × 1200 Pixel, Kompressionsfaktor 1 : 17,5
c) Strichbild (1 Bit), Format 80 mm × 120 mm, Pixelauflösung 480/cm, Kompressionsfaktor 0,2
d) RGB-Bild, 8 Bit/Kanal, 24 cm × 18 cm, 96/inch, Kompressionsfaktor 4 %

9. Ein CMYK-Bild, Format 12,5 cm × 17,5 cm, hat die Pixelauflösung 240/inch.
a) Welche Datenmenge in Megabyte ergibt sich bei 64 Bit Datentiefe und verlustfreier Kompression, Prozentsatz −45 %?
b) Welche Datenmenge in Kilobyte ergibt sich bei 32 Bit Datentiefe und verlustbehafteter Kompression, Prozentsatz −94%?

10. RGB-Bild, 2600 × 1800 Pixel, Datentiefe 8 Bit pro Kanal
a) Datenmenge in Kibibyte bei Kompression auf 0,4 Bit pro Byte?
b) Datenmenge in Mebibyte bei Kompression auf 3,5 Bit pro Byte?

11. Bitte die komprimierten Datenmengen in Kilobyte berechnen:
a) Bildgröße 1200 × 1600 Pixel, komprimiert auf 3 Bit Pro Pixel
b) 2560 × 1920 Pixel, 1,5 Bit pro Pixel
c) 3600 × 2400 Pixel, 0,8 Bit pro Pixel

12. Bitte die Datenmengen in Megabyte berechnen: RGB-Bild, 220 mm × 290 mm, Pixelauflösung 400/inch, Datentiefe 24 Bit

a) Kompressionsfaktor 1 : 2,5	d) Kompression auf 0,5 Bit pro Byte
b) Kompressionsrate 24 : 1	e) Kompression auf 1,25 Bit pro Pixel
c) Kompressionsfaktor 0,04	f) Kompression um −65 %

13. Berechnen Sie bitte die Dateigrößen in Kibibyte.
a) Graustufenbild, Datentiefe 8 Bit, 240 × 320 Pixel, Dateikopf 9,5 Kibibyte
b) RGB-Bild, Format 5,0 cm × 3,5 cm, Pixelauflösung 96/inch, Datentiefe 8 Bit pro Kanal, Header und eingebettetes ICC-Profil zusammen 22 Kibibyte

14. Bitte die Dateigrößen in Mebibyte berechnen.
a) CMYK-Bild, Format 18 cm × 13 cm, Pixelauflösung 108/cm, Datentiefe 8 Bit pro Kanal, Dateikopf und eingebettetes ICC-Profil zusammen 1524 Kibibyte
b) CMYK-Bild, Datentiefe 16 Bit pro Kanal, Format 144 mm × 220 mm, Pixelauflösung 360/inch, Dateiheader 24 Kibibyte, ICC-Profil 1,75 Mebibyte

15. Wie viel Speicherplatz belegt eine 37 Kibibyte große Bilddatei jeweils, wenn die Zuordnungseinheiten des Dateisystems folgende Größen haben?
a) 8 Kibibyte   b) 512 Byte   c) 4096 Byte

16. Wie viel Speicherplatz belegt eine Bilddatei, 120 × 150 Pixel, 24 Bit, Dateiheader 18 Kibibyte, wenn die Zuordnungseinheiten des Dateisystems 16 KiB groß sind?

17. Die Datenmenge eines 19 cm hohen RGB-Bilds mit 24 Bit Datentiefe beträgt 54 Mebibyte. Berechnen Sie bitte die Datenmengen, die sich jeweils durch die Modifikationen des Bilds ergeben.
a) Umwandlung in Graustufen, Datentiefe 8 Bit
b) Umwandlung in CMYK, Datentiefe 32 Bit
c) Beschnitt auf 16 cm Höhe (Breite unverändert)

18. Die Datenmenge eines 35 cm breiten Bilds mit der Pixelauflösung 160/cm beträgt 67,2 Megabyte. Welche Datenmenge ergibt sich jeweils?
a) Verringerung der Pixelauflösung mit Resampling auf 120/cm
b) Beschnitt auf 24 cm Breite (Höhe unverändert)
c) Proportionales Skalieren mit Resampling auf 20 cm Breite
d) Proportionales Skalieren auf 40 %

19. Die Datenmenge eines 25 cm breiten RGB-Bilds, Datentiefe 16 Bit pro Kanal, Pixelauflösung 600/inch, beträgt 268 Megabyte. Welche Datenmengen entstehen bei folgenden Bildmodifikationen?
a) Proportionale Skalierung mit Resampling auf ein Fünftel
b) Proportionale Skalierung mit Pixelneuberechnung, Maßstab 120 %
c) Verringerung der Pixelauflösung mit Resampling auf 96/inch
d) Proportionale Skalierung mit Resampling auf 17,5 cm Breite

Erhöhter Schwierigkeitsgrad

20. Ein CMYK-Bild, Format 300 mm × 200 mm, Datentiefe 32 Bit, hat die Datenmenge 14,65 Mebibyte. Bitte die Pixelauflösung berechnen.

21. Eine Strichvorlage wurde mit 2400/inch als Graustufenbild (8 Bit) digitalisiert, Datenmenge 439,5 MiB. Welche Datenmenge in Kibibyte ergibt sich durch Umwandlung in Line Work (1 Bit), proportionale Skalierung auf ein Drittel und Reduzierung der Auflösung auf 1200/inch (beides mit Resampling)?

22. Welche Datentiefe hat ein digitales Bild mit der Pixelauflösung 300/inch, Format A5, wenn die Datenmenge unkomprimiert 24,8 Mebibyte beträgt?

23. Die Datenmenge eines 22 cm × 16 cm großen RGB-Bilds, Datentiefe 24 Bit, beträgt 14,5 Mebibyte. Das Bild wird auf das Format 16 cm × 12 cm beschnitten, die Pixelauflösung mit Resampling auf ein Viertel und die Datentiefe auf 8 Bit (Graustufen) reduziert. Welche Datenmenge (Kibibyte) bleibt übrig?

3.5 Video- und Audiodaten

3.5.1 Pixelrate Video

Die Pixelrate gibt an, wie viele Pixelwerte pro Sekunde aufgezeichnet oder wiedergegeben werden. Sie ist das Produkt aus Pixel pro Einzelbild (*frame*) und Bildfrequenz (Frame-Rate), also der Anzahl der Bilder pro Sekunde.

Die Bildfrequenz wird oft in der Einheit fps (*frames per second*) angegeben. Beim Rechnen ist es aber günstiger, die korrekte physikalische Frequenzeinheit 1/s oder s^{-1} zu verwenden, also zum Beispiel 25/s oder $25\,s^{-1}$ statt 25 fps.

Beispiel 3-77: Bildgröße 1280×720 Pixel, 25 Bilder pro Sekunde
Anzahl der Pixel eines Frames (Einzelbilds):
$$1280 \cdot 720 = 921\,600$$
Pixelrate (Pixel pro Sekunde):
$$921\,600 \cdot 25/s = 23\,040\,000/s$$

Bei Videos im Halbbildverfahren (*Interlaced Video*) wird anstelle der (Voll-)Bilder pro Sekunde (*frames per second*) häufig die doppelt so hohe Anzahl der Halbbilder pro Sekunde (*fields per second*) genannt.

Beispiel 3-78: Bildgröße 1280×720 Pixel, 50 Halbbilder pro Sekunde
Einziger Unterschied zum vorigen Beispiel: Die Anzahl der Halbbilder pro Sekunde wird durch 2 geteilt.
$$1280 \cdot 720 \cdot (50/s : 2) = 921\,600 \cdot 25/s = 23\,040\,000/s$$

Formel zur Berechnung der Pixelrate:

F 3-48 $R_{px} = b_{px} \cdot h_{px} \cdot f_F$ $\quad b_{px}\ h_{px}$ Framebreite, -höhe in Pixel
$ R_{px}$ Pixelrate [1/s] $\qquad f_F \qquad$ Frame-Rate (Bildfrequenz) [1/s]

Video-Frames haben heute meistens das Seitenverhältnis 16 : 9. Nach HDTV-Spezifikation 1280×720 Pixel (auch Half-HD genannt) und 1920×1080 Pixel (Full-HD oder 2K), nach UHDTV-Spezifikation 3840×2160 Pixel (4K) und 7680×4320 Pixel (8K). Kleinere Frames – zum Beispiel 1024×576, 640×360 oder 426×240 Pixel werden u. a. bei der Einbindung von Videos in Webseiten verwendet.

Übliche Bildfrequenzen sind 24, 25, 30, 50 und 60 Bilder pro Sekunde. Daneben gibt es als Überbleibsel des früheren amerikanischen NTSC-Standards die „krummen" Bildfrequenzen 23,976, 29,97 und 59,94 Bilder pro Sekunde.

Nach HDTV-Spezifikation werden Framegröße, Voll- bzw. Halbbildverfahren und Bildfrequenz in dieser Form angegeben: 720p/25 oder 720i/25. Die erste Zahl steht für die Anzahl der Bildzeilen, also die Höhe in Pixeln. Die Breite ergibt sich aus dem Seitenverhältnis 16 : 9 ($720 : 9 \cdot 16 = 1280$). Die Buchstaben p (*progressive*) und i (*interlaced*) stehen für Voll- bzw. Halbbildverfahren, die Zahl rechts vom Schrägstrich für die Bildfrequenz in effektiven Vollbildern pro Sekunde.

In der Praxis wird auch eine Schreibweise ohne Schrägstrich benutzt. Das macht beim Vollbildverfahren keinen Unterschied, 720p25 und 720p/25 bedeuten dasselbe. Beim Halbbildverfahren wird jedoch die Bildfrequenz in Halbbildern pro Sekunde angegeben, also 720i50 statt 720i/25. Im Gegensatz zur Schreibweise mit Schrägstrich sind die Halbbilder nicht in Vollbilder pro Sekunde umgerechnet.

3.5.2 Datenrate Video

Die Datenrate (Bitrate) kennzeichnet die Größe des Datenstroms, also die Datenmenge pro Sekunde Aufnahme- oder Abspieldauer. Sie wird in Bit pro Sekunde oder einem dezimalen Vielfachen (Kilobit, Megabit pro Sekunde) angegeben. Binäre Vielfache (Kibibit, Mebibit) sind bei Datenraten unüblich.

Die Datenrate ergibt sich aus Bildgröße in Pixeln, Anzahl Vollbilder pro Sekunde (Bildfrequenz, Frame-Rate) und Datentiefe (Bittiefe). Die Datentiefe beträgt meist 24 Bit $(3 \cdot 8$ Bit); nach HDTV-Spezifikation ist auch 30 Bit $(3 \cdot 10$ Bit) möglich.

Beispiel 3-79: Framegröße 1280×720 Pixel, Bildfrequenz 25/s, Datentiefe 24 Bit
Pixelrate (Pixel pro Sekunde):
$$1280 \cdot 720 \cdot 25/s = 23\,040\,000/s$$
Pixelrate mal Datentiefe ergibt Datenrate in Bit pro Sekunde.
$$23\,040\,000/s \cdot 24\,bit = 552\,960\,000\,bit/s$$
Umwandlung in Kilobit bzw. Megabit pro Sekunde:
$$552\,960\,000\,bit/s : 1000\,bit/kbit = 552\,960\,kbit/s$$
$$552\,960\,000\,bit/s : 1000^2\,bit/Mbit = 552,96\,Mbit/s$$

Formel zur Berechnung der Datenrate in Bit pro Sekunde (unkomprimiert):

F 3-49 $R_D = b_{px} \cdot h_{px} \cdot f_F \cdot d$
R_D Datenrate [bit/s] $b_{px}\ h_{px}$ Framebreite, -höhe in Pixel
f_F Frame-Rate (Bildfrequenz) [1/s] d Datentiefe [bit]

Videos werden durchweg nicht im RGB-, sondern im YC_BC_R-Modus gespeichert und übertragen. Y beschreibt die Helligkeit einer Farbe, C_B und C_R sind die Buntkomponenten (mehr zu YC_BC_R in Abschnitt 3.7.7).

Wegen der hohen Datenraten und der sich daraus ergebenden großen Datenmengen werden Videodaten komprimiert. Erster Schritt der Datenreduktion ist die Farbunterabtastung *(Chroma Subsampling)*. C_B und C_R können mit geringerer Auflösung als Y abgetastet werden, da kleine Buntton- und Buntheitsunterschiede weniger deutlich wahrgenommen werden als kleine Helligkeitsunterschiede. Beim Abtastungsschema $4:2:2$ ist die Anzahl der C_B- und C_R-Werte auf die Hälfte reduziert, bei $4:1:1$ und $4:2:0$ auf ein Viertel. Es wird nur jeweils ein C_B- und ein C_R-Wert für zwei Pixel bzw. vier Pixel gespeichert (Bild 3-8). Dadurch wird die Datenrate auf zwei Drittel bzw. die Hälfte reduziert, die Datentiefe verringert sich rechnerisch von 24 Bit auf 16 Bit $(4:2:2)$ bzw. 12 Bit $(4:1:1$ und $4:2:0)$.

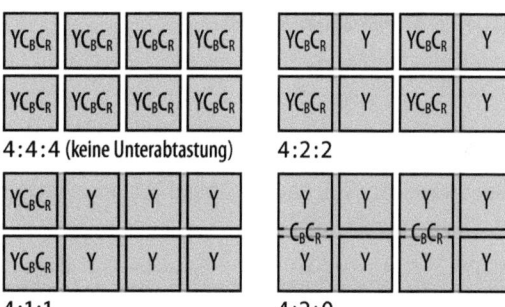

Bild 3-8
Farbunterabtastung
(Chroma Subsampling);
die konturierten Quadrate
symbolisieren Pixel.

Beispiel 3-80: Pixelrate 23 040 000/s (Ergebnis aus den vorherigen Beispielen)
Farbunterabtastung 4:2:2, 16 Bit pro Pixel:
23 040 000/s · 16 bit = 368 640 000 bit/s
368 640 000 bit/s : 1000^2 bit/Mbit = 386,64 Mbit/s
Farbunterabtastung 4:1:1 oder 4:2:0, 12 Bit pro Pixel:
23 040 000/s · 12 bit = 276 480 000 bit/s
276 480 000 bit/s : 1000^2 bit/Mbit = 276,48 Mbit/s

Darüber hinaus werden Videodaten mit unterschiedlichen Verfahren komprimiert. Kompressionsraten und -faktoren lassen nicht immer ganz eindeutig erkennen, ob sie sich auf unreduzierte oder bereits durch Farbunterabtastung reduzierte Daten beziehen. In allen folgenden Beispielen und Übungsaufgaben
beziehen sich Kompressionsraten und -faktoren auf unreduzierte Daten (Abtast-
schema 4:4:4). Die Kennzeichnung der Kompressionsstärke durch das Bit/Pixel-
Verhältnis ist in jedem Fall eindeutig.

Beispiel 3-81: Datenrate 552 960 kbit/s = 552,96 Mbit/s (Ergebnis aus Beispiel 3-79),
Kompressionsfaktor 1:120 (Kompressionsrate 120:1)
Die in unkomprimierte Datenrate von 552 960 kbit/s (552,96 Mbit/s) wird mit dem
Kompressionsfaktor multipliziert bzw. durch die Kompressionsrate dividiert.
552 960 kbit/s · (1:120) = 552 960 kbit/s : 120 = 4608 kbit/s
552,96 Mbit/s · (1:120) = 552,96 Mbit/s : 120 ≈ 4,61 Mbit/s
552 960 kbit/s : (120:1) = 552 960 kbit/s : 120 = 4608 kbit/s
552,96 Mbit/s : (120:1) = 552,96 Mbit/s : 120 ≈ 4,61 Mbit/s

Beispiel 3-82: Pixelrate 23 040 000/s, Bit/Pixel-Kompressionsverhältnis 0,2 Bit
Anstelle der Datentiefe wird hier die Anzahl der Bits pro Pixel eingesetzt. Pixelrate
23 040 000/s mal 0,2 Bit pro Pixel ergibt Datenrate in Bit pro Sekunde.
23 040 000/s · 0,2 bit = 4 608 000 bit/s
Umwandlung in Kilobit bzw. Megabit pro Sekunde:
4 608 000 bit/s : 1000 bit/kbit = 4608 kbit/s
4 608 000 bit/s : 1000^2 bit/Mbit ≈ 4,61 Mbit/s

3.5.3 Datenmenge Video

Wenn die Datenrate angegeben ist oder bereits berechnet wurde, lässt sich die Datenmenge eines Videos auf kurzem Weg berechnen. Die Datenrate wird mit der Abspieldauer in Sekunden multipliziert. Ergebnis ist die Datenmenge in einem Bit-Vielfachen (Kilobit oder Megabit), das nur noch in ein Byte-Vielfaches umgewandelt wird, also in Megabyte oder Mebibyte, bei großen Datenmengen in Gigabyte oder Gibibyte.

Beispiel 3-83: Abspieldauer 300 Sekunden, Datenrate 4,608 Mbit/s (4608 kbit/s) Datenrate mal Abspieldauer ergibt Datenmenge in Megabit bzw. Kilobit.

$$4,608\,\text{Mbit/s} \cdot 300\,\text{s} = 1382,4\,\text{Mbit}$$
$$4608\,\text{kbit/s} \cdot 300\,\text{s} = 1\,382\,400\,\text{kbit}$$

Zur Umwandlung von Megabit in Megabyte wird nur durch 8 bit/Byte dividiert, zur Umwandlung von Kilobit in Megabyte außerdem durch 1000 kB/MB.

$$1382,4\,\text{Mbit} : 8\,\text{bit/Byte} = 172,80\,\text{MB}$$
$$1\,382\,400\,\text{kbit} : 8\,\text{bit/Byte} : 1000\,\text{kB/MB} = 172,80\,\text{MB}$$

Die Umwandlung von Megabit oder Kilobit in Mebibyte (MiB = 1024^2 Byte) ist etwas komplizierter.

Beispiel 3-84: Datenmenge 1382,4 Mbit (= 1 382 400 kbit – Zwischenergebnisse aus Aufgabe 3-83)
Umwandlung von 1382,4 Megabit in Bit:

$$1382,4\,\text{Mbit} \cdot 1000^2\,\text{bit/Mbit} = 1\,382\,400\,000\,\text{bit}$$

Umwandlung in Byte:

$$1\,382\,400\,000\,\text{bit} : 8\,\text{bit/Byte} = 172\,800\,000\,\text{Byte}$$

Umwandlung in Mebibyte:

$$172\,800\,000\,\text{Byte} : 1024^2\,\text{Byte/MiB} \approx 164,79\,\text{MiB}$$

Die drei Schritte zusammengefasst:

$$1382,4\,\text{Mbit} \cdot 1000^2\,\text{bit/Mbit} : 8\,\text{bit/Byte} : 1024^2\,\text{Byte/MiB} \approx 164,79\,\text{MiB}$$

Umwandlung von 1 382 400 Kilobit in Bit:

$$1\,382\,400\,\text{kbit} \cdot 1000\,\text{bit/kbit} = 1\,382\,400\,000\,\text{bit}$$

Umwandlung in Byte:

$$1\,382\,400\,000\,\text{bit} : 8\,\text{bit/Byte} = 172\,800\,000\,\text{Byte}$$

Umwandlung in Mebibyte:

$$172\,800\,000\,\text{Byte} : 1024^2\,\text{Byte/MiB} \approx 164,79\,\text{MiB}$$

Die drei Schritte zusammengefasst:

$$1\,382\,400\,\text{kbit} \cdot 1000\,\text{bit/kbit} : 8\,\text{bit/Byte} : 1024^2\,\text{Byte/KiB} \approx 164,79\,\text{MiB}$$

Wenn die Datenrate nicht angegeben und auch nicht von Interesse ist, kann die Datenmenge direkt aus Bildgröße, Frame-Rate, Datentiefe und Abspieldauer errechnet werden.

Beispiel 3-85: Framegröße 960 × 540 Pixel, Bildfrequenz 25/s, Datentiefe 24 Bit, Abspieldauer 15 Minuten, Kompressionsrate 160 : 1

Pixelrate (Pixel pro Sekunde):

960 · 540 · 25/s = 12 960 000/s

Datenmenge (unkomprimiert) in Byte pro Sekunde: Pixelrate mal Datentiefe geteilt durch 8 bit/Byte

12 960 000/s · 24 bit : 8 bit/Byte = 38 880 000 Byte/s

Komprimierte Datenmenge in Byte pro Sekunde:

38 880 000 Byte/s : (160 : 1) = 243 000 Byte/s

Abspieldauer in Sekunden:

15 min · 60 s/min = 900 s

Komprimierte Datenmenge in Byte für 900 Sekunden Abspieldauer:

243 000 Byte/s · 900 s = 218 700 000 Byte

Umwandlung in Megabyte (1000^2 Byte) bzw. Mebibyte (1024^2 Byte):

218 700 000 Byte : 1000^2 Byte/MB = 218,70 MB

218 700 000 Byte : 1024^2 Byte/MiB ≈ 208,57 MiB

Beispiel 3-86: Wie Beispiel 3-85, Kompression auf 0,15 Bit pro Pixel

Pixelrate:

960 · 540 · 25/s = 12 960 000/s

Komprimierte Datenmenge in Byte pro Sekunde: Pixelrate mal Bit pro Pixel geteilt durch 8 bit/Byte

12 960 000/s · 0,15 bit : 8 bit/Byte = 243 000 Byte/s

Komprimierte Datenmenge in Byte für 15 Minuten (= 900 s) Abspieldauer:

243 000 Byte/s · 900 s = 218 700 000 Byte

Umwandlung in Megabyte bzw. Mebibyte:

218 700 000 Byte : 1000^2 Byte/MB = 218,70 MB

218 700 000 Byte : 1024^2 Byte/MiB ≈ 208,57 MiB

Bei längeren Abspieldauern können die entsprechend größeren Datenmengen in Gigabyte (GB = 1000^3 Byte) oder Gibibyte (GiB = 1024^3 Byte) angegeben werden.

Formeln zur Berechnung der unkomprimierten Datenmenge in Byte:

F3-50 $D = R_D : 8\,[\text{bit/Byte}] \cdot t$

F3-51 $D = b_{px} \cdot h_{px} \cdot f_F \cdot d : 8\,[\text{bit/Byte}] \cdot t$

D Datenmenge [Byte] R_D Datenrate [bit/s] t Abspieldauer [s]
b_{px} h_{px} Framebreite, -höhe in Pixel f_F Frame-Rate (Bildfrequenz) [1/s]
d Datentiefe [bit]

Komprimierte Datenmenge nach Formel 3-51: Division durch Kompressionsrate oder Multiplikation mit Kompressionsfaktor bzw. Einsetzen des Bit-/Pixel-Kompressionsverhältnisses anstelle der Datentiefe d.

3.5.4 Datenrate Audio

Bei der Digitalisierung von Musik und Sprache sind drei Größen von Bedeutung: Sampling-Frequenz, Signalauflösung und Anzahl der Kanäle.

Die Sampling-Frequenz (Sampling-Rate, Abtastfrequenz), Einheit Hertz (Hz) oder Kilohertz (kHz), gibt an, wie oft das analoge Signal pro Sekunde gemessen wurde. Die Signalauflösung (kurz: Auflösung) ist die Datentiefe (Bittiefe), also die Anzahl der zur Codierung eines Messwerts zur Verfügung stehenden Bits. Sie wird normalerweise pro Kanal angegeben.

Um analoge Audiosignale ohne hörbare Verluste oder Verfälschungen zu digitalisieren, muss die Sampling-Frequenz mehr als doppelt so hoch sein wie die höchste hörbare Schallfrequenz (Shannon-Nyquist-Theorem, Abtasttheorem Sampling-Theorem). Menschen nehmen Schallfrequenzen bis etwa 20 000 Hertz wahr, die Sampling-Frequenz muss also höher als 40 000 Hertz sein.

Häufige Sampling-Frequenzen sind 44 100 Hz (CD Audio) und 48 000 Hz (DVD Audio und DVD Video). Im Tonstudio wird mit höheren Sampling-Frequenzen digitalisiert, die nach der Bearbeitung reduziert werden. Bei geringem Qualitätsanspruch wird mit geringeren Sampling-Frequenzen gearbeitet, zum Beispiel in der Telefonie oder wenn es bei Sprachaufzeichnungen vorrangig auf den Wortlaut ankommt.

Übliche Signalauflösung ist 16 Bit pro Kanal, bei sehr hohem Qualitätsanspruch auch 20 oder 24 Bit pro Kanal, in der Telefonie dagegen nur 8 Bit.

Beispiel 3-87: Sampling-Frequenz 44 100 Hz, Signalauflösung (Datentiefe) 16 Bit pro Kanal, 2 Kanäle (Stereo)

Sampling-Frequenz mal Signalauflösung pro Kanal mal Anzahl Kanäle ergibt Datenrate (Bitrate) in Bit pro Sekunde.

$$44\,100\,\text{Hz} \cdot 16\,\text{bit} \cdot 2 = 1\,411\,200\,\text{bit/s}$$

Umwandlung in Kilobit pro Sekunde:

$$1\,411\,200\,\text{bit/s} : 1000\,\text{bit/kbit} = 1411{,}2\,\text{kbit/s}$$

Beispiel 3-88: Sampling-Frequenz 48 kHz, Signalauflösung (Datentiefe) 16 Bit pro Kanal, 2 Kanäle (Stereo)

Die Sampling-Frequenz wird in Hertz (= 1/s) umgewandelt und mit Signalauflösung pro Kanal und Anzahl der Kanäle multipliziert.

$$48\,\text{kHz} \cdot 1000\,\text{Hz/kHz} = 48\,000\,\text{Hz}$$
$$48\,000\,\text{Hz} \cdot 16\,\text{bit} \cdot 2 = 1\,536\,000\,\text{bit/s}$$

Umwandlung in Kilobit pro Sekunde:

$$1\,536\,000\,\text{bit/s} : 1000\,\text{bit/kbit} = 1536\,\text{kbit/s}$$

Kürzer und eleganter: Sampling-Frequenz in Kilohertz mal Signalauflösung pro Kanal mal Anzahl Kanäle ergibt unmittelbar die Datenrate in Kilobit pro Sekunde.

$$48\,\text{kHz} \cdot 16\,\text{bit} \cdot 2 = 1536\,\text{kbit/s}$$

Auch Audiodaten können komprimiert werden. Die Datenrate ist also gegebenenfalls noch durch die Kompressionsrate (x : 1) zu dividieren oder mit dem Kompressionsfaktor (1 : x) zu multiplizieren.

Formel zur Berechnung der Datenrate (unkomprimiert):

F 3-52 $R_D = f_S \cdot d \cdot k$

R_D Datenrate [bit/s] f_S Sampling-Frequenz [Hz = 1/s]
d Signalauflösung (Datentiefe) [bit] k Anzahl Kanäle

3.5.5 Datenmenge Audio

Die Datenmenge ergibt sich auf kurzem Weg durch Multiplikation der Datenrate mit der Aufzeichnungsdauer in Sekunden.

Beispiel 3-89: Datenmenge einer 10 Minuten langen Audio-Aufzeichnung, Datenrate 1536 kbit/s
Dauer in Sekunden:
   10 min · 60 s/min = 600 s
Datenmenge in Kilobit:
   1536 kbit/s · 600 s = 921 600 kbit
Umwandlung in Megabyte: Division durch 8 bit/Byte und 1000 kB/MB
   921 600 kbit : 8 bit/Byte : 1000 kB/MB = 115,20 MB
Die Umwandlung in Mebibyte ist etwas komplizierter.
   921 600 kbit · 1000 bit/kbit : 8 bit/Byte : 1024^2 Byte/MiB ≈ 109,86 MiB

Wenn die Datenrate nicht angegeben ist, wird die Datenmenge aus Sampling-Frequenz, Signalauflösung (Datentiefe) und Dauer der Aufzeichnung errechnet.

Beispiel 3-90: Datenmenge einer 200 Sekunden langen Audio-Aufzeichnung, Sampling-Frequenz 48 000 Hz, Signalauflösung 16 Bit pro Kanal, 2 Kanäle
Multiplikation von Sampling-Frequenz, Auflösung pro Kanal und Anzahl der Kanäle ergibt Datenrate (unkomprimiert) in Bit pro Sekunde.
   48 000/s · 16 bit · 2 = 1 536 000 bit/s
Umwandlung in Byte pro Sekunde:
   1 536 000 bit/s : 8 bit/Byte = 192 000 Byte/s
Multiplikation mit der Aufzeichnungsdauer ergib Datenmenge in Byte.
   192 000 Byte/s · 200 s = 38 400 000 Byte
Umwandlung in Megabyte bzw. Mebibyte:
   38 400 000 Byte : 1000^2 Byte/MB = 38,40 MB
   38 400 000 Byte : 1024^2 Byte/MiB ≈ 36,62 MiB

Die errechnete Datenmenge ist gegebenenfalls noch durch eine Kompressionsrate zu dividieren oder mit einem Kompressionsfaktor zu multiplizieren.

Formeln zur Berechnung der Datenmenge in Byte:

F 3-53 $D = R_D : 8\,[\text{bit/Byte}] \cdot t$

F 3-54 $D = f_S \cdot d \cdot k : 8\,[\text{bit/Byte}] \cdot t$

D Datenmenge [Byte]

R_D Datenrate [bit/s] t Dauer [s] f_S Sampling-Frequenz [Hz = 1/s]

d Signalauflösung (Datentiefe) [bit] k Anzahl Kanäle

3.5.6 Vertontes Video

Bei der Berechnung von Datenraten vertonter Videoaufzeichnungen werden die Datenraten von Bild und Ton zunächst getrennt berechnet. Die Gesamt-Datenrate ergibt sich durch Addition der beiden Datenraten.

Beispiel 3-91: Video: 640 × 360 Pixel, 25 fps, 24 Bit, Kompressionsrate 180 : 1; Audio: Sampling-Rate 48 000 Hz, 16 Bit pro Kanal, zwei Kanäle, Kompressionsrate 12 : 1
Video-Datenrate:

$640 \cdot 360 \cdot 25/s \cdot 24\,\text{bit} : (180 : 1) : 1000\,\text{bit/kbit} = 768\,\text{kbit/s}$

Audio-Datenrate:

$48\,000/s \cdot 16\,\text{bit} \cdot 2 : (12 : 1) : 1000\,\text{bit/kbit} = 128\,\text{kbit/s}$

Addition von Audio- und Videodatenrate:

$768\,\text{kbit/s} + 128\,\text{kbit/s} = 896\,\text{kbit/s}$

Bei vorgegebener oder bereits berechneter Datenrate wird die Datenmenge wie in Beispiel 3-83 (Abschnitt 3.5.3) berechnet. Wenn die Datenrate nicht bekannt ist, können die komprimierten Datenmengen für Video und Audio zunächst getrennt berechnet (Beispiele 3-85, 3-86, 3-90) und am Schluss addiert werden.

3.5.7 Übungsaufgaben zu Abschnitt 3.5

1. Ein Video, Framegröße 480 × 270 Pixel, wird mit 25 Frames pro Sekunde aufgenommen, Datentiefe 24 Bit. Berechnen Sie bitte

a) die Pixelrate (Pixel pro Sekunde),

b) die Datenrate des unkomprimierten Videos in Megabit pro Sekunde,

c) die Datenrate bei Farbunterabtastung 4 : 2 : 2,

d) die Datenrate bei Farbunterabtastung 4 : 1 : 1.

2. Berechnen Sie bitte jeweils die Pixelrate in Pixel pro Sekunde und die Datenrate in Kilobit pro Sekunde, bei mehr als 1000 kbit/s in Megabit pro Sekunde.

a) Framegröße 426 × 240 Pixel, 25 Frames pro Sekunde, Datentiefe 24 Bit, Kompressionsfaktor 1 : 200

b) 640 × 360 Pixel, 50 Halbbilder pro Sekunde, 24 Bit, Kompressionsrate 250 : 1

c) 960 × 540 Pixel, 30 Frames pro Sekunde, 0,18 Bit Pro Pixel

d) 1080p/25, Datentiefe 24 Bit, Kompressionsrate 72 : 1

3. Bitte die Datenmengen sowohl in Megabyte als auch in Mebibyte angeben.

a) Datenrate 2400 Kilobit pro Sekunde, Aufzeichnungsdauer 360 Sekunden

b) Datenrate 4,6 Megabit pro Sekunde, Aufzeichnungsdauer 8 Minuten

c) Datenrate 3584 kbit/s, Aufzeichnungsdauer 4 min 45 s

4. Bitte jeweils Datenrate (kbit/s) und Datenmenge (Megabyte) berechnen.

a) 480×270 Pixel, 25 Frames pro Sekunde, 24 Bit, Abspieldauer 210 Sekunden, Kompressionsfaktor 1 : 216

b) 1024×576 Pixel, 30 fps, 24 Bit, Dauer 18 Minuten, Kompressionsrate 180 : 1

c) 720p/50, 0,15 Bit pro Pixel, Abspieldauer 6 min 30 s

5. Datenmengen bitte in Mebibyte, bei mehr als 1024 MiB in Gibibyte angeben.

a) Bildgröße 256×144 Pixel, 24 fps, Datentiefe 24 Bit, Kompressionsrate 240 : 1, Abspieldauer 450 Sekunden

b) 1920×1080 Pixel, 50 fps, 24 Bit, Kompressionsfaktor 1 : 160, 56 Minuten

c) 1280×720 Pixel, 25 fps, 0,1 Bit pro Pixel, 2 Stunden 45 Minuten

d) 960×540 Pixel, 30 fps, 24 Bit, Kompressionsfaktor 1 : 300, 25 min

6. Berechnen Sie bitte die Audio-Datenraten in Kilobit pro Sekunde.

a) Sampling-Frequenz 44 100 Hz, Signalauflösung 16 Bit pro Kanal, zwei Kanäle (Stereo), unkomprimiert

b) 24 000 Hz, Mono (1 Kanal), Signalauflösung 16 Bit, Kompressionsfaktor 1 : 12

c) 48 kHz, Stereo, Signalauflösung 16 Bit pro Kanal, Kompressionsrate 8 : 1

d) 96 kHz, Surround-Sound 5.1 (6 Kanäle), 24 Bit pro Kanal, unkomprimiert

7. Bitte die Datenmengen sowohl in Megabyte als auch in Mebibyte angeben.

a) Datenrate 1920 Kilobit pro Sekunde, Abspieldauer 180 Sekunden

b) Datenrate 224 kbit/s, Abspieldauer 45 Minuten

8. Bitte Datenraten (Kilobit/Sekunde) und Datenmengen (Megabyte) berechnen.

a) 44 100 Hz, 24 Bit pro Kanal, Stereo (2 Kanäle), 240 Sekunden

b) 22 050 Hz, Auflösung 16 Bit, Mono, 24 Minuten, Kompressionsrate 20 : 1

c) 48 kHz, Auflösung 16 Bit pro Kanal, Surround-Sound 5.1 (6 Kanäle), Kompressionsfaktor 1 : 3, Abspieldauer 540 Sekunden

9. Berechnen Sie bitte die Datenmengen in Mebibyte.

a) Sprachaufzeichnung, Sampling-Frequenz 24 000 Hertz, Signalauflösung 16 Bit (Mono), Dauer 3 Stunden, Kompressionsfaktor 1 : 16

b) Studio-Aufnahme, 192 kHz, 6 Kanäle, 32 Bit pro Kanal, 3 min 20 s

10. Vertontes Video, Bildgröße 960×540 Pixel, 25 Bilder pro Sekunde, 24 Bit, Kompressionsrate 200 : 1, Ton mit 48 kHz, zwei Kanäle, 16 Bit pro Kanal, Kompressionsrate 9,6 : 1

a) Bitte die Datenrate (Kilobit pro Sekunde) berechnen.

b) Welche Datenmenge (MB) ergibt sich bei 6 Minuten Aufzeichnungsdauer?

11. Bitte die Datenmenge des 15-minütigen vertonten Videos in Mebibyte nach folgenden Angaben berechnen.
Video: 1280 × 720 Pixel, 25 fps, Datentiefe 24 Bit, Kompressionsrate 80 : 1
Audio: 48 kHz, Stereo, 16 Bit pro Kanal, Kompressionsrate 6 : 1

Erhöhter Schwierigkeitsgrad

12. Wie hoch darf die Datenrate höchstens sein, wenn die Datenmenge einer zweistündigen Video-Aufzeichnung nicht größer als 3 Gigabyte sein soll?

13. Mit wie viel Bit pro Pixel darf ein 90 Minuten langes Video, 1024 × 576 Pixel, 25 Frames pro Sekunde, höchstens abgespeichert werden, wenn die Datenmenge maximal 2 Gigabyte betragen soll?

14. Die Datenmenge ein 90-minütigen Konzertmitschnitts, Sampling-Rate 48 kHz, Stereo, Signalauflösung 16 Bit pro Kanal, beträgt 123,6 Mebibyte. Bitte die Kompressionsrate berechnen.

3.6 Gammakorrektur

3.6.1 Grundlagen

Das Prinzip der Gammakorrektur stammt ursprünglich aus der analogen Fernsehtechnik. Bildröhren (CRT) setzen das analoge Eingangssignal nicht linear in entsprechende Leuchtdichten um, sondern stellen den Mitteltonbereich erheblich zu dunkel dar. Die Wiedergabekennlinie, also die grafische Darstellung der Beziehung von Eingangssignal und resultierender Leuchtdichte, hängt kräftig durch. Das Gamma ist der Kennwert für die Stärke dieses Durchhangs.

Der Zusamenhang zwischen analogem Eingangssignals *(U)*, Leuchtdichte des Bildschirms *(L)* und Gamma *(γ)* kann vereinfacht so formuliert werden:

$$L = U^\gamma$$

Die Größen *L* und U haben hier das Minimum 0 und das Maximum 1. Der Wert 1 steht also für höchstmögliche Stärke des Eingangssignals bzw. höchstmögliche Leuchtdichte der Bildröhre.

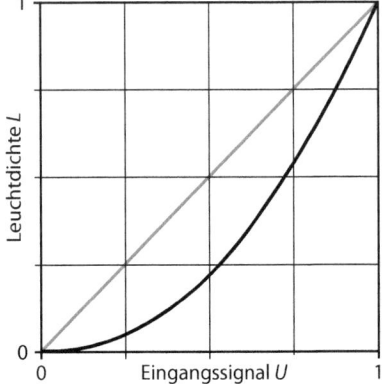

Bild 3-9
Wiedergabekennlinien für
γ = 1 (graue Gerade) und
γ = 2,2 (schwarze Kurve)

Beim Gammawert 1 ist die Übertragungsfunktion linear. Die Leuchtdichte hat in jedem Fall denselben Wert wie das Eingangssignal, also zum Beispiel:

$\gamma = 1 \quad U = 0{,}5$

$L = U^\gamma = 0{,}5^1 = 0{,}5$

Wenn das Gamma größer als 1 ist, sind die relativen Leuchtdichten geringer als die Eingangssignale, also zum Beispiel:

$\gamma = 2{,}2 \quad U = 0{,}5$

$L = U^\gamma = 0{,}5^{2,2} \approx 0{,}218$

Um die Nichtlinearität der Bildröhren in den Empfangsgeräten auszugleichen, wurde senderseitig die Gammakorrektur vorgenommen, auch Vorentzerrung genannt. Gamma, unkorrigiertes Signal (U) und korrigiertes Signal (U') stehen in dieser Beziehung:

$U' = U^{1:\gamma}$

Wenn das Gamma größer als 1 ist, sind die korrigierten Signale stärker als die unkorrigierten, also zum Beispiel:

$\gamma = 2{,}2 \quad U = 0{,}5$

$U' = U^{1:\gamma} = 0{,}5^{1:2,2} \approx 0{,}730$

Die Gammakorrektur gleicht die nichtlineare Wiedergabe der Fernseh-Bildröhre im Idealfall genau aus.

$\gamma = 2{,}2 \quad U = 0{,}5 \quad U' = 0{,}730$

$L = U'^\gamma = 0{,}730^{2,2} \approx 0{,}500$

Das Prinzip der Gammakorrektur wurde auch für die digitale Technik übernommen. Einerseits aus dem naheliegenden Grund, dass zunächst ebenfalls CRT-Bildschirme verwendet wurden. Andererseits ist die Gammakorrektur bei digitalen Bildern und Videos erforderlich, um die Nichtlinearität des menschlichen Helligkeitsempfindens auszugleichen.

Bei der Datentiefe 8 Bit stehen 256 Graustufen bzw. 256 Helligkeitsstufen pro RGB-Kanal zur Verfügung. Bei linearer Skalierung, also von Stufe zu Stufe gleichen Leuchtdichteunterschieden, liegt die empfindungsmäßig mittlere Helligkeit nicht beim Grau- oder Farbwert 128, sondern bei knapp 47. Für den Bereich von der empfindungsmäßig mittleren Helligkeit bis zum Weiß würden also 208 Abstufungen (48 bis 255) zur Verfügung stehen, für den Bereich vom Schwarz bis zur empfindungsmäßig mittleren Helligkeit dagegen nur 48 (von 0 bis 47). Durch die Gammakorrektur wird der Grau- oder Farbwert, der die empfindungsmäßig mittlere Helligkeit repräsentiert, auf einen höheren Wert verschoben.

Die Algorithmen zur Berechnung der Gammakorrektur sind Bestandteile der ICC-Profile, mit denen Graustufen- und RGB-Daten in spezifizierte Farbräume transformiert werden. Einige Spezifikationen enthalten einfache Berechnungsverfahren mit dem Gammawert als einzigem Parameter, zum Beispiel Adobe-RGB (1998) und Version 1 des eciRGB (1999). Andere verwenden erweiterte Verfahren, zum Beispiel sRGB, eciRGB Version 2 (2007) und LStar-RGB.

3.6.2 Einfache Gammakorrektur digitaler Bilddaten

In diesem Abschnitt wird die einfachste Form der Gammakorrektur erläutert, die zum Beispiel in Adobe-RGB (1998) und eciRGB Version 1 angewandt wird.

Beispiel 3-92: Unkorrigierter Pixelwert 51, Datentiefe 8 Bit (Graustufen oder pro RGB-Kanal), Gamma 2,2 (Adobe-RGB)
Für die Berechnung wird zunächst der maximale Pixelwert benötigt; er ist um 1 geringer als die Anzahl der mit gegebener Datentiefe darstellbaren Grau- oder Farbstufen.

$$2^8 - 1 = 256 - 1 = 255$$

Der unkorrigierte Pixelwert wird durch den Maximalwert 255 geteilt.

$$51 : 255 = 0,2$$

Das Ergebnis wird potenziert; Exponent ist der Kehrwert des Gammawerts.

$$0,2^{1:2,2} \approx 0,4812$$

Zum Schluss wird mit dem Maximalwert 255 multipliziert. Das Ergebnis wird ganzzahlig gerundet, denn digitale Pixelwerte sind ja immer ganze Zahlen.

$$0,4812 \cdot 255 \approx 122,7 \approx 123$$

Beispiel 3-93: Unkorrigierter Pixelwert 28 180, Datentiefe 16 Bit (Graustufen oder pro RGB-Kanal), Gamma 1,8 (eciRGB Version 1)
Maximaler Pixelwert:

$$2^{16} - 1 = 65\,535$$

Unkorrigierte Pixelwert geteilt durch Maximalwert 65 535:

$$28\,180 : 65\,535 \approx 0,430$$

Potenzieren und Multiplikation mit Maximalwert 65 535:

$$0,430^{1:1,8} \approx 0,625\,71$$
$$0,625\,71 \cdot 65\,535 \approx 41\,006$$

Die Rechenschritte zu Formeln zusammengefasst:

F 3-55 $\quad C' = (C : C_{max})^{1:\gamma} \cdot C_{max} \qquad\qquad C_{max} = 2^d - 1$

$\quad C' \; C \; C_{max}$ korrigierter, unkorrigierter, maximaler Pixelwert
$\quad \gamma$ Gammawert $\quad d$ Datentiefe

Durch Einsetzen der Werte aus den Beispielen ergibt sich:

$$C' = (51 : 255)^{1:2,2} \cdot 255 \approx 123$$
$$C' = (28\,180 : 65\,535)^{1:1,8} \cdot 65\,535 \approx 41\,006$$

3.6.3 Gammakorrektur mit erweiterten Berechnungsverfahren

Bei den erweiterten Berechnungsverfahren sind die Rechenwege etwas komplizierter als im vorigen Abschnitt. Hinzu kommt, dass je nach Höhe des unkorrigierten Werts unterschiedliche Formeln gelten; vor der Berechnung muss also entschieden werden, welche Formel benutzt wird.

Für die Korrektur nach sRGB-Spezifikation werden diese Formeln verwendet:

F3-56.1 $C' = [1{,}055 \cdot (C : C_{max})^{1:2,4} - 0{,}055] \cdot C_{max}$ für $C : C_{max} > 0{,}0031308$

F3-56.2 $C' = 12{,}92 \cdot C$ für $C : C_{max} \leq 0{,}0031308$

$C'\ C\ C_{max}$ korrigierter, unkorrigierter, maximaler Pixelwert

Bei 8 Bit Datentiefe pro Kanal ist der Quotient $C : C_{max}$ bereits für $C = 1$ größer als 0,0031308, sodass nur die erste Formel benötigt wird. Bei 16 Bit Datentiefe muss vor dem Rechnen geprüft werden, welche der beiden Formeln zu verwenden ist.

Beispiel 3-94: Korrektur nach sRGB-Spezifikation, unkorrigierter Pixelwert 28 180, Datentiefe 16 Bit (Maximalwert 65 535)
Zuerst wird überprüft, welche der beiden Formeln zu verwenden ist. In diesem Beispiel ist zwar auf den ersten Blick zu sehen, dass $C : C_{max}$ größer als 0,0031308 ist. Nur der Vollständigkeit halber die genaue Berechnung:

$C : C_{max} = 28\,180 : 65\,535 \approx 0{,}430 > 0{,}0031308$

Es wird also mit Formel 3-56.1 gerechnet.

$C' = [1{,}055 \cdot (28\,180 : 65\,535)^{1:2,4} - 0{,}055] \cdot 65\,535 \approx 45\,037$

Beispiel 3-95: Korrektur nach sRGB-Spezifikation, unkorrigierter Pixelwert 128, Datentiefe 16 Bit
Zuerst die Prüfung, welche Formel zu benutzen ist:

$C : C_{max} = 128 : 65\,535 \approx 0{,}00195 < 0{,}0031308$

Es wird also mit Formel 3-56.2 gerechnet.

$C' = 12{,}92 \cdot 128 \approx 1654$

Bei eciRGB (Version 2) und LStar-RGB werden aus der Farbmetrik übernommene Korrekturformeln verwendet. Sie entsprechen der Berechnung des Helligkeitswerts L^* im CIELAB-System (vgl. Abschnitt 7.4.3).

F3-57.1 $C' = [1{,}16 \cdot (C : C_{max})^{1:3} - 0{,}16] \cdot C_{max}$ für $C : C_{max} > 0{,}008856$

F3-57.2 $C' = 9{,}033 \cdot C$ für $C : C_{max} \leq 0{,}008856$

$C'\ C\ C_{max}$ korrigierter, unkorrigierter, maximaler Pixelwert

Hier muss auch bei 8 Bit Datentiefe pro Kanal zunächst überprüft werden, welche der beiden Formeln zu verwenden ist. Allerdings ist $C : C_{max}$ bei 8 Bit bereits größer als 0,008856, sobald der unkorrigierte Pixelwert größer als 2 ist.

Beispiel 3-96: Korrektur nach eciRGB-Spezifikation Version 2, unkorrigierter Pixelwert 28 180, Datentiefe 16 Bit (Maximalwert 65 535)
Zuerst die Prüfung, welche der beiden Formeln zu benutzen ist:

$C : C_{max} = 28\,180 : 65\,535 \approx 0{,}430 > 0{,}008856$

Es wird also mit Formel 3-57.1 gerechnet.

$C' = [1{,}16 \cdot (28\,180 : 65\,535)^{1:3} - 0{,}16] \cdot 65\,535 \approx 46\,894$

Beispiel 3-97: Korrektur nach eciRGB-Spezifikation Version 2, unkorrigierter Pixelwert 128, Datentiefe 16 Bit

Zuerst wieder die Prüfung, welche der beiden Formeln zu benutzen ist:

$$C : C_{max} = 128 : 65\,535 \approx 0{,}00195 < 0{,}008856$$

Es wird also mit Formel 3-57.2 gerechnet.

$$C' = 9{,}033 \cdot 128 \approx 1156$$

3.6.4 Gammakorrektur in der Bildbearbeitung

Bildbearbeitungs- und Scanningprogramme verwenden die Gammakorrektur auch als Werkzeug zur Tonwertbearbeitung. Der Mittel- und Dreivierteltonbereich wird am stärksten verändert, während die Extremwerte 0 und 255 (8 Bit) bzw. 65 535 (16 Bit) unverändert bleiben.

Das Programm rechnet nicht mit dem eingestellten Wert selbst, sondern mit dessen Kehrwert – der Rechenweg ist also derselbe wie bei der einfachen Gammakorrektur in Abschnitt 3.6.2 (Formel 3-55). Ein Gammawert, der größer als 1 ist, bewirkt also Aufhellung des Bilds; liegt der eingestellte Gammawert zwischen 0 und 1, wird das Bild dunkler.

Beispiel 3-98: Unkorrigierter Pixelwert 127, Datentiefe 8 Bit, Tonwertkorrektur mit Gammawert 1,25

$$C' = (127 : 255)^{1\,:\,1{,}25} \cdot 255 \approx 146$$

Beispiel 3-99: Unkorrigierter Pixelwert 127, Datentiefe 8 Bit, Tonwertkorrektur mit Gammawert 0,80

$$C' = (127 : 255)^{1\,:\,0{,}8} \cdot 255 \approx 107$$

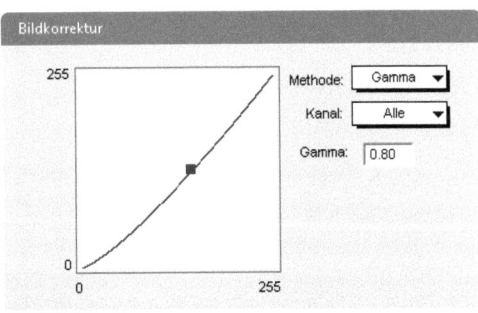

Bild 3-10
Gamma-Korrektur in einem
Scanning-Programm;
die Kurve veranschaulicht
die Wirkung des eingestellten
Gammawerts 0,80.

3.6.5 Übungsaufgaben zu Abschnitt 3.6

1. Welche korrigierten Pixelwerte ergeben sich durch einfache Gammakorrektur, wenn der unkorrigierte Pixelwert 153 und die Datentiefe 8 Bit beträgt?
   a) Gamma 1,8 (eciRGB Version 1)
   b) Gamma 2,2 (Adobe-RGB)

2. Unkorrigierter Pixelwert 32 800, Datentiefe 16 Bit; berechnen Sie bitte die korrigierten Pixelwerte mit Gamma 1,8 und Gamma 2,2.

3. Berechnen Sie bitte jeweils den Pixelwert, der sich durch einfache Gammakorrektur ergibt.
   a) Unkorrigierter Pixelwert 200, Datentiefe 8 Bit, Gamma 2,2
   b) Unkorrigierter Pixelwert 25, Datentiefe 8 Bit, Gamma 2,2
   c) Unkorrigierter Pixelwert 44 000, Datentiefe 16 Bit, Gamma 1,8
   d) Unkorrigierter Pixelwert 1640, Datentiefe 16 Bit, Gamma 2,2

4. Bitte die korrigierten Pixelwerte nach sRGB-Spezifikation (Formeln 3-56.1 und 3-56.2) berechnen.
   a) Unkorrigierter Pixelwert 102, Datentiefe 8 Bit
   b) Unkorrigierter Pixelwert 36 000, Datentiefe 16 Bit
   c) Unkorrigierter Pixelwert 180, Datentiefe 16 Bit

5. Berechnen Sie bitte die Pixelwerte, die sich durch Korrektur nach den Spezifikationen eciRGB Version 2 ergeben (Formeln 3-57.1 und 3-57.2).
   a) Unkorrigierter Pixelwert 204, Datentiefe 8 Bit
   b) Unkorrigierter Pixelwert 384, Datentiefe 16 Bit
   c) Unkorrigierter Pixelwert 42 000, Datentiefe 16 Bit

6. Unkorrigierter Pixelwert 13 107, Datentiefe 16 Bit; berechnen Sie bitte die korrigierten Pixelwerte nach folgenden Vorgaben.
   a) Einfache Gammakorrektur, Gamma 1,8
   b) Einfache Gammakorrektur, Gamma 2,2
   c) Korrektur gemäß sRGB-Spezifikation
   d) Korrektur gemäß eciRGB-Spezifikation, Version 2

7. Welche Pixelwerte ergeben sich durch Tonwertbearbeitung mittels Gammakorrektur?
   a) Pixelwert 150, Datentiefe 8 Bit, Gamma 0,90
   b) Pixelwert 96, Datentiefe 8 Bit, Gamma 1,15
   c) Pixelwert 24 000, Datentiefe 16 Bit, Gamma 0,84
   d) Pixelwert 46 800, Datentiefe 16 Bit, Gamma 1,10

Erhöhter Schwierigkeitsgrad

8. Die Tonwertkorrektur mit Gamma 0,80 ergab den Pixelwert 76 (Datentiefe 8 Bit). Welcher Pixelwert hätte sich bei Korrektur mit Gamma 0,92 ergeben?

9. Die einfache Gammakorrektur mit Gamma 1,8 nach eciRGB-Spezifikation Version 1 ergab den Pixelwert 16 000. Welcher Pixelwert hätte sich durch Korrektur gemäß eciRGB-Spezifikation Version 2 ergeben?

3.7 Farbcodierung und Farbsysteme

3.7.1 RGB, CMYK und CIELAB

Die Farbwerte von Pixeln und Vektorelementen werden in jedem Fall als binäre Äquivalente der Dezimalzahlen von 0 bis 255 (8 Bit) oder 0 bis 65 535 (16 Bit) pro Primärfarbe gespeichert. Bei der Eingabe von Farbwerten und ihrer Anzeige auf Programmoberflächen gibt es aber auch andere Arten der Darstellung.

RGB-Farbwerte werden überwiegend als Dezimalzahlen dargestellt, im 16-Bit-Modus allerdings häufig reduziert auf die Skala von 0 bis 255. In einigen Programmen werden sie prozentual angezeigt und eingegeben, statt 255 also 100 %. In Cascading Style Sheets (CSS) sind neben dezimalen und prozentualen auch hexadezimal notierte Farbwerte möglich (mehr dazu im folgenden Abschnitt). Weitere Möglichkeiten zur Darstellung von Farben im RGB-Modus sind die Farbkennzeichnungssysteme HSB, HSL und HWB (Abschnitte 3.7.3–3.7.6).

Videodaten werden meist nicht im RGB-Modus gespeichert und übertragen, sondern vorab in den YC_BC_R-Modus umgewandelt (Abschnitt 3.7.7).

CMYK-Farbwerte werden durchweg als prozentuale Rastertonwerte dargestellt. Im CIELAB-Modus werden Farbwerte L^*, a^* und b^* oder die daraus abgeleiteten Farbwerte L^*, C^* und h angezeigt und eingegeben. Mehr zum Rastertonwert in Abschnitt 4.3.2, zu CIELAB in den Abschnitten 7.4.3 und 7.4.4.

3.7.2 RGB-Farbwerte in Cascading Style Sheets

In der Formatierungssprache Cascading Style Sheets (CSS) können RGB-Farbwerte auf drei Arten notiert werden: Dezimal auf der Skala von 0 bis 255, dezimal in Prozent oder hexadezimal von 00 bis ff. Beispiele für dezimale und prozentuale Farbwerte links in der bisherigen (weiterhin gültigen) Schreibweise bis CSS Color Module Level 3, rechts in der neuen nach CSS Color Module Level 4.

    rgb(220, 75, 100)   rgb(220 75 100)
    rgb(86%, 29%, 39%)   rgb(86% 29% 39%)

Um dezimale Farbwerte in prozentuale umzuwandeln, wird durch 255 dividiert und mit 100 % multipliziert. Bei der umgekehrten Umwandlung wird durch 100 % dividiert und mit 255 multipliziert. In beiden Fällen wird ganzzahlig gerundet.

Beispiel 3-100: rgb(48 240 128) Umwandlung dezimal–prozentual

$$48 : 255 \cdot 100\,\% \approx 19\,\%$$
$$240 : 255 \cdot 100\,\% \approx 94\,\%$$
$$128 : 255 \cdot 100\,\% \approx 50\,\% \qquad \text{Lösung: } rgb(19\% \ 94\% \ 50\%)$$

Beispiel 3-101: rgb(36% 12% 84%) Umwandlung prozentual–dezimal

$$36\,\% : 100\,\% \cdot 255 \approx 92$$
$$12\,\% : 100\,\% \cdot 255 \approx 31$$
$$84\,\% : 100\,\% \cdot 255 \approx 214 \qquad \text{Lösung: } rgb(92 \ 31 \ 214)$$

Zur Umwandlung von dezimalen in hexadezimale Farbwerte wird mit ganzzahligem Ergebnis und Rest durch 16 dividiert. Für Divisionsergebnisse und Reste von 10 bis 15 werden die entsprechenden Hexadezimalziffern von a bis f notiert. Das Divisionsergebnis ist die linke Stelle, der Rest die rechte Stelle des hexadezimalen Farbwerts. Mehr zum Hexadezimalsystem in den Abschnitten 1.4.2 und 1.4.4.

Tabelle 3-2: Dezimalwerte der Hexadezimalziffern a bis f

hexadezimal	a	b	c	d	e	f
dezimal	10	11	12	13	14	15

Beispiel 3-102: rgb(172 240 45) Umwandlung dezimal–hexadezimal

$172 : 16 = 10$ Rest 12 $172_{10} = ac_{16}$

$240 : 16 = 15$ Rest 0 $240_{10} = f0_{16}$

$45 : 16 = 2$ Rest 13 $45_{10} = 2d_{16}$ Lösung: #acf02d

Im umgekehrten Fall werden zunächst die Hexadezimalziffern von a bis f als Dezimalzahlen von 10 bis 15 notiert. Die links stehende Zahl wird mit 16 multipliziert, die rechts stehende addiert.

Beispiel 3-103: #ea4cb8 Umwandlung hexadezimal–dezimal

$e_{16} = 14_{10}$ $a_{16} = 10_{10}$ $14 \cdot 16 + 10 = 234$

$c_{16} = 12_{10}$ $4 \cdot 16 + 12 = 76$

$b_{16} = 11_{10}$ $11 \cdot 16 + 8 = 184$ Lösung: rgb(234 76 184)

Hexadezimale Farbwerte, die aus drei Paaren gleicher Ziffern bestehen, können auf drei Stellen verkürzt werden, also zum Beispiel #fc3 statt #ffcc33. Bei der Umwandlung in Dezimalwerte müssen sie aber sechsstellig notiert werden.

Umwandlung von prozentualen in hexadezimale Farbwerte (und umgekehrt) erfordert zwei Schritte: Zuerst Umwandlung prozentual–dezimal, dann dezimal–hexadezimal (bzw. umgekehrt).

3.7.3 HSB, HSL und HWB: Hue

HSB, HSL und HWB sind keine eigenständigen Farbmodelle, sondern Farbkennzeichnungssysteme auf Basis von RGB. Ihre Farbwerte ergeben sich durch (mehr oder minder komplizierte) Umrechnung aus RGB-Farbwerten.

▷ HSB: *Hue* (Buntton), *Saturation* (Sättigung), *Brightness* (Helligkeit im Vergleich zur hellsten Farbe mit gleichem Buntton und gleicher Sättigung). HSB wird auch als HSV *(Hue, Saturation, Value)* bezeichnet.

▷ HSL: *Hue* (Buntton), *Saturation* (Sättigung), *Lightness* (Helligkeit im Vergleich zum Weiß)

▷ HWB: *Hue* (Buntton), *Whiteness* (Verweißlichung, Entsättigung), *Blackness* (Verschwärzlichung, Dunkelung)

HSB und HSL sind recht weit verbreitet, Anwendungsprogramme bieten aber durchweg nur eines von beiden an. In CSS sind Farbdeklarationen mit HSL-Farbwerten und ab Color Module Level 4 auch mit HWB-Farbwerten möglich.

Der Buntton *(Hue)* wird in allen drei Systemen identisch durch den Winkel in einem Bunttonkreis gekennzeichnet. Die Primärfarbe Rot hat den Winkel 0°, Grün 120°, Blau 240°. Die Sekundärfarben mit gleichen Primärfarbenanteilen liegen jeweils in der Mitte dazwischen, Yellow (Rot + Grün) also auf 60°, Cyan (Grün + Blau) auf 180°, Magenta (Blau + Rot) auf 300°.

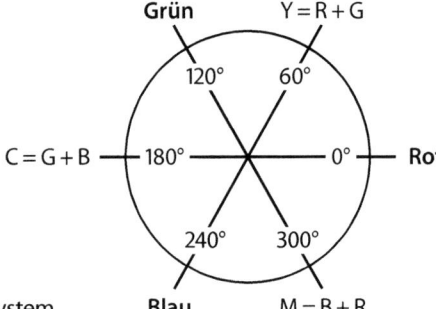

Bild 3-11
Bunttonkreis im HSB-, HSL- und HWB-System

Bei der Berechnung des Bunttonwinkels H wird zuerst der größte der drei RGB-Farbwerte *(max)* bestimmt, denn von ihm hängt es ab, welche der folgenden Formeln benutzt wird. Falls der Rot-Farbwert am größten ist, wird außerdem überprüft, ob der Grün-Farbwert größer oder kleiner ist als der Blau-Farbwert.

F 3-58.1 für $R = max$ $G \geq B$ $\qquad H = \dfrac{G - B}{R - min} \cdot 60°$ $\qquad$ *max* größter RGB-Farbwert
$\qquad\qquad\qquad\qquad\qquad\qquad\qquad\qquad\qquad\qquad\quad$ *min* kleinster RGB-Farbw.

F 3-58.2 für $R = max$ $G < B$ $\qquad H = \dfrac{G - B}{R - min} \cdot 60° + 360°$

F 3-58.3 für $G = max$ $\qquad\qquad H = \dfrac{B - R}{G - min} \cdot 60° + 120°$

F 3-58.4 für $B = max$ $\qquad\qquad H = \dfrac{R - G}{B - min} \cdot 60° + 240°$

Die Differenz im Zähler bestimmt jeweils Richtung und Ausmaß des Unterschieds zum Bunttonwinkel der Primärfarbe mit dem größten Farbwert. Diese Differenz kann positiv oder negativ sein, entsprechend der Lage im Farbkreis links oder rechts von der Primärfarbe mit dem größten Wert. Im Nenner steht die in jedem Fall positive Differenz zwischen größtem und kleinstem Primärfarbwert. Diese Differenz repräsentiert den Buntanteil der Mischfarbe.
Anders als in den folgenden Beispielen ergeben die Berechnungen oft „krumme" Werte, die am Schluss der Berechnung auf ganze Grad gerundet werden.

Beispiel 3-104: $R = 240$ $G = 120$ $B = 40$
Der Rot-Farbwert ist am größten, Grün ist größer als Blau, also Formel 3-58.1

$$H = \frac{120 - 40}{240 - 40} \cdot 60° = 0{,}4 \cdot 60° = 24°$$

Beispiel 3-105: $R = 240$ $G = 40$ $B = 120$
Rot wiederum am größten, Grün jetzt aber kleiner als Blau, also Formel 3-58.2

$$H = \frac{40 - 120}{240 - 40} \cdot 60° + 360° = (-0{,}4) \cdot 60° + 360° = (-24°) + 360° = 336°$$

Beispiel 3-106: $R = 50$ $G = 250$ $B = 100$
Der Grün-Farbwert ist am größten, also Formel 3-58.3

$$H = \frac{100 - 50}{250 - 50} \cdot 60° + 120° = 0{,}25 \cdot 60° + 120° = 15° + 120° = 135°$$

Beispiel 3-107: $R = 50$ $G = 100$ $B = 250$
Der Blau-Farbwert ist am größten, also Formel 3-58.4

$$H = \frac{50 - 100}{250 - 50} \cdot 60° + 240° = (-0{,}25) \cdot 60° + 240° = (-15°) + 240° = 225°$$

Beispiel 3-108: $R = 250$ $G = 250$ $B = 50$
Berechnung mit Formel 3-58.1 oder 3-58.3. Der Bunttonwinkel lässt sich aber auch ohne Formel ermitteln. Da Rot- und Grün-Farbwert gleich sind, liegt der Bunttonwinkel in der Mitte zwischen 0° (Rot) und 120° (Grün), beträgt also 60°.

Wenn die drei Farbwerte gleich sind, ist keine Berechnung möglich – unter dem Bruchstrich ergibt sich eine Null. Die Farbe ist unbunt, der Bunttonwinkel nicht definierbar. Viele Programme zeigen allerdings in diesem Fall den Wert 0 an.

3.7.4 HSB: Brightness und Saturation

Brightness und *Saturation* im HSB-System werden als Prozentsätze angegeben. Die *Brightness* entspricht einfach dem größten der drei Farbwerte. *Saturation* ist das Verhältnis des Buntanteils der Mischfarbe zum größten der drei Farbwerte. Buntanteil ist – wie bei der Berechnung des Bunttonwinkels – die Differenz aus größtem und kleinstem der drei Farbwerte.

Beispiel 3-109: $R = 240$ $G = 120$ $B = 40$
Der Rot-Farbwert ist am größten, der Blau-Farbwert am kleinsten.

$$Brightness = 240 : 255 \cdot 100\,\% \approx 94\,\%$$
$$Saturation = (240 - 40) : 240 \cdot 100\,\% = 200 : 240 \cdot 100\,\% \approx 83\,\%$$

Falls Rot-, Grün- und Blau-Farbwert gleich sind, ist die Farbe unbunt, die *Saturation* beträgt 0 %. Wenn mindestens einer der drei Farbwerte Null und mindestens einer größer als Null ist, beträgt die *Saturation* 100 %. In diesen Fällen erübrigt sich also das Rechnen.

Die Rechenwege für *Brightness* und *Saturation* im HSB-System als Formeln:

F 3-59 $Brightness = max : 255 \cdot 100\,\%$ max größter RGB-Farbwert

F 3-60 $Saturation_{\text{HSB}} = \dfrac{max - min}{max} \cdot 100\,\%$ min kleinster RGB-Farbwert

3.7.5 HSL: Ligthness und Saturation

Lightness im HSL-System ist das in Prozent umgewandelte arithmetische Mittel (der Durchschnittswert) aus größtem und kleinstem der drei RGB-Farbwerte. Ausgangspunkt zur Berechnung der *Saturation* ist auch hier die Differenz aus größtem und kleinstem Farbwert, also der Buntanteil der Farbe. Falls die Summe aus größtem und kleinstem Farbwert kleiner als oder gleich 255 ist, wird der Buntanteil durch diese Summe dividiert. Falls die Summe größer als 255 ist, wird sie von $2 \cdot 255 = 510$ subtrahiert und der Buntanteil durch das Ergebnis dividiert. Die Formeln für Lightness und Saturation im HSL-System:

F 3-61 $Lightness = \dfrac{max + min}{2} : 255 \cdot 100\,\%$

F 3-62.1 $Saturation_{\text{HSL}} = \dfrac{max - min}{max + min} \cdot 100\,\%$ für $(max + min) \leq 255$

F 3-62.2 $Saturation_{\text{HSL}} = \dfrac{max - min}{510 - (max + min)} \cdot 100\,\%$ für $(max + min) > 255$

Beispiel 3-110: $R = 135$ $G = 90$ $B = 45$
Der Rot-Farbwert ist am größten, der Blau-Farbwert am kleinsten.

$$Lightness = \frac{135 + 45}{2} : 255 \cdot 100\,\% = 90 : 255 \cdot 100\,\% \approx 35\,\%$$

Die Summe aus größtem und kleinstem RGB-Farbwert beträgt $135 + 45 = 180$, ist also kleiner als 255. Die Saturation wird mit Formel 3-62.1 berechnet.

$$Saturation_{\text{HSL}} = \frac{135 - 45}{135 + 45} \cdot 100\,\% = 0{,}50 \cdot 100\,\% = 50\,\%$$

Beispiel 3-111: $R = 50$ $G = 250$ $B = 100$
Der Grün-Farbwert ist am größten, der Rot-Farbwert am kleinsten.

$$Lightness = \frac{250 + 50}{2} : 255 \cdot 100\,\% = 150 : 255 \cdot 100\,\% \approx 59\,\%$$

Die Summe aus größtem und kleinstem RGB-Farbwert beträgt $250 + 50 = 300$. Die Saturation wird also mit Formel 3-62.2 berechnet.

$$Saturation_{\text{HSL}} = \frac{250 - 50}{510 - (250 + 50)} \cdot 100\,\% \approx 0{,}95 \cdot 100\,\% = 95\,\%$$

Auch hier gilt: Bei gleichen Farbwerten für Rot, Grün und Blau beträgt die *Saturation* 0 %. Wenn mindestens ein Farbwert Null und mindestens einer größer als Null ist, beträgt die *Saturation* 100 %.

Davon abgesehen unterscheidet sich die Saturation im HSL-System erheblich von der Saturation im HSB-System. Hat Rot, Grün oder Blau den Wert 255, so beträgt die HSL-Sättigung in jedem Fall 100 %, egal wie hoch die Farbwerte der anderen beiden Farben sind. Die HSL-Saturation 100 % bedeutet lediglich, dass die Farbe die höchste Sättigung hat, die bei der jeweiligen Helligkeit möglich ist.

3.7.6 HWB: Whiteness und Blackness

Whiteness und *Blackness* im HWB-System kennzeichnen den absoluten Weißanteil (die Verweißlichung oder Entsättigung) und den absoluten Schwarzanteil (die Verschwärzlichung oder Dunkelung) einer Farbe. *Whiteness* entspricht dem kleinsten der drei RGB-Farbwerte, *Blackness* der Differenz aus 255 und dem größten RGB-Farbwert. Beide Werte werden in Prozent angegeben.

Beispiel 3-112: $R = 240$ $G = 120$ $B = 40$
Der Blau-Farbwert ist am kleinsten, der Rot-Farbwert am größten.

$$Whiteness = 40 : 255 \cdot 100\,\% \approx 16\,\%$$
$$Blackness = (255 - 240) : 255 \cdot 100\,\% = 15 : 255 \cdot 100\,\% \approx 6\,\%$$

Die Summe aus *Whiteness* und *Blackness* kann höchstens 100 % betragen. In diesem Fall ist die Farbe unbunt, hat also drei gleiche RGB-Farbwerte.

Der Vollständigkeit halber die Formeln für *Whiteness* und *Blackness*:

F 3-63 $Whiteness = min : 255 \cdot 100\,\%$

F 3-64 $Blackness = (255 - max) : 255 \cdot 100\,\%$

$max\ min$ größter, kleinster der drei RGB-Farbwerte

3.7.7 YC$_B$C$_R$

Das Farbsystem YC$_B$C$_R$ wird in den meisten digitalen Videoformaten verwendet. Videokameras erfassen zwar zunächst Daten im RGB-Modus, die aber im Zuge der weiteren Verarbeitung in den YC$_B$C$_R$-Modus umgerechnet werden.
Y ist die Helligkeitskomponente der Farbe, C_B und C_R sind die Chrominanzkomponenten (Buntkomponenten). Das Koordinatensystem veranschaulicht die Bedeutung von C_B und C_R: Die C_B-Achse reicht vom Blau bis zur Komplementärfarbe Yellow (Rot + Grün), die C_R-Achse vom Rot bis zur Komplementärfarbe Cyan (Grün + Blau). Unbunte Farben liegen auf dem Schnittpunkt der beiden Achsen.

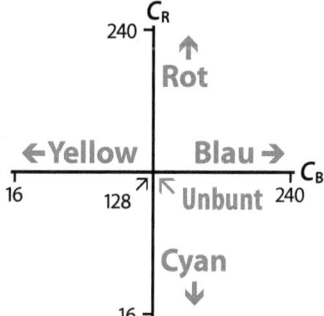

Bild 3-12 Chrominanzkomponenten C_B und C_R

In den folgenden Formeln und Beispielen wird mit der Datentiefe 8 Bit pro Primärfarbe (R, G, B) und pro Farbkomponente (Y, C_B, C_R) gerechnet. Nach HDTV-Spezifikation werden die damit möglichen Quantisierungsstufen von 0 bis 255 allerdings nicht vollständig genutzt. Die Werte für Y reichen von 16 bis 235, für C_B und C_R von 16 bis 240.

Wenn die RGB-Daten alle Quantisierungsstufen von 0 bis 255 enthalten, wird mit diesen Formeln umgerechnet:

$$\text{F3-65} \quad Y = \frac{0{,}2126 \cdot R + 0{,}7152 \cdot G + 0{,}0722 \cdot B}{255} \cdot 219 + 16$$

$$\text{F3-66} \quad C_B = \frac{-0{,}1146 \cdot R - 0{,}3854 \cdot G + 0{,}5000 \cdot B}{255} \cdot 224 + 128$$

$$\text{F3-67} \quad C_R = \frac{0{,}5000 \cdot R - 0{,}4542 \cdot G - 0{,}0458 \cdot B}{255} \cdot 224 + 128$$

Die „krummen" Faktoren in den Formeln bestimmen die Gewichtungen von R, G und B entsprechend der HDTV-Spezifikation. Division durch 255, Multiplikation mit 219 und Addition von 16 bei der Berechnung von Y sind nötig, um die Wertespanne 0…255 auf 16…235 umzurechnen. Bei C_B und C_R wird entsprechend mit 224 (Wertespanne 16…240) multipliziert. Der am Schluss addierte Wert 128 entspricht dem Unbunt (weder Blau noch Yellow bzw. weder Rot noch Cyan).

Beispiel 3-113: $R = 250$ $G = 200$ $B = 40$ (Wertespanne 0…255)
Berechnung mit Formeln 3-65 bis 3-67

$$Y = \frac{0{,}2126 \cdot 250 + 0{,}7152 \cdot 200 + 0{,}0722 \cdot 40}{255} \cdot 219 + 16 \approx 186{,}973 \approx 187$$

$$C_B = \frac{-0{,}1146 \cdot 250 - 0{,}3854 \cdot 200 + 0{,}5000 \cdot 40}{255} \cdot 224 + 128 \approx 52{,}692 \approx 53$$

$$C_R = \frac{0{,}5000 \cdot 250 - 0{,}4542 \cdot 200 - 0{,}0458 \cdot 40}{255} \cdot 224 + 128 \approx 156{,}398 \approx 156$$

Nach HDTV-Spezifikation sollen RGB-Farbwerte bereits auf die Quantisierungsstufen von 16 bis 235 beschränkt sein. Die Berechnung von Y ist dann einfacher, weil die Wertespannen übereinstimmen. Die Formeln für C_B und C_R sind dagegen etwas umfangreicher, weil die Wertespanne 16…235 der RGB-Werte in die Wertespanne 16…240 von C_B und C_R umgewandelt wird.

$$\text{F3-68} \quad Y = 0{,}2126 \cdot R + 0{,}7152 \cdot G + 0{,}0722 \cdot B$$

$$\text{F3-69} \quad C_B = \frac{-0{,}1146 \cdot (R - 16) - 0{,}3854 \cdot (G - 16) + 0{,}5000 \cdot (B - 16)}{219} \cdot 224 + 128$$

$$\text{F3-70} \quad C_R = \frac{0{,}5000 \cdot (R - 16) - 0{,}4542 \cdot (G - 16) - 0{,}0458 \cdot (B - 16)}{219} \cdot 224 + 128$$

Beispiel 3-114: $R = 64$ $G = 96$ $B = 224$ (Wertespanne $16...235$)
Berechnung mit Formeln 3-70 bis 3-72

$$Y = 0{,}2126 \cdot 64 + 0{,}7152 \cdot 96 + 0{,}0722 \cdot 224 \approx 98$$

$$C_B = \frac{-0{,}1146 \cdot (64 - 16) - 0{,}3854 \cdot (96 - 16) + 0{,}5000 \cdot (224 - 16)}{219} \cdot 224 + 128 \approx 197$$

$$C_R = \frac{0{,}5000 \cdot (64 - 16) - 0{,}4542 \cdot (96 - 16) - 0{,}0458 \cdot (224 - 16)}{219} \cdot 224 + 128 \approx 106$$

3.7.8 Übungsaufgaben zu Abschnitt 3.7

1. Bitte in prozentuale Farbwerte umwandeln.
   a) rgb(102 204 255)   c) rgb(220 100 60)
   b) rgb(124 64 160)   d) rgb(192 96 32)

2. Farbwerte bitte in die dezimale Schreibweise umwandeln.
   a) rgb(100% 60% 20%)   c) rgb(30% 5% 90%)
   b) rgb(25% 95% 15%)   d) rgb(36% 72% 48%)

3. Bitte in die hexadezimale Schreibweise umwandeln.
   a) rgb(255 164 28)   c) rgb(180 60 210)
   b) rgb(45 225 100)   d) rgb(195 155 15)

4. Bitte in die dezimale Schreibweise umwandeln.
   a) #d4802c   b) #4be6a0   c) #dc640a   d) #39f

5. Berechnen Sie bitte die Bunttonwinkel *(Hue)*.
   a) $R = 210$ $G = 120$ $B = 30$ d) $R = 160$ $G = 40$ $B = 200$
   b) $R = 204$ $G = 255$ $B = 102$ e) $R = 220$ $G = 20$ $B = 150$
   c) $R = 60$ $G = 192$ $B = 192$

6. Bitte jeweils *Saturation* und *Brightness* (HSB-System) berechnen.
   a) $R = 220$ $G = 120$ $B = 50$ c) $R = 48$ $G = 48$ $B = 176$
   b) $R = 51$ $G = 153$ $B = 102$ d) $R = 32$ $G = 192$ $B = 127$

7. Bitte jeweils *Saturation* und *Lightness* (HSL-System) berechnen.
   a) $R = 51$ $G = 102$ $B = 153$ c) $R = 80$ $G = 160$ $B = 80$
   b) $R = 255$ $G = 45$ $B = 65$ d) $R = 220$ $G - 120$ $B = 40$

8. Bitte jeweils *Whiteness* und *Blackness* (HWB-System) berechnen.
   a) $R = 51$ $G = 204$ $B = 102$ c) $R = 215$ $G = 125$ $B = 80$
   b) $R = 64$ $G = 64$ $B = 176$ d) $R = 48$ $G = 160$ $B = 32$

9. Berechnen Sie bitte Y, C_B und C_R; Spanne der RGB-Werte $0...255$.
   a) $R = 20$ $G = 240$ $B = 180$ b) $R = 192$ $G = 64$ $B = 176$

10. Bitte Y, C_B und C_R berechnen; Spanne der RGB-Werte $16...235$.
    a) $R = 40$ $G = 200$ $B = 40$ b) $R = 80$ $G = 48$ $B = 144$

4 Datentransfer und Datenausgabe

4.1 Datentransfer

4.1.1 Massenspeicher

Das Speichern einer Bild- oder Textdatei oder das Überspielen von einem Datenträger auf einen anderen geht meist sehr schnell und wird allenfalls als kurze Verzögerung wahrgenommen. Bei großen Datenmengen – zum Beispiel bei Backups – können sich aber Übertragungsdauern im Stundenbereich ergeben.

Die Übertragungsdauer hängt von Datenmenge und Transferrate (Übertragungsrate) ab. Die Transferraten (Schreib- und Leseraten) von Massenspeichern, zum Beispiel Festplatten, Solid State Drives (SSD), Streamern, Speicherkarten oder Speichersticks, werden meistens in Megabyte pro Sekunde angegeben. Um die Übertragungsdauer zu berechnen, wird die Datenmenge in Megabyte (MB) durch die Transferrate in Megabyte pro Sekunde (MB/s) dividiert.

Beispiel 4-1: Datenmenge 450 Megabyte, Transferrate 30 Megabyte pro Sekunde
$$450\,MB : 30\,MB/s = 15\,s$$

Wenn die Datenmenge in einem anderen Byte-Vielfachen angegeben ist, wird sie vorab in Megabyte umgewandelt (Erläuterungen dazu in 1.5.8 und 3.3.1).

Beispiel 4-2: Datenmenge 4,5 Terabyte, Transferrate 360 Megabyte pro Sekunde
Umwandlung der Datenmenge in Megabyte
$$4,5\,TB \cdot 1000^2\,MB/TB = 4\,500\,000\,MB$$
$$4\,500\,000\,MB : 360\,MB/s = 12\,500\,s$$

Übertragungsdauer in Stunden, Minuten und Sekunden (Umwandlung von Zeiteinheiten ist Abschnitt 1.5.6 erläutert):
$$12\,500\,s = 3\,h\,28\,min\,20\,s$$

Beispiel 4-3: Datenmenge 240 Gibibyte, Transferrate 80 Megabyte pro Sekunde
$$240\,GiB \cdot 1024^3\,Byte/GiB : 1000^2\,Byte/MB = 257\,698,0378\,MB$$
$$257\,698,0378\,MB : 80\,MB/s \approx 3221\,s = 53\,min\,41\,s$$

Die Berechnung der Übertragungsdauer ist zwar einfach. Das praktische Problem besteht darin, dass die effektive Transferrate vorab nicht genau bekannt ist, sondern nur geschätzt werden kann. Die in den Datenblättern von Massenspeichern angegebenen maximalen Transferraten werden nur beim fortlaufenden Lesen bzw. Schreiben ununterbrochener Datenströme erreicht. Der Transfer einer großen Anzahl einzelner Dateien geht erheblich langsamer vonstatten.

Die im Einzelfall erreichte mittlere Transferrate lässt sich berechnen, indem die übertragene Datenmenge durch die Übertragungsdauer dividiert wird.

Beispiel 4-4: Datenmenge 4680 Megabyte, Übertragungsdauer 144 s
$$4680\,MB : 144\,s = 32,5\,MB/s$$

4.1.2 Netzwerke

Übertragungsraten im Internet und in lokalen oder internen Netzwerken werden meist in Megabit pro Sekunde angegeben, seltener in Kilobit pro Sekunde. Um die Übertragungsdauer zu berechnen, wird vorab die Datenmenge in Megabit bzw. Kilobit umgewandelt. Alternativ kann auch die Übertragungsrate in Megabyte oder Kilobyte pro Sekunde umgewandelt werden.

Beispiel 4-5: Datenmenge 70 Megabyte, Übertragungsrate 16 Megabit pro Sekunde
Umwandlung der Datenmenge in Megabit und Division durch Übertragungsrate

$70\,MB \cdot 8\,bit/Byte = 560\,Mbit$

$560\,Mbit : 16\,Mbit/s = 35\,s$

Alternativ: Umwandlung der Übertragungsrate in Megabyte pro Sekunde

$16\,Mbit/s : 8\,bit/Byte = 2\,MB/s$

$70\,MB : 2\,MB/s = 35\,s$

Bei großen Datenmengen ergeben sich auch bei deutlich höheren Übertragungsraten ganz erhebliche Übertragungsdauern.

Beispiel 4-6: Datenmenge 400 Gigabyte, Übertragungsrate 500 Mbit/s

$400\,GB \cdot 1000\,MB/GB \cdot 8\,bit/Byte = 3\,200\,000\,Mbit$

$3\,200\,000\,Mbit : 500\,Mbit/s = 6400\,s = 1\,h\,46\,min\,40\,s$

Auch hier ist allerdings die Praxis etwas komplizierter als der Rechenweg. Die effektive Datendurchsatzrate (Netto-Übertragungsrate) ist bereits deshalb um etwa 10 % bis 15 % geringer als die (Brutto-)Übertragungsrate, da neben den Nutzdaten auch Steuer- und Adressdaten übertragen werden. Außerdem sind verringerte Übertragungsraten aufgrund hoher Netz- oder Serverbelastung möglich. Bei der Berechnung der Übertragungsdauer kann das durch einen prozentualen Abschlag von der Übertragungsrate berücksichtigt werden.

Beispiel 4-7: Datenmenge 600 Megabyte, die effektive Datendurchsatzrate ist um schätzungsweise 25 % geringer als die Übertragungsrate 50 Mbit/s

$600\,MB \cdot 8\,bit/Byte = 4800\,Mbit$

$50\,Mbit/s : 100\,\% \cdot (100\,\% - 25\,\%) = 37{,}5\,Mbit/s$

$4800\,Mbit : 37{,}5\,Mbit/s = 128\,s$

E-Mail-Anhänge werden Nach dem MIME-Standard mit dem Base64-Verfahren umcodiert. Dadurch erhöht sich die zu übertragende Datenmenge um rund 35 %. Da es bei E-Mail-Anhängen durchweg um kleinere Datenmengen geht, ist das allerdings nur bei niedrigen Durchsatzraten von praktischer Bedeutung.

Beispiel 4-8: Upload einer 12 MB großen Datei als E-Mail-Anhang, Erhöhung der Datenmenge durch Umcodierung um 35 %, effektive Durchsatzrate 1,6 Mbit/s

$12\,MB : 100\,\% \cdot (100\,\% + 35\,\%) \cdot 8\,bit/Byte = 129{,}6\,Mbit$

$129{,}6\,Mbit : 1{,}6\,Mbit/s = 81\,s$

Die tatsächliche Datendurchsatzrate lässt sich im Nachhinein berechnen, indem die Datenmenge durch die Übertragungsdauer dividiert wird.

Beispiel 4-9: Die Übertragung von 720 MB Nutzdaten dauerte 290 Sekunden. Umwandlung der Nutzdatenmenge in Megabit, Division durch 290 s:

$$720\,\text{MB} \cdot 8\,\text{bit/Byte} : 290\,\text{s} = 19{,}86\,\text{Mbit/s}$$

Achtung! Übertragungsraten werden gelegentlich auch in Megabyte pro Sekunde angegeben. In diesem Fall wird wie in Abschnitt 4.1.1 gerechnet, die Umwandlung von Megabyte in Megabit entfällt also. Achten Sie bitte immer darauf, ob die Übertragungsrate in Megabit oder Megabyte pro Sekunde angegeben ist bzw. berechnet werden soll.

4.1.3 Übungsaufgaben zu Abschnitt 4.1

1. Wie lange dauert das Überspielen von Dateien im Gesamtumfang von 525 MB auf einen Speicherstick, wenn die effektive Transferrate 12,5 MB/s beträgt?

2. Bitte die Transferdauern berechnen. Lösungen bitte ggf. in Stunden, Minuten und Sekunden angeben. Achten Sie auf die Einheiten!
   a) Datenmenge 876 Mebibyte, Transferrate 32 MB/s
   b) Datenmenge 180 Gigabyte, Transferrate 60 MB/s
   c) Datenmenge 1060 Gibibyte, Transferrate 280 MB/s
   d) Datenmenge 3,8 Terabyte, Transferrate 450 MB/s

3. Bitte die effektiven Transferraten in Megabyte pro Sekunde berechnen.
   a) Datenmenge 774 Megabyte, Transferdauer 45 Sekunden
   b) Datenmenge 456 Gigabyte, Transferdauer 1 Stunde 40 Minuten
   b) Datenmenge 192 Gibibyte, Transferdauer 18 Minuten 30 Sekunden

4. Wie lange dauert das Herunterladen einer 54 Megabyte großen Datei bei der Durchsatzrate 13,5 Megabit pro Sekunde?

5. Bitte die Übertragungsdauern berechnen. Lösungen bitte in Stunden, Minuten und Sekunden angeben.
   a) Datenmenge 236 Gigabyte, Durchsatzrate 224 Mbit/s
   b) Datenmenge 580 Gibibyte, Durchsatzrate 760 Mbit/s

6. Wie lange dauern die Übertragungen, wenn die effektiven Durchsatzraten um 20 % geringer sind als die angegebenen Übertragungsraten?
   a) Datenmenge 150 Megabyte, Übertragungsrate 16 Megabit pro Sekunde
   b) Datenmenge 42 Gigabyte, Übertragungsrate 12,5 Megabyte pro Sekunde

7. Wie lange dauert das Hochladen eines 16 MB großen E-Mail-Anhangs, wenn sich die Datenmenge durch Umcodierung um 35 % erhöht und die effektive Durchsatzrate die Übertragungsrate von 8 Mbit/s um 30 % unterschreitet?

8. In den 1990er Jahren wurden Modems mit einer Datenübertragungsrate von 56 Kilobit pro Sekunde für den Internetzugang benutzt.

a) Wie viel Sekunden dauerte damals das Hochladen eines 800 Kilobyte großen E-Mail-Anhangs?

b) Wie lange dauert es heute bei einer Übertragungsrate von 10 Mbit/s? Berücksichtigen Sie bitte in beiden Fällen die Erhöhung der Datenmenge um 35 % und effektive Datendurchsatzraten, die um 15 % geringer sind als die Übertragungsraten.

9. Bitte die Datendurchsatzraten in Megabit pro Sekunde berechnen.

a) Datenmenge 192 Megabyte, Übertragungsdauer 120 Sekunden

b) Datenmenge 540 Mebibyte, Übertragungsdauer 58 Sekunden

c) Datenmenge 44 Gigabyte, Übertragungsdauer 16 Minuten 20 Sekunden

d) Datenmenge 19,5 Gibibyte, Übertragungsdauer 35 Minuten 30 Sekunden

4.2 Display

4.2.1 Displaygröße

Größen von Computermonitoren, TV-Bildschirmen und rechteckigen Displays anderer stationärer oder mobiler Geräte werden üblicherweise durch Angabe der Bilddiagonale in Zentimeter, Millimeter oder Inch gekennzeichnet.

Die Diagonale *(d)* kann mithilfe des Pythagorassatzes errechnet werden, wenn Breite *(b)* und Höhe *(h)* des Displays bekannt sind.

$$d^2 = b^2 + h^2$$
$$d = \sqrt{b^2 + h^2}$$

Beispiel 4-10: Displaygröße 47,4 cm × 29,6 cm

$$d = \sqrt{47,4^2\,cm^2 + 29,6^2\,cm^2} \approx 55,8831\,cm \approx 55,9\,cm$$

Diagonale in Inch (1 inch = 2,54 cm):

$$55,8831\,cm : 2,54\,cm/inch \approx 22,0\,inch$$

Rückschluss von der Diagonale auf Breite und Höhe des Displays ist nur möglich, wenn das Seitenverhältnis bekannt ist. Beim Seitenverhältnis 4 : 3 (oder 3 : 4) ist die Berechnung einfach, weil Diagonale und Breite bzw. Höhe ganzzahlige Verhältnisse bilden.

$$\sqrt{4^2 + 3^2} = 5$$

Die längere Seitenlänge entspricht also vier Fünftel der Diagonale, die kürzere entspricht drei Fünftel der Diagonale. Längere Seitenlänge und Diagonale stehen im leicht merkbaren Verhältnis 4 : 5, kürzere und Diagonale im Verhältnis 3 : 5.

Beispiel 4-11: Diagonale 17 inch, Seitenverhältnis 4 : 3

$$b = 17\,inch \cdot 4 : 5 = 13,6\,inch \qquad 13,6\,inch \cdot 2,54\,cm/inch \approx 34,5\,cm$$
$$h = 17\,inch \cdot 3 : 5 = 10,2\,inch \qquad 10,2\,inch \cdot 2,54\,cm/inch \approx 25,9\,cm$$

Bei anderen Seitenverhältnissen steht die Diagonale in „krummen" Verhältnissen zu Breite und Höhe. Hier muss zunächst die entsprechende Verhältniszahl für die Diagonale errechnet werden.

Beispiel 4-12: Diagonale 61,3 cm, Seitenverhältnis 16 : 10
Mittels Pythagorassatz wird die Verhältniszahl für die Diagonale ausgerechnet.

$$\sqrt{16^2 + 10^2} \approx 18{,}868$$

Breite und Diagonale bilden das Verhältnis 16 : 18,868, Höhe und Diagonale bilden das Verhältnis 10 : 18,868. Multiplikation der Diagonale mit diesen Verhältnissen ergibt Breite und Höhe.

$$b = 61{,}3 \, \text{cm} \cdot 16 : 18{,}868 \approx 52{,}0 \, \text{cm}$$
$$h = 61{,}3 \, \text{cm} \cdot 10 : 18{,}868 \approx 32{,}5 \, \text{cm}$$

Wenn das Seitenverhältnis nicht explizit genannt ist, kann stattdessen mit der Pixelanzahl in Breite und Höhe gerechnet werden. Da Pixel quadratisch sind, kennzeichnet eine Angabe wie zum Beispiel 2560 × 1440 Pixel im folgenden Beispiel zugleich das Seitenverhältnis, hier also 2560 : 1440. Kürzen dieses Verhältnisses auf 16 : 9 ist möglich, aber für die Berechnung nicht erforderlich.

Beispiel 4-13: Diagonale 27 inch, 2560 × 1440 Pixel

$$\sqrt{2560^2 + 1440^2} \approx 2937{,}2$$
$$b = 27 \, \text{inch} \cdot 2560 : 2937{,}2 \approx 23{,}533 \, \text{inch} \approx 25{,}5 \, \text{inch}$$
$$23{,}533 \, \text{inch} \cdot 2{,}54 \, \text{cm/inch} \approx 59{,}8 \, \text{cm}$$
$$h = 27 \, \text{inch} \cdot 1440 : 2937{,}2 \approx 13{,}237 \, \text{inch} \approx 13{,}2 \, \text{inch}$$
$$13{,}237 \, \text{inch} \cdot 2{,}54 \, \text{cm/inch} \approx 33{,}6 \, \text{cm}$$

Die Rechenwege dieses Abschnitts als Formeln:

F 4-1 $\quad d = \sqrt{b^2 + h^2}$

F 4-2 $\quad b = d \cdot x : \sqrt{x^2 + y^2}$ $\qquad\qquad$ *d b h* Diagonale, Breite, Höhe

F 4-3 $\quad h = d \cdot y : \sqrt{x^2 + y^2}$ $\qquad\qquad$ *x y* Dividend, Divisor des Seitenverhältnisses

4.2.2 Pixelauflösung und Pixelabstand

Pixelauflösung eines Displays *(pixel resolution, screen resolution)*, auch Pixeldichte *(pixel density)* genannt, ist die Anzahl der Displaypixel pro Längeneinheit (Zentimeter oder Inch). Gezählt und gemessen wird horizontal oder vertikal , also in der Richtung der geringsten Abstände zwischen den Zentren der Pixel.

Der Begriff *Auflösung* wird in der Praxis leider oft mehrdeutig sowohl für die Anzahl der Displaypixel pro Längeneinheit als auch für die absolute Displaygröße (Breite × Höhe) in Pixeln verwendet. Um Missverständnisse zu vermeiden, sollten die Begriffe Auflösung, Pixelauflösung oder Pixeldichte ausschließlich für relative Angaben in Pixel per Inch oder Pixel pro Zentimeter verwendet werden.

Pixelabstand (pixel pitch), auch Punktabstand genannt, ist der horizontal oder vertikal gemessene Abstand der Zentren von zwei benachbarten Displaypixeln. Er wird in Millimeter oder in Mikrometer ($1000\,\mu m = 1\,mm$) angegeben. Pixelauflösung und Pixelabstand sind einfach zu berechnen, wenn eine Seitenlänge des Displays und die ihr entsprechende Anzahl der Pixel bekannt ist.

Beispiel 4-14: Displaybreite 50,8 cm, 1920 × 1200 Pixel
Pixelauflösung pro Zentimeter: Anzahl Pixel geteilt durch Breite in Zentimeter
$\quad f_{px} = 1920 : 50{,}8\,cm \approx 37{,}8/cm$
Pixelauflösung per Inch: Anzahl Pixel geteilt durch Breite in Inch
$\quad f_{px} = 1920 : (50{,}8\,cm : 2{,}54\,cm/inch) = 1920 : 20\,inch = 96{,}0/inch$
Pixelabstand in Millimeter: Breite in Millimeter geteilt durch Anzahl der Pixel
$\quad a = 50{,}8\,cm \cdot 10\,mm/cm : 1920 = 508\,mm : 1920 \approx 0{,}265\,mm$
Pixelabstand in Mikrometer: Breite in Mikrometer geteilt durch Anzahl der Pixel
$\quad a = 50{,}8\,cm \cdot 10\,000\,\mu m/cm : 1920 = 508\,000\,\mu m : 1920 \approx 265\,\mu m$

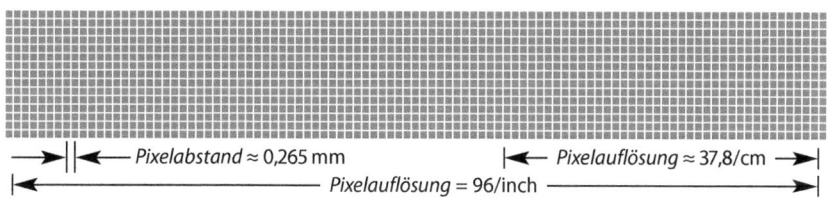

→||←— *Pixelabstand ≈ 0,265 mm* |←— *Pixelauflösung ≈ 37,8/cm* —→|
|←————————————— *Pixelauflösung = 96/inch* ————————————→|

Bild 4-1 Pixelauflösung und Pixelabstand, Werte aus Beispiel 4-14

In technischen Kurzbeschreibungen von Displays sind zwar meistens Diagonale in Zentimeter oder Inch sowie Breite und Höhe in Pixeln angegeben, Breite und Höhe in Zentimeter oder Millimeter fehlen aber häufig. In solchen Fällen kann zunächst die Breite wie in Beispiel 4–13 berechnet und dann wie in Beispiel 4-14 fortgefahren werden. Es gibt aber einen kürzeren und eleganteren Rechenweg.

Beispiel 4-15: Diagonale 68,0 cm, 2560 × 1440 Pixel
Mithilfe des Pythagorassatzes wird berechnet, wie viele Pixel auf einer Strecke liegen würden, deren Länge der Diagonale entspricht.

$$\sqrt{2560^2 + 1440^2} \approx 2937{,}2$$

Dieser Wert wurde bereits in Beispiel 4-13 als Verhältniszahl für die Diagonale bei der Berechnung von Breite und Höhe verwendet. Division durch die Diagonale in Zentimeter bzw. Inch ergibt die Pixelauflösung.
$\quad f_{px} = 2937{,}2 : 68{,}0\,cm \approx 43{,}2/cm$
$\quad f_{px} = 2937{,}2 : (68{,}0/cm : 2{,}54\,cm/inch) \approx 2937{,}2 : 26{,}7717\,inch \approx 109{,}7/inch$
Um den Pixelabstand zu berechnen, wird die Diagonale in Millimeter bzw. Mikrometer durch die fiktive Anzahl der Pixel dividiert.
$\quad a = 68{,}0\,cm \cdot 10\,mm/cm : 2937{,}2 = 680\,mm : 2937{,}2 \approx 0{,}232\,mm$
$\quad a = 68{,}0\,cm \cdot 10\,000\,\mu m/cm : 2937{,}2 = 680\,000\,\mu m : 2937{,}2 \approx 232\,\mu m$

Wenn Pixelauflösung oder Pixelabstand bereits bekannt ist, kann die jeweils andere Größe auf direktem Weg ermittelt werden. Pixelabstand a ist Kehrwert der Pixelauflösung f_{px} – und umgekehrt. Nur die Einheiten müssen entsprechend umgewandelt werden.

Beispiel 4-16: Pixelabstand bei Pixelauflösung 40/cm

$a = 1 : 40/cm = 0{,}025\,cm$

$0{,}025\,cm \cdot 10\,mm/cm = 0{,}250\,mm$

$0{,}025\,cm \cdot 10\,000\,\mu m/cm = 250\,\mu m$

Etwas kürzer und eleganter formuliert:

$a = 10\,mm/cm : 40/cm = 0{,}250\,mm$

$a = 10\,000\,\mu m/cm : 40/cm = 250\,\mu m$

Beispiel 4-17: Pixelabstand bei Pixelauflösung 110/inch

$a = 1 : 110/inch \approx 0{,}00909\,inch$

$0{,}00909\,inch \cdot 25{,}4\,mm/inch \approx 0{,}231\,mm$

$0{,}00909\,inch \cdot 25\,400\,\mu m/inch \approx 231\,\mu m$

Oder kürzer:

$a = 25{,}4\,mm/inch : 110/inch \approx 0{,}231\,mm$

$a = 25\,400\,\mu m/inch : 110/inch \approx 231\,\mu m$

Beispiel 4-18: Pixelauflösung pro Zentimeter und per Inch, Pixelabstand 0,200 mm

$f_{px} = 1 : 0{,}200\,mm = 5/mm$

$5/mm \cdot 10\,mm/cm = 50/cm$

$5/mm \cdot 25{,}4\,mm/inch = 127/inch$

Oder kürzer:

$f_{px} = 10\,mm/cm : 0{,}200\,mm = 50/cm$

$f_{px} = 25{,}4\,mm/inch : 0{,}200\,mm = 127/inch$

Formeln zur Berechnung von Pixelabstand und Pixelauflösung:

F 4-4 $\quad f_{px} = s_{px} : s_{LE}$ $\qquad$ **F 4-7** $\quad a = s_{LE} : s_{px}$

F 4-5 $\quad f_{px} = \sqrt{b_{px}^{2} + h_{px}^{2}} : d$ $\qquad$ **F 4-8** $\quad a = d : \sqrt{b_{px}^{2} + h_{px}^{2}}$

F 4-6 $\quad f_{px} = 1 : a$ $\qquad$ **F 4-9** $\quad a = 1 : f_{px}$

f_{px} Pixelauflösung $\qquad a$ Pixelabstand

s_{LE} Seitenlänge (Breite oder Höhe) des Displays in einer Längeneinheit

s_{px} Seitenlänge (Breite oder Höhe) des Displays in Pixel

d Diagonale $\qquad b_{px}, h_{px}$ Breite, Höhe in Pixeln

Die Einheit von f_{px} in Formel 4-4 ist Kehrwert der Einheit von s_{LE}.

In Formeln 4-6 und 4-9 ist die Einheit von f_{px} Kehrwert der Einheit von a (und umgekehrt), also zum Beispiel cm und 1/cm.

4.2.3 Übungsaufgaben zu Abschnitt 4.2

1. Bitte jeweils die Displaydiagonale in Zentimeter und in Inch berechnen.
   a) Desktop-Display, Breite 59,7 cm, Höhe 33,6 cm
   b) TV-Bildschirm, 71,0 cm × 39,9 cm   c) Tablet-Display, 160 mm × 229 mm

2. Berechnen Sie bitte Breiten und Höhen der Displays in Millimeter.
   a) Tablet-Display, Diagonale 270 mm, Seitenverhältnis 3 : 4
   b) TV-Bildschirm, Diagonale 82,6 cm, Seitenverhältnis 16 : 9
   c) Desktop-Display, Diagonale 19 inch, Seitenverhältnis 5 : 4
   d) E-Book-Reader, Diagonale 178 mm, 1264 × 1680 Pixel
   e) Desktop-Display, Diagonale 31,1 inch, 4096 × 2160 Pixel

3. Bitte die Pixelauflösungen in Pixel pro Zentimeter und die Pixelabstände in Millimeter berechnen.
   a) Desktop-Display, Breite 64,1 cm, 2560 × 1440 Pixel
   b) Notebook-Display, Breite 33 cm, 1680 × 1050 Pixel

4. Bitte Pixelauflösungen per Inch und Pixelabstände in Mikrometer berechnen.
   a) Tablet-Display, Höhe 197 mm, 1536 × 2048 Pixel
   b) Smartphone-Display, Höhe 134,5 mm, 1170 × 2532 Pixel

5. Berechnen Sie bitte die Pixelauflösungen in Pixel pro Zentimeter und die Pixelabstände in Millimeter.
   a) TV-Display, Diagonale 122 cm, 1920 × 1080 Pixel
   b) Notebook-Display, Diagonale 30 cm, 2304 × 1440 Pixel
   c) 4K-Display, Diagonale 31 inch, 3840 × 2160 Pixel

6. Bitte Pixelauflösungen per Inch und Pixelabstände in Mikrometer berechnen.
   a) Smartphone-Display, Diagonale 6,1 inch, 1080 × 2340 Pixel
   b) Desktop-Display, Diagonale 68,5 cm, 5120 × 2880 Pixel

7. Berechnen Sie bitte die Pixelabstände in Millimeter.
   a) Pixelauflösung 34/cm   b) Pixelauflösung 120/inch

8. Bitte die Pixelabstände in Mikrometer berechnen.
   a) Pixelauflösung 128/cm   b) Pixelauflösung 458/inch

9. Berechnen Sie bitte die Pixelauflösungen pro Zentimeter und per Inch.
   a) Pixelabstand 0,310 mm   c) Pixelabstand 78 µm
   b) Pixelabstand 0,172 mm   d) Pixelabstand 123 µm

Erhöhter Schwierigkeitsgrad

10. Ein Display mit dem Seitenverhältnis 20 : 13 besteht aus 3 744 000 Pixeln. Berechnen Sie bitte Breite und Höhe in Pixeln.

11. Welches Seitenverhältnis hat ein 581,6 mm breites 27-Inch-Display?

4.3 Raster

4.3.1 Rasterfrequenz, Rasterkonstante und Rasterzelle

Rasterfrequenz (Rasterfeinheit) ist die Auflösung (Ortsfrequenz) periodischer (amplitudenmodulierter, autotypischer) Raster. Sie gibt an, wie viele Rasterpunkte sich linear auf einer Strecke von einem Zentimeter oder einem Inch befinden. Gemessen und gezählt wird in Winkelrichtung des Rasters, also in Richtung der geringsten Abstände zwischen den Zentren der Punkte. Der Raster in Bild 4-2 hat den Rasterwinkel 45°; in dieser Richtung wird also gemessen und gezählt. Die in der Praxis geläufigen Begriffe Linien pro Zentimeter (L/cm) und Lines per Inch (lpi) stammen aus der Zeit, als Rasterungen fotomechanisch mit Distanzrastern erzeugt wurden, die aus verkitteten Glasplatten mit geätzten Linien bestanden. Heute könnte zutreffender von Rasterpunkten pro Zentimeter oder Screen Dots per Inch gesprochen werden.

Die Feinheit periodischer Raster kann auch durch die Rasterkonstante (Rasterperiode) gekennzeichnet werden. Das ist der Abstand zwischen den Zentren von zwei nebeneinanderliegenden Rasterpunkten. Rechnerisch ist die Rasterkonstante Kehrwert der Rasterfrequenz. Der Begriff Rasterweite steht für denselben Sachverhalt wie die Begriffe Rasterkonstante und Rasterperiode. In der Praxis wird dieser Begriff allerdings oft gleichbedeutend mit Rasterfrequenz verwendet.

Beispiel 4-19: Rasterkonstante in Millimeter bei Rasterfrequenz 40/cm
Kehrwert der Rasterfrequenz, umgewandelt in Millimeter:

$$k = 1 : 40/cm \cdot 10\,mm/cm = 0{,}25\,mm$$

Etwas kürzer formuliert:

$$k = 10\,mm/cm : 40/cm = 0{,}25\,mm$$

Beispiel 4-20: Rasterkonstante bei Rasterfrequenz 150/inch

$$k = 1 : 150/inch \cdot 25{,}4\,mm/inch \approx 0{,}169\,mm$$
$$k = 25{,}4\,mm/inch : 150/inch \approx 0{,}169\,mm$$

Rasterzelle (Rasterquadrat, Rastermasche) ist das fiktive Quadrat, dessen Seitenlänge der Rasterkonstanten entspricht. Sie ist der Raum, der höchstens für einen Rasterpunkt zur Verfügung steht. Der Rasterpunkt steht mittig in der Rasterzelle. Um ihre Fläche zu berechnen, wird die Rasterkonstante quadriert.

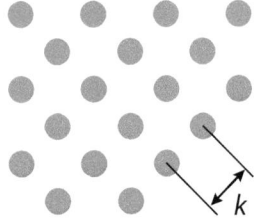
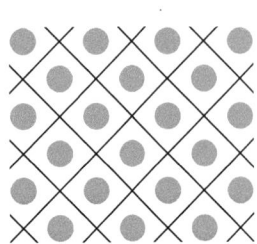

Bild 4-2
Rasterkonstante *k*
und Rasterzellen;
Rasterwinkel 45°

Beispiel 4-21: Fläche der Rasterzelle bei Rasterfrequenz 40/cm

Die Rasterkonstante beträgt 0,25 mm (vgl. Beispiel 4-19). Durch Quadrieren ergibt sich die Fläche der Rasterzelle:

$$A_{RZ} = 0{,}25^2 \, mm^2 = 0{,}0625 \, mm^2$$

Formalisiert sehen die Rechenwege so aus:

F 4-10 $k = 1 : f_R$ k Rasterkonstante f_R Rasterfrequenz

F 4-11 $A_{RZ} = k^2 = (1 : f_R)^2$ A_{RZ} Fläche der Rasterzelle

Nichtperiodische Raster (NP-Raster), auch frequenzmodulierte Raster (FM-Raster) genannt, haben keine festen Rasterfrequenzen und folglich auch keine Rasterkonstanten und -zellen. Die sehr kleinen druckenden Elemente sind nicht regelmäßig angeordnet, sondern scheinbar zufällig verstreut.

Hybridraster (crossmodulierte Raster) sind teils periodisch und teils nichtperiodisch. Dabei überwiegt aber der periodische Anteil – nur in den sehr niedrigen und sehr hohen Tonwertbereichen sind die druckenden Elemente nichtperiodisch angeordnet.

4.3.2 Rastertonwert

Rastertonwert (Tonwert, Flächendeckungsgrad) ist der prozentuale Flächenanteil der Rasterzelle, der vom Rasterpunkt bedeckt ist. Beim Rastertonwert 100 % hat also der Rasterpunkt die gleiche Fläche wie die Rasterzelle, beim Rastertonwert 50 % die halbe Fläche usw.

Beispiel 4-22: Fläche des Rasterpunkts mit Tonwert 20 %, Rasterfrequenz 40/cm

Berechnung mit Verhältnisgleichung oder Dreisatz, proportionales Verhältnis. Die Fläche der Rasterzelle beträgt 0,0625 mm² (vgl. Beispiel 4-21) und entspricht 100 %; die gesuchte Fläche des Rasterpunkts entspricht 20 %.

$$A_{RP} : 20 \% = 0{,}0625 \, mm^2 : 100{,}0 \% \quad | \cdot 20 \% \qquad 100 \% \quad : \quad 0{,}0625 \, mm^2$$
$$A_{RP} = 0{,}0625 \, mm^2 : 100{,}0 \% \cdot 20 \% = 0{,}0125 \, mm^2 \qquad 20 \% \quad = \quad 0{,}0125 \, mm^2$$

Beispiel 4-23: Tonwert eines 0,0250 mm² großen Rasterpunkts, Frequenz 40/cm

Die Fläche der Rasterzelle beträgt 0,0625 mm² (vgl. Beispiel 4-21) und entspricht 100 %. Die Fläche des Rasterpunkts entspricht dem gesuchten Rastertonwert.

$$A : 0{,}0250 \, mm^2 = 100 \% : 0{,}0625 \, mm^2 \quad | \cdot 0{,}0250 \, mm^2 \qquad 0{,}0625 \, mm^2 \quad : \quad 100 \%$$
$$A = 100 \% : 0{,}06250 \, mm^2 \cdot 0{,}0250 \, mm^2 = 40 \% \qquad 0{,}0250 \, mm^2 \quad = \quad 40 \%$$

Für beide Rechenwege gilt also die Verhältnisgleichung $A_{RP} : A \% = A_{RZ} : 100 \%$

F 4-12 $A_{RP} = A_{RZ} : 100 \% \cdot A \%$ A_{RP} A_{RZ} Fläche von Rasterpunkt, Rasterzelle

F 4-13 $A \% = 100 \% : A_{RZ} \cdot A_{RP}$ A Rastertonwert

A_{RP} und A_{RZ} müssen gleiche Einheiten haben.

Periodische Raster haben unterschiedliche Punktformen. Bei der „klassischen" quadratischen Form sind die Rasterpunkte nur im Mitteltonbereich annähernd quadratisch geformt. Bei geringeren Tonwerten sind sie nahezu kreisrund, während sie bei höheren Tonwerten miteinander verbunden sind (Punktschluss) und nahezu kreisrunde Rasterlöcher freilassen. Kettenrasterpunkte (elliptische Rasterpunkte) sind im Mitteltonbereich rautenförmig; bei geringeren und höheren Tonwerten entstehen ellipsenförmige Rasterpunkte bzw. -löcher.

Um sichere Übertragung auf Druckform und Bedruckstoff zu garantieren, müssen Rasterpunkte und -löcher bestimmte Mindestgrößen haben. Sie werden normalerweise als Durchmesser in Mikrometer (µm) angegeben, wobei der Einfachheit halber von kreisrunder Form ausgegangen wird. Im Bogen- und Rollenoffsetdruck beträgt der Mindestdurchmesser von Rasterpunkten und -löchern normalerweise 20 µm, im Zeitungsdruck 30 µm. Im Siebdruck hängt er von der Feinheit des Siebgewebes (Drahtdicke und Anzahl der Drähte pro Zentimeter) ab, im Flexodruck von Klischeematerial und -herstellungsverfahren.

Aus Rasterfrequenz und Mindestdurchmessern von Rasterpunkten und -löchern lassen sich geringst- und höchstmöglicher Rastertonwert – und damit der realisierbare Tonwertumfang bei periodischer Rasterung – berechnen. Bei Hybridrastern sind dies die Tonwerte, bei denen der Wechsel von periodischer zu nichtperiodischer Rasterung eintritt.

Beispiel 4-24: Geringst- und höchstmöglicher Tonwert bei Rasterfrequenz 80/cm, Mindestdurchmesser von Rasterpunkten und Rasterlöchern 20 µm
Zuerst wird die Rasterkonstante berechnet (Formel 4-10). Da der Durchmesser der Rasterpunkte und -löcher in Mikrometer angegeben ist, wird auch die Rasterkonstante in Mikrometer berechnet.
$$k = 1 : 80/cm \cdot 10\,mm/cm \cdot 1000\,\mu m/mm = 125\,\mu m$$
Fläche der Rasterzelle in Quadratmikrometer (Formel 4-11):
$$A_{RZ} = 125^2\,\mu m^2 = 15\,625\,\mu m^2$$
Die Fläche des Rasterpunkts mit 20 µm Durchmesser wird mit der Kreisflächenformel $r^2 \cdot \pi = (d : 2)^2 \cdot \pi$ berechnet.
$$A_{RP} = (20\,\mu m : 2)^2 \cdot \pi \approx 314\,\mu m^2$$
Geringstmöglicher Rastertonwert (vgl. Beispiel 4-23 und Formel 4-13):
$$A_{min} : 314\,\mu m^2 = 100\,\% : 15\,625\,\mu m^2 \quad | \cdot 314\,\mu m^2 \qquad 15\,625\,\mu m^2 \quad : \quad 100{,}0\,\%$$
$$A_{min} = 100\,\% : 15\,625\,\mu m^2 \cdot 314\,\mu m^2 \approx 2{,}0\,\% \qquad\qquad\quad 314\,\mu m^2 \quad \approx \quad 2{,}0\,\%$$

Rasterpunkte   *Rasterlöcher*

Bild 4-3
Quadratische Rasterpunkte (oben) und
Kettenrasterpunkte

Da die Durchmesser und damit die Flächen von kleinstem Rasterpunkt und kleinstem Rasterloch in diesem Beispiel gleich sind, ist die Berechnung des höchstmöglichen Rastertonwerts sehr einfach. Der höchstmögliche Tonwert ist die Differenz aus 100 % und geringstmöglichem Tonwert:

$$A_{max} = 100\,\% - 2,0\,\% = 98,0\,\%$$

Der Vollständigkeit halber noch die komplette Berechnung des höchstmöglichen Rastertonwerts. Zuerst wird die Fläche des Rasterlochs mit 20 µm Durchmesser berechnet.

$$A_{RL} = (20\,\mu m : 2)^2 \cdot \pi \approx 314\,\mu m^2$$

Prozentualer Anteil an der Fläche der Rasterzelle:

$$A_{RL\,min} : 314\,\mu m^2 = 100\,\% : 15\,625\,\mu m^2 \quad | \cdot 314\,\mu m^2 \qquad 15\,625\,\mu m^2 \;:\; 100,0\,\%$$
$$A_{RL\,min} = 100\,\% : 15\,625\,\mu m^2 \cdot 314\,\mu m^2 \approx 2,0\,\% \qquad\qquad 314\,\mu m^2 \;\approx\; 2,0\,\%$$

Höchstmöglicher Rastertonwert:

$$A_{max} = 100\,\% - 2,0\,\% = 98,0\,\%$$

4.3.3 Übungsaufgaben zu Abschnitt 4.3

1. Berechnen Sie bitte jeweils Rasterkonstante in Millimeter und Fläche der Rasterzelle in Quadratmillimeter.

a) Rasterfrequenz 24/cm   c) Rasterfrequenz 200/inch

b) Rasterfrequenz 60/cm   d) Rasterfrequenz 110/inch

2. Bitte jeweils die Fläche des Rasterpunkts in Quadratmillimeter berechnen.

a) Rastertonwert 40 %, Rasterfrequenz 70/cm

b) Rastertonwert 5 %, Rasterfrequenz 100/inch

c) Rastertonwert 25 %, Rasterfrequenz 28/cm

3. Bitte die Rastertonwerte berechnen.

a) Rasterfrequenz 54/cm, Fläche des Rasterpunkts 0,01 mm²

b) Rasterfrequenz 60/inch, Fläche des Rasterpunkts 0,07 mm²

c) Rasterfrequenz 90/cm, Fläche des Rasterpunkts 1850 µm²

4. Berechnen Sie bitte jeweils die beiden Rastertonwerte zu den angegebenen Durchmessern von Rasterpunkten und Rasterlöchern.

a) Siebdruck, Rasterfrequenz 30/cm, Punkt- und Lochdurchmesser 100 µm

b) Offsetdruck, Rasterfrequenz 60/cm, Punkt- und Lochdurchmesser 20 µm

c) Flexodruck, Rasterfrequenz 120/inch, Punkt- und Lochdurchmesser 40 µm

Erhöhter Schwierigkeitsgrad

5. Welchen Durchmesser in Mikrometer hat ein kreisrunder Rasterpunkt, Tonwert 5 %, bei der Rasterfrequenz 90/cm?

6. Wie groß ist der Durchmesser der kreisrunden Rasterlöcher beim Rastertonwert 97 %, Rasterfrequenz 70/inch?

4.4 Druckplattenrecorder

4.4.1 Aufzeichnungsfeinheit und Recorder-Element

Rasterpunkte, Zeichen und Grafikelemente werden von Druckplattenrecordern aus sehr kleinen Einzelelementen aufgebaut, den Recorder-Elementen. Das einzelne Recorder-Element ist nicht größenvariabel. Bei der Bebilderung von Druckplatten kann es nur zwei unterschiedliche Zustände annehmen: druckend oder nicht druckend.

Bei Druckern sind auch mehr als zwei Zustände je Recorder-Element und Druckfarbe möglich. Tintenstrahldrucker variieren entweder die Tröpchengröße oder übertragen eine variable Anzahl extrem kleiner Tröpfchen auf dieselbe Stelle des Bedruckstoffs. Bei zum Beispiel vier solcher Tröpfchen sind insgesamt fünf Zustände möglich (0, 1, 2, 3, 4 Tröpfchen).

Das Recorder-Element (abgekürzt REl) wird häufig auch Dot genannt, insbesondere bei Angabe der Aufzeichnungsfeinheiten von Recordern und Druckern in Dots per Inch (dpi). Wegen der Verwechslungsgefahr ist der gelegentlich verwendete Begriff Pixel *(picture element)* hier nicht zu empfehlen; er sollte für die Bildelemente bei Bilderfassung und digitaler Bildspeicherung reserviert bleiben.

Die Aufzeichnungsfeinheit (Recorder-Auflösung) gibt an, wie viele Recorder-Elemente sich auf einer Längeneinheit (Zentimeter, Inch) befinden. Die Seitenlänge des quadratischen Recorder-Elements ist Kehrwert der Aufzeichnungsfeinheit.

F 4-14 $s_{REl} = 1 : f_{Rec}$ s_{REl} Seitenlänge des Recorder-Elements

f_{Rec} Aufzeichnungsfeinheit des Recorders

Da Recorder-Elemente sehr klein sind, wird die Seitenlänge meist in Mikrometer (μm) angegeben. Beim Rechnen ist also die Einheit entsprechend umzuwandeln.

Beispiel 4-25: Seitenlänge des Recorder-Elements bei Aufzeichnungsfeinheit 800/cm
Kehrwert der Aufzeichnungsfeinheit:

$s_{REl} = 1 : 800/\text{cm} = 0{,}00125\,\text{cm}$

Umwandlung in Millimeter:

$0{,}00125\,\text{cm} \cdot 10\,\text{mm/cm} = 0{,}0125\,\text{mm}$

Umwandlung in Mikrometer:

$0{,}0125\,\text{mm} \cdot 1000\,\mu\text{m/mm} = 12{,}5\,\mu\text{m}$

Beispiel 4-26: Seitenlänge des Recorder-Elements bei Aufzeichnungsfeinheit 2400/inch
Kehrwert der Aufzeichnungsfeinheit:

$s = 1 : 2400/\text{inch} = 0{,}000\,417\,\text{inch}$

Umwandlung in Millimeter:

$0{,}000\,417\,\text{inch} \cdot 25{,}4\,\text{mm/inch} \approx 0{,}0106\,\text{mm}$

Umwandlung in Mikrometer:

$0{,}0106\,\text{mm} \cdot 1000\,\mu\text{m/mm} = 10{,}6\,\mu\text{m}$

4.4.2 Rasterzelle und Rasterfrequenz

Die Rasterzelle ist eine quadratische Matrix aus Recorder-Elementen, von denen je nach Rastertonwert eine größere oder kleinere Anzahl auf druckenden Zustand gesetzt ist. Bild 4-4 zeigt auf 0° gewinkelte Rasterzellen. Von diesem Rasterwinkel wird auch in den folgenden Erläuterungen und Berechnungen ausgegangen. Berechnungen für andere Winkel führen letzten Endes zu gleichen Ergebnissen, sind aber erheblich komplizierter.

Da Recorder-Elemente nicht teilbar sind, muss ihre in Breite und Höhe der Rasterzelle liegende Anzahl eine ganze Zahl sein. Folglich kann nicht jede beliebige Rasterfrequenz erzeugt werden; der Quotient aus Aufzeichnungsfeinheit und Rasterfrequenz muss ganzzahlig sein oder ganzzahlig gerundet werden.

Beispiel 4-27: Anzahl Recorder-Elemente in der Seitenlänge der auf 0° gewinkelten Rasterzelle, Aufzeichnungsfeinheit 800/cm, gewünschte Rasterfrequenz 40/cm
Die Aufzeichnungsfeinheit wird durch die Rasterfrequenz dividiert.

$$800/cm : 40/cm = 20$$

Das Ergebnis ist ohne Rundung ganzzahlig, die Rasterfrequenz 40/cm ist exakt realisierbar. Aufzeichnungsfeinheit geteilt durch Anzahl Recorder-Elemente in der Seitenlänge der Rasterzelle ergibt Rasterfrequenz.

$$800/cm : 20 = 40/cm$$

Beispiel 4-28: Aufzeichnungsfeinheit 2400/inch, gewünschte Rasterfrequenz 60/cm
Hier wird zuerst die Aufzeichnungsfeinheit in die Einheit 1/cm umgewandelt (alternativ kann auch die Rasterfrequenz in die Einheit 1/inch umgewandelt werden).

$$2400/inch : 2,54\,cm/inch \approx 944,9/cm$$

Aufzeichnungsfeinheit durch Rasterfrequenz:

$$944,9/cm : 60/cm \approx 15,75 \approx 16$$

Hier kommt die Ganzzahligkeit durch Rundung zustande. Folglich lässt sich die Rasterfrequenz 60/cm nicht genau realisieren. Tatsächliche Rasterfrequenz:

$$944,9/cm : 16 \approx 59,1/cm$$

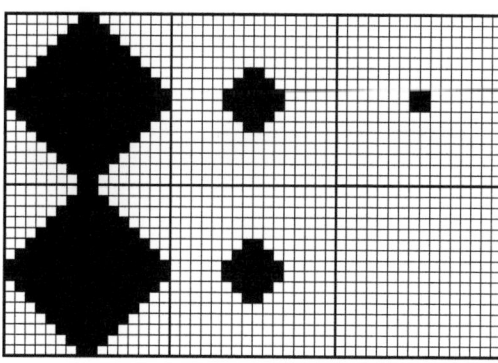

Bild 4-4
Sechs Rasterzellen aus je
$16^2 = 256$ Recorder-Elementen,
Rasterwinkel 0°

Beide Rechenwege als Formeln:

F 4-15 $n_{RZ} = f_{Rec} : f_R$ Ergebnis ganzzahlig runden!

F 4-16 $f_R = f_{Rec} : n_{RZ}$

n_{RZ} Anzahl Recorder-Elemente in der Seitenlänge der Rasterzelle
f_{Rec} Aufzeichnungsfeinheit f_R Rasterfrequenz
In Formel 4-16 müssen f_{Rec} und f_R gleiche Einheiten haben; in Formel 4-17 ist für n_{RZ} eine ganze (ggf. gerundete) Zahl einzusetzen.

4.4.3 Tonwertstufen

Wie viele differenzierte Rastertonwertstufen möglich sind, hängt von der Anzahl der Recorder-Elemente ab, aus denen die Rasterzelle aufgebaut ist. Wenn die Rasterzelle 16 Recorder-Elemente breit und hoch ist (wie in Bild 4-4), besteht sie aus $16^2 = 256$ Recorder-Elementen. Beim Rastertonwert 100 % sind alle Recorder-Elemente druckend, beim Rastertonwert 0 % keines. Deshalb sind in diesem Fall insgesamt 257 Tonwertstufen möglich (0, 1, 2, 3, …, 254, 255, 256 druckende Recorder-Elemente). Mit $16^2 = 256$ Recorder-Elementen pro Rasterzelle lassen sich also $16^2 + 1 = 257$ Tonwertstufen erzeugen.
Die rechnerisch ermittelte Anzahl der Tonwertstufen bedeutet allerdings nicht, dass sie bei der Bebilderung von Druckplatten auch vollständig genutzt werden. Aufgrund der Mindestgröße von Rasterpunkten und -löchern (vgl. Abschnitt 4.3.2) entfallen einige Stufen am unteren und am oberen Ende der Tonwertskala.

Beispiel 4-29: Anzahl Rastertonwertstufen bei Aufzeichnungsfeinheit 2400/inch, Rasterfrequenz 120/inch
Aufzeichnungsfeinheit geteilt durch Rasterfrequenz ergibt Anzahl der Recorder-Elemente in der Seitenlänge der Rasterzelle (Formel 4-15).
$n_{RZ} = 2400/\text{inch} : 120/\text{inch} = 20$
Recorder-Elemente je Rasterzelle:
$n_{RZ}^2 = 20^2 = 400$
Anzahl Tonwertstufen:
$n_A = 400 + 1 = 401$

Beispiel 4-30: Anzahl Rastertonwertstufen bei Aufzeichnungsfeinheit 2800/inch, gewünschte Rasterfrequenz 80/cm
Umwandlung der Aufzeichnungsfeinheit in Recorder-Elemente pro Zentimeter:
$2800/\text{ich} : 2,54\,\text{cm/inch} \approx 1102,4/\text{cm}$
Anzahl der Recorder-Elemente in der Seitenlänge der Rasterzelle; das Ergebnis wird ganzzahlig gerundet, da es keine Bruchteile von Recorder-Elementen gibt.
$n_{RZ} = 1102,4/\text{cm} : 80/\text{cm} \approx 13,78 \approx 14$
Anzahl Tonwertstufen:
$n_A = 14^2 + 1 = 197$

Die Frage nach der Anzahl der Rastertonwerte lässt sich auch umgekehrt stellen: Wie hoch muss die Aufzeichnungsfeinheit mindestens sein, um bei gegebener Rasterfrequenz die gewünschte Anzahl von Tonwertstufen zu realisieren?

Beispiel 4-31: Mindest-Aufzeichnungsfeinheit bei Rasterfrequenz 175/inch, rund 250 Tonwertstufen

Um zu ermitteln, wie viele Recorder-Elemente in der Seitenlänge der Rasterzelle liegen müssen, wird die Quadratwurzel aus der Anzahl der Tonwertstufen gezogen und das Ergebnis ganzzahlig gerundet.

$$n_{RZ} = \sqrt{250} \approx 15{,}81 \approx 16$$

Rasterfrequenz mal Anzahl der Recorder-Elemente je Rasterzellenbreite ergibt Aufzeichnungsfeinheit.

$$f_{Rec} = 175/inch \cdot 16 = 2800/inch$$

Die Fragestellung lässt sich nochmals wenden: Welche Rasterfrequenz ist höchstens möglich, wenn bei gegebener Aufzeichnungsfeinheit eine bestimmte Anzahl von Tonwertstufen erreicht werden soll?

Beispiel 4-32: Maximale Rasterfrequenz bei Aufzeichnungsfeinheit 2800/inch, rund 200 Tonwertstufen

Anzahl der Recorder-Elemente in der Seitenlänge der Rasterzelle:

$$n_{RZ} = \sqrt{200} \approx 14{,}14 \approx 14$$

Aufzeichnungsfeinheit geteilt durch Anzahl der Recorder-Elemente pro Rasterzellenbreite ergibt Rasterfrequenz.

$$f_R = 2800/inch : 14 \approx 200/inch$$

Alle Rechenwege als Formeln:

F 4-17 $\quad n_A = (f_{Rec} : f_R)^2 + 1 \qquad f_{Rec} : f_R$ ganzzahlig runden!

F 4-18 $\quad f_{Rec} = f_R \cdot \sqrt{n_A} \qquad \sqrt{n_A}$ ganzzahlig runden!

F 4-19 $\quad f_R = f_{Rec} : \sqrt{n_A} \qquad \sqrt{n_A}$ ganzzahlig runden!

n_A Anzahl Tonwertstufen $\quad f_{Rec}$ Aufzeichnungsfeinheit $\quad f_R$ Rasterfrequenz

4.4.4 Rastertonwert

Der Rastertonwert ergibt sich zwar aus der Anzahl druckender Recorder-Elemente in der Rasterzelle, ist aber nicht direkt berechenbar. Das liegt vor allem am Laserspot, dessen Form bei vielen Recordern von der des quadratischen Recorder-Elements abweicht und dessen Fläche meist etwas größer ist als die Fläche des Recorder-Elements. Wenn zum Beispiel die Hälfte der in der Rasterzelle liegenden Recorder-Elemente vom Laserspot bestrahlt wird, ergibt sich nicht genau der Rastertonwert 50 %, sondern ein – je nach Recorder- und Plattentyp – etwas nach oben oder unten davon abweichender Wert. Solche Abweichungen werden durch Linearisierung des Recorders ausgeglichen.

Da in Prüfungen gelegentlich die Frage nach dem Rastertonwert bei bestimmter Anzahl auf druckend gesetzter Recorder-Elemente auftaucht, soll die Berechnung hier kurz erläutert werden. Ergebnisse solcher Berechnungen sind immer nur rechnerisch richtig; von den tatsächlichen Verhältnissen bei der Bebilderung von Druckplatten weichen sie mehr oder minder stark ab.

Beispiel 4-33: Rasterzelle mit 16×16 Recorder-Elementen, davon 144 druckend (wie in den beiden linken Rasterzellen in Bild 4-4)
Anzahl der Recorder-Elemente in der Rasterzelle:

$$16^2 = 256$$

256 Recorder-Elemente entsprechen 100 %, 144 Recorder-Elemente entsprechen dem gesuchten Rastertonwert.

$$100\,\% : 256 \cdot 144 \approx 56,3\,\%$$

4.4.5 Übungsaufgaben zu Abschnitt 4.4

1. Welche Seitenlängen in Mikrometer (μm) haben die Recorder-Elemente bei folgenden Aufzeichnungsfeinheiten?
   a) 1000/cm   b) 1333/cm   c) 2000/inch   d) 2800/inch

2. Wie viele Recorder-Elemente liegen jeweils in der Seitenlänge der auf 0° gewinkelten Rasterzelle, wenn die Aufzeichnungsfeinheit 3000/inch beträgt und mit folgenden Rasterfrequenzen (genau oder mit möglichst geringer Abweichung) aufgezeichnet wird?
   a) 200/inch   b) 140/inch   c) 70/cm   d) 90/cm

3. Eine Druckplatte soll mit der Rasterfrequenz 175/inch bebildert werden, der Recorder hat die Aufzeichnungsfeinheit 2400/inch.
   a) Wie viele Recorder-Elemente liegen in der Seitenlänge der Rasterzelle?
   b) Welche Rasterfrequenz ergibt sich genau?

4. Mit der Aufzeichnungsfeinheit 1270/inch soll die Rasterfrequenz 28/cm erzeugt werden. Wie viele Recorder-Elemente liegen in der Seitenlänge der Rasterzelle? Welche genaue Rasterfrequenz ergibt sich dabei?

5. Welche tatsächliche Rasterfrequenz ergibt sich anstelle von 80/cm, wenn die Aufzeichnungsfeinheit des Recorders 3000/inch beträgt?

6. Wie viele Tonwertstufen sind möglich, wenn Druckplatten mit der Rasterfrequenz 120/inch und der Aufzeichnungsfeinheit 1800/inch bebildert werden?

7. Bitte jeweils die Anzahl möglicher Tonwertstufen berechnen:
   a) Rasterfrequenz 230/inch, Aufzeichnungsfeinheit 3200/inch
   b) Rasterfrequenz 60/cm, Aufzeichnungsfeinheit 2540/inch
   c) Rasterfrequenz 110/inch, Aufzeichnungsfeinheit 1800/inch
   d) Rasterfrequenz 90/cm, Aufzeichnungfeinheit 3000/inch

8. Welche Aufzeichnungsfeinheit ist mindestens erforderlich, um bei der Rasterfrequenz 150/inch rund 250 Tonwertstufen zu erzeugen?

9. Bitte jeweils die erforderliche Aufzeichnungsfeinheit (1/inch) berechnen:
   a) Rasterfrequenz 120/inch, 170 Tonwertstufen
   b) Rasterfrequenz 70/cm, rund 300 Tonwertstufen

10. Mit welcher Rasterfrequenz können Druckplatten höchstens bebildert werden, wenn bei der Aufzeichnungsfeinheit 1800/inch mindestens 225 Tonwertstufen erreicht werden sollen?

11. Bitte jeweils die Rasterfrequenz berechnen:
   a) Aufzeichnungsfeinheit 2800/inch, rund 200 Tonwertstufen
   b) Aufzeichnungsfeinheit 2540/inch, 325 Tonwertstufen

12. Ein Recorder bebildert mit der Aufzeichnungsfeinheit 1600/inch, die gewünschte Rasterfrequenz beträgt 44/cm.
   a) Welche Seitenlänge (μm) hat das Recorder-Element?
   b) Welche genaue Rasterfrequenz (1/cm) ergibt sich?
   c) Wie viele Rastertonwertstufen sind möglich?

13. Eine Druckplatte soll mit der Aufzeichnungsfeinheit 2000/inch und der Rasterfrequenz 135/inch bebildert werden.
   a) Welche Rasterfrequenz ergibt sich tatsächlich?
   b) Wie viele Tonwertstufen können erzeugt werden?
   c) Welche Aufzeichnungsfeinheit wäre erforderlich, um bei der Rasterfrequenz 135/inch rund 250 Tonwertstufen zu realisieren?
   d) Welche Rasterfrequenz ist anstelle von 135/inch zu wählen, um bei der Aufzeichnungsfeinheit 2000/inch rund 250 Tonwertstufen zu ermöglichen?

14. Bitte jeweils den (rein rechnerischen) Rastertonwert ermitteln:
   a) Rasterzelle mit 16 × 16 Recorder-Elementen, davon 40 druckend
   b) Rasterzelle mit 90 druckenden Recorder-Elementen, Aufzeichnungsfeinheit 3600/inch, Rasterfrequenz 240/inch

Erhöhter Schwierigkeitsgrad

15. Bei der Aufzeichnung mit 800/cm ist die auf 0° gewinkelte Rasterzelle 187,5 μm breit. Berechnen Sie bitte die Rasterfrequenz sowie die Anzahl möglicher Tonwertstufen.

16. Das Recorder-Element ist 7,5 μm breit, die Rasterzelle 127,5 μm. Bitte Aufzeichnungsfeinheit und Rasterfrequenz berechnen. Lösungen bitte pro Zentimeter und per Inch angeben.

4.5 Ausschießen

4.5.1 Ausschießschema

Ausschießen ist das weiterverarbeitungsgerechte Anordnen der Seiten auf dem Druckbogen. Die Positionen der Seiten ergeben sich aus dem Falzschema (Aufeinanderfolge von Kreuz- oder Parallelfalzen) und dem Verfahren, mit dem die gefalzten Druckbogen zusammengefügt werden. Bei mehrlagigen Produkten, zum Beispiel fadengehefteten oder klebegebundenen Büchern, werden die gefalzten Bogen zusammengetragen, also aufeinandergelegt. Bei einlagigen Produkten, zum Beispiel rückstichgehefteten Broschüren, werden die gefalzten Bogen gesammelt, also in der Mitte geöffnet und ineinandergesteckt.

In der Praxis wird durchweg auf bereits vorhandene, digital gespeicherte Ausschießschemata zurückgegriffen. Um ein Ausschießschema manuell herzustellen, wird ein Blatt Papier dem Falzschema entsprechend gefalzt, durchpaginiert und wieder aufgefaltet. Wenn der erste Bogen des Produkts ausgeschossen ist, ergeben sich alle weiteren durch einfaches Addieren oder Subtrahieren.

In diesem und im nächsten Abschnitt geht es ausschließlich um den Schön- und Widerdruck mit zwei Formen, also zwei Druckplatten oder Druckplattensätzen für Vorder- und Rückseite des Bogens. Die Druckplatte, auf der sich erste und letzte Seite des Druckbogens befinden, wird äußere Form genannt, weil diese beiden Seiten nach dem Falzen außen liegen. Entsprechend wird die Druckplatte, auf der zweite und vorletzte Seite stehen, als inneren Form bezeichnet. Besonderheiten des Drucks mit einer Form werden im übernächsten Abschnitt behandelt.

Beispiel 4-34: Ausschießschema für den ersten 16-seitigen Bogen eines mehrlagigen (zusammengetragenen) Produkts, Schön- und Widerdruck mit zwei Formen:

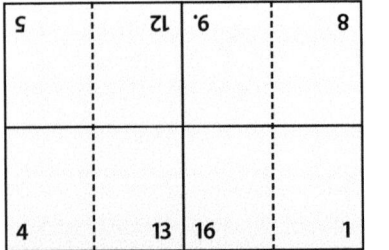 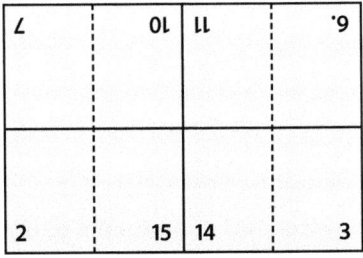

Bild 4-5 Äußere und innere Form des ersten Bogens, mehrlagiges Produkt

Das Schema für den zweiten Bogen ergibt sich, indem alle Seitenzahlen um die einfache Seitenanzahl des Bogens, hier also um 16, erhöht werden (vgl. Bild 4-6). Die Schemata des dritten, vierten, fünften usw. Bogens lassen sich entsprechend ermitteln, indem die Seitenzahlen des ersten Bogens um $2 \cdot 16 = 32$, $3 \cdot 16 = 48$, $4 \cdot 16 = 64$ usw. erhöht werden.

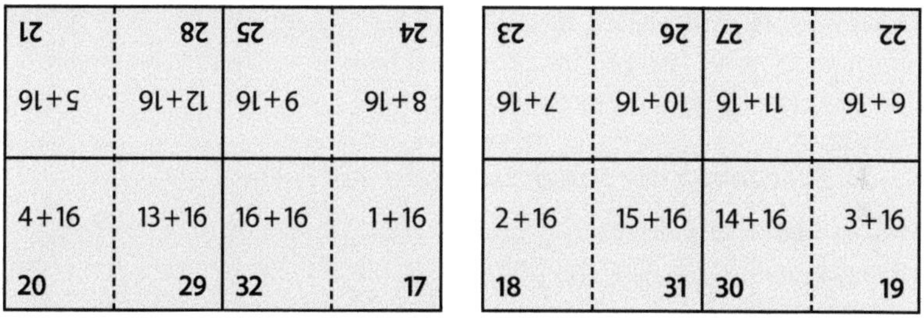

21 28 25 24
5+16 12+16 9+16 8+16
4+16 13+16 16+16 1+16
20 29 32 17
23 26 27 22
7+16 10+16 11+16 6+16
2+16 15+16 14+16 3+16
18 31 30 19

Bild 4-6 Äußere und innere Form des zweiten Bogens, mehrlagiges Produkt

Auf dem ersten Bogen einlagiger (gesammelter) Produkte stehen je zur Hälfte die ganz vorn und ganz hinten im fertigen Produkt liegenden Seiten. Bei 16-seitigen Bogen und 64 Seiten Gesamtumfang des gesammelten Produkts sind das die Seiten 1 bis 8 und 57 bis 64.

Beispiel 4-35: Ausschießschema für den ersten 16-seitigen Bogen einer rückstichgehefteten Zeitschrift (einlagiges, gesammeltes Produkt) mit 64 Seiten, Schön- und Widerdruck mit zwei Formen:

5 60 57 8
4 61 64 1
7 58 59 6.
2 63 62 3

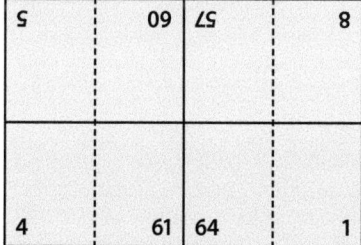

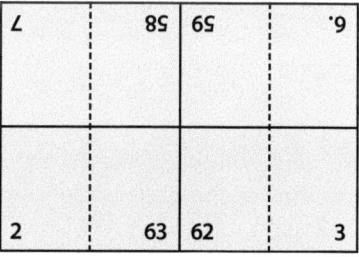

Bild 4-7 Äußere und innere Form, 1. Bogen, einlagiges Produkt mit 64 Seiten

Das Schema für den zweiten Bogen ergibt sich, indem die Seitenzahlen im vorderen Teil des Produkts (1 bis 8) jeweils um die halbe Seitenanzahl des Bogens, also um 8, erhöht und die Seitenzahlen im hinteren Teil (57 bis 64) entsprechend um jeweils 8 vermindert werden.

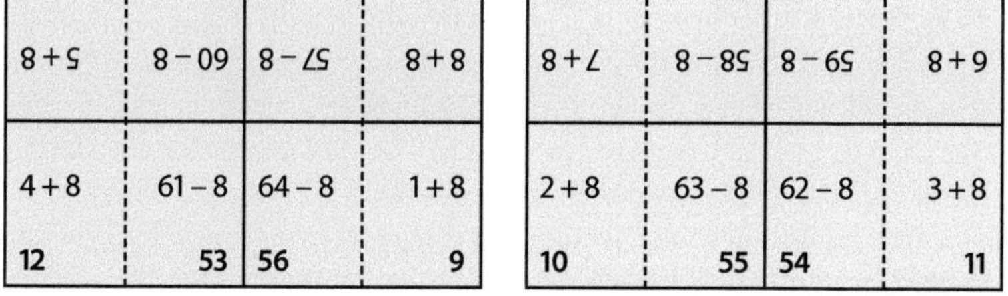

13 52 49 16
5+8 60−8 57−8 8+8
4+8 61−8 64−8 1+8
12 53 56 9
15 50 51 14
7+8 58−8 59−8 6+8
2+8 63−8 62−8 3+8
10 55 54 11

Bild 4-8 Äußere und innere Form, 2. Bogen, einlagiges Produkt mit 64 Seiten

Die Schemata der weiteren Bogen lassen sich entsprechend durch Addition und Subtraktion von $2 \cdot 8 = 16$ (dritter Bogen) bzw. $3 \cdot 8 = 24$ (vierter Bogen) von den Seitenzahlen des ersten Bogens ermitteln.

4.5.2 Zuordnung der Seiten zu Bogen und Form

Welche Seiten in äußerer und innerer Form eines bestimmten Bogens stehen, lässt sich auch ohne Ausschießschema ermitteln. Bei mehrlagigen (zusammengetragenen) Produkten muss dazu die Anzahl der Seiten pro Bogen bekannt sein, bei einlagigen (gesammelten) Produkten außerdem der Gesamtumfang.

Beispiel 4-36: Seiten der äußeren und der inneren Form des 5. Bogens; mehrlagiges Produkt, 16-seitige Druckbogen
Zuerst werden erste und letzte Seitenzahl des 5. Bogens ermittelt. Die letzte Seitenzahl ergibt sich durch Multiplikation der Bogennummer mit der Anzahl der Seiten pro Bogen:

$$5 \cdot 16 = 80$$

Die erste Seitenzahl des Bogens ergibt sich, indem die um 1 verminderte Anzahl der Seiten des Bogens von der letzten subtrahiert wird:

$$80 - (16 - 1) = 80 - 15 = 65$$

Alternativer Rechenweg: Die letzte Seitenzahl des vorhergehenden Bogens wird um 1 erhöht.

$$(5 - 1) \cdot 16 + 1 = 4 \cdot 16 + 1 = 64 + 1 = 65$$

Auf dem 5. Bogen stehen also die Seitenzahlen von 65 bis 80.
Um die Zugehörigkeit zur äußeren bzw. inneren Form zu ermitteln, werden die Seitenzahlen des Bogens in Zeilen mit je vier Zahlen notiert.

65	66	67	68
69	70	71	72
73	74	75	76
77	78	79	80

Die Seitenzahlen in den äußeren, ganz links und ganz rechts stehenden Spalten gehören zur äußeren Form, also 65, 68, 69, 72, 73, 76, 77 und 80. Die Seitenzahlen in den beiden mittleren Spalten gehören zu inneren Form, also 66, 67, 70, 71, 74, 75, 78 und 79.

Beispiel 4-37: Seiten der äußeren und der inneren Form des 5. Bogens; einlagiges Produkt mit 128 Seiten, 16-seitige Druckbogen
Hier wird der Druckbogen rechnerisch in zwei Hälften unterteilt, deren Seitenzahlen vor bzw. hinter der Mitte des gesammelten Produkts stehen.
Die letzte Seitenzahl in der vorderen Hälfte ergibt sich durch Multiplikation der Bogennummer mit der halben Anzahl der Seiten pro Bogen:

$$5 \cdot 16 : 2 = 40$$

Erste Seitenzahl in der vorderen Hälfte:

$$40 - (16 : 2 - 1) = 40 - 7 = 33 \quad \text{oder:} \quad (5 - 1) \cdot 16 : 2 + 1 = 4 \cdot 8 + 1 = 33$$

Erste und letzte Seite in der hinteren Hälfte ergeben sich, indem die für die vordere Hälfte errechneten Seitenzahlen von der um 1 erhöhten letzten Seitenzahl des Produkts subtrahiert werden.

$$128 + 1 - 33 = 129 - 33 = 96$$
$$128 + 1 - 40 = 129 - 40 = 89$$

Auf dem 5. Bogen stehen also die Seitenzahlen von 33 bis 40 und von 89 bis 96. Die Zugehörigkeit zur äußeren bzw. inneren Form wird wie bei mehrlagigen Produkten ermittelt:

33	34	35	36
37	38	39	40
89	90	91	92
93	94	95	96

Auch die Frage, zu welcher Form des wievielten Bogens eine bestimmte Seitenzahl gehört, lässt sich rechnerisch beantworten, wenn die Anzahl der Seiten pro Bogen und, bei einlagigen Produkten, der Gesamtumfang bekannt ist.

Beispiel 4-38: Seite 261, mehrlagiges Produkt, 16-seitige Druckbogen
Um die Nummer des Bogens zu ermitteln, wird die Seitenzahl durch die Anzahl der Seiten pro Bogen dividiert. Das Ergebnis wird ganzzahlig aufgerundet.

$$261 : 16 = 16,3125 \approx 17$$

Seite 261 steht also auf dem 17. Bogen. Um die Zugehörigkeit zur äußeren oder inneren Form festzustellen, wird die Seitenzahl durch 4 dividiert. Das Ergebnis wird ganzzahlig mit Divisionsrest notiert:

$$261 : 4 = 65 \text{ Rest } 1$$

Beim Divisionsrest 0 oder 1 gehört die Seitenzahl zur äußeren Form, beim Divisionsrest 2 oder 3 zur inneren. Seite 261 steht also in der äußeren Form.

Beispiel 4-39: Seite 62, einlagiges Produkt mit 240 Seiten, 16-seitige Druckbogen
Zuerst wird überprüft, ob die Seitenzahl in der vorderen oder hinteren Hälfte des Produkts steht, also kleiner oder gleich bzw. größer als die Hälfte der höchsten Seitenzahl des Produkts ist.

$$240 : 2 = 120 \quad 62 < 120$$

Seite 62 steht also in der vorderen Hälfte. In diesem Fall wird die Seitenzahl durch die halbe Anzahl der Seiten pro Bogen dividiert.

$$62 : (16 : 2) = 62 : 8 = 7,75 \approx 8$$

Die Zugehörigkeit zur äußeren oder inneren Form ergibt sich auch hier aus dem Divisionsrest bei Division der Seitenzahl durch 4.

$$62 : 4 = 15 \text{ Rest } 2$$

Seite 62 steht also in der inneren Form des 8. Bogens.

Beispiel 4-40: Seite 196, einlagiges Produkt mit 240 Seiten, 16-seitige Druckbogen

$$240 : 2 = 120 \qquad 196 > 120$$

Seite 196 steht also in der hinteren Hälfte des Produkts.

In diesem Fall wird die Seitenzahl von der höchsten Seitenzahl des Produkts subtrahiert und die Differenz durch die halbe Seitenanzahl pro Bogen dividiert.

$$(240 - 196) : (16 : 2) = 44 : 8 = 5,5 \approx 6$$

Die Zugehörigkeit zur äußeren oder inneren Form ergibt sich wiederum aus dem Divisionsrest bei Division der Seitenzahl durch 4.

$$196 : 4 = 49 \text{ Rest } 0$$

Seite 196 steht also in der äußeren Form des 6. Bogens.

4.5.3 Druck mit einer Form

Beim Druck mit einer Form stehen alle Seiten des Druckbogens auf einer Druckplatte oder einem Druckplattensatz. Das Papier wird beim ersten Maschinendurchlauf einseitig bedruckt. Dann wird es in der Regel über die seitliche, kürzere Bogenkante gewendet (umschlagen) und im zweiten Maschinendurchlauf rückseitig bedruckt. Auf diese Weise entstehen zwei identische Nutzen, die vor dem Falzen durch einen Schnitt voneinander getrennt werden.

Da alle Seiten in einer Form stehen, kann auf Druckplatte und Druckbogen bezogen nicht von äußerer und innerer Form gesprochen werden. Der Vergleich des Ausschießschemas für den Druck von 16 Seiten zu zwei Nutzen mit einer Form (Bild 4-9 am Fuß dieser Seite) mit dem Schema für den Schön- und Widerdruck von 16 Seiten mit zwei Formen (Bild 4-5, Beispiel 4-34) zeigt aber klare Entsprechungen. Die linke Hälfte des Ausschießschemas für den Druck mit einer Form entspricht der äußeren Form beim Druck mit zwei Formen, die rechte Hälfte entspricht der inneren. Die beim Druck mit einer Form durch Trennschnitt entstehenden 16-seitigen Falzbogen unterscheiden sich also nicht von den mit zwei Formen gedruckten 16-seitigen Bogen.

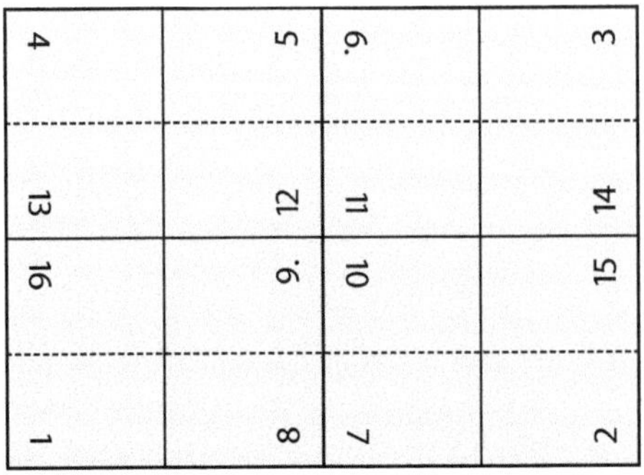

Bild 4-9
Ausschießschema für 16 Seiten
zu zwei Nutzen aus einer Form,
Wendeart Umschlagen

4.5.4 Übungsaufgaben zu Abschnitt 4.5

1. Die Skizze zeigt ein Ausschießschema für die äußere Form
des ersten 32-seitigen Bogens
eines mehrlagigen Produkts.
Skizzieren Sie bitte das Schema
für die äußere Form des
sechsten Bogens.

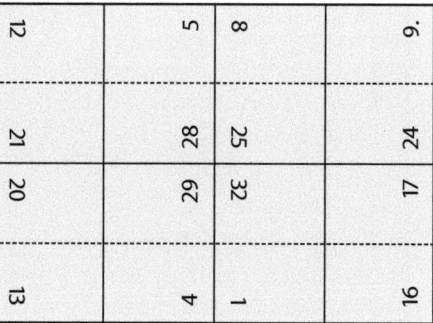

Bild 4-10 Zu Aufgabe 1

2. Die Skizze zeigt ein Ausschießschema für die äußere Form
des ersten 32-seitigen Bogens
eines einlagigen Produkts mit
160 Seiten Gesamtumfang.
Skizzieren Sie bitte das Schema
für die äußere Form des
dritten Bogens.

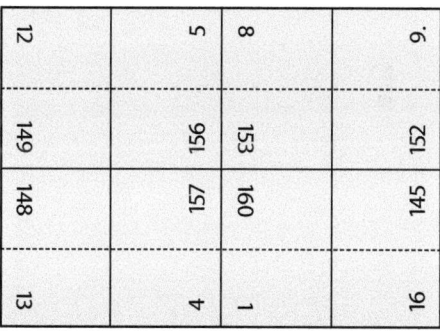

Bild 4-11 Zu Aufgabe 2

3. Bestimmen Sie bitte jeweils die in der äußeren und die in der inneren Form
stehenden Seitenzahlen für mehrlagige (zusammengetragene) Produkte:
a) 12. Bogen, 8 Seiten pro Druckbogen
b) 8. Bogen, 16 Seiten pro Druckbogen
a) 15. Bogen, 24 Seiten pro Druckbogen
d) 5. Bogen, 32 Seiten pro Druckbogen

4. Bitte jeweils die Seitenzahlen der äußeren und der inneren Form für einlagige
(gesammelte) Produkte ermitteln.
a) 7. Bogen, 80-seitiges Produkt, 8 Seiten pro Bogen
b) 3. Bogen, 80-seitiges Produkt, 16 Seiten pro Bogen
c) 6. Bogen, 144-seitiges Produkt, 16 Seiten pro Bogen
d) 5. Bogen, 160-seitiges Produkt, 32 Seiten pro Bogen

5. Geben Sie bitte jeweils an, zu welchem Bogen die Seitenzahl gehört und ob sie in äußerer oder innerer Form steht. Es geht in allen Fällen um mehrlagige (zusammengetragene) Produkte.
   a) 8-seitige Druckbogen, Seite 73
   b) 16-seitige Druckbogen, Seite 150
   c) 24-seitige Druckbogen, Seite 199
   d) 32-seitige Druckbogen, Seite 652

6. Geben Sie bitte für die einlagigen (gesammelten) Produkte an, zu welchem Bogen die Seite jeweils gehört und ob sie in äußerer oder innerer Form steht.
   a) 56-seitiges Produkt, 8-seitige Druckbogen, Seite 19
   b) 72-seitiges Produkt, 8-seitige Druckbogen, Seite 61
   c) 240-seitiges Produkt, 16-seitige Druckbogen, Seite 92
   d) 192-seitiges Produkt, 32-seitige Druckbogen, Seite 141

5 Papier

5.1 Normformate

5.1.1 Endformate

Die Normformate nach DIN EN ISO 216 und DIN 476-2 sind Endformate für Papier und Drucksachen. Formate der Hauptreihe A werden zum Beispiel für Briefblätter, Formulare, Karten, Broschüren und Plakate verwendet. Die Zusatzreihen B und C liefern Ergänzungsformate, zum Beispiel für Briefhüllen und Mappen. Die Fläche des Formats A0 beträgt rund 1 m² (genau 999 949 mm²). Durch Halbieren der längeren Formatseitenlänge entsteht jeweils das nächstkleinere Format mit der nächsthöheren Klassennummer. Die bei der Teilung entstehenden halben Millimeter sind immer abgerundet.

Tabelle 5-1: Genormte Endformate (DIN EN ISO 216, DIN 476-2)

Klasse	Reihe A	Reihe B	Reihe C
0	841 mm × 1189 mm	1000 mm × 1414 mm	917 mm × 1297 mm
1	594 mm × 841 mm	707 mm × 1000 mm	648 mm × 917 mm
2	420 mm × 594 mm	500 mm × 707 mm	458 mm × 648 mm
3	297 mm × 420 mm	353 mm × 500 mm	324 mm × 458 mm
4	210 mm × 297 mm	250 mm × 353 mm	229 mm × 324 mm
5	148 mm × 210 mm	176 mm × 250 mm	162 mm × 229 mm
6	105 mm × 148 mm	125 mm × 176 mm	114 mm × 162 mm
7	74 mm × 105 mm	88 mm × 125 mm	81 mm × 114 mm
8	52 mm × 74 mm	62 mm × 88 mm	57 mm × 81 mm
9	37 mm × 52 mm	44 mm × 62 mm	40 mm × 57 mm
10	26 mm × 37 mm	31 mm × 44 mm	28 mm × 40 mm

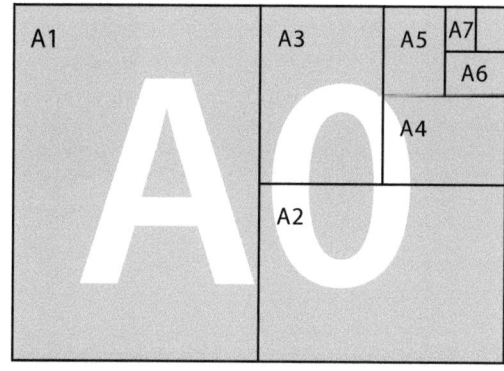

Bild 5-1
Entstehung der kleineren
Formate durch Teilung
des A0-Formats;
gilt entsprechend für die
Formatreihen B und C.

Alle Formate der Reihen A, B und C haben das Seitenverhältnis $1:\sqrt{2}$ – kleine Abweichungen von diesem Verhältnis sind rundungsbedingt.

Wenn die längere Seite eines Rechtecks mit dem Seitenverhältnis $1:\sqrt{2}$ halbiert wird, entsteht wiederum ein Rechteck mit dem Seitenverhältnis $1:\sqrt{2}$. Division der längeren Rechteckseite durch 2 ergibt zunächst:

$$1:(\sqrt{2}:2)$$

Durch Erweitern mit dem Faktor $\sqrt{2}$ wird deutlich, dass das neue Seitenverhältnis mit dem ursprünglichen übereinstimmt:

$$(1\cdot\sqrt{2}):(\sqrt{2}\cdot\sqrt{2}:2)=\sqrt{2}:(2:2)=\sqrt{2}:1$$

Die Formate der Reihen B und C sind aus der A-Reihe abgeleitet. Die kürzere Seitenlänge des Formats B0 ist das geometrische Mittel der beiden Seitenlängen des Formats A0; die längere ergibt sich durch Multiplikation mit dem Faktor $\sqrt{2}$.

$$\sqrt{841\,mm\cdot1189\,mm}\approx1000\,mm$$
$$1000\,mm\cdot\sqrt{2}\approx1414\,mm$$

Die Seitenlängen des Formats C0 sind die geometrischen Mittelwerte aus den entsprechenden Seitenlängen der Formate A0 und B0.

$$\sqrt{841\,mm\cdot1000\,mm}\approx917\,mm$$
$$\sqrt{1189\,mm\cdot1414\,mm}\approx1297\,mm \qquad oder:\ 917\,mm\cdot\sqrt{2}\approx1297\,mm$$

5.1.2 Rohformate

Rohformate (Druckbogenformate) sind größer als Endformate, weil beim Drucken zusätzlicher Platz für Beschnitt, Greiferrand und Kontrollelemente erforderlich ist.

DIN EN ISO 217 definiert zwei auf die Endformatreihe A bezogene Rohformatreihen. Die Formate der Grundreihe werden durch ein vorangestelltes R gekennzeichnet, die der Ergänzungsreihe durch die Buchstaben SR. Die RA-Formate sind flächenmäßig um rund 5 %, die SRA-Formate um rund 15 % größer als die entsprechenden Endformate der Reihe A.

Diese Formate entsprechen aber nicht immer den technischen und wirtschaftlichen Anforderungen der Produktionspraxis. Druckbogen haben deshalb oft Formate, die in keiner Norm zu finden sind.

Tabelle 5-2: Rohformate nach DIN EN ISO 217

Grundreihe		Ergänzungsreihe	
RA0	860 mm × 1220 mm	SRA0	900 mm × 1280 mm
RA1	610 mm × 860 mm	SRA1	640 mm × 900 mm
RA2	430 mm × 610 mm	SRA2	450 mm × 640 mm
RA3	305 mm × 430 mm	SRA3	320 mm × 450 mm

5.1.3 Nutzenberechnung mit Normformaten

Das Nutzenberechnen mit genormten End- oder Rohformaten ist einfach, denn aus jedem Bogen oder Blatt ergeben sich zwei Nutzen des nächstkleineren Formats derselben Formatreihe.

Beispiel 5-1: Wie viel Blatt A6 lassen sich aus einem A1-Bogen schneiden?
Die Berechnung kann durch schrittweises Verdoppeln gelöst werden – entweder im Kopf oder durch Notieren in tabellarischer Form.

A1	1
A2	2
A3	4
A4	8
A5	16
A6	32

Schneller und eleganter geht es mit dieser Überlegung: Jeder Schritt zur nächsten Formatklasse bringt eine Verdoppelung der Nutzenzahl. Die Anzahl der Formatklassenschritte ergibt sich, indem die Klassennummer des Bogenformats von der Klassennummer des Nutzenformats subtrahiert wird:

$$6 - 1 = 5$$

Die Nutzenzahl lässt sich dann als Potenz mit der Basis 2 ausrechnen:

$$2^5 = 32$$

Als Formel ausgedrückt:

F 5-1 $\quad n = 2^{FN-FB}$ $\qquad n$ Nutzenzahl

$\qquad\qquad\qquad\qquad\qquad$ *FN FB* Formatklassennummer des Nutzens, des Bogens

Durch Einsetzen in die Formel wird das Beispiel so gelöst:

$$n = 2^{6-1} = 2^5 = 32$$

5.1.4 Masseberechnung mit Normformaten der Reihe A

Die flächenbezogene Masse (kurz: Flächenmasse oder Grammatur) von Papier wird in Gramm pro Quadratmeter angegeben. Da das A0-Format eine Fläche von annähernd genau einem Quadratmeter hat, gibt die Flächenmasse (g/m^2) praktisch die Masse des A0-Bogens in Gramm an.

Beispiel 5-2: Flächenmasse $80\,g/m^2$; welche Masse hat ein Blatt A4 ?
Zuerst der tabellarische Lösungsweg:

A0	80 g
A1	40 g
A2	20 g
A3	10 g
A4	5 g

Schneller geht es, indem zuerst ausgerechnet wird, wie viel Blatt A4 sich aus einem A0-Bogen schneiden lassen.

$$2^4 = 16$$

Die Masse eines Blatts ergibt sich dann durch die Division:

$$80\,g : 16 = 5\,g$$

Formel für die Masseberechnung mit Formaten der Reihe A:

F 5-2 $m = m_{A0} : 2^F$ m Masse eines Bogens/Blatts m_{A0} Masse des A0-Bogens
F Formatklassennummer des Bogens/Blatts

Durch Einsetzen in die Formel ergibt sich:

$$m = 80\,g : 2^4 = 80\,g : 16 = 5\,g$$

5.1.5   Übungsaufgaben zu Abschnitt 5.1

1. a) Wie viel Blatt A5 lassen sich aus einem A1-Bogen schneiden?
   b) Wie viel Blatt A6 lassen sich aus einem A3-Bogen schneiden?
   c) Wie viel Blatt B4 ergeben sich aus einem Bogen B0?

2. Wie viele Notizzettel, Format A5, können aus einem Rest von 50 Bogen A2 geschnitten werden?

3. Wie viele A2-Bogen Karton werden benötigt, um 4000 Karten im Format A7 herzustellen?

4. Bitte jeweils die Masse in Gramm ausrechnen.
   a) A3-Bogen, Flächenmasse $100\,g/m^2$
   b) Notizblatt, Format A5, Flächenmasse $80\,g/m^2$
   c) Karteikarte, Format A6, Flächenmasse $240\,g/m^2$

5. Welche Masse in Kilogramm haben 5000 Bogen Karton im Format A2 mit der flächenbezogenen Masse $170\,g/m^2$?

6. Ein Notizblock, Format A5, besteht aus 150 Blatt Papier, Flächenmasse $90\,g/m^2$, und einer Graupappe, Flächenmasse $300\,g/m^2$. Errechnen Sie bitte die Masse des Notizblocks (die Masse des Klebers ist dabei zu vernachlässigen).

7. Ein Blatt A4 hat die Masse 7,5 Gramm. Welche Flächenmasse in Gramm pro Quadratmeter hat das Papier?

8. Bitte jeweils die Flächenmasse in Gramm pro Quadratmeter berechnen.
   a) 500 Bogen Papier im Format A1 haben die Masse 22,5 kg.
   b) 200 Bogen Karton im Format A3 haben die Masse 6,25 kg.

9. Nach dem Tarif der Deutschen Post AG darf ein Kompaktbrief eine Masse von höchstens 50 g haben. Wie viele Briefblätter, Format A4, Flächenmasse $70\,g/m^2$, können höchstens als Kompaktbrief versandt werden, wenn die Briefhülle eine Masse von 5 Gramm hat?

5.2 Nutzen, Seiten, Druckbogen

5.2.1 Nutzen ohne Vorgabe der Nutzenstellung

Rechteckige Nutzen oder Seiten können in zwei unterschiedlichen Stellungen auf dem Druckbogen angeordnet werden: stehend oder liegend. Bei stehender Anordnung liegen die längeren Kanten in Umfangsrichtung und die kürzeren in Achsenrichtung der Druckmaschinenzylinder. Bei liegender Anordnung ist es umgekehrt.

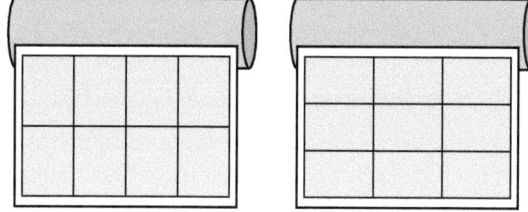

Bild 5-2
Nutzen- oder Seiten-
anordnung stehend (links)
und liegend (rechts)

Wenn es keinen zwingenden Grund für die eine oder andere Anordnung gibt, wird natürlich die gewählt, bei der die größere Nutzenzahl auf den Bogen passt. Bei der Ermittlung der Nutzenzahl wird zweimal gerechnet und das höhere Ergebnis ausgewählt.

Beispiel 5-3: Wie viele Nutzen im Format 10 cm × 15 cm lassen sich auf einem Bogen mit dem nutzbaren Format 62 cm × 87 cm unterbringen?
Bogen- und Nutzenformat werden untereinandergeschrieben. Dann werden die beiden Seitenlängen des Bogens jeweils durch die darunterstehenden Seitenlängen des Nutzens dividiert. Die Ergebnisse sind immer abzurunden, egal wie groß die Bruchteile hinter den Kommas sind. Die Anzahl der Nutzen ergibt sich dann durch Multiplikation der nebeneinanderstehenden Divisionsergebnisse.

$$
\begin{array}{ll}
62\,\text{cm} & 87\,\text{cm} \\
:10\,\text{cm} & :15\,\text{cm} \\
6{,}2 \quad \cdot & 5{,}8 \quad \approx 6 \cdot 5 = 30
\end{array}
$$

Die Berechnung wird mit umgekehrter Nutzenstellung wiederholt:

$$
\begin{array}{ll}
62\,\text{cm} & 87\,\text{cm} \\
:15\,\text{cm} & :10\,\text{cm} \\
4{,}13 \quad \cdot & 8{,}7 \quad \approx 4 \cdot 8 = 32
\end{array}
$$

Lösung: 32 Nutzen

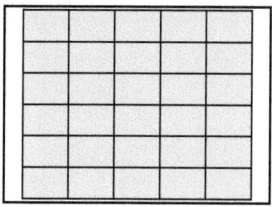 

Bild 5-3
30 Nutzen liegend,
32 Nutzen stehend
(Beispiel 5-3)

Falls Bogen- und Nutzenformat in unterschiedlichen Einheiten angegeben sind, muss vor der Berechnung entsprechend umgewandelt werden.

Beispiel 5-4: Nutzenformat 80 mm × 120 mm, nutzbares Bogenformat 42 cm × 62 cm

80 mm = 8 cm
120 mm = 12 cm

42 cm	62 cm		42 cm	62 cm
: 8 cm	: 12 cm		: 12 cm	: 8 cm
5	· 5	= 25	3 ·	7	= 21

Lösung: 25 Nutzen

5.2.2 Nutzen bei vorgegebener Laufrichtung

In vielen Fällen ist die Nutzenstellung nicht beliebig, weil sowohl Druckbogen als auch Nutzen bestimmte Laufrichtungen haben sollen. Beim mehrfarbigen Bogendruck soll die Laufrichtung des Druckbogens möglichst parallel zur Zylinderachse liegen. Beim Rollendruck liegt die Laufrichtung zwangsläufig in Umfangsrichtung, also senkrecht zu den Zylinderachsen. Die erwünschte Laufrichtung der Nutzen hängt von Weiterverarbeitung oder Verwendungszweck ab.

Die Laufrichtung oder Maschinenrichtung des Papiers entsteht durch Ausrichtung der Fasern bei der maschinellen Papierherstellung. Die Richtung quer zur Laufrichtung heißt Dehnrichtung, weil das Papier in dieser Richtung weniger dimensionsstabil ist, sich also stärker ausdehnen kann.

Voraussetzung für richtige Nutzenberechnung ist die eindeutige, unmissverständliche Angabe der Laufrichtung. Es gibt leider mehrere Arten der Laufrichtungskennzeichnung, die zwar jeweils für sich genommen eindeutig sind, bei Verwechslung aber zwangsläufig zu falschen Ergebnissen führen. In der Praxis dürften die beiden ersten der folgenden vier am häufigsten anzutreffen sein.

(1) Angabe des Begriffs Schmalbahn oder Breitbahn oder der Abkürzung SB bzw. BB. Bei Schmalbahn (engl. *long grain*) liegt die Laufrichtung parallel zur längeren Bogenkante, bei Breitbahn *(short grain)* parallel zur kürzeren.

(2) Typografische Auszeichnung (meist durch Unterstreichung, gelegentlich auch durch fette Schrift) der in Dehnrichtung (quer zur Laufrichtung) liegenden Maßangabe

Bild 5-4
Schmalbahn- (links)
und Breitbahnbogen

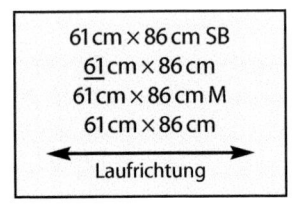

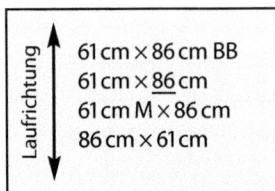

(3) Kennzeichnung der Laufrichtung durch den Versalbuchstaben M (Maschinenrichtung) hinter der in Laufrichtung liegenden Maßangabe

(4) Angabe der Maße in der Reihenfolge Dehnrichtung × Laufrichtung, entweder ohne zusätzliche Kennzeichnung oder kombiniert mit einer der unter (1)–(3) genannten Kennzeichnungen

Wenn die Laufrichtungen von Druckbogen und Nutzen vorgegeben sind, ist nur eine Nutzenstellung möglich und nur eine Berechnung nötig. Dehnrichtungen und Laufrichtungen von Bogen und Nutzen stehen beim Rechnen untereinander.

Beispiel 5-5: Nutzenformat 13 cm × $\underline{18}$ cm, nutzbares Bogenformat $\underline{46}$ cm × 67 cm

$$
\begin{array}{ll}
\underline{46}\,\text{cm} & 67\,\text{cm} \\
:\underline{18}\,\text{cm} & :13\,\text{cm} \\
2 \qquad \cdot & 5 \qquad = 10
\end{array}
$$

Beispiel 5-6: Nutzenformat 14,8 cm × 21 cm M, Bogenformat 70 cm × 100 cm SB
70 cm × 100 cm SB ist gleichbedeutend 70 cm × 100 cm M.

$$
\begin{array}{ll}
70\,\text{cm} & 100\,\text{cm M} \\
:14,8\,\text{cm} & :21\,\text{cm M} \\
4 \qquad \cdot & 4 \qquad = 16
\end{array}
$$

5.2.3 Faltblätter

Bei Faltblättern werden üblicherweise Seitenformat (geschlossenes, gefalztes Format), Anzahl der Seiten und Falzart angegeben. Bei der Nutzenberechnung ist aber vom offenen, ungefalzten Gesamtformat (Planoformat) auszugehen.

Beispiel 5-7: Zehnseitiges Faltblatt, Parallelfalz, Seitenformat 99 mm × 200 mm; wie viele Nutzen passen auf das nutzbare Bogenformat $\underline{58}$ cm × 83 cm, wenn die Falze in Laufrichtung liegen sollen?
Das Faltblatt hat 10 Seiten, jeweils 5 auf Vorder- und Rückseite. Das ungefalzte Format ist also fünfmal so breit wie die einzelne Seite.

$$99\,\text{mm} \cdot 5 = 495\,\text{mm} = 49,5\,\text{cm}$$

Die Falze sollen in Laufrichtung liegen; Nutzenformat also $\underline{49,5}$ cm × 20 cm.

$$
\begin{array}{ll}
\underline{58}\,\text{cm} & 83\,\text{cm} \\
:\underline{49,5}\,\text{cm} & :20\,\text{cm} \\
1 \qquad \cdot & 4 \qquad = 4
\end{array}
$$

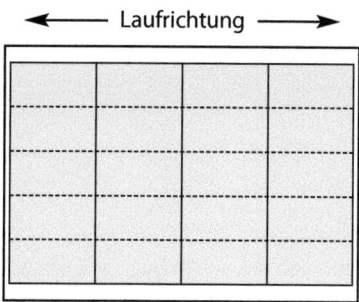

Bild 5-5
Zehnseitige Faltblätter, 4 Nutzen (Beispiel 5-7)

5.2.4 Seiten pro Druckbogen

Bei der Herstellung von Broschüren und Büchern geht es nicht um Nutzen, sondern um Seiten. Rechnerisch wird zwar zunächst wie bei Nutzen vorgegangen. Das Ergebnis wird dann aber noch verdoppelt, da der Druckbogen ja beidseitig (Schön- und Widerdruck) bedruckt wird.

Beispiel 5-8: Nutzbares Druckbogenformat 60 cm × 89 cm SB, unbeschnittenes Seitenformat 14 cm × 22 cm, Laufrichtung parallel zum Bund

60 cm × 89 cm SB entspricht <u>60</u> cm × 89 cm

14 cm × 22 cm mit Laufrichtung parallel zum Bund entspricht <u>14</u> cm × 22 cm

$$
\begin{array}{ll}
\underline{60}\,\text{cm} & 89\,\text{cm} \\
:\underline{14}\,\text{cm} & :22\,\text{cm} \\
4 \qquad \cdot & 4 \qquad = 16 \qquad 16\cdot 2 = 32
\end{array}
$$

Beispiel 5-9: Nutzbares Druckbogenformat 47 cm × 68 cm, Laufrichtung nicht vorgegeben, unbeschnittenes Seitenformat 15 cm × 22,5 cm

$$
\begin{array}{ll}
47\,\text{cm} & 68\,\text{cm} \\
:15\,\text{cm} & :22,5\,\text{cm} \\
3 \qquad \cdot & 3 \qquad = 9 \qquad 9\cdot 2 = 18
\end{array}
$$

$$
\begin{array}{ll}
47\,\text{cm} & 68\,\text{cm} \\
:22,5\,\text{cm} & :15\,\text{cm} \\
2 \qquad \cdot & 4 \qquad = 8 \qquad 8\cdot 2 = 16
\end{array}
$$

Das erste Ergebnis in Beispiel 5-9 (18 Seiten) ist, soweit es die Anzahl der auf den Bogen passenden Seiten betrifft, ohne Zweifel das bessere. Ob diese Lösung in der Praxis tatsächlich umsetzbar ist, hängt von der Art der Weiterverarbeitung ab. Bei Einzelblattbroschur, Blockdrahtheftung und Klebebindung ist fast jede Seitenanzahl auf dem Bogen möglich. Bei Produkten mit Rückstichheftung, also zum Beispiel fadengehefteten Büchern, sind aber im Bund zusammenhängende Seitenpaare erforderlich. Hier muss die Anzahl der nebeneinander auf dem Bogen stehenden Seiten ein ganzzahliges Vielfaches von 2 sein. Das ist nur bei der zweiten Lösung (16 Seiten) der Fall.

 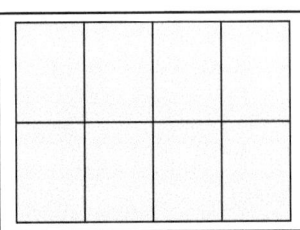

Bild 5-6
18-seitiger und
16-seitiger
Druckbogen
(Beispiel 5-9)

5.2.5 Greiferrand, Kontrollelemente und Beschnitt

Das nutzbare, für den Druck von Nutzen oder Seiten verfügbare Bogenformat ist immer etwas kleiner als das gesamte Bogenformat. Im Bogendruck entsteht durch den Greiferrand ein etwa 10 mm bis 15 mm breiter unbedruckbarer Streifen an der Bogenvorderkante. Beim Rollenoffsetdruck gibt es zwar keinen Greiferrand, wegen des Zylinderkanals *(Gap)* aber einen schmalen, parallel zur Zylinderachse liegenden Streifen, der nicht bedruckt werden kann. An der hinteren Bogenkante ist Raum für den Druckkontrollstreifen zu berücksichtigen; hinzu kommen weitere Kontroll- und Hilfselemente (Passkreuze, Schnittmarken, Kontrollelemente für Bogenausrichtung, Anlagewinkel) an allen Kanten des Bogens.

Der Platzbedarf der Nutzen erhöht sich durch Beschnittzugabe. Nutzen ohne angeschnittene Bilder oder grafische Elemente stoßen auf dem Druckbogen direkt aneinander, sie sind auf Durchschnitt (Trennschnitt) montiert. Beschnittzugabe ist hier nur an den Nutzenkanten zu berücksichtigen, die am Rand des Bogens liegen. Bei angeschnittenen Bildern oder grafischen Elementen ist dagegen an allen Kanten der einzelnen Nutzen Beschnittzugabe erforderlich; die Nutzen werden auf Zwischenschnitt (Rausschnitt) montiert.

Im Bogenoffsetdruck liegt normalerweise die längere Bogenkante parallel zur den Zylinderachsen der Druckmaschine. Von diesem Normalfall wird in allen folgenden Beispielen ausgegangen.

Beispiel 5-10: Wie viele auf Durchschnitt montierte Nutzen, 14,8 cm × 21 cm, passen auf einem Bogen 46 cm × 65 cm? Für Beschnitt, Greiferrand sowie Kontroll- und Hilfselemente sind an vorderer und hinterer Bogenkante jeweils 20 mm und an den seitlichen Bogenkanten je 15 mm zu berücksichtigen.

Berechnung des nutzbaren Bogenformats:

46 cm − 2 cm − 2 cm = 42 cm

65 cm − 1,5 cm − 1,5 cm = 62 cm

Nutzenberechnung:

$$\frac{42\,\text{cm}}{14,8\,\text{cm}} \cdot \frac{62\,\text{cm}}{21\,\text{cm}} = 4$$

$$\frac{42\,\text{cm}}{21\,\text{cm}} \cdot \frac{62\,\text{cm}}{14,8\,\text{cm}} = 8$$

Bild 5-7
Druckbogen mit Nutzen auf Durchschnitt, Greiferrand, Druckkontrollstreifen, Passkreuzen und Schnittmarken

Beispiel 5-11: Nutzenformat 16 cm × 22 cm plus 3 mm Beschnittzugabe an allen vier Kanten, Montage auf Zwischenschnitt, Bogenformat 50 cm × 70 cm, Platzbedarf für Greiferrand, Kontroll- und Hilfselemente je 18 mm an vorderer und hinterer Bogenkante, je 10 mm an den seitlichen Bogenkanten.

Berechnung des Nutzenformats einschließlich Beschnittzugabe:

$$16\,cm + 2 \cdot 0,3\,cm = 16,6\,cm$$
$$22\,cm + 2 \cdot 0,3\,cm = 22,6\,cm$$

Nutzbares Bogenformat:

$$50\,cm - 1,8\,cm - 1,8\,cm = 46,4\,cm$$
$$70\,cm - 1\,cm - 1\,cm = 68\,cm$$

Nutzenberechnung:

46,4 cm	68 cm		46,4 cm	68 cm
: 16,6 cm	: 22,6 cm		: 22,6 cm	: 15,6 cm
2	· 3	= 6	2 · 4	= 8

Bild 5-8
Druckbogen mit Nutzen auf Zwischenschnitt, Greiferrand, Druckkontrollstreifen, Passkreuzen und Schnittmarken

Bei der Seitenberechnung für den Druck von Broschüren oder Büchern (vgl. Abschnitt 5.2.4) wird ähnlich wie bei auf Zwischenschnitt montierten Nutzen vorgegangen. Bei fadengehefteten Büchern ist Beschnittzugabe an drei Kanten erforderlich: oben, unten und links oder rechts (bei links bzw. rechts vom Bund stehenden Seiten). Klebegebundene Produkte erfordern Beschnittzugabe an allen vier Kanten, da der Buchblock vor dem Kleben am Bund gefräst wird.

Bild 5-9
Beschnittzugabe an links und rechts vom Bund stehenden Buchseiten bei Fadenheftung (links) und Klebebindung

Wenn rückstichgeheftete Broschüren, zum Beispiel Zeitschriften, mittels Sammelhefter verarbeitet werden, ist der Greiffalz zu berücksichtigen. Entweder sind die unbeschnittenen Seiten der ersten Hälfte des gefalzten Bogens breiter angelegt als die der zweiten Hälfte (Vorfalz), oder die unbeschnittenen Seiten der zweiten Bogenhälfte sind breiter angelegt als die der ersten (Nachfalz).

Bei der Seitenberechnung kann mit dem arithmetischen Mittel der unbeschnittenen Seitenbreiten gearbeitet werden, weil immer gleiche Anzahlen breiterer und schmalerer Seiten nebeneinanderstehen.

Beispiel 5-12: Seitenformat 176 mm × 250 mm, Beschnittzugabe je 5 mm, Zugabe für Greiffalz bei Verarbeitung mit Sammelhefter 8 mm
Unbeschnittenes Seitenformat ohne Berücksichtigung des Greiffalzes:

Breite: 176 mm + 5 mm = 181 mm
Höhe: 250 mm + 2 · 5 mm = 260 mm

Berücksichtigung des Greiffalzes führt zu zwei unterschiedliche Seitenbreiten.

176 mm + 5 mm = 181 mm
176 mm + 5 mm + 8 mm = 189 mm

Mittelwert für die Seitenberechnung:

(181 mm + 189 mm) : 2 = 185 mm
oder: 176 mm + 5 mm + 8 mm : 2 = 185 mm

Bild 5-10
Zugaben für Beschnitt und Greiffalz (Rückstichheftung, Verarbeitung mit Sammelhefter)

5.2.6 Druckbogenformat

In den vorangegangenen Abschnitten ging es um die Frage, wie viele Nutzen oder Seiten sich auf einem Bogen mit vorgegebenem Format unterbringen lassen. In der Praxis stellt sich oft auch die umgekehrte Frage: Wie groß muss der Bogen mindestens sein, wenn eine bestimmte Anzahl von Nutzen oder Seiten Platz finden soll?

Beispiel 5-13: Auf einer Druckmaschine, maximales Bogenformat 65 cm × 96 cm, sollen auf Durchschnitt montierte Nutzen im Format 21 cm × 29,7 cm gedruckt werden. Für Greiferrand, Kontrollelemente und Beschnitt sind an der vorderen Bogenkante 25 mm, an der hinteren Bogenkante 15 mm und an den seitlichen Kanten je 12 mm zu berücksichtigen.

Nutzbarer Teil des maximalen Bogenformats:

$$65\,cm - 2,5\,cm - 1,5\,cm = 61\,cm$$
$$96\,cm - 1,2\,cm - 1,2\,cm = 93,6\,cm$$

Nutzenberechnung:

61 cm	93,6 cm		61 cm	93,6 cm	
: 21 cm	: 29,7 cm		: 29,7 cm	: 21 cm	
2 ·	3	= 6	2 ·	4	= 8

Mindestens erforderliches Bogenformat beim Druck zu 8 Nutzen:

$$2 \cdot 29,7\,cm + 2,5\,cm + 1,5\,cm = 63,4\,cm$$
$$4 \cdot 21\,cm + 1,2\,cm + 1,2\,cm = 86,4\,cm$$

Beispiel 5-14: Auf einer Druckmaschine, maximales Bogenformat 100 cm × 140 cm, sollen auf Zwischenschnitt montierte Nutzen im Format 29,7 cm × 42 cm mit je 3 mm Beschnittzugabe an allen Kanten gedruckt werden. Für Greiferrand und Kontrollelemente sind an vorderer und hinterer Bogenkante 22 mm bzw. 18 mm und an den seitlichen Kanten je 10 mm zu berücksichtigen.

Nutzbarer Teil des maximalen Bogenformats:

$$100\,cm - 2,2\,cm - 1,8\,cm = 96\,cm$$
$$140\,cm - 1\,cm - 1\,cm = 138\,cm$$

Unbeschnittenes Nutzenformat:

$$29,7\,cm + 2 \cdot 0,3\,cm = 30,3\,cm$$
$$42\,cm + 2 \cdot 0,3\,cm = 42,6\,cm$$

Nutzenberechnung:

96 cm	138 cm		96 cm	138 cm	
: 30,3 cm	: 42,6 cm		: 42,6 cm	: 30,3 cm	
3 ·	3	= 9	2 ·	4	= 8

Mindestens erforderliches Bogenformat beim Druck zu 9 Nutzen:

$$3 \cdot 30,3\,cm + 2,2\,cm + 1,8\,cm = 94,9\,cm$$
$$3 \cdot 42,6\,cm + 1\,cm + 1\,cm = 129,8\,cm$$

5.2.7 Übungsaufgaben zu Abschnitt 5.2

1. Wie viele Nutzen passen jeweils auf den Druckbogen, wenn die Papierlaufrichtung nicht zu berücksichtigen ist?
   a) Nutzenformat 15 cm × 22,5 cm, nutzbares Bogenformat 68 cm × 99 cm
   b) Nutzenformat 54 mm × 85 mm, nutzbares Bogenformat 30,5 cm × 44 cm
   c) Nutzenformat 9,6 cm × 12 cm, nutzbares Bogenformat 61 cm × 90 cm

2. Wie viele Nutzen lassen sich jeweils auf dem Bogen unterbringen?
   a) Nutzbares Bogenformat $\underline{62}$ cm × 90 cm, Nutzenformat 10,5 cm × $\underline{14,8}$ cm
   b) Nutzbares Bogenformat 40 cm × 60 cm M, Nutzenformat 13 cm × 19 cm M
   c) Nutzbares Bogenformat 32 cm × 48 cm BB, Nutzenformat $\underline{6}$ cm × 10 cm
   d) Nutzbares Bogenformat 61 cm × 89 cm SB, Nutzenformat 20 cm × 28 cm M
   e) Nutzbares Bogenformat 96 cm × 137 cm SB, Nutzenformat $\underline{31}$ cm × 24 cm

3. Wie viele achtseitige Faltblätter, Kreuzbruch, Seitenformat A5, lassen sich auf dem nutzbaren Bogenformat 60 cm × 90 cm unterbringen?

4. Sechsseitige Faltblätter, Seitenformat 99 mm × 210 mm, sollen auf Bogen mit dem nutzbaren Format 66 cm × 97 cm SB gedruckt werden. Wie viele Nutzen passen auf den Bogen, wenn die Falze der Faltblätter in Laufrichtung liegen?

5. Wie viele Seiten im unbeschnittenen Format 215 mm × 307 mm passen maximal auf einen Druckbogen mit dem nutzbaren Format 62 cm × 90 cm?

6. Ein Buch, unbeschnittenes Seitenformat 102 mm × 155 mm, wird auf Schmalbahnbogen mit dem nutzbaren Format 47 cm × 68 cm gedruckt. Wie viele Seiten mit Papierlaufrichtung parallel zum Bund passen auf den Druckbogen?

7. Wie viele auf Durchschnitt montierte Nutzen, Format 21,5 cm × 28 cm, passen auf einen Rohbogen 64 cm × 90 cm, wenn die Laufrichtung nicht vorgegeben ist? Berücksichtigen Sie je 20 mm an vorderer und hinterer Bogenkante und je 12 mm an den seitlichen Bogenkanten für Greiferrand, Beschnitt und Kontrollelemente. Die längere Bogenkante liegt parallel zur Zylinderachse.

8. Wie viele auf Zwischenschnitt montierte Nutzen, Format 130 mm × 170 mm plus 3 mm Beschnitt an allen Kanten, passen auf einen Rohbogen 72 cm × 102 cm, wenn an vorderer und hinterer Bogenkante 18 mm bzw. 12 mm und an den seitlichen Bogenkanten je 8 mm für Greiferrand und Kontrollelemente zu berücksichtigen sind? Die längere Bogenkante liegt parallel zur Zylinderachse.

9. Mit welchen unbeschnittenen Seitenformaten wird bei der Seitenberechnung gearbeitet, wenn die Beschnittzugabe jeweils 4 mm und die gegebenenfalls erforderliche Zugabe für den Greiffalz 8 mm beträgt?
   a) Broschur mit Klebebindung, beschnittenes Seitenformat 170 mm × 250 mm
   b) Buch mit Fadenheftung, beschnittenes Seitenformat 135 mm × 216 mm
   c) Broschur mit Rückstichheftung (Sammelhefter), beschnittenes Format A4

10. Ein fadengeheftetes Buch hat das Seitenformat 125 mm × 196 mm plus jeweils 5 mm Beschnittzugabe. Wie viele Seiten passen auf einen Druckbogen im Format 45 cm × 64 cm, wenn an der vorderen Bogenkante 16 mm und an den übrigen drei Bogenkanten je 8 mm für Greiferrand und Kontrollelemente zu berücksichtigen sind? Die Papierlaufrichtung des Druckbogens ist frei wählbar, die längeren Bogenkanten liegen parallel zu den Zylinderachsen.

11. Wie groß muss der Schmalbahnbogen mindestens sein, wenn vier Nutzen 22 cm × 33 cm plus 3 mm Beschnittzugabe an allen Kanten auf Rausschnitt montiert werden? Berücksichtigen Sie 20 mm bzw. 15 mm an vorderer und hinterer Bogenkante und je 10 mm an den seitlichen Bogenkanten für Greiferrand und Kontrollelemente (längere Bogenkante parallel zur Zylinderachse).

12. a) Wie viele auf Durchschnitt montierte Nutzen im Format 180 mm × 130 mm passen auf einen Druckbogen, wenn die Druckmaschine das maximale Bogenformat 46 cm × 64 cm hat? An vorderer und hinterer Bogenkante sind je 2 cm, an den seitlichen Bogenkanten je 1,5 cm für Greiferrand, Beschnitt und Kontrollelemente zu berücksichtigen, die Laufrichtung ist nicht vorgegeben.
    b) Wie groß muss der Druckbogen mindestens sein, damit die berechnete Nutzenzahl Platz findet?

13. Eine klebegebundene Broschüre, Seitenformat A4, Beschnittzugabe jeweils 4 mm, soll auf einer Maschine mit dem maximalen Format 65 cm × 96 cm gedruckt werden. Wie groß muss der Druckbogen bei günstigster Ausnutzung des Maschinenformats mindestens sein, wenn an vorderer und hinterer Bogenkante 20 mm bzw. 15 mm und an den seitlichen Bogenkanten je 10 mm für Greiferrand und Kontrollelemente zu berücksichtigen sind?

5.3 Masse und Dicke des Papiers

5.3.1 Flächenmasse und Masse

Die flächenbezogene Masse oder kurz Flächenmasse hat die Einheit g/m², gibt also die Masse eines Quadratmeters des Papiers an. In der Praxis werden anstelle des Begriffs Flächenmasse häufig auch die Bezeichnungen Flächengewicht, Quadratmetergewicht oder Grammatur benutzt. Ist die Flächenmasse bekannt, lässt sich die Masse jedes Formats und jeder Bogen- oder Blattzahl leicht errechnen.

Beispiel 5-15: Masse von 500 Bogen 64 cm × 90 cm, Flächenmasse 90 g/m²
Zuerst wird die Fläche eines Bogens in Quadratmeter ausgerechnet. Das geht am einfachsten, indem die Seitenlängen zuvor in die Einheit Meter umgewandelt werden. Das Umwandeln von Längeneinheiten ist leichter und weniger fehleranfällig als das Umwandeln von Flächeneinheiten.

$$0,64 \, \text{m} \cdot 0,90 \, \text{m} = 0,576 \, \text{m}^2$$

Die Fläche des Bogens wird mit der Flächenmasse multipliziert.

$$0,576 \, \text{m}^2 \cdot 90 \, \text{g/m}^2 = 51,84 \, \text{g}$$

Das Ergebnis, die Masse eines Bogens, wird mit der Bogenanzahl multipliziert.

$$51,84 \, \text{g} \cdot 500 = 25\,920 \, \text{g}$$

Zum Schluss kann die errechnete Masse noch in eine andere Einheit umgewandelt werden, zum Beispiel Kilogramm.

$$25\,920 \, \text{g} : 1000 \, \text{g/kg} = 25,92 \, \text{kg}$$

Beispiel 5-16: Masse eines Buchblocks mit 192 Seiten, Format 150 mm × 240 mm, Flächenmasse 100 g/m²

Die Anzahl der Seiten wird bei der Berechnung durch 2 geteilt, denn auf jedem Blatt befinden sich zwei Seiten.

$$0{,}15\,\text{m} \cdot 0{,}24\,\text{m} \cdot 100\,\text{g/m} \cdot (192 : 2) = 345{,}6\,\text{g}$$

Der Rechenweg als Formel:

F 5-3 $m = b \cdot h \cdot m_A \cdot n$

m Masse in Gramm b h Breite, Höhe des Bogens/Blatts in Meter
m_A flächenbezogene Masse [g/m²] n Anzahl Bogen/Blatt

5.3.2 Tausend-Bogen-Masse

Neben der Flächenmasse wird in Druckindustrie und Papiergroßhandel vielfach die Tausend-Bogen-Masse in Kilogramm als Kenngröße verwendet. Im Gegensatz zur Flächenmasse, die ja immer die Masse eines Quadratmeters angibt, ist die Tausend-Bogen-Masse formatabhängig.

Beispiel 5-17: Tausend-Bogen-Masse eines Papiers mit der Flächenmasse 150 g/m², Bogenformat 61 cm × 86 cm

Rechenweg wie in Beispiel 5-15 oder Formel 5-3:

$$0{,}61\,\text{m} \cdot 0{,}86\,\text{m} \cdot 150\,\text{g/m}^2 \cdot 1000 = 78\,690\,\text{g}$$
$$78\,690\,\text{g} : 1000\,\text{g/kg} = 78{,}69\,\text{kg}$$

Multiplikation mit 1000 (Bogen) und Division durch 1000 (g/kg) heben einander zahlenmäßig auf. Beim praktischen Rechnen kann also vereinfachend so vorgegangen werden: Multiplikation der Zahlenwerte von Breite und Höhe (in Meter) und Flächenmasse (in Gramm pro Quadratmeter) ergibt Zahlenwert der Tausend-Bogen-Masse in Kilogramm. Mit den Zahlen des Beispiels also:

$$(0{,}61 \cdot 0{,}86 \cdot 150)\,\text{kg} = 78{,}69\,\text{kg}$$

Die Tausend-Bogen-Masse wird allerdings üblicherweise nicht mit zwei oder drei Nachkommastellen angegeben, sondern gerundet. Im Papiergroßhandel wird üblicherweise auf halbe Kilogramm gerundet. Die Rundungsgrenzen liegen hier, anders als sonst beim Runden von Dezimalbrüchen, bei 0,250 kg und 0,750 kg. Gerundet wird also zum Beispiel so:

$$78{,}249\,\text{kg} \approx 78{,}0\,\text{kg}$$
$$78{,}250\,\text{kg} \approx 78{,}5\,\text{kg}$$
$$78{,}749\,\text{kg} \approx 78{,}5\,\text{kg}$$
$$78{,}750\,\text{kg} \approx 79{,}0\,\text{kg}$$

Rundung der Lösung aus Beispiel 5-17 auf halbe Kilogramm: 78,69 kg ≈ 78,5 kg

Bei kleinen Formaten (kleiner als etwa A2) und niedrigen Flächenmassen wird auch mit Rundung auf zehntel Kilogramm (eine Dezimalstelle) gearbeitet.

5.3.3 Volumen und Dicke

Das spezifische Volumen ist Kehrwert der physikalischen Dichte. Dichte ist die Masse eines Stoffs pro Volumeneinheit (kg/m^3, kg/dm^3 oder g/cm^3), spezifisches Volumen der Rauminhalt pro Masseeinheit (m^3/kg, dm^3/kg, cm^3/g). In der Praxis wird das spezifische Volumen des Papiers kurz *Volumen* genannt und als Zahl ohne Einheit angegeben.

Die Dicke des Papiers in Mikrometer (μm) ergibt sich, indem der Zahlenwert der Flächenmasse in g/m^2 mit dem Volumen multipliziert wird.

F5-4 *Dicke* [μm] = *Zahlenwert Flächenmasse* [g/m^2] · *Volumen*

F5-5 *Dicke* [mm] = *Zahlenwert Flächenmasse* [g/m^2] · *Volumen* : 1000

Beispiel 5-18: Dicke eines Blatts Papier, Flächenmasse 70 g/m^2, Volumen 1,5
(70 · 1,5) μm = 105 μm
(70 · 1,5 : 1000) mm = 0,105 mm

Beispiel 5-19: Höhe eines Stapels mit 500 Bogen Karton, 250 g/m^2, Volumen 1,2
Die Dicke eines Bogens wird mit der Anzahl der Bogen multipliziert.
(250 · 1,2 : 1000) mm · 500 = 150 mm

Beispiel 5-20: Dicke eines Buchblocks mit 240 Seiten, Flächenmasse des Werkdruckpapiers 90 g/m^2, Volumen 1,8
Die Dicke eines Blatts wird mit der Blattzahl (= halbe Seitenzahl) multipliziert.
(90 · 1,8 : 1000) mm · 240 : 2 = 0,162 mm · 120 = 19,44 mm ≈ 19,4 mm

Das Volumen ergibt sich, indem der Zahlenwert der Dicke in Mikrometer durch den Zahlenwert der Flächenmasse dividiert wird.

F5-6 *Volumen* = *Zahlenwert Dicke* [μm] : *Zahlenwert Flächenmasse* [g/m^2]

F5-7 *Volumen* = *Zahlenwert Dicke* [mm] · 1000 : *Zahlenwert Flächenm.* [g/m^2]

Beispiel 5-21: Volumen eines 140 μm dicken Papiers mit Flächenmasse 80 g/m^2
140 : 80 = 1,75

Beispiel 5-22: 390 mm hoher Stapel Papier mit 2500 Bogen, Flächenmasse 120 g/m^2
Dicke eines Bogens:
390 mm : 2500 = 0,156 mm
Volumen:
0,156 · 1000 : 120 = 1,3

5.3.4 Übungsaufgaben zu Abschnitt 5.3

1. Bitte jeweils die Masse in Gramm berechnen.
   a) Ein Bogen 70 cm × 100 cm, Flächenmasse 150 g/m^2
   b) 200 Bogen 61 cm × 86 cm, 60 g/m^2
   c) 50 Bogen 45 cm × 92 cm, 350 g/m^2

2. Bitte jeweils die Masse des Buchblocks in Gramm berechnen.
a) 272 Seiten, Format 180 mm × 250 mm, Flächenmasse 90 g/m²
b) 720 Seiten, Format 120 mm × 200 mm, Flächenmasse 60 g/m²

3. Errechnen Sie bitte die Tausend-Bogen-Massen zunächst genau. Runden Sie die Ergebnisse anschließend handelsüblich auf halbe Kilogramm.
a) 61 cm × 86 cm, 130 g/m²   c) 72 cm × 102 cm, 200 g/m²
b) 90 cm × 128 cm, 70 g/m²   d) 46 cm × 65 cm, 110 g/m²

4. Wie dick ist jeweils ein Blatt Papier? Lösungen bitte in Mikrometer angeben.
a) Flächenmasse 80 g/m², Volumen 2,0   c) 60 g/m², Volumen 1,25
b) Flächenmasse 250 g/m², Volumen 1,1   d) 120 g/m², Volumen 0,9

5. Bitte die Stapelhöhen in Millimeter berechnen.
a) 2000 Bogen, 100 g/m², Volumen 1,8
b) 6500 Bogen, 70 g/m², Volumen 1,4

6. Wie dick (in Millimeter) wird ein Buchblock mit 476 Seiten, wenn Werkdruckpapier mit dem Volumen 1,5 und der Flächenmasse 90 g/m² verwendet wird?

7. Für den 408-seitigen Innenteil eines Taschenbuchs wurde Papier mit der Flächenmasse 80 g/m² und dem Volumen 1,75 verwendet, für den Umschlag Karton mit 250 g/m² und Volumen 1,2. Wie dick ist das Taschenbuch?

8. Errechnen Sie bitte jeweils das Volumen.
a) Dicke 144 µm, Flächenmasse 90 g/m²   c) Dicke 0,22 mm, 200 g/m²
b) Dicke 117 µm, Flächenmasse 130 g/m²   d) Dicke 0,49 mm, 350 g/m²

9. Bitte jeweils das Volumen berechnen.
a) 1200 Bogen, Flächenmasse 300 g/m², Stapelhöhe 396 mm
b) 3000 Bogen, Flächenmasse 120 g/m², Stapelhöhe 63 cm

10. Ein Stapel von 2500 Bogen Karton mit der Flächenmasse 170 g/m², Format 72 cm × 102 cm, ist 48,9 cm hoch.
a) Bitte die Masse des Stapels berechnen.
b) Welches Volumen hat der Karton?

11. Ein Buchblock mit 280 Seiten im Format 136 mm × 220 mm ist 15,7 mm dick; das Werkdruckpapier hat die Flächenmasse 70 g/m². Berechnen Sie bitte das Volumen des Papiers und die Masse des Buchblocks.

Erhöhter Schwierigkeitsgrad

12. Eine Broschüre im Format A4 hat 200 Innenseiten; der Umschlag wird aus Karton mit 170 g/m² hergestellt. Die Broschüre soll beim Einzelversand in Versandtaschen mit der Masse 15 Gramm verpackt werden. Welche Flächenmasse darf das Papier für die Innenseiten höchstens haben, wenn die Masse der Sendung einschließlich Versandhülle nicht höher als 500 Gramm sein soll?

13. Ein Stapel von 3000 Bogen Papier, Format 43 cm × 61 cm, ist 35,1 cm hoch und hat die Masse 70,82 kg. Errechnen Sie bitte das Volumen des Papiers.

14. Ein Taschenbuch mit 840 Innenseiten soll nicht dicker als 40 mm werden. Der Umschlag wird aus Karton mit 200 g/m², Volumen 1,1, gefertigt.
a) Es soll Papier mit der Flächenmasse 80 g/m² verwendet werden. Welches Volumen darf es höchstens haben?
b) Es soll Papier mit Volumen 1,5 verwendet werden. Welche Flächenmasse darf es höchstens haben?

15. Aus Transport- und Lagerungsgründen soll ein Papierstapel nicht schwerer als 500 kg und nicht höher als 80 cm sein. Wie viele Bogen Papier im Format 72 cm × 102 cm, Flächenmasse 130 g/m², Volumen 1,2, darf der Stapel höchstens enthalten?

5.4   Papierbedarf und Papierpreis

5.4.1 Papierbedarf

Ausgangsdaten für die Berechnung des Papierbedarfs sind Auflage und Anzahl der Nutzen oder Seiten pro Druckbogen. Hinzu kommen Zuschussbogen für das Einrichten der Druckmaschine, zum Ausgleich von Verlusten (Makulatur) im Fortdruck sowie für die Weiterverarbeitung. Die Anzahl der Einrichtebogen wird in der Regel absolut angegeben, der Zuschuss für Fortdruck und Weiterverarbeitung dagegen in Prozent des Netto-Papierbedarfs.

Beispiel 5-23: Faltblatt, Auflage 200 000, Druck zu vier Nutzen, 200 Einrichtebogen, 2 % Fortdruckzuschuss, 1 % Zuschuss für Weiterverarbeitung
Auflage geteilt durch Anzahl der Nutzen ergibt Netto-Papierbedarf:
$$200\,000 : 4 = 50\,000$$
Die Zuschussprozentsätze für Fortdruck und Weiterverarbeitung können addiert werden, denn beide beziehen sich auf den Netto-Papierbedarf.
$$50\,000 : 100\,\% \cdot (2\,\% + 1\,\%) = 50\,000 : 100\,\% \cdot 3\,\% = 1500$$
Um den Brutto-Papierbedarf zu berechnen, werden Netto-Papierbedarf, Einrichtezuschuss sowie Zuschuss für Fortdruck und Weiterverarbeitung addiert.
$$50\,000 + 200 + 1500 = 51\,700$$

Beispiel 5-24: 96-seitige Broschüre, Auflage 20 000, 16-seitige Druckbogen, 50 Einrichtebogen pro Druckbogen, 1,2 % Fortdruckzuschuss, 2,4 % Zuschuss für Weiterverarbeitung
Anzahl der Seiten geteilt durch Seiten pro Bogen ergibt Bogen pro Exemplar:
$$96 : 16 = 6$$
Bogen pro Exemplar mal Auflage ergibt Netto-Papierbedarf:
$$6 \cdot 20\,000 = 120\,000$$

Einrichtebogen:

$$6 \cdot 50 = 300$$

Fortdruck- und Weiterverarbeitungszuschuss:

$$120\,000 : 100\,\% \cdot (1,2\,\% + 2,4\,\%) = 120\,000 : 100\,\% \cdot 3,6\,\% = 4320$$

Brutto-Papierbedarf:

$$120\,000 + 300 + 4320 = 124\,620$$

Die Berechnungsgrundlagen für Einrichte-, Fortdruck- und Weiterverarbeitungs-zuschuss können noch differenzierter als in den beiden ersten Beispielen ange-geben sein. Beim Einrichten gibt es Zuschussbogen, die nur einmal pro Druckjob und Maschine anfallen und solche, die bei jedem Plattenwechsel nötig sind. Der Prozentsatz für den Fortdruckzuschuss wird nicht pauschal für den gesamten Druckjob, sondern pro Druckgang (Maschinendurchlauf des Papiers) angegeben. Beim Weiterverarbeitungszuschuss werden ggf. Prozentsätze für einzelne Arbeits-schritte (z. B. Falzen, Zusammentragen, Heften) genannt.

Beispiel 5-25: 4/4-farbiges Faltblatt, Auflage 400 000, Einrichtezuschuss 50 Bogen pro Druckmaschine und 40 Bogen pro Druckplatte, 1 % Fortdruckzuschuss pro Druckgang, 0,8 % Zuschuss für Falzen

Variante A: Vierfarben-Druckmaschine, acht Nutzen, Schön- und Widerdruck mit zwei Formen

Netto-Papierbedarf:

$$400\,000 : 8 = 50\,000$$

Schön- und Widerdruck mit zwei Formen bedeutet, dass zwei Druckplattensätze für den vorder- und rückseitigen Druck verwendet werden. Beim beidseitig vier-farbigen Druck sind also Einrichtebogen für zweimal vier Druckplatten nötig. Hinzu kommen die einmalig pro Job und Maschine anfallenden Zuschussbogen.

$$2 \cdot 4 \cdot 40 + 50 = 370$$

Beim beidseitig vierfarbigen Druck auf einer Vierfarben-Druckmaschine sind zwei Druckgänge erforderlich. Hinzu kommt der Zuschuss für das Falzen.

$$50\,000 : 100\,\% \cdot (2 \cdot 1\,\% + 0,8\,\%) = 50\,000 : 100\,\% \cdot 2,8\,\% = 1400$$

Brutto-Papierbedarf:

$$50\,000 + 370 + 1400 = 51\,770$$

Variante B: Vierfarben-Druckmaschine, acht Nutzen, Druck mit einer Form zum Umschlagen, Netto-Papierbedarf 50 000 Bogen (vgl. Variante A)

Druck mit einer Form bedeutet, dass nur ein Druckplattensatz für den vorder- und rückseitigen Druck gebraucht wird. Bei acht Nutzen zum Umschlagen stehen vier Vorder- und vier Rückseiten auf den Druckplatten. Das Papier wird nach dem ersten Druckgang umschlagen (über die seitliche Bogenkante gewendet) und dann nochmals von denselben Platten bedruckt.

Einrichtezuschuss:

$$4 \cdot 40 + 50 = 210$$

Wie bei Variante A sind auch hier zwei Druckgänge erforderlich, der Zuschuss für Fortdruck und Falzen beträgt also 1400 Bogen.

Brutto-Papierbedarf:

$$50\,000 + 210 + 1400 = 51\,610$$

Variante C: Druck auf Achtfarben-Druckmaschine mit Wendeeinrichtung, acht Nutzen, Netto-Papierbedarf 50 000 Bogen (vgl. Variante A)

Beim Einrichtezuschuss sind je vier Druckplatten für vorder- und rückseitigen Druck zu berücksichtigen.

$$2 \cdot 4 \cdot 40 + 50 = 270$$

Beim 4/4-farbigen Druck auf der Achtfarben-Druckmaschine ist nur ein Druckgang erforderlich. Nach dem Druck in den ersten vier Druckwerken werden die Bogen gewendet und dann im fünften bis achten Druckwerk rückseitig bedruckt.

$$50\,000 : 100\,\% \cdot (1\,\% + 0{,}8\,\%) = 50\,000 : 100\,\% \cdot 1{,}8\,\% : 100\,\% = 900$$

Brutto-Papierbedarf:

$$50\,000 + 270 + 900 = 51\,170$$

Beispiel 5-26: 1/1-farbig gedrucktes Buch, 240 Seiten, Auflage 5000, Einrichtezuschuss 50 Bogen pro Druckmaschine und 20 Bogen pro Druckplatte, 0,7 % Fortdruckzuschuss pro Druckgang, 1 % Zuschuss für Falzen, 0,8 % für Zusammentragen, 1,2 % für Klebebinden

Variante A: Einfarben-Druckmaschine, 16-seitige Druckbogen, Schön- und Widerdruck mit zwei Formen

Bogen pro Exemplar:

$$240 : 16 = 15$$

Netto-Papierbedarf:

$$15 \cdot 5\,000 = 75\,000$$

Einrichtezuschuss: Beim 1/1-farbigen Druck aus zwei Formen sind zwei Druckplatten pro Druckbogen erforderlich.

$$15 \cdot 2 \cdot 20 + 50 = 650$$

Fortdruck und Weiterverarbeitungszuschuss: Beim 1/1-farbigen Druck mit einer Einfarben-Druckmaschine sind zwei Druckgänge pro Bogen zu berücksichtigen.

$$75\,000 : 100\,\% \cdot (2 \cdot 0{,}7\,\% + 1\,\% + 0{,}8\,\% + 1{,}2\,\%) = 75\,000 : 100\,\% \cdot 4{,}4\,\% = 3300$$

Brutto-Papierbedarf:

$$75\,000 + 650 + 3300 = 78\,950$$

Variante B: Einfarben-Druckmaschine, Druck von je acht Seiten zu zwei Nutzen mit einer Form zum Umschlagen

Achtseitige Bogen pro Exemplar:

$$240 : 8 = 30$$

Netto-Papierbedarf: Das Produkt aus Bogen pro Exemplar und Auflage wird durch die Anzahl der Nutzen geteilt.

$$30 \cdot 5\,000 : 2 = 75\,000$$

Beim Druck von zwei Nutzen mit einer Form ist nur eine Druckplatte pro Druckbogen erforderlich.

$$30 \cdot 20 + 50 = 650$$

Fortdruck und Weiterverarbeitungszuschuss: Beim Druck mit einer Form zum Umschlagen sind zwei Druckgänge zu berücksichtigen.

$$75\,000 : 100\,\% \cdot (2 \cdot 0,7\,\% + 1\,\% + 0,8\,\% + 1,2\,\%) = 75\,000 : 100\,\% \cdot 4,4\,\% = 3300$$

Brutto-Papierbedarf:

$$75\,000 + 650 + 3300 = 78\,950$$

Die Varianten A und B führen also zu gleichen Ergebnissen. Im ersten Fall besteht ein Exemplar aus 15 Bogen mit je 16 Seiten. Im zweiten Fall sind es zwar 30 Bogen pro Exemplar, die jedoch nur aus jeweils 8 Seiten bestehen und zu zwei Nutzen gedruckt werden. Auch hier stehen also je 16 Seiten auf den Druckbogen; die „halben" achtseitigen Bogen entstehen erst in der Weiterverarbeitung durch Trennschnitt.

Auch die Anzahl der Platten ist gleich; verändert wird nur das Ausschießschema, also die Positionierung der Seiten und ihre Zuordnung zu den Druckplatten. Solange alle anderen Vorgaben unverändert bleiben, kommt es also beim Druck von Büchern oder Broschüren gar nicht darauf an, ob mit zwei Formen oder zu zwei Nutzen mit einer Form gedruckt wird – der Brutto Papierbedarf ist in beiden Fällen gleich.

Variante C: Druck auf Zweifarben-Druckmaschine mit Wendeeinrichtung, 16-seitige Druckbogen, 15 Bogen pro Exemplar, Netto-Papierbedarf 75 000 Bogen (vgl. Variante A)

Beim Einrichtezuschuss sind jeweils zwei Druckplatten pro Druckbogen (Schön- und Widerdruck mit zwei Formen) zu berücksichtigen.

$$15 \cdot 2 \cdot 20 + 50 = 650$$

Fortdruck- und Weiterverarbeitungszuschuss: Beim 1/1-farbigen Druck auf der Zweifarben-Druckmaschine mit Bogenwendung ist nur ein Druckgang nötig.

$$75\,000 : 100\,\% \cdot (0,7\,\% + 1\,\% + 0,8\,\% + 1,2\,\%) = 75\,000 : 100\,\% \cdot 3,7\,\% = 2775$$

Brutto-Papierbedarf:

$$75\,000 + 650 + 2775 = 78\,425$$

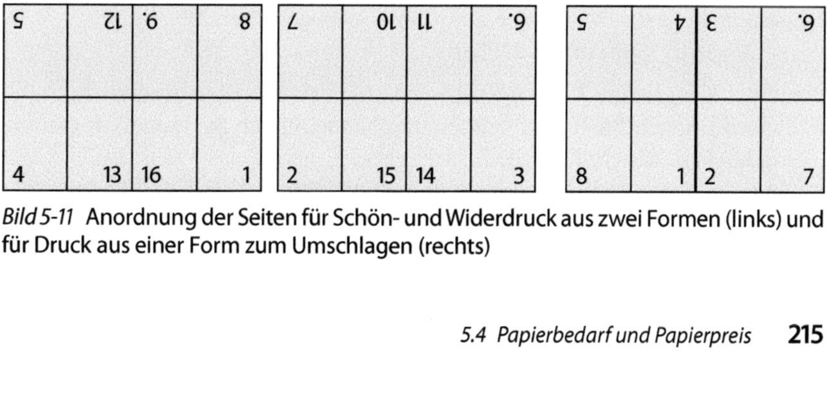

5	12	9.	8	7	10	11	6.	5	4	3	6.
4	13	16	1	2	15	14	3	8	1	2	7

Bild 5-11 Anordnung der Seiten für Schön- und Widerdruck aus zwei Formen (links) und für Druck aus einer Form zum Umschlagen (rechts)

Die Division der Seiten von Buch oder Broschüre durch die Anzahl der Seiten pro Bogen ergibt nicht immer eine ganze Zahl. Aus 456 Buchseiten ergeben sich rechnerisch zum Beispiel 28,5 Bogen mit je 16 Seiten oder 14,25 Bogen mit je 32 Seiten.

In solchen Fällen wird nicht generell aufgerundet. Rechnerische Bruchteile bedeuten ja nicht, dass das Papier nur zur Hälfte oder einem Viertel bedruckt und der Rest entsorgt würde. Die Seiten des halben oder viertel Bogens werden vielmehr zu zwei bzw. vier Nutzen gedruckt. Bei der Berechnung des Einrichtezuschusses wird die Anzahl der Druckbogen dagegen aufgerundet, denn es gibt ja keine Bruchteile von Druckplatten.

Beispiel 5-27: 2/2-farbige Broschüre, 200 Seiten, Auflage 25 000, 32-seitige Druckbogen, Druck auf Vierfarben-Druckmaschine mit Wendeeinrichtung, Einrichtezuschuss 50 Bogen pro Druckmaschine und 30 Bogen pro Druckplatte, 1,1 % Fortdruckzuschuss pro Druckgang, Zuschüsse für Falzen, Zusammentragen und Klebebinden zusammen 3,3 %

Bogen pro Exemplar:

$200 : 32 = 6,25$

Netto-Papierbedarf:

$6,25 \cdot 25\,000 = 156\,250$

Einrichtezuschuss: Pro Druckbogen sind je zwei Druckplatten für Schön- und Widerdruck erforderlich. Hier wird die Anzahl der Bogen auf 7 aufgerundet.

$2 \cdot 2 \cdot 7 \cdot 30 + 50 = 890$

Fortdruck- und Weiterverarbeitungszuschuss:

$156\,250 : 100\,\% \cdot (1,1\,\% + 3,3\,\%) = 156\,250 : 100\,\% \cdot 4,4\,\% = 6875$

Brutto-Papierbedarf:

$156\,250 + 890 + 6875 = 164\,015$

5.4.2 Papierpreis

Der Preis von Bogenpapier kann auf zwei Arten angegeben werden: als Tausend-Bogen-Preis oder als Preis pro Kilogramm oder pro einhundert Kilogramm. Beim Tausend-Bogen-Preis ist die Preisberechnung sehr einfach.

Beispiel 5-28: Preis für 7500 Bogen zum Tausend-Bogen-Preis 310,36 €

$310,36 \, € \cdot 7500 : 1000 = 2327,70 \, €$

Wenn der Kilogramm-Preis angegeben ist, sind drei Schritte erforderlich:

▷ Tausend-Bogen-Masse ausrechnen und handelsüblich auf halbe Kilogramm runden (vgl. Abschnitt 5.3.2)

▷ Tausend-Bogen-Preis ausrechnen und, wenn nötig, auf zwei Nachkommastellen runden (also auf ganze Cent)

▷ Preis der Papiermenge ausrechnen

Beispiel 5-29: Preis für 12 000 Bogen, Format 61 cm × 86 cm, Flächenmasse 115 g/m²,
Kilogramm-Preis 2,95 €/kg
Tausend-Bogen-Masse mit handelsüblicher Rundung auf halbe Kilogramm:
$$(0{,}61 \cdot 0{,}86 \cdot 115)\,kg = 60{,}329\,kg \approx 60{,}5\,kg$$
Tausend-Bogen-Preis:
$$60{,}5\,kg \cdot 2{,}95\,€/kg = 178{,}475\,€ \approx 178{,}48\,€$$
Preis für 12 000 Bogen:
$$178{,}48\,€ \cdot 12\,000 : 1000 = 2141{,}76\,€$$

Wenn der Preis pro 100 Kilogramm angegeben ist, darf die Division durch 100
nicht vergessen werden.

Beispiel 5-30: Preis für 180 000 Bogen, Tausend-Bogen-Masse 94,5 kg, Preis 367,50 €
pro 100 Kilogramm
Tausend-Bogen-Preis:
$$94{,}5\,kg \cdot (367{,}50 : 100)\,€/kg \approx 347{,}29\,€$$
Preis für 180 000 Bogen:
$$347{,}29\,€ \cdot 180\,000 : 1000 = 62\,512{,}20\,€$$

Die berechneten Preise können noch durch Rabatt und Skonto vermindert werden. Listenpreise des Großhandels enthalten keine Umsatzsteuer. Berechnung
von Rabatt, Skonto und Umsatzsteuer ist in Abschnitt 9.1.1 erläutert.

5.4.3 Übungsaufgaben zu Abschnitt 5.4

1. Bitte jeweils den Papierbedarf berechnen.
   a) Briefblatt, Auflage 100 000, Druck zu 8 Nutzen, Einrichtezuschuss 120
   Bogen, Fortdruckzuschuss 0,8 %
   b) Faltkarte, Auflage 60 000, Druck zu 12 Nutzen, Einrichtezuschuss 250
   Bogen, Fortdruckzuschuss 1,8 %, Weiterverarbeitungszuschuss 1 %

2. Wie hoch ist jeweils der Papierbedarf?
   a) Broschüre, 64 Seiten, Auflage 40 000, 8-seitige Druckbogen, 200 Einrichtebogen je Druckbogen, 2 % Zuschuss für Fortdruck, 2,5 % für Verarbeitung
   b) Buch, 768 Seiten, Auflage 8000, 32-seitige Druckbogen, 50 Einrichtebogen
   je Druckbogen, 1,2 % Fortdruckzuschuss, 3 % Weiterverarbeitungszuschuss

3. 4/4-farbige Faltblätter, Auflage 120 000, sollen zu 8 Nutzen auf einer Vierfarben-Druckmaschine produziert werden. Der Einrichtezuschuss beträgt 40
   Bogen für die Druckmaschine plus 50 Bogen pro Druckplatte, der Fortdruckzuschuss 1,1 % pro Druckgang und der Zuschuss für Weiterverarbeitung 1 %.
   Berechnen Sie bitte jeweils den Papierbedarf:
   a) Schön- und Widerdruck mit zwei Formen
   b) Druck mit einer Form zum Umschlagen

4. 2/2-farbige Faltblätter, Auflage 150 000, sollen zu 12 Nutzen gedruckt werden; Einrichtezuschuss 40 Bogen pro Maschine und 30 Bogen je Druckplatte, Weiterverarbeitungszuschuss 0,8 %. Bitte jeweils den Papierbedarf berechnen.
   a) Zweifarben-Druckmaschine, Schön- und Widerdruck mit zwei Formen, Fortdruckzuschuss 0,8 % je Druckgang
   b) Vierfarben-Maschine mit Wendeeinrichtung, 1,0 % Fortdruckzuschuss

5. 45 000 Faltkarten mit vierfarbigen Außen- und einfarbigen Innenseiten sollen zu 6 Nutzen gedruckt werden; Einrichtezuschuss 50 Bogen pro Maschine und 40 Bogen pro Druckplatte, Weiterverarbeitungszuschuss 1 %.
   Berechnen Sie bitte jeweils den Papierbedarf.
   a) Druck auf Fünffarben-Druckmaschine, 1,2 % Fortdruckzuschuss
   b) Druck der Außenseiten auf Vierfarben-Druckmaschine, 1,1 % Fortdruckzuschuss, der Innenseiten auf Einfarben-Druckmaschine, 0,6 % Fortdruckzuschuss

6. Bitte den Papierbedarf berechnen: 48-seitige Broschüre, 1/1-farbig, Auflage 12 000, 16-seitige Druckbogen, Einfarben-Druckmaschine, Schön- und Widerdruck mit zwei Formen, 40 Bogen Einrichtezuschuss für die Druckmaschine und 20 Bogen pro Druckplatte, 0,5 % Fortdruckzuschuss pro Druckgang, 1 % Zuschuss für Falzen, 1,5 % für Sammelheften.

7. 72-seitige Broschüre, 4/4-farbig, Auflage 30 000, 8-seitige Druckbogen, Einrichtezuschuss 40 Bogen für die Maschine und 40 Bogen je Druckplatte, Fortdruckzuschuss 1,2 % je Druckgang, Zuschüsse für Falzen, Zusammentragen und Klebebinden 1,0 %, 0,8 % und 1,4 %
   a) Welcher Papierbedarf ergibt sich beim Schön- und Widerdruck mit zwei Formen auf einer Vierfarben-Druckmaschine?
   b) Wie hoch ist der Papierbedarf beim Einsatz einer Druckmaschine mit acht Druckwerken und Bogenwendung?

8. Bitte den Papierbedarf für die Produktion von 4000 Exemplaren berechnen: 592-seitiges Buch, 1/1-farbig, 32-seitige Druckbogen, Schön- und Widerdruckmaschine, 50 Bogen Einrichtezuschuss für die Druckmaschine und 20 Bogen je Druckplatte, Fortdruckzuschuss 0,75 %, Zuschuss für Weiterverarbeitung (Falzen, Zusammentragen, Binden) insgesamt 3 %.

9. Berechnen Sie bitte jeweils den Preis der angegebenen Papiermenge; die Tausend-Bogen-Masse ist ggf. handelsüblich auf halbe Kilogramm zu runden.
   a) 3700 Bogen zum Tausend-Bogen-Preis 196,65 €
   b) 28 000 Bogen, Format 65 cm × 92 cm, 90 g/m², Kilogrammpreis 3,28 €/kg
   c) 2400 Bogen, 72 cm × 102 cm, 240 g/m², 5,37 €/kg
   d) 275 000 Bogen, 45 cm × 65 cm, 70 g/m², 215,00 € pro 100 kg
   e) 94 000 Bogen, 61 cm × 86 cm, 130 g/m², 389,00 € pro 100 kg

5.5 Rollenberechnungen

5.5.1 Masse und Bahnlänge

Die Bahnlänge einer Papierrolle, also die Länge der aufgewickelten Papierbahn, lässt sich aus Breite und Masse der Papierrolle sowie Flächenmasse des Papiers errechnen.

Die Masse von Papierrollen wird gelegentlich als Brutto-Masse angegeben, also einschließlich Verpackung und Kern, auf den das Papier aufgewickelt ist. Für die Berechnung der Bahnlänge ist aber die Netto-Masse von Interesse; die Masse von Kern und Verpackung ist ggf. vorab zu subtrahieren.

Beispiel 5-31: 92 cm breite Rolle, Netto-Masse 368 kg; Flächenmasse 80 g/cm²
Im ersten Schritt wird ausgerechnet, wie viel Quadratmeter Papier sich auf der Rolle befindet, indem die Masse des Papiers durch die Flächenmasse dividiert wird. Zu diesem Zweck muss vorab entweder die Masse des Papiers in die Einheit Gramm oder die Flächenmasse in die Einheit kg/m² umgewandelt werden.

$$368\,kg \cdot 1000\,g/kg = 368\,000\,g$$
$$368\,000\,g : 80\,g/m^2 = 4600\,m^2$$
oder: $$80\,g/m^2 : 1000\,g/kg = 0{,}08\,kg/m^2$$
$$368\,kg : 0{,}08\,kg/m^2 = 4600\,m^2$$

Die Bahnlänge ergibt sich durch Division der Fläche durch die Rollenbreite.

$$4600\,m^2 : 0{,}92\,m = 5000\,m$$

Stattdessen kann auch zuerst die Masse eines laufenden Meters Papier errechnet werden, indem die Flächenmasse mit der Rollenbreite multipliziert wird:

$$80\,g/m^2 \cdot 0{,}92\,m = 73{,}6\,g/m = 0{,}0736\,kg/m$$

Die Bahnlänge ergibt sich dann aus der Division der Rollenmasse durch die Masse des laufenden Meters Papier.

$$368\,kg : 0{,}0736\,kg/m = 5000\,m$$

Die Fragestellung kann umgekehrt lauten, welche Netto-Masse eine Papierrolle hat, wenn Bahnlänge, Breite und Flächenmasse bekannt sind.

Beispiel 5-32: Rollenbreite 124 cm, Bahnlänge 8000 m, Flächenmasse 60 g/m²
Im ersten Schritt wird die Fläche der aufgewickelten Papierbahn errechnet:

$$8000\,m \cdot 1{,}24\,m = 9920\,m^2$$

Im zweiten Schritt ergibt sich die Nettomasse der Rolle durch Multiplikation der Fläche mit der Flächenmasse.

$$9920\,m^2 \cdot 0{,}06\,kg/m^2 = 595{,}2\,kg$$

Alternativ kann auch hier mit der Masse des laufenden Meters gerechnet werden.

$$0{,}06\,kg/m^2 \cdot 1{,}24\,m = 0{,}0744\,kg/m$$

Die Masse des laufenden Meters wird mit der Bahnlänge multipliziert.

$$0{,}0744\,kg \cdot 8000\,m = 595{,}2\,kg$$

Soll anstelle der Netto-Masse die Brutto-Masse ausgerechnet werden, ist abschließend noch die Masse von Verpackung und Rollenkern zu addieren.

Zusammengefasst zu Formeln, sehen die Rechenwege zur Ermittlung der Bahnlänge bzw. der Masse der Rolle so aus:

F 5-8 $l = m_R : (m_A \cdot b)$ l Bahnlänge [m] m_R Netto-Masse der Rolle [kg]

F 5-9 $m_R = l \cdot b \cdot m_A$ b Rollenbreite [m] m_A Flächenmasse [kg/m²]

5.5.2 Rollendurchmesser und Bahnlänge

Wie lässt sich die Länge der Papierbahn errechnen, wenn Dicke des Papiers und Durchmesser der Rolle bekannt sind, nicht aber ihre Masse? Die Lösung erfordert mehrere Gedanken- und Rechenschritte, die hier an einem Beispiel abgearbeitet werden sollen.

Beispiel 5-33: Durchmesser der Rolle 120 cm, des Kerns 10 cm, Papierdicke 0,08 mm
Für die Berechnung ist es günstiger, mit Radien anstatt Durchmessern zu arbeiten:

        Rollenradius: 120 cm : 2 = 60 cm
        Kernradius: 10 cm : 2 = 5 cm

Zuerst wird ausgerechnet, wie viele Lagen Papier sich auf der Rolle befinden. Der Radius der Rolle wird um den Radius des Kerns vermindert, das Ergebnis durch die Papierdicke (0,08 mm = 0,008 cm) dividiert.

        (60 cm − 5 cm) : 0,008 cm = 55 cm : 0,008 cm = 6875

Die Längen der einzelnen Lagen lassen sich nun als Kreisumfänge ($2 \cdot r \cdot \pi$) errechnen. Es wird also so getan, als würde jede Lage die Form eines geschlossenen Zylindermantels haben (wie in Bild 5-12 skizziert). Das trifft zwar nicht zu, erleichtert aber die Berechnung erheblich; die entstehende Ungenauigkeit ist so gering, dass sie ohne Bedenken ignoriert werden darf.

Es ist glücklicherweise nicht erforderlich, die Längen aller 6875 Lagen einzeln zu berechnen. Stattdessen wird die Länge der „durchschnittlichen" Lage berechnet, die sich genau in der Mitte zwischen innerer und äußerer Lage befindet.

Zu diesem Zweck wird zunächst das arithmetische Mittel (der „Durchschnitt") der Radien von Kern und Rolle berechnet.

        (5 cm + 60 cm) : 2 = 32,5 cm

Umfang der mittleren Lage:

        32,5 cm · 2 · π ≈ 204,2035 cm

Multiplikation mit der Anzahl der Lagen ergibt Bahnlänge.

        204,2035 cm · 6875 ≈ 1 403 899 cm ≈ 14 039 m

Zu einer Formel zusammengefasst sieht der Rechenweg zunächst so aus:

$$l = \frac{r_R - r_K}{D} \cdot \frac{r_R + r_K}{2} \cdot 2 \cdot \pi$$

Durch Vereinfachen ergibt sich daraus:

F 5-10 $\quad l = \dfrac{r_R^2 - r_K^2}{D} \cdot \pi$
$\qquad\qquad l$ Bahnlänge $\qquad D$ Dicke des Papiers
$\qquad\qquad r_R \; r_K$ Radius der Rolle, des Kerns

r_R, r_K und D müssen gleiche Einheiten haben (z. B. Zentimeter).

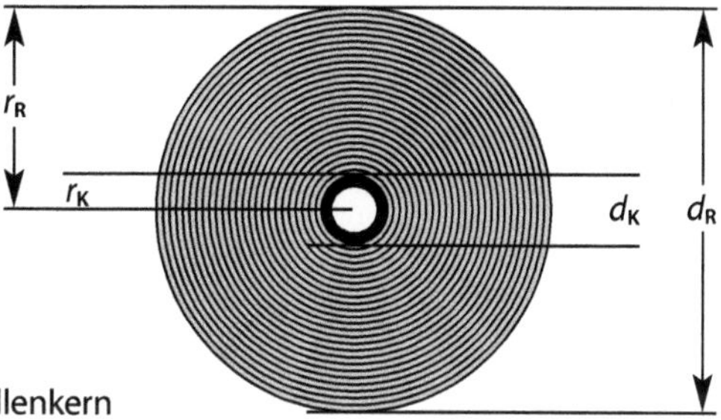

Bild 5-12
Durchmesser (d_R, d_K)
und Radien (r_R, r_K) von Rolle und Rollenkern

5.5.3 Übungsaufgaben zu Abschnitt 5.5

1. Errechnen Sie bitte die Bahnlängen.
   a) 70 cm breite Rolle, Flächenmasse 100 g/m², Netto-Masse 798 kg
   b) Rollenbreite 145 cm, 60 g/m², Netto-Masse 1598 kg

2. Bitte die Bahnlängen berechnen.
   a) Rollenbreite 252 cm, 75 g/m², Netto-Masse 2320 kg
   b) Rollenbreite 184 cm, 90 g/m², Netto-Masse 1725 kg

3. Bitte jeweils die Netto-Masse des Papiers berechnen.
   a) 140 cm breite Rolle, Flächenmasse 70 g/m², Bahnlänge 15 000 m
   b) Rollenbreite 52 cm, Bahnlänge 20 000 m, Flächenmasse 40 g/m²
   c) Rollenbreite 980 mm, Bahnlänge 12 500 m, Flächenmasse 90 g/m²
   d) Rollenbreite 240 cm, Bahnlänge 14 000 m, Flächenmasse 60 g/m²

4. Auf einer 130 cm breiten Rolle befindet sich 9500 m Papier mit der Flächenmasse 120 g/m².
   a) Bitte die Netto-Masse der Rolle berechnen.
   b) Ein Rollenrest mit gleicher Flächenmasse und Breite hat 35 kg Nettomasse. Wie viel Meter Bahnlänge entspricht das?

5. Bitte die Bahnlängen berechnen.
   a) Eine Papierrolle hat 100 cm Außendurchmesser und 10 cm Kerndurchmesser, das Papier ist 0,05 mm dick.
   b) Rollendurchmesser 130 cm, Kerndurchmesser 15 cm, Papierdicke 110 µm
   c) Rollendurchmesser 80 cm, Kerndurchmesser 7,5 cm, 65 g/m², Volumen 1,0

6. Berechnen Sie bitte Bahnlänge und Netto-Masse der Rolle: Breite 180 cm, Durchmesser 90 cm, Kerndurchmesser 12,5 cm, Papierdicke 0,1 mm, Flächenmasse 80 g/m².

7. Eine 134 cm breite Rolle hat 120 cm Außen- und 15 cm Kerndurchmesser; Flächenmasse des Papiers 50 g/m², Volumen 1,2. Errechnen Sie bitte Bahnlänge und Netto-Masse der Rolle.

Erhöhter Schwierigkeitsgrad

8. Eine 204 cm breite Rolle, Durchmesser 115 cm, Kerndurchmesser 15 cm, hat die Netto-Masse 1666,3 kg. Welche Flächenmasse hat das 100 μm dicke Papier?

9. Errechnen Sie bitte den Durchmesser der Rolle: Bahnlänge 9000 m, Papierdicke 0,07 mm, Kerndurchmesser 12 cm.

5.6 Luftfeuchte

5.6.1 Vorbemerkung

Papier ist hygroskopisch; es kann Feuchte (Wasserdampf) aus der umgebenden Luft aufnehmen oder Feuchte an die Luft abgeben. Dies geschieht so lange, bis die Feuchtegehalte von Papier und umgebender Luft im Gleichgewicht sind. Durch die Aufnahme von Feuchte dehnt sich der Bogen aus, durch Feuchteabgabe wird er kleiner.

Die Anpassung der Feuchte eines Papierstapels (Stapelfeuchte) ist eine langwierige Angelegenheit. Da der Feuchteaustausch nicht gleichmäßig ist, sondern an den Stapelrändern erheblich schneller abläuft als in der Mitte, kommt es zur Randwelligkeit (bei Feuchteaufnahme) bzw. zum Tellern (bei Feuchteabgabe). Deshalb soll in Räumen, in denen Papier verdruckt, verarbeitet oder unverpackt gelagert wird, möglichst immer gleiche Luftfeuchte herrschen. Wo Feuchteschwankungen unvermeidlich sind, also zum Beispiel beim Transport, wird Papier in Folie oder kunststoffbeschichtetes Papier verpackt.

5.6.2 Absolute und relative Luftfeuchte

Die in einem Kubikmeter Luft enthaltene Wasserdampfmenge heißt absolute Luftfeuchte, Einheit Gramm pro Kubikmeter (g/m³). Luft kann nicht unendlich viel Wasserdampf aufnehmen; es gibt vielmehr eine Sättigungsmenge (maximale absolute Feuchte), die von der Temperatur der Luft abhängt.

Die relative Luftfeuchte gibt den Feuchtegehalt der Luft in Prozent der Sättigungsmenge an. Sind absolute Luftfeuchte f und Sättigungsmenge f_{max} bekannt, kann die relative Luftfeuchte f_{rel} rechnerisch bestimmt werden.

Tabelle 5-3: Luftfeuchte – Temperatur und Sättigungsmenge

Temperatur °C	0	5	10	11	12	13	14	15	16	17
Sättigungsmenge g/m³	4,8	6,8	9,4	10,0	10,7	11,3	12,1	12,8	13,6	14,5
Temperatur °C	18	19	20	21	22	23	24	25	30	35
Sättigungsmenge g/m³	15,4	16,3	17,3	18,3	19,4	20,6	21,8	23,0	30,3	39,6

Beispiel 5-34: Absolute Luftfeuchte 9,5 g/m³, Sättigungsmenge 19,4 g/m³
Die relative Luftfeuchte wird mittels Verhältnisgleichung oder Dreisatz (proportionales Verhältnis) berechnet; die Sättigungsmenge entspricht 100 %.

$$f_{rel} : 9,5\,g/m^2 = 100\,\% : 19,4\,g/m^3 \quad | \cdot 9,5\,g/m^3 \qquad \frac{19,4\,g/m^3}{\cdot} \;:\; 100\,\%$$
$$f_{rel} = 100\,\% : 19,4\,g/m^3 \cdot 9,5\,g/m^3 \approx 49\,\% \qquad\quad 9,5\,g/m^3 \;\approx\; 49\,\%$$

Umgekehrt kann die absolute Luftfeuchte ausgerechnet werden, wenn relative Luftfeuchte und Sättigungsmenge bekannt sind.

Beispiel 5-35: Relative Luftfeuchte 60 %, Sättigungsmenge 17,3 g/m³
Die absolute Luftfeuchte wird mittels Dreisatz oder Verhältnisgleichung (proportionales Verhältnis) berechnet; die Sättigungsmenge entspricht 100 %.

$$f_{abs} : 60\,\% = 17,3\,g/m^3 : 100\,\% \quad | \cdot 60\,\% \qquad \frac{100\,\%}{\cdot} \;:\; 17,3\,g/m^3$$
$$f_{abs} = 17,3\,g/m^3 : 100\,\% \cdot 60\,\% \approx 10,4\,g/m^3 \qquad 60\,\% \;\approx\; 10,4\,g/m^3$$

Die Verhältnisgleichungen für beide Rechenwege lauten also:
$$f_{rel} : f_{abs} = 100\,\% : f_{max}$$
$$f_{abs} : f_{rel} = f_{max} : 100\,\%$$

Aufgelöst nach f_{rel} und nach f_{abs} (relative bzw. absolute Luftfeuchte):

F 5-11 $\quad f_{rel} = 100\,\% : f_{max} \cdot f_{abs}$ $\qquad f_{max}$ Sättigungsmenge

F 5-12 $\quad f_{abs} = f_{max} : 100\,\% \cdot f_{rel}$ $\qquad f_{abs}\ f_{rel}$ absolute, relative Luftfeuchte

5.6.3 Temperatur und relative Luftfeuchte

Wenn sich die Temperatur verändert und dabei die absolute Luftfeuchte konstant bleibt, ändert sich zwangsläufig die relative Luftfeuchte.

Beispiel 5-36: Relative Luftfeuchte 60 % bei 21 °C. Welche relative Luftfeuchte ergibt sich nach Abkühlung auf 15 °C?
Sättigungsmengen: 18,3 g/m³ bei 21 °C, 12,8 g/m³ bei 15 °C
Im ersten Schritt wird die absolute Luftfeuchte bei 21 °C berechnet (proportionales Verhältnis, vgl. Beispiel 5-35):

$$f_{abs} : 60\,\% = 18,3\,g/m^3 : 100\,\% \quad | \cdot 60\,\% \qquad \frac{100\,\%}{\cdot} \;:\; 18,3\,g/m^3$$
$$f_{abs} = 18,3\,g/m^3 : 100\,\% \cdot 60\,\% \approx 11,0\,g/m^3 \qquad 60\,\% \;\approx\; 11,0\,g/m^3$$

Im zweiten Schritt folgt die relative Luftfeuchte bei 15 °C (proportionales Verhältnis, vgl. Beispiel 5-34):

$$f_{rel} : 11{,}0\,g/m^2 = 100\,\% : 12{,}8\,g/m^3 \mid \cdot 11{,}0\,g/m^2$$
$$f_{rel} = 100\,\% : 12{,}8\,g/m^3 \cdot 11{,}0\,g/m^3 \approx 86\,\%$$

$$12{,}8\,g/m^3 \quad : \quad 100\,\%$$
$$11{,}0\,g/m^3 \quad \approx \quad 86\,\%$$

Schneller und eleganter geht es ohne den Umweg über die absolute Luftfeuchte. Die beiden Sättigungsmengen und relativen Luftfeuchten werden unmittelbar in Beziehung gesetzt, wobei ein antiproportionales Verhältnis entsteht (je geringer die Sättigungsmenge, desto höher ist die relative Luftfeuchte).

Verhältnisgleichung oder Dreisatz, antiproportionales Verhältnis:

$$f_{rel\,neu} \cdot 12{,}8\,g/m^2 = 60\,\% \cdot 18{,}3\,g/m^3 \mid : 12{,}8\,g/m^2$$
$$f_{rel\,neu} = 60\,\% \cdot 18{,}3\,g/m^3 : 12{,}8\,g/m^3 \approx 86\,\%$$

$$18{,}3\,g/m^3 \quad \cdot \quad 60\,\%$$
$$12{,}8\,g/m^3 \quad \approx \quad 86\,\%$$

Die nach $f_{rel\,neu}$ aufgelöste Verhältnisgleichung lautet also:

F 5-13 $f_{rel\,neu} = f_{rel\,alt} \cdot f_{max\,alt} : f_{max\,neu}$ $f_{max\,alt}$ $f_{max\,neu}$ alte, neue Sättigungsmenge
$f_{rel\,alt}$ $f_{rel\,neu}$ alte, neue relative Luftfeuchte

5.6.4 Kondensation

Die relative Luftfeuchte kann nicht höher als 100 % sein; mehr als die Sättigungsmenge an Wasserdampf wird von der Luft nicht aufgenommen. Sinkt die Lufttemperatur so stark ab, dass die absolute Luftfeuchte die Sättigungsmenge übersteigt, kommt es zur Kondensation, es entstehen also Wassertropfen.

Beispiel 5-37: Relative Luftfeuchte 80 % bei 20 °C – kommt es zur Kondensation, wenn die Temperatur auf 15 °C absinkt?
Sättigungsmengen: 17,3 g/m³ bei 20 °C, 12,8 g/m³ bei 15 °C
Die absolute Luftfeuchte bei 20 °C beträgt:

$$f_{abs} : 80\,\% = 17{,}3\,g/m^3 : 100\,\% \mid \cdot 80\,\%$$
$$f_{abs} = 17{,}3\,g/m^3 : 100\,\% \cdot 80\,\% \approx 13{,}8\,g/m^3$$

$$100\,\% \quad : \quad 17{,}3\,g/m^3$$
$$80\,\% \quad \approx \quad 13{,}8\,g/m^3$$

Die absolute Luftfeuchte von 13,8 g/m³ ist höher als die Sättigungsmenge 12,8 g/m³ bei 15 °C. Es kommt also zur Kondensation.
Alternativ kann auch die relative Luftfeuchte ausgerechnet werden, die sich beim Absinken der Temperatur ergibt. Antiproportionales Verhältnis – je geringer die Sättigungsmenge, desto höher die relative Luftfeuchte (vgl. Beispiel 5-36).

$$f_{rel\,neu} \cdot 12{,}8\,g/m^2 = 80\,\% \cdot 17{,}3\,g/m^3 \mid : 12{,}8\,g/m^2$$
$$f_{rel\,neu} = 80\,\% \cdot 17{,}3\,g/m^3 : 12{,}8\,g/m^3 \approx 108\,\%$$

$$17{,}3\,g/m^3 \quad \cdot \quad 80\,\%$$
$$12{,}8\,g/m^3 \quad \approx \quad 108\,\%$$

Die relative Luftfeuchte kann nicht höher als 100 % sein. Das rechnerische Ergebnis 108 % ist also so zu interpretieren, dass es zur Kondensation kommt, weil die Feuchte nicht mehr vollständig von der Luft aufgenommen wird.

Mithilfe Tabelle 5-3 kann auch der Taupunkt näherungsweise bestimmt werden, also die Temperatur, bei der 100 % relative Luftfeuchte erreicht wird und Wasserdampf zu kondensieren beginnt.

Beispiel 5-38: Taupunkt für relative Luftfeuchte 80 % bei 20 °C, $f_{max} = 17,3 \, g/m^3$
Absolute Luftfeuchte:

$$f_{abs} : 80\,\% = 17{,}3 \, g/m^3 : 100\,\% \qquad\qquad 100\,\% \quad : \quad 17{,}3 \, g/m^3$$
$$f_{abs} = 17{,}3 \, g/m^3 : 100\,\% \cdot 80\,\% \approx 13{,}8 \, g/m^3 \qquad\qquad 80\,\% \quad \approx \quad 13{,}8 \, g/m^3$$

Ablesen in Tabelle 5-3 ergibt die Sättigungsmenge 13,6 g/m³ bei 16 °C. Der Taupunkt für 80 % relative Luftfeuchte bei 20 °C liegt also geringfügig über 16 °C.

5.6.5 Übungsaufgaben zu Abschnitt 5.6

1. Errechnen Sie bitte die relativen Luftfeuchten.
   a) absolute Feuchte 15 g/m³, Sättigungsmenge 16,3 g/m³
   b) $f_{abs} = 9{,}5 \, g/m^3$, $f_{max} = 23{,}0 \, g/m^3$
   c) $f_{abs} = 11{,}4 \, g/m^3$, $f_{max} = 18{,}3 \, g/m^3$

2. Wie hoch sind die absoluten Luftfeuchten?
   a) Sättigungsmenge 14,5 g/m³, relative Luftfeuchte 75 %
   b) $f_{max} = 20{,}6 \, g/m^3$, $f_{rel} = 45\,\%$
   c) $f_{max} = 13{,}6 \, g/m^3$, $f_{rel} = 92\,\%$

3. Bei 20 °C beträgt die relative Luftfeuchte in einem geschlossenen Raum 60 %, Sättigungsmenge 17,3 g/m³. Welche relativen Luftfeuchten ergeben sich durch Abkühlen der Raumluft auf folgende Temperaturen?
   a) 12 °C (Sättigungsmenge 10,7 g/m3)
   b) 16 °C (Sättigungsmenge 13,6 g/m3)

4. Bei 15 °C beträgt die relative Luftfeuchte 65 % (Sättigungsmenge 12,8 g/m³). Welche relativen Luftfeuchten ergeben sich durch Erwärmung der Luft auf die folgenden Temperaturen?
   a) 21 °C (Sättigungsmenge 18,3 g/m3)
   b) 30 °C (Sättigungsmenge 30,3 g/m3)

5. Die relative Luftfeuchte beträgt 70 % bei 21 °C (Sättigungsmenge 21,8 g/m³). Prüfen Sie bitte, ob es bei Abkühlung der Luft auf die folgenden Temperaturen zur Kondensation kommt.
   a) 20 °C (Sättigungsmenge 17,3 g/m³)
   b) 16 °C (Sättigungsmenge 13,6 g/m³)

6. Bestimmen Sie bitte die ungefähren Taupunkte mithilfe Tabelle 5-3.
   a) Temperatur 23 °C (Sättigungsmenge 20,6 g/m³), relative Luftfeuchte 90 %
   b) Temperatur 19 °C (Sättigungsmenge 16,3 g/m³), relative Luftfeuchte 65 %

Erhöhter Schwierigkeitsgrad

7. In einem Drucksaal mit 2700 Kubikmeter Rauminhalt wird die Temperatur 19 °C und die relative Luftfeuchte 60 % gemessen, Sättigungsmenge 16,3 g/m³. Wie viel Gramm Wasserdampf muss der Raumluft hinzugefügt werden, wenn die relative Luftfeuchte bei Erwärmung auf 21 °C (Sättigungsmenge 18,3 g/m³) unverändert bleiben soll?

8. In einem Arbeitsraum mit 350 Kubikmeter Luftvolumen beträgt die relative Luftfeuchte 80 % bei 24 °C (Sättigungsmenge 21,8 g/m³). Wie viel Gramm Feuchte muss der Raumluft entzogen werden, wenn die Temperatur auf 20 °C (Sättigungsmenge 17,3 g/m³) gesenkt wird und die relative Luftfeuchte auf 60 % verringert werden soll?

6 Drucktechnik

6.1 Maschinenleistung und Druckzeit

6.1.1 Zylinderdrehzahl und Druckgeschwindigkeit

Leistungen von Druckmaschinen können durch Zylinderumdrehungen pro Zeiteinheit (üblicherweise Stunde) oder als Druckgeschwindigkeit in Meter pro Zeiteinheit (meist Sekunde oder Minute) ausgewiesen werden.

Einheit der Drehzahl ist der Kehrwert einer Zeiteinheit, hier also normalerweise 1/h (Eins geteilt durch Stunde) oder, in anderer Schreibweise, h^{-1} (Stunde hoch minus Eins; vgl. auch Abschnitt 1.5.7).

Die Druckgeschwindigkeit gibt an, mit welcher Umfangsgeschwindigkeit die Zylinder der Maschine rotieren und wie schnell folglich die Druckbogen in der Maschine vorwärts bewegt werden. Bei Rollendruckmaschinen wird der entsprechende Sachverhalt meist Bahngeschwindigkeit genannt. Druck- oder Bahngeschwindigkeiten werden in Meter pro Sekunde oder Meter pro Minute (m/s, m/min) angegeben.

Um die eine Art der Leistungsangabe in die andere umzurechnen, muss der Umfang oder Durchmesser der Zylinder bekannt sein. Bei gleicher Drehzahl ist die Druckgeschwindigkeit umso höher, je größer der Zylinderumfang ist.

Beispiel 6-1: Druckgeschwindigkeit in Meter pro Sekunde bei 12 000 Umdrehungen pro Stunde, Zylinderdurchmesser 42,5 cm

Zuerst wird der Zylinderumfang in Meter ausgerechnet (Durchmesser · π).

$$0,425\,m \cdot \pi \approx 1,3352\,m$$

Die Druckgeschwindigkeit (Umfangsgeschwindigkeit der Zylinder) ergibt sich durch Multiplikation der Drehzahl mit dem Zylinderumfang.

$$12\,000/h \cdot 1,3352\,m \approx 16\,022,4\,m/h$$

Um das Ergebnis in die Einheit m/s zu bringen, wird durch 3600 dividiert.

$$16\,022,4\,m/h : 3600\,s/h \approx 4,45\,m/s$$

Umgekehrt kann die Drehzahl aus der Druck- oder Bahngeschwindigkeit errechnet werden.

Beispiel 6-2: Zylinderumdrehungen pro Stunde bei 15 m/s Bahngeschwindigkeit, Zylinderdurchmesser 30 cm

Die Bahngeschwindigkeit wird in die Einheit m/h umgewandelt.

$$15\,m/s \cdot 3600\,s/h = 54\,000\,m/h$$

Zylinderumfang:

$$0,3\,m \cdot \pi \approx 0,9425\,m$$

Die Zylinderumdrehungen pro Stunde ergeben sich durch Division der Druckgeschwindigkeit (m/h) durch den Zylinderumfang.

$$54\,000\,m/h : 0,9425\,m \approx 57\,294/h$$

Zu Formeln zusammengefasst, sehen die beiden Rechenwege so aus:

F 6-1 $v = U \cdot n = d \cdot \pi \cdot n$

F 6-2 $n = v : U = v : (d \cdot \pi)$

v Druck-, Bahngeschwindigkeit U Zylinderumfang
d Zylinderdurchmesser n Drehzahl
In Formel 6-2 müssen die Einheiten von v und U bzw. d einander entsprechen, also zum Beispiel m/s (oder m/min) und m.

Für die Umwandlung der Einheiten von Geschwindigkeit v und Drehzahl n gelten diese Rechenwege:

F 6-3 $v\,[\text{m/min}] = v\,[\text{m/h}] : 60\,[\text{min/h}]$ **F 6-5** $n\,[/\text{h}] = n\,[/\text{min}] \cdot 60\,[\text{min/h}]$

F 6-4 $v\,[\text{m/s}] = v\,[\text{m/h}] : 3600\,[\text{s/h}]$ **F 6-6** $n\,[/\text{h}] = n\,[/\text{s}] \cdot 3600\,[\text{s/h}]$

6.1.2 Maschinenleistung in Druck, Bogen, Seiten pro Stunde

Die Maschinenleistung in Druck oder Bogen pro Stunde entspricht der Drehzahl der Plattenzylinder. Sie gibt also an, wie oft das Druckbild pro Stunde von den Druckplatten auf den Bedruckstoff übertragen wird bzw. wie viele Bogen pro Stunde durch die Maschine laufen.
Die Drehzahl des Plattenzylinders ist nicht immer identisch mit der Drehzahl des Gegendruckzylinders. Offsetmaschinen haben häufig Gegendruckzylinder mit doppeltem Umfang der Plattenzylinder. Die Drehzahl des Gegendruckzylinders entspricht dann nur der halben Maschinenleistung in Druck oder Bogen pro Stunde. Noch erheblich größer sind die Unterschiede zwischen Gegendruck- und Plattenzylindern bei Zentralzylinder-Flexodruckmaschinen.
Wenn die Leistungen von Druckmaschinen mit unterschiedlichen Formaten und Druckwerkszahlen verglichen werden sollen, kann es günstiger sein, anstelle von Druckgeschwindigkeit oder Druck pro Stunde die Anzahl der in einer Stunde gedruckten Seiten eines bestimmten Formats (zum Beispiel A4) und einer bestimmten Farbenzahl anzugeben.

Beispiel 6-3: Leistungsvergleich von Vierfarben-Druckmaschine, maximales Druckformat 62 cm × 89 cm, 15 000 Bogen pro Stunde, mit beidseitig vierfarbig druckender Schön-und-Widerdruckmaschine, maximales Druckformat 50 cm × 70 cm, 12 000 Bogen pro Stunde. Vergleichsmaßstab ist die Anzahl vierfarbig gedruckter A4-Seiten (210 mm × 297 mm) pro Stunde.
Zuerst werden die Seiten pro Bogen und Druckgang (Maschinendurchlauf) für die erste Druckmaschine berechnet (zur Vorgehensweise vgl. Abschnitt 5.2.1):

$$\frac{62\,\text{cm}}{:21\,\text{cm}} \cdot \frac{89\,\text{cm}}{:29{,}7\,\text{cm}} = 4 \qquad \frac{62\,\text{cm}}{:29{,}7\,\text{cm}} \cdot \frac{89\,\text{cm}}{:21\,\text{cm}} = \mathbf{8}$$

Vierfarbig gedruckte A4-Seiten pro Stunde:

8 · 15 000/h = 120 000/h

Für die zweite Maschine:

50 cm	70 cm		50 cm	70 cm
: 21 cm	: 29,7 cm		: 29,7 cm	: 21 cm
2	· 2 = 4		1 ·	3 = 3

Die ermittelte Anzahl der Seiten wird verdoppelt, weil die Bogen in einem Druckgang beidseitig bedruckt werden:

4 · 2 = 8

Vierfarbig gedruckte A4-Seiten pro Stunde:

8 · 12 000/h = 96 000/h

6.1.3 Druckzeiten

Gesamtdruckzeit ist die Zeit, die zum Druck einer bestimmten Auflage benötigt wird. Sie setzt sich zusammen aus *Einrichtezeit* und *Fortdruckzeit*. Die Fortdruckzeit lässt sich wiederum aufschlüsseln in *reine Druckzeit* und Zeitzuschlag für Druckunterbrechungen durch Stopper, Bahnrisse, für das Reinigen der Gummitücher usw.

Die ermittelte Gesamtdruckzeit ist eine rechnerisch fundierte Prognose; Einrichtezeit und Zeitzuschlag für Unterbrechungen des Fortdrucks basieren auf Erfahrungswerten, die sich im konkreten Einzelfall als nicht ganz zutreffend erweisen können.

Beispiel 6-4: 90 000 Bogen 1/1-farbig (d. h. einfarbiger Druck auf beiden Bogenseiten), Einfarben-Druckmaschine, Maschinenleistung 15 000 Druck pro Stunde, Zeitzuschlag 15 %, Einrichtezeit 25 Minuten pro Druckgang

Da die Bogen beidseitig bedruckt werden, sind beim Druck mit der Einfarben-Druckmaschine zwei Druckgänge (Maschinendurchläufe) erforderlich. Um die *reine Druckzeit* auszurechnen, wird also die Anzahl der Bogen verdoppelt und durch die Maschinenleistung in Bogen pro Stunde dividiert.

90 000 · 2 : 15 000/h = 12 h

Durch Hinzurechnen des Zeitzuschlags ergibt sich die *Fortdruckzeit*. Die reine Druckzeit entspricht 100 %, die Fortdruckzeit entspricht 100 % + 15 % = 115 %.

12 h : 100 % · 115 % = 13,8 h = 13 h 48 min

Um die *Gesamtdruckzeit* zu erhalten, wird schließlich die Einrichtezeit addiert. Da zwei Druckgänge erforderlich sind, ist die pro Druckgang angegebene Einrichtezeit zweifach zu berücksichtigen.

13 h 48 min + 2 · 25 min = 13 h 98 min = 14 h 38 min

Die Einrichtezeit kann aufgeschlüsselt werden in nur einmal pro Druckauftrag anfallende Grundeinrichtezeit, pro Druckgang anfallende Zeiten für das „Anfahren" der Maschine sowie Zeiten für Druckplatten- und Farbwechsel.

Beispiel 6-5: 4/4-farbige Broschüre mit 80 Seiten, 16-seitige Druckbogen, Auflage 20 000, Vierfarben-Druckmaschine, 12 500 Druck/Stunde, Zeitzuschlag 10 % Einrichtezeiten: 10 Minuten Grundeinrichten, 8 Minuten pro Druckgang, 6 Minuten pro Druckplatte

Seiten pro Exemplar geteilt durch Seiten pro Druckbogen ergibt Druckbogen pro Exemplar:

$$80 : 16 = 5$$

Anzahl der Druckgänge: Druckbogen pro Exemplar mal 2 Druckgänge pro Bogen

$$5 \cdot 2 = 10$$

Reine Druckzeit: Auflage mal Anzahl Druckgänge geteilt durch Druck pro Stunde.

$$20\,000 \cdot 10 : 12\,500/h = 16\,h$$

Fortdruckzeit (reine Druckzeit plus 10 % Zeitzuschlag):

$$16\,h : 100\,\% \cdot 110\,\% = 17{,}6\,h = 17\,h\;36\,min$$

Einrichtezeit für 10 Druckgänge:

$$8\,min \cdot 10 = 80\,min$$

Anzahl der Druckplatten: 10 Druckgänge mal 4 Druckplatten pro Druckgang

$$10 \cdot 4 = 40$$

Einrichtezeit für 40 Druckplatten:

$$40 \cdot 6\,min = 240\,min$$

Einrichtezeit insgesamt: Zeit für Grundeinrichten plus Einrichtezeiten für 10 Druckgänge plus Einrichtezeit für 40 Druckplatten

$$10\,min + 80\,min + 240\,min = 330\,min = 5\,h\;30\,min$$

Gesamtdruckzeit: Fortdruckzeit plus Gesamt-Einrichtezeit

$$17\,h\;36\,min + 5\,h\;30\,min = 22\,h\;66\,min = 23\,h\;6\,min$$

6.1.4 Übungsaufgaben zu Abschnitt 6.1

1. Errechnen Sie bitte die Druckgeschwindigkeiten in Meter pro Sekunde.
   a) Zylinderumfang 72 cm, 10 000 Zylinderumdrehungen pro Stunde
   b) Zylinderdurchmesser 38,2 cm, Drehzahl 16 000/h

2. Die Plattenzylinder einer Bogenoffsetdruckmaschine haben 31 cm Durchmesser und rotieren mit 14 000 Umdrehungen pro Stunde. Wie hoch ist die Druckgeschwindigkeit in Meter pro Minute?

3. Die Zylinder einer Rollenoffsetdruckmaschine rotieren mit 50 000 Umdrehungen pro Stunde, Durchmesser 205 mm. Errechnen Sie bitte die Bahngeschwindigkeit in Meter pro Sekunde.

4. Errechnen Sie bitte die Zylinderdrehzahlen (1/h):
   a) Druckgeschwindigkeit 2,5 m/s, Zylinderumfang 100 cm
   b) Bahngeschwindigkeit 15 m/s, Zylinderdurchmesser 400 mm
   c) Bahngeschwindigkeit 12,8 m/s, Zylinderdurchmesser 293 mm

5. Die Zylinder einer Bogenoffsetdruckmaschine haben 19,5 cm Durchmesser. Wie hoch ist jeweils die Anzahl der Umdrehungen pro Stunde?
a) Druckgeschwindigkeit 150 m/min   b) Druckgeschwindigkeit 3 m/s

6. Wie viele vierfarbige A4-Seiten werden jeweils pro Stunde gedruckt?
a) Vierfarben-Offsetdruckmaschine, maximales Druckformat 46 cm × 64 cm, 16 000 Druck pro Stunde
b) Digitaldruckmaschine, maximales Bogenformat 450 mm × 320 mm, Leistung 80 Bogen pro Minute beidseitig vierfarbig
c) 4/4-farbiger Druck auf Achtfarben-Offsetdruckmaschine mit Bogenwendung, maximales Druckformat 86 cm × 124 cm, 12 500 Bogen pro Stunde

7. 120 000 Bogen sollen einseitig bedruckt werden, Maschinenleistung 16 000 Druck pro Stunde, Zeitzuschlag für Druckunterbrechungen 10 % der reinen Druckzeit, Einrichtezeit 25 Minuten. Berechnen Sie bitte reine Druckzeit, Fortdruckzeit und Gesamtdruckzeit.

8. Auf einer Zweifarben-Druckmaschine sollen 30 000 Bogen beidseitig zweifarbig bedruckt werden. Maschinenleistung 12 000 Bogen pro Stunde, 12 % Zeitzuschlag zur reinen Druckzeit, Einrichtezeit insgesamt 40 Minuten. Errechnen Sie bitte die Gesamtdruckzeit.

9. 50 000 Bogen sollen 4/4-farbig bedruckt werden; Vierfarben-Druckmaschine, Leistung 11 000 Druck pro Stunde, Zeitzuschlag 15 %, Einrichtezeit 1 h 20 min. Wie lang ist die Gesamtdruckzeit?

10. Bitte die Gesamtdruckzeit berechnen: 128-seitige Broschüre, Auflage 10 000, 32-seitige Druckbogen, 1/1-farbiger Druck auf Schön- und Widerdruckmaschine, Maschinenleistung 12 500 Bogen pro Stunde, 10 % Zeitzuschlag für Druckunterbrechungen. Einrichtezeiten: 10 Minuten für das Grundeinrichten der Maschine, 8 Minuten pro Druckgang und 5 Minuten pro Druckplatte.

11. Berechnen Sie bitte die Gesamtdruckzeit: 75 000 Bogen 4/4-farbig, Vierfarben-Druckmaschine, 12 000 Druck pro Stunde, 10 % Zeitzuschlag. Einrichtezeiten: 12 min Grundeinrichten, 8 min pro Druckgang, 7 min pro Druckplatte.

Erhöhter Schwierigkeitsgrad

12. Eine 48-Seiten-Rollenoffsetdruckmaschine läuft mit 45 000 Zylinderumdrehungen pro Stunde. Mit welcher Bahngeschwindigkeit (m/s) müsste eine 32-Seiten-Maschine, Zylinderdurchmesser 200 mm, drucken, um dieselbe Druckleistung in Seiten pro Stunde zu erreichen wie die 48-Seiten-Maschine?

13. Auf einer Einfarben-Druckmaschine wurden 27 000 Bogen 1/1-farbig bedruckt. Die Fortdruckzeit betrug 4 h 5 min einschließlich Druckunterbrechungen von insgesamt 20 Minuten. Mit wie viel Druck pro Stunde lief die Maschine?

6.2 Druckfarbe und Feuchtmittel

6.2.1 Mischen von Druckfarben

In Rezepten für das Mischen von Druckfarben können die Anteile auf unterschiedliche Arten angegeben sein: relativ in Prozent oder Teilen, absolut in Gramm oder Kilogramm.

Beispiel 6-6: Eine braune Druckfarbe wird laut Rezept aus 60 % Gelb, 22 % Rot und 18 % Schwarz ermischt. Welche Mengen der drei Farben werden gebraucht, um 6 kg Braun herzustellen?

Grundwert bei der Prozentrechnung ist die Gesamtmenge von 6000 g.

Gelb	$6000\,g : 100\,\% \cdot 60\,\% = 3600\,g$
Rot	$6000\,g : 100\,\% \cdot 22\,\% = 1320\,g$
Schwarz	$6000\,g : 100\,\% \cdot 18\,\% = 1080\,g$

Zur Überprüfung der Ergebnisse werden die errechneten Mengen addiert:

$$3600\,g + 1320\,g + 1080\,g = 6000\,g$$

Beispiel 6-7: Ermischen von 4 kg hellgrüner Druckfarbe aus 13 Teilen Gelb, 2 Teilen Grün und 17 Teilen Weiß

Die Gesamtmenge 4000 g entspricht der Summe der Teile. Ein Teil entspricht also:

$$4000\,g : (13 + 2 + 17) = 4000\,g : 32 = 125\,g$$

Jetzt muss nur noch mit den jeweiligen Teilen multipliziert werden:

Gelb	$125\,g \cdot 13 = 1625\,g$
Grün	$125\,g \cdot 2\ \ = 250\,g$
Weiß	$125\,g \cdot 17 = 2125\,g$
Insgesamt	$1625\,g + 250\,g + 2125\,g = 4000\,g$

Rezepte mit absoluten Angaben werden vorzugsweise so formuliert, dass sich die Teilmengen zu einem Kilogramm (1000 Gramm) ergänzen.

Beispiel 6-8: Ermischen von 12 kg Dunkelblau nach Rezept 635 g Blau, 185 g Violett, 95 g Schwarz, 85 g Weiß

Die im Rezept angegebenen Mengen ergänzen sich zu einem Kilogramm:

$$635\,g + 185\,g + 95\,g + 85\,g = 1000\,g$$

Da 12 Kilogramm Dunkelblau hergestellt werden soll, werden die Teilmengen des Rezepts mit 12 multipliziert.

Blau	$635\,g \cdot 12 = 7620\,g$
Violett	$185\,g \cdot 12 = 2220\,g$
Schwarz	$95\,g \cdot 12 = 1140\,g$
Weiß	$85\,g \cdot 12 = 1020\,g$
Insgesamt	$7620\,g + 2220\,g + 1140\,g + 1020\,g = 12\,000\,g$

Wenn sich die im Rezept angegebenen Mengen nicht zu einem Kilogramm ergänzen, ist die Berechnung etwas komplizierter.

Beispiel 6-9: Ermischen von 7,5 kg Dunkelgrün nach Rezept 300 g Grün, 250 g Cyan, 50 g Schwarz

Summe der im Rezept angegebenen Mengen:

$$300\,g + 250\,g + 50\,g = 600\,g$$

Berechnung der Teilmengen für die Mischung von 7,5 kg (7500 g) mittels Verhältnisgleichung oder Dreisatz (proportionales Verhältnis):

Grün	$m_{Grün} : 7500\,g = 300\,g : 600\,g \quad | \cdot 7500\,g$	$600\,g \quad : \quad 300\,g$	
	$m_{Grün} = 300\,g : 600\,g \cdot 7500\,g = 3750\,g$	$7500\,g \quad = \quad 3750\,g$	
Cyan	$m_{Cyan} : 7500\,g = 250\,g : 600\,g \quad | \cdot 7500\,g$	$600\,g \quad : \quad 250\,g$	
	$m_{Cyan} = 250\,g : 600\,g \cdot 7500\,g = 3125\,g$	$7500\,g \quad = \quad 3125\,g$	
Schwarz	$m_{Schwarz} : 7500\,g = 50\,g : 600\,g \quad | \cdot 7500\,g$	$600\,g \quad : \quad 50\,g$	
	$m_{Schwarz} = 50\,g : 600\,g \cdot 7500\,g = 625\,g$	$7500\,g \quad = \quad 625\,g$	
Insges.	$3750\,g + 3125\,g + 625\,g = 7500\,g$		

6.2.2 Druckfarbenverbrauch – Offset- und Siebdruck

Der Druckfarbenverbrauch lässt sich vorab nicht exakt berechnen, wohl aber fundiert schätzen. Ausgangswert der Berechnung ist beim Offset- und Siebdruck ein spezifischer Farbverbrauch in Gramm pro Quadratmeter vollständig bedruckter Fläche. Um den Farbenverbrauch für eine bestimmten Auflage zu berechnen, wird die bedruckte Fläche eines Exemplars in Quadratmeter ausgerechnet und mit der Auflage und dem Farbverbrauch pro Quadratmeter multipliziert.

Beispiel 6-10: Offsetdruck, 240-seitiges Buch mit 8 Vakatseiten, Satzspiegelformat 110 mm × 175 mm, Auflage 4000, einfarbiger Druck, Flächenbedeckung innerhalb des Satzspiegels 12 % (d. h. 12 % der Fläche des Satzspiegels werden mit Druckfarbe bedeckt), Druckfarbenverbrauch 2,5 g pro Quadratmeter Volltonfläche

Im ersten Schritt wird die bedruckte Fläche eines Exemplars (Fläche des Satzspiegels mal Anzahl Seiten) berechnet. Da die Fläche in Quadratmeter benötigt wird, werden Breite und Höhe des Satzspiegels vorab in Meter umgewandelt. Vakatseiten (unbedruckten Seiten) werden natürlich nicht berücksichtigt, gerechnet wird also mit 240 − 8 = 232 Seiten.

$$0{,}110\,m \cdot 0{,}175\,m \cdot (240 - 8) = 0{,}01925\,m^2 \cdot 232 = 4{,}466\,m^2$$

Multiplikation mit der Auflage:

$$4{,}466\,m^2 \cdot 4000 = 17\,864\,m^2$$

Davon werden 12 % mit Druckfarbe bedeckt.

$$17\,864\,m^2 : 100\,\% \cdot 12\,\% \approx 2143{,}7\,m^2$$

Zum Schluss wird mit dem Farbverbrauch pro Quadratmeter vollständig bedruckter Fläche multipliziert.

$$2143{,}7\,m^2 \cdot 2{,}5\,g/m^2 \approx 5359\,g$$

Beispiel 6-11: Offsetdruck, 4/4-farbige Faltblätter, beidseitig mit formatfüllenden, angeschnittenen Bildern, offenes Format 297 mm × 210 m plus 3 mm Beschnittzugabe an allen Kanten, Auflage 200 000

Flächenbedeckung: Cyan 30 %, Magenta 40 %, Yellow 50 %, Schwarz 20 %

Farbverbrauch: Cyan, Magenta und Yellow jeweils 1,2 g/m², Schwarz 1,4 g/m²

Format einschließlich Beschnittzugabe:

Breite 297 mm + 2 · 3 mm = 303 mm = 0,303 m

Höhe 210 mm + 2 · 3 mm = 216 mm = 0,216 m

Die Fläche des unbeschnittenen Formats wird mit 2 (Vorder- und Rückseite) und mit der Auflage multipliziert.

$$0,303 \text{ m} \cdot 0,216 \text{ m} \cdot 2 \cdot 200\,000 = 26\,179,2 \text{ m}^2$$

Verbrauch Cyan (30 % Flächenbedeckung, 1,2 g/m²):

$$26\,179,2 \text{ m}^2 : 100\,\% \cdot 30\,\% \cdot 1,2 \text{ g/m}^2 \approx 9425 \text{ g}$$

Verbrauch Magenta (40 % Flächenbedeckung, 1,2 g/m²):

$$26\,179,2 \text{ m}^2 : 100\,\% \cdot 40\,\% \cdot 1,2 \text{ g/m}^2 \approx 12\,566 \text{ g}$$

Verbrauch Yellow (50 % Flächenbedeckung, 1,2 g/m²):

$$26\,179,2 \text{ m}^2 : 100\,\% \cdot 50\,\% \cdot 1,2 \text{ g/m}^2 \approx 15\,708 \text{ g}$$

Verbrauch Schwarz (20 % Flächenbedeckung, 1,4 g/m²):

$$26\,179,2 \text{ m}^2 : 100\,\% \cdot 20\,\% \cdot 1,4 \text{ g/m}^2 \approx 7330 \text{ g}$$

Wenn es nicht auf die einzelnen Druckfarben, sondern auf den Gesamtverbrauch ankommt, kann die Berechnung zusammengefasst werden. Das ist aber nur bei gleichem Farbverbrauch pro Quadratmeter möglich, hier also bei Cyan, Magenta und Yellow.

Summe der Flächenbedeckungen von Cyan, Magenta und Yellow:

$$30\,\% + 40\,\% + 50\,\% = 120\,\%$$

Farbverbrauch Cyan, Magenta und Yellow:

$$26\,179,2 \text{ m}^2 : 100\,\% \cdot 120\,\% \cdot 1,2 \text{ g/m}^2 \approx 37\,698 \text{ g}$$

Beim Siebdruck ist der Druckfarbenverbrauch pro Quadratmeter erheblich höher als im Offsetdruck, die Auflagen sind oft kleiner und die Formate größer. Die rechnerische Vorgehensweise ist aber dieselbe wie in den Beispielen.

6.2.3 Druckfarbenverbrauch – Illustrationstiefdruck

Im Illustrationstiefdruck, also beim Druck von zum Beispiel Zeitschriften und Katalogen im Rakeltiefdruckverfahren, wird mit Verbrauchswerten pro 1000 Seiten, pro 10 m² oder pro 1000 m² gerechnet. Diese Verbrauchswerte basieren auf dem in der Vergangenheit gemessenen und statistisch erfassten Druckfarbenverbrauch bei vergleichbaren Produkten. Als weitere Besonderheit des Rakeltiefdrucks ist zu berücksichtigen, dass hier nicht mit „fertiger" Druckfarbe gerechnet wird, sondern mit Mischungen aus Stammfarben, Verschnitt und Verdünnung, deren Anteile in Grenzen variabel sind.

Beispiel 6-12: 160-seitige Zeitschrift, 4/4-farbiger Druck, Auflage 250 000, Farben-verbrauch (alle vier Farben zusammen) einschließlich 12 % Verschnitt 380 g pro 1000 Seiten, Verdünnung 110 % der Druckfarbe einschließlich Verschnitt
Anzahl zu druckender Seiten (Seiten pro Exemplar mal Auflage):

$$160 \cdot 250\,000 = 40\,000\,000$$

Wegen der großen Farbmengen ist es sinnvoll, von Anfang an in Kilogramm zu rechnen. Verbrauch von Stammfarben einschließlich Verschnitt:

$$40\,000\,000 : 1000 \cdot 0{,}38\,kg = 15\,200\,kg$$

Berechnung von Stammfarben und Verschnitt: Stammfarbenmenge entspricht 100 %, Verschnittmenge entspricht 12 %, Stammfarben einschließlich Verschnitt also 100 % + 12 % = 112 %.

$$15\,200\,kg : 112\,\% \cdot 100\,\% \approx 13\,571\,kg$$
$$15\,200\,kg : 112\,\% \cdot 12\,\% \approx 1629\,kg$$

Bei der Berechnung der Verdünnungsmenge entspricht die Menge der Stamm-farben einschließlich Verschnitt 100 %.

$$15\,200\,kg : 100\,\% \cdot 110\,\% = 16\,720\,kg$$

Etwas umfangreicher ist die Berechnung, wenn der Druckfarbenverbrauch nicht seiten-, sondern flächenbezogen angegeben ist. Üblich sind Angaben pro 100 Quadratzentimeter und 1000 Druck oder pro Quadratmeter und 1000 Druck.

Beispiel 6-13: 200-seitiger Katalog, Seitenformat unbeschnitten 220 mm × 305 mm, Auflage 500 000, 4/4-farbiger Druck, Farbenverbrauch (alle vier Farben) ein-schließlich 8 % Verschnitt 60 g pro 100 cm² und 1000 Druck, Verdünnung 110 % der Druckfarbe einschließlich Verschnitt
Gesamtfläche eines Exemplars in Quadratmeter:

$$0{,}220\,m \cdot 0{,}305\,m \cdot 200 = 13{,}42\,m^2$$

Gesamte Auflage:

$$13{,}42\,m^2 \cdot 500\,000 = 6\,710\,000\,m^2$$

Der angegebene Farbenverbrauch bezieht sich auf 10 m² (100 cm² mal 1000 Druck ergibt 100 000 cm² = 10 m²). Stammfarben einschließlich Verschnitt:

$$6\,710\,000\,m^2 : 10\,m^2 \cdot 0{,}06\,kg = 40\,260\,kg$$

Mengen von Stammfarben, Verschnitt und Verdünnung:

$$40\,260\,kg : (100\,\% + 8\,\%) \cdot 100\,\% \approx 37\,278\,kg$$
$$40\,260\,kg : (100\,\% + 8\,\%) \cdot 8\,\% \approx 2982\,kg$$
$$40\,260\,kg : 100\,\% \cdot 110\,\% = 44\,286\,kg$$

6.2.4 Feuchtmittel im Offsetdruck

Im Offsetdruck verwendete Feuchtmittel sind Gemische aus Wasser, 2-Propanol (auch Isopropanol, Isopropylalkohol oder kurz IPA genannt) und Feuchtmittel-zusatz oder – bei IPA-freien Feuchtmitteln – aus Wasser und Feuchtmittelzusatz mit 2-Propanol-Ersatzstoff.

Bei der Berechnung der Anteile von Wasser, 2-Propanol und Feuchtmittelzusatz sind zwei wichtige Regeln zu beachten:

▷ Prozentuale Angaben beziehen sich auf die Volumina der Bestandteile; absolute Mengen werden also in Kubikzentimeter oder Liter angegeben und berechnet (nicht in Gramm oder Kilogramm).

▷ Grundwert bei der Berechnung der Anteile ist die Gesamtmenge des Gemischs aus Wasser, 2-Propanol und Feuchtmittelzusatz; sie entspricht also 100 %.

Beispiel 6-14: Ansatz von 400 Liter Feuchtmittel mit 6 % 2-Propanol und 3 % Feuchtmittelzusatz

2-Propanol (6 Prozent von 400 Liter):

$$400\,l : 100\,\% \cdot 6\,\% = 24\,l$$

Feuchtmittelzusatz (3 Prozent von 400 Liter):

$$400\,l : 100\,\% \cdot 3\,\% = 12\,l$$

Die Wassermenge kann als Rest bestimmt werden: Feuchtmittel minus 2-Propanol minus Feuchtmittelzusatz ergibt Wasser.

$$400\,l - 24\,l - 12\,l = 364\,l$$

Alternativ kann auch mit dem prozentualen Wasseranteil gerechnet werden.

$$100\,\% - 6\,\% - 3\,\% = 91\,\%$$
$$400\,l : 100\,\% \cdot 91\,\% = 364\,l$$

6.2.5 Übungsaufgaben zu Abschnitt 6.2

1. Bitte die zur Herstellung von 5 kg Mischfarbe benötigten Mengen berechnen.
   a) 55 % Rot, 30 % Magenta, 15 % Schwarz
   b) 40 % Violett, 29 % Blau, 5 % Schwarz, 26 % Weiß

2. Welche Mengen werden jeweils gebraucht, um 3 kg Druckfarbe anzumischen?
   a) 5 Teile Orange, 6 Teile Rot, 1 Teil Schwarz
   b) 4 Teile Violett, 8 Teile Blau, 1 Teil Weiß, 12 Teile Schwarz

3. Es sollen jeweils 12,5 kg Druckfarbe angemischt werden. Errechnen Sie bitte die erforderlichen Mengen nach diesen Rezepten:
   a) 210 g Rot, 560 g Cyan, 230 g Schwarz
   b) 360 g Gelb, 270 g Grün, 290 g Weiß, 80 g Schwarz

4. Bitte die Mengen für 20 kg Druckfarbe nach diesen Rezepten berechnen:
   a) 250 g Blau, 150 g Violett, 150 g Weiß
   b) 200 g Gelb, 200 g Cyan, 140 g Schwarz, 300 g Weiß

5. Ein Buch mit 528 einfarbig bedruckten Seiten, Satzspiegel 100 mm × 160 mm, Flächenbedeckung 10 %, wird im Offsetdruck produziert. Bitte jeweils den Druckfarbenverbrauch berechnen:
   a) Auflage 8000, 2,8 Gramm Druckfarbe pro Quadratmeter Volltonfläche
   b) Auflage 25 000, 2,2 Gramm Druckfarbe pro Quadratmeter Volltonfläche

6. Eine 4/4-farbige Beilage, Auflage 250 000, hat 16 Seiten mit formatfüllenden Bildern, unbeschnittenes Format 213 cm × 303 mm, durchschnittliche Flächenbedeckung Cyan 30 %, Magenta 40 %, Yellow 60 %, Schwarz 20 %. Wie viel Cyan-, Magenta-, Yellow- und Schwarzdruckfarbe wird voraussichtlich verbraucht, wenn für die bunten Druckfarben mit jeweils 1,4 Gramm und für Schwarz mit 1,6 Gramm pro Quadratmeter Volltonfläche gerechnet wird?

7. Ein Bildband, Auflage 10 000, Satzspiegelformat 170 mm × 240 mm, hat 148 einfarbig schwarz zu druckende Textseiten und 120 vierfarbig zu druckende Bildseiten; Flächenbedeckung der Textseiten 8 %, der Bildseiten jeweils 40 % für Cyan, Magenta und Yellow, 25 % für Schwarz; Farbverbrauch Cyan, Magenta und Yellow 1,2 g/m², Schwarz 1,5 g/m². Wie viel bunte und wie viel schwarze Druckfarbe wird voraussichtlich verbraucht?

8. Ein rechteckiges Display im Format 121 cm × 170 cm, Auflage 500, wird im Siebdruck vollflächig dunkelrot bedruckt. Die Druckfarbe wird aus vier Teilen Rot, einem Teil Magenta und zwei Teilen Schwarz gemischt. Wie viel Rot, Magenta und Schwarz wird bei einem Farbenverbrauch von 60 g/m² benötigt?

9. a) Kreisrunde Etiketten, Durchmesser einschließlich Stanzzugabe 96 mm, sollen vollflächig blau mit negativer Schrift bedruckt werden; Auflage 500 000, Flächenbedeckung des Drucks 80 %, Farbverbrauch 2,3 g/m². Wie viel Druckfarbe wird voraussichtlich verbraucht?
b) Die blaue Druckfarbe wird nach diesem Rezept gemischt: 420 g Blau, 190 g Cyan, 30 g Schwarz, 360 g Weiß. Welche Mengen der vier Farben werden gebraucht, um die unter a) errechnete, auf volle Kilogramm aufgerundete Menge Druckfarbe herzustellen?

10. Eine 48-seitige Zeitschrift wird im Rakeltiefdruck hergestellt. Bitte den Verbrauch an Stammfarben, Verschnitt und Verdünnung nach diesen Angaben berechnen: Auflage 380 000, Farbenverbrauch einschließlich 10 % Verschnitt 350 g pro Tausend Seiten, Verdünnung 115 % der verschnittenen Druckfarbe.

11. Eine 128-seitige Zeitschrift, unbeschnittenes Seitenformat 22 cm × 29 cm, wird vierfarbig im Rakeltiefdruck hergestellt. Berechnen Sie bitte den Verbrauch an Stammfarben, Verschnitt und Verdünnung: Auflage 750 000, Farbenverbrauch einschließlich 12 % Verschnitt 50 g pro 100 cm² und 1000 Druck, 110 % Verdünnung.

12. Ein Katalog mit 160 Seiten, Auflage 1,2 Millionen, wird vierfarbig im Rakeltiefdruck produziert; unbeschnittenes Seitenformat 22 cm × 31 cm, Farbenverbrauch (einschließlich 12 % Verschnitt) 5200 Gramm pro Quadratmeter und 1000 Druck, 110 % Verdünnung. Wie viel Kilogramm Stammfarben, Verschnitt und Verdünnung werden verbraucht?

13. Welche Mengen an Wasser, 2-Propanol und Feuchtmittelzusatz sind erforderlich, um 250 Liter Feuchtmittel mit 5 % IPA und 3,5 % Feuchtmittelzusatz herzustellen?

14. Wie viel Wasser, IPA und Feuchtmittelzusatz werden gebraucht, um 80 Liter Feuchtmittel mit 8 % IPA-Anteil und 2,5 % Feuchtmittelzusatz anzusetzen?

15. Bei einem durchschnittlichen Anteil von 8,5 % im Feuchtmittel verbraucht eine Druckerei monatlich 450 Liter 2-Propanol. Wie viel 2-Propanol wird monatlich eingespart, wenn es gelingt, den durchschnittlichen Anteil im Feuchtmittel auf 5 % zu reduzieren?

6.3 Pressung und Zylinderabwicklung im Offsetdruck

6.3.1 Pressung Druckplatte–Gummituch

Die Pressung, auch Druckbeistellung genannt, gibt an, wie tief die auf den Plattenzylinder der Offsetdruckmaschine gespannte Druckplatte bzw. der auf dem Gegendruckzylinder liegende Bedruckstoff in das Gummituch eingedrückt wird. In diesem Abschnitt geht es um die Pressung zwischen Druckplatte und Gummituch. Sie soll normalerweise etwa 0,1 mm betragen.

Mittels Messlineal oder -gerät werden in der Offsetdruckmaschine die Aufzughöhen gemessen. Das sind die Höhenunterschiede der Oberflächen von Druckplatte und Gummituch gegenüber den seitlich an den Zylindern angebrachten Schmitzringen. Platten- und Gummituchoberfläche können sowohl ober- als auch unterhalb des Schmitzrings liegen (Aufzughöhe über bzw. unter Schmitzring, vgl. Bild 6-1).

Die Schmitzringe von Platten- und Gummituchzylinder haben entweder unmittelbaren Kontakt oder kleine Abstände zueinander. Am einfachsten ist die Pressung bei Schmitzringkontakt zu berechnen, weil nur die beiden Aufzughöhen zu berücksichtigen sind.

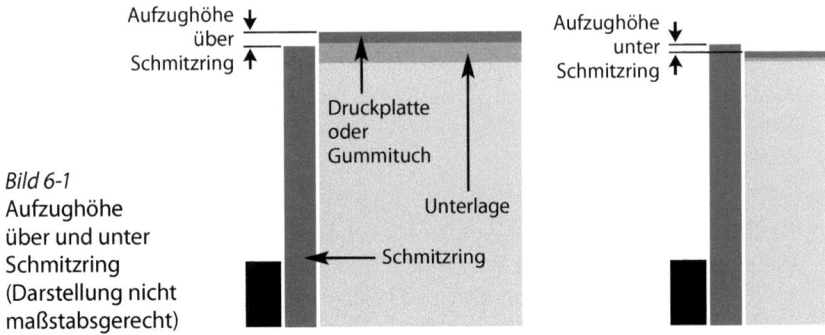

Bild 6-1
Aufzughöhe
über und unter
Schmitzring
(Darstellung nicht
maßstabsgerecht)

Beispiel 6-15: Der Aufzug des Plattenzylinders liegt um 0,05 mm über Schmitzring, der Aufzug des Gummituchzylinders um 0,10 mm über Schmitzring; die Schmitzringe haben Kontakt.

Die Pressung ergibt sich aus der Addition der beiden Aufzughöhen.

   0,05 mm + 0,10 mm = 0,15 mm

Beispiel 6-16: Der Plattenzylinderaufzug liegt um 0,05 mm unter Schmitzring, der Gummituchzylinderaufzug um 0,15 mm über Schmitzring; die Schmitzringe haben Kontakt.

Werte unter Schmitzring erhalten das Vorzeichen Minus.

   −0,05 mm + 0,15 mm = 0,10 mm

Jede Veränderung der Aufzughöhe auf Platten- oder Gummituchzylinder führt hier zu gleichgerichteter Veränderung der Pressung.

Beispiel 6-17: Um wie viel Millimeter muss die Aufzughöhe auf Platten- oder Gummituchzylinder verändert werden, um die Pressung von 0,05 mm auf 0,10 mm zu erhöhen?

Der Aufzug wird um den Wert verändert, um den die Pressung verändert werden soll. Neue Pressung minus ursprüngliche Pressung ergibt also Veränderung der Aufzughöhe.

   0,10 mm − 0,05 mm = 0,05 mm

Beispiel 6-18: Um wie viel Millimeter muss die Aufzughöhe auf Platten- oder Gummituchzylinder verändert werden, um die Pressung von 0,25 mm auf 0,10 mm zu verringern?

   0,10 mm − 0,25 mm = −0,15 mm

Das Ergebnis ist negativ, die Aufzughöhe ist also zu verringern.

Die Zusammenhänge als Formeln:

F 6-7 $p = a_P + a_G$ p Pressung

a_P a_G Aufzughöhe Platten-, Gummituchzylinder

F 6-8 $\Delta a = p_{neu} - p_{alt}$ Δa Veränderung der Aufzughöhe

p_{neu} p_{alt} neue, ursprüngliche Pressung

Wenn die Schmitzringe von Platten- und Gummituchzylinder keinen Kontakt haben, ist ihr Abstand als dritter Wert in der Berechnung zu berücksichtigen. Dieser Abstand wird auch als Skaleneinstellung bezeichnet, weil er an Druckmaschinen mithilfe von Skalen abgelesen und eingestellt wird.

Wenn die Schmitzringe von Platten- und Gummituchzylinder Kontakt haben, zeigt die Skala am Plattenzylinder den Wert 0,00 mm an. Negative Skalenwerte weisen auf Abstände zwischen den Schmitzringen hin. Die Skaleneinstellung −0,25 mm bedeutet zum Beispiel, dass zwischen den Schmitzringen von Platten- und Gummituchzylinder ein Abstand von 0,25 mm besteht.

Beispiel 6-19: Skaleneinstellung −0,25 mm, Aufzug des Plattenzylinders 0,15 mm über Schmitzring, Aufzug des Gummituchzylinders 0,20 mm über Schmitzring Summe der Aufzughöhen von Platten- und Gummituchzylinder plus Skaleneinstellung ergibt Pressung.

$$0,15\,mm + 0,20\,mm + (-0,25)\,mm$$
$$= 0,15\,mm + 0,20\,mm - 0,25\,mm = 0,10\,mm$$

Beispiel 6-20: Aufzug des Plattenzylinders 0,15 mm über Schmitzring, Aufzug des Gummituchzylinders 0,20 mm über Schmitzring – welche Skaleneinstellung ist erforderlich, wenn die Pressung 0,10 mm betragen soll?
Die beiden Aufzughöhen werden von der Pressung subtrahiert.

$$0,10\,mm - 0,15\,mm - 0,20\,mm = -0,25\,mm$$

Veränderung der Skaleneinstellung führt zu Veränderung der Pressung in gleicher Richtung – je größer die Skaleneinstellung, umso geringer ist der Abstand zwischen den Schmitzringen und umso größer ist die Pressung.

Achtung: Achten Sie auf die richtige Verwendung und Interpretation der Eigenschaftswörter „größer" und „kleiner". Skaleneinstellung −0,10 mm ist größer als Skaleneinstellung −0,25 mm; Skaleneinstellung −0,25 mm ist kleiner als Skaleneinstellung −0,10 mm.

Beispiel 6-21: Skaleneinstellung −0,05 mm, Pressung 0,25 mm – welche Skaleneinstellung ist erforderlich, um die Pressung auf 0,10 mm zu bringen?
Neue minus ursprüngliche Pressung ergibt die erforderliche Veränderung.

$$0,10\,mm - 0,25\,mm = -0,15\,mm$$

Addition der Veränderung zur ursprünglichen Skaleneinstellung ergibt neue Skaleneinstellung.

$$-0,05\,mm + (-0,15)\,mm = -0,05\,mm - 0,15\,mm = -0,20\,mm$$

Beispiel 6-22: Pressung 0,25 mm, Skaleneinstellung −0,10 mm – welche Pressung ergibt sich, wenn die Skaleneinstellung auf −0,25 mm verringert wird?
Neue minus ursprüngliche Skaleneinstellung:

$$-0,25\,mm - (-0,10\,mm) = -0,25\,mm + 0,10\,mm = -0,15\,mm$$

Addition dieser Differenz zur ursprünglichen Pressung ergibt neue Pressung.

$$0,25\,mm + (-0,15)\,mm = 0,25\,mm - 0,15\,mm = 0,10\,mm$$

Die Rechenwege als Formeln:

F 6-9	$p = s + a_P + a_G$	p Pressung $\quad$ s Skaleneinstellung
F 6-10	$s = p - a_P - a_G$	$a_P\ a_G$ Aufzughöhe Platten-, Gummituchzylinder
F 6-11	$s_{neu} = s_{alt} + p_{neu} - p_{alt}$	$s_{neu}\ s_{alt}$ neue, ursprüngliche Skaleneinstellung
F 6-12	$p_{neu} = p_{alt} + s_{neu} - s_{alt}$	$p_{neu}\ p_{alt}$ neue, ursprüngliche Pressung

6.3.2 Pressung Gummituch–Gegendruck

Bei der Berechnung der Pressung zwischen Gummituch und Gegendruck sind Aufzughöhe des Gummituchzylinders, Dicke des Bedruckstoffs und Skaleneinstellung zu berücksichtigen. Zwischen Gegendruck- und Gummituchzylinder besteht kein Schmitzringkontakt; die Ringe am Gegendruckzylinder (Widerdruckzylinder) dienen nur als Messringe. Die Skaleneinstellung bezieht sich auf den Abstand zwischen Schmitzringen des Gummituchzylinders und „blanker" Oberfläche des Gegendruckzylinders.

Beispiel 6-23: Aufzughöhe des Gummituchzylinders 0,15 mm über Schmitzring, Dicke des Bedruckstoffs 0,25 mm, Skaleneinstellung −0,20 mm
Addition von Aufzughöhe des Gummituchzylinders, Dicke des Bedruckstoffs und Skaleneinstellung ergibt Pressung.

$$0,15\,mm + 0,25\,mm + (-0,20)\,mm = 0,20\,mm$$

Beispiel 6-24: Aufzughöhe des Gummituchzylinders 0,15 mm über Schmitzring, Dicke des Bedruckstoffs 0,25 mm − welche Skaleneinstellung ist erforderlich, wenn die Pressung 0,10 mm betragen soll?
Gewünschte Pressung minus Aufzughöhe des Gummituchzylinders minus Bedruckstoffdicke ergibt Skaleneinstellung.

$$0,10\,mm - 0,15\,mm - 0,25\,mm = -0,30\,mm$$

Die Berechnungen für die Pressung Gummituch–Gegendruck entsprechen weitgehend den im vorigen Abschnitt erläuterten Berechnungen für die Pressung Druckplatte–Gummituch ohne Schmitzringkontakt. An die Stelle des Plattenzylinders tritt hier der Gegendruckzylinder, an die Stelle der Aufzughöhe über Schmitzring die Dicke des Bedruckstoffs.

6.3.3 Zylinderabwicklung – Grundlagen

Die Zylinder eines Offset-Druckwerks rotieren mit genau gleichen Drehzahlen. Eine Ausnahme bilden nur Druckwerke mit mehrfachem Gegendruckzylinder-Durchmesser – bei zum Beispiel doppeltem Durchmesser dreht sich der Gegendruckzylinder mit halber Drehzahl von Gummituch- und Plattenzylinder.
Wenn die Zylinder bei gleicher Drehzahl exakt gleiche Umfänge haben, rollen sie ohne Schlupf aufeinander ab. Kleine Unterschiede der Zylinderumfänge führen dazu, dass die Zylinderoberflächen leicht durchrutschend aufeinander abrollen. Dabei verändert sich die Länge des Druckbilds:

▷ Bei Übertragung vom kleineren auf den größeren Zylinder wird das Druckbild verlängert.
▷ Bei Übertragung vom größeren auf den kleineren Zylinder wird das Druckbild verkürzt.

Unter Zylinderdurchmesser und -umfang ist hier der effektive Durchmesser bzw. Umfang zu verstehen, also bei Platten- und Gummituchzylinder einschließlich Platte bzw. Gummituch und Unterlage, beim Gegendruckzylinder einschließlich Bedruckstoff.

Durch Vergrößern oder Verkleinern von Zylinderumfängen kann das Druckbild verkürzt oder gestreckt werden. Zu diesem Zweck wird die Aufzughöhe des Plattenzylinders verändert. Bild 6-2 zeigt diesen Effekt, zur Verdeutlichung mit stark übertriebenen Veränderungen der Zylinderumfänge. Dabei wird der Einfachheit halber unterstellt, dass die Zylinder zunächst gleiche Umfänge haben.

Wird der Umfang des Plattenzylinders reduziert, so wird das Druckbild auf den nun relativ größeren Umfang des Gummituchzylinders abgewickelt und dabei verlängert. Bei Vergrößerung des Plattenzylinderumfangs wird das Druckbild auf den relativ kleineren Umfang des Gummituchzylinders abgewickelt und dabei verkürzt. Bei der Übertragung vom Gummituch auf den Bedruckstoff verändert sich die Druckbildlänge nicht, weil die beiden Zylinderumfänge gleich geblieben sind.

Bei Schmitzringkontakt zwischen Platten- und Gummituchzylinder muss zwar die Aufzughöhe des Gummituchzylinders entgegengesetzt zur Aufzughöhe des Plattenzylinders verändert werden, damit die Pressung unverändert bleibt. Das Druckbild auf dem Gummituch wird dadurch zunächst im doppelten Ausmaß verlängert oder verkürzt.

Da der Gegendruckzylinder nicht verändert wird, verkürzt oder verlängert sich das Druckbild bei der Übertragung auf den Bedruckstoff um die Hälfte der vorangegangenen Verlängerung bzw. Verkürzung. Eine bestimmte Veränderung des Plattenzylinder-Durchmessers hat also unter dem Strich denselben Effekt auf die Druckbildlänge auf dem Bedruckstoff, egal, ob die Maschine mit oder ohne Schmitzringkontakt druckt.

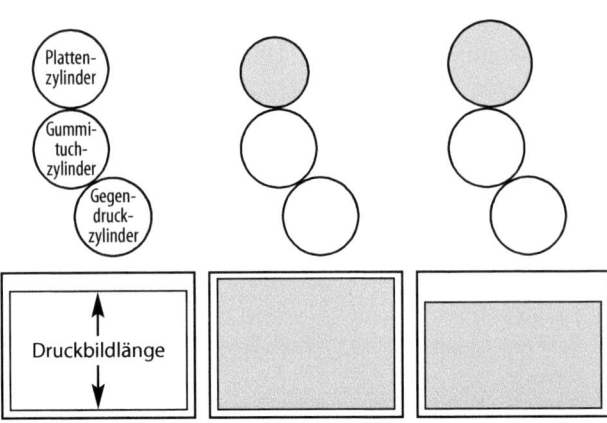

Bild 6-2
Umfangs-
veränderung des
Plattenzylinders
und daraus
resultierende
Veränderung der
Druckbildlänge
(der Deutlichkeit
halber mit über-
trieben großen
Veränderungen)

6.3.4 Aufzughöhe und Druckbildlänge

Umfang des Plattenzylinders und Länge des Druckbilds auf dem Bedruckstoff stehen im antiproportionalen Verhältnis: Vergrößerung des Plattenzylinderumfangs verkürzt das Druckbild, Verkleinerung des Plattenzylinderumfangs verlängert es. Beim Berechnen der Druckbildverlängerung oder -verkürzung kann mit dem Durchmesser des Plattenzylinders anstelle des Umfangs gearbeitet werden, da Kreisdurchmesser und -umfang im linearen Verhältnis stehen ($U = d \cdot \pi$). Veränderung der Aufzughöhe um einen Wert Δa verändert den Durchmesser d des Plattenzylinders um das Doppelte dieses Werts.

Beispiel 6-25: Plattenzylinderdurchmesser 306 mm, Druckbildlänge auf dem Bedruckstoff 685 mm, Erhöhung des Aufzugs um 0,3 mm
Der Durchmesser des Plattenzylinders vergrößert sich auf
$$306\,\text{mm} + 2 \cdot 0,3\,\text{mm} = 306,6\,\text{mm}$$
Berechnung der neuen Druckbildlänge mit Verhältnisgleichung oder Dreisatz, antiproportionales Verhältnis – je größer der Durchmesser des Plattenzylinders, umso kürzer das Druckbild.

$$l_\text{neu} \cdot 306,6\,\text{mm} = 685,0\,\text{mm} \cdot 306,0\,\text{mm} \quad | : 306,6\,\text{mm}$$
$$l_\text{neu} = 685,0\,\text{mm} \cdot 306,0\,\text{mm} : 306,6\,\text{mm} \approx 683,66\,\text{mm}$$

$$\frac{306,0\,\text{mm} \quad \cdot \quad 685,0\,\text{mm}}{306,6\,\text{mm}} \approx 683,66\,\text{mm}$$

Das Druckbild wird also von 685,00 mm auf rund 683,66 mm verkürzt; die Veränderung (neue minus alte Druckbildlänge) beträgt:
$$683,66\,\text{mm} - 685,00\,\text{mm} = -1,34\,\text{mm}$$

Beispiel 6-26: Plattenzylinderdurchmesser 306 mm, Druckbildlänge auf dem Bedruckstoff 685 mm, Verringerung des Aufzugs um 0,3 mm
Neuer Zylinderdurchmesser:
$$306\,\text{mm} - 2 \cdot 0,3\,\text{mm} = 305,4\,\text{mm}$$
Neue Druckbildlänge (antiproportionales Verhältnis):
$$l_\text{neu} \cdot 305,4\,\text{mm} = 685,0\,\text{mm} \cdot 306,0\,\text{mm} \quad | : 305,4\,\text{mm}$$
$$l_\text{neu} = 685,0\,\text{mm} \cdot 306,0\,\text{mm} : 305,4\,\text{mm} \approx 686,35\,\text{mm}$$

$$\frac{306,0\,\text{mm} \quad \cdot \quad 685,0\,\text{mm}}{305,4\,\text{mm}} \approx 686,35\,\text{mm}$$

Veränderung der Druckbildlänge:
$$686,35\,\text{mm} - 685,00\,\text{mm} = 1,35\,\text{mm}$$

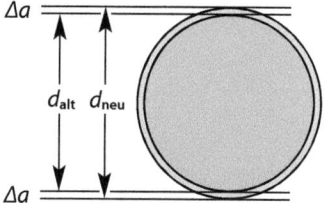

Bild 6-3
Auswirkung veränderter Aufzughöhe auf den Zylinderdurchmesser: $d_\text{alt} + 2 \cdot \Delta a = d_\text{neu}$

Formeln für die Berechnung von neuem Zylinderdurchmesser, neuer Druckbildlänge und Druckbildlängenveränderung:

F 6-13 $d_{neu} = d_{alt} + 2 \cdot \Delta a$ **F 6-14** $l_{neu} = l_{alt} \cdot d_{alt} : d_{neu}$ **F 6-15** $\Delta l = l_{neu} - l_{alt}$

d_{neu} d_{alt} veränderter, ursprünglicher Plattenzylinderdurchmesser
Δa Veränderung der Aufzughöhe des Plattenzylinders
l_{neu} l_{alr} veränderte, ursprüngliche Druckbildlänge
Δl Veränderung der Druckbildlänge
Alle Größen müssen gleiche Einheiten haben, vorzugsweise Millimeter.

Um direkt von der Aufzugveränderung Δa zur Druckbildlängenänderung Δl zu gelangen, können die drei Formeln zu einer zusammengefasst werden.

F 6-16 $\Delta l = \dfrac{l_{alt} \cdot d_{alt}}{d_{alt} + 2 \cdot \Delta a} - l_{alt}$

In der Praxis geht es allerdings häufiger um die umgekehrte Fragestellung: Um wie viel muss die Aufzughöhe erhöht oder reduziert werden, um eine bestimmte Veränderung der Druckbildlänge zu erreichen?

Beispiel 6-27: Das 597 mm lange Druckbild soll um einen Millimeter verkürzt werden, Durchmesser des Plattenzylinders 270 mm.
Neue Druckbildlänge – da das Druckbild verkürzt werden soll, hat der Veränderungsbetrag das Vorzeichen Minus:
597,0 mm + (–1,0 mm) = 596,0 mm
Berechnung des erforderlichen Zylinderdurchmessers mit Verhältnisgleichung oder Dreisatz (antiproportionales Verhältnis).
$d_{neu} \cdot 596,0 \,\text{mm} = 270,0 \,\text{mm} \cdot 597,0 \,\text{mm}$ | : 596,0 mm
$d_{neu} = 270,0 \,\text{mm} \cdot 597,0 \,\text{mm} : 596,0 \approx 270,45 \,\text{mm}$

$$\frac{597,0 \,\text{mm} \quad \cdot \quad 270,0 \,\text{mm}}{596,0 \,\text{mm}} \approx 270,45 \,\text{mm}$$

Veränderung des Zylinderdurchmessers (neuer minus alter Durchmesser):
270,45 mm – 270,00 mm = 0,45 mm
Um die nötige Änderung der Aufzughöhe zu erhalten, wird durch 2 dividiert.
0,45 mm : 2 ≈ 0,23 mm
Das Ergebnis ist positiv, der Aufzug muss also um 0,23 mm erhöht werden.

Beispiel 6-28: Das 597 mm lange Druckbild soll um einen Millimeter verlängert werden, Durchmesser des Plattenzylinders 270 mm.
Neue Druckbildlänge:
597,0 mm + 1,0 mm = 598,0 mm
Neuer Zylinderdurchmesser:
$d_{neu} \cdot 598,0 \,\text{mm} = 270,0 \,\text{mm} \cdot 597,0 \,\text{mm}$ | : 598,0 mm
$d_{neu} = 270,0 \,\text{mm} \cdot 597,0 \,\text{mm} : 598,0 \,\text{mm} \approx 269,55 \,\text{mm}$

$$597,0\,\text{mm} \quad \cdot \quad 270,0\,\text{mm}$$
$$598,0\,\text{mm} \quad \approx \quad 269,55\,\text{mm}$$

Erforderliche Veränderung der Aufzughöhe:

$(269,55\,\text{mm} - 270,00\,\text{mm}) : 2 = -0,45\,\text{mm} : 2 \approx -0,23\,\text{mm}$

Das Ergebnis ist negativ, die Aufzughöhe ist also um 0,23 mm zu verringern.

Formeln für die Berechnung von neuer Druckbildlänge, neuem Zylinderdurchmesser und Veränderung der Aufzughöhe:

F 6-17 $\quad l_{neu} = l_{alt} + \Delta l$ $\qquad$ **F 6-18** $\quad d_{neu} = d_{alt} \cdot l_{alt} : l_{neu}$ $\qquad$ **F 6-19** $\quad \Delta a = (d_{neu} - d_{alt}) : 2$

$l_{neu}\ l_{alt}$ $\quad$ veränderte, ursprüngliche Druckbildlänge
Δl $\qquad$ Veränderung der Druckbildlänge
$d_{neu}\ d_{alt}$ $\quad$ veränderter, ursprünglicher Plattenzylinderdurchmesser
Δa $\qquad$ Veränderung der Aufzughöhe des Plattenzylinders
$\qquad$ Alle Größen müssen gleiche Einheiten haben, vorzugsweise Millimeter.

Alles in einer (leider etwas komplizierten) Formel:

F 6-20 $\quad \Delta a = \left(\dfrac{d_{alt} \cdot l_{alt}}{l_{neu}} - d_{alt} \right) : 2 \qquad \Delta a = \dfrac{d_{alt} \cdot l_{alt}}{2 \cdot l_{neu}} - \dfrac{d_{alt}}{2}$

6.3.5 Umspannungswinkel

Das Druckbild ist in jedem Fall kürzer als der Umfang des Plattenzylinders, umspannt ihn also zu weniger als 360°. Bei vielen Bogenoffsetmaschinen beträgt der Umspannungswinkel etwa 270°, wenn das maximale Druckformat genutzt wird.

Beispiel 6-29: Zylinderdurchmesser 300 mm, Druckbildlänge 690 mm
Zylinderumfang ($U = d \cdot \pi$):
$\qquad$ $300\,\text{mm} \cdot \pi \approx 942,5\,\text{mm}$
Berechnung des Umspannungswinkels α *(alpha)* mit Verhältnisgleichung oder Dreisatz (proportionales Verhältnis, der Zylinderumfang entspricht 360°).

$\qquad \alpha : 690,0\,\text{mm} = 360° : 942,5\,\text{mm} \quad | \quad \cdot 690,0\,\text{mm}$ $\qquad$ $942,5\,\text{mm} \quad : \quad 360°$
$\qquad \alpha = 360° : 942,5\,\text{mm} \cdot 690,00\,\text{mm} \approx 263,6°$ $\qquad$ $690,0\,\text{mm} \quad \approx \quad 263,6°$

Wenn der Umspannungswinkel bekannt ist, kann direkt von der Veränderung der Aufzughöhe auf die Veränderung der Druckbildlänge (und umgekehrt) geschlossen werden. Der im Folgenden gezeigte Rechenweg ist etwas vereinfacht. Die dadurch verursachte Ungenauigkeit betrifft aber nur Nachkommastellen, die ohnehin durch Rundung wegfallen.

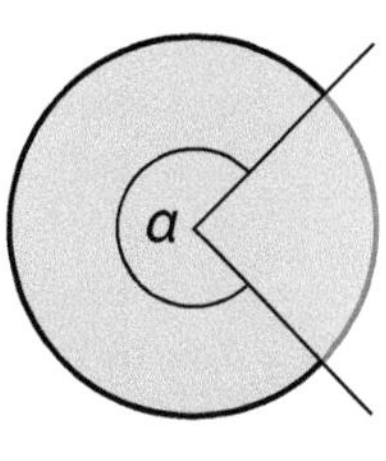

Bild 6-4 Umspannungswinkel α – hier genau 270°

Beispiel 6-30: Veränderung der Druckbildlänge bei Erhöhung des Plattenzylinderaufzugs um 0,2 mm, Umspannungswinkel 264°
Der Zylinderdurchmesser vergrößert sich um die doppelte Aufzugserhöhung.

$2 \cdot 0{,}2\,\text{mm} = 0{,}4\,\text{mm}$

Der Zylinderumfang erhöht sich um das π-Fache davon ($U = d \cdot \pi$).

$0{,}4\,\text{mm} \cdot \pi \approx 1{,}257\,\text{mm}$

Mithilfe des Umspannungswinkels wird der auf das Druckbild entfallende Anteil der Umfangsveränderung berechnet: Verhältnisgleichung oder Dreisatz mit proportionalem Verhältnis; die Veränderung des Zylinderumfangs entspricht 360°.

$$\Delta l : 264° = 1{,}257\,\text{mm} : 360° \quad | \; \cdot 264°$$

$$\Delta l = 1{,}257\,\text{mm} : 360° \cdot 264° \approx 0{,}92\,\text{mm}$$

	360°	:	1,257 mm
	264°	$\approx$	0,92 mm

Höherer Plattenzylinderaufzug ergibt kürzeres Druckbild; um die Veränderung der Druckbildlänge zu erhalten, muss also das Vorzeichen geändert werden.

$0{,}92\,\text{mm} \cdot (-1) \approx -0{,}92\,\text{mm}$

Beispiel 6-31: Welche Veränderung des Plattenzylinderaufzugs ist nötig, um das Druckbild beim Umspannungswinkel 264° um einen Millimeter zu verlängern? Die Druckbildlänge soll um +1,0 mm verändert werden. Weil das zur Verringerung des Plattenzylinderaufzugs führt, wird schon im ersten Schritt das Vorzeichen geändert.

$1{,}0\,\text{mm} \cdot (-1) = -1{,}0\,\text{mm}$

Mit Verhältnisgleichung oder Dreisatz wird berechnet, wie viel Millimeter das beim vollen Zylinderumfang (360°) entspricht.

$$\Delta U : 360° = -1{,}00\,\text{mm} : 264° \quad | \; \cdot 360°$$

$$\Delta U = -1{,}0\,\text{mm} : 264° \cdot 360° \approx -1{,}364\,\text{mm}$$

	264°	:	−1,0 mm
	360°	$\approx$	−1,364 mm

Um auf die Veränderung des Durchmessers zu schließen, wird durch π geteilt:

$-1{,}364\,\text{mm} : \pi \approx -0{,}434\,\text{mm}$

Um die Veränderung der Aufzughöhe zu erhalten, wird durch 2 dividiert:

$-0{,}434\,\text{mm} : 2 = -0{,}22\,\text{mm}$

Formeln zur Berechnung des Umspannungswinkels sowie der Veränderungen von Druckbildlänge und Aufzughöhe:

F 6-21 $\quad \alpha = l : U \cdot 360° \qquad \alpha = l : (d \cdot \pi) \cdot 360°$

F 6-22 $\quad \Delta l \approx -\dfrac{2 \cdot \Delta a \cdot \pi \cdot \alpha}{360°} \qquad$ **F 6-23** $\quad \Delta a \approx -\dfrac{\Delta l \cdot 360°}{2 \cdot \pi \cdot \alpha}$

α Umspannungswinkel $\quad l$ Druckbildlänge
$U \; d$ Zylinderumfang, -durchmesser
$\Delta l \; \Delta a$ Veränderung der Druckbildlänge, der Aufzughöhe
In Formel 6-21 müssen die Größen l und U bzw. d gleiche Einheiten haben, vorzugsweise Millimeter.

Aus den Formeln 6-22 und 6-23 lassen sich vereinfachte Formeln für überschlägige Berechnungen entwickeln. Durch Einsetzen von $\alpha = 270°$ und anschließendes Kürzen und Vereinfachen ergeben sich diese Gleichungen:

$$\Delta l \approx -1{,}5 \cdot \Delta a \cdot \pi \qquad \Delta a \approx -\Delta l : (1{,}5 \cdot \pi)$$

Da es um überschlägige Berechnungen geht, wird anstelle von $1{,}5 \cdot \pi$ der gerundete Faktor bzw. Teiler 4,7 eingesetzt.

F 6-24 $\quad \Delta l \approx -\Delta a \cdot 4{,}7 \qquad$ **F 6-25** $\quad \Delta a \approx -\Delta l : 4{,}7$

Überschlägige Berechnungen der Veränderungen von Druckbildlänge und Aufzughöhe zu Beispiel 6-30 und 6-31 mit Formel 6-24 bzw. 6-25:

$$\Delta a = 0{,}2\,\text{mm} \qquad \Delta l \approx -0{,}2\,\text{mm} \cdot 4{,}7 \approx -0{,}94\,\text{mm}$$
$$\Delta l = 1{,}0\,\text{mm} \qquad \Delta a \approx -1{,}0\,\text{mm} : 4{,}7 \approx -0{,}21\,\text{mm}$$

6.3.6 Bedruckstoffdicke und Druckbildlänge

Auch die Dicke des Bedruckstoffs beeinflusst die Druckbildlänge. Dickerer oder dünnerer Bedruckstoff erhöht bzw. verringert den effektiven Umfang des Gegendruckzylinders. Das Druckbild verlängert sich aber nicht proportional zur Vergrößerung des messbaren, effektiven Zylinderdurchmessers oder -umfangs. Bei der Biegung des Bedruckstoffs um den Gegendruckzylinder wird das Material an der Oberseite gedehnt und an der Unterseite gestaucht. Wird der Einfachheit halber angenommen, dass sich Dehnung und Stauchung genau die Waage halten, verschwindet die Hälfte der Druckbildverlängerung, sobald der Bogen wieder planliegt. Die folgenden Beispiele basieren auf dieser Annahme.

Beispiel 6-32: Druckbildlänge 685 mm auf 0,10 mm dickem Bedruckstoff, Durchmesser des Gegendruckzylinders 306 mm; welche Veränderung der Druckbildlänge ergibt sich bei 0,40 mm dickem Bedruckstoff?
Differenz der Bedruckstoffdicken:

$$0{,}40\,\text{mm} - 0{,}10\,\text{mm} = 0{,}30\,\text{mm}$$

Nur die Hälfte dieser Differenz wirkt sich auf die Druckbildlänge aus. Deshalb werden zweifache Hälfte der Differenz – also einfache Differenz – und Zylinderdurchmesser addiert.

$$306{,}0\,\text{mm} + 2 \cdot 0{,}30\,\text{mm} : 2 = 306{,}0\,\text{mm} + 0{,}3\,\text{mm} = 306{,}3\,\text{mm}$$

Jetzt kann die neue Druckbildlänge mit Verhältnisgleichung oder Dreisatz (proportionales Verhältnis) berechnet werden.

$$l_{\text{neu}} : 306{,}3\,\text{mm} = 685{,}0\,\text{mm} : 306{,}0\,\text{mm} \quad | \ \cdot 306{,}3\,\text{mm}$$
$$l_{\text{neu}} = 685{,}0\,\text{mm} : 306{,}0\,\text{mm} \cdot 306{,}3\,\text{mm} \approx 685{,}67\,\text{mm}$$

$$306{,}0\,\text{mm} \quad : \quad 685{,}0\,\text{mm}$$
$$306{,}3\,\text{mm} \quad \approx \quad 685{,}67$$

Veränderung der Druckbildlänge (neue minus ursprüngliche Druckbildlänge):

$$685{,}67\,\text{mm} - 685{,}00\,\text{mm} = 0{,}67\,\text{mm}$$

Beispiel 6-33: Veränderung der Druckbildlänge bei Wechsel von Bedruckstoffdicke 0,12 mm auf 0,36 mm, Umspannungswinkel 264°

Differenz der Bedruckstoffdicken:

0,36 mm − 0,12 mm = 0,24 mm

Die zweifache Hälfte dieser Differenz – also die einfache Differenz – wird mit π multipliziert:

$2 \cdot 0,24\,\text{mm} : 2 \cdot \pi = 0,24\,\text{mm} \cdot \pi = 0,754\,\text{mm}$

Berechnung der Druckbildlängenveränderung mit Verhältnisgleichung oder Dreisatz (proportionales Verhältnis); die Lösung hat das richtige Vorzeichen.

$\Delta l : 264° = 0,754\,\text{mm} : 360° \quad | \cdot 264°$ $360° \quad : \quad 0,754\,\text{mm}$

$\Delta l = 0,754\,\text{mm} : 360° \cdot 264° \approx 0,55\,\text{mm}$ $264° \quad \approx \quad 0,55\,\text{mm}$

Die Rechenwege in Beispiel 6-32 und 6-33 funktionieren auch, wenn der Gegendruckzylinder den doppelten Durchmesser von Platten- und Gummituchzylinder hat. Beim Rechnen mit dem Umspannungswinkel (Beispiel 6-33) kommt es nur darauf an, den Umspannungswinkel des Druckbilds auf dem Gegendruckzylinder (nicht auf dem Plattenzylinder) zu verwenden. Wenn das Druckbild auf dem Plattenzylinder zum Beispiel 264° umspannt, so umspannt es auf dem Gegendruckzylinder mit doppeltem Durchmesser annähernd genau die Hälfte dieses Winkels, also 264° : 2 = 132°.

Die durch Änderung der Bedruckstoffdicke bedingte Verlängerung oder Verkürzung des Druckbilds kann durch Vergrößern bzw. Verringern der Aufzughöhe des Plattenzylinders kompensiert werden.

Die Berechnung ist sehr einfach: Die erforderliche Veränderung der Aufzughöhe entspricht der halben Differenz der Bedruckstoffdicken.

Beispiel 6-34: Zur Korrektur der Druckbildlänge erforderliche Veränderung des Plattenzylinderaufzugs bei Wechsel von Bedruckstoffdicke 0,10 mm auf 0,36 mm

(0,36 mm − 0,10 mm) : 2 = 0,13 mm

Als Formeln sehen die Rechenwege dieses Abschnitts so aus:

F 6-26 $\Delta l = \dfrac{l_{alt} \cdot (d + D_{neu} - D_{alt})}{d} - l_{alt}$

F 6-27 $\Delta l = \dfrac{(D_{neu} - D_{alt}) \cdot \pi \cdot \alpha}{360°}$

F 6-28 $\Delta a = (D_{neu} - D_{alt}) : 2$

Δl Veränderung der Druckbildlänge
l_{alt} ursprüngliche Druckbildlänge
d Durchmesser des Gegendruckzylinders
D_{alt} D_{neu} usprüngl., neue Bedruckstoffdicke
α Umspannungswinkel auf dem Gegendruckzylinder
Δa Veränderung des Plattenzylinderaufzugs

Wenn der Umspannungswinkel annähernd 270° bei einfachem oder 135° bei doppeltem Umfang des Gegendruckzylinders beträgt, kann die Veränderung der Druckbildlänge auch überschlägig mit vereinfachten Formeln berechnet werden.

F 6-29 $\Delta l \approx (D_{neu} - D_{alt}) \cdot 2{,}35$ für Umspannungswinkel $\alpha \approx 270°$

F 6-30 $\Delta l \approx (D_{neu} - D_{alt}) \cdot 1{,}175$ für Umspannungswinkel $\alpha \approx 135°$

Überschlägige Berechnung zu Beispiel 6-33 mit Formel 6-29:

$$\Delta l \approx (0{,}36\,\text{mm} - 0{,}12\,\text{mm}) \cdot 2{,}35 = 0{,}24\,\text{mm} \cdot 2{,}35 \approx 0{,}56\,\text{mm}$$

6.3.7 Übungsaufgaben zu Abschnitt 6.3

1. Bitte die Pressungen zwischen Druckplatte und Gummituch (Schmitzring-kontakt) für die angegebenen Aufzughöhen berechnen.
   a) Platte 0,05 mm über Schmitzring, Gummituch 0,05 mm über Schmitzring
   b) Platte 0,15 mm über Schmitzring, Gummituch 0,10 mm über Schmitzring
   c) Platte 0,05 mm unter Schmitzring, Gummituch 0,20 mm über Schmitzring

2. Um wie viel Millimeter muss jeweils die Aufzughöhe auf Platten- oder Gum-mituchzylinder verändert werden, um 0,10 mm Pressung bei Schmitzringkon-takt zu erzielen? Achten Sie bitte auf korrekte Vorzeichen (Plus bei Erhöhung, Minus bei Verringerung).
   a) Pressung 0,05 mm bei Schmitzringkontakt
   b) Pressung 0,30 mm bei Schmitzringkontakt
   c) Platte 0,10 mm über Schmitzring, Gummituch 0,10 mm über Schmitzring
   d) Platte auf Schmitzringhöhe, Gummituch 0,25 mm über Schmitzring
   e) Platte 0,05 mm über Schmitzring, Gummituch 0,05 mm unter Schmitzring

3. Platte- und Gummituch liegen 0,10 mm bzw. 0,20 mm über Schmitzring. Wel-che Pressungen ergeben sich bei folgenden Skaleneinstellungen?
   a) −0,10 mm   b) −0,20 mm   c) −0,30 mm

4. Welche Skaleneinstellung ist jeweils nötig, um die Pressung zwischen Platte und Gummituch auf 0,10 mm zubringen?
   a) Platte 0,05 mm über Schmitzring, Gummituch 0,20 mm über Schmitzring
   b) Platte 0,15 mm über Schmitzring, Gummituch 0,15 mm über Schmitzring
   c) 0,30 mm Pressung bei Skaleneinstellung −0,10 mm
   d) 0,05 mm Pressung bei Skaleneinstellung −0,30 mm

5. Welche Pressung ergibt sich jeweils zwischen Gummituch und Bedruckstoff, wenn das Gummituch 0,10 mm über Schmitzring aufgezogen ist?
   a) Bedruckstoffdicke 0,10 mm, Skaleneinstellung −0,15 mm
   b) Bedruckstoffdicke 0,48 mm, Skaleneinstellung −0,35 mm
   c) Bedruckstoffdicke 0,23 mm, Skaleneinstellung −0,20 mm

6. Bei welchen Skaleneinstellungen beträgt die Pressung 0,15 mm?
   a) Gummituch 0,20 mm über Schmitzring, Bedruckstoffdicke 0,17 mm
   b) Gummituch 0,10 mm über Schmitzring, Bedruckstoffdicke 0,50 mm
   c) Gummituch 0,15 mm über Schmitzring, Bedruckstoffdicke 0,09 mm

7. Druckbildlänge 909 mm, Durchmesser des Plattenzylinders 442 mm
a) Um wie viel Millimeter verlängert sich das Druckbild, wenn die Aufzughöhe des Plattenzylinders um 0,10 mm verringert wird?
b) Um wie viel verkürzt es sich bei Erhöhung des Aufzugs um 0,20 mm?

8. Welche Veränderungen der Druckbildlänge ergeben sich bei Reduzierung des Plattenzylinderaufzugs um 0,15 mm?
a) Druckbildlänge 630 mm, Zylinderdurchmesser 272 mm
b) Druckbildlänge 596 mm, Zylinderdurchmesser 315 mm

9. Der Plattenzylinderaufzug wird um 0,25 mm erhöht. Berechnen Sie bitte jeweils die Auswirkung auf die Druckbildlänge.
a) Zylinderdurchmesser 196,5 mm, Druckbildlänge 460 mm
b) Zylinderdurchmesser 463 mm, Druckbildlänge 999,6 mm

10. Durchmesser des Plattenzylinders 306 mm, Druckbildlänge 697 mm
a) Um wie viel Millimeter muss der Plattenzylinderaufzug reduziert werden, um das Druckbild auf 698,2 mm zu verlängern?
b) Um wie viel Millimeter muss der Aufzug erhöht werden, um das Druckbild auf 695,5 mm zu verkürzen?

11. Druckbildlänge 432,7 mm, Plattenzylinderdurchmesser 200 mm – welche Verringerung oder Erhöhung des Plattenzylinderaufzugs ist jeweils erforderlich?
a) Verlängerung des Druckbilds auf 434 mm
b) Verkürzung des Druckbilds um einen Millimeter

12. Bei 373,5 mm Plattenzylinderdurchmesser ist das Druckbild 846 mm lang.
a) Welche Veränderung der Druckbildlänge ergibt sich, wenn der Aufzug des Plattenzylinders um 0,25 mm reduziert wird?
b) Welche Änderung der Aufzughöhe verlängert Druckbild um 1,5 mm?

13. Bitte die Umspannungswinkel berechnen.
a) Zylinderdurchmesser 152 mm, Druckbildlänge 330 mm
b) Zylinderdurchmesser 476 mm, Druckbildlänge 1052 mm
c) Zylinderdurchmesser 306 mm, Druckbildlänge 606 mm

14. Um wie viel verlängert sich jeweils das Druckbild bei Reduzierung des Plattenzylinderaufzugs um 0,15 mm und folgenden Umspannungswinkeln?
a) 270°   b) 225°

15. Um wie viel Millimeter verkürzt sich jeweils das Druckbild bei Erhöhung des Plattenzylinderaufzug um 0,20 mm und folgenden Umspannungswinkeln?
a) 215°   b) 260°

16. Welche Änderung der Druckbildlänge tritt beim Umspannungswinkel 240° jeweils ein, wenn der Plattenzylinderaufzug wie folgt verändert wird?
a) Erhöhung um 0,2 mm   b) Verringerung um 0,3 mm

17. Um wie viel muss die Höhe des Plattenzylinderaufzugs bei 270° Umspannungswinkel verringert bzw. erhöht werden, um folgende Veränderungen der Druckbildlänge zu erreichen?
    a) Verlängerung um 0,8 mm   b) Verkürzung um 1,2 mm

18. Welche Änderung der Aufzughöhe ist nötig, um das Druckbild bei 225° Umspannungswinkel
    a) um 1,25 mm zu verlängern?   b) um 0,75 mm zu verkürzen?

19. Auf 0,08 mm dickem Bedruckstoff ist das Druckbild 922 mm lang, Zylinderdurchmesser 434 mm. Um wie viel verlängert sich jeweils das Druckbild, wenn Bedruckstoffe mit folgenden Dicken verdruckt werden?
    a) 0,38 mm   b) 0,23 mm   c) 0,50 mm

20. Um wie viel verlängert oder verkürzt sich das Druckbild, wenn der Umspannungswinkel 254° beträgt und anstelle von 0,20 mm dickem Papier Bedruckstoffe mit folgenden Dicken eingesetzt werden?
    a) 0,52 mm   b) 0,06 mm

21. Um wie viel muss der Plattenzylinderaufzug jeweils erhöht oder verringert werden, wenn die Auswirkung der veränderten Bedruckstoffdicke auf die Druckbildlänge ausgeglichen werden soll?
    a) Wechsel von 0,08 mm dickem Papier zu 0,38 mm dickem Karton
    b) Wechsel von 0,45 mm dickem zu 0,20 mm dickem Karton

22. Bitte überschlägig mit den vereinfachten Formeln in Abschnitt 6.3.5 und 6.3.6 berechnen; der Umspannungswinkel beträgt in allen Fällen etwa 270°.
    a) Veränderung der Druckbildlänge infolge Verringerung des Plattenzylinderaufzugs um 0,12 mm
    b) Erforderliche Veränderung des Plattenzylinderaufzugs zur Verkürzung des Druckbilds um 0,8 mm
    c) Veränderung der Druckbildlänge durch 0,47 mm dicken Bedruckstoff anstelle von 0,15 mm dickem Bedruckstoff

Erhöhter Schwierigkeitsgrad

23. Verringerung des Plattenzylinderaufzugs um 0,15 mm verlängert das 680 mm lange Druckbild um 0,70 mm. Welchen effektiven Durchmesser hatte der Plattenzylinder vor Veränderung des Aufzugs?

24. Durch Erhöhung des Plattenzylinderaufzugs um 0,25 mm wurde das Druckbild um 1,1 mm verkürzt. Wie groß war der Umspannungswinkel?

25. Beim Plattenzylinderdurchmesser 221 mm wird der Aufzug um 0,20 mm verstärkt. Um wie viel Prozent erhöht sich die Umfangsgeschwindigkeit des Plattenzylinders bei unveränderter Drehzahl?

6.4 Getriebe

6.4.1 Antrieb und Abtrieb

Die in diesem Abschnitt dargestellten Zusammenhänge gelten für Antrieb und Abtrieb (Input und Output) einfacher Reibrad-, Riemen-, Zahnrad- und Kettengetriebe. Bei Reibrad- und Riemengetrieben wird mit Durchmessern oder Umfängen der Reibräder bzw. Riemenscheiben gerechnet, bei Zahnrad- und Kettengetrieben mit Zähnezahlen.

Wenn Leistungsverluste durch Schlupf oder Reibung unberücksichtigt bleiben, gelten diese einfachen Beziehungen:

▷ Drehzahl und Durchmesser (Umfang, Zähnezahl) der Räder oder Scheiben stehen im antiproportionalen Verhältnis – je größer Rad oder Scheibe, desto geringer ist die Drehzahl.

▷ Drehmoment und Durchmesser (Umfang, Zähnezahl) der Räder oder Scheiben stehen im proportionalen Verhältnis – je größer Rad oder Scheibe, desto größer ist das Drehmoment.

▷ Drehzahl und Drehmoment stehen folglich im antiproportionalen Verhältnis – je höher die Drehzahl, desto geringer das Drehmoment.

Einheiten der Drehzahl sind Kehrwerte von Zeiteinheiten, also 1/s, 1/min oder 1/h (s^{-1}, min^{-1}, h^{-1}; vgl. Abschnitt 1.5.7). Einheit des Drehmoments ist das Produkt aus Krafteinheit Newton (N) und Längeneinheit Meter, also Newtonmeter (Nm).

Beispiel 6-35: Riemengetriebe, Durchmesser der Antriebsscheibe 80 mm, Durchmesser der Abtriebsscheibe 200 mm, Antriebsdrehzahl 600/min, Antriebsdrehmoment 50 Nm

Drehzahl und Drehmoment der Abtriebsscheibe werden mithilfe der Durchmesser errechnet. Berechnung des Umfangs ist nicht erforderlich, da Kreisdurchmesser und -umfang im linearen Verhältnis stehen ($U = d \cdot \pi$). Leistungsverluste durch Schlupf oder Reibung bleiben der Einfachheit halber unberücksichtigt.

Die Abtriebsdrehzahl wird mit Verhältnisgleichung oder Dreisatz (antiproportionales Verhältnis) berechnet.

$$n_{ab} \cdot 200\,mm = 600/min \cdot 80\,mm \quad | : 200\,mm \qquad \frac{80\,mm \cdot 600/min}{200\,mm} = 240/min$$

$$n_{ab} = 600/min \cdot 80\,mm : 200\,mm = 240/min$$

Abtriebsdrehmoment (proportionales Verhältnis):

$$M_{ab} : 200\,mm = 50\,Nm : 80\,mm \quad | \cdot 200\,mm \qquad \frac{80\,mm : 50\,Nm}{200\,mm} = 125\,Nm$$

$$M_{ab} = 50\,Nm : 80\,mm \cdot 200\,mm = 125\,Nm$$

Das Abtriebsdrehmoment kann auch anhand von Antriebs- und zuvor ermittelter Abtriebsdrehzahl berechnet werden (antiproportionales Verhältnis).

$$M_{ab} \cdot 240/min = 50\,Nm \cdot 600/min \quad | : 240/min \qquad \frac{600/min \cdot 50\,Nm}{240/min} = 125\,Nm$$

$$M_{ab} = 50\,Nm \cdot 600/min : 240/min = 125\,Nm$$

Umgekehrt kann die Abtriebsdrehzahl anhand von Antriebs- und zuvor ermittel-
tem Abtriebsdrehmoment berechnet werden (antiproportionales Verhältnis).

$$n_{ab} \cdot 125\,\text{Nm} = 600/\text{min} \cdot 50\,\text{Nm} \quad | \; :125\,\text{Nm}$$
$$n_{ab} = 600/\text{min} \cdot 50\,\text{Nm} : 125\,\text{Nm} = 240/\text{min}$$

$$\frac{50\,\text{Nm}}{125\,\text{Nm}} \cdot \frac{600/\text{min}}{= 240/\text{min}}$$

Die Verhältnisgleichungen für Drehzahl und Drehmoment lauten:

F 6-31 $\quad n_{an} \cdot g_{an} = n_{ab} \cdot g_{ab}$ **F 6-32** $M_{an} : g_{an} = M_{ab} : g_{ab}$ **F 6-33** $M_{an} \cdot n_{an} = M_{ab} \cdot n_{ab}$

$n_{an}\ n_{ab}$ Antriebs-, Abtriebsdrehzahl
$M_{an}\ M_{ab}$ Antriebs-, Abtriebsdrehmoment
$g_{an}\ g_{ab}$ Größe (Durchm., Umfang, Zähnezahl) des An-, Abtriebsrads

Die Gleichungen können nach jeder Größe hin aufgelöst werden.

Beispiel 6-36: Antriebs- und Abtriebszahnrad mit 40 bzw. 60 Zähnen; welche Drehzahl muss das Antriebzahnrad haben, damit sich abtriebseitig 250/min ergibt?
Verhältnisgleichung oder Dreisatz mit antiproportionalem Verhältnis.

$$n_{an} \cdot 40 = 250/\text{min} \cdot 60 \quad | \; :40$$
$$n_{an} = 250/\text{min} \cdot 60 : 40 = 375/\text{min}$$

$$\frac{60}{40} \cdot \frac{250/\text{min}}{= 375/\text{min}}$$

Beispiel 6-37: Antriebs- und Abtriebszahnrad mit 50 bzw. 120 Zähnen; wie hoch
muss das Antriebsdrehmoment sein, damit sich abtriebseitig 60 Nm ergibt?
Proportionales Verhältnis

$$M_{an} : 50 = 60\,\text{Nm} : 120 \quad | \; \cdot 50$$
$$M_{an} = 60\,\text{Nm} : 120 \cdot 50 = 25\,\text{Nm}$$

$$\frac{120}{50} : \frac{60\,\text{Nm}}{= 25\,\text{Nm}}$$

Beispiel 6-38: Antriebszahnrad mit 90 Zähnen, Drehzahl 400/min; wie viele Zähne
muss das Abtriebszahnrad haben, damit sich die Drehzahl 600/min ergibt?
Antiproportionales Verhältnis

$$g_{ab} \cdot 600/\text{min} = 90 \cdot 400/\text{min} \quad | \; :600/\text{min}$$
$$g_{ab} = 90 \cdot 400/\text{min} : 600/\text{min} = 60$$

$$\frac{400/\text{min}}{600/\text{min}} \cdot \frac{90}{= 60}$$

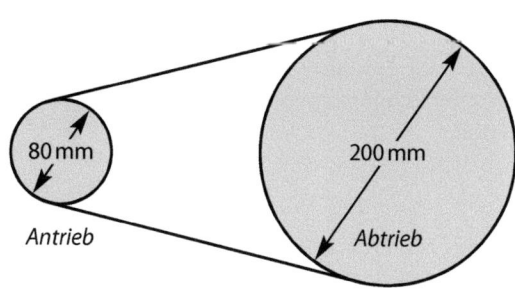

Bild 6-5
Riemengetriebe (Beispiel 6-35)

80 mm   Antrieb   200 mm   Abtrieb

6.4.2 Übersetzungsverhältnis

Das Übersetzungsverhältnis einfacher Getriebe ist der Quotient der Durchmesser, Umfänge oder Zähnezahlen der beiden Räder oder Scheiben. Übersetzungsverhältnisse haben keine Einheit; sie werden normalerweise als Dezimalbrüche notiert (z. B. 1,75), gelegentlich auch als Quotienten mit Divisor 1 (1,75 : 1).

F 6-34 $i = g_{ab} : g_{an}$ i Übersetzungsverhältnis

$g_{an}\,g_{ab}$ Größe des Antriebs-, Abtriebsrads

Stattdessen kann auch mit den Drehzahlen gerechnet werden. Da das Verhältnis von Radgröße und Drehzahl antiproportional ist, wird die Antriebsdrehzahl durch die Abtriebsdrehzahl dividiert.

F 6-35 $i = n_{an} : n_{ab}$ $n_{an}\,n_{ab}$ Antriebs-, Abtriebsdrehzahl

Beispiel 6-39: Antriebsrad mit 16 cm Umfang, Abtriebsrad mit 28 cm Umfang Abtrieb geteilt durch Antrieb:

$i = 28\,\text{cm} : 16\,\text{cm} = 1{,}75$

Beispiel 6-40: Antriebsdrehzahl 400/min, Abtriebsdrehzahl 640/min Antrieb geteilt durch Abtrieb:

$i = 400/\text{min} : 640/\text{min} = 0{,}625$

Wenn Übersetzungsverhältnis und Antriebsdrehzahl oder -drehmoment bekannt sind, kann der Abtriebswert berechnet werden. Umgekehrt kann von Abtriebsdrehzahl oder -drehmoment auf den Antriebswert zurückgeschlossen werden.

Beispiel 6-41: Antriebsdrehzahl 900/min, Übersetzungsverhältnis 2,25 Antriebsdrehzahl geteilt durch Übersetzungsverhältnis ergibt Abtriebsdrehzahl.

$n_{ab} = 900/\text{min} : 2{,}25 = 400/\text{min}$

Beispiel 6-42: Antriebsdrehmoment 20 Nm, Übersetzungsverhältnis 2,25 Antriebsdrehmoment mal Übersetzungsverhältnis ergibt Abtriebsdrehmoment.

$M_{ab} = 20\,\text{Nm} \cdot 2{,}25 = 45\,\text{Nm}$

Beispiel 6-43: Abtriebsdrehzahl 400/min, Übersetzungsverhältnis 0,85 Abtriebsdrehzahl mal Übersetzungsverhältnis ergibt Antriebsdrehzahl.

$n_{an} = 400/\text{min} \cdot 0{,}85 = 340/\text{min}$

Beispiel 6-44: Abtriebsdrehmoment 17 Nm, Übersetzungsverhältnis 0,85 Abtriebsdrehmoment geteilt durch Übersetzungsverhältnis ergibt Antriebsdrehmoment.

$M_{an} = 17\,\text{Nm} : 0{,}85 = 20\,\text{Nm}$

6.4.3 Übungsaufgaben zu Abschnitt 6.4

1. Welche Abtriebsdrehzahlen ergeben sich bei der Antriebsdrehzahl 400/min?
a) Durchmesser des Antriebsrads 15 cm, des Abtriebsrads 20 cm
b) Antriebszahnrad mit 42 Zähnen, Abtriebszahnrad mit 35 Zähnen

2. Bitte Abtriebsdrehzahlen und Abtriebsdrehmomente berechnen; die Antriebsdrehzahl beträgt in jedem Fall 500/min, das Antriebsdrehmoment 20 Nm.
a) Antriebsrad mit 20 Zähnen, Abtriebsrad mit 50 Zähnen
b) Durchmesser des Antriebsrads 15 cm, des Abtriebsrads 12 cm
c) Antriebsrad mit 36 Zähnen, Abtriebsrad mit 48 Zähnen

3. Bitte das abtriebseitige Drehmoment berechnen: Antriebsdrehzahl 400/min, Abtriebsdrehzahl 240/min, Antriebsdrehmoment 30 Nm

4. Antriebsrad mit 25 cm Durchmesser, Abtriebsrad mit 15 cm Durchmesser
a) Welche Antriebsdrehzahl ist nötig, um abtriebseitig 350/min zu erzielen?
b) Wie hoch muss das Antriebsdrehmoment sein, damit sich abtriebseitig 12 Nm ergibt?

5. Antriebsriemenscheibe mit 125 mm Durchmesser, Drehzahl 1200/min. Welchen Durchmesser muss die Abtriebsriemenscheibe haben, damit sich die Drehzahl 750/min ergibt?

6. Bitte die Übersetzungsverhältnisse berechnen.
a) Antriebszahnrad mit 40 Zähnen, Abtriebszahnrad mit 75 Zähnen
b) Durchmesser des Antriebsrads 16 cm, des Abtriebsrads 12 cm
c) Antriebsdrehzahl 180/min, Abtriebsdrehzahl 250/min
d) Antriebsdrehzahl 1350/min, Abtriebsdrehzahl 600/min

7. Bitte die Abtriebsdrehzahlen berechnen.
a) Antriebsdrehzahl 760/min, Übersetzungsverhältnis 2,375
b) Antriebsdrehzahl 200/min, Übersetzungsverhältnis 0,48
c) Antriebsdrehzahl 130/min, Übersetzungsverhältnis 1,625

8. Berechnen Sie bitte die Abtriebsdrehmomente.
a) Antriebsdrehmoment 7,5 Nm, Übersetzungsverhältnis 1,85
b) Antriebsdrehmoment 12 Nm, Übersetzungsverhältnis 0,625

9. Beim Übersetzungsverhältnis 0,75 beträgt die Abtriebsdrehzahl 300/min und das Abtriebsdrehmoment 18 Nm. Bitte Antriebsdrehzahl und -drehmoment berechnen.

10. Welche Antriebsdrehzahl und welches Antriebsdrehmoment sind beim Übersetzungsverhältnis 1,65 erforderlich, um abtriebseitig 240/min und 37 Nm zu erhalten?

Erhöhter Schwierigkeitsgrad

11. Berechnen Sie bitte Abtriebsdrehzahl und -drehmoment des in Bild 6-6 skizzierten Reibradgetriebes. Die Antriebsdrehzahl beträgt 200/min, das Antriebsdrehmoment 3 Nm.

12. Welche Abtriebsdrehzahl ergibt sich beim in Bild 6-7 skizzierten Riemengetriebe, wenn die Antriebsdrehzahl 500/min beträgt?

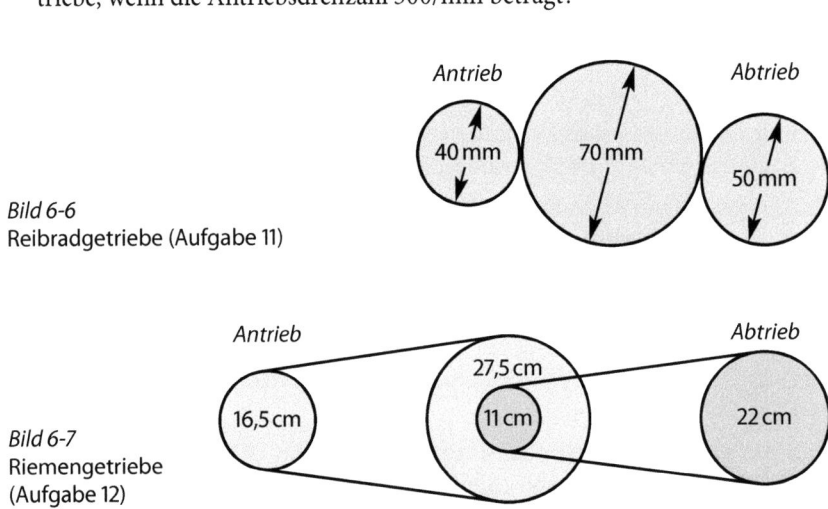

Bild 6-6
Reibradgetriebe (Aufgabe 11)

Bild 6-7
Riemengetriebe
(Aufgabe 12)

7 Messen und Prüfen

7.1 Fotometrie (Lichtmessung)

7.1.1 Fotometrische Größen und Einheiten

In den folgenden Abschnitten geht es um die fotometrischen Größen Lichtstärke, Lichtstrom, Leuchtdichte, spezifische Lichtausstrahlung, Beleuchtungsstärke und Belichtung.

▷ *Lichtstärke* ist die Helligkeit einer Lichtquelle. Einheit der Lichtstärke ist die Candela (cd). Die Lichtstärke ist Basisgröße des Internationalen Einheitensystems (SI), die Candela ist Basiseinheit. Alle übrigen fotometrischen Größen und Einheiten sind aus Lichtstärke und Candela abgeleitet.

▷ *Lichtstrom* ist das von einer Lichtquelle abgestrahlte Licht, seine Einheit ist das Lumen (lm).

▷ *Leuchtdichte* ist die flächenbezogene Lichtstärke flächiger Lichtquellen, zum Beispiel Computer-Displays, in Candela pro Quadratmeter (cd/m²).

▷ *Spezifische Lichtausstrahlung* ist der von flächigen Lichtquellen pro Flächeneinheit abgegebene Lichtstrom, Einheit Lumen pro Quadratmeter (lm/m²).

▷ *Beleuchtungsstärke* ist die Helligkeit, mit der eine Fläche beleuchtet wird; ihre Einheit heißt Lux (lx).

▷ *Belichtung* ist das Produkt aus Beleuchtungsstärke und Zeitdauer der Beleuchtung (Belichtungszeit) in der Einheit Luxsekunde (lx s).

Fotometrische Größen kennzeichnen die vom Menschen empfundene Helligkeit des Lichts, nicht aber die physikalische Energie. Ob Licht heller oder weniger hell empfunden wird, hängt nicht nur von der physikalischen Strahlungsenergie ab, sondern auch von der spektralen Zusammensetzung, also den Wellenlängen.

Der für Menschen sichtbare Bereich des elektromagnetischen Spektrums reicht von etwa 400 bis etwa 700 Nanometer (nm = 10^{-9} m = 0,000 000 001 m). Mittlere Wellenlängen werden erheblich heller empfunden als kürzere und längere; das Maximum liegt bei 555 nm. Der Zusammenhang zwischen Wellenlänge und Helligkeit wird durch den spektralen Hellempfindlichkeitsgrad beschrieben.

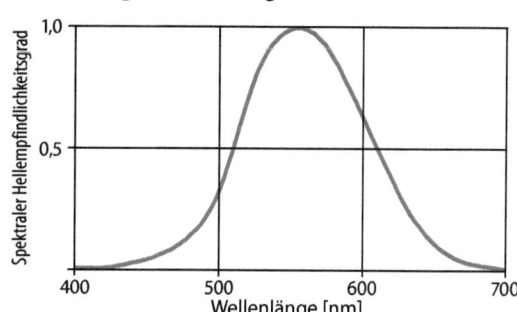

Bild 7-1
Spektraler
Hellempfindlichkeitsgrad

Tabelle 7-1 zeigt die fotometrischen Größen und Einheiten sowie die ihnen entsprechenden Strahlungsgrößen und -einheiten. Bei unveränderter spektraler Zusammensetzung des Lichts sind fotometrische Größe und entsprechende Strahlungsgröße einander proportional. Dann entspricht zum Beispiel ein verdoppelter Strahlungsfluss einer Verdoppelung des Lichtstroms. Sobald aber die Veränderung einer Größe von einer Änderung der spektralen Zusammensetzung des Lichts begleitet oder verursacht wird – weil sich zum Beispiel der kurz- oder langwellige Strahlungsanteil verändert –, ist die Proportionalität aufgehoben.

Tabelle 7-1: Fotometrische Größen und Strahlungsgrößen

Fotometr. Größe	Symbol	Einheit	Strahlungsgröße	Symbol	Einheit
Lichtstärke	I_v	cd	Strahlstärke	I_e	W/sr
Leuchtdichte	L_v	cd/m²	Strahldichte	L_e	W/(sr·m²)
Lichtstrom	Φ_v	lm	Strahlungsfluss	Φ_e	W
Spezifische Lichtausstrahlung	M_v	lm/m²	Spezifische Ausstrahlung	M_e	W/m²
Beleuchtungsstärke	E_v	lx	Bestrahlungsstärke	E_e	W/m²
Belichtung	H_v	lx s	Bestrahlung	H_e	W s/m² = J/m²

7.1.2 Lichtstärke und Lichtstrom

Die Stärke (Helligkeit) einer Lichtquelle kann sowohl durch die Lichtstärke in Candela (cd) als auch durch den von ihr abgestrahlten Lichtstrom in Lumen (lm) charakterisiert werden.

Ein Lumen ist der Lichtstrom, mit dem eine isotrope Lichtquelle einen Raumwinkel von einen Steradiant (sr) durchstrahlt (zum Raumwinkel vgl. Abschnitt 1.8.7). Isotrope Lichtquellen emittieren das Licht gleichmäßig in alle Richtungen des Raums, erscheinen aus jeder Betrachtungsrichtung gleich hell und haben unabhängig von der Messrichtung immer die gleiche Lichtstärke.

Der insgesamt emittierte Lichtstrom ergibt sich durch Multiplikation der Lichtstärke mit dem Vollwinkel 4π sr. Umgekehrt ergibt sich die Lichtstärke, indem der Gesamtlichtstrom durch 4π sr dividiert wird.

F 7-1 $\quad \Phi_v = I_v \cdot (4 \cdot \pi) \, [\text{sr}]$

F 7-2 $\quad I_v = \Phi_v : (4 \cdot \pi) \, [\text{sr}] \qquad \Phi_v$ *(Phi)* Lichtstrom [lm] $\quad I_v$ Lichtstärke [cd]

Beispiel 7-1: Gesamtlichtstrom einer isotropen Lichtquelle, Lichtstärke 60 cd
$$\Phi_v = 60 \, \text{cd} \cdot (4 \cdot \pi) \, \text{sr} \approx 60 \, \text{cd} \cdot 12{,}566\,371 \, \text{sr} \approx 754{,}0 \, \text{lm}$$

Beispiel 7-2: Lichtstärke einer isotropen Lichtquelle, Gesamtlichtstrom 1000 lm
$$I_v = 1000 \, \text{lm} : (4 \cdot \pi) \, \text{sr} \approx 1000 \, \text{lm} : 12{,}566\,371 \, \text{sr} \approx 79{,}6 \, \text{cd}$$

Technische Lichtquellen sind anisotrop (nicht isotrop). Empfundene Helligkeit und gemessene Lichtstärke hängen mehr oder minder stark von der Betrachtungs- bzw. Messrichtung ab. Die einfache Umrechnung von Lichtstärke in Lichtstrom nach Formel 7-1 funktioniert hier nur, wenn die angegebene Lichtstärke der Mittelwert einer Vielzahl von Messergebnissen aus unterschiedlichen Richtungen ist. Entsprechend ergibt die einfache Umrechnung von Lichtstrom in Lichtstärke nach Formel 7-2 einen Mittelwert. Die tatsächliche Lichtstärke ist je nach Richtung teils höher und teils geringer.

Insbesondere bei Lichtquellen mit Reflektoren, die das Licht zu einem Kegel mit kreisrundem Querschnitt bündeln, ist die Angabe einer mittleren Lichtstärke jedoch wenig aussagekräftig. Entscheidend sind hier die innerhalb des Lichtkegels messbare Lichtstärke und dessen Abstrahlwinkel.

Wenn der Lichtkegel scharf begrenzt ist und die Lichtstärke innerhalb des Lichtkegels nicht variiert, kann der emittierte Lichtstrom leicht errechnet werden, indem die Lichtstärke mit dem durchstrahlten Raumwinkel in der Einheit Steradiant (sr) multipliziert wird. Umgekehrt lässt sich die Lichtstärke berechnen, indem der Lichtstrom durch den Raumwinkel dividiert wird.

Beispiel 7-3: Lichtstrom eines Spots, Lichtstärke 800 cd, Abstrahlwinkel 0,6 sr
$$\Phi_v = 800\,cd \cdot 0,6\,sr = 480\,lm$$

Beispiel 7-4: Lichtstärke eines Spots, Lichtstrom 450 lm, Abstrahlwinkel 0,6 sr
$$I_v = 450\,lm : 0,6\,sr = 750\,cd$$

F 7-3 $\Phi_v = I_v \cdot \Omega$ $\qquad$ Φ_v Lichtstrom $\qquad$ I_v Lichtstärke

F 7-4 $I_v = \Phi_v : \Omega$ $\qquad$ Ω Abstrahlwinkel (Raumwinkel in Steradiant)

Die Abstrahlwinkel werden häufig nicht als Raumwinkel, sondern als ebene Winkel in Grad angegeben. Dann sind die Berechnungen etwas komplizierter, weil die ebenen Winkel zunächst in Raumwinkel umgewandelt werden müssen.

F 7-5 $\Omega = 2 \cdot \pi \cdot [1 - \cos(\alpha : 2)]$ $\quad$ Ω Abstrahlwinkel (Raumwinkel in Steradiant)
$\qquad\qquad\qquad\qquad\qquad\qquad\qquad\quad$ α ebener Abstrahlwinkel (Grad)

Beispiel 7-5: Lichtstrom eines Spots, Lichtstärke 600 cd, Abstrahlwinkel 45°
Berechnung des Raumwinkels mit Formel 7-5:
$$\Omega = 2 \cdot \pi \cdot [1 - \cos(45° : 2)] = 2 \cdot \pi \cdot [1 - \cos 22,5°] \approx 2 \cdot \pi \cdot 0,07612 \approx 0,4783\,sr$$
Lichtstrom:
$$\Phi_v = 600\,cd \cdot 0,4783\,sr \approx 287,0\,lm$$

Beispiel 7-6: Lichtstärke eines Spots, Lichtstrom 500 lm, Abstrahlwinkel 60°
Raumwinkel:
$$\Omega = 2 \cdot \pi \cdot [1 - \cos(60° : 2)] = 2 \cdot \pi \cdot [1 - \cos 30°] \approx 2 \cdot \pi \cdot 0,13397 \approx 0,8418\,sr$$
Lichtstärke:
$$I_v = 500\,lm : 0,8418\,sr \approx 594,0\,cd$$

7.1.3 Leuchtdichte und spezifische Lichtausstrahlung

Die Leuchtdichte ist bei flächigen Lichtquellen, zum Beispiel LC-Displays, von Interesse. Displays mit unterschiedlich großen Flächen sind gleich hell, wenn ihre Leuchtdichten gleich sind, also die Lichtstärken pro Flächeneinheit. Die Leuchtdichte wird in Candela pro Quadratmeter (cd/m^2) angegeben. In den USA wird diese Einheit auch Nit ($nt = cd/m^2$) genannt.

Die Leuchtdichte ergibt sich rechnerisch, indem die absolute Lichtstärke einer gleichmäßig leuchtenden Fläche durch ihre Größe in Quadratmeter dividiert wird. Umgekehrt ergibt sich die absolute Lichtstärke, indem die Leuchtdichte mit der Fläche der Lichtquelle multipliziert wird.

Beispiel 7-7: Leuchtdichte eines $56\,cm \times 35\,cm$ großen Displays, Lichtstärke 50 cd
Fläche des Displays in Quadratmeter:
$$0,56\,m \cdot 0,35\,m = 0,196\,m^2$$
Leuchtdichte:
$$L_v = 50\,cd : 0,196\,m^2 \approx 255,1\,cd/m^2$$

Beispiel 7-8: Lichtstärke eines $0,23\,m^2$ großen Displays, Leuchtdichte $250\,cd/m^2$
$$I = 250\,cd/m^2 \cdot 0,23\,m^2 = 57,5\,cd$$

F 7-6 $L_v = I_v : A$ L_v Leuchtdichte I_v Lichtstärke

F 7-7 $I_v = L_v \cdot A$ A Fläche der Lichtquelle $[m^2]$

Bei ideal diffus leuchtenden Flächen hängt die Leuchtdichte nicht von der Mess- oder Betrachtungsrichtung ab. Solche Lichtquellen werden als lambertsche Strahler bezeichnet. Reale Lichtquellen, zum Beispiel LC-Displays, weichen mehr oder minder stark von diesem Ideal ab. Hier wird normalerweise die senkrecht zur leuchtenden Fläche gemessene Leuchtdichte angegeben.

Spezifische Lichtausstrahlung ist der pro Quadratmeter abgegebene Lichtstrom. Für lambertsche Strahler ist sie einfach zu berechnen, indem die Leuchtdichte mit dem Raumwinkel $\pi\,sr$ multipliziert wird. Umgekehrt ergibt sich die Leuchtdichte, indem die spezifische Lichtausstrahlung durch $\pi\,sr$ dividiert wird.

Beispiel 7-9: Spezifische Lichtausstrahlung bei Leuchtdichte $250\,cd/m^2$
$$M_v = 250\,cd/m^2 \cdot \pi\,sr \approx 785,4\,lm/m^2$$

Beispiel 7-10: Leuchtdichte bei spezifischer Lichtausstrahlung $500\,lm/m^2$
$$L_v = 500\,lm/m^2 : \pi\,sr \approx 159,2\,cd/m^2$$

F 7-8 $M_v = L_v \cdot \pi\,sr$ M_v Spezifische Lichtausstrahlung $[lm/m^2]$

F 7-9 $L_v = M_v : \pi\,sr$ L_v Leuchtdichte $[cd/m^2]$

7.1.4 Lichtstrom und Beleuchtungsstärke

Beleuchtungsstärke, Einheit Lux (lx), ist der Quotient aus auftreffendem Lichtstrom und Größe der beleuchteten Fläche in Quadratmeter. Wenn der Lichtstrom gleichmäßig verteilt auf die Fläche trifft, ist die Beleuchtungsstärke an allen Punkten der Fläche gleich. Bei ungleichmäßiger Verteilung ergibt die Berechnung die mittlere (durchschnittliche) Beleuchtungsstärke.

Beispiel 7-11: Lichtstrom 4000 lm, beleuchtete Fläche 2,5 m²
$$E_v = 4000\,\text{lm} : 2,5\,\text{m}^2 = 1600\,\text{lx}$$

Um von der Beleuchtungsstärke auf den Lichtstrom zurückzuschließen, wird die Beleuchtungsstärke mit der Fläche multipliziert.

Beispiel 7-12: Beleuchtungsstärke 500 lx, beleuchtete Fläche 0,75 m²
$$\Phi_v = 500\,\text{lx} \cdot 0,75\,\text{m}^2 = 375\,\text{lm}$$

F 7-10 $\quad E_v = \Phi_v : A$ $\quad E_v$ Beleuchtungsstärke [lx] $\quad \Phi_v$ Lichtstrom [lm]

F 7-11 $\quad \Phi_v = E_v \cdot A$ $\quad A$ beleuchtete Fläche [m²]

7.1.5 Fotometrisches Entfernungsgesetz

Bei divergentem Licht (Punktlicht) hängt die mit einer gegebenen Lichtquelle erzielbare Beleuchtungsstärke vom Abstand zwischen Lichtquelle und beleuchteter Fläche ab. Je größer der Abstand, desto größer ist der Querschnitt des Lichtkegels und damit die Fläche, auf die sich der Lichtstrom verteilt. Die Fläche verändert sich proportional zum Quadrat des Lichtquellenabstands, die Beleuchtungsstärke umgekehrt proportional zur Fläche. Daraus folgt: Die Beleuchtungsstärke E_v verändert sich umgekehrt proportional zum Quadrat des Lichtquellenabstands r. Verdoppelung des Lichtquellenabstands verringert die Beleuchtungsstärke also auf ein Viertel, Halbierung des Abstands ergibt vierfache Beleuchtungsstärke. Dieser Zusammenhang wird fotometrisches Entfernungsgesetz oder Grundgesetz der Beleuchtung genannt. Als Verhältnisgleichungen formuliert:

$$E_{v\,\text{neu}} \cdot r_{\text{neu}}^2 = E_{v\,\text{alt}} \cdot r_{\text{alt}}^2$$

$$r_{\text{neu}}^2 \cdot E_{v\,\text{neu}} = r_{\text{alt}}^2 \cdot E_{v\,\text{alt}}$$

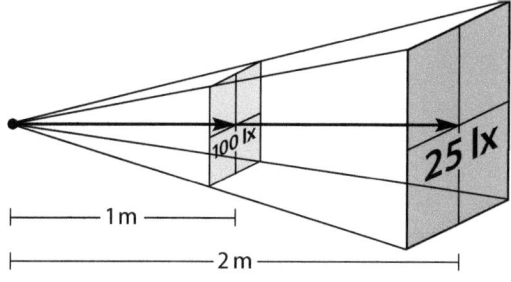

Bild 7-2
Fotometrisches
Entfernungsgesetz

Die Gleichung gilt streng genommen nur für ideal punktförmige Lichtquellen, also theoretisch vorstellbare Lampen, die keine räumliche Ausdehnung haben. Bei realen Punktlichtquellen, zum Beispiel LED-Lampen oder Datenprojektoren („Beamern"), ist das rechnerische Ergebnis eine gute Annäherung – das Gleichheitszeichen in der Verhältnisgleichung kann durch das Zeichen $\approx$ (annähernd gleich) ersetzt werden.

Beispiel 7-13: Beim Lichtquellenabstand 150 cm wird die Beleuchtungsstärke 400 lx gemessen. Welche Beleuchtungsstärke ergibt sich bei 100 cm Abstand?
Verhältnisgleichung oder Dreisatz, antiproportionales Verhältnis

$$E_{v\,neu} \cdot 100^2\,cm^2 \approx 400\,lx \cdot 150^2\,cm^2 \quad | \; :100^2\,cm^2 \qquad \frac{150^2\,cm^2 \cdot 400\,lx}{100^2\,cm^2 \approx 900\,lx}$$
$$E_{v\,neu} \approx 400\,lx \cdot 150^2\,cm^2 : 100^2\,cm^2 = 900\,lx$$

Beispiel 7-14: Lichtquellenabstand 130 cm, Beleuchtungsstärke 400 lx; welcher Abstand ist erforderlich, um 1000 lx zu erreichen?
Verhältnisgleichung oder Dreisatz, antiproportionales Verhältnis

$$r_{neu}{}^2 \cdot 1000\,lx \approx 130^2\,cm^2 \cdot 400\,lx \quad | \; :1000\,lx \qquad \frac{400\,lx \cdot 130^2\,cm^2}{1000\,lx \approx 6760\,cm^2}$$
$$r_{neu}{}^2 \approx 130^2\,cm^2 \cdot 400\,lx : 1000\,lx = 6760\,cm^2$$

Ergebnis der Berechnung ist das Quadrat des Lichtquellenabstands. Zum Schluss muss also noch die Quadratwurzel gezogen werden.

$$r_2 \approx \sqrt{6760\,cm^2} \approx 82,3\,cm$$

Formeln zur Berechnung von Beleuchtungsstärke und Lichtquellenabstand für ideal punktförmige Lichtquellen (bei realen Punktlichtquellen ist das Gleichheitszeichen durch das Zeichen $\approx$ zu ersetzen):

F 7-12 $\quad E_{v\,neu} = E_{v\,alt} \cdot r_{alt}{}^2 : r_{neu}{}^2 \qquad E_{v\,neu}\; E_{v\,alt}$ neue, ursprüngl. Beleuchtungsstärke

F 7-13 $\quad r_{neu} = \sqrt{r_{alt}{}^2 \cdot E_{alt} : E_{neu}} \qquad r_{alt}\; r_{neu}$ neuer, ursprüngl. Lichtquellenabstand

7.1.6 Belichtung und Bestrahlung

Belichtung (Bestrahlung) ist das Produkt aus Beleuchtungsstärke und Belichtungszeit (Bestrahlungsstärke und Bestrahlungszeit):

F 7-14 $\quad H_v = E_v \cdot t \qquad H_e = E_e \cdot t \qquad H_v\; H_e$ Belichtung, Bestrahlung
$\qquad\qquad\qquad\qquad\qquad\qquad\qquad\qquad\quad E_v\; E_e$ Beleuchtungs-, Bestrahlungsstärke
$\qquad\qquad\qquad\qquad\qquad\qquad\qquad\qquad\quad t$ Belichtungs-, Bestrahlungszeit

Bei der Einwirkung von Licht auf lichtempfindliche Materialien (zum Beispiel Bildschichten von Druckformrohlingen) geht es nicht um die Helligkeit des Lichts, sondern um die einwirkende Energie. Für das Ergebnis der Bestrahlung, also zum Beispiel die Veränderung einer strahlungsempfindlichen Schicht, ist allerdings nicht die gesamte auftreffende Energie von Bedeutung, sondern nur ihr fotochemisch wirksamer (aktinischer) Anteil.

Der einfache rechnerische Zusammenhang von Bestrahlungsstärke, Bestrahlungszeit und Bestrahlung ist also nur dann von praktischer Bedeutung, wenn die spektrale Zusammensetzung der Strahlung unverändert bleibt. Solange das der Fall ist, stehen fotometrische Größen und Strahlungsgrößen im proportionalen Verhältnis (vgl. Abschnitt 7.1.1). Deshalb kann im Folgenden mit den praxisüblichen – wenn auch physikalisch nicht ganz korrekten – Größen Belichtung, Beleuchtungsstärke und Belichtungszeit gerechnet werden.

Beispiel 7-15: Belichtung bei Beleuchtungsstärke 500 lx, Belichtungszeit 4 s
$$H_v = 500\,lx \cdot 4\,s = 2000\,lx\,s$$

Bei vorgegebener Belichtung sind Beleuchtungsstärke und Belichtungszeit umgekehrt proportional; je geringer die Beleuchtungsstärke, umso länger muss die Belichtungszeit sein (und umgekehrt). Es gilt also die Verhältnisgleichung:

F 7-15 $\quad E_{v\,neu} \cdot t_{neu} = E_{v\,alt} \cdot t_{neu}$

Beispiel 7-16: Beleuchtungsstärke 6000 lx, Belichtungszeit 5 s; wie lang muss belichtet werden, um mit 1500 lx Beleuchtungsstärke die gleiche Belichtung zu erreichen? Dreisatz oder Verhältnisgleichung, antiproportionales Verhältnis

$$1500\,lx \cdot t_{neu} = 6000\,lx \cdot 5\,s \quad | \; : 1500\,lx \qquad\qquad \frac{6000\,lx}{1500\,lx} \cdot \frac{5\,s}{20\,s}$$
$$t_{neu} = 6000\,lx \cdot 5\,s : 1500\,lx = 20\,s$$

7.1.7 Übungsaufgaben zu Abschnitt 7.1

1. Welche Gesamtlichtströme geben die isotropen Lichtquellen ab?
   a) Lichtstärke 20 Candela
   b) Lichtstärke 170 cd

2. Bitte die Lichtstärken der isotropen Lichtquellen berechnen.
   a) Gesamtlichtstrom 400 lm
   b) Gesamtlichtstrom 1800 lm

3. Bitte die von den Spotlampen abgestrahlten Lichtströme berechnen.
   a) Lichtstärke 700 cd, Abstrahlwinkel 0,4 sr
   b) Lichtstärke 500 cd, Abstrahlwinkel 0,75 sr

4. Welche Lichtstärken haben diese Strahler?
   a) Lichtstrom 280 lm, Abstrahlwinkel 0,5 sr
   b) Lichtstrom 400 lm, Abstrahlwinkel 0,32 sr

5. Bitte die von den Spotlampen abgestrahlten Lichtströme berechnen.
   a) Lichtstärke 500 cd, Öffnungswinkel des Lichtkegels 60°
   b) Lichtstärke 900 cd, Öffnungswinkel 36°

6. Zwei Spots emittieren gleiche Lichtströme von 400 lm. Wie hoch sind die Lichtstärken, wenn die Öffnungswinkel der Lichtkegel 30° und 45° betragen?

7. Berechnen Sie bitte die Leuchtdichten.
   a) Fläche $0,7\,\text{m}^2$, Lichtstärke 560 Candela
   b) Fläche $40\,\text{cm} \times 50\,\text{cm}$, Lichtstärke 60 cd
   c) Fläche $22,4\,\text{cm} \times 14,0\,\text{cm}$, Lichtstärke 7,5 cd

8. Wie hoch ist jeweils die absolute Lichtstärke?
   a) Leuchtdichte $200\,\text{cd/m}^2$, Fläche $0,125\,\text{m}^2$
   b) Leuchtdichte $800\,\text{cd/m}^2$, Fläche $40\,\text{cm} \times 30\,\text{cm}$

9. Bitte für Lambert-Strahler berechnen.
   a) Spezifische Lichtausstrahlung bei Leuchtdichte $150\,\text{cd/m}^2$
   b) Leuchtdichte bei spezifischer Lichtausstrahlung $760\,\text{lm/m}^2$

10. Bitte die Beleuchtungsstärken berechnen.
    a) Lichtstrom 540 Lumen, beleuchtete Fläche $0,25\,\text{m}^2$
    b) Lichtstrom 3000 lm, beleuchtete Fläche $2,5\,\text{m} \times 2,5\,\text{m}$

11. Welcher Lichtstrom ist jeweils erforderlich, um die angegebene Beleuchtungs-
    stärke zu erreichen?
    a) 2000 lx, Fläche $0,8\,\text{m}^2$ b) 500 lx, Fläche $180\,\text{cm} \times 120\,\text{cm}$

12. Bei 120 cm Lichtquellenabstand beträgt die Beleuchtungsstärke 1300 lx.
    a) Wie hoch ist die Beleuchtungsstärke bei 90 cm Lichtquellenabstand?
    b) Welche Beleuchtungsstärke ergibt sich bei 180 cm Lichtquellenabstand?

13. Die Beleuchtungsstärke beträgt 1300 lx bei 50 cm Lichtquellenabstand.
    a) Welcher Abstand ist erforderlich, um 2000 Lux zu erreichen?
    b) Bei welchem Abstand ergibt sich die Beleuchtungsstärke 1000 Lux?

14. Eine lichtempfindliche Schicht wird 12 s mit 2000 lx belichtet.
    a) Bitte die Belichtung berechnen.
    b) Welche Belichtungszeit ist erforderlich, um die gleiche Belichtung mit
    1250 lx Beleuchtungsstärke zu erreichen?
    c) Welcher Belichtungszeit ergibt sich, wenn die gleiche Belichtung mit 5000 lx
    Beleuchtungsstärke erreicht werden soll?
    d) Welche Beleuchtungsstärke ist nötig, um die gleiche Belichtung mit 3 s Be-
    lichtungszeit zu erreichen?

Erhöhter Schwierigkeitsgrad

15. Eine Reflektorlampe, Öffnungswinkel des Lichtkegels 42°, hat die Lichtstärke
    1200 Candela. Wie hoch ist die Beleuchtungsstärke auf der kreisrunden be-
    leuchteten Fläche mit 1,5 m Meter Durchmesser?

16. Eine lichtempfindliche Schicht wurde 25 Sekunden lang belichtet. Welche Be-
    lichtungszeit ergibt sich bei Verwendung einer um 80 % stärkeren Lichtquelle,
    wenn gleichzeitig der Lampenabstand von 100 cm auf 80 cm verkürzt wird?

7.2 Densitometrie I – Grundlagen

7.2.1 Transmissions- und Reflexionsfaktor

Transparente Proben (Durchsichtsvorlagen, Folien, Filme) lassen mehr oder weniger Licht durch. Ihre Lichtdurchlässigkeit wird durch den Transmissionsfaktor, auch Transmissionsgrad genannt, gekennzeichnet. Transmissionsfaktor ist der Quotient aus durchgelassenem Lichtstrom $\Phi_{v\,Probe}$ *(Phi)* und auftreffendem Lichtstrom Φ_{v0}. Der Lichtstrom Φ_{v0} wird bei der Kalibrierung (Eichung) des Densitometers ohne Probe gemessen. Der gespeicherte Messwert dient als Grundwert für die Berechnung des Transmissionsfaktors bei den nachfolgenden Messungen.

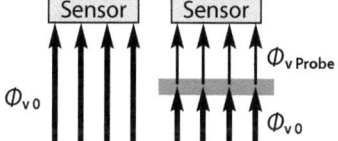

Bild 7-3 Transmissionsfaktor
auftreffender Lichtstrom Φ_{v0}
durchgelassener Lichtstrom $\Phi_{v\,Probe}$

Transmissionsfaktoren werden numerisch oder prozentual angegeben, also zum Beispiel 0,3 oder 30 %. Größensymbol ist der Großbuchstabe *T* oder der griechische Kleinbuchstabe τ *(tau)*.

F 7-16 $\quad T = \Phi_{v\,Probe} : \Phi_{v0} \qquad T\% = \Phi_{v\,Probe} : \Phi_{v0} \cdot 100\%$

Beispiel 7-17: Auftreffender Lichtstrom 200 lm, durchgelassener Lichtstrom 40 lm
$\quad T = 40\,\text{lm} : 200\,\text{lm} = 0,2$
$\quad T\% = 40\,\text{lm} : 200\,\text{lm} \cdot 100\% = 20\%$

Die entsprechende Größe zur Kennzeichnung des Reflexionsvermögens reflektierender Proben wird Reflexionsfaktor, Reflexionsgrad oder Remissionsgrad genannt, Symbol *R, ρ (rho)* oder *β (beta)*. Sowohl in der Praxis als auch in großen Teilen der Fachliteratur werden die Begriffe bedeutungsgleich verwendet. Reflexionsfaktor ist das Verhältnis des in eine bestimmte Richtung reflektierten Lichtstroms zu dem Lichtstrom, der von einem vollkommen mattweißen Medium in die gleiche Richtung reflektiert würde. Das theoretische, vollkommen mattweiße Medium reflektiert den auftreffenden Lichtstrom zu 100 %; die Reflexion ist optimal diffus, das Licht wird also gleichmäßig in alle Richtungen gestreut.
Bei 0°/45°-Messgeometrie fällt das Licht in 0°-Richtung (senkrecht) auf die Probe; gemessen wird das in 45°-Richtung reflektierte Licht.
Bei 45°/0°-Messgeometrie ist es umgekehrt.

Bild 7-4
Reflexionsfaktor
Messgeometrie 0°/45°

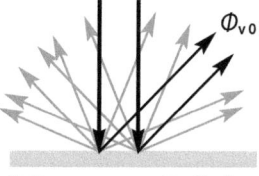

Vollkommen mattweißes Medium

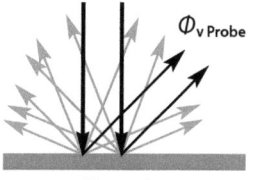

Messprobe

Bei der Berechnung des Reflexionsfaktors R stehen $\Phi_{v\,\text{Probe}}$ und Φ_{v0} für den von der Probe und den vom vollkommen mattweißen Medium reflektierten Lichtstrom. Der Rechenweg ist derselbe wie beim Transmissionsfaktor.

F 7-17 $R = \Phi_{v\,\text{Probe}} : \Phi_{v0}$ $\qquad$ $R\% = \Phi_{v\,\text{Probe}} : \Phi_{v0} \cdot 100\%$

Transmissions- und Reflexionsfaktor haben rechnerisch den Minimalwert 0 oder 0 % (wenn $\Phi_{v\,\text{Probe}} = 0\,\text{lm}$) und den Maximalwert 1 oder 100 % (wenn $\Phi_{v\,\text{Probe}} = \Phi_{v0}$). In der Praxis kommen diese Extremwerte aber nicht vor; Transmissions- und Reflexionsfaktoren sind also immer größer als 0 (0 %) und kleiner als 1 (100 %).

7.2.2 Dichte

Fotografische Dichte (Densität, engl. *density*) ist der dekadische Logarithmus (Logarithmus zur Basis 10) des Kehrwerts des Transmissions- oder Reflexionsfaktors. Die Dichte, Symbol D, wird also ausgerechnet, indem der Kehrwert $1 : T$ bzw. $1 : R$ gebildet und das Ergebnis logarithmiert wird.

Beispiel 7-18: Transmissionsfaktor 0,2
Kehrwert des Transmissionsfaktors:
$\qquad 1 : T = 1 : 0{,}2 = 5$
Die Dichte ist der dekadische Logarithmus von 5, also:
$\qquad D = \lg 5 \approx 0.699$

Beispiel 7-19: Reflexionsfaktor 0,05
$\qquad 1 : R = 1 : 0{,}05 = 20$
$\qquad D = \lg 20 \approx 1.301$

Beispiel 7-20: Reflexionsfaktor 40 %
$\qquad 100\% : R\% = 100\% : 40\% = 2{,}5$
$\qquad D = \lg 2{,}5 \approx 0.398$

Die Rechenschritte lassen sich zu Formeln zusammenfassen. Am anschaulichsten und leichtesten merkbar ist wahrscheinlich die jeweils links gezeigte Schreibweise – sie wird deshalb im Folgenden ausschließlich verwendet, auch wenn die anderen etwas eleganter erscheinen mögen.

F 7-18 $D = \lg(1 : T)$ $\qquad$ $D = \lg T^{-1}$ $\qquad$ $D = -\lg T$

F 7-19 $D = \lg(1 : R)$ $\qquad$ $D = \lg R^{-1}$ $\qquad$ $D = -\lg R$

F 7-20 $D = \lg(100\% : T\%)$ $\qquad$ $D = \lg(T\% : 100\%)^{-1}$ $\qquad$ $D = -\lg(T\% : 100\%)$

F 7-21 $D = \lg(100\% : R\%)$ $\qquad$ $D = \lg(R\% : 100\%)^{-1}$ $\qquad$ $D = -\lg(R\% : 100\%)$

Der Kehrwert des Transmissionsfaktors wird auch Opazität genannt.

F 7-22 $O = 1 : T$ $\qquad$ $O = T^{-1}$

F 7-23 $O = 100\% : T\%$ $\qquad$ $O = (T\% : 100\%)^{-1}$

Es ist nicht möglich, den Transmissions- oder Reflexionsfaktor 0 (0 %) in Dichte oder Opazität umzurechnen, weil der Quotient 1 : 0 (100 % : 0%) mathematisch nicht definiert ist (vgl. Abschnitt 1.1.5). Das ist aber kein Problem, weil es in der Praxis keine Proben mit dem Transmissions- oder Reflexionsfaktor 0 gibt.

Durch Umkehrung der Rechenschritte kann die Dichte in den Transmissions- oder Reflexionsfaktor umgerechnet werden. Die Rechenwege für Transmissions- und Reflexionsfaktor sind gleich.

Beispiel 7-21: Reflektierende Probe, Dichte 0.75
Entlogarithmieren der Dichte ergibt Kehrwert des Reflexionsfaktors.
$$1 : R = \text{antilg } 0.75 = 10^{0.75} \approx 5{,}623$$
Reflexionsfaktor numerisch:
$$R = 1 : 5{,}623 \approx 0{,}178$$
Reflexionsfaktor prozentual:
$$R\% = 100\% : 5{,}623 \approx 17{,}8\%$$

Zu Formeln zusammengefasst:

F 7-24 $T = 1 : 10^D$ $\qquad$ $T = 10^{-D}$

F 7-25 $R = 1 : 10^D$ $\qquad$ $R = 10^{-D}$

F 7-26 $T\% = 100\% : 10^D$ $\qquad$ $T\% = 10^{-D} \cdot 100\%$

F 7-27 $R\% = 100\% : 10^D$ $\qquad$ $R\% = 10^{-D} \cdot 100\%$

7.2.3 Kontrastverhältnis und Dichteumfang

Das Kontrastverhältnis, auch Kontrastumfang, Helligkeitsverhältnis oder Helligkeitsumfang genannt, kennzeichnet den Helligkeitsunterschied zwischen hellster und dunkelster Farbe (Weiß und Schwarz). Kontrastverhältnis ist der Quotient aus höchstem und geringstem Transmissions- oder Reflexionsfaktor. Kontrastverhältnisse werden oft als Quotienten mit Divisor 1 notiert, zum Beispiel 1000 : 1. Der Divisor 1 ist aus mathematischer Sicht überflüssig. Die Schreibweise soll nur verdeutlichen, dass es sich nicht um einen absoluten Wert, sondern um ein Verhältnis handelt.

Beispiel 7-22: Aufsichtsvorlage, Reflexionsfaktor im Weiß 78 %, im Schwarz 1,3 %
Reflexionsfaktor im Weiß geteilt durch Reflexionsfaktor im Schwarz:
$$K = 78\% : 1{,}3\% = 60$$
Schreibweise mit Divisor 1:
$$K = 60 : 1$$

Bei selbstleuchtenden Medien, insbesondere Displays, ist das Kontrastverhältnis der Quotient der Leuchtdichten bei der Anzeige von Weiß und der Anzeige von Schwarz.

Beispiel 7-23: LC-Display, Leuchtdichte bei Anzeige von Weiß 240 cd/m², bei Anzeige von Schwarz 0,2 cd/m²

$$K = 240\,\text{cd/m}^2 : 0,2\,\text{cd/m}^2 = 1200 = 1200 : 1$$

Formeln für die Berechnung des Kontrastverhältnisses:

F 7-28	$K = T_{max} : T_{min}$	K	Kontrastverhältnis
F 7-29	$K = R_{max} : R_{min}$	T_{max} T_{min}	höchster, geringster Transmissionsfaktor
		R_{max} R_{min}	höchster, geringster Reflexionsfaktor
F 7-30	$K = L_{v\,max} : L_{v\,min}$	$L_{v\,max}$ $L_{v\,min}$	höchste, geringste Leuchtdichte

Bei transmittierenden und reflektierenden Medien kann anstelle des Kontrastverhältnisses der Dichteumfang, Symbol ΔD *(Delta D)*, angegeben werden. Dichteumfang ist die Differenz aus höchster und geringster Dichte (Dichte im Schwarz und im Weiß).

Beispiel 7-24: Diapositiv, Dichte im Weiß 0.25, Dichte im Schwarz 3.00
Dichteumfang:

$$\Delta D = 3.00 - 0.25 = 2.75$$

Kontrastverhältnisse können direkt in Dichteumfänge umgewandelt werden: Der Dichteumfang ΔD ist der dekadische Logarithmus des Kontrastverhältnisses K.

Beispiel 7-25: Kontrastverhältnis 200 : 1
Der Divisor 1 kann weggelassen werden. Dichteumfang:

$$\Delta D = \lg 200 \approx 2.30$$

Umgekehrt lassen sich Dichteumfänge durch Entlogarithmieren in Kontrastverhältnisse umwandeln.

Beispiel 7-26: Dichteumfang 2.70

$$K = \text{antilg}\, 2.70 = 10^{2.70} \approx 501 = 501 : 1$$

Die Rechenwege als Formeln:

F 7-31	$\Delta D = D_{max} - D_{min}$	
F 7-32	$\Delta D = \lg K$	ΔD Dichteumfang
		D_{max} D_{min} höchste, geringste Dichte
F 7-33	$K = 10^{\Delta D}$	K Kontrastverhältnis

7.2.4 Dynamikumfang

Der Dynamikumfang ist eine wichtige technische Kenngröße für Scanner und Digitalkameras. Er kennzeichnet das Verhältnis von stärkstem und schwächstem Lichtsignal, die der fotoelektrische Sensor noch verlust- und fehlerfrei verarbeitet. Für Scanner gilt generell, dass der Dynamikumfang mindestens so hoch sein muss wie der Dichteumfang der Vorlage, da sonst Zeichnungsverluste in hellen oder dunklen Bildbereichen entstehen.

Dynamikumfänge von Scannern werden normalerweise wie logarithmische Dichteumfänge angegeben (zum Beispiel $\Delta D = 3.40$). Bei Digitalkameras werden sie dagegen häufig durch Blendenstufen gekennzeichnet. Eine Stufe der internationalen Blendenreihe entspricht der Halbierung oder Verdoppelung des auf den Sensor treffenden Lichtstroms (vgl. Abschnitt 8.4.4). Wenn der Dynamikumfang zum Beispiel 10 Blendenstufen beträgt, unterscheiden sich schwächstes und stärkstes vom Sensor fehlerfrei verarbeitetes Lichtsignal um den Faktor $2^{10} = 1024$. Um in unterschiedlichen Formen angegebenen Dynamikumfänge miteinander vergleichbar zu machen, können sie in numerische Dynamikverhältnisse umgewandelt werden.

Beispiel 7-27: Für zwei Digitalkameras werden die Dynamikumfänge $\Delta D = 3.60$ und 11 Blendenstufen angeben.
Die logarithmische Angabe wird entlogarithmiert.
$$DV = \text{antilg}\, 3.60 = 10^{3.60} \approx 3981 = 3981 : 1$$
Um den in Blendenstufen angegebenen Dynamikumfang in ein numerisches Verhältnis umzuwandeln, wird eine Potenz mit der Basis 2 ausgerechnet, deren Exponent die Anzahl der Blendenstufen ist.
$$DV = 2^{11} = 2048 = 2048 : 1$$
Ergebnis: Die erste Kamera ($\Delta D = 3.60$, Dynamikverhältnis 3981 : 1) hat ein rund doppelt so hohes numerisches Dynamikverhältnis wie die zweite (11 Blendenstufen, Dynamikverhältnis 2048 : 1).
Bei der Umwandlung numerischer Dynamikverhältnisse in logarithmische Dynamikumfänge oder Blendenstufen wird mit dem dekadischen Logarithmus bzw. dem Logarithmus zur Basis 2 gerechnet.

Beispiel 7-28: Numerisches Dynamikverhältnis 4000 : 1
Dynamikumfang: dekadischer Logarithmus des numerischen Verhältnisses (wie bei der Umrechnung numerischer Kontrastverhältnisse in Dichteumfänge, vgl. Beispiel 7-25)
$$\Delta D = \lg 4000 \approx 3.60$$
Blendenstufen: Logarithmus zur Basis 2 des numerischen Verhältnisses
$$n = \log_2 4000 \approx 11{,}966 \approx 12$$
Falls der verwendete Taschenrechner keine Logarithmen zur Basis 2 berechnet, hilft der kleine Umweg über den dekadischen Logarithmus: $\log_2 x = \lg x : \lg 2$ (vgl. auch Abschnitt 1.3.4, letzter Absatz).
$$n = \lg 4000 : \lg 2 \approx 3.602 : 0.301 \approx 12$$

Formeln zu den Beispielen:

F7-34 $DV = 10^{\Delta D}$	**F7-36** $\Delta D = \lg DV$	DV num. Dynamikverhältnis
F7-35 $DV = 2^n$	**F7-37** $n = \log_2 DV$	ΔD logarithm. Dynamikumfang
		n Anzahl Blendenstufen

In Blendenstufen angegebene Dynamikumfänge können auch direkt in logarithmische umgewandelt werden – und umgekehrt.

Beispiel 7-29: Dynamikumfang 11 Blendenstufen
Numerisches Verhältnis:

$$DV = 2^{11} = 2048$$

Das numerische Verhältnis wird logarithmiert:

$$\Delta D = \lg 2048 \approx 3.31$$

Der Rechenweg lässt sich abkürzen. Zunächst werden die beiden Schritte (Potenz und dekadischer Logarithmus) zusammengefasst:

$$\Delta D = \lg 2^{11}$$

Der Logarithmus einer Potenz kann in das Produkt aus Exponent und Logarithmus der Basis umgewandelt werden.

$$\lg 2^{11} = 11 \cdot \lg 2$$

ΔD lässt sich also berechnen, indem die Anzahl der Blendenstufen mit dem Zehnerlogarithmus von 2 multipliziert wird. Wenn es nicht auf die zweite Nachkommastelle ankommt, kann mit dem gerundeten Wert $\lg 2 \approx 0.3$ gerechnet werden.

$$\Delta D = 11 \cdot \lg 2 \approx 11 \cdot 0.301 \approx 3.31$$
$$\Delta D \approx 11 \cdot 0.3 = 3.3$$

Beispiel 7-30: $\Delta D = 3.30$
Umkehrung des Rechenwegs aus dem vorherigen Beispiel: ΔD geteilt durch $\lg 2$ (oder gerundet 0.3) ergibt n Blendenstufen.

$$n = 3.30 : \lg 2 \approx 3.30 : 0.301 \approx 10{,}963 \approx 11{,}0$$
$$n \approx 3.30 : 0.3 = 11{,}0$$

Die Rechenwege als Formeln:

F 7-38 $\Delta D = n \cdot \lg 2$ $\Delta D \approx n \cdot 0.3$ ΔD logarithmischer Dynamikumfang

F 7-39 $n = \Delta D : \lg 2$ $n \approx \Delta D : 0.3$ n Anzahl Blendenstufen

7.2.5 Übungsaufgaben zu Abschnitt 7.2

1. Auf eine transparente Messprobe trifft ein Lichtstrom von 50 lm. Davon werden 0,4 lm durchgelassen. Errechnen Sie bitte Transmissionsfaktor und Dichte.

2. Das vollkommen mattweiße Medium reflektiert 80 lm, die Messprobe 60 lm. Wie hoch sind Reflexionsfaktor und Dichte?

3. Errechnen Sie bitte die Dichten.
   a) Reflexionsfaktor 0,02
   b) Transmissionsfaktor 0,74
   c) Reflexionsfaktor 54 %
   d) Transmissionsfaktor 0,015 %

4. Bitte die Reflexionsfaktoren numerisch und prozentual angeben.
   a) Dichte 0.13
   b) Dichte 0.26
   c) Dichte 1.65
   d) Dichte 2.10

5. Bitte die Kontrastverhältnisse berechnen.
   a) Reflexionsfaktor im Weiß 0,75, im Schwarz 0,015
   b) Transmissionsfaktor im Weiß 56 %, im Schwarz 0,07 %
   c) Leuchtdichte bei Anzeige von Weiß 180 cd/m², von Schwarz 0,3 cd/m²

6. Bitte die Dichteumfänge berechnen.
   a) Dichte im Weiß 0.14, Dichte im Schwarz 2.10
   b) Dichte im Weiß 0.32, Dichte im Schwarz 3.25

7. Wandeln Sie bitte die Kontrastverhältnisse in Dichteumfänge und die Dichteumfänge in Kontrastverhältnisse um.
   a) Kontrastverhältnis 40 : 1   c) Dichteumfang 1.70
   b) Kontrastverhältnis 750 : 1   d) Dichteumfang 2.90

8. Eine Aufsichtsvorlage hat im Weiß den Reflexionsfaktor 72 % und im Schwarz den Reflexionsfaktor 0,6 %. Berechnen Sie bitte Kontrastverhältnis und Dichteumfang.

9. Eine Durchsichtsvorlage lässt an den weißen Bildstellen 50 % und an den schwarzen Bildstellen 0,06 % des auftreffenden Lichts durch. Errechnen Sie bitte Kontrastverhältnis und Dichteumfang.

10. Eine Aufsichtsvorlage hat im Weiß die Dichte 0.13 und im Schwarz die Dichte 1.79. Errechnen Sie bitte Dichteumfang und Kontrastverhältnis.

11. Ein Diapositiv hat im Licht die Dichte 0.35 und in der Tiefe die Dichte 3.20. Errechnen Sie bitte Dichteumfang und Kontrastverhältnis.

12. Bitte die Dynamikumfänge in numerische Dynamikverhältnisse umwandeln.
   a) 14 Blendenstufen   c) 11,5 Blendenstufen
   b) $\Delta D = 3.30$ d) $\Delta D = 3.70$

13. Wandeln Sie bitte die numerischen Dynamikverhältnisse in logarithmische Dynamikumfange und in Blendenstufen um.
   a) 16 000 : 1   b) 6000 : 1

14. Die Dynamikumfänge von zwei Digitalkameras sind mit 12 bzw. 13,5 Blendenstufen angegeben. Bitte in logarithmische Dynamikumfänge umwandeln.

15. Wandeln Sie bitte die Dynamikumfänge $\Delta D = 3.60$ und $\Delta D = 4.35$ in Blendenstufen um.

Erhöhter Schwierigkeitsgrad

16. Zwei Digitalkameras haben die Dynamikumfänge $\Delta D = 3.50$ und $\Delta D = 3.95$. Um wie viele Blendenstufen unterscheiden sich die Dynamikumfänge der beiden Kameras voneinander?

7.3 Densitometrie II – Rastertonwert

7.3.1 Rastertonwert im Film

Durch zunehmende Verbreitung direkt bebilderter Druckformen (Computer-to-Plate bzw. Computer-to-Screen) haben Kopiervorlagen (Filme) in der Druckvorstufe weitgehend an Bedeutung verloren. In diesem Abschnitt wird dennoch auf Messung und Berechnung des Rastertonwerts im Film eingegangen, um das Verständnis der etwas kompliziertere Berechnung von Rastertonwerten im Druck zu erleichtern.

Bei der densitometrischen Ermittlung von Rastertonwerten im Film wird, wie bei jeder Transmissionsmessung, der durchgelassene Lichtstrom gemessen. Bei der Messung befinden sich sowohl Rasterpunkte mit sehr hoher Dichte als auch die ungeschwärzten Bereiche dazwischen im Messfeld des Densitometers. Das Verfahren wird auch integrale Messung genannt, weil es die Transmissionen von geschwärzten und ungeschwärzten Stellen des Films zusammenfasst (integriert).

Bei der Rastertonwertmessung steht Φ_{v0} nicht für den auftreffenden, sondern für den etwas geringeren Lichtstrom, der vom ungeschwärzten Film (Blankfilm) durchgelassen wird. Die Kalibrierung des Densitometers wird hier auch als Nullkalibrierung oder kurz Nullung bezeichnet.

Die geschwärzten Partien des Films sind zwar nicht absolut lichtundurchlässig. Der Transmissionsfaktor ist aber deutlich kleiner als 0,1 % – der durchgelassene Anteil entspricht also nahezu null und kann praktisch vernachlässigt werden. Unter dieser Voraussetzung entspricht der Transmissionsfaktor dem transparenten Flächenanteil. Ein Transmissionsfaktor von zum Beispiel 70 % bedeutet also, dass 70 % der Messfeldfläche transparent und folglich 100 % – 70 % = 30 % geschwärzt ist.

Im Positivfilm sind die druckenden Stellen geschwärzt und die nichtdruckenden transparent. Der Rastertonwert entspricht also dem geschwärzten Flächenanteil.

F 7-40 $A \% = 100 \% - T \%$ für Positivfilm

A Rastertonwert T Transmissionsfaktor

Im Negativfilm sind die druckenden Stellen transparent und die nichtdruckenden geschwärzt. Hier entspricht der Rastertonwert dem transparenten Flächenanteil.

F 7-41 $A \% = T \%$ für Negativfilm

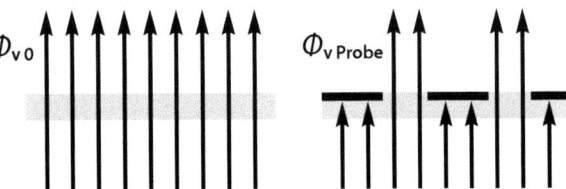

Bild 7-5
Φ_{v0} und $\Phi_{v\,Probe}$ bei
integraler Messung des
Transmissionsfaktors

Beispiel 7-31: Positivfilm, Transmissionsfaktor 35 %
Der prozentuale Transmissionsfaktor wird von 100 % subtrahiert.

$$A \% = 100 \% - 35 \% = 65 \%$$

Beispiel 7-32: Negativfilm, Transmissionsfaktor 35 %
Hier muss gar nicht gerechnet werden.

$$A \% = T \% = 35 \%$$

Ist anstelle des Transmissionsfaktors die im Raster gemessene Dichte angegeben, geht die Berechnung des Rastertonwerts nicht ganz so schnell.

Beispiel 7-33: Positivfilm, $D = 0.24$
Zuerst wird die Dichte in den prozentualen Transmissionsfaktor umgerechnet.

$$T \% = 100 \% : 10^{0,24} \approx 100 \% : 1{,}7378 \approx 57{,}5 \%$$

Dann geht es weiter wie in Beispiel 7-31.

$$A \% = 100 \% - 57{,}5 \% = 42{,}5 \%$$

Beispiel 7-34: Negativfilm, $D = 0.56$
Auch hier wird die Dichte in den prozentualen Transmissionsfaktor umgerechnet. Beim Negativfilm sind Transmissionsfaktor und Rastertonwert wertgleich.

$$A \% = T \% = 100 \% : 10^{0,56} \approx 100 \% : 3{,}6308 \approx 27{,}5 \%$$

Zu Formeln zusammengefasst:

F 7-42 $\quad A \% = 100 \% - 100 \% : 10^{D}$ $\qquad$ für Positivfilm

F 7-43 $\quad A \% = 100 \% : 10^{D}$ $\qquad$ für Negativfilm

7.3.2 Rastertonwert im Druck (Murray-Davies-Formel)

Bei der Messung von Reflexionsfaktoren oder Dichten auf Druckbogen steht Φ_{v0} für den vom unbedruckten Papier reflektierten Lichtstrom. Das Densitometer wird hier also nach einer unbedruckten Stelle des Bogens auf Null kalibriert. Die Umwandlung von Reflexionsfaktoren oder Dichten gedruckter Raster in Rastertonwerte ist etwas komplizierter als bei Filmen. Auch das mit Druckfarbe bedeckte Papier reflektiert noch einen erheblichen Anteil des auftreffenden Lichts. Der bei Messung im Raster erfasste Lichtstrom enthält nicht nur das vom unbedruckten Papier reflektierte Licht, sondern gleichzeitig auch etwas Licht, das von den gedruckten Rasterpunkten reflektiert wird. Deshalb muss der Reflexionsfaktor oder die Dichte der gedruckten Rasterpunkte in die Berechnung des Rastertonwerts einfließen. Da Reflexionsfaktoren oder Dichten einzelner Rasterpunkte wegen ihrer geringen Größe nicht messbar sind, wird stattdessen mit Reflexionsfaktor oder Dichte einer Volltonfläche (Rastertonwert 100 %) gearbeitet.
Bunte Druckfarben werden hinter komplementärfarbigen Filtern gemessen: Rotfilter (Cyan), Grünfilter (Magenta), Blaufilter (Yellow). Das hat aber keinen Einfluss auf die folgenden Rechenwege.

Beispiel 7-35: In einem Rasterfeld des Druckkontrollstreifens wird der Reflexionsfaktor 13 % (0,13) gemessen, im Volltonfeld der Reflexionsfaktor 4 % (0,04). Beim Rastertonwert im Druck geht es um den nicht reflektierten Anteil des Lichts – je weniger Licht reflektiert wird, desto höher ist der Rastertonwert. Die nicht reflektierten Anteile betragen

im Raster $\qquad$ 100 % − 13 % = 87 % $\qquad$ 1 − 0,13 = 0,87

im Vollton $\qquad$ 100 % − 4 % = 96 % $\qquad$ 1 − 0,04 = 0,96

Die Volltonfläche hat also einen „Nichtreflexionsfaktor" von 96 % (0,96). Ihr Rastertonwert beträgt aber definitionsgemäß 100 %. Entsprechend muss auch der Tonwert des Rasters höher sein als sein „Nichtreflexionsfaktor" 87 % (0,87). Der tatsächliche Rastertonwert wird mittels Verhältnisgleichung oder Dreisatz (proportionales Verhältnis) ausgerechnet. Anstelle der Prozentsätze 87 % und 96 % können auch die numerischen Werte 0,87 und 0,96 eingesetzt werden.

$$A\,\% : 87\,\% = 100\,\% : 96\,\% \quad | \cdot 87\,\% \qquad\qquad 96\,\% \quad : \quad 100\,\%$$
$$A\,\% = 100\,\% : 96\,\% \cdot 87\,\% \approx 90,6\,\% \qquad\qquad 87\,\% \quad \approx \quad 90,6\,\%$$

Die Berechnung ist etwas umfangreicher, wenn Dichten vorgegeben sind.

Beispiel 7-36: Dichte im Raster 0.36, Volltondichte 1.20
Zuerst werden die beiden Dichten in Reflexionsfaktoren umgewandelt.

$$100\,\% : 10^{0.36} \approx 43,7\,\% \qquad 1 : 10^{0.36} \approx 0,437$$
$$100\,\% : 10^{1.20} \approx 6,3\,\% \qquad 1 : 10^{1.20} \approx 0,063$$

Daraus ergeben sich diese „Nichtreflexionsfaktoren":

$$100\,\% - 43,7\,\% = 56,3\,\% \qquad 1 - 0,437 = 0,563$$
$$100\,\% - 6,3\,\% = 93,7\,\% \qquad 1 - 0,063 = 0,937$$

Der Rastertonwert ergibt sich schließlich aus Verhältnisgleichung oder Dreisatz. Anstelle von 56,3 % und 93,7 % kann auch mit 0,563 und 0,937 gerechnet werden.

$$A\,\% : 56,3\,\% = 100\,\% : 93,7\,\% \quad | \cdot 56,3\,\% \qquad\qquad 93,7\,\% \quad : \quad 100\,\%$$
$$A\,\% = 100\,\% : 93,7\,\% \cdot 56,3\,\% \approx 60,1\,\% \qquad\qquad 56,3\,\% \quad \approx \quad 60,1\,\%$$

Zusammenfassung der Rechenschritte ergibt die nach ihren Erfindern benannten Murray-Davies-Formeln:

$$F\,7\text{-}44 \quad A\,\% = \frac{100\,\% - R_R\,\%}{100\,\% - R_V\,\%} \cdot 100\,\% \qquad A\,\% = \frac{1 - R_R}{1 - R_V} \cdot 100\,\%$$

$$F\,7\text{-}45 \quad A\,\% = \frac{1 - 1 : 10^{D_R}}{1 - 1 : 10^{D_V}} \cdot 100\,\%$$

R_R R_V Reflexionsfaktor im Raster, im Vollton

D_R D_V Dichte im Raster, im Vollton $\qquad$ A Rastertonwert

Durch Einsetzen in die Murray-Davies-Formeln werden die Beispiele so gelöst:

$$A\,\% = \frac{100\,\% - 13\,\%}{100\,\% - 4\,\%} \cdot 100\,\% \approx 90,6\,\% \qquad A\,\% = \frac{1 - 1 : 10^{0.36}}{1 - 1 : 10^{1.20}} \cdot 100\,\% \approx 60,1\,\%$$

7.3.3 Tonwertzunahme im Druck, Druckkennlinie

Rastertonwerte nehmen beim Drucken zu, sind also auf dem Bedruckstoff höher als die entsprechenden Tonwerte in den Daten und auf der Druckplatte. Die Tonwertzunahme ΔA (*Delta A*) wird ermittelt, indem der Tonwert in den Daten vom entsprechenden Tonwert im Druck subtrahiert wird.

F7-46 $\quad \Delta A = A_{\text{Druck}} - A_{\text{Daten}}$

Beispiel 7-37: Ein Rasterfeld des Druckkontrollstreifens hat in den Daten den Rastertonwert 40 % und auf dem Druckbogen den Rastertonwert 57 %.
Tonwertzunahme:

$\quad \Delta A = 57\% - 40\% = 17\%$

Zur laufenden Überwachung der Tonwertzunahme im Fortdruck reicht es aus, die Zunahme im Mittel- und Dreivierteltonbereich zu ermitteln, also in zwei Rasterfeldern des Druckkontrollstreifens mit Tonwerten von zum Beispiel 40 % und 80 %. Genaueren Aufschluss über das Zunahmeverhalten im Druck liefern Druckkennlinien. Um eine Druckkennlinie zu erstellen, wird eine Rasterskala mit 10-Prozent-Abstufungen (10 %, 20 %, 30 %, ..., 90 %) gedruckt. Die im Druck gemessenen Rastertonwerte und die Zunahmewerte können als Tabelle oder grafisch als Kurve in einem Koordinatensystem dargestellt werden.

Beispiel 7-38: Die Auswertung der gedruckten Rasterskala ergibt diese Werte:

A_{Daten}	10 %	20 %	30 %	40 %	50 %	60 %	70 %	80 %	90 %
A_{Druck}	15 %	31 %	45 %	57 %	68 %	78 %	87 %	93 %	97 %
ΔA	5 %	11 %	15 %	17 %	18 %	18 %	17 %	13 %	7 %

Bei grafischer Darstellung werden die Rastertonwerte der Daten auf der *x*-Achse (Abszisse) des Koordinatensystems abgetragen. Auf der y-Achse (Ordinate) stehen entweder die Rastertonwerte im Druck oder die Zunahmewerte.

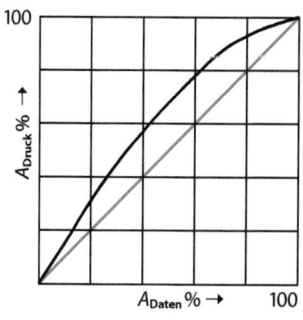
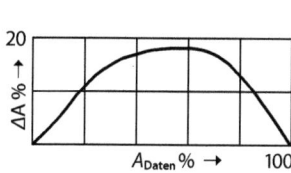

Bild 7-6
Druckkennlinien

7.3.4 Geometrischer Rastertonwert (Yule-Nielsen-Formel)

Beim Betrachten wie beim densitometrischen Messen kommt es zu einem optischen Effekt, der mit Rasterpunkten bedruckte Flächen dunkler erscheinen lässt, als es der rein geometrischen Flächenbedeckung entspräche. Das zwischen den Rasterpunkten auftreffende Licht dringt etwas in den Bedruckstoff ein, wird teilweise seitlich gestreut und gerät dabei zum Teil unter die Rasterpunkte. Dieses Phänomen wird Lichtfangeffekt oder Yule-Nielsen-Effekt genannt.

Die Berechnung mit der Murray-Davies-Formel (Abschnitt 7.3.2) ergibt den optisch wirksamen Rastertonwert einschließlich des durch Lichtfang verursachten Anteils. Das ist durchaus erwünscht, denn auf diese Weise korrespondiert das Messergebnis mit dem Helligkeitseindruck beim Betrachten. Wenn dagegen der geometrische Rastertonwert von Interesse ist, muss die Wirkung des Lichtfangs mithilfe eines Korrekturwerts eliminiert werden. Das ist rechnerisch kein Problem, setzt aber voraus, dass der jeweilige Korrekturwert bekannt ist.

Beispiel 7-39: Reflexionsfaktor im Raster 30 %, im Vollton 4 %, Korrekturwert 2,0
Hier wird mit numerischen Reflexionsfaktoren gerechnet, also 0,30 statt 30 % und 0,04 statt 4 %. Die Reflexionsfaktoren werden potenziert, Exponent ist der Kehrwert des Korrekturwerts. Subtraktion von 1 ergibt dann die korrigierten numerischen „Nichtreflexionsfaktoren" für Raster und Vollton.

$$0{,}3^{1:2} = 0{,}30^{0{,}5} \approx 0{,}548 \qquad 1 - 0{,}548 = 0{,}452$$
$$0{,}04^{1:2} = 0{,}04^{0{,}5} = 0{,}200 \qquad 1 - 0{,}200 = 0{,}800$$

Division der korrigierten Werte und Multiplikation mit 100 % ergibt den prozentualen Rastertonwert.

$$0{,}452 : 0{,}800 \cdot 100\,\% = 56{,}5\,\%$$

Beispiel 7-40: Rasterdichte 0.60, Volltondichte 1.50, Korrekturwert 2,0
Die beiden Dichten werden durch den Korrekturwert dividiert und in numerische Reflexionsfaktoren umgewandelt, die dann von 1 subtrahiert werden.

$$0.60 : 2 = 0.30 \qquad 1 : 10^{0{,}3} \approx 1 : 1{,}9953 \approx 0{,}501 \qquad 1 - 0{,}501 = 0{,}499$$
$$1.50 : 2 = 0.75 \qquad 1 : 10^{0{,}75} \approx 1 : 5{,}6234 \approx 0{,}178 \qquad 1 - 0{,}178 = 0{,}822$$

Weiter wie im vorigen Beispiel:

$$0{,}499 : 0{,}822 \cdot 100\,\% \approx 60{,}7\,\%$$

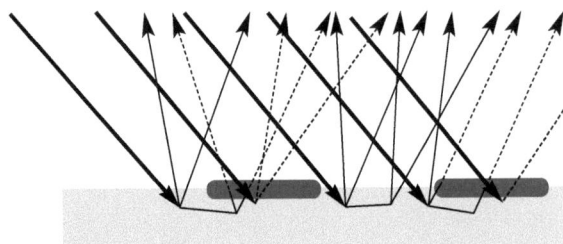

Bild 7-7
Lichtfangeffekt
(Yule-Nielsen-Effekt)

Zusammenfassung der Rechenschritte ergibt die Yule-Nielsen-Formeln.

F 7-47 $A \% = \dfrac{1 - R_R^{1:k}}{1 - R_V^{1:k}} \cdot 100 \%$

F 7-48 $A \% = \dfrac{1 - 1:10^{D_R:k}}{1 - 1:10^{D_V:k}} \cdot 100 \%$

A Rastertonwert	R_R R_V Reflexionsfaktor im Raster, im Vollton
k Korrekturwert	D_R D_V Dichte im Raster, im Vollton

Durch Einsetzen in die Yule-Nielsen-Formeln werden die Beispiele so gelöst:

$$A \% = \frac{1 - 0{,}30^{1:2}}{1 - 0{,}04^{1:2}} \cdot 100 \% \approx 56{,}5 \%$$

$$A \% = \frac{1 - 1:10^{0.60:2}}{1 - 1:10^{1.50:2}} \cdot 100 \% \approx 60{,}7 \%$$

7.3.5 Messfeldgröße bei Rastertonwertmessung

Zuverlässige Messergebnisse bei Rastertonwertmessungen sind nur möglich, wenn das Messfeld des Densitometers ausreichend groß ist, also eine ausreichende Anzahl von Rasterpunkten erfasst. Wenn das Messfeld zu klein ist, werden die Ergebnisse zu stark durch kleine, kaum sichtbare Unregelmäßigkeiten oder Verunreinigungen des Bedruckstoffs und einzelne deformierte oder unvollständig ausgedruckte Rasterpunkte beeinflusst und damit verfälscht.

Je gröber der Raster, desto weniger Rasterpunkte werden von einem Messfeld mit gegebener Größe erfasst und umso größer muss das Messfeld sein, um eine vorgegebene Anzahl von Rasterpunkten zu erfassen. Eine Empfehlung für die Praxis lautet, dass der Durchmesser des kreisrunden Messfelds mindestens dem 10-Fachen, besser dem 15-Fachen der Rasterkonstanten entsprechen soll. Rasterkonstante, auch Rasterperiode oder Rasterweite genannt, ist der Kehrwert der Rasterfrequenz (Rasterfeinheit, vgl. Abschnitt 4.3.1).

Beispiel 7-41: Welchen Durchmesser muss das Messfeld haben, um bei der Rasterfrequenz 40/cm dem 10-Fachen (15-Fachen) der Rasterkonstanten zu entsprechen?

Rasterkonstante (Kehrwert der Rasterfrequenz), umgerechnet in Millimeter:

$1 : 40/cm \cdot 10 \, mm/cm = 0{,}25 \, mm$

Das 10- und das 15-Fache davon:

$0{,}25 \, mm \cdot 10 = 2{,}5 \, mm$

$0{,}25 \, mm \cdot 15 \approx 3{,}8 \, mm$

Zusammenfassung der beiden Rechenschritte:

$10 : (40/cm : 10 \, mm/cm) = 10 : 4/mm = 2{,}5 \, mm$

$15 : (40/cm : 10 \, mm/cm) = 15 : 4/mm \approx 3{,}8 \, mm$

Beispiel 7-42: Dem Wievielfachen der Rasterkonstanten entspricht der Messfelddurchmesser 3,0 mm bei der Rasterfrequenz 90/inch?
Rasterkonstante in Millimeter:
$\qquad$ 1 : 90/inch $\cdot$ 25,4 mm/inch $\approx$ 0,282 mm
Messfelddurchmesser geteilt durch Rasterkonstante:
$\qquad$ 3,0 mm : 0,282 mm $\approx$ 10,6
Zusammenfassung der beiden Rechenschritte:
$\qquad$ 3,0 mm $\cdot$ 90/inch : 25,4 mm/inch $\approx$ 3,0 mm $\cdot$ 3,543/mm $\approx$ 10,6

Wenn der Messfelddurchmesser als Vielfaches der Rasterkonstanten angegeben ist, lässt sich auch die Anzahl der erfassten Rasterpunkte berechnen.

Beispiel 7-43: Wie viele Rasterpunkte werden erfasst, wenn der Durchmesser des Messfelds dem 10-Fachen (15-Fachen) der Rasterkonstanten entspricht?
Mithilfe der Kreisflächenformel $A = (d:2)^2 \cdot \pi$ wird die Anzahl der im Messfeld liegenden Rasterzellen (Rasterquadrate, Rastermaschen) berechnet. Der Durchmesser wird dabei als Vielfaches der Rasterkonstanten, hier also 10 bzw. 15.
$\qquad (10:2)^2 \cdot \pi = 25 \cdot \pi \approx 79$
$\qquad (15:2)^2 \cdot \pi = 56,25 \cdot \pi \approx 177$

Umgekehrt kann von der Anzahl der erfassten Rasterpunkte auf den Durchmesser des Messfelds geschlossen werden.

Beispiel 7-44: Das Messfeld des Densitometers soll mindestens 120 Rasterpunkte erfassen. Dem Wievielfachen der Rasterkonstanten muss der Messfelddurchmesser mindestens entsprechen?
Die Kreisflächenformel wird nach d aufgelöst.
$\qquad A = (d:2)^2 \cdot \pi \qquad | \; : \pi$
$\qquad A : \pi = (d:2)^2 \qquad | \; \sqrt{}$
$\qquad \sqrt{A:\pi} = d:2 \qquad | \; \cdot 2$
$\qquad d = 2 \cdot \sqrt{A:\pi}$
Die Fläche wird nicht absolut in einer Flächeneinheit, sondern als Vielfaches der Fläche der Rasterzelle eingesetzt, hier also 120.
$\qquad 2 \cdot \sqrt{120:\pi} \approx 2 \cdot 6,18 \approx 12,4$

Die Rechenwege als Formeln:

F 7-49 $\quad d_{abs} = d_{rel} : f_R$ $\qquad\qquad$ **F 7-51** $\quad n = (d_{rel}:2)^2 \cdot \pi$

F 7-50 $\quad d_{rel} = d_{abs} \cdot f_R$ $\qquad\qquad$ **F 7-52** $\quad d_{rel} = 2 \cdot \sqrt{n:\pi}$

d_{abs} Absoluter Messfelddurchmesser in einer Längeneinheit
d_{rel} Relativer Messfelddurchmesser, Vielfaches der Rasterkonstanten
f_R Rasterfrequenz $\qquad n$ Anzahl Rasterpunkte (Rasterzellen) im Messfeld
$\qquad$ In Formel 7-50 müssen die Einheiten von d_{abs} und f_R Kehrwerte der jeweils anderen sein, vorzugsweise mm und 1/mm.

Um direkt vom absoluten, in Millimeter angegebenem Messfelddurchmesser auf die Anzahl der erfassten Rasterpunkte (und umgekehrt) zu schließen, werden jeweils zwei der gezeigten Rechenwege miteinander kombiniert.

Beispiel 7-45: Rasterfrequenz 40/cm, Messfelddurchmesser 3 mm; wie viele Rasterpunkte werden bei der Messung erfasst?

Messfelddurchmesser als Vielfaches der Rasterkonstanten:

$$3 \text{ mm} : (1 : 40/\text{cm} \cdot 10 \text{ mm/cm}) = 3 \text{ mm} : 0{,}25 \text{ mm} = 12$$

Weiter wie in Beispiel 7-43:

$$(12 : 2)^2 \cdot \pi = 43{,}56 \cdot \pi \approx 113$$

Beispiel 7-46: Rasterfrequenz 120/inch; welchen Durchmesser in Millimeter muss das Messfeld haben, um 150 Rasterpunkte zu erfassen?

Durchmesser als Vielfaches der Rasterkonstanten (vgl. Beispiel 7-44):

$$2 \cdot \sqrt{150 : \pi} \approx 13{,}820$$

Multiplikation mit der Rasterkonstanten ergibt absoluten Durchmesser:

$$13{,}820 \cdot (1 : 120/\text{inch} \cdot 25{,}4 \text{ mm/inch}) \approx 13{,}820 \cdot 0{,}212 \text{ mm} \approx 2{,}9 \text{ mm}$$

Die beiden Rechenwege zu Formeln zusammengefasst:

F 7-53 $n = (d_{abs} \cdot f_R : 2)^2 \cdot \pi$ n Anzahl Rasterpunkte f_R Rasterfrequenz

F 7-54 $d_{abs} = 2 \cdot \sqrt{n : \pi} : f_R$ d_{abs} Messfelddurchmesser [Längeneinheit]

In Formel 7-54 müssen die Einheiten von d_{abs} und f_R Kehrwerte der jeweils anderen sein, vorzugsweise mm und 1/mm.

Bei nichtperiodischen (frequenzmodulierten) Rastern sind die sehr kleinen druckenden Elemente scheinbar zufällig angeordnet – es gibt keine Rasterfrequenz und folglich auch keine Rasterkonstante.

Um dennoch die jeweils erforderliche Messfeldgröße zu bestimmen, wird mit einer Pseudo-Rasterkonstanten gerechnet. Die Pseudo-Rasterkonstante ergibt sich, indem der Durchmesser des kleinsten Rasterelements des NP-Rasters durch einen Teiler dividiert oder mit einem Faktor multipliziert wird. Empfohlen wird der Teiler 0,12 oder alternativ der Faktor 8.

Beispiel 7-47: Durchmesser des kleinsten NP-Rasterelements 20 µm

Pseudo-Rasterkonstante in Mikrometer, Teiler 12:

$$k_{pseudo} = 20 \text{ µm} : 0{,}12 \approx 166{,}7 \text{ µm}$$

Umwandlung in Millimeter:

$$k_{pseudo} = 166{,}7 \text{ µm} : 1000 \text{ µm/mm} \approx 0{,}167 \text{ mm}$$

Pseudo-Rasterkonstante in Mikrometer, Faktor 8:

$$k_{pseudo} = 20 \text{ µm} \cdot 8 \approx 160 \text{ µm}$$

Umwandlung in Millimeter:

$$k_{pseudo} = 160 \text{ µm} : 1000 \text{ µm/mm} \approx 0{,}16 \text{ mm}$$

7.3.6 Übungsaufgaben zu Abschnitt 7.3

1. Bitte die Rastertonwerte berechnen.
   a) Positivfilm, Reflexionsfaktor 24 %
   b) Negativfilm, Reflexionsfaktor 32 %
   c) Positivfilm, Reflexionsfaktor 92 %
   d) Positivfilm, Dichte 0.76
   e) Negativfilm, Dichte 0.48
   f) Positivfilm, Dichte 0.15

2. Eine gedruckte Rasterfläche hat den Reflexionsfaktor 30 %. Im Vollton wurde der Reflexionsfaktor 4 % gemessen. Berechnen Sie bitte den Rastertonwert.

3. Wie hoch ist der Rastertonwert, wenn die Reflexionsfaktoren in Raster und Vollton 48 % und 2,5 % betragen?

4. Im Vollton wird der Reflexionsfaktor 5 % gemessen. Welche Rastertonwerte haben zwei Kontrollfelder mit den Reflexionsfaktoren 38 % und 7 %?

5. In einer gedruckten Rasterfläche wurde die Dichte 0.70 gemessen, im Vollton die Dichte 1.60. Bitte den Rastertonwert berechnen.

6. Eine gedruckte Rasterfläche hat die Dichte 0.62.
   a) Welchem Rastertonwert entspricht das bei der Volltondichte 1.20 ?
   b) Wie hoch wäre der Rastertonwert bei der Volltondichte 1.80 ?

7. Auf einem Druck mit der Volltondichte 1.43 werden in zwei Rasterfeldern die Dichten 0.28 und 0.74 gemessen. Bitte die Rastertonwerte berechnen.

8. In einer Rasterfläche wird die Dichte 0.49 gemessen, Volltondichte 1.54.
   a) Bitte den Rastertonwert berechnen.
   b) Wie hoch ist die Tonwertzunahme, wenn der Rastertonwert in den Daten 50 % beträgt?

9. Beim Druck mit der Volltondichte 1.36 wird im 40-Prozent-Kontrollfeld die Dichte 0.34 und im 80-Prozent-Kontrollfeld die Dichte 0.93 gemessen. Errechnen Sie bitte jeweils Rastertonwert und Tonwertzunahme.

10. Berechnen Sie bitte jeweils den geometrischen Rastertonwert mit dem Yule-Nielsen-Korrekturwert 2,0.
   a) Reflexionsfaktor im Rasterkontrollfeld 35%, im Vollton 5 %
   b) Dichte im Rasterkontrollfeld 0.90, im Vollton 1.50

11. Bitte die Rastertonwerte mit Yule-Nielsen-Korrekturwert 1,7 berechnen.
   a) Reflexionsfaktor im Raster 10 %, im Vollton 3 %
   b) Rasterdichte 0.56, Volltondichte 1.60
   c) Rasterdichte 0.26, Volltondichte 1.74

12. Der Durchmesser des Densitometer-Messfelds soll dem 12-Fachen der Raster-konstanten entsprechen. Bitte die Durchmesser in Millimeter angeben.
a) Rasterfrequenz 36/cm
b) Rasterfrequenz 175/inch

13. Das Densitometer-Messfeld hat 3,5 mm Durchmesser. Dem Wievielfachen der Rasterkonstanten entspricht jeweils?
a) Rasterfrequenz 48/cm
b) Rasterfrequenz 75/inch

14. Wie viele Rasterpunkte werden bei der Messung jeweils erfasst?
a) Der Messfelddurchmesser entspricht dem 12-Fachen der Rasterkonstanten.
b) Der Messfelddurchmesser entspricht dem 8-Fachen der Rasterkonstanten.

15. Dem Wievielfachen der Rasterkonstanten muss der Durchmesser des Mess-felds jeweils entsprechen, wenn 100 bzw. 150 Rasterpunkte bei der Messung erfasst werden sollen?

16. Wie viele Rasterpunkte liegen bei der Rastertonwertmessung jeweils im Mess-feld, wenn sein Durchmesser 2,5 mm beträgt?
a) Rasterfrequenz 40/cm
b) Rasterfrequenz 150/inch

17. Das Messfeld des Densitometers soll mindestens 100 Rasterpunkte erfassen. Welcher Durchmesser darf nicht unterschritten werden?
a) Rasterfrequenz 60/cm
b) Rasterfrequenz 80/inch

18. Die kleinsten Elemente eines nichtperiodischen Rasters haben 30 μm Durch-messer. Berechnen Sie bitte die Pseudo-Rasterkonstante (Teiler 0,12) und den Messfelddurchmesser als 15-Faches der Pseudo-Rasterkonstanten.

Erhöhter Schwierigkeitsgrad

19. Der Rastertonwert eines Kontrollfelds im Positivfilm soll genau 60 % betragen. Welcher integral gemessenen Dichte entspricht das?

20. Bei der Volltondichte 1.30 hat eine gerasterte Fläche auf dem Druckbogen den mit der Murray-Davies-Formel errechneten Rastertonwert 42 %. Wie hoch ist die integral gemessene Dichte der Rasterfläche?

21. Um wie viel Prozentpunkt ist der optisch wirksame Rastertonwert höher als der geometrische Rastertonwert, wenn die Rasterdichte 0.60, die Volltondichte 1.65 und der Yule-Nielsen-Korrekturwert 1,8 beträgt?

22. Ein Densitometer hat den Messfeld-Durchmesser 2,5 mm. Bei welcher Raster-frequenz (1/inch) liegen gerade noch 100 Rasterpunkte im Messfeld?

7.4 Farbmetrik

7.4.1 Einführung

In der Farbmetrik geht es um die eindeutige Kennzeichnung von Farben durch Farbmesszahlen. Das ist schon deshalb ein schwieriges Unterfangen, weil Farbe keine physikalische Größe, sondern menschliche Empfindung ist. Gegenstände reflektieren, transmittieren oder emittieren Licht mit bestimmten Wellenlängen (spektrale Reflexion, Transmission bzw. Emission). Dieses Licht reizt die Farbrezeptoren in der Netzhaut des menschlichen Augen. Deren Signale gelangen über den Sehnerv zum Gehirn und lösen dort die Farbempfindung aus.

Die Empfindung selbst kann natürlich nicht gemessen werden – messbar ist nur die spektrale Transmission, Reflexion oder Emission. Auf Basis der Messwerte wird die Farbempfindung mithilfe eines quantitativen Modells des menschlichen Farbempfindens rechnerisch nachvollzogen. Ergebnis von Messung und Berechnung sind zunächst die CIE-Normfarbwerte X, Y, Z (CIE – *Commission Internationale de l'Éclairage,* Internationale Beleuchtungskommission).

Die drei Normfarbwerte stehen gewissermaßen für die drei Farbrezeptoren des menschlichen Auges – X für den L-Rezeptor (empfindlich für lange Wellenlängen), Y für den M-Rezeptor (mittlere Wellenlängen), Z für den S-Rezeptor (kurze Wellenlängen). Der Normfarbwert Y kennzeichnet zugleich die Helligkeit der Farbe. Die übrigen Farbeigenschaften (Buntheit oder Sättigung, Buntton) sind nicht direkt ablesbar, sondern ergeben sich aus den Verhältnissen der drei Farbwerte zueinander.

In den folgenden Abschnitten geht es ausschließlich um das Rechnen mit Farbwerten, insbesondere die Umwandlung von Normfarbwerten in Normfarbwertanteile, CIELAB- und CIELUV-Farbwerte und daraus ableitbare Kenngrößen. Die Ermittlung der Normfarbwerte selbst ist, obwohl mit Berechnungen verbunden, weniger eine mathematische als vielmehr eine anspruchsvolle fachkundliche Frage, deren Erörterung den Rahmen eines Rechenbuchs sprengen würde.

7.4.2 Normfarbwerte und Normfarbwertanteile

Die Normfarbwerte $X = 0$ $Y = 0$ $Z = 0$ kennzeichnen absolutes Schwarz. Die Werte für absolutes Weiß hängen davon ab, für welche Lichtart die Normfarbwerte berechnet wurden. In Druckvorstufe, Druck und Fotografie wird die Normlichtart D50 verwendet, also Tageslicht mit der Farbtemperatur 5000 K. Diese Lichtart, und damit das absolute Weiß, hat die Farbwerte $X = 96{,}422$ $Y = 100{,}000$ $Z = 82{,}521$.

Die CIE-Normfarbwertanteile x und y geben an, wie groß die Normfarbwerte X und Y relativ zur Summe der drei Normfarbwerte sind.

F 7-55 $\quad x = \dfrac{X}{X + Y + Z}$ $\qquad$ *F 7-56* $\quad y = \dfrac{Y}{X + Y + Z}$

Beispiel 7-48: $X = 33$ $Y = 17$ $Z = 6$

$$x = \frac{33}{33 + 17 + 6} \approx 0{,}5893 \qquad\qquad y = \frac{17}{33 + 17 + 6} \approx 0{,}3036$$

Auf gleiche Weise könnte eine dritter Normfarbwertanteil z berechnet werden. Das ist aber überflüssig, weil die Summe $x + y + z$ immer gleich 1 ist. Der dritte Normfarbwertanteil würde also keine zusätzliche Information enthalten.

Normfarbwertanteile kennzeichnen keine Farben, sondern Farbarten. Farben mit gleichen Normfarbwertanteilen, also gleicher Farbart, haben gleiche Bunttöne und gleiche Sättigungen, können aber unterschiedlich hell sein. Um Farben vollständig zu kennzeichnen, wird zusätzlich der Normfarbwert Y angegeben.

Die CIE-Normfarbtafel, fach-umgangssprachlich „Schuhsohle" genannt, enthält die Menge aller Farbarten. Unbunte Farben haben die Farbart der verwendeten Lichtart, hier also D50 ($x = 0{,}3457$ $y = 0{,}3585$). Je weiter eine Farbart vom Unbunt entfernt und je näher sie damit an der äußeren Begrenzung der „Schuhsohle" liegt, desto höher ist die Sättigung.

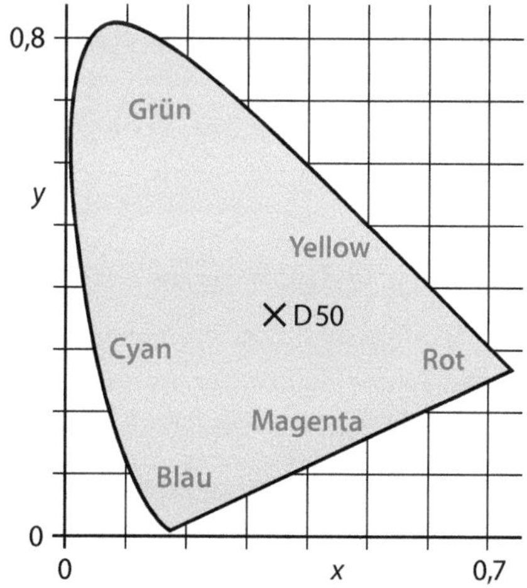

Bild 7-8
CIE-Normfarbtafel („Schuhsohle")
mit Farbart des Unbunt (D50);
die Bunttonangaben dienen nur
zur groben Orientierung.

7.4.3 CIELAB-Farbwerte

CIE-Normfarbwerte und -Farbwertanteile sind empfindungsmäßig ungleichabständig. Gleiche Farbwert- oder Farbwertanteilsdifferenzen stehen nicht für gleich stark empfundene Farbunterschiede. Auf der von 0 bis 100 reichenden Skala der Y-Farbwerte liegen zum Beispiel Farben mit empfindungsmäßig mittlerer Helligkeit bei etwa 18.

Auch das CIELAB-System ist nicht perfekt gleichabständig. Die empfindungsmäßige Ungleichabständigkeit ist aber erheblich geringer; gleiche Farbwertdifferenzen stehen hier für zumindest annähernd gleiche Farbunterschiede.

Der Farbwert L^* kennzeichnet die Helligkeit der Farbe auf einer Skala von 0 (absolutes Schwarz) bis 100 (absolutes Weiß). Die CIELAB-Farbwerte a^* und b^* können dagegen sowohl positiv als auch negativ sein. Anders als beim Helligkeitswert L^* gibt es hier keine einheitlichen Minimal- und Maximalwerte.

Der CIELAB-Farbraum wird grafisch durch ein dreidimensionales Koordinatensystem mit den Achsen a^*, b^* und L^* dargestellt. Im Ursprung der a^*-b^*-Ebene des Koordinatensystem liegen die unbunten Farben, also Weiß, Schwarz und neutrales Grau. Der Punkt mit den Farbwerten $a^* = 0$ und $b^* = 0$ heißt deshalb Unbuntpunkt. Aus demselben Grund wird die L^*-Achse auch Grau- oder Unbuntachse genannt.

Grundlage für die Berechnung der CIELAB-Farbwerte L^*, a^* und b^* sind die CIE-Normfarbwerte X, Y, Z.

F 7-57 $L^* = 116 \cdot \sqrt[3]{Y : Y_n} - 16$

F 7-58 $a^* = 500 \cdot \left(\sqrt[3]{X : X_n} - \sqrt[3]{Y : Y_n} \right)$

F 7-59 $b^* = 200 \cdot \left(\sqrt[3]{Y : Y_n} - \sqrt[3]{Z : Z_n} \right)$

X_n, Y_n und Z_n sind die Farbwerte der verwendeten Lichtart. Durch Einsetzen der Werte für die Normlichtart D50 ergibt sich:

F 7-60 $L^* = 116 \cdot \sqrt[3]{Y : 100{,}000} - 16$

F 7-61 $a^* = 500 \cdot \left(\sqrt[3]{X : 96{,}422} - \sqrt[3]{Y : 100{,}000} \right)$

F 7-62 $b^* = 200 \cdot \left(\sqrt[3]{Y : 100{,}000} - \sqrt[3]{Z : 82{,}521} \right)$

Nur der Vollständigkeit halber noch eine Besonderheit, auf die aber im Folgenden nicht weiter eingegangen werden soll: Falls der Quotient unter dem Wurzelzeichen gleich oder kleiner als 0,008 856 ist, wird die Kubikwurzel durch den entsprechenden der folgenden Ausdrücke ersetzt.

$$[7{,}787 \cdot (X : X_n) + 0{,}138] \qquad [7{,}787 \cdot (X : 96{,}422) + 0{,}138]$$
$$[7{,}787 \cdot (Y : Y_n) + 0{,}138] \qquad [7{,}787 \cdot (Y : 100{,}000) + 0{,}138]$$
$$[7{,}787 \cdot (Z : Z_n) + 0{,}138] \qquad [7{,}787 \cdot (Z : 82{,}521) + 0{,}138]$$

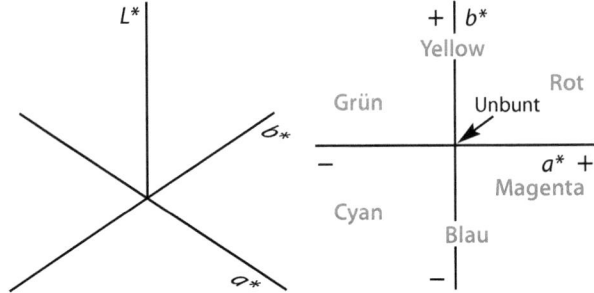

Bild 7-9 CIELAB-Koordinatensystem in dreidimensionaler Darstellung (links); a^*-b^*-Ebene des Koordinatensystems (rechts); Buntton-angaben nur zur groben Orientierung

Beispiel 7-49: $X = 33\ \ Y = 17\ \ Z = 6$

CIELAB-Farbwerte für Normlicht D50 (Formeln 7-60 bis 7-62):

$$L^* = 116 \cdot \sqrt[3]{17 : 100,000} - 16 \approx 116 \cdot 0,5540 - 16 \approx 48,3$$
$$a^* = 500 \cdot \left(\sqrt[3]{33 : 96,422} - \sqrt[3]{17 : 100,000}\right) \approx 500 \cdot (0,6995 - 0,5540) \approx 72,8$$
$$b^* = 200 \cdot \left(\sqrt[3]{17 : 100,00} - \sqrt[3]{6 : 82,521}\right) \approx 200 \cdot (0,5540 - 0,4174) \approx 27,3$$

Beispiel 7-50: $X = 9\ \ Y = 12\ \ Z = 28$

CIELAB-Farbwerte für Normlicht D50:

$$L^* = 116 \cdot \sqrt[3]{12 : 100,000} - 16 \approx 116 \cdot 0,4932 - 16 \approx 41,2$$
$$a^* = 500 \cdot \left(\sqrt[3]{9 : 96,422} - \sqrt[3]{12 : 100,000}\right) \approx 500 \cdot (0,4536 - 0,4932) = -19,8$$
$$b^* = 200 \cdot \left(\sqrt[3]{12 : 100,000} - \sqrt[3]{28 : 82,521}\right) \approx 200 \cdot (0,4932 - 0,6975) \approx -40,9$$

7.4.4 CIELAB-Buntheit und -Bunttonwinkel

Die CIELAB-Buntheit C^*_{ab} entspricht der Strecke zwischen Unbuntpunkt und Farbort in der a^*-b^*-Ebene des CIELAB-Koordinatensystems. Sie bildet die Hypotenuse eines rechtwinkligen Dreiecks mit den Katheten a^* und b^*, kann also mithilfe des Pythagorassatzes berechnet werden.

Das Symbol C^* wird auch in anderen farbmetrischen Systemen verwendet. Der Index $_{ab}$ weist darauf hin, dass es sich um die Buntheit im CIELAB-System handelt. In der Praxis wird der Index oft weggelassen. Solange ausschließlich mit dem CIELAB-System gearbeitet wird, sind ja keine Verwechslungen zu befürchten.

F 7-63 $C^*_{ab} = \sqrt{a^{*2} + b^{*2}}$

Beispiel 7-51: $a^* = 72,8\ \ b^* = 27,3$
$$C^*_{ab} = \sqrt{72,8^2 + 27,3^2} \approx 77,8$$

Beispiel 7-52: $a^* = -19,8\ \ b^* = -40,9$

Die potenzierten Werte von a^* und b^* sind in jedem Fall positiv. Negative Vorzeichen können also bei der Berechnung weggelassen werden.
$$C^*_{ab} = \sqrt{19,8^2 + 40,9^2} \approx 45,4$$

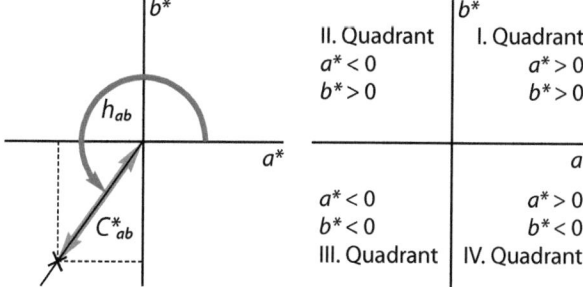

Bild 7-10
Buntheit C^*_{ab} und
Bunttonwinkel h_{ab};
Quadranten des
Koordinatensystems

	II. Quadrant	I. Quadrant
	$a^* < 0$	$a^* > 0$
	$b^* > 0$	$b^* > 0$
	$a^* < 0$	$a^* > 0$
	$b^* < 0$	$b^* < 0$
	III. Quadrant	IV. Quadrant

Der Buntton wird durch den CIELAB-Bunttonwinkel h_{ab} gekennzeichnet. Das ist der Winkel zwischen a^*-Achse und einem vom Unbuntpunkt ausgehenden Strahl, der den Farbort schneidet. Der Bunttonwinkel wird linksdrehend (gegen den Uhrzeigersinn) gemessen und in Grad angegeben.

Der Quotient $b^* : a^*$ ist Tangens des Bunttonwinkels; der Bunttonwinkel ist folglich Arkustangens des Quotienten $b^* : a^*$.

F 7-64 $h_{ab} = \arctan(b^* : a^*)$

Beispiel 7-53: $a^* = 72,8$ $b^* = 27,3$

$h_{ab} = \arctan(27,3 : 72,8) = \arctan 0,375 \approx 20,6°$

In diesem Beispiel kann der Winkel leicht mit dem Taschenrechner ermittelt werden. Etwas schwieriger wird es, wenn der Farbort im zweiten, dritten oder vierten Quadranten des Koordinatensystems liegt. Einfache technisch-wissenschaftliche Taschenrechner berechnen nicht Arkustangens (arctan), sondern nur dessen Hauptwert (Arctan). Wenn der Farbort im zweiten oder dritten Quadranten liegt, ergibt die Summe $180° + \text{Arctan}(b^* : a^*)$ den gesuchten Winkel. Liegt der Farbort im vierten Quadranten, ist die Summe $360° + \text{Arctan}(b^* : a^*)$ zu berechnen.

Ein kleines Problem tritt auf, wenn $a^* = 0$, weil der Quotient $b^* : a^*$ in diesem Fall mathematisch nicht definiert ist (Division durch Null). Ein Blick auf das Koordinatensystem zeigt, dass dies nur bei den Bunttonwinkeln $h_{ab} = 90°$ (für positive b^*-Werte) und $h_{ab} = 270°$ (für negative b^*-Werte) der Fall ist.

Ein letzter denkbarer Sonderfall tritt ein, wenn sowohl $a^* = 0$ als auch $b^* = 0$. In diesem Fall gibt es keinen Bunttonwinkel – die Farbe ist unbunt.

Beispiel 7-54: $a^* = -72,8$ $b^* = 27,3$

Der Farbort liegt im zweiten Quadranten des a^*-b^*-Koordinatensystems.

$$h_{ab} = \arctan[27,3 : (-72,8)] = 180° + \text{Arctan}[27,3 : (-72,8)]$$
$$= 180° + \text{Arctan}(-0,375) \approx 180° + (-20,6°) = 159,4°$$

Tabelle 7-2: Berechnung des Bunttonwinkels

a^*	b^*	Quadrant	Bunttonwinkel h_{ab}
positiv	positiv	I	$\arctan(b^* : a^*) = \text{Arctan}(b^* : a^*)$
negativ	positiv	II	$\arctan(b^* : a^*) = 180° + \text{Arctan}(b^* : a^*)$
negativ	negativ	III	$\arctan(b^* : a^*) = 180° + \text{Arctan}(b^* : a^*)$
positiv	negativ	IV	$\arctan(b^* : a^*) = 360° + \text{Arctan}(b^* : a^*)$
null	positiv		$90°$
null	negativ		$270°$
null	null		entfällt (unbunte Farbe)

Beispiel 7-55: $a^* = -19,8$ $b^* = -40,9$
Der Farbort liegt im dritten Quadranten des a^*-b^*-Koordinatensystems.
$$h_{ab} = \arctan[(-40,9):(-19,8)] = 180° + \text{Arctan}[(-40,9):(-19,8)]$$
$$\approx 180° + \text{Arctan}\,2,0657 \approx 180° + 64,2° = 244,2°$$
Beispiel 7-56: $a^* = 19,8$ $b^* = -40,9$
Der Farbort liegt im vierten Quadranten des a^*-b^*-Koordinatensystems.
$$h_{ab} = \arctan[(-40,9):19,8] = 180° + \text{Arctan}[(-40,9):19,8]$$
$$\approx 360° + \text{Arctan}(-2,0675) \approx 360° + (-64,2°) = 295,8°$$

Beispiel 7-57: $a^* = 0$ $b^* = 83,5$
Berechnung des Buntton-
winkels ist nicht möglich,
weil $a^* = 0$.
Da b^* positiv ist, gilt hier:
$$h_{ab} = 90°$$

Beispiel 7-58: $a^* = 0$ $b^* = -64,9$
Da $a^* = 0$ und b^* negativ ist,
gilt hier:
$$h_{ab} = 270°$$

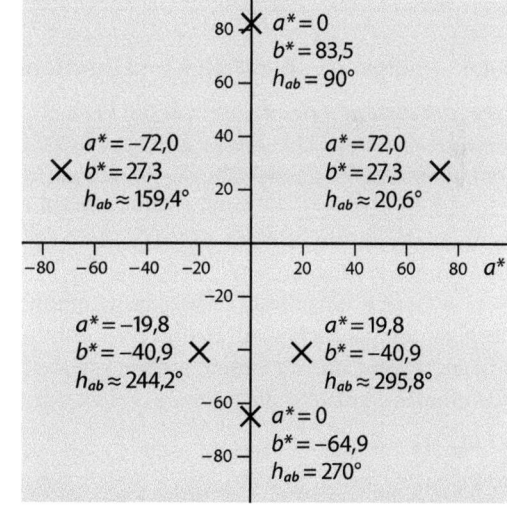

Bild 7-11
a^*-b^*-Koordinaten
und Bunttonwinkel
zu Beispiel 7-53 bis 7-58

7.4.5 CIELAB-Farbabstand

Der CIELAB-Farbabstand ΔE^*_{ab} (*Delta E*) quantifiziert den Farbunterschied zwischen Probe (Ist-Farbe) und Bezugsfarbe (Bezug, Soll-Farbe).

F 7-65 $\Delta E^*_{ab} = \sqrt{\Delta L^{*2} + \Delta a^{*2} + \Delta b^{*2}}$ $\Delta L^* = L^*_{\text{Probe}} - L^*_{\text{Bezug}}$
$$\Delta a^* = a^*_{\text{Probe}} - a^*_{\text{Bezug}}$$
$$\Delta b^* = b^*_{\text{Probe}} - b^*_{\text{Bezug}}$$

Beispiel 7-59: Probe: $L^* = 65,2$ $a^* = -42,4$ $b^* = 64,7$
  Bezug: $L^* = 67,0$ $a^* = -43,0$ $b^* = 68,0$
Zuerst werden die Differenzen ΔL^*, Δa^* und Δb^* berechnet (Probe minus Bezug).
$$\Delta L^* = 65,2 - 67,0 = -1,8$$
$$\Delta a^* = (-42,4) - (-43,0) = 0,6$$
$$\Delta b^* = 64,7 - 68,0 = -3,3$$

Jetzt wird in die CIELAB-Farbabstandsformel eingesetzt. Negative Vorzeichen können weggelassen werden, da die potenzierten Werte ja immer positiv sind.

$$\Delta E^*_{ab} = \sqrt{1{,}8^2 + 0{,}6^2 + 3{,}3^2} = \sqrt{14{,}49} \approx 3{,}8066 \approx 3{,}8$$

Bleibt nur zu klären, was ein der CIELAB-Farbabstand von rund 3,8 bedeutet, wie stark sich also die Probe visuell von der Bezugsfarbe unterscheidet. Tabelle 7-3 liefert eine kleine Interpretationshilfe.

Tabelle 7-3: Bewertung des CIELAB-Farbabstands

CIELAB-Farbabstand	bis 1,0	1,0 bis 3,0	3,0 bis 6,0	mehr als 6,0
Bewertung	sehr gering	gering	mittel	groß

7.4.6 Helligkeits-, Buntheits- und Bunttondifferenz

Der Farbabstand zeigt an, ob sich die Probe stärker oder weniger stark von der Bezugsfarbe unterscheidet. Er gibt aber keine Auskunft darüber, inwieweit der Farbunterschied auf unterschiedliche Helligkeiten, Buntheiten oder Bunttöne zurückzuführen ist. Um diese Informationen zu erhalten, werden Helligkeits-, Buntheits- und Bunttondifferenz ΔL^*, ΔC^*_{ab} und ΔH^*_{ab} (auch Helligkeits-, Buntheits- und Bunttonbeitrag genannt) berechnet.

Bei der Berechnung dieser Differenzen kommt es, anders als beim Farbabstand, auch auf die Vorzeichen an. Helligkeits-, Buntheits- und Bunttondifferenz quantifizieren nicht nur die absoluten Stärken der Unterschiede, sondern auch die Richtungen. Zunächst die Formeln; Erläuterungen folgen anhand des Beispiels.

F7-66 $\quad \Delta L^* = L^*_{\text{Probe}} - L^*_{\text{Bezug}}$

F7-67 $\quad \Delta C^*_{ab} = C^*_{ab\,\text{Probe}} - C^*_{ab\,\text{Bezug}}$

F7-68 $\quad \Delta H^*_{ab} = \pm\sqrt{\Delta E^{*2}_{ab} - \Delta L^{*2} - \Delta C^{*2}_{ab}}$

F7-69 $\quad \Delta H^*_{ab} = \pm\sqrt{\Delta a^{*2} + \Delta b^{*2} - \Delta C^{*2}_{ab}}$

F7-70 $\quad \Delta H^*_{ab} > 0 \quad$ wenn $\Delta h_{ab} = h_{ab\,\text{Probe}} - h_{ab\,\text{Bezug}} > 0$
$\qquad\quad\; \Delta H^*_{ab} < 0 \quad$ wenn $\Delta h_{ab} = h_{ab\,\text{Probe}} - h_{ab\,\text{Bezug}} < 0$

Beispiel 7-60: Probe: $\quad L^* = 65{,}2 \quad a^* = -42{,}4 \quad b^* = 64{,}7$
$\qquad\qquad\qquad$ Bezug: $\quad L^* = 67{,}0 \quad a^* = -43{,}0 \quad b^* = 68{,}0 \quad$ (wie in Beispiel 7-59)

Helligkeitsdifferenz (Formel 7-66):
$$\Delta L^* = 65{,}2 - 67{,}0 = -1{,}8$$

Buntheitsdifferenz: Die Buntheiten von Probe und Bezug werden berechnet (Formel 7-63, Beispiele 7-51, 7-52) und voneinander subtrahiert (Formel 7-67).

$$C^*_{ab\,\text{Probe}} = \sqrt{42{,}4^2 + 64{,}7^2} \approx 77{,}3553$$
$$C^*_{ab\,\text{Bezug}} = \sqrt{43{,}0^2 + 68{,}0^2} \approx 80{,}4550$$
$$\Delta C^*_{ab} = C^*_{ab\,\text{Probe}} - C^*_{ab\,\text{Bezug}} = 77{,}3553 - 80{,}4550 = -3{,}0997 \approx -3{,}1$$

Die Bunttondifferenz kann gewissermaßen als Restgröße berechnet werden: Bunttondifferenz ist der Anteil des Farbabstands, der nicht auf Helligkeits- und Buntheitsunterschied zurückzuführen ist. Die bereits berechneten Werte von ΔE^*_{ab}, ΔL^* und ΔC^*_{ab} werden in Formel 7-68 eingesetzt.

$$\Delta E^*_{ab} = 3,8066 \quad \text{(vgl. Beispiel 7-59)} \qquad \Delta L^* = -1,8 \qquad \Delta C^*_{ab} = -3,0997$$

$$\Delta H^*_{ab} = \pm\sqrt{3,8066^2 - 1,8^2 - 3,0997^2} \approx \pm 1,3$$

Zur Ermittlung des Vorzeichens werden die Bunttonwinkel von Probe und Bezug berechnet (Formel 7-64, Beispiele 7-53 bis 7-56) und subtrahiert (Formel 7-70).

$$h_{ab\,\text{Probe}} = \arctan[64,7 : (-42,4)] \approx 180° + \text{Arctan}(-1,5259) \approx 123,2°$$

$$h_{ab\,\text{Bezug}} = \arctan[68,0 : (-43,0)] \approx 180° + \text{Arctan}(-1,5814) \approx 122,3°$$

$$\Delta h_{ab} = h_{ab\,\text{Probe}} - h_{ab\,\text{Bezug}} = 123,2° - 122,3° = 0,9° > 0$$

Das Ergebnis ist größer als Null, die Bunttondifferenz ist also positiv.

$$\Delta H^*_{ab} \approx +1,3$$

Alternativer Rechenweg: Die Farbwertdifferenzen Δa^* und Δb^* und die Buntheitsdifferenz ΔC^*_{ab} werden in Formel 7-69 eingesetzt. Auch hier wird ΔH^*_{ab} als Restgröße berechnet: Bunttondifferenz ist der Teil des Abstands in der a^*-b^*-Ebene des Koordinatensystems, der nicht vom Buntheitsunterschied verursacht ist.

$$\Delta a^* = (-42,4) - (-43,0) = 0,6 \qquad \Delta b^* = 64,7 - 68,0 = -3,3 \qquad \Delta C^*_{ab} = -3,0997$$

$$\Delta H^*_{ab} = \pm\sqrt{0,6^2 + 3,3^2 - 3,0997^2} \approx \pm 1,3$$

Vorzeichen wie oben berechnet, ΔH^*_{ab} ist positiv:

$$\Delta H^*_{ab} \approx +1,3$$

Zur Interpretation von Helligkeits-, Buntheits- und Bunttondifferenz:

▷ Bei positivem ΔL^* ist die Probe heller als die Bezugsfarbe, bei negativem ΔL^* ist sie dunkler.

▷ Bei positivem ΔC^*_{ab} ist die Probe bunter als die Bezugsfarbe, bei negativem ΔC^*_{ab} ist sie weniger bunt.

▷ Wie sich der Buntton der Probe vom Buntton der Bezugsfarbe unterscheidet, hängt nicht allein vom Vorzeichen von ΔH^*_{ab} ab, sondern auch von den Farbwerten von Probe und Bezugsfarbe und damit von der Lage im a^*-b^*-Koordinatensystem. Tabelle 7-4 liefert die Interpretationshilfe dazu.

Die Probe in Beispiel 7-60 ist also dunkler ($\Delta L^* = -1,8$), weniger bunt ($\Delta C^*_{ab} \approx -3,1$) und grünlicher ($\Delta H^*_{ab} \approx +1,3$; II. Quadrant) als die Bezugsfarbe.

Tabelle 7-4: Interpretation der Bunttondifferenz ΔH^*_{ab}

ΔH^*_{ab}	I. Quadrant $a^* > 0$ $b^* > 0$	II. Quadrant $a^* < 0$ $b^* > 0$	III. Quadrant $a^* < 0$ $b^* < 0$	IV. Quadrant $a^* > 0$ $b^* < 0$
positiv	gelblicher	grünlicher	bläulicher	rötlicher
negativ	rötlicher	gelblicher	grünlicher	bläulicher

7.4.7 Chromaticness-Differenz

Bei Farben mit sehr geringen Buntheiten sind Buntheits- und Bunttondifferenzen wenig aussagekräftig. Deshalb wird bei nahezu unbunten Farben – zum Beispiel grauen Sonderfarben – und bei der Überprüfung der Graubalance im vierfarbigen Druck mit der Chromaticness-Differenz gearbeitet.

Chromaticness-Differenz, Symbol ΔC_h, ist der Abstand in der a^*-b^*-Ebene des CIELAB-Koordinatensystems, entspricht also dem Farbabstand ohne Berücksichtigung der Helligkeitsdifferenz. Im Gegensatz zu Buntheits- und Bunttondifferenz quantifiziert ΔC_h nur den absoluten Betrag, nicht aber die Richtung des Abstands zwischen Probe und Bezug. ΔC_h wird deshalb ohne Vorzeichen angegeben.

F 7-71 $\quad \Delta C_h = \sqrt{\Delta a^{*2} + \Delta b^{*2}}$

Beispiel 7-61: Probe: $\quad L^* = 49{,}8 \quad a^* = 1{,}5 \quad b^* = -0{,}7$
Bezug: $\quad L^* = 51{,}0 \quad a^* = 0{,}5 \quad b^* = 0{,}0$

Zuerst werden die Differenzen Δa^* und Δb^* berechnet (Probe minus Bezug).

$\Delta a^* = 1{,}5 - 0{,}5 = 1{,}0$

$\Delta b^* = (-0{,}7) - 0{,}0 = -0{,}7$

Jetzt wird in die Formel eingesetzt, negative Vorzeichen können entfallen.

$\Delta C_h = \sqrt{1{,}0^2 + 0{,}7^2} = \sqrt{1{,}49} \approx 1{,}2$

7.4.8 Farbabstand CIEDE 2000

Das CIELAB-System ist empfindungsmäßig nicht exakt gleichabständig. Gleiche CIELAB-Farbabstandswerte stehen nicht für genau gleich stark empfundene Farbunterschiede. Bei Farben mit hohen Buntheiten werden die Unterschiede relativ überbewertet, während sie bei Farben mit geringen Buntheiten unterbewertet werden. Zwei sehr bunte Farben mit einem CIELAB-Farbabstand von $\Delta E^*_{ab} = 1{,}0$ sind visuell kaum oder gar nicht voneinander zu unterscheiden. Bei zwei nahezu unbunten Farben mit demselben Farbabstand ist aber bereits ein recht deutlicher Farbunterschied zu sehen. Hinzu kommt eine generelle Überbewertung von Buntheitsunterschieden sowie eine Verzerrung im Bereich der blauen Farben. Die CIEDE2000-Farbabstandsformel korrigiert diese Mängel durch eine Reihe von Korrekturwerten.

$$\Delta E_{00} = \sqrt{\left(\frac{\Delta L'}{k_L S_L}\right)^2 + \left(\frac{\Delta C'}{k_C S_C}\right)^2 + \left(\frac{\Delta H'}{k_H S_H}\right)^2 + R_T \cdot \frac{\Delta C'}{k_C S_C} \cdot \frac{\Delta H'}{k_H S_H}}$$

Die Berechnung ist noch um einiges komplizierter, als es die Formel auf den ersten Blick vermuten lässt. Hinzu kommt eine Reihe weiterer, hier nicht abgedruckter Formeln, mit denen die einzelnen Größen vor dem Einsetzen in die ΔE_{00}-Formel berechnet werden. Mit Taschenrechner, Stift und Papier ist die Berechnung von ΔE_{00} sehr zeitaufwendig und mit hohem Fehlerrisiko behaftet – in der Praxis wird sie mittels Software erledigt.

Die Farbabstandsformel CIEDE2000 war bei Redaktionsschluss dieses Buchs in der Praxis der Druck- und Medienindustrie noch nicht sehr weit verbreitet. Das kann sich aber in absehbarer Zeit ändern. Die Normen ISO 12647-6 (Flexodruck) und ISO 12647-7 (Digitalprüfdruck) bestimmen Abweichungstoleranzen bereits durch ΔE_{00}-Werte. In anderen Normen, zum Beispiel ISO 12647-2 (Offsetdruck) sind sie ergänzend zu den herkömmlichen ΔE^*_{ab}-Werten angegeben. Formeln und Erläuterungen zur Berechnung des Farbabstands CIEDE2000 finden Sie auf meiner Webseite *www.mathemedien.de/mathemedien*.

7.4.9 CIELUV

Das CIELUV-System wird in diesem Abschnitt nur kurz vorgestellt, da es in der Produktionspraxis erheblich geringere Bedeutung hat als das CIELAB-System.
Im CIELUV-System gibt es sowohl Farbwertanteile als auch Farbwerte. Die CIELUV-Farbwertanteile u' und v' werden wie die CIE-Normfarbwertanteile x und y berechnet; die Formeln enthalten jedoch Korrekturfaktoren, mit deren Hilfe die empfindungsmäßige Ungleichabständigkeit verringert werden soll.

$$F\,7\text{-}72 \qquad u' = \frac{4 \cdot X}{X + 15 \cdot Y + 3 \cdot Z} \qquad\qquad F\,7\text{-}73 \qquad v' = \frac{9 \cdot Y}{X + 15 \cdot Y + 3 \cdot Z}$$

Der Helligkeitswert L^* des CIELUV-Systems ist identisch mit dem Helligkeitswert des CIELAB-Systems (Abschnitt 7.4.3, Formeln 7-57 und 7-60). Die CIELUV-Farbwerte u^* und v^* werden mit diesen Formeln berechnet:

$$F\,7\text{-}74 \qquad u^* = 13 \cdot L^* \cdot (u' - u'_n) \qquad\qquad F\,7\text{-}75 \qquad v^* = 13 \cdot L^* \cdot (v' - v'_n)$$

u'_n und v'_n sind die Farbwertanteile der verwendeten Lichtart. Durch Einsetzen der Farbwertanteile der Normlichtart D50 ergibt sich:

$$F\,7\text{-}76 \qquad u^* = 13 \cdot L^* \cdot (u' - 0{,}2092) \qquad\qquad F\,7\text{-}77 \qquad v^* = 13 \cdot L^* \cdot (v' - 0{,}4881)$$

Beispiel 7-61: $X = 33 \quad Y = 17 \quad Z = 6$
CIELUV-Farbwertanteile (Formeln 7-72 und 7-73):

$$u' = \frac{4 \cdot 33}{33 + 15 \cdot 17 + 3 \cdot 6} \approx 0{,}4314$$

$$v' = \frac{9 \cdot 17}{33 + 15 \cdot 17 + 3 \cdot 6} = 0{,}5000$$

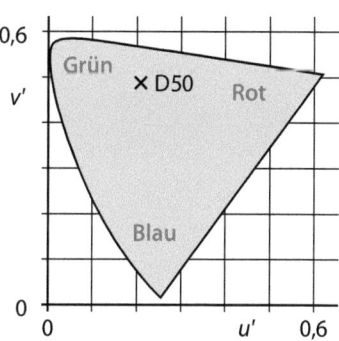

Bild 7-12
CIELUV-Farbtafel mit Farbart des Unbunt (D50); die Bunttonangaben dienen nur zur groben Orientierung.

Zur Berechnung der CIELUV-Farbwerte u^* und v^* ist der Helligkeitswert L^* erforderlich (Abschnitt 7.4.3, Formel 7-60).

$$L^* = 116 \cdot \sqrt[3]{17 : 100{,}00} - 16 \approx 116 \cdot 0{,}5540 - 16 \approx 48{,}26$$

CIELUV-Farbwerte für Normlicht D50 (Formeln 7-76 und 7-77):

$$u^* = 13 \cdot 48{,}26 \cdot (0{,}4314 - 0{,}2092) \approx 139{,}4$$
$$v^* = 13 \cdot 48{,}26 \cdot (0{,}500 - 0{,}4881) \approx 7{,}5$$

Buntheit C^*_{uv}, Bunttonwinkel h_{uv} und Farbabstand ΔE^*_{uv} werden wie im CIELAB-System berechnet (Abschnitt 7.4.4, Formeln 7-63 und 7-64, Abschnitt 7.4.5, Formel 7-65), wobei u^* und v^* an die Stellen von a^* und b^* treten. Zusätzlich kann im CIELUV-System ein Wert für die – im CIELAB-System gar nicht definierte – Sättigung s_{uv} der Farbe berechnet werden.

F 7-78 $s_{uv} = C^*_{uv} : L^*$

Beispiel 7-63: $L^* = 48{,}3$ $u^* = 139{,}4$ $v^* = 7{,}5$
Zur Berechnung der Sättigung wird die CIELUV-Buntheit benötigt.

$$C^*_{uv} = \sqrt{139{,}4^2 + 7{,}5^2} \approx 139{,}6$$

CIELUV-Sättigung (Formel 7-78):

$$s_{uv} = 139{,}6 : 48{,}3 \approx 2{,}89$$

7.4.10 Übungsaufgaben zu Abschnitt 7.4

1. Bitte jeweils die CIE-Normfarbwertanteile x und y berechnen.
   a) $X = 15$ $Y = 28$ $Z = 7$ b) $X = 12$ $Y = 10$ $Z = 34$

2. Berechnen Sie bitte jeweils die CIELAB-Farbwerte für Normlichtart D50.
   a) $X = 21$ $Y = 15$ $Z = 4$ c) $X = 10$ $Y = 18$ $Z = 32$
   b) $X = 34$ $Y = 43$ $Z = 5$ d) $X = 12$ $Y = 8$ $Z = 17$

3. Bitte jeweils Buntheit C^*_{ab} und Bunttonwinkel h_{ab} angeben (Berechnung nicht erforderlich; kurzes Nachdenken sollte die Lösungen bringen).
   a) $a^* = 0$ $b^* = 82{,}5$ c) $a^* = 0$ $b^* = -24{,}7$
   b) $a^* = 43{,}6$ $b^* = 0$ d) $a^* = -62{,}8$ $b^* = 0$

4. Berechnen Sie bitte jeweils Buntheit C^*_{ab} und Bunttonwinkel h_{ab}.
   a) $a^* = 25$ $b^* = 80$ c) $a^* = -30$ $b^* = -20$
   b) $a^* = -40$ $b^* = 32$ d) $a^* = 60$ $b^* = -12$

5. Wie groß ist der CIELAB-Farbabstand?
   Probe: $L^* = 64$ $a^* = 41$ $b^* = 3$
   Bezug: $L^* = 62$ $a^* = 40$ $b^* = 5$

6. Ein blaues Farbmuster hat die Farbwerte 28,5/−5,3/−51,0 ($L^*/a^*/b^*$). Die danach gemischte Druckfarbe hat im Probedruck die Farbwerte 26,0/−5,0/−47,2. Wie groß ist der CIELAB-Farbabstand?

7. Bitte jeweils den CIELAB-Farbabstand berechnen:
a) Probe: 89,0/0/95,4   b) Probe: 47,3/46,5/−33,9
   Bezug: 92,0/−6,5/98,0   Bezug: 45,5/48,5/−31,5

8. Errechnen Sie bitte CIELAB-Farbabstand sowie Helligkeits-, Buntheits- und Bunttondifferenz.
Probe: $L^* = 52,0$ $a^* = 62,0$ $b^* = 49,5$
Bezug: $L^* = 55,0$ $a^* = 58,5$ $b^* = 45,0$

9. Die farbmetrische Auswertung des Musters einer grünen Sonderfarbe ergibt die Farbwerte 46,0/−66,3/11,0 ($L^*/a^*/b^*$). Auf einem Auflagenbogen werden die Farbwerte 43,2/−67,0/8,0 gemessen. Wie groß sind CIELAB-Farbabstand, Helligkeitsdifferenz, Buntheitsdifferenz und Bunttondifferenz?

10. Berechnen Sie bitte jeweils den CIELAB-Farbabstand sowie Helligkeits-, Buntheits- und Bunttondifferenz.
a) Probe: 33,9/46,0/−55,1   b) Probe: 48,7/−34,5/−52,8
   Bezug: 35,0/48,0/−54,0   Bezug: 47,0/−33,0/−56,0

11. Bitte jeweils ΔC_h (Chromaticness-Differenz) berechnen.
a) Probe: 34,2/0,3/−1,3   b) Probe: 71,3/0,9/−0,3
   Bezug: 35,0/−1,5/−0,5   Bezug: 72,5/2,0/0,5

12. Eine graue Sonderfarbe hat die Soll-Farbwerte 54,0/0,0/−1,0 ($L^*/a^*/b^*$). Die Messung auf einem Prüfdruck ergibt die Farbwerte 51,7/0,9/0,3. Berechnen Sie bitte Farbabstand ΔE^*_{ab} und Chromaticness-Differenz ΔC_h.

13. Bitte jeweils die CIELUV-Farbwertanteile u' und v' sowie die CIELUV-Farbwerte u^* und v^* (Normlicht D50) berechnen.
a) $X = 15$ $Y = 28$ $Z = 7$ b) $X = 12$ $Y = 10$ $Z = 34$

14. Bitte jeweils CIELUV-Buntheit und -Sättigung berechnen:
a) $L^* = 54,0$ $u^* = −80,0$ $v^* = 29,0$
b) $L^* = 44,5$ $u^* = −24,8$ $v^* = 29,6$

Erhöhter Schwierigkeitsgrad

15. Zwei Farben haben die Helligkeitsdifferenz $\Delta L^* = −2,5$, die Buntheitsdifferenz $\Delta C^*_{ab} = 2,8$ und die Bunttondifferenz $\Delta H^*_{ab} = −1,9$. Bitte ΔE^*_{ab} berechnen.

16. Welche Buntheit C^*_{uv} hat eine Farbe mit der Helligkeit $L^* = 36,0$ und der Sättigung $s_{uv} = 2,35$?

17. Eine Farbe mit der Buntheit $C^*_{ab} = 67$ hat den Bunttonwinkel $h_{ab} = 24°$. Bitte die CIELAB-Farbwerte a^* und b^* berechnen.

7.5 Standardisierung des Offsetdrucks

7.5.1 Soll-Werte und Toleranzen

Arbeitsregeln und Kenngrößen (Parameter) für den Offsetdruck sind in der internationalen Norm ISO 12647-2 sowie in ProzessStandard Offsetdruck und MedienStandard Druck (herausgegeben vom Bundesverband Druck und Medien) zu finden. Zentrale Prozessparameter sind Tonwertzunahme und Volltonfärbung. Tabelle 7-5 zeigt Soll-Werte, Abweichungs- und Schwankungstoleranzen nach ISO 12647-2. Die Werte in der Tabelle gelten für den Druck auf hochwertigen Bilderdruckpapieren (Print Substrate 1, Premium Coated) und Rasterfrequenzen von 60/cm bis 80/cm.

Bei Abweichungstoleranzen geht es um zulässige Abweichungen des OK-Bogens (Abstimmbogens) von den Soll-Werten der Norm.

Beispiel 7-64: Auf dem OK-Bogen werden in den 50-Prozent-Kontrollfeldern des Druckkontrollstreifens folgende Tonwerte gemessen:
Schwarz 19%, Cyan 15%, Magenta 18%, Yellow 17%
Soll-Wert der Norm für alle vier Farben 16%, Abweichungstoleranz ±4%
Die Abweichungen von den Soll-Werten betragen:
     Schwarz: 19% − 16% = +3%   Magenta: 18% − 16% = +2%
     Cyan: 15% − 16% = −1%   Yellow: 17% − 16% = +1%
Alle Abweichungen liegen also innerhalb der Abweichungstoleranz von ±4%.

Bei der Schwankungstoleranz geht es dagegen um die statistische Standardabweichung der Fortdruckbogen gegenüber dem OK-Bogen. Die Standardabweichung ist keine absolute Obergrenze, sondern ein statistisches Streuungsmaß. Die Einhaltung einer bestimmten Schwankungstoleranz bedeutet, dass rund 68% der Fortdruckbogen innerhalb dieser Toleranz liegen; rund 95% liegen innerhalb der doppelten und nahezu 100% innerhalb der dreifachen Toleranz.

Tabelle 7-5: Soll-Werte und Toleranzen im Offsetdruck[1])

	Tonwertzunahme bei 50%[2])			Volltöne[3])		
	Soll	Abweichungs-toleranz	Schwankungs-toleranz	Soll $L^*/a^*/b^*$	Abweichungs-toleranz ΔE^*	Schwankungs-toleranz ΔE^*
Schwarz	16%	±4%	4%	16/0/0	5	4
Cyan	16%	±4%	4%	55/−35/−51	5	4
Magenta	16%	±4%	4%	47/73/−4	5	4
Yellow	16%	±4%	4%	87/−4/91	5	5

[1]) Nach ISO 12647-2:2013 für Print Substrate 1 (Premium Coated)
[2]) Rasterfrequenz 60/cm bis 80/cm (Tonwertzunahmekurve A)
[3]) Messung auf schwarzer Unterlage

7.5.2 Ermittlung der Standardabweichung

Zur genauen Ermittlung der Standardabweichung σ *(sigma)* müssen Messwerte für alle Druckbogen der Auflage vorliegen. Da das in den meisten Fällen nicht praktikabel ist, wird stattdessen mit der anhand einer Stichprobe geschätzten Standardabweichung *s* gearbeitet.

Beispiel 7-65: Tonwertzunahme auf dem OK-Bogen 15 %. Die Auswertung einer Stichprobe von zehn Auflagenbogen ergibt folgende Tonwertzunahmen:

Bogen	1	2	3	4	5	6	7	8	9	10
Tonwertzunahme	14 %	17 %	16 %	14 %	12 %	13 %	15 %	19 %	15 %	13 %

Um die Standardabweichung zu ermitteln, werden zuerst die einzelnen Differenzen zum OK-Bogen quadriert.

Bogen 1 $(14 - 15)^2 = 1$
Bogen 2 $(17 - 15)^2 = 4$
Bogen 3 $(16 - 15)^2 = 1$
Bogen 4 $(14 - 15)^2 = 1$
Bogen 5 $(12 - 15)^2 = 9$
Bogen 6 $(13 - 15)^2 = 4$
Bogen 7 $(15 - 15)^2 = 0$
Bogen 8 $(19 - 15)^2 = 16$
Bogen 9 $(15 - 15)^2 = 0$
Bogen 10 $(13 - 15)^2 = 4$

Dann wird das arithmetische Mittel der quadrierten Differenzen errechnet. Das ist die Summe der einzelnen Werte, geteilt durch ihre Anzahl, hier also durch 10.

$$(1 + 4 + 1 + 1 + 9 + 4 + 0 + 16 + 0 + 4) : 10 = 40 : 10 = 4$$

Zum Schluss wird die Quadratwurzel gezogen.

$$\sqrt{4} = 2$$

Die nach Stichprobe geschätzte Standardabweichung der Tonwertzunahme beträgt also 2 %.

Die Formel zur Berechnung der Standardabweichung sieht so aus:

F 7-79 $\quad s = \sqrt{(d_1^2 + d_2^2 + d_3^2 + \ldots + d_n^2) : n}$

s geschätzte Standardabweichung $\quad n$ Anzahl der Messwerte
d Differenz Messwert minus Sollwert oder Farbabstand

Beispiel 7-66: Die Auswertung einer Stichprobe von zehn Fortdruckbogen ergibt für den Cyan-Vollton diese CIELAB-Farbabstände gegenüber dem OK-Bogen:

0,9 2,4 2,0 1,6 1,8 1,5 1,4 2,7 2,2 1,8

Einsetzen der Farbabstände in Formel ergibt:

$$s = \sqrt{(0{,}9^2 + 2{,}4^2 + 2{,}0^2 + 1{,}6^2 + 1{,}8^2 + 1{,}5^2 + 1{,}4^2 + 2{,}7^2 + 2{,}2^2 + 1{,}8^2) : 10} \approx 1{,}9$$

Die mittels Stichprobe geschätzte Standardabweichung des Cyan-Volltons entspricht also $\Delta E^* \approx 1{,}9$.

7.5.3 Stichprobengröße und Aussagesicherheit

Bei der Schätzung der Standardabweichung mittels Stichprobe stellt sich natürlich die Frage, ob die Stichprobe überhaupt repräsentativ für die gesamte Auflage ist. Um mit einer bestimmten Aussagesicherheit (Wahrscheinlichkeit) festzustellen, dass die Auflage innerhalb der vorgegebenen Schwankungstoleranz liegt, müssen zwei Bedingungen erfüllt sein:

▷ Die Stichprobe muss nach dem Zufallsprinzip aus der gesamten Auflage gezogen werden – es dürfen also nicht einfach Bogen oben vom Stapel abgenommen werden.

▷ Die Stichprobe muss ausreichend groß sein. Wie viele Bogen das sind, hängt von Schwankungstoleranz, geschätzter Standardabweichung und gewünschter Aussagesicherheit ab.

Da eine umfassende Darstellung der Stichprobentheorie den Rahmen dieses Buchs sprengen würde, wird hier ein vereinfachtes Verfahren vorgestellt, mit dem sich überprüfen lässt, ob die Aussagesicherheit mindestens 95 % bzw. 99 % beträgt, die tatsächliche Standardabweichung also mit mindestens 95- bzw. 99-prozentiger Wahrscheinlichkeit innerhalb der Schwankungstoleranz liegt.

Beispiel 7-67: Die Auswertung einer Stichprobe von 15 Bogen ergibt bei der Tonwertzunahme die geschätzte Standardabweichung 2,5 %. Die Schwankungstoleranz beträgt 4 %.

Zuerst wird der Hilfswert P ausgerechnet. Das ist das Quadrat des Quotienten aus geschätzter Standardabweichung (2,5 %) und Schwankungstoleranz (4 %).

$$P = (2,5\ \% : 4\ \%)^2 \approx 0,39$$

In der unten stehenden Tabelle 7-6 wird abgelesen, dass der berechnete Wert von P bei der Stichprobengröße 15 kleiner als 0,47 sein muss, wenn die Aussagesicherheit mindestens 95 % betragen soll. Er muss kleiner als 0,33 sein, wenn die Aussagesicherheit mindestens 99 % betragen soll.

Die tatsächliche Standardabweichung liegt also mit mehr als 95-prozentiger Sicherheit innerhalb Schwankungstoleranz von 4 % ($P \approx 0,39 < 0,47$), jedoch mit weniger als 99-prozentiger Sicherheit ($P \approx 0,39 > 0,33$).

Tabelle 7-6: Stichprobengröße und Aussagesicherheit

Stichprobengröße		5	10	15	20	25	30
Aussagesicherheit 95 %	$P <$	0,18	0,37	0,47	0,53	0,58	0,61
Aussagesicherheit 99 %	$P <$	0,07	0,23	0,33	0,40	0,45	0,49

Formel zur Berechnung des Hilfswerts P:

F 7-80 $P = (s : \sigma_0)^2$ s geschätzte Standardabweichung
             σ_0 *(sigma null)* Schwankungstoleranz

Beispiel 7-68: Stichprobe 20 Bogen, geschätzte Standardabweichung des Magenta-Volltons $\Delta E^* = 1{,}40$, Schwankungstoleranz $\Delta E^* = 4{,}0$

Hilfswert P:

$$P = (1{,}40 : 4{,}0)^2 \approx 0{,}12$$

Die tatsächliche Standardabweichung liegt mit 99-prozentiger Sicherheit innerhalb der Schwankungstoleranz ($P \approx 0{,}12 < 0{,}40$).

7.5.4 Übungsaufgaben zu Abschnitt 7.5

1. Tonwertzunahme im OK-Bogen 18 %. Eine Stichprobe von zehn Bogen ergab diese Zunahmewerte:
   16 % 18 % 19 % 21 % 19 % 16 % 18 % 17 % 20 % 19 %
   Bitte die geschätzte Standardabweichung berechnen.

2. Wie hoch ist die geschätzte Standardabweichung der Tonwertzunahme, wenn im 50-Prozent-Kontrollfeld des Abstimmbogens der Tonwert 66 % gemessen wurde und eine Stichprobe von 14 Fortdruckbogen folgende Tonwerte ergibt?
   67 % 68 % 66 % 64 % 64 % 65 % 67 % 69 % 68 % 64 % 65 % 67 % 69 % 69 %

3. Wie hoch ist die geschätzte Standardabweichung, wenn die Auswertung der Stichprobe folgende CIELAB-Farbabstände gegenüber dem OK-Bogen ergibt?
   1,8 1,2 3,3 2,4 1,5 2,9 2,3 1,9 1,5 2,0 1,8 2,2

4. Prüfen Sie bitte jeweils mithilfe von Tabelle 7-6, ob mit 95-prozentiger und ob mit 99-prozentiger Sicherheit festgestellt werden kann, dass die tatsächliche Standardabweichung der Tonwertzunahme innerhalb der Schwankungstoleranz von 4 % liegt.
   a) Stichprobengröße 15 Bogen, geschätzte Standardabweichung $s = 1{,}8 \%$
   b) Stichprobe 25 Bogen, geschätzte Standardabweichung $s = 3{,}2 \%$

5. Die Auswertung einer Stichprobe von 15 Bogen ergibt für den Cyan-Vollton die geschätzte Standardabweichung 2,70.
   a) Liegt die tatsächliche Standardabweichung mit mindestens 95-prozentiger Sicherheit innerhalb der Schwankungstoleranz $\Delta E^* = 4{,}0$?
   b) Liegt die tatsächliche Standardabweichung auch mit mindestens 99-prozentiger Sicherheit innerhalb der Schwankungstoleranz?

6. a) Wie hoch ist die geschätzte Standardabweichung, wenn die Tonwertzunahme auf dem Abstimmbogen 16 % beträgt und die Messungen auf zehn Stichprobenbogen folgende Werte ergeben?
   16 % 18 % 17 % 14 % 15 % 16 % 19 % 18 % 14 % 17 %
   b) Prüfen Sie bitte, ob die Stichprobe ausreichend groß ist, um mit 99-prozentiger Sicherheit annehmen zu können, dass die tatsächliche Standardabweichung innerhalb der Schwankungstoleranz 4 % liegt.

7. Die Auswertung einer Stichprobe von 20 Bogen ergibt im Yellow-Vollton folgende Farbabstände gegenüber dem Abstimmbogen:
0,9 1,2 1,8 3,5 1,9 1,2 2,8 2,3 1,4 2,0 1,7 0,8 1,5 2,2 3,0 1,5 0,4 1,4 2,3 2,0
a) Bitte die geschätzte Standardabweichung berechnen.
b) Kann mit 99-prozentiger Sicherheit angenommen werden, dass die tatsächliche Standardabweichung innerhalb der Schwankungstoleranz $\Delta E^* = 5,0$ liegt?

7.6 Schall

7.6.1 Schalldruck, Schallintensität und Schallpegel

Schallwellen sind Druckwellen, die sich in Gasen und Gasgemischen – zum Beispiel Luft –, flüssigen und festen Stoffen ausbreiten. Wichtige physikalische Größen des Schalls sind Schalldruck, Schallintensität und Schallpegel.

▷ *Schalldruck* (Schallwechseldruck) ist die Stärke der innerhalb einer Schallwelle auftretenden Druckschwankungen, Einheit Pascal (Pa).

▷ *Schallintensität* (Schallstärke) ist das Verhältnis der auf eine Fläche treffenden Schallleistung zur Größe der Fläche, Einheit Watt pro Quadratmeter (W/m²).

▷ *Absoluter Schallpegel* ist das logarithmische Verhältnis von Schalldruck oder -intensität zum Bezugsschalldruck 20 Mikropascal bzw. zur Bezugsschallintensität 1 Pikowatt pro Quadratmeter. Einheit des absoluten Schallpegels ist das Dezibel (dB).

Absoluter Schalldruckpegel ist der zwanzigfache dekadische Logarithmus des Quotienten aus einem Schalldruck und dem Bezugsschalldruck 20 Mikropascal ($1\,\mu Pa = 10^{-6}\,Pa = 0{,}000\,001\,Pa$).

F 7-81　$L_p = 20 \cdot \lg \dfrac{p\,[\mu Pa]}{20\,[\mu Pa]}$ 　　　　L_p absoluter Schalldruckpegel
　　　　　　　　　　　　　　　　　　p Schalldruck

Beispiel 7-69: Absoluter Schalldruckpegel bei Schalldruck 0,08 Pa (= 80 000 μPa)

$$L_p = 20 \cdot \lg \frac{80\,000\,\mu Pa}{20\,\mu Pa} = (20 \cdot \lg 4000)\,dB \approx (20 \cdot 3{,}60)\,dB = 72{,}0\,dB$$

Absoluter Schallintensitätspegel ist der zehnfache dekadische Logarithmus des Quotienten aus einer Schallintensität und der Bezugsschallintensität 1 Pikowatt pro Quadratmeter ($1\,pW/m^2 = 10^{-12}\,W/m^2 = 0{,}000\,000\,000\,001\,W/m^2$).

F 7-82　$L_I = 10 \cdot \lg \dfrac{I\,[pW/m^2]}{1\,[pW/m^2]}$ 　　　　L_I absoluter Schallintensitätspegel
　　　　　　　　　　　　　　　　　　I Schallintensität

Beispiel 7-70: Absoluter Schallintensitätspegel bei Schallintensität 0,000 016 W/m² (= 16 000 000 pW/m²)

$$L_I = 10 \cdot \lg \frac{16\,000\,000\,pW/m^2}{1\,pW/m^2} = (10 \cdot \lg 16\,000\,000)\,dB \approx (10 \cdot 7{,}20)\,dB = 72{,}0\,dB$$

Verdoppelung des Schalldrucks erhöht den absoluten Schalldruckpegel L_p um $(20 \cdot \lg 2)\,dB$, also um annähernd genau $6\,dB$. Verdoppelung der Schallintensität erhöht den absoluten Schallintensitätspegel L_I um $(10 \cdot \lg 2)\,dB$, also um annähernd genau $3\,dB$.

Schalldruck, Schallintensität und ihre absoluten Pegel verringern sich mit zunehmendem Abstand von der Schallquelle. Bei kleinen, nahezu punktförmigen Schallquellen verändert sich der Schalldruck antiproportional zum Abstand und die Schallintensität antiproportional zum Quadrat des Abstands. Durch Verdoppelung des Abstands wird der Schalldruck also auf die Hälfte, die Schallintensität aber auf ein Viertel verringert. Schalldruck- und Schallintensitätspegel werden durch Verdoppelung des Abstands um rund $6\,dB$ verringert.

Diese Zusammenhänge und die folgenden Rechenwege gelten für die Schallausbreitung unter idealen Bedingungen. In geschlossenen Räumen können die realen Werte aufgrund von Reflexionen höher sein. Im Freien führen Einflüsse wie Dämpfung durch Bewuchs oder Bebauung, Luftabsorption und Wind zu niedrigeren Ergebnissen, insbesondere bei größeren Entfernungen.

Beispiel 7-71: Schalldruck 80 Millipascal bei 2 Meter Schallquellenabstand. Welcher Schalldruck ergibt sich bei 5 Meter Abstand und unveränderter Schallquelle?
Verhältnisgleichung oder Dreisatz, antiproportionales Verhältnis:

$$p_{neu} \cdot 5\,m = 80\,mPa \cdot 2\,m \quad | \; :5\,m$$
$$p_{neu} = 80\,mPa \cdot 2\,m : 5\,m = 32\,mPa$$

	$2\,m$	$\cdot$	$80\,mPa$
	$5\,m$	$=$	$32\,mPa$

Beispiel 7-72: Schallintensität 16 Mikrowatt pro Quadratmeter bei 2 Meter Schallquellenabstand. Welche Schallintensität ergibt sich bei $5\,m$ Abstand?
In Verhältnisgleichung oder Dreisatz (antiproportionales Verhältnis) werden die Quadrate der Abstände eingesetzt.

$$I_{neu} \cdot 5^2\,m^2 = 16\,\mu W/m^2 \cdot 2^2\,m^2 \quad | \; :5^2\,m^2$$
$$I_{neu} = 16\,\mu W/m^2 \cdot 2^2\,m^2 : 5^2\,m^2 = 2{,}56\,\mu W/m^2$$

	$2^2\,m^2$	$\cdot$	$16\,\mu W/m^2$
	$5^2\,m^2$	$=$	$2{,}56\,\mu W/m^2$

Die Rechenwege für die Veränderungen von Schalldruckpegel und Schallintensitätspegel sind gleich.

Beispiel 7-73: Absoluter Schalldruck- oder Schallintensitätspegel $72\,dB$ bei 2 Meter Abstand von der Schallquelle. Schallpegel bei 5 Meter Abstand?
Der alte Abstand wird durch den neuen dividiert.

$$2\,m : 5\,m = 0{,}4$$

Logarithmieren und Multiplikation mit 20 ergibt Veränderung des Schallpegels.

$$(\lg 0{,}4 \cdot 20)\,dB \approx (-0{,}398 \cdot 20)\,dB \approx -8{,}0\,dB$$

Ursprünglicher Schallpegel und berechnete Veränderung werden addiert.

$$72{,}0\,dB + (-8{,}0\,dB) = 64{,}0\,dB$$

F 7-83 $p_{neu} = p_{alt} \cdot r_{alt} : r_{neu}$

F 7-84 $I_{neu} = I_{alt} \cdot (r_{alt} : r_{neu})^2$

F 7-85 $L_{neu} = L_{alt} + 20 \cdot \lg(r_{alt} : r_{neu})$

$p_{alt} \, p_{neu}$ ursprünglicher, neuer Schalldruck
$I_{alt} \, I_{neu}$ ursprüngliche, neue Schallintensität
$r_{alt} \, r_{neu}$ ursprünglicher, neuer Abstand zur Schallquelle
$L_{alt} \, L_{neu}$ ursprünglicher, neuer Schalldruck- oder Schallintensitätspegel

7.6.2 Lautstärkepegel, Lautheit und frequenzbewerteter Schallpegel

Die empfundene Lautstärke hängt auch von der Frequenz der Schallwellen ab. Bei gleichen absoluten Pegeln werden hohe und tiefe Töne leiser empfunden als Töne im mittleren Frequenzbereich. Bei hohen Pegeln ist dieser Unterschied allerdings erheblich geringer als bei niedrigen.
Der *Lautstärkepegel* eines Tons mit beliebiger Frequenz entspricht dem absoluten Schallpegel eines gleich laut empfundenen 1000-Hertz-Tons. Einheit des Lautstärkepegels ist das Phon. Im Bereich von 40 Phon bis 120 Phon wird eine Erhöhung um 10 Phon etwa als Verdoppelung der Lautstärke empfunden. Die Hörschwelle liegt bei 3 Phon, die Schmerzgrenze bei etwa 130 Phon.
Anstelle des Lautstärkepegels kann auch die *Lautheit (Loudness)* in der Einheit Sone angegeben werden. 40 Phon entspricht 1 Sone; Erhöhung des Lautstärkepegels um 10 Phon entspricht Verdoppelung der Lautheit in Sone.
Die Umwandlung von „glatten" Werten ab 40 Phon bzw. 1 Sone funktioniert am einfachsten, indem die beiden Reihen untereinander geschrieben werden, beginnend mit 40 Phon und 1 Sone. Der Phon-Wert wird schrittweise um jeweils 10 erhöht, der Sone-Wert schrittweise verdoppelt.

phon	40	50	60	70	80	90	100	110	120
sone	1	2	4	8	16	32	64	128	256

Beispiel 7-74: Lautstärkepegel 90 phon
Ablesen in den untereinander stehenden Zeilen ergibt die Lautheit: 32 sone

Beispiel 7-75: Lautheit 8 sone
Lautstärkepegel: 70 phon

„Krumme" Werte werden mit diesen Formeln umgewandelt:

F 7-86 $S = 2^{(L_N - 40):10}$ S Lautheit in Sone

F 7-87 $L_N = 10 \cdot \log_2 S + 40$ L_N Lautstärkepegel in Phon

Falls der verwendete Taschenrechner keine Logarithmen zur Basis 2 berechnet, hilft der kleine Umweg über den dekadischen Logarithmus (vgl. Abschnitt 1.3.4, letzter Absatz). Anstelle von Formel 7-87 wird dann eine der folgenden benutzt:

F 7-88 $L_N = 10 \cdot \lg S : \lg 2 + 40$

F 7-89 $L_N \approx 10 \cdot \lg S : 0.3 + 40$

Beispiel 7-76: Lautstärkepegel 75 phon
Einsetzen in Formel 7-86 ergibt die Lautheit in Sone.

$$S = 2^{(75-40):10} \text{ sone} = 2^{3,5} \text{ sone} \approx 11,3 \text{ sone}$$

Beispiel 7-77: Lautheit 24 sone
Einsetzen in Formel 7-87, 7-88 oder 7-89 ergibt den Lautstärkepegel in Phon.

$$L_A = (10 \cdot \log_2 24 + 40) \text{ phon} \approx 85,8 \text{ phon}$$
$$L_A = (10 \cdot \lg 24 : \lg 2 + 40) \text{ phon} \approx 85,8 \text{ phon}$$
$$L_A \approx (10 \cdot \lg 24 : 0.3 + 40) \text{ phon} \approx 86,0 \text{ phon}$$

Bei Frequenzgemischen mit nicht-sinusförmigen Schwingungen, zum Beispiel Maschinen- oder Verkehrslärm, ist die Umrechnung auf den Pegel des gleich laut empfundenen 1000-Hertz-Tons problematisch. Hier wird anstelle von Lautstärke-pegel oder Lautheit der *frequenzbewertete Schallpegel* als Lautstärkemaß benutzt. Dabei werden die vom Messgerät erfassten absoluten Pegelwerte für die einzelnen Frequenzen mithilfe von Bewertungskurven an die frequenzabhängige Empfind-lichkeit des menschlichen Gehörs angepasst.

Die Bewertungskurven A, B, C und D entsprechen den Frequenzgängen des Gehörs bei etwa 20 Phon bis 40 Phon (A), 50 Phon bis 70 Phon (B), 80 Phon bis 90 Phon (C) bzw. noch höheren Lautstärkepegeln (D). Bei der Angabe des Schall-pegelwerts wird die verwendete Bewertungskurve in Klammern hinter der Einheit Dezibel notiert, also dB(A), dB(B), dB(C) bzw. dB(D).

Lautstärkepegel und frequenzbewerteter Schallpegel sind nur bei reinen 1000-Hertz-Tönen gleich. In allen anderen Fällen ergeben sich aufgrund der unter-schiedlichen Messverfahren voneinander abweichende Werte. Direkte Umrech-nung von Lautstärkepegeln in frequenzbewertete Schallpegel (oder umgekehrt) ist deshalb nicht möglich.

7.6.3 Übungsaufgaben zu Abschnitt 7.6

1. Bitte die absoluten Schalldruckpegel in Dezibel berechnen.
   a) Schalldruck 2000 Mikropascal
   b) Schalldruck 50 000 Mikropascal

2. Errechnen Sie bitte die absoluten Schallintensitätspegel in Dezibel.
   a) Schallintensität 1000 Pikowatt pro Quadratmeter
   b) Schallintensität 500 000 Pikowatt pro Quadratmeter

3. Bitte die absoluten Schallpegel berechnen.
   a) Schalldruck 400 000 Mikropascal
   b) Schallintensität 80 000 000 Pikowatt pro Quadratmeter

4. In 4 Meter Abstand von der Schallquelle beträgt der Schalldruck 60 000 µPa.
   a) Wie hoch ist der Schalldruck bei 2 Meter Abstand?
   b) Welcher Schalldruck ergibt sich bei einem Abstand von 7,5 m?

5. Schallintensität 800 000 pW/m² bei 5 Meter Abstand von der Schallquelle
   a) Wie hoch ist die Schallintensität bei 10 Meter Abstand?
   b) Welche Schallintensität ergibt sich bei einem Abstand von 3 m?

6. In 3 Meter Abstand von der Schallquelle wird ein Schallpegel von 80 dB gemessen. Bitte die Schallpegel für folgende Abstände berechnen.
   a) 6 Meter   b) 2 Meter   c) 10 Meter

7. Bitte in Sone umwandeln.
   a) 60 phon   b) 70 phon   c) 100 phon   d) 65 phon   e) 93 phon

8. Bitte in Phon umwandeln.
   a) 2 sone   b) 16 sone   c) 128 sone   d) 10 sone   e) 56 sone

Erhöhter Schwierigkeitsgrad

9. Wie hoch ist der Schalldruck in Mikropascal, wenn der absolute Schalldruckpegel 57 dB beträgt?

10. Auf welches Vielfache des ursprünglichen Werts hat sich der Schalldruck erhöht, wenn der absolute Schalldruckpegel um 15 dB angestiegen ist?

11. In einem Abstand von 10 m von der Schallquelle wird ein absoluter Schallpegel von 65 dB gemessen.
   a) Bei welchem Abstand ist ein Schallpegel von 75 dB zu erwarten?
   b) Bei welchem Abstand würde der Schallpegel 50 dB betragen?

7.7 Elektrische Energie

7.7.1 Spannung, Stromstärke, Widerstand

Die elektrische Spannung, Einheit Volt (V), kennzeichnet den Potenzialunterschied zwischen den beiden Polen einer Gleichspannungsquelle. Am Minuspol herrscht Elektronenüberschuss, am Pluspol Elektronenmangel. Werden die Pole leitend verbunden, indem ein elektrisches Gerät angeschlossen oder eingeschaltet wird, wandern Elektronen vom Minus- zum Pluspol, es fließt ein Strom. Seine Stärke heißt Stromstärke, Einheit Ampere (A).

Effektive Spannung und Stromstärke von Wechselstrom werden durch rechnerischen Vergleich mit Gleichstrom gleicher Leistung ermittelt. Sind diese Werte angegeben, gibt es bei den weiteren Berechnungen keinen Unterschied zwischen Gleich- und Wechselstrom.

Die Stromstärke ist einerseits von der Spannung abhängig, andererseits vom elektrischen Widerstand, Einheit Ohm (Ω). Die Stromstärke verändert sich proportional zur Spannung und antiproportional zum Widerstand (ohmsches Gesetz). Je höher die Spannung, desto höher ist die Stromstärke bei unverändertem Widerstand. Je höher der Widerstand, desto geringer ist die Stromstärke bei unveränderter Spannung.

Als Formeln sehen die Zusammenhänge so aus:

F7-90 $\quad I = U : R$

F7-91 $\quad R = U : I$

F7-92 $\quad U = I \cdot R \qquad I$ Stromstärke $\quad R$ Widerstand $\quad U$ Spannung

Beispiel 7-78: Spannung 60 V, Widerstand 24 Ω; wie hoch ist die Stromstärke?
$$I = 60\,V : 24\,\Omega = 2,5\,A$$

Beispiel 7-79: Spannung 12 V, Stromstärke 0,3 A; wie hoch ist der Widerstand?
$$R = 12\,V : 0,3\,A = 40\,\Omega$$

Beispiel 7-80: Stromstärke 6 A, Widerstand 15 Ω; wie hoch ist die Spannung?
$$U = 6\,A \cdot 15\,\Omega = 90\,V$$

7.7.2 Elektrische Leistung

Die elektrische Leistung wird in der Einheit Watt oder Kilowatt (1 kW = 1000 W) angegeben. Sie ist das Produkt aus Spannung und Stromstärke:

F7-93 $\quad P = U \cdot I \qquad P$ elektrische Leistung $\quad U$ Spannung $\quad I$ Stromstärke

Beispiel 7-81: Wie hoch ist die elektrische Leistung, wenn bei der Spannung 230 V ein Strom von 8 A fließt?
$$P = 230\,V \cdot 8\,A = 1840\,W = 1,84\,kW$$

Die Leistungsaufnahme elektrischer Geräte ist auf dem Typenschild und im technischen Datenblatt angegeben, muss also nicht erst aus Spannung und Stromstärke errechnet werden. Leistungsberechnungen können dennoch von unmittelbarem praktischen Interesse sein. Metallische elektrische Leiter erwärmen sich durch den Stromfluss, und zwar umso stärker, je höher Widerstand und Stromstärke sind.

Um Beschädigungen der Leitungen und Brandgefahr zu verhindern, darf die Stromstärke also nicht unbegrenzt hoch sein. Deshalb befindet sich in jedem Versorgungsstromkreis eine Sicherung, die den Strom bei Überschreiten einer bestimmten Stärke unterbricht. Durch die Begrenzung der Stromstärke ergibt sich bei gleichbleibender Spannung eine Obergrenze für die elektrische Leistungsaufnahme der angeschlossenen Geräte.

Beispiel 7-82: Ein Stromkreis ist für die Stromstärke 16 A ausgelegt und abgesichert, Netzspannung 230 V. Welche Leistungsaufnahme dürfen die angeschlossenen Geräte zusammen höchstens haben?

$$P = 16\,A \cdot 230\,V = 3680\,W = 3{,}68\,kW$$

Beispiel 7-83: An einen Stromkreis sollen drei Geräte mit je 1,6 Kilowatt Leistungsaufnahme angeschlossen werden, Netzspannung 230 V. Für welche Stromstärke muss der Stromkreis mindestens ausgelegt und abgesichert sein?
Gesamt-Leistungsaufnahme der drei Geräte:

$$1600\,W \cdot 3 = 4800\,W$$

Um die Stromstärke zu errechnen, wird Formel 7-93 nach I aufgelöst:

$$U \cdot I = P \qquad |\; : U$$
$$I = P : U$$
$$I = 4800\,W : 230\,V \approx 20{,}9\,A$$

7.7.3 Elektrische Arbeit

Elektrische Arbeit ist das Produkt aus elektrischer Leistung und ihrer Zeitdauer. Physikalische Einheit ist die Wattsekunde (W s). In der Praxis wird meist mit Wattstunden (W h) und Kilowattstunden (kW h) gerechnet.

F 7-94 $\quad W = P \cdot t \qquad$ W elektrische Arbeit $\quad P$ elektrische Leistung $\quad t$ Zeit

Die zum Betrieb elektrischer Geräte eingesetzte („verbrauchte") elektrische Arbeit wird umgangssprachlich Stromverbrauch genannt. Er ist einfach zu berechnen, wenn die Geräte konstante, immer gleiche Leistungsaufnahmen haben.

Beispiel 7-84: Ein Arbeitsraum wird von 40 LED-Röhrenlampen mit je 18 W und 20 LED-Röhrenlampen mit je 9 W Leistungsaufnahme beleuchtet. Wie hoch ist der tägliche Stromverbrauch, wenn sie 9 Stunden lang eingeschaltet sind?

$$(40 \cdot 18\,W + 20 \cdot 9\,W) \cdot 9\,h = 900\,W \cdot 9\,h = 8100\,W\,h = 8{,}1\,kW\,h$$

Die Leistungsaufnahmen von Geräten und Maschinen variieren dagegen je nach Betriebszustand. Hier kann der Stromverbrauch nicht durch einfache Berechnung ermittelt werden, sondern nur durch Messung über einen längeren Zeitraum.

7.7.4 Übungsaufgaben zu Abschnitt 7.7

1. Errechnen Sie bitte die Stromstärken.
   a) Spannung 12 V, Widerstand 2,4 Ω
   b) Spannung 230 V, Widerstand 40 Ω

2. Wie hoch ist jeweils der Widerstand?
   a) Spannung 24 V, Stromstärke 2,5 A
   b) Spannung 230 V, Stromstärke 16 A

3. Errechnen Sie bitte die Spannungen.
   a) Stromstärke 12 A, Widerstand 20 Ω
   b) Stromstärke 3,2 A, Widerstand 3,75 Ω

4. Wie hoch ist jeweils die elektrische Leistung?
   a) Spannung 230 V, Stromstärke 12 A
   b) Spannung 400 V, Stromstärke 35 A

5. Ein Stromkreis, Spannung 230 V, ist für die Stromstärke 25 Ampere ausgelegt und abgesichert. Welche Leistungsaufnahme darf eine daran betriebene Maschine höchstens haben?

6. Ein Klimagerät hat die maximale Leistungsaufnahme 4,5 kW, Netzspannung 230 V. Für welche Stromstärke muss der Versorgungsstromkreis mindestens ausgelegt und abgesichert sein?

7. An einen Stromkreis, Spannung 230 V, sind drei Geräte mit 600 W, 1,6 kW und 450 W sowie weitere Kleingeräte mit zusammen 300 W Leistungsaufnahme angeschlossen. Für welche Stromstärke muss der Stromkreis mindestens ausgelegt und abgesichert sein?

8. Errechnen Sie bitte die elektrische Arbeit (Stromverbrauch) in kW h:
   a) Leistung 2,4 kW, Zeit 72 Stunden
   b) Leistung 650 W, Zeit 16 Stunden
   c) Spannung 230 V, Stromstärke 28 A, Zeit 22 Stunden

9. Die Räume eines Betriebs werden mit 160 Röhrenlampen (Leistungsaufnahme jeweils 24 W) und 80 Kugellampen (jeweils 6 W) beleuchtet. Wie hoch ist der Stromverbrauch in einen Monat mit 21 Betriebstagen, wenn die durchschnittliche tägliche Brenndauer 10,5 Stunden beträgt?

8 Fotografie

8.1 Linsen und Linsensysteme

8.1.1 Brennweite und Brechwert

Lichtstrahlen, die achsenparallel auf eine Sammellinse (Konvexlinse) treffen, schneiden sich ausfallseitig in einem Punkt auf der optischen Achse, dem Brennpunkt. Die Brennweite ist der parallel zur optischen Achse gemessene Abstand zwischen optischer Mitte (Hauptebene) der Linse und Brennpunkt.

Bei Zerstreuungslinsen (Konkavlinsen) gibt es keinen solchen Schnittpunkt. Brennpunkt und negative Brennweite (Zerstreuungsweite) werden ermittelt, indem die ausfallenden Lichtstrahlen nach rückwärts verlängert werden.

Anstelle der Brennweite kann auch der Brechwert als Linsenkenngröße verwendet werden. Der Brechwert einer Linse, Einheit Dioptrie (dpt), ist der Kehrwert ihrer Brennweite in der Einheit Meter. Oder umgekehrt: Die Brennweite in Meter ist Kehrwert des Brechwerts in der Einheit Dioptrie.

$$F\,8\text{-}1 \qquad D = \frac{1}{f} \qquad\qquad F\,8\text{-}2 \quad f = \frac{1}{D} \qquad \begin{array}{l} f \;\; \text{Brennweite in Meter} \\ D \;\; \text{Brechwert in Dioptrie} \end{array}$$

Brennweite und Brechwert sind positiv oder negativ, also zum Beispiel 200 mm, +5 dpt (Sammellinse) oder −200 mm, −5 dpt (Zerstreuungslinse). Beim Brechwert wird der Deutlichkeit halber meist auch das Vorzeichen Plus notiert.

Beispiel 8-1: Brechwert einer Sammellinse, Brennweite 250 mm (= 0,25 m)

$$D = \frac{1}{0,25\,\text{m}} = +4\,\text{dpt}$$

Beispiel 8-2: Brechwert einer Zerstreuungslinse, Brennweite −125 mm

$$D = \frac{1}{-0,125\,\text{m}} = -8\,\text{dpt}$$

Beispiel 8-3: Brennweiten von Linsen, Brechwerte $D = +5\,\text{dpt}$ und $D = -5\,\text{dpt}$

$$f = \frac{1}{+5\,\text{dpt}} = 0,2\,\text{m} = 200\,\text{mm} \qquad f = \frac{1}{-5\,\text{dpt}} = -0,2\,\text{m} = -200\,\text{mm}$$

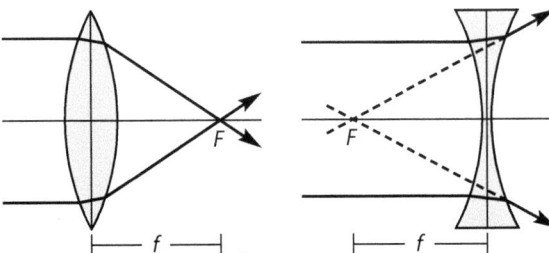

Bild 8-1
Brennpunkt F und
Brennweite f der
Sammellinse;
Brennpunkt und
negative Brennweite
(Zerstreuungsweite)
der Zerstreuungslinse

8.1.2 Linsensysteme, Vorsatzlinsen

In der Fotografie wird nicht mit einfachen Sammellinsen gearbeitet, sondern mit Objektiven, also Systemen aus mehreren Sammel- und Zerstreuungslinsen. Einfache Linsen erzeugen Abbildungsfehler, die durch Kombination unterschiedlich geformter Linsen aus unterschiedlichen Materialien korrigiert werden.

Die vollständige, genaue Berechnung solcher Linsensysteme ist sehr kompliziert und soll hier nicht thematisiert werden. Sehr einfach ist dagegen die Berechnung des Gesamtbrechwerts, wenn Linsen relativ zu Durchmesser und Brennweite sehr dünn und ohne Abstand zueinander montiert sind: Die Brechwerte der Linsen werden addiert.

Beispiel 8-4: Gesamtbrechwert von zwei dünnen, ohne Abstand montierten Sammellinsen, Brechwerte +8 dpt und +4 dpt

$\qquad$ +8 dpt + (+4 dpt) = +12 dpt

Beispiel 8-5: Gesamtbrechwert von dünner Sammellinse, Brechwert +12 dpt, und dünner Zerstreuungslinse, Brechwert −4 dpt

$\qquad$ +12 dpt + (−4 dpt) = +8 dpt

Der Rechenweg funktioniert auch, wenn Brennweiten anstelle von Brechwerten vorgegeben sind und nach der Gesamtbrennweite gefragt ist: Die Brennweiten werden in Brechwerte umgewandelt, die Summe der Brechwerte wiederum in die Brennweite.

Beispiel 8-6: Gesamtbrennweite von zwei dünnen, ohne Abstand montierten Sammellinsen, Brennweiten 125 mm (= 0,125 m) und 250 mm (= 0,250 m)
Es wird mit den Brennweiten in der Einheit Meter gerechnet.

$\qquad$ 1 : 0,125 m = +8 dpt

$\qquad$ 1 : 0,250 m = +4 dpt

$\qquad$ +8 dpt + (+4 dpt) = +12 dpt

$\qquad$ 1 : (+12 dpt) ≈ 0,0833 m = 83,3 mm

Anstelle der zweifachen Umwandlung kann auch unmittelbar mit Brennweiten gerechnet werden. Der Rechenweg ergibt sich ebenfalls aus der Addition der Brechwerte, also der schlichten Formel:

F 8-3 $\quad D_{gesamt} = D_1 + D_2$

Durch Einsetzen von $1 : f$ für D wird daraus:

F 8-4 $\quad \dfrac{1}{f_{gesamt}} = \dfrac{1}{f_1} + \dfrac{1}{f_2}$

Durch weiteres Umformen ergibt sich schließlich:

F 8-5 $\quad f_{gesamt} = \dfrac{f_1 \cdot f_2}{f_1 + f_2}$

Beispiel 8-7: Gesamtbrennweite von zwei dünnen, ohne Abstand montierten Sammellinsen, Brennweiten 125 mm und 250 mm (wie Beispiel 8-6)

Umwandlung in die Einheit Meter ist hier nicht erforderlich. Die Brennweite kann in jeder beliebigen Längeneinheit berechnet werden; es kommt nur darauf an, dass beide Brennweiten dieselbe Einheit haben.

Durch Einsetzen in Formel 8-4 ergibt sich:

$$\frac{1}{f_{\text{gesamt}}} = \frac{1}{125\,\text{mm}} + \frac{1}{250\,\text{mm}} = 0,008/\text{mm} + 0,004/\text{mm} = 0,012/\text{mm}$$

Um die Brennweite zu erhalten, wird der Kehrwert gebildet:

$$f_{\text{gesamt}} = \frac{1}{0,012/\text{mm}} = \frac{1}{0,012}\,\text{mm} \approx 83,3\,\text{mm}$$

Berechnung mit Formel 8-5:

$$f_{\text{gesamt}} = \frac{125\,\text{mm} \cdot 250\,\text{mm}}{125\,\text{mm} + 250\,\text{mm}} = \frac{31\,250\,\text{mm}^2}{375\,\text{mm}} \approx 83,3\,\text{mm}$$

Die erläuterten Rechenwege werden auch verwendet, um die Brennweiten von Kombinationen aus Objektiv und Vorsatzlinse näherungsweise zu bestimmen. Vorsatzlinsen sind einfache Sammel- oder Zerstreuungslinsen; Sammellinsen verkürzen die Objektivbrennweite, Zerstreuungslinsen verlängern sie. In der Praxis werden vor allem Sammellinsen verwendet, auch als Nahlinsen bezeichnet.

Das Ergebnis der Berechnung trifft nur annähernd zu, da Objektive keine dünnen Linsen sind und Vorsatzlinsen nicht ohne Abstand montiert werden können.

Objektive werden in der Regel durch Brennweiten charakterisiert, Vorsatzlinsen dagegen häufig durch Brechwerte.

Beispiel 8-8: Ungefähre Gesamtbrennweite von Objektiv, Brennweite 50 mm, und Vorsatzlinse, Brechwert +5 dpt

Die Brennweite des Objektivs wird in den Brechwert umgewandelt; dann geht es weiter wie in Beispiel 8-6.

$$1 : 0,05\,\text{m} = +20\,\text{dpt}$$
$$+20\,\text{dpt} + (+5\,\text{dpt}) = +25\,\text{dpt}$$
$$1 : (+25\,\text{dpt}) = 0,04\,\text{m} = 40,0\,\text{mm}$$

Berechnung mit Formel 8-4; der Brechwert der Vorsatzlinse wird vorab zur Brennweite in Millimeter umgewandelt.

$$1 : (+5\,\text{dpt}) = 0,2\,\text{m} = 200\,\text{mm}$$

$$\frac{1}{f_{\text{gesamt}}} \approx \frac{1}{50\,\text{mm}} + \frac{1}{200\,\text{mm}} = 0,02/\text{mm} + 0,005/\text{mm} = 0,025/\text{mm}$$

$$f_{\text{gesamt}} = \frac{1}{0,025/\text{mm}} = \frac{1}{0,025}\,\text{mm} = 40,0\,\text{mm}$$

Berechnung mit Formel 8-5:

$$f_{\text{gesamt}} \approx \frac{50\,\text{mm} \cdot 200\,\text{mm}}{50\,\text{mm} + 200\,\text{mm}} = \frac{10\,000\,\text{mm}^2}{250\,\text{mm}} = 40,0\,\text{mm}$$

8.1.3 Übungsaufgaben zu Abschnitt 8.1

1. Welche Brechwerte in Dioptrie (dpt) haben die folgenden Linsen?
   a) Sammellinse, $f = 50\,mm$ c) Zerstreuungslinse, $f = -40\,mm$
   b) Sammellinse, $f = 25\,cm$ d) Zerstreuungslinse, $f = -16\,cm$

2. Welche Brennweiten in Millimeter haben diese Linsen?
   a) Brechwert $+8\,dpt$ c) $D = +12,5\,dpt$
   b) Brechwert $-2,5\,dpt$ d) $D = -16\,dpt$

3. Bitte die Gesamtbrechwerte der Kombinationen dünner, ohne Abstand montierter Sammellinsen berechnen.
   a) Brechwerte $+8\,dpt$ und $+6\,dpt$
   b) $D_1 = +12,5\,dpt$, $D_2 = +7,5\,dpt$

4. Welche Gesamtbrechwerte haben dieser Kombinationen aus Sammel- und Zerstreuungslinse (dünne Linsen, kein Abstand)?
   a) Sammellinse, $+16\,dpt$, Zerstreuungslinse, $-8\,dpt$
   b) $D_1 = +9,5\,dpt$, $D_2 = -3,0\,dpt$

5. Bitte die Gesamtbrennweiten der Kombinationen dünner, ohne Abstand montierter Sammellinsen berechnen.
   a) Zwei gleiche Linsen, Brennweite jeweils $250\,mm$
   b) $f_1 = 80\,mm$, $f_2 = 240\,mm$

6. Welche Gesamtbrennweiten haben dieser Kombinationen aus Sammel- und Zerstreuungslinse (dünne Linsen, kein Abstand)?
   a) Sammellinse, Brennweite $100\,mm$, Zerstreuungslinse, Brennweite $-300\,mm$
   b) $f_1 = 160\,mm$, $f_2 = -240\,mm$

7. Ermitteln Sie bitte jeweils näherungsweise, welche neue Brennweite sich durch Verwendung der Vorsatzlinse ergibt.
   a) Objektivbrennweite $100\,mm$, Vorsatzlinse $+2,5\,dpt$
   b) Objektivbrennweite $40\,mm$, Vorsatzlinse $+5\,dpt$
   c) Objektivbrennweite $70\,mm$, Vorsatzlinse $+4\,dpt$

Erhöhter Schwierigkeitsgrad

8. Die Kombination aus Sammellinse, $f = 125\,mm$, und Zerstreuungslinse hat die Gesamtbrennweite $200\,mm$ (dünne Linsen, kein Abstand). Bitte die Brennweite der Zerstreuungslinse berechnen.

9. Welchen Brechwert muss die Vorsatzlinse etwa haben, wenn die Brennweite des Objektivs von $135\,mm$ auf $90\,mm$ verkürzt werden soll?

8.2 Fotografische Bilder

8.2.1 Geometrische Bildkonstruktion

Mit Sammellinsen können fotografische, reelle Bilder erzeugt werden, also Abbildungen auf fotoelektrischen Sensoren von Digitalkameras oder Flachbettscannern, Kamera-Mattscheiben oder Filmen.

Um die unvermeidlichen Abbildungsfehler einfacher Sammellinsen zu korrigieren, bestehen Objektive zwar aus mehreren Sammel- und Zerstreuungslinsen. Solche Linsensysteme wirken aber im Ergebnis wie Sammellinsen, brechen also achsenparallel einfallende Lichtstrahlen so, dass sie sich ausfallseitig in einem Brennpunkt schneiden.

Bei den im Folgenden zu erläuternden Gesetzmäßigkeiten geht es um die Zusammenhänge zwischen diesen Größen:

a Gegenstandsweite; Abstand zwischen abzubildendem Gegenstand und Hauptebene (optischer Mitte) von Sammellinse oder Objektiv

a' Bildweite; Abstand zwischen Hauptebene von Sammellinse oder Objektiv und Abbildungsebene

y Gegenstand; Größe (Breite oder Höhe) des Gegenstands (Objekts)

y' Bild; Größe (Breite oder Höhe) des fotografischen (reellen) Bilds

f Brennweite

Bei der geometrischen Konstruktion des reellen Bilds wird vereinfachend unterstellt, dass die Lichtstrahlen an der Hauptebene von Sammellinse oder Linsensystem gebrochen werden. Unter dieser Voraussetzung gelten folgende Regeln.

▷ Der gegenstandsseitig achsenparallel auf die Linse treffende Strahl (Parallelstrahl) wird bildseitig zum Brennpunkt gebrochen.

▷ Der gegenstandsseitig durch den Brennpunkt laufende Strahl (Brennpunktstrahl) fällt bildseitig achsenparallel aus.

▷ Der auf das Zentrum der Linse treffende Strahl (Mittelpunktstrahl) durchquert die Linse ohne Richtungsänderung.

▷ Parallel-, Brennpunkt- und Mittelpunktstrahl, die von einem gemeinsamen Gegenstandspunkt P ausgehen, schneiden einander bildseitig im Bildpunkt P'.

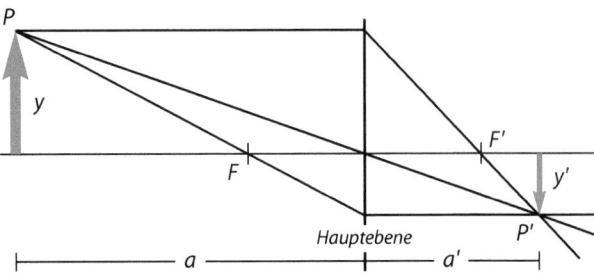

Bild 8-2
Konstruktion
des Bildpunkts P'
als Schnittpunkt
von Parallel-,
Mittelpunkt- und
Brennpunktstrahl

8.2.2 Gegenstands- und Bildweite

Die Abbildungsgleichung (Linsengleichung) beschreibt die quantitativen Beziehungen zwischen Gegenstands-, Bild- und Brennweite. Die Formulierungen von Descartes (Formel 8-6) und Newton (Formel 8-7) scheinen auf den ersten Blick wenig Ähnlichkeit zu haben. Sie beschreiben jedoch dieselben Beziehungen und können in die jeweils andere umgeformt werden.

F8-6 $\quad \dfrac{1}{f} = \dfrac{1}{a} + \dfrac{1}{a'}$ $\qquad$ **F8-7** $\quad f^2 = (a - f) \cdot (a' - f)$

Durch Auflösen nach a bzw. a' ergeben sich die Formeln zur Berechnung von Gegenstands- und Bildweite.

F8-8 $\quad a = \dfrac{a' \cdot f}{a' - f}$ $\qquad$ **F8-9** $\quad a' = \dfrac{a \cdot f}{a - f}$ $\qquad$ a Gegenstandsweite
a' Bildweite $\;f$ Brennweite

Beispiel 8-9: Wie groß ist die Gegenstandsweite, wenn die Bildweite 54 mm und die Brennweite 50 mm beträgt?

$$a = \frac{54\,\text{mm} \cdot 50\,\text{mm}}{54\,\text{mm} - 50\,\text{mm}} = \frac{2700\,\text{mm}^2}{4\,\text{mm}} = 675\,\text{mm}$$

Beispiel 8-10: Wie groß ist die Bildweite, wenn die Gegenstandsweite 675 mm und die Brennweite 50 mm beträgt?

$$a' = \frac{675\,\text{mm} \cdot 50\,\text{mm}}{675\,\text{mm} - 50\,\text{mm}} = \frac{33\,750\,\text{mm}^2}{625\,\text{mm}} = 54\,\text{mm}$$

8.2.3 Abbildungsverhältnis

Der Quotient aus Bildweite a' und Gegenstandsweite a steht im proportionalen Verhältnis zum Quotienten aus Bildgröße y' und Gegenstandsgröße y.

F8-10 $\quad a' : a = y' : y$ $\qquad$ $a \;\; a'$ Gegenstandsweite, Bildweite
$y \;\; y'$ Gegenstandsgröße, Bildgröße

Abbildungsverhältnis (Maßstab) m ist definitionsgemäß der Quotient aus Bildgröße y' und Gegenstandsgröße y. Aufgrund der Gleichheit der Quotienten $y' : y$ und $a' : a$ steht das Abbildungsverhältnis zugleich für den Quotienten aus Bildweite und Gegenstandsweite.

F8-11 $\quad m = y' : y$ $\qquad$ **F8-12** $\quad m = a' : a$ $\qquad$ m Abbildungsverhältnis

Beispiel 8-11: Ein 400 mm breiter Gegenstand wird 20 mm breit abgebildet, Gegenstandsweite 840 mm. Wie groß ist die Bildweite?
Verhältnisgleichung (Formel 8-10) oder Dreisatz, proportionales Verhältnis.

$a' : 840\,\text{mm} = 20\,\text{mm} : 400\,\text{mm} \quad | \; \cdot 840\,\text{mm}$ $\qquad$ $400\,\text{mm} \quad : \quad 20\,\text{mm}$

$a' = 20\,\text{mm} : 400\,\text{mm} \cdot 840\,\text{mm} = 42\,\text{mm}$ $\qquad$ $840\,\text{mm} \quad = \quad 42\,\text{mm}$

Der Zwischenschritt über das Abbildungsverhältnis bringt das gleiche Ergebnis.

$m = y' : y = 20\,\text{mm} : 400\,\text{mm} = 0{,}05$

$a' = a \cdot m = 840\,\text{mm} \cdot 0{,}05 = 42\,\text{mm}$

Beispiel 8-12: Ein 400 mm breiter Gegenstand wird 20 mm breit abgebildet, Bildweite 42 mm. Wie groß ist die Gegenstandsweite?
Dreisatz oder Verhältnisgleichung (Formel 8-10), proportionales Verhältnis.

$42\,\text{mm} : a = 20\,\text{mm} : 400\,\text{mm}$

$a : 42\,\text{mm} = 400\,\text{mm} : 20\,\text{mm} \quad | \cdot 42\,\text{mm}$

$a = 400\,\text{mm} : 20\,\text{mm} \cdot 42\,\text{mm} = 840\,\text{mm}$

$$20\,\text{mm} \;\; : \;\; 400\,\text{mm}$$
$$42\,\text{mm} \;\; = \;\; 840\,\text{mm}$$

Mit Zwischenschritt über das Abbildungsverhältnis:

$m = y' : y = 20\,\text{mm} : 400\,\text{mm} = 0{,}05$

$a = a' : m = 42\,\text{mm} : 0{,}05 = 840\,\text{mm}$

Wenn Abbildungsverhältnis m und Brennweite f bekannt sind, können Gegenstandsweite a und Bildweite a' mit diesen Formeln berechnet werden:

F 8-13 $\quad a = \dfrac{f}{m} + f$ $\qquad$ **F 8-14** $\quad a' = f \cdot m + f$

Beispiel 8-13: Brennweite 40 mm, Abbildungsverhältnis 1 : 20 (= 0,05)

$a = 40\,\text{mm} : 0{,}05 + 40\,\text{mm} = 800\,\text{mm} + 40\,\text{mm} = 840\,\text{mm}$

$a' = 40\,\text{mm} \cdot 0{,}05 + 40\,\text{mm} = 2\,\text{mm} + 40\,\text{mm} = 42\,\text{mm}$

Bild 8-3
Berechnung von
Gegenstands-
und Bildweite
mithilfe des
Abbildungs-
verhältnisses
(Formel 8-13/14)

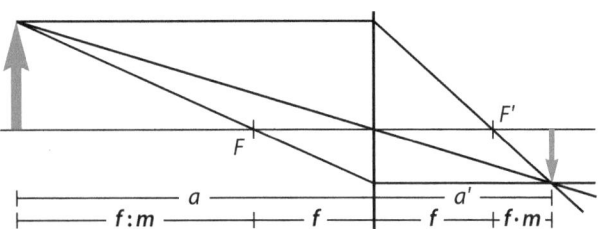

8.2.4 Übungsaufgaben zu Abschnitt 8.2

1. Errechnen Sie bitte jeweils die Gegenstandsweite.
   a) Bildweite 41 mm, Brennweite 40 mm
   b) Bildweite 130 mm, Brennweite 80 mm
   c) $a' = 90\,\text{mm}, f = 45\,\text{mm}$
   d) $a' = 305\,\text{mm}, f = 300\,\text{mm}$

2. Bitte die Bildweiten berechnen.
   a) Gegenstandsweite 1300 mm, $f = 50\,\text{mm}$
   b) Gegenstandsweite 360 mm, $f = 120\,\text{mm}$
   c) $a = 5000\,\text{mm}, f = 80\,\text{mm}$
   d) $a = 280\,\text{mm}, f = 35\,\text{mm}$

3. Wie groß ist jeweils das Abbildungsverhältnis?
   a) Gegenstandsgröße 1520 mm, Bildgröße 19 mm
   b) Gegenstandsweite 2580 mm, Bildweite 193,5 mm

4. Bitte die Gegenstandsweiten berechnen.
a) Bildweite 94,5 mm, Gegenstandsgröße 340 mm, Bildgröße 17 mm
b) Bildweite 186 mm, Gegenstandsgröße 125 mm, Bildgröße 30 mm
c) $a' = 40,25$ mm, $y = 1920$ mm, $y' = 12$ mm
d) $a' = 70$ mm, $y = 45$ mm, $y' = 18$ mm

5. Wie groß sind die Bildweiten?
a) Gegenstandsweite 1360 mm, Gegenstandsgröße 480 mm, Bildgröße 30 mm
b) Gegenstandsweite 4560 mm, Gegenstandsgröße 1800 mm, Bildgröße 24 mm
c) $a = 140$ mm, $y = 40$ mm, $y' = 16$ mm
d) $a = 2280$ mm, $y = 1760$ mm, $y' = 22$ mm

6. Bitte jeweils Gegenstands- und Bildweite berechnen.
a) Brennweite 50 mm, Abbildungsverhältnis 0,01   c) $f = 150$ mm, $m = 0,006$
b) Brennweite 45 mm, Abbildungsverhältnis 1,5 : 1   d) $f = 70$ mm, $m = 1 : 2,5$

Erhöhter Schwierigkeitsgrad

7. Bei einer Makroaufnahme ist die Gegenstandsweite 270 mm und die Bildweite 94,5 mm lang. Welche Brennweite hat das Objektiv?

8. Beim Abbildungsverhältnis 0,3 ist die Bildweite 58,5 mm lang. Bitte die Brennweite berechnen.

9. Welche Brennweite hat das Objektiv, wenn die Gegenstandsweite 286 cm lang ist und das Abbildungsverhältnis 0,04 beträgt?

10. Bei einer Aufnahme mit $f = 45$ mm ist die Gegenstandsweite 697 cm lang. Bitte das Abbildungsverhältnis berechnen.

8.3 Brennweite, Aufnahmeformat und Bildwinkel

8.3.1 Normalbrennweite

Objektive mit unterschiedlichen Brennweiten bilden bei gegebenem Aufnahmeformat (Breite und Höhe der aktiven Sensorfläche) und unverändertem Kamerastandpunkt unterschiedliche Objektausschnitte ab. Kurze Brennweiten ergeben vergleichsweise große Ausschnitte, lange Brennweiten vergleichsweise kleine. Normalbrennweite ist die Brennweite, die (ungefähr) so lang ist wie die Diagonale des Aufnahmeformats. Die Formatdiagonale wird mithilfe des Pythagorassatzes errechnet.

F 8-15 $f_{norm} = d = \sqrt{b^2 + h^2}$ f_{norm} Normalbrennweite
d b h Formatdiagonale, -breite, -höhe

Beispiel 8-14: Normalbrennweite für Format 36 mm × 24 mm (Kleinbildformat)
$$\sqrt{36^2\,mm^2 + 24^2\,mm^2} = \sqrt{1872\,mm^2} \approx 43,267\,mm \approx 43,3\,mm$$

8.3.2 Brennweitenfaktor und äquivalente Brennweite

Wegen unterschiedlicher Sensorgrößen von Digitalkameras ist nicht immer auf den ersten Blick erkennbar, ob ein Objektiv normal-, kurz- oder langbrennweitig ist. Multiplikation der Brennweite mit dem Brennweitenfaktor (Formatfaktor, Crop-Faktor) ergibt die äquivalente Brennweite für ein Bezugsformat, in der Regel das Kleinbildformat. Äquivalente Brennweite und Bezugsformat ergeben den gleichen Bildwinkel wie tatsächliche Brennweite und Format des Kamerasensors (zum Bildwinkel vgl. Abschnitt 8.3.3). Bei gleichen Seitenverhältnissen von Sensor- und Bezugsformat werden identische Objektausschnitte aufgenommen.

Beispiel 8-15: An einer Digitalkamera, Brennweitenfaktor 1,6 (bezogen auf Kleinbildformat), wird ein Objektiv mit $f = 30\,mm$ verwendet. Äquivalente Brennweite? Die tatsächliche Brennweite wird mit dem Brennweitenfaktor multipliziert.

$$30\,mm \cdot 1,6 = 48\,mm$$

Um den Brennweitenfaktor zu errechnen, wird die Diagonale des Bezugsformats durch die Diagonale des Aufnahmeformats dividiert. Wenn die Formate gleiche Seitenverhältnisse haben, kann auch mit Breiten oder Höhen gerechnet werden.

Beispiel 8-16: Sensorformat 22,5 mm × 15,0 mm; wie groß ist der auf das Kleinbildformat (36 mm × 24 mm, Diagonale 43,267 mm) bezogene Brennweitenfaktor? Diagonale des Sensorformats 22,5 mm × 15,0 mm:

$$\sqrt{22,5^2\,mm^2 + 15,0^2\,mm^2} \approx 27,041\,mm$$

Diagonale des KB-Formats geteilt durch Diagonale des Sensors:

$$43,267\,mm : 27,041\,mm \approx 1,60$$

Sensorformat und Kleinbildformat haben gleiche Seitenverhältnisse:

$$22,5\,mm : 15\,mm = 1,5 : 1 \qquad 36\,mm : 24\,mm = 1,5 : 1$$

Es kann also auch mit Breiten oder Höhen der Formate gerechnet werden.

$$36\,mm : 22,5\,mm = 1,60 \qquad 24\,mm : 15\,mm = 1,60$$

Die äquivalente Brennweite kann auch auf direktem Weg berechnet werden.

Beispiel 8-17: Das Objektiv einer Kompaktkamera, Sensorgröße 7,2 mm × 5,4 mm, hat die Brennweite 7,5 mm. Äquivalente Brennweite für Kleinbildformat? Diagonale des Sensors:

$$\sqrt{7,2^2\,mm^2 + 5,4^2\,mm^2} = 9,000\,mm$$

Die äquivalente Brennweite beim KB-Format (Diagonale 43,267 mm) wird mit Verhältnisgleichung oder Dreisatz (proportionales Verhältnis) berechnet.

$$f_{\text{äquiv}} : 7,5\,mm = 43,267\,mm : 9,0\,mm \mid \cdot 7,5\,mm \qquad 9,0\,mm \quad : \quad 43,267\,mm$$
$$f_{\text{äquiv}} = 43,267\,mm : 9,0\,mm \cdot 7,5\,mm \approx 36,1\,mm \qquad 7,5\,mm \quad \approx \quad 36,1\,mm$$

Berechnung mit Breiten oder Höhen ist in diesem Beispiel wegen unterschiedlicher Seitenverhältnisse von Sensor- und Bezugsformat nicht möglich.

$$7,2\,mm : 5,4\,mm \approx 1,333 : 1 \qquad 36\,mm : 24\,mm = 1,5 : 1$$

Die Rechenwege als Formeln:

F 8-16 $f_{\text{äquiv}} = f \cdot C$ **F 8-17** $C = d_{\text{Bezug}} : d$ **F 8-18** $f_{\text{äquiv}} = f \cdot d_{\text{Bezug}} : d$

$f_{\text{äquiv}}$ f äquivalente, tatsächliche Brennweite C Brennweitenfaktor
d_{Bezug} d Diagonale des Bezugsformats, des Aufnahmeformats

8.3.3 Bildwinkel

Objektive erzeugen kreisrunde Bilder (Bildkreise), die allerdings am Rand an Schärfe und Helligkeit verlieren. *Brauchbarer* Bildkreis ist der Teil des Bildkreises, der ausreichende Abbildungsqualität liefert. Der Durchmesser des *genutzten* Bildkreises entspricht der Diagonale des Aufnahmeformats. Wenn keine sichtbaren Qualitätsmängel an den Ecken entstehen sollen, muss der brauchbare Bildkreis des Objektivs mindestens so gross sein wie der genutzte Bildkreis (Bild 8-4).
Um Vergleichbarkeit für unterschiedliche Brennweiten und Aufnahmeformate herzustellen, werden Bildwinkel angegeben bzw. berechnet. Bildwinkel α *(alpha)* ist der ebene Winkel, dessen Scheitelpunkt im Hauptpunkt des Objektivs liegt und den Durchmesser des Bildkreises genau einschließt. Er wird für die Entfernungseinstellung „unendlich" (∞) berechnet; bei dieser Einstellung sind Bildweite und Brennweite gleich ($a' = f$).
Der brauchbare Bildwinkel hängt allein von der Objektivbauart ab; seine Größe ist im technischen Datenblatt des jeweiligen Objektivs angegeben. Der genutzte Bildwinkel hängt auch vom Aufnahmeformat ab; bei gleicher Brennweite ergeben sich je nach Aufnahmeformat unterschiedliche genutzte Winkel.

Beispiel 8-18: Genutzter Bildwinkel eines Objektivs mit 50 mm Brennweite, Kleinbildformat (36 mm × 24 mm, Diagonale 43,267 mm)
Zunächst wird der Feldwinkel ω *(omega)* ermittelt. Scheitelpunkt des Winkels ist der Punkt H des rechtwinkligen Dreiecks mit den Eckpunkten H (Hauptpunkt des Objektivs), F (Brennpunkt des Objektivs, Mittelpunkt des Aufnahmeformats) und E (Eckpunkt des Aufnahmeformats). Die Ankathete $\overline{HF}$ entspricht der Brennweite f, die Gegenkathete $\overline{FE}$ der Hälfte der Formatdiagonalen d.
Der Quotient aus halber Formatdiagonale (Gegenkathete) und Brennweite (Ankathete) ist der Tangens des Feldwinkels ω.

$$\tan \omega = d : 2 : f = 43{,}267\,\text{mm} : 2 : 50\,\text{mm} = 0{,}432\,67$$

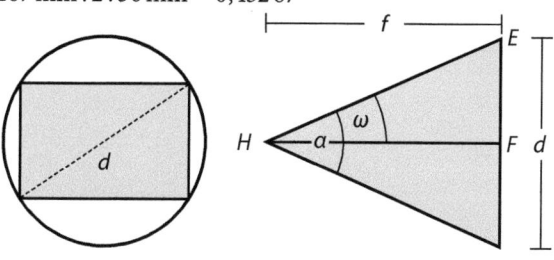

Bild 8-4
Aufnahmeformat und
genutzter Bildkreis;
Feldwinkel ω und
Bildwinkel α

Der Winkel ω wird mithilfe von Arkustangens ermittelt, der Umkehrung der Tangensfunktion.

$\omega = \arctan 0{,}432\,67 \approx 23{,}40°$

Der gesuchte Bildwinkel α ist doppelt so groß wie der Feldwinkel ω.

$\alpha = 2 \cdot \omega = 2 \cdot 23{,}40° = 46{,}80°$

Alle Rechenschritte in einer Formel:

F 8-19 $\alpha = 2 \cdot \arctan \dfrac{d}{2 \cdot f}$ α genutzter Bildwinkel
 d Formatdiagonale f Brennweite

Lösung zu Beispiel 8-18 mithilfe der Formel:

$$\alpha = 2 \cdot \arctan \frac{43{,}267\,\text{mm}}{2 \cdot 50\,\text{mm}} = 2 \cdot \arctan 0{,}43267 \approx 2 \cdot 23{,}40° = 46{,}80°$$

Bei Normalbrennweite (= Diagonale des Aufnahmeformats) beträgt der genutzte Bildwinkel in jedem Fall rund 53,1°. Durch Einsetzen von d für f in Formel 8-19 ergibt sich:

$$\alpha = 2 \cdot \arctan \frac{d}{2 \cdot d} = 2 \cdot \arctan 0{,}5 \approx 2 \cdot 26{,}57° \approx 53{,}1°$$

Anstelle des auf den Bildkreis bezogenen Bildwinkels oder als Zusatzinformation werden gelegentlich auch die kleineren, auf Breite und Höhe des Aufnahmeformats bezogenen Bildwinkel angegeben. Zur Berechnung wird in Formel 8-19 die Breite bzw. Höhe des Aufnahmeformats anstelle der Diagonalen eingesetzt.

Fachkameras mit verstellbaren Standarten und Shift-Objektive an starren Kameragehäusen ermöglichen die parallele Verschiebung von Objektiv- und Bildebene, zum Beispiel zur Vermeidung stürzender Linien bei Architekturaufnahmen. Hier reicht es nicht aus, wenn der brauchbare Bildkreis das Aufnahmeformat genau einschließt – um die Verstellmöglichkeit nutzen zu können, muss er vielmehr deutlich größer sein.

Beispiel 8-19: Brennweite 50 mm, Aufnahmeformat 36 mm × 24 mm; wie groß ist der genutzte Bildwinkel, wenn die Objektivstandarte um 10 mm vertikal (parallel zur kürzeren Formatseite) verschoben wird?

Bild 8-5
Parallele
Verschiebung
von Objektiv-
und Bildebene
(Fachkamera),
vergrößerter
Bildkreis

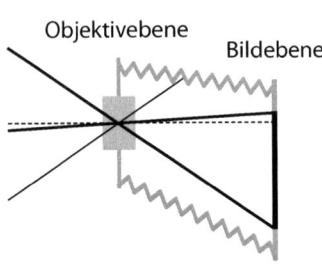
Objektivebene   Bildebene

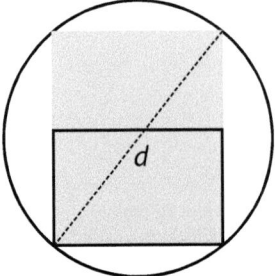
d

Die Höhe des Aufnahmeformats wird um das Zweifache der vertikalen Verschiebung vergrößert.

$24\,\text{mm} + 2 \cdot 10\,\text{mm} = 44\,\text{mm}$

Diagonale aus Breite und vergrößerter Höhe des Aufnahmeformats:

$\sqrt{36^2\,\text{mm}^2 + 44^2\,\text{mm}^2} \approx 56{,}851\,\text{mm}$

Durch Einsetzen in Formel 8-19 ergibt sich der Bildwinkel.

$$\alpha = 2 \cdot \arctan\frac{56{,}851\,\text{mm}}{2 \cdot 50\,\text{mm}} = 2 \cdot \arctan 0{,}56851 \approx 2 \cdot 29{,}62° \approx 59{,}2°$$

8.3.4 Übungsaufgaben zu Abschnitt 8.3

1. Bitte die Normalbrennweiten für folgende Aufnahmeformate berechnen.
a) $24\,\text{mm} \times 18\,\text{mm}$ c) $5{,}8\,\text{mm} \times 4{,}3\,\text{mm}$
b) $44\,\text{mm} \times 33\,\text{mm}$ d) $22{,}2\,\text{mm} \times 14{,}8\,\text{mm}$

2. Geben Sie bitte die äquivalenten Brennweiten an.
a) Brennweite 35 mm, Brennweitenfaktor 2
b) $f = 24\,\text{mm}$, Brennweitenfaktor 1,5

3. Bitte die auf das Kleinbildformat ($36\,\text{mm} \times 24\,\text{mm}$) bezogenen Brennweitenfaktoren für folgende Aufnahmeformate berechnen.
a) $17{,}3\,\text{mm} \times 13{,}0\,\text{mm}$ c) $20{,}7\,\text{mm} \times 13{,}8\,\text{mm}$
b) $24{,}0\,\text{mm} \times 18{,}0\,\text{mm}$ d) $8{,}8\,\text{mm} \times 6{,}6\,\text{mm}$

4. Der Zoombereich des Objektivs einer Kompaktkamera reicht von 5 mm bis 30 mm, der Sensor ist $5{,}8\,\text{mm} \times 4{,}3\,\text{mm}$ groß. Bitte die äquivalenten Brennweiten für das Kleinbildformat ($36\,\text{mm} \times 24\,\text{mm}$) berechnen.

5. Bei einer Aufnahme mit Four-Thirds-Sensor ($17{,}3\,\text{mm} \times 13{,}0\,\text{mm}$) wurde ein Objektiv mit $f = 40\,\text{mm}$ verwendet.
a) Berechnen Sie bitte die auf das Kleinbildformat ($36\,\text{mm} \times 24\,\text{mm}$) bezogene äquivalente Brennweite.
b) Berechnen Sie bitte die äquivalente Brennweite für eine Mittelformatkamera, Sensorformat $44\,\text{mm} \times 33\,\text{mm}$.

6. Wie groß ist der genutzte Bildwinkel beim KB-Format ($36\,\text{mm} \times 24\,\text{mm}$)?
a) Brennweite 28 mm   b) $f = 135\,\text{mm}$

7. Die Sensorfläche einer Digitalkamera hat das Format $23{,}5\,\text{mm} \times 15{,}7\,\text{mm}$. Wie groß sind die genutzten Bildwinkel bei $f = 30\,\text{mm}$ und $f = 180\,\text{mm}$?

8. Die Sensorfläche einer digitalen Fachkamera ist $48\,\text{mm} \times 36\,\text{mm}$ groß, das verwendete Objektiv hat die Brennweite 80 mm.
a) Wie groß ist der genutzte Bildwinkel bei unverstellten Kamerastandarten?
b) Wie groß ist der Bildwinkel, wenn Objektiv- und Bildebene vertikal (parallel zur kürzeren Formatseite) um 15 mm gegeneinander verschoben sind?

9. An einer Fachkamera, Sensorgröße 55,0 mm × 40,5 mm, wird ein Objektiv mit 60 mm Brennweite verwendet.
a) Wie groß ist der genutzte Bildwinkel bei unverstellten Kamerastandarten?
b) Welcher Bildwinkel ergibt sich, wenn Objektiv- und Bildebene horizontal (parallel zur längeren Formatseite) um 20 mm gegeneinander verschoben sind?

Erhöhter Schwierigkeitsgrad

10. Wie groß ist der genutzte Bildwinkel, wenn die Brennweite zwei Dritteln der Normalbrennweite entspricht?

11. Welchen Durchmesser hat der Bildkreis bei $f = 40$ mm, Bildwinkel 60°?

12. Aufnahmeformat 49,1 mm × 36,8 mm, $f = 55$ mm; wie groß muss der brauchbare Bildwinkel mindestens sein, wenn die Kamerastandarten gleichzeitig horizontal und vertikal um je 18 mm gegeneinander verschoben sind?

8.4 Belichtung I – Blende, Belichtungszeit, Empfindlichkeit

8.4.1 Blende

Die fotografische Blende regelt die Belichtung, indem sie je nach Öffnung einen größeren oder kleineren Lichtstrom durch das Objektiv auf den Bildsensor der Kamera gelangen lässt. Solange Beleuchtung des aufzunehmenden Objekts und Kamerastandpunkt unverändert bleiben, hängt die Beleuchtungsstärke, die auf Sensor oder Aufnahmematerial einwirkt, nur von der eingestellten Blende ab.

Entscheidend ist allerdings nicht die Blendenöffnung selbst, sondern die wirksame Öffnung des optischen Systems. Das ist der Durchmesser eines achsenparallel auf die Frontlinse des Objektivs treffenden Strahlenbündels, das von der Blende gerade noch durchgelassen wird.

Die relative Öffnung oder Blendenzahl – umgangssprachlich kurz als „Blende" bezeichnet – ist der Quotient aus Brennweite und Durchmesser der wirksamen Öffnung. Blendenzahl und Durchmesser der wirksamen Öffnung stehen also im antiproportionalen Verhältnis. Bei unveränderter Brennweite ist die Blendenzahl umso größer, je kleiner der Durchmesser ist.

F 8-20 $\quad k = f : d_\mathrm{w}$ $\qquad$ *F 8-21* $\quad d_\mathrm{w} = f : k$

k Blendenzahl
f Brennweite
d_w Durchmesser der wirksamen Öffnung

wirksame Öffnung — — — Blendenöffnung

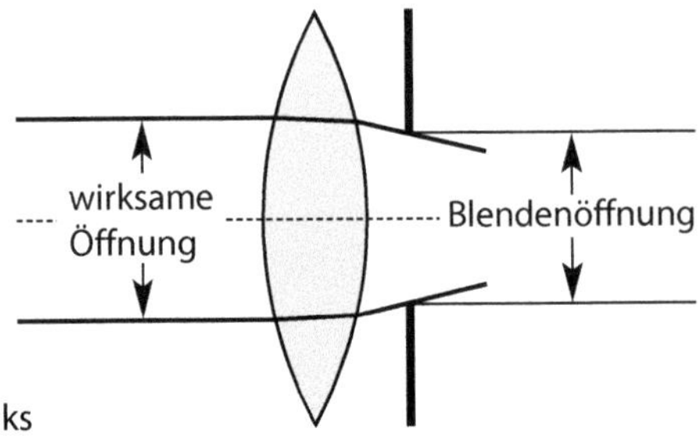

Bild 8-6 Blendenöffnung und wirksame Öffnung – Lichteinfall von links

Brennweite und Öffnungsdurchmesser müssen bei der Berechnung dieselbe Längeneinheit haben. Die Blendenzahl hat keine Einheit.

Beispiel 8-20: Durchmesser der wirksamen Öffnungen $d_w = 10\,mm$ und $d_w = 5\,mm$, Brennweite $f = 40\,mm$

$$k = 40\,mm : 10\,mm = 4 \qquad k = 40\,mm : 5\,mm = 8$$

Beispiel 8-21: Blendenzahlen $k = 8$ und $k = 16$, Brennweite $f = 120\,mm$

$$d_w = 120\,mm : 8 = 15\,mm \qquad d_w = 120\,mm : 16 = 7{,}5\,mm$$

Verdoppelung der Blendenzahl entspricht also Halbierung des wirksamen Öffnungsdurchmessers. Wird der Durchmesser eines Kreises halbiert, so reduziert sich seine Fläche – und damit der von der Blende durchgelassene Lichtstrom – aber bereits auf ein Viertel. Um die Fläche eines Kreises zu halbieren, muss der Durchmesser durch $\sqrt{2} \approx 1{,}414$ dividiert werden.

Die mit 1 beginnende Blendenreihe, in der die jeweils nächsthöhere Zahl für die halbe Fläche der vorhergehenden steht, sieht so aus:

$$1 \quad \sqrt{2} \quad 2 \quad 2\cdot\sqrt{2} \quad 4 \quad 4\cdot\sqrt{2} \quad 8 \quad 8\cdot\sqrt{2} \quad 16 \quad 16\cdot\sqrt{2} \quad 32 \quad \ldots$$

Genau so ist die internationale Blendenreihe aufgebaut, wobei lediglich gerundete Blendenzahlen anstelle der rechnerisch exakten Werte benutzt werden.

$$1 \quad 1{,}4 \quad 2 \quad 2{,}8 \quad 4 \quad 5{,}6 \quad 8 \quad 11 \quad 16 \quad 22 \quad 32 \quad \ldots$$

Neben diesen „ganzen" Blendenstufen werden häufig auch Zwischenwerte, insbesondere Halb- und Drittelstufen, benutzt. Halbstufen ergeben sich durch Multiplikation mit dem Faktor $\sqrt{\sqrt{2}} = \sqrt[4]{2} \approx 1{,}189$, Drittelstufen durch Multiplikation mit dem Faktor $\sqrt[3]{\sqrt{2}} = \sqrt[6]{2} \approx 1{,}122$. Blendenreihe mit Halbstufen in praxisüblicher Rundung (Zwischenstufen in kursiver Schrift):

1 *1,2* 1,4 *1,7* 2 *2,4* 2,8 *3,4* 4 *4,8* 5,6 *6,7* 8 *9,5* 11 *13* 16 *19* 22 …

Entsprechend die Reihe mit Drittelstufen:

1 *1,1* *1,2* 1,4 *1,6* *1,8* 2 *2,2* *2,5* 2,8 *3,2* *3,5* 4 *4,5* 5 5,6

6,3 *7,1* 8 *9* *10* 11 *13* *14* 16 *18* *20* 22 …

8.4.2 Belichtungszeit

Belichtung ist das Produkt aus auf den Sensor einwirkendem Lichtstrom und Zeitdauer dieser Einwirkung. Wenn Blende, Beleuchtung des aufzunehmenden Objekts und Kamerastandpunkt unverändert bleiben, hängt die Belichtung allein von der Belichtungszeit ab. Belichtungszeit und Belichtung sind proportional, jede Halbierung der Belichtungszeit halbiert die Belichtung. Eine Belichtungszeitenreihe mit „ganzen" Stufen kann zum Beispiel so aussehen, wobei Bruchteile von Sekunden als gemeine Brüche angegeben sind.

$$\ldots 4\,s \quad 2\,s \quad 1\,s \quad \tfrac{1}{2}\,s \quad \tfrac{1}{4}\,s \quad \tfrac{1}{8}\,s \quad \tfrac{1}{16}\,s \quad \tfrac{1}{32}\,s \quad \tfrac{1}{64}\,s \quad \tfrac{1}{128}\,s \quad \tfrac{1}{256}\,s \quad \tfrac{1}{512}\,s \quad \tfrac{1}{1024}\,s \quad \tfrac{1}{2048}\,s \ldots$$

Tatsächlich werden die kleineren Sekundenbruchteile in der Regel gerundet angegeben; praxisüblich ist diese Reihe:

… 1 s ½ s ¼ s ⅛ s $^1/_{15}$ s $^1/_{30}$ s $^1/_{60}$ s $^1/_{125}$ s $^1/_{250}$ s $^1/_{500}$ s $^1/_{1000}$ s $^1/_{2000}$ s …

Wie bei der Blendenreihe sind auch hier Zwischenstufen möglich. Halbstufen ergeben sich durch Division der nächst längeren Belichtungszeit durch $\sqrt{2} \approx 1{,}414$; um Drittelstufen zu berechnen, wird durch $\sqrt[3]{2} \approx 1{,}260$ dividiert.

In modernen Kameras arbeitet die Belichtungssteuerung allerdings oft stufenlos; im Display werden entweder entsprechend „krumme" Belichtungszeiten oder gerundete Werte angezeigt.

8.4.3 Blende und Belichtungszeit

Da die Belichtung das Produkt aus Beleuchtungsstärke und Belichtungszeit ist, kann jede Veränderung der Blende durch eine entsprechend entgegengesetzte Veränderung der Belichtungszeit ausgeglichen werden. Erhöhung der Blendenzahl um eine Stufe der internationalen Reihe erfordert Verdoppelung der Belichtungszeit, Verringerung der Blendenzahl um eine Stufe erfordert Halbierung der Belichtungszeit. Solange es um „ganze" Stufen der Blenden- und Belichtungszeitenreihe geht, kann das Ergebnis durch einfaches Abzählen gefunden werden.

Beispiel 8-22: Eine Aufnahme mit Blende 5,6 wurde $^1/_{125}$ s belichtet. Mit welcher Belichtungszeit wird bei Blende 16 dieselbe Belichtung erreicht?
Die Blendenzahl wird um 3 Stufen erhöht: (5,6) 8 11 16
Die Belichtungszeit wird um 3 Stufen verlängert: ($^1/_{125}$ s) $^1/_{60}$ s $^1/_{30}$ s **$^1/_{15}$ s**
Rechnerische Lösung: Belichtungszeit und Quadrat der Blendenzahl stehen im proportionalen Verhältnis. In Verhältnisgleichung oder Dreisatz sind also die Quadrate der Blendenzahlen einzusetzen.

$$t_{neu} : 16^2 = {}^1/_{125}\,s : 5{,}6^2 \quad | \cdot 16^2 \qquad\qquad 5{,}6^2 \quad : \quad {}^1/_{125}\,s$$
$$t_{neu} = {}^1/_{125}\,s : 5{,}6^2 \cdot 16^2 \approx {}^1/_{15}\,s \qquad\qquad 16^2 \quad \approx \quad {}^1/_{15}\,s$$

Achtung: Denken sie beim Rechnen daran, dass Belichtungszeiten von weniger als einer Sekunde als gemeine Brüche mit Zähler 1 angegeben werden. Um den Bruch durch eine Zahl zu dividieren, wird der Nenner mit der Zahl multipliziert; um den Bruch zu multiplizieren, wird der Nenner durch die Zahl dividiert.

Beispiel 8-23: Eine Aufnahme mit Blende 16 wurde ¼ s belichtet. Mit welcher Belichtungszeit wird bei Blende 4 dieselbe Belichtung erreicht?
Die Blendenzahl wird um 4 Stufen reduziert: (16) 11 8 5,6 4
Die Belichtungszeit wird um 4 Stufen verkürzt: (¼ s) ⅛ s $^1/_{15}$ s $^1/_{30}$ s **$^1/_{60}$ s**
Rechnerische Lösung mit Verhältnisgleichung oder Dreisatz (proportionales Verhältnis von Belichtungszeit und Quadrat der Blendenzahl):

$$t_{neu} : 4^2 = \tfrac{1}{4}\,s : 16^2 \quad | \cdot 4^2 \qquad\qquad 16^2 \quad : \quad \tfrac{1}{4}\,s$$
$$t_{neu} = \tfrac{1}{4}\,s : 16^2 \cdot 4^2 = {}^1/_{64}\,s \qquad\qquad 4^2 \quad = \quad {}^1/_{64}\,s$$

Umgekehrt kann die neue Blende errechnet werden, die bei veränderter Belichtungszeit zur gleichen Belichtung führt.

Beispiel 8-24: Eine Aufnahme wurde $\frac{1}{30}$ s bei Blende 11 belichtet. Welche Blende ist einzustellen, um die Belichtungszeit auf $\frac{1}{250}$ s zu verkürzen?

Die Belichtungszeit wird um 3 Stufen verkürzt: $(\frac{1}{30}$ s$)$ $\frac{1}{60}$ s $\frac{1}{125}$ s $\frac{1}{250}$ s

Die Blendenzahl wird um 3 Stufen verringert: (11) 8 5,6 **4**

Mit Verhältnisgleichung oder Dreisatz (proportionales Verhältnis) wird zunächst das Quadrat der gesuchten Blende errechnet.

$$k_{neu}^2 : \frac{1}{250}\,s = 11^2 : \frac{1}{30}\,s \quad | \cdot \frac{1}{250}\,s \qquad \frac{1}{30}\,s \quad : \quad 11^2$$
$$k_{neu}^2 = 11^2 : \frac{1}{30}\,s \cdot \frac{1}{250}\,s \approx 14,5 \qquad \frac{1}{250}\,s \quad \approx \quad 14,5$$

Im zweiten Schritt wird die Quadratwurzel gezogen.

$$\sqrt{14,5} \approx 3,81 \approx 4$$

Wie in den Beispielen gezeigt, kann die gesuchte Belichtungszeit oder Blendenzahl rechnerisch oder durch Abzählen „ganzer" Stufen in Blenden- oder Belichtungszeitenreihe gefunden werden. Bei „krummen" Werten geht es nur rechnerisch – entweder mit Verhältnisgleichung oder Dreisatz oder mithilfe von Formeln. Die allgemeine Verhältnisgleichung lautet:

F 8-22 $\quad t_{neu} : k_{neu}^2 = t_{alt} : k_{alt}^2 \qquad t_{neu}\ t_{alt}$ neue, alte Belichtungszeit

$\qquad\qquad\qquad\qquad\qquad\qquad\qquad\qquad k_{neu}\ k_{alt}$ neue, alte Blende

Auflösen nach t_{neu} (neue Belichtungszeit) bzw. k_{neu} (neue Blende) ergibt:

F 8-23 $\quad t_{neu} = t_{alt} \cdot (k_{neu} : k_{alt})^2 \qquad$ **F 8-24** $\quad k_{neu} = k_{alt} \cdot \sqrt{t_{neu} : t_{alt}}$

Die Beispiele zeigen, dass berechnete Ergebnisse etwas ungenau sein können. Das ist kein Problem des Rechenwegs, sondern des Inputs: Wenn mit mehr oder minder stark gerundeten Blendenzahlen oder Belichtungszeiten gerechnet wird, kann auch das Ergebnis nicht genau sein.

8.4.4 ISO-Empfindlichkeit

Die ISO-Empfindlichkeit von Farbnegativfilmen wird nach der internationalen Norm ISO 5800 in der Form ISO 100/21° angegeben. In der Digitalfotografie wird diese Form der Empfindlichkeitskennzeichnung entsprechend verwendet. Die erste Zahl ist ein numerischer Wert und entspricht dem Empfindlichkeitswert nach der älteren amerikanischen Norm ASA PH 2.5 von 1960. Die Zahl mit dem Grad-Zeichen ist ein logarithmischer Wert; sie entspricht dem Empfindlichkeitswert nach der früheren deutschen Normenreihe DIN 4512.

In der Praxis wird fast ausschließlich mit der numerischen ISO-Empfindlichkeit gearbeitet. Sie ist proportional zur Lichtempfindlichkeit und antiproportional zur erforderlichen Belichtung. Je höher der numerische Empfindlichkeitswert, umso höher die Lichtempfindlichkeit und umso geringer die erforderliche Belichtung.

Reihe der numerischen ISO-Empfindlichkeiten mit „ganzen" Stufen:

… 25 50 100 200 400 800 1600 3200 …

Beispiel 8-25: Bei der Empfindlichkeit ISO 800 wurde $\frac{1}{1000}$ s belichtet. Wie lange muss bei unveränderter Blende belichtet werden, wenn die Empfindlichkeit auf ISO 100 verringert wird?

Die ISO-Empfindlichkeit wird um 3 Stufen reduziert: (800) 400 200 100
Die Belichtungszeit wird um 3 Stufen verlängert: ($\frac{1}{1000}$ s) $\frac{1}{500}$ s $\frac{1}{250}$ s **$\frac{1}{125}$ s**
Verhältnisgleichung oder Dreisatz mit antiproportionalem Verhältnis (je geringer die Empfindlichkeit, desto länger die Belichtungszeit).

$$t_{neu} \cdot 100 = \frac{1}{1000} s \cdot 800 \quad | \quad : 100$$
$$t_{neu} = \frac{1}{1000} s \cdot 800 : 100 = \frac{1}{125} s$$

$$\begin{array}{ccc} 800 & \cdot & \frac{1}{1000} s \\ : & & \\ 100 & = & \frac{1}{125} s \end{array}$$

Beispiel 8-26: Bei ISO 100 wurde $\frac{1}{8}$ s belichtet. Welche Empfindlichkeit ist einzustellen, um die Belichtungszeit bei unveränderter Blende auf $\frac{1}{125}$ s zu verkürzen?

Verkürzung der Belichtungszeit um 4 Stufen: ($\frac{1}{8}$ s) $\frac{1}{15}$ s $\frac{1}{30}$ s $\frac{1}{60}$ s $\frac{1}{125}$ s
Erhöhung der ISO-Empfindlichkeit um 4 Stufen: (100) 200 400 800 **1600**
Verhältnisgleichung oder Dreisatz mit antiproportionalem Verhältnis:

$$S_{neu} \cdot \frac{1}{125} s = 100 \cdot \frac{1}{8} s \quad | \quad : \frac{1}{125} s$$
$$S_{neu} = 100 \cdot \frac{1}{8} s : \frac{1}{125} s \approx 1563 \approx 1600$$

$$\begin{array}{ccc} \frac{1}{8} s & \cdot & 100 \\ : & & \\ \frac{1}{125} s & \approx & 1563 \approx 1600 \end{array}$$

Beispiel 8-27: Aufnahme mit Blende 8, ISO 100; welche Empfindlichkeit ist bei unveränderter Belichtungszeit erforderlich, wenn Blende 16 eingestellt wird?

Die Blendenzahl wird um 2 Stufen erhöht: (8) 11 16
Die ISO-Empfindlichkeit wird ebenfalls um 2 Stufen erhöht: (100) 200 **400**
Numerische ISO-Empfindlichkeit und Quadrat der Blendenzahl stehen im proportionalen Verhältnis. Bei der Berechnung mit Verhältnisgleichung oder Dreisatz werden also die Quadrate der Blendenzahlen eingesetzt.

$$S_{neu} : 16^2 = 100 : 8^2 \quad | \quad \cdot 16^2$$
$$S_{neu} = 100 : 8^2 \cdot 16^2 = 400$$

$$\begin{array}{ccc} 8^2 & : & 100 \\ : & & \\ 16^2 & = & 400 \end{array}$$

Beispiel 8-28: Blende 16, ISO 800; welche Blende ist bei unveränderter Belichtungszeit einzustellen, wenn die Empfindlichkeit auf ISO 100 verringert wird?

Die ISO-Empfindlichkeit wird um 3 Stufen verringert: (800) 400 200 100
Die Blendenzahl wird ebenfalls um 3 Stufen verringert: (16) 11 8 **5,6**
Mit Verhältnisgleichung oder Dreisatz (proportionales Verhältnis) wird das Quadrat der gesuchten Blende ausgerechnet.

$$k_{neu}^2 : 100 = 16^2 : 800 \quad | \quad \cdot 100$$
$$k_{neu}^2 = 16^2 : 800 \cdot 100 = 32$$

$$\begin{array}{ccc} 800 & : & 16^2 \\ : & & \\ 100 & = & 32 \end{array}$$

Im zweiten Schritt wird die Quadratwurzel gezogen.

$$\sqrt{32} \approx 5,66 \approx 5,6$$

Die allgemeinen Gleichungen für das Verhältnis von numerischer ISO-Empfindlichkeit und Belichtungszeit bzw. Blendenzahl lauten:

F 8-25 $\quad t_{neu} \cdot S_{neu} = t_{alt} \cdot S_{alt}$ $\qquad$ **F 8-26** $\quad k_{neu}^2 : S_{neu} = k_{alt}^2 : S_{alt}$

$\quad t_{neu}$ t_{alt} alte, neue Belichtungszeit $\quad k_{neu}$ k_{alt} alte, neue Blendenzahl

$\quad S_{neu}$ S_{alt} alte, neue numerische ISO-Empfindlichkeit

Aufgelöst nach t_{neu} und S_{neu} bzw. k_{neu} und S_{neu}:

F 8-27 $\quad t_{neu} = t_{alt} \cdot S_{alt} : S_{neu}$ $\qquad$ **F 8-29** $\quad k_{neu} = k_{alt} \cdot \sqrt{S_{neu} : S_{alt}}$

F 8-28 $\quad S_{neu} = S_{alt} \cdot t_{alt} : t_{neu}$ $\qquad$ **F 8-30** $\quad S_{neu} = S_{alt} \cdot (k_{neu} : k_{alt})^2$

Die nur noch selten verwendeten logarithmischen Empfindlichkeitswerte sind verzehnfachte dekadische Logarithmen. Die Erhöhung des Empfindlichkeitswerts um 3° entspricht der Verdoppelung der Empfindlichkeit, die Verringerung um 3° der Halbierung (weil antilg 0.3 = $10^{0.3} \approx 2$). Bei Erhöhung der Empfindlichkeitszahl um 3° ist also die Belichtungszeit zu halbieren oder die nächstgrößere Blendenzahl einzustellen. Bei Verringerung um 3° ist die Belichtungszeit zu verdoppeln oder die nächstkleinere Blendenzahl einzustellen.

Die Umwandlung von numerischen in logarithmische Empfindlichkeitszahlen und umgekehrt geht am einfachsten durch Untereinanderschreiben der beiden Reihen. Dazu muss nur ein Wertepaar bekannt sein, z. B. ISO 100/21°. Der Rest ergibt sich durch schrittweises Verdoppeln bzw. Halbieren des numerischen Werts und schrittweises Addieren bzw. Subtrahieren von 3° beim logarithmischen Wert.

...	25	50	100	200	400	800	1600	3200	...
...	15°	18°	21°	24°	27°	30°	33°	36°	...

8.4.5 Übungsaufgaben zu Abschnitt 8.4

1. Bitte die Blendenzahlen errechnen.
   a) Durchmesser der wirksamen Öffnung 15 mm, Brennweite 30 mm
   b) wirksame Öffnung 12,5 mm, $f = 200$ mm
   c) wirksame Öffnung 6,25 mm, $f = 50$ mm
   d) wirksame Öffnung 12,5 mm, $f = 70$ mm

2. Errechnen Sie bitte die Durchmesser der wirksamen Blendenöffnungen.
   a) $f = 28$ mm, Blende 5,6 $\quad$ b) $f = 240$ mm, $k = 16$ $\quad$ c) $f = 135$ mm, $k = 8$

3. Eine Aufnahme mit Blende 5,6 wurde $\frac{1}{500}$ s belichtet. Welche Belichtungszeiten ergeben sich bei Blende 4, Blende 11 und Blende 16?

4. Eine Aufnahme mit Blende 8 wurde $\frac{1}{30}$ s belichtet. Bitte die Belichtungszeiten für Blende 16, Blende 4 und Blende 2 berechnen.

5. Die Belichtungszeit beträgt $\frac{1}{8}$ s bei Blende 16. Bei welchen Blendeneinstellungen ergeben sich die Belichtungszeiten $\frac{1}{30}$ s, $\frac{1}{125}$ s und $\frac{1}{250}$ s?

6. Bei Blende 2 wurde $1/1000$ s belichtet. Bei welchen Blenden ergeben sich die Belichtungszeiten $1/250$ s, $1/125$ s und $1/30$ s?

7. Bei ISO 100 beträgt die Belichtungszeit $1/8$ s. Bitte die Belichtungszeiten für die Empfindlichkeitseinstellungen ISO 25, ISO 400 und ISO 1600 berechnen.

8. Eine Aufnahme wurde $1/250$ s belichtet, Empfindlichkeit ISO 800. Bei welchen Empfindlichkeiten ergeben sich die Belichtungszeiten $1/1000$ s, $1/125$ s und $1/30$ s?

9. Bei einer Aufnahme mit ISO 200 ist Blende 4 eingestellt. Errechnen Sie bitte die Blendenzahlen für ISO 50, ISO 800 und ISO 3200.

10. Bei einer Aufnahme mit Blende 8 ist die Empfindlichkeit ISO 400 eingestellt. Welche Empfindlichkeiten ergeben sich für die Blenden 4, 11 und 22?

11. Eine Aufnahme mit Blende 4 wurde $1/1000$ s bei ISO 400 belichtet.
a) Wie lang ist die Belichtungszeit bei ISO 50 und unveränderter Blende?
b) Welche Blende ergibt sich bei ISO 100 und unveränderter Belichtungszeit?
c) Belichtungszeit bei Blende 16 und unveränderter Empfindlichkeit?

12. Eine Aufnahme wurde 4 s bei Blende 16 und ISO 100 belichtet.
a) Welche Blendeneinstellung ist erforderlich, um die Belichtungszeit bei unveränderter Empfindlichkeit auf $1/4$ s zu verkürzen?
b) Welche ISO-Empfindlichkeit ist erforderlich, um die Belichtungszeit bei unveränderter Blende auf $1/8$ s zu verkürzen?
c) Welche Belichtungszeit ergibt sich bei unveränderter ISO-Empfindlichkeit, wenn Blende 5,6 eingestellt wird?

13. Eine Aufnahme mit Blende 8, ISO 200, wurde $1/125$ s belichtet.
a) Welche Belichtungszeit ergibt sich bei Blende 16, wenn die Empfindlichkeit unverändert bleibt?
b) Welche Blendeneinstellung ist erforderlich, um die Belichtungszeit bei unveränderter Empfindlichkeit auf $1/1000$ s zu verkürzen?
c) Welche Belichtungszeit ergibt sich bei ISO 3200 und unveränderter Blende?

Erhöhter Schwierigkeitsgrad

14. Eine Aufnahme mit Blende 16, ISO 50, wurde $1/2$ s belichtet. Welche ISO-Empfindlichkeit ist erforderlich, wenn die Belichtungszeit bei Blende 5,6 nicht länger als $1/500$ s sein soll?

15. Um welchen Faktor verändert sich die Belichtungszeit, wenn von Blende 2,8 auf Blende 11 abgeblendet und die Empfindlichkeit von ISO 1600 auf ISO 200 reduziert wird?

16. Bei Blende 4, ISO 24°, beträgt die Belichtungszeit $1/500$ s. Welche logarithmische Empfindlichkeit ist nötig, wenn die Belichtungszeit nach Abblenden auf 16 nicht länger als $1/125$ s sein soll?

8.5 Belichtung II – Lichtwert, Korrekturen, Blitz

8.5.1 Lichtwert, Blendenleitwert und Zeitleitwert

Im Lichtwert *(EV – Exposure Value)* sind Blende und Belichtungszeit zu einem Wert zusammengefasst. Blende 1 und Belichtungszeit 1 s ergeben Lichtwert 0. Jede Erhöhung der Blendenzahl um eine Stufe der Blendenreihe und jede Halbierung der Belichtungszeit erhöht den Lichtwert um den Summanden 1.

Für „ganze" Blenden- und Belichtungszeitstufen lässt sich der Lichtwert mithilfe Tabelle 8-1 ermitteln: Blendenleitwert *(AV – Aperture Value)* und Zeitleitwert *(TV – Time Value)* werden abgelesen und addiert.

Tabelle 8-1: Blendenleitwert *(AV)* und Zeitleitwert *(TV)*

k		0,7	1	1,4	2	2,8	4	5,6	8	11	16	22	32
AV		−1	0	1	2	3	4	5	6	7	8	9	10

t [s]	16	8	4	2	1	½	¼	⅛	¹⁄₁₅	¹⁄₃₀	¹⁄₆₀	¹⁄₁₂₅	¹⁄₂₅₀	¹⁄₅₀₀	¹⁄₁₀₀₀
TV	−4	−3	−2	−1	0	1	2	3	4	5	6	7	8	9	10

Neben den in der Tabelle angegebenen „ganzen" Stufen sind auch Zwischenstufen möglich. Die entsprechenden Reihen mit Halbstufen sehen so aus:
... −1 −0,5 0 0,5 1 1,5 2 2,5 3 3,5 ...
Drittelstufen werden meist auf eine Nachkommastelle gerundet angegeben, also zum Beispiel 2,3 (statt 2⅓) und 2,7 (statt 2⅔).
... −1 −0,7 −0,3 0 0,3 0,7 1 1,3 1,7 2 2,3 2,7 ...

Beispiel 8-29: Lichtwert bei Blende 8, Belichtungszeit ¹⁄₂₅₀ s
In Tabelle 8-1 werden Blendenleitwert 6 und Zeitleitwert 8 abgelesen.
$$EV = AV + TV = 6 + 8 = 14$$
Rechnerische Lösung: Die Blendenzahl wird quadriert und als Potenz mit der Basis 2 notiert – der Exponent ist der Blendenleitwert *AV*. Für kleine „glatte" Zweierpotenzen lässt er sich im Kopf ermitteln oder durch Ausprobieren mit dem Taschenrechner. „Mathematisch korrekter" Weg ist der Logarithmus zur Basis 2.
$$8^2 = 64 = 2^6 \qquad AV = 6 \qquad \log_2 64 = 6$$
Der Kehrwert der Belichtungszeit in Sekunden wird als Potenz mit der Basis 2 notiert; der Exponent ist der Zeitleitwert *TV*.
$$1 : ¹⁄_{250} = 250 \approx 2^8 \qquad TV = 8 \qquad \log_2 250 \approx 8$$
Blenden- und Zeitleitwert werden addiert:
$$EV = AV + TV = 6 + 8 = 14$$
Anstelle der Berechnung in Einzelschritten kann diese Formel benutzt werden:

F8-31 $\quad EV = \log_2(k^2 : t) \qquad$ *EV* Lichtwert $\qquad$ *k* Blendenzahl
$\qquad\qquad\qquad\qquad\qquad\qquad$ *t* Belichtungszeit in Sekunden

Der Logarithmus zur Basis 2 – Operationszeichen $\log_2$ – ist der Exponent einer Potenz mit der Basis 2. Falls der verwendete Taschenrechner nur Logarithmen zur Basis 10 berechnet ($\log_{10}$ oder kurz lg), hilft ein kleiner mathematischer Umweg: $\log_2 x = \lg x : \lg 2$ oder mit gerundetem Teiler $\log_2 x \approx \lg x : 0.3$ (vgl. auch Abschnitt 1.3.4, letzter Absatz).

F 8-32 $EV = \lg(k^2 : t) : \lg 2$ $\qquad\qquad$ $EV \approx \lg(k^2 : t) : 0.3$

Beispiel 8-30: Lichtwert bei Blende 8, Belichtungszeit $^1/_{250}$ s (wie Beispiel 8-29)
Berechnung mit Formel 8-31:
$$EV = \log_2(8^2 : {}^1\!/_{250}) = \log_2(64 \cdot 250) = \log_2 16\,000 \approx 14$$
Dasselbe mit Formel 8-32:
$$EV = \lg(8^2 : {}^1\!/_{250}) : \lg 2 = \lg(64 \cdot 250) : \lg 2 = \lg 16\,000 : \lg 2 \approx 4{,}204 : 0{,}301 \approx 14$$

Jeder Lichtwert steht für eine Vielzahl möglicher Kombinationen aus Blende und Belichtungszeit. Wenn Lichtwert und entweder Blendenzahl oder Belichtungszeit vorgegeben sind, kann der jeweils andere Wert durch Ablesen aus der Tabelle oder rechnerisch bestimmt werden.

Beispiel 8-31: Belichtungszeit bei Lichtwert 15, Blende 5,6
In Tabelle 8-1 wird der Blendenleitwert $AV = 5$ abgelesen. Durch Subtraktion vom Lichtwert EV ergibt sich der Zeitleitwert TV.
$$TV = EV - AV = 15 - 5 = 10$$
Zum Schluss wird die Belichtungszeit aus der Tabelle abgelesen:
$$t = {}^1\!/_{1000}\,\text{s}$$
Rechnerische Lösung: Um den Blendenleitwert AV zu ermitteln, wird die Blendenzahl quadriert und als Potenz mit der Basis 2 notiert.
$$5{,}6^2 = 31{,}36 \approx 2^5 \qquad AV = 5 \qquad \log_2 31{,}36 \approx 5$$
Der Blendenleitwert AV wird vom Lichtwert EV subtrahiert; Ergebnis ist der Zeitleitwert TV.
$$TV = EV - AV = 15 - 5 = 10$$
Belichtungszeit in Sekunden ist der Kehrwert der Potenz mit der Basis 2 und dem Zeitleitwert als Exponent.
$$t = (1 : 2^{10})\,\text{s} = {}^1\!/_{1024}\,\text{s} \approx {}^1\!/_{1000}\,\text{s}$$

Beispiel 8-32: Blende bei Lichtwert 15, Belichtungszeit $^1/_{1000}$ s
In Tabelle 8-1 wird der Zeitleitwert $TV = 10$ abgelesen. Durch Subtraktion vom Lichtwert EV ergibt sich der Blendenleitwert AV.
$$AV = EV - TV = 15 - 10 = 5$$
Die Blendenzahl wird aus der Tabelle abgelesen:
$$k = 5{,}6$$
Rechnerische Lösung: Um den Zeitleitwert TV zu ermitteln, wird der Kehrwert der Belichtungszeit in Sekunden als Potenz mit der Basis 2 notiert.
$$1 : {}^1\!/_{1000} = 1000 \approx 2^{10} \qquad TV = 10 \qquad \log_2 1000 \approx 10$$

Durch Subtraktion vom Lichtwert ergibt sich der Blendenleitwert.

$$AV = EV - TV = 15 - 10 = 5$$

Blendenzahl ist die Quadratwurzel aus der Potenz mit der Basis 2 und dem Blendenleitwert als Exponent.

$$k = \sqrt{2^5} = \sqrt{32} \approx 5{,}657 \approx 5{,}6$$

Die Formeln zur Berechnung von Belichtungszeit und Blendenzahl wirken etwas sperrig, da sich alles Wesentliche in den Exponenten abspielt.

F 8-33 $t = 1 : 2^{EV - \log_2 k^2}$

F 8-34 $k = \sqrt{2^{EV - \log_2(1:t)}}$

> t Belichtungszeit in Sekunden
> EV Lichtwert k Blendenzahl

Auch hier ist der kleine Umweg über den Logarithmus zur Basis 10 möglich.

F 8-35 $t = 1 : 2^{EV - \lg k^2 : \lg 2}$

F 8-36 $k = \sqrt{2^{EV - \lg(1:t):\lg 2}}$

Beispiel 8-33: Belichtungszeit bei Lichtwert 15, Blende 5,6 (wie Beispiel 8-31) Berechnung mit Formel 8-33 bzw. 8-35; die Zwischenschritte sind hier nur der leichteren Nachvollziehbarkeit halber notiert – die gesamte Berechnung kann in einem Zug in den Taschenrechner eingegeben werden.

$$t = (1 : 2^{15 - \log_2 5{,}6^2})\,s = (1 : 2^{15 - \log_2 31{,}36})\,s \approx (1 : 2^{15 - 5})\,s = (1 : 2^{10})\,s$$
$$= \tfrac{1}{1024}\,s \approx \tfrac{1}{1000}\,s$$

$$t = (1 : 2^{15 - \lg 5{,}6^2 : \lg 2})\,s = (1 : 2^{15 - \lg 31{,}36 : \lg 2})\,s \approx (1 : 2^{15 - 1{,}496 : 0{,}301})\,s$$
$$\approx (1 : 2^{15 - 4{,}97})\,s \approx (1 : 2^{10})\,s = \tfrac{1}{1024}\,s \approx \tfrac{1}{1000}\,s$$

Beispiel 8-34: Blende bei Lichtwert 15, Belichtungszeit $\tfrac{1}{1000}$ s (wie Beispiel 8-32) Berechnung mit Formel 8-34 bzw. 8-36:

$$k = \sqrt{2^{15 - \log_2(1:1/1000)}} = \sqrt{2^{15 - \log_2 1000}} \approx \sqrt{2^{15 - 10}} = \sqrt{2^5} = \sqrt{32} \approx 5{,}657 \approx 5{,}6$$
$$k = \sqrt{2^{15 - \lg(1:1/1000):\lg 2}} = \sqrt{2^{15 - \lg 1000 : \lg 2}} \approx \sqrt{2^{15 - 3 : 0{,}301}}$$
$$\approx \sqrt{2^{15 - 10}} = \sqrt{2^5} = \sqrt{32} \approx 5{,}657 \approx 5{,}6$$

8.5.2 Lichtwert und ISO-Empfindlichkeit

Lichtwerte hängen, ebenso wie Belichtungszeiten und Blenden, von der ISO-Empfindlichkeit ab. Jede Veränderung der Empfindlichkeit erfordert entsprechende Anpassung des Lichtwerts. Erhöhung der ISO-Empfindlichkeit um eine Stufe erfordert Erhöhung des Lichtwerts um 1, Verringerung der ISO-Empfindlichkeit um eine Stufe erfordert Reduzierung des Lichtwerts um 1.

Beispiel 8-35: Lichtwert 12 bei ISO 200; welcher Lichtwert ergibt sich bei Erhöhung der Empfindlichkeit auf ISO 1600?
Die Empfindlichkeit wird um 3 Stufen erhöht: (200) 400 800 1600
Der Lichtwert wird um 3 erhöht: $EV = 12 + 3 = 15$

Rechnerische Lösung: Division der neuen durch die alte ISO-Empfindlichkeit; das Ergebnis wird als Potenz mit der Basis 2 notiert.

$$1600 : 200 = 8 = 2^3$$

Neuer Lichtwert ist die Summe aus altem Lichtwert und Exponent.

$$EV = 12 + 3 = 15$$

Beispiel 8-36: Lichtwert 12 bei ISO 200; welcher Lichtwert ergibt sich bei ISO 50?
Die Empfindlichkeit wird um 2 Stufen verringert: (200) 100 50
Der Lichtwert wird um 2 verringert: $EV = 12 - 2 = 10$
Rechnerische Lösung:

$$50 : 200 = 0{,}25 = 2^{-2}$$
$$EV = 12 + (-2) = 12 - 2 = 10$$

Der Rechenweg als Formel:

F 8-37 $EV_{neu} = EV_{alt} + \log_2(S_{neu} : S_{alt})$ EV_{neu} EV_{alt} neuer, ursprüngl. Lichtwert

F 8-38 $EV_{neu} = EV_{alt} + \lg(S_{neu} : S_{alt}) : \lg 2$ S_{alt} S_{neu} neue, ursprüngl. Empfindlichk.

8.5.3 Belichtungskorrektur

An Kameras mit automatischer Belichtungsregelung kann die Belichtung manuell durch Einstellen eines Belichtungskorrekturwerts *(EC – Exposure Compensation)* beeinflusst werden. Der Korrekturwert wird vom Lichtwert subtrahiert.

Beispiel 8-37: Lichtwert 14; welcher neue Lichtwert ergibt sich durch Einstellung des Korrekturwerts +2, welcher durch Einstellung des Korrekturwerts −1?

$$EV = 14 - (+2) = 12 \qquad EV = 14 - (-1) = 14 + 1 = 15$$

Die Belichtungskorrektur verändert Belichtungszeit, Blende oder beides. Wenn eine der beiden Größen unverändert bleibt, kann die andere berechnet werden.

Beispiel 8-38: Die Belichtungsautomatik der Kamera hat die Belichtungszeit $\frac{1}{250}$ s, Blende 8, eingestellt. Welche Belichtungszeit bzw. Blende ergibt sich beim Belichtungskorrekturwert +2, wenn die jeweils andere Größe unverändert bleibt?
Die Belichtungszeit wird um 2 Stufen verlängert: ($\frac{1}{250}$ s) $\frac{1}{125}$ s $\frac{1}{60}$ s
Die Blendenzahl wird um 2 Stufen reduziert: (8) 5,6 **4**
Rechnerische Lösung: Die Potenz mit der Basis 2 und dem Korrekturwert als Exponent ergibt den Korrekturfaktor für die weitere Berechnung.

$$2^{+2} = 4$$

Die neue Belichtungszeit bei unveränderter Blende ergibt sich durch Multiplikation mit diesem Korrekturfaktor.

$$\frac{1}{250}\,\text{s} \cdot 4 = \frac{1}{62{,}5}\,\text{s} \approx \frac{1}{60}\,\text{s}$$

Die neue Blendenzahl bei unveränderter Belichtungszeit ergibt sich durch Division durch die Quadratwurzel des Korrekturfaktors.

$$8 : \sqrt{4} = 8 : 2 = 4$$

Beispiel 8-39: Belichtungszeit $\frac{1}{250}$ s, Blende 8, Belichtungskorrekturwert -1

Die Belichtungszeit wird um eine Stufe verkürzt, also auf $\frac{1}{500}$ s.

Die Blendenzahl wird um eine Stufe erhöht, also auf Blende 11.

Rechnerische Lösung:

$$2^{-1} = 1 : 2 = 0,5$$
$$\frac{1}{250}\,\text{s} \cdot 0,5 = \frac{1}{500}\,\text{s}$$
$$8 : \sqrt{0,5} \approx 8 : 0,7071 \approx 11,31 \approx 11$$

Die Rechenwege als Formeln:

F 8-39 $EV_{\text{neu}} = EV_{\text{alt}} - EC$ $EV_{\text{neu}}\ EV_{\text{alt}}$ korrigierter, ursprünglicher Lichtwert

                                      EC Belichtungskorrekturwert

F 8-40 $t_{\text{neu}} = t_{\text{alt}} \cdot 2^{EC}$

                                   $t_{\text{neu}}\ t_{\text{alt}}$ korrigierte, ursprüngl. Belichtungszeit

F 8-41 $k_{\text{neu}} = k_{\text{alt}} : \sqrt{2^{EC}}$ $k_{\text{neu}}\ k_{\text{alt}}$ korrigierte, ursprüngl. Blendenzahl

8.5.4 Filterfaktor

Die erforderliche Korrektur von Belichtungszeit oder Blende bei Verwendung von Filtern wird durch den Filterfaktor gekennzeichnet.

Beispiel 8-40: Ohne Filter wurde $\frac{1}{250}$ s bei Blende 8 belichtet. Welche Belichtungszeit bzw. Blendenzahl ergibt sich durch Korrektur mit Filterfaktor 4, wenn die jeweils andere Größe unverändert bleibt?

Die Belichtungszeit wird mit dem Filterfaktor multipliziert, die Blendenzahl durch die Quadratwurzel des Filterfaktors dividiert.

$$\frac{1}{250}\,\text{s} \cdot 4 = \frac{1}{62,5}\,\text{s} \approx \frac{1}{60}\,\text{s} \qquad 8 : \sqrt{4} = 8 : 2 = 4$$

F 8-42 $t_{\text{neu}} = t_{\text{alt}} \cdot K$ **F 8-43** $k_{\text{neu}} = k_{\text{alt}} : \sqrt{K}$

$t_{\text{neu}}\ t_{\text{alt}}$ korrigierte, ursprüngl. Belichtungszeit K Korrekturfaktor

$k_{\text{neu}}\ k_{\text{alt}}$ korrigierte, ursprüngliche Blendenzahl

8.5.5 Verlängerungsfaktor

Die Beleuchtungsstärke auf dem Bildsensor der Kamera hängt auch von der Bildweite ab. Bei sehr großer Gegenstandsweite, Entfernungseinstellung „unendlich" (∞), sind Bildweite a' und Brennweite f gleich. Bei kleinerer Gegenstandsweite und damit größerer Bildweite nimmt die Beleuchtungsstärke auf der Bildebene ab. Sie steht im umgekehrt quadratischen Verhältnis zur Bildweite – Verdoppelung der Bildweite verringert die Beleuchtungsstärke auf ein Viertel. Bei größerer Bildweite muss also die Belichtungszeit verlängert oder die Blende weiter geöffnet werden.

Kameras mit interner Belichtungsmessung berücksichtigen diesen Effekt automatisch. Bei Benutzung externer Belichtungsmesser müssen die abgelesenen Werte rechnerisch mithilfe des Verlängerungsfaktors an die jeweilige Bildweite angepasst werden.

Der Verlängerungsfaktor gibt an, auf das Wievielfache die Belichtungszeit gegenüber Aufnahmen mit Entfernungseinstellung ∞ verlängert werden muss. Wenn Bildweite und Brennweite bekannt sind, ist die Berechnung des Verlängerungsfaktors vergleichsweise einfach.

Beispiel 8-41: Verlängerungsfaktor bei Bildweite 75 mm, Brennweite 50 mm
Die Bildweite wird durch die Brennweite dividiert.
$$a' : f = 75\,\text{mm} : 50\,\text{mm} = 1{,}5$$
Die Bildweite ist also 1,5-mal so lang wie die Brennweite oder, was dasselbe ist, wie die Bildweite bei Entfernungseinstellung ∞. Um den Verlängerungsfaktor V zu erhalten, wird dieses Ergebnis quadriert.
$$V = 1{,}5^2 = 2{,}25$$

Wenn Gegenstandsweite und Brennweite vorgegeben sind, ist ein zusätzlicher Rechenschritt erforderlich.

Beispiel 8-42: Gegenstandsweite 150 mm, Brennweite 50 mm
Zuerst wird die Bildweite a' mit Formel 8-9 (Abschnitt 8.2.2) ausgerechnet.
$$a' = \frac{a \cdot f}{a - f} = \frac{150\,\text{mm} \cdot 50\,\text{mm}}{150\,\text{mm} - 50\,\text{mm}} = 75\,\text{mm}$$
Die Bildweite wird durch die Brennweite dividiert.
$$a' : f = 75\,\text{mm} : 50\,\text{mm} = 1{,}5$$
Der erste Schritt enthält den Faktor f, im zweiten Schritt wird durch f dividiert. Durch Zusammenfassen kann also die Berechnung abgekürzt werden:
$$\frac{a \cdot f}{a - f} : f = \frac{a}{a - f} = \frac{150\,\text{mm}}{150\,\text{mm} - 50\,\text{mm}} = 1{,}5$$
Zum Schluss wird quadriert: $V = 1{,}5^2 = 2{,}25$

Die Berechnung kann auch vom Abbildungsverhältnis (Maßstab) ausgehen. Bildweite a', Brennweite f und Abbildungsverhältnis m stehen in dieser Beziehung:
$$a' = f \cdot m + f \quad \text{(vgl. Abschnitt 8.2.3, Formel 8-14)}$$
Division der Gleichung durch die Brennweite f ergibt:
$$a' : f = m + 1$$

Beispiel 8-43: Verlängerungsfaktor bei Maßstab 1:2 (= 0,5), Brennweite 50 mm
Zum Maßstab wird der Summand 1 addiert.
$$m + 1 = 1 : 2 + 1 = 0{,}5 + 1 = 1{,}5$$
Um den Verlängerungsfaktor V zu erhalten, wird dieses Ergebnis quadriert.
$$V = 1{,}5^2 = 2{,}25$$

Die drei Rechenwege als Formeln:

F 8-44 $\quad V = (a' : f)^2$ $\qquad$ **F 8-45** $\quad V = \left(\dfrac{a}{a - f}\right)^2$ $\qquad$ **F 8-46** $\quad V = (m + 1)^2$

V Verlängerungsfaktor $\qquad\qquad a\ a'$ Gegenstands-, Bildweite
f Brennweite $\qquad\qquad\qquad\quad m$ Abbildungsverhältnis

Bei bekanntem Verlängerungsfaktor wird die korrigierte Belichtungszeit oder Blendenzahl wie mit dem Filterfaktor (Abschnitt 8.5.4, Formel 8-38 und 8-39) berechnet: Die Belichtungszeit wird mit dem Verlängerungsfaktor multipliziert, die Blendenzahl durch die Quadratwurzel des Verlängerungsfaktors dividiert.

8.5.6 Blitz-Leitzahl

Die Leitzahl *(Guide Number – GN)* kennzeichnet die Leistungsfähigkeit von Blitzleuchten. Sie ist das Produkt aus Abstand der Blitzleuchte vom beleuchteten Objekt und Blendenzahl, die zur korrekten Belichtung führt.
Die Leitzahl wird meist ohne Einheit angegeben. Tatsächlich hat sie aber die Einheit Meter, weil sie das Produkt aus Strecke in der Einheit Meter und Blendenzahl ohne Einheit ist.

Beispiel 8-44: Das Objekt ist 3,5 m von der Blitzleuchte entfernt; die korrekte Belichtung wird mit Blende 8 erreicht. Leitzahl der Blitzleuchte?

$$GN = 3{,}5\,\text{m} \cdot 8 = 28\,\text{m}$$

Mithilfe der Leitzahl lassen sich die Fragen nach höchstmöglicher Blendenzahl bei gegebenem Abstand zwischen Blitzleuchte und Objekt sowie nach höchstmöglichem Blitzleuchtenabstand bei gegebener Blendenzahl beantworten.

Beispiel 8-45: Maximale Blendenzahl bei Leitzahl 34, Blitzleuchtenabstand 6 Meter

$$34\,\text{m} : 6\,\text{m} \approx 5{,}667 \approx 5{,}6$$

Beispiel 8-46: Maximaler Blitzleuchtenabstand bei Leitzahl 34, Blende 8

$$34\,\text{m} : 8 = 4{,}25\,\text{m}$$

Die Leitzahl bezieht sich auf eine bestimmte ISO-Empfindlichkeit, üblicherweise ISO 100. Wenn die tatsächliche Empfindlichkeit davon abweicht, muss die Leitzahl entsprechend umgerechnet werden. Dasselbe gilt beim Leistungsvergleich von Blitzleuchten, wenn die angegebenen Leitzahlen auf unterschiedliche Empfindlichkeiten bezogen sind.

Beispiel 8-47: Leitzahl 36 für ISO 400; wie hoch ist die Leitzahl für ISO 100?
Numerische ISO-Empfindlichkeit und Quadrat der Leitzahl stehen im proportionalen Verhältnis. Berechnung mit Verhältnisgleichung oder Dreisatz.

$$GN_{neu}^2 : 100 = 36^2 : 400 \qquad | \cdot 100 \qquad\qquad 400 \quad : \quad 36^2$$
$$GN_{neu}^2 = 36^2 : 400 \cdot 100 = 324 \qquad\qquad\qquad \frac{100}{\;} \;\; = \;\; 324$$

Um die Leitzahl zu erhalten, wird die Quadratwurzel gezogen.

$$GN = \sqrt{324} = 18$$

Der Rechenweg als Formel:

F 8-47 $GN_{neu} = GN_{alt} \cdot \sqrt{S_{neu} : S_{alt}}$ GN_{neu} GN_{alt} neue, alte Leitzahl
S_{neu} S_{alt} neue, alte ISO-Empfindlichkeit

8.5.7 Übungsaufgaben zu Abschnitt 8.5

1. Ermitteln Sie bitte die Lichtwerte.
a) Belichtungszeit $\frac{1}{125}$ s, Blende 16   d) ⅛ s, Blende 8
b) Belichtungszeit $\frac{1}{60}$ s, Blende 4   e) $\frac{1}{1000}$ s, Blende 11
c) Belichtungszeit 4 s, Blende 5,6   f) 16 s, Blende 2,8

2. Wie lang ist jeweils die Belichtungszeit?
a) Lichtwert 10, Blende 4   c) Lichtwert 18, Blende 16
b) Lichtwert 5, Blende 2,8   d) Lichtwert 2, Blende 5,6

3. Ermitteln Sie bitte die Blendenzahlen.
a) Lichtwert 15, Belichtungszeit $\frac{1}{500}$ s   c) Lichtwert 10, Belichtungszeit $\frac{1}{125}$ s
b) Lichtwert 8, Belichtungszeit ⅛ s   d) Lichtwert 5, Belichtungszeit 8 s

4. Bitte jeweils den neuen Lichtwert berechnen.
a) Lichtwert 7, ISO 100; Lichtwert für ISO 400?
b) Lichtwert 19, ISO 800; Lichtwert für ISO 100?
c) Lichtwert 8, ISO 50; Lichtwert für ISO 800?
d) Lichtwert 22, ISO 3200; Lichtwert für ISO 200?

5. Berechnen Sie jeweils den neuen Wert, der sich durch Einstellen des Belichtungskorrekturwerts +1 ergibt.
a) Lichtwert 12
b) Blende 5,6 (Belichtungszeit unverändert)
c) Belichtungszeit $\frac{1}{125}$ s (Blende unverändert)

6. Welche neuen Werte ergeben sich durch Einstellen des Korrekturwerts −2?
a) Lichtwert 15
b) Blende 16 (Belichtungszeit unverändert)
c) Belichtungszeit $\frac{1}{250}$ s (Blende unverändert)

7. Eine Aufnahme wurde $\frac{1}{125}$ s bei Blende 16 belichtet.
a) Welche Blendenzahlen ergeben sich bei Verwendung von Filtern mit Filterfaktor 2 bzw. 8, wenn die Belichtungszeit unverändert bleibt?
b) Welche Belichtungszeiten ergeben sich bei Verwendung dieser Filter, wenn die Blende nicht verändert wird?

8. Bitte jeweils den Verlängerungsfaktor berechnen.
a) Bildweite 60 mm, Brennweite 30 mm
b) Bildweite 91 mm, Brennweite 70 mm
c) Abbildungsverhältnis 1 : 5 (= 0,2)
d) Abbildungsverhältnis 2,5 : 1 (= 2,5)
e) Gegenstandsweite 80 mm, Brennweite 40 mm
f) Gegenstandsweite 350 mm, Brennweite 70 mm
g) Gegenstandsweite 180 mm, Brennweite 135 mm

9. Welche Leitzahl muss die Blitzleuchte mindestens haben, wenn höchstens bis Blende 5,6 aufgeblendet werden soll und das Objekt 7,5 m entfernt ist?

10. Welche Blendenzahlen können höchstens eingestellt werden?
a) Leitzahl 36, Abstand zwischen Blitzleuchte und Objekt 9 m
b) Leitzahl 20, Abstand 2,5 m
c) Leitzahl 28, Abstand 5 m

11. Bis zu welchem Abstand werden die Objekte ausreichend beleuchtet?
a) Leitzahl 23, Blende 4   b) *GN* 54, Blende 11   c) *GN* 15, Blende 5,6

12. Eine Blitzleuchte hat die Leitzahl 42, bezogen auf ISO 100. Bitte die Leitzahlen für ISO 400, ISO 800 und ISO 50 berechnen.

Erhöhter Schwierigkeitsgrad

13. Bitte die Lichtwerte berechnen.
a) $^1\!/_{125}$ s, Blende 3,4   b) 6,7 s, Blende 13

14. Bitte Blendenzahl bzw. Belichtungszeit berechnen.
a) $t = ^1\!/_{350}$ s, $EV = 16,5$ b) $k = 8$, $EV = 4,5$

15. Belichtungszeit $^1\!/_{500}$ s bei ISO 100; welche Belichtungszeit ergibt sich beim Korrekturwert +2, wenn die Empfindlichkeit auf ISO 800 erhöht wird?

16. Aufnahme mit $f = 50$ mm, $a = 175$ mm, ISO 800, Belichtungszeit $^1\!/_8$ s, bezogen auf Entfernungseinstellung ∞; welche Belichtungszeit ergibt sich bei der Empfindlichkeit ISO 100, wenn ein Filter mit Filterfaktor 2 verwendet wird?

8.6 Schärfe und Schärfentiefe

8.6.1 Unschärfekreis

Um Gegenstandspunkte scharf auf dem Sensor der Kamera abzubilden, muss die Bildweite exakt an die Gegenstandsweite angepasst sein. Ist die Bildweite zum Beispiel so eingestellt, dass fünf Meter weit entfernte Gegenstandspunkte scharf abgebildet werden, sind die Abbildungen aller näher und weiter entfernt liegenden Gegenstandspunkte unscharf. Die bildseitigen Schnittpunkte der Lichtstrahlen, die von näheren oder weiter entfernten Gegenstandspunkten kommen, liegen hinter bzw. vor der eingestellten Bildebene (vgl. Bild 8-7 auf der folgenden Seite). Anstelle scharfer Bildpunkte entstehen kleine Unschärfekreise (Zerstreuungskreise, *Circles of Confusion – CoC*).

Wenn die Unschärfekreise relativ klein sind, wird das Bild noch als ausreichend scharf empfunden. Als Grenzwert zwischen gerade noch scharfer und bereits leicht unscharfer Abbildung gelten Unschärfekreisdurchmesser von einem Zweitausendstel oder einem Eintausendfünfhundertstel der Formatdiagonalen.

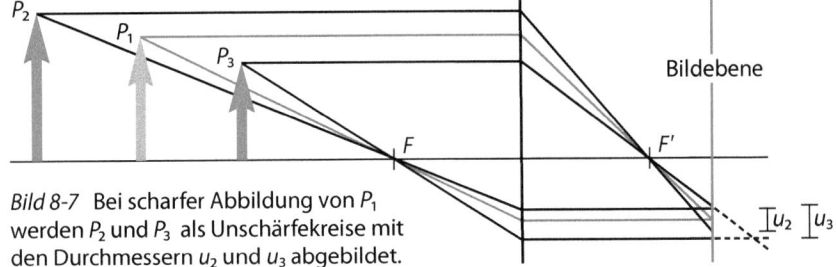

Bild 8-7 Bei scharfer Abbildung von P_1 werden P_2 und P_3 als Unschärfekreise mit den Durchmessern u_2 und u_3 abgebildet.

Beispiel 8-48: Welchen Durchmesser dürfen die Unschärfekreise höchstens haben, damit Aufnahmen im Kleinbildformat (36 mm × 24 mm) noch scharf erscheinen? Die Diagonale des Formats 36 mm × 24 mm ist rund 43,3 mm lang (vgl. Abschnitt 8.3.1, Beispiel 8-14). Zur Berechnung des maximalen Unschärfekreisdurchmessers wird durch 2000 oder durch 1500 dividiert:

$$u_{max} = 43,3\,\text{mm} : 2000 \approx 0,022\,\text{mm}$$
$$u_{max} = 43,3\,\text{mm} : 1500 \approx 0,029\,\text{mm}$$

Der Rechenweg als Formel:

F 8-48 $u_{max} = d : N = \sqrt{b^2 + h^2} : N$

u_{max} maximaler Unschärfekreisdurchmesser
$d\ b\ h$ Diagonale, Breite, Höhe des Aufnahmeformats
N Teiler (üblicherweise 1500 oder 2000)

8.6.2 Hyperfokale Distanz und Schärfentiefe

Schärfentiefe *(Depth of Field – DoF)* ist der Entfernungsbereich, innerhalb dessen die Objektpunkte ausreichend scharf abgebildet werden. Sie hängt von Blende, Brennweite und Entfernungseinstellung ab – und natürlich vom als akzeptabel angenommen Durchmesser der Unschärfekreise.

Die Schärfentiefe ist umso größer, je größer die Blendenzahl (d. h. je kleiner die wirksame Öffnung), je kürzer die Brennweite und je größer die Entfernungseinstellung ist.

Berechnungen zur Schärfentiefe beginnen mit der Berechnung der hyperfokalen Distanz. Das ist die Entfernung des ersten scharf abgebildeten Gegenstandspunkts (Nahabstandspunkt), wenn die Kamera auf die Gegenstandsentfernung „unendlich" (∞) eingestellt ist (Bildweite = Brennweite).

Die Länge der hyperfokalen Distanz h ergibt sich aus der Brennweite f und dem Quotienten der Durchmesser von wirksamer Blendenöffnung und Unschärfekreis, also $d_w : u_{max}$

$$h = f \cdot \frac{d_w}{u_{max}} + f$$

Anstelle der wirksamen Öffnung d_w kann der Quotient aus Brennweite und Blendenzahl $f:k$ eingesetzt werden (vgl. Abschnitt 8.4.1, Formel 8-21).

$$h = f \cdot \frac{f:k}{u_{max}} + f$$

Nach kleineren Aufräumarbeiten ergibt sich diese Formel zur Berechnung der hyperfokalen Distanz.

F 8-49 $\quad h = \dfrac{f^2}{k \cdot u_{max}} + f \qquad$ h hyperfokale Distanz $\quad f$ Brennweite $\quad k$ Blendenzahl
$\qquad\qquad\qquad\qquad\qquad\qquad\qquad$ u_{max} maximaler Unschärfekreisdurchmesser

Wenn es nicht auf ganz exakte Ergebnisse ankommt, kann die Formel etwas vereinfacht werden.

F 8-50 $\quad h \approx \dfrac{f^2}{k \cdot u_{max}}$

Beispiel 8-49: Hyperfokale Distanzen für Blenden 4, 8 und 16, Brennweite 50 mm, maximaler Unschärfekreisdurchmesser 0,022 mm.
Genaue Berechnungen mit Formel 8-49 (jeweils links) und näherungsweise Berechnungen mit Formel 8-50:

$$h = \frac{50^2\,mm^2}{4 \cdot 0{,}022\,mm} + 50\,mm \approx 28\,459\,mm \qquad h \approx \frac{50^2\,mm^2}{4 \cdot 0{,}022\,mm} \approx 28\,409\,mm$$

$$h = \frac{50^2\,mm^2}{8 \cdot 0{,}022\,mm} + 50\,mm \approx 14\,255\,mm \qquad h \approx \frac{50^2\,mm^2}{8 \cdot 0{,}022\,mm} \approx 14\,205\,mm$$

$$h = \frac{50^2\,mm^2}{16 \cdot 0{,}022\,mm} + 50\,mm \approx 7152\,mm \qquad h \approx \frac{50^2\,mm^2}{16 \cdot 0{,}022\,mm} \approx 7102\,mm$$

Wenn die Kamera auf die Gegenstandsentfernung ∞ eingestellt ist, reicht die Schärfentiefe von der hyperfokalen Distanz bis ins „Unendliche". Wird die Kamera auf die hyperfokale Distanz eingestellt, so liegt die vordere Grenze des scharf abgebildeten Gegenstandsbereichs bei rund der Hälfte der hyperfokalen Distanz, während die hintere weiterhin im „Unendlichen" liegt.
Formeln zur genauen bzw. näherungsweisen Berechnung der Entfernung a_v des ersten (vorderen) Gegenstandspunkts, der bei Einstellung der Kamera auf die hyperfokale Distanz h gerade noch ausreichend scharf abgebildet wird:

F 8-51 $\quad a_v = \dfrac{h^2}{2 \cdot h - f} \qquad$ **F 8-52** $\quad a_v \approx \dfrac{h}{2} \qquad$ für $a = h$

a_v Entfernung der vorderen Grenze des Schärfentiefebereichs
h hyperfokale Distanz $\quad f$ Brennweite $\quad a$ eingestellte Entfernung

Beim Rechnen mit Formel 8-51 ist konsequenterweise die genaue, mit Formel 8-49 berechnete hyperfokale Distanz einzusetzen. In die Näherungsformel 8-52 wird entsprechend die näherungsweise mit Formel 8-50 berechnete hyperfokale Distanz eingesetzt.

Beispiel 8-50: Vordere Grenze des Schärfentiefebereichs für $f = 50\,\text{mm}$, hyperfokale Distanz $h = 14\,255\,\text{mm}$ bzw. $h \approx 14\,205\,\text{mm}$ (vgl. Beispiel 8-49, Blende 8)
Genaue Berechnung mit Formel 8-47, näherungsweise mit Formel 8-48:

$$a_v = \frac{14\,255^2\,\text{mm}^2}{2 \cdot 14\,255\,\text{mm} - 50\,\text{mm}} \approx 7140\,\text{mm} = 7,14\,\text{m}$$

$$a_v \approx \frac{14\,205\,\text{mm}}{2} \approx 7103\,\text{mm} \approx 7,10\,\text{m}$$

Für andere Entfernungseinstellungen werden vordere und hintere Grenze des Schärfentiefebereichs mit den folgenden Formeln genau bzw. näherungsweise berechnet. Die Formeln für die vordere Grenze a_v gelten für alle „endlichen" Entfernungseinstellungen ($a < \infty$). Die Formeln für die hintere Grenze a_h gelten nur, wenn die Entfernungseinstellung kleiner als die Summe aus hyperfokaler Distanz und Brennweite (genaue Berechnung) bzw. kleiner als die hyperfokale Distanz (näherungsweise Berechnung) ist. Denn andernfalls liegt die hintere Grenze ohnehin im „Unendlichen".

F 8-53 $\quad a_v = \dfrac{h \cdot a}{h + a - f} \quad$ für $a < \infty$ $\qquad$ **F 8-55** $\quad a_v \approx \dfrac{h \cdot a}{h + a} \quad$ für $a < \infty$

F 8-54 $\quad a_h = \dfrac{h \cdot a}{h - a + f} \quad$ für $a < h + f$ $\qquad$ **F 8-56** $\quad a_h \approx \dfrac{h \cdot a}{h - a} \quad$ für $a < h$

$a_v\ a_h$ Entfernung der vorderen, hinteren Grenze des Schärfentiefebereichs
$h \quad$ hyperfokale Distanz $\quad a$ eingestellte Entfernung $\quad f$ Brennweite

Beispiel 8-51: Vordere und hintere Grenze des Schärfentiefebereichs bei Entfernungseinstellung $5\,\text{m}$ ($= 5000\,\text{mm}$), $f = 50\,\text{mm}$, hyperfokale Distanz $h = 14\,255\,\text{mm}$ bzw. $h \approx 14\,205\,\text{mm}$ (vgl. Beispiel 8-49, Blende 8)
Genaue Berechnungen mit Formel 8-53 und Formel 8-54:

$$a_v = \frac{14\,255\,\text{mm} \cdot 5000\,\text{mm}}{14\,255\,\text{mm} + 5000\,\text{mm} - 50\,\text{mm}} \approx 3711\,\text{mm} \approx 3,71\,\text{m}$$

$$a_h = \frac{14\,255\,\text{mm} \cdot 5000\,\text{mm}}{14\,255\,\text{mm} - 5000\,\text{mm} + 50\,\text{mm}} \approx 7660\,\text{mm} = 7,66\,\text{m}$$

Näherungsweise Berechnungen mit Formel 8-55 und Formel 8-56:

$$a_v \approx \frac{14\,205\,\text{mm} \cdot 5000\,\text{mm}}{14\,205\,\text{mm} + 5000\,\text{mm}} \approx 3698\,\text{mm} \approx 3,70\,\text{m}$$

$$a_h \approx \frac{14\,205\,\text{mm} \cdot 5000\,\text{mm}}{14\,205\,\text{mm} - 5000\,\text{mm}} \approx 7716\,\text{mm} \approx 7,72\,\text{m}$$

Die Beispiele zeigen, dass genau und näherungsweise berechnete Ergebnisse nicht sehr weit auseinanderliegen. Bei Entfernungen von mehreren Metern kommt es in der Praxis nicht auf einige Zentimeter an. Bei Makroaufnahmen ($a \leq 11\,f$, Maßstab $\geq 1:10$,) sollte aber genau gerechnet werden, weil die Schärfentiefe dort sehr gering ist und es auf jeden Millimeter ankommen kann.

8.6.3 Entfernungseinstellung und Blende

In der Praxis stellt sich häufig die Frage, auf welche Gegenstandsentfernung die Kamera einzustellen ist, um zwei unterschiedlich weit entfernte Objekte gleichermaßen scharf abzubilden, und welche Blende dabei erforderlich ist.

Die einzustellende Entfernung lässt sich grob nach der Faustregel abschätzen, dass der Schärfentiefebereich zu etwa einem Drittel davor und zu etwa zwei Dritteln dahinter liegt.

Beispiel 8-52: Ein 4 m und ein 10 m entferntes Objekt sollen scharf abgebildet werden. Welche Entfernung ist schätzungsweise (nach Faustregel) einzustellen?

Die Differenz der beiden Entfernung wird durch 3 dividiert:

$(10\,\text{m} - 4\,\text{m}) : 3 = 2\,\text{m}$

Das Ergebnis wird zur Entfernung des vorderen Objekts addiert:

$4\,\text{m} + 2\,\text{m} = 6\,\text{m}$

Die Schätzung als Formel:

F 8-57 $a \approx a_v + (a_h - a_v) : 3$ grobe Schätzung!

Zur genauen Berechnung dient diese Formel:

F 8-58 $a = \dfrac{2 \cdot a_v \cdot a_h}{a_v + a_h}$ a einzustellende Gegenstandsentfernung
a_v Entfernung des vorderen Gegenstandspunkts
a_h Entfernung des hinteren Gegenstandspunkts

Beispiel 8-53: Wie Beispiel 8-52 – genaue Berechnung der Entfernungseinstellung

$$a = \frac{2 \cdot 4\,\text{m} \cdot 10\,\text{m}}{4\,\text{m} + 10\,\text{m}} \approx 5{,}7143\,\text{m} \approx 5{,}71\,\text{m}$$

Schätzung (Formel 8-57) und Berechnung (Formel 8-58) sind nicht möglich, wenn eines der beiden Objekte „unendlich" weit entfernt ist, denn ∞ ist keine Zahl, die sich multiplizieren oder addieren lässt. Als Notlösung kann in Formel 8-58 ein sehr hoher („beinahe unendlicher") Wert für a_h eingesetzt werden, zum Beispiel 10 000 m. Bei der Schätzung (Formel 8-57) funktioniert das aber nicht!

Es geht auch etwas eleganter: Bei Einstellung auf die hyperfokale Distanz entspricht die Entfernung der vorderen Gegenstandspunkte, die gerade noch ausreichend scharf abgebildet werden, annähernd genau der Hälfte der hyperfokalen Distanz (Formel 8-52). Um also vordere und „unendlich" weit entfernte Gegenstandspunkte scharf abzubilden, wird die Kamera auf die doppelte Entfernung der vorderen Gegenstandspunkte eingestellt.

$a_v \approx \dfrac{h}{2}$ $| \ h = a$

$a_v \approx \dfrac{a}{2}$ $| \ \cdot 2$

F 8-59 $a \approx 2 \cdot a_v$ für $a_h = \infty$

Beispiel 8-54: Ein 4 m weit entferntes Objekt soll scharf abgebildet werden, wobei die Schärfentiefe bis „unendlich" reichen soll. Entfernungseinstellung? Berechnung mit Formel 8-58; anstelle von „unendlich" wird 10 000 m eingesetzt.

$$a = \frac{2 \cdot 4\,m \cdot 10\,000\,m}{4\,m + 10\,000\,m} \approx 7{,}997\,m \approx 8{,}00\,m$$

Berechnung mit Formel 8-59:

$$a \approx 2 \cdot 4\,m = 8{,}00\,m$$

Genaue Berechnung mit „beinahe unendlicher" Entfernung 10 000 m und Berechnung mit vereinfachter Formel bringen also nahezu gleiche Ergebnisse.

Einstellen der richtigen Gegenstandsentfernung reicht aber nicht aus, um vorderes und hinteres Objekt scharf abzubilden. Wenn die Blendenzahl zu klein, die Blende also zu weit geöffnet ist, werden beide unscharf abgebildet. Die mindestens einzustellende Blendenzahl wird mit dieser Formel ausgerechnet:

F 8-60 $k = \dfrac{f^2}{u_{max}} \cdot \dfrac{a_h - a_v}{2 \cdot a_v \cdot a_h - f \cdot (a_v + a_h)}$ $\qquad$ k Blendenzahl

u_{max} maximaler Unschärfekreisdurchmesser $\quad$ f Brennweite
a_v a_h Entfernung des vorderen, hinteren Gegenstandspunkts

Vereinfachte Formel für näherungsweise Berechnung:

F 8-61 $k \approx \dfrac{f^2}{u_{max}} \cdot \dfrac{a_h - a_v}{2 \cdot a_v \cdot a_h}$

Beispiel 8-55: Ein 4 m (= 4000 mm) und ein 10 m (= 10 000 mm) entferntes Objekt sollen scharf abgebildet werden (wie Beispiele 8-52 und 8-53). Brennweite 50 mm, maximaler Unschärfekreisdurchmesser 0,022 mm (vgl. Abschnitt 8.6.1, Beispiel 8-48, Berechnung mit Teiler 2000). Welche Blende ist mindestens einzustellen? Genaue Berechnung mit Formel 8-60:

$$k = \frac{50^2\,mm^2}{0{,}022\,mm} \cdot \frac{10\,000\,mm - 4000\,mm}{2 \cdot 4000\,mm \cdot 10\,000\,mm - 50\,mm \cdot (4000\,mm + 10\,000\,mm)}$$

$$\approx 113\,636\,mm \cdot \frac{6000\,mm}{80\,000\,000\,mm^2 - 700\,000\,mm^2}$$

$$\approx 113\,636\,mm \cdot 0{,}0000757\,mm^{-1} \approx 8{,}6$$

Näherungsweise Berechnung mit Formel 8-61:

$$k \approx \frac{50^2\,mm^2}{0{,}022\,mm} \cdot \frac{10\,000\,mm - 4000\,mm}{2 \cdot 4000\,mm \cdot 10\,000\,mm} \approx 113\,636\,mm \cdot \frac{6000\,mm}{80\,000\,000\,mm^2}$$

$$= 113\,636\,mm \cdot 0{,}000075\,mm^{-1} \approx 8{,}5$$

Die Ungenauigkeit der näherungsweisen Berechnung mit Formel 8-61 ist hier vernachlässigbar gering. Je kürzer die Gegenstandsweite, umso größer ist aber die Ungenauigkeit. Insbesondere bei Makroaufnahmen (Maßstab $\geq 1:10$, $a \leq 11f$) sollte genau gerechnet werden.

Wenn eines der scharf abzubildenden Objekte im „Unendlichen" liegt, lässt sich der Rechenweg aus den vereinfachten Formeln 8-50 (hyperfokale Distanz) und 8-52 (Entfernung des vorderen Gegenstandspunkts) entwickeln. Wie schon bei der Berechnung der einzustellenden Entfernung kann auch hier ohne Bedenken mit einer vereinfachten Formel gearbeitet werden. Aufgrund der relativ weit entfernten vorderen und der „unendlich" weit entfernten hinteren Gegenstandspunkte sind die resultierenden Ungenauigkeiten vernachlässigbar klein.

$$h \approx \frac{f^2}{k \cdot u_{max}} \qquad \mid \; : h \cdot k$$

$$k \approx \frac{f^2}{u_{max} \cdot h} \qquad \mid \; h \approx 2 \cdot a_v \qquad \text{(vgl. Formel 8-52: } a_v \approx h : 2)$$

F 8-62 $k \approx \dfrac{f^2}{u_{max} \cdot 2 \cdot a_v} \qquad$ für $a_h = \infty$

k Blendenzahl $\qquad\qquad u_{max}$ maximaler Unschärfekreisdurchmesser
f Brennweite $\qquad\qquad\quad\; a_v$ Entfernung des vorderen Gegenstandspunkts

Beispiel 8-56: Die Schärfentiefe soll von 4 m bis „unendlich" reichen (wie in Beispiel 8-54); Brennweite 50 mm, maximaler Unschärfekreisdurchmesser 0,022 mm.

$$k \approx \frac{50^2 \, \text{mm}^2}{0,022 \, \text{mm} \cdot 2 \cdot 4000 \, \text{mm}} \approx 14,2$$

8.6.4 Optimale Blende bei Makroaufnahmen

An der Kante der Blendenöffnung werden Lichtstrahlen gebeugt. Sie durchqueren die Blende nicht geradlinig, sondern breiten sich dahinter divergent aus. Durch Interferenz (Überlagerung) von Lichtwellen entstehen im Bild kleine Beugungsscheibchen aus hellen und dunklen konzentrischen Ringen. Sie sind umso größer, je kleiner die Blendenöffnung (je größer die Blendenzahl) und je kürzer die Gegenstandsweite (je größer das Abbildungsverhältnis) ist.

Bei Makroaufnahmen wird wegen der geringen Schärfentiefe meist möglichst weit abgeblendet, also eine große Blendenzahl eingestellt. Bei zu starker Abblendung sind aber die Beugungsscheibchen größer als die maximal erwünschten Unschärfekreise – trotz rechnerisch erhöhter Schärfentiefe erscheint das Bild insgesamt weniger scharf. Bester Kompromiss ist die optimale (förderliche) Blende *(optimal aperture)*, bei der Beugungskreisdurchmesser und maximal zulässiger Durchmesser der Unschärfekreise gleich sind.

Formel zur überschlägigen Berechnung der optimalen Blende mithilfe des Abbildungsverhältnisses:

F 8-63 $k_{opt} \approx \dfrac{u_{max} \cdot 1500}{m + 1}$ $\qquad k_{opt}$ optimale (förderliche) Blendenzahl
$\qquad\qquad\qquad\qquad\qquad\qquad\quad u_{max}$ maximaler Unschärfekreisdurchmesser in mm
$\qquad\qquad\qquad\qquad\qquad\qquad\quad m$ Abbildungsverhältnis (Maßstab)

Die Einheit des konstanten Werts 1500 ist Kehrwert der Einheit des Unschärfekreisdurchmessers, also 1/mm (mm^{-1}).

Beispiel 8-57: Förderliche Blende für Abbildungsverhältnis 2 : 1 (= 2), Unschärfekreisdurchmesser 0,022 mm (Kleinbildformat, Teiler 2000, vgl. Beispiel 8-48).

$$k_{opt} \approx \frac{0,022\,\text{mm} \cdot 1500/\text{mm}}{2+1} = 11$$

Wenn das Abbildungsverhältnis nicht bekannt ist, kann die optimale Blende anhand von Gegenstandsweite a und Brennweite f ermittelt werden. In Formel 8-63 wird der Nenner $m+1$ ersetzt durch $a : (a-f)$.

$$k_{opt} \approx \frac{u_{max} \cdot 1500}{a : (a-f)}$$

Erweitern (Multiplikation von Zähler und Nenner) mit $(a-f)$ ergibt dann:

F 8-64 $\quad k_{opt} \approx \dfrac{u_{max} \cdot 1500 \cdot (a-f)}{a}$

Maximaler Unschärfekreisdurchmesser u_{max} und der konstante Faktor 1500 haben auch hier die Einheit mm bzw. 1/mm (mm^{-1}). Gegenstandweite a und Brennweite f müssen gleiche Einheiten haben (mm oder cm).

Beispiel 8-58: Förderliche Blende für Gegenstandsweite 100 mm, Brennweite 60 mm, Unschärfekreisdurchmesser 0,022 mm.

$$k_{opt} \approx \frac{0,022\,\text{mm} \cdot 1500/\text{mm} \cdot (100\,\text{mm} - 60\,\text{mm})}{100\,\text{mm}} = 13,2$$

8.6.5 Übungsaufgaben zu Abschnitt 8.6

1. Wie groß (in Millimeter) sind die Durchmesser der Unschärfekreise, wenn sie jeweils einem Zweitausendstel der Bilddiagonale entsprechen?
   a) 8,8 mm × 6,6 mm   b) 44 mm × 33 mm   c) 22,5 mm × 15 mm

2. Bitte die hyperfokalen Distanzen näherungsweise (Formel 8-50) und genau (Formel 8-49) berechnen.
   a) Brennweite 35 mm, max. Unschärfekreisdurchmesser 0,022 mm, Blende 8
   b) $f = 120$ mm, $u_{max} = 0,014$ mm, Blende 16
   c) $f = 20$ mm, $u_{max} = 0,01$ mm, Blende 5,6

3. In welchen Entfernungen liegen die vorderen Gegenstandspunkte, die bei Einstellung auf die hyperfokale Distanz gerade noch ausreichend scharf abgebildet werden. Bitte näherungsweise und genau berechnen (Formel 8-52 bzw. 8-51).
   a) Hyperfokale Distanz 5,60 m, Brennweite 30 mm
   b) Hyperfokale Distanz 35,75 m, Brennweite 135 mm

4. Errechnen Sie bitte die Entfernungen der ersten (vorderen) und letzten (hinteren) gerade noch ausreichend scharf abgebildeten Gegenstandspunkte. Verwenden Sie die vereinfachten Rechenwege (Formel 8-55 und 8-56).
   a) Hyperfokale Distanz 12 m, Entfernungseinstellung auf 5 m
   b) Hyperfokale Distanz 38 m, Entfernungseinstellung auf 12 m
   c) Hyperfokale Distanz 5,2 m, Entfernungseinstellung auf 2,5 m
   d) Hyperfokale Distanz 6,35 m, Entfernungseinstellung auf 7,5 m

5. Bitte hyperfokale Distanz und Entfernungen des ersten und letzten ausreichend scharf abgebildeten Objekts genau berechnen: Unschärfekreis-Durchmesser 0,02 mm, Blende 11, $f = 50$ mm, Entfernungseinstellung 50 cm.

6. Auf welche Entfernung ist die Kamera jeweils einzustellen, um sowohl das nähere als auch das entferntere Objekt ausreichend scharf abzubilden? Schätzen Sie die Ergebnisse bitte zunächst nach Faustregel und rechnen Sie dann genau.
   a) Entfernung des näheren Objekts 4 m, des entfernteren 7 m
   b) Objektentfernungen 5 m und 21 m
   c) Objektentfernungen 1,5 m und 2,5 m

7. Auf welche Entfernung ist die Kamera einzustellen, wenn die Schärfentiefe
   a) von 3 m bis „unendlich",
   b) von 7,5 m bis „unendlich" reichen soll?

8. Welche Blende ist jeweils einzustellen, um vorderes und hinteres Objekt, Entfernungen 5 m und 20 m, gleichzeitig ausreichend scharf abzubilden? Bitte den vereinfachten Rechenweg (Formel 8-61) verwenden.
   a) Brennweite 50 mm, maximaler Unschärfekreisdurchmesser 0,02 mm
   b) $f = 90$ mm, $u_{max} = 0,028$ mm
   c) $f = 55$ mm, $u_{max} = 0,015$ mm

9. Welche Blende ist jeweils erforderlich, wenn die Schärfentiefe vom vorderen Objekt bis „unendlich" reichen soll?
   a) Entfernung des vorderen Objekts 4 m, $f = 35$ mm, $u_{max} = 0,02$ mm
   b) Entfernung des vorderen Objekts 8 m, $f = 70$ mm, $u_{max} = 0,014$ mm

10. Welche Entfernungs- und Blendeneinstellung sind nötig, wenn die Schärfentiefe bei einer Aufnahme mit $f = 80$ mm, maximaler Unschärfekreisdurchmesser 0,02 mm, von 75 cm bis 80 cm reichen soll? Bitte genau berechnen!

11. Bitte die optimalen Blenden berechnen.
    a) Abbildungsverhältnis 4 : 1, maximaler Unschärfekreisdurchmesser 0,03 mm
    b) Abbildungsverhältnis 1,5 : 1, $u_{max} = 0,02$ mm
    c) $m = 1 : 2,5$, $u_{max} = 0,014$ mm
    d) Gegenstandsweite 200 mm, Brennweite 80 mm, $u_{max} = 0,027$ mm
    e) $a = 72$ mm, $f = 48$ mm, $u_{max} = 0,012$ mm

9 Geld

9.1 Preisberechnung

9.1.1 Rabatt, Umsatzsteuer, Skonto

Listen-, Katalog- und Angebotspreise des Großhandels enthalten keine Umsatzsteuer. Der allgemeine Umsatzsteuersatz beträgt bei Erscheinen dieses Buchs 19 % des Netto-Rechnungsbetrags. Für einzelne Güter und Dienstleistungen – zum Beispiel Bücher, Zeitungen, Nahrungsmittel, Personennahverkehr – gilt der ermäßigte Steuersatz von 7 %. In der Umgangssprache wird die Umsatzsteuer meist Mehrwertsteuer genannt.

Rabatte und Skonti, also Preisnachlässe, sind nicht in den Listenpreisen berücksichtigt. Rabatte gibt es aus unterschiedlichen Gründen, zum Beispiel für Groß- oder Stammkunden, bei Kauf von großen Mengen oder Restposten, zur Absatzförderung bestimmter Produkte. Skonti sind Preisnachlässe, die als Gegenleistung für sofortige oder kurzfristige Zahlung eingeräumt werden.

Um den zu zahlenden Betrag auszurechnen, wird der Listenpreis um die Preisnachlässe vermindert und um die Umsatzsteuer erhöht. „Krumme" Beträge werden auf zwei Nachkommastellen (ganze Cent) gerundet. Aus praktischen Gründen und aufgrund steuerrechtlicher Vorschriften gilt diese Reihenfolge:

$$
\begin{array}{l}
 \text{Listenpreis} \\
- \text{Rabatt} \\
\hline
= \text{Netto-Rechnungsbetrag} \\
+ \text{Umsatzsteuer} \\
\hline
= \text{Brutto-Rechnungsbetrag} \\
- \text{Skonto} \\
\hline
= \text{Zahlungsbetrag}
\end{array}
$$

Listenpreis, Netto-Rechnungsbetrag und Brutto-Rechnungsbetrag sind Grundwerte für die Berechnung von Rabatt, Umsatzsteuer bzw. Skonto. Die Berechnung muss also schrittweise erfolgen; in keinem Fall dürfen Prozentsätze addiert oder subtrahiert werden.

Beispiel 9-1: Rechnung für 50 Tonerkartuschen, Einzelpreis laut Preisliste des Großhändlers 64,86 €, 6 % Rabatt, 2 % Skonto, 19 % Umsatzsteuer

Zuerst wird der Gesamt-Listenpreis für die Lieferung ausgerechnet.

$$64,86 \, € \cdot 50 = 3243,00 \, €$$

Rabatt (Listenpreis entspricht 100 %, Rabattbetrag entspricht 6 %)

$$3243,00 \, € : 100 \, \% \cdot 6 \, \% = 194,58 \, €$$

Netto-Rechnungsbetrag (Listenpreis minus Rabattbetrag)

$$3243,00 \, € - 194,58 \, € = 3048,42 \, €$$

Umsatzsteuer (Netto-Rechnungsbetrag entspricht 100 %, Umsatzsteuerbetrag entspricht 19 %)

$$3048,42 \,€ : 100 \,\% \cdot 19 \,\% = 579,1998 \,€ \approx 579,20 \,€$$

Brutto-Rechnungsbetrag (Netto-Rechnungsbetrag plus Umsatzsteuerbetrag)

$$3048,42 \,€ + 579,20 \,€ = 3627,62 \,€$$

Skonto (Brutto-Rechnungsbetrag entspricht 100 %, Skontobetrag entspricht 2 %)

$$3627,62 \,€ : 100 \,\% \cdot 2 \,\% = 72,5524 \,€ \approx 72,55 \,€$$

Zahlungsbetrag (Brutto-Rechnungsbetrag minus Skontobetrag)

$$3627,62 \,€ - 72,55 \,€ = 3555,07 \,€$$

Wenn es nur auf das Endergebnis ankommt und die Beträge von Rabatt, Umsatzsteuer und Skonto nicht von Interesse sind, kann die Berechnung etwas abgekürzt werden.

Netto-Rechnungsbetrag (entspricht 100 % minus Rabattprozentsatz):

$$3243,00 \,€ : 100 \,\% \cdot (100 \,\% - 6 \,\%) = 3243,00 \,€ : 100 \,\% \cdot 94 \,\% = 3048,42 \,€$$

Brutto-Rechnungsbetrag (entspricht 100 % plus Umsatzsteuerprozentsatz):

$$3048,42 \,€ : 100 \,\% \cdot (100 \,\% + 19 \,\%) = 3048,42 \,€ : 100 \,\% \cdot 119 \,\% \approx 3627,62 \,€$$

Zahlungsbetrag (entspricht 100 % minus Skontoprozentsatz):

$$3627,62 \,€ : 100 \,\% \cdot (100 \,\% - 2 \,\%) = 3627,62 \,€ : 100 \,\% \cdot 98 \,\% \approx 3555,07 \,€$$

Umgekehrt kann vom Zahlungsbetrag zum Listenpreis zurückgerechnet werden. Dabei kehren sich Reihenfolge und Rechenzeichen entsprechend um:

Zahlungsbetrag
+ Skonto
= Brutto-Rechnungsbetrag
− Umsatzsteuer
= Netto-Rechnungsbetrag
+ Rabatt
= Listenpreis

Beim Rechnen ist zu beachten, dass Zahlungsbetrag, Brutto- und Netto-Rechnungsbetrag verminderte bzw. erhöhte Grundwerte sind, also in keinem Fall 100 % entsprechen. Der Zahlungsbetrag entspricht vielmehr 100 % minus Skonto-Prozentsatz, der Brutto-Rechnungsbetrag 100 % plus Umsatzsteuer-Prozentsatz, der Netto-Rechnungsbetrag 100 % minus Rabatt-Prozentsatz.

Beispiel 9-2: Für eine Lieferung Karton wurde 13 503,17 € gezahlt; Rabatt 4 %, Umsatzsteuer 19 %, Skonto 1,5 %

Skontobetrag (Zahlungsbetrag entspricht 100 % − Skontoprozentsatz)

$$13\,503,17 \,€ : (100 \,\% - 1,5 \,\%) \cdot 1,5 \,\% = 13\,503,17 \,€ : 98,5 \,\% \cdot 1,5 \,\% \approx 205,63 \,€$$

Brutto-Rechnungsbetrag (Zahlungsbetrag plus Skontobetrag)

$$13\,503,17 \,€ + 205,63 \,€ = 13\,708,80 \,€$$

Umsatzsteuer (Brutto-Rechnungsbetrag entspricht 100 % plus Umsatzsteuerprozentsatz)

13 708,80 € : (100 % + 19 %) · 19 % = 13 708,80 € : 119 % · 19 % = 2188,80 €

Netto-Rechnungsbetrag (Brutto-Rechnungsbetrag minus Umsatzsteuerbetrag)

13 708,80 € − 2188,80 € = 11 520,00 €

Rabatt (Netto-Rechnungsbetrag entspricht 100 % minus Rabattprozentsatz)

11 520,00 € : (100 % − 4 %) · 4 % = 11 520,00 € : 96 % · 4 % = 480,00 €

Listenpreis (Netto-Rechnungsbetrag plus Rabattbetrag)

11 520,00 € + 480,00 € = 12 000,00 €

Auch dieser Rechenweg lässt sich abkürzen, wenn die Beträge von Rabatt, Umsatzsteuer und Skonto nicht von Interesse sind.

Brutto-Rechnungsbetrag:

13 503,17 € : 98,5 % · 100 % ≈ 13 708,80 €

Netto-Rechnungsbetrag:

13 708,80 € : 119 % · 100 % = 11 520,00 €

Listenpreis:

11 520,00 € : 96 % · 100 % = 12 000,00 €

9.1.2 Anzeigenpreis

Die Anzeigenpreislisten von Zeitungen und Zeitschriften enthalten einerseits Preise für bestimmte Anzeigenformate, also zum Beispiel für ganze, halbe, drittel, viertel Seiten und andere Festformate, und andererseits Millimeterpreise für freie Anzeigenformate. Millimeterpreise beziehen sich auf die Höhe der einspaltigen Anzeige – bei mehrspaltigen Anzeigen wird deshalb die Höhe in Millimeter mit der Anzahl der Spalten multipliziert.

Beispiel 9-3: Dreispaltige Anzeige, Höhe 124 mm, Millimeterpreis 7,60 €

7,60 €/mm · 124 mm · 3 = 2827,20 €

Die Anzahl der Spalten ist in Aufgaben zur Anzeigenpreisberechnung gelegentlich etwas „versteckt" angegeben.

Beispiel 9-4: Anzeigenformat 195,5 mm × 180 mm, Millimeterpreis 17,40 €; die Zeitung hat 45,5 mm breite Spalten, Spaltenabstand (Zwischenschlag) 4,5 mm

Die Anzeigenbreite wird durch die Spaltenbreite dividiert, das Ergebnis wird ganzzahlig gerundet.

195,5 mm : 45,5 mm ≈ 4,297 ≈ 4

Zur Überprüfung: Die Breite der vierspaltigen Anzeige setzt sich aus vier Spaltenbreiten und drei Spaltenabständen zusammen.

4 · 45,5 mm + 3 · 4,5 mm = 195,5 mm

Und schließlich der Anzeigenpreis

17,40 €/mm · 180 mm · 4 = 12 528,00 €

Beispiel 9-5: Anzeigenformat 208 mm × 132 mm, Millimeterpreis 12,90 €; Satzspiegelbreite 367 mm, sieben Spalten, Spaltenabstand 4 mm

Anzahl der Spalten: Dreisatz oder Verhältnisgleichung mit proportionalem Verhältnis; das Ergebnis wird ganzzahlig gerundet.

Anzeigenspalten : 210 mm = 7 : 367 mm | · 210 mm $\qquad$ 367 mm : 7

Anzeigenspalten = 7 : 367 mm · 210 mm ≈ 4 $\qquad\qquad\dfrac{}{210\,mm}$ ≈ 4

Zur Überprüfung wird die Spaltenbreite berechnet. Die Breite des Satzspiegels besteht aus 7 Spalten und 6 Spaltabständen.

(367 mm − 6 · 4 mm) : 7 = 49 mm

Die Anzeigenbreite besteht aus vier Spalten und drei Spaltabständen:

4 · 49 mm + 3 · 4 mm = 208 mm

Anzeigenpreis:

12,90 €/mm · 132 mm · 4 = 6811,20 €

Bei der Anzeigenpreisberechnung sind ggf. noch Rabatte zu berücksichtigen, die aus unterschiedlichen Gründen gewährt werden:

▷ Malrabatt bei mehrfacher Veröffentlichung

▷ Mengenrabatt

▷ Mittlervergütung für Werbeagenturen

Wenn der Brutto-Rechnungsbetrag ausgerechnet werden soll, ist zum Schluss noch die Umsatzsteuer zu berücksichtigen.

Beispiel 9-6: Sechsmaliger Abdruck einer zweispaltigen Anzeige, Höhe 96 mm, 27,40 €/mm, Malrabatt 5 %, Mittlervergütung 15 %, Umsatzsteuer 19 %

27,40 € · 96 mm · 2 · 6 = 31 564,80 €

Preis nach Abzug des Malrabatts:

31 564,80 € : 100 % · (100 % − 5 %) = 31 564,80 € : 100 % · 95 % = 29 986,56 €

Preis nach Abzug der Mittlervergütung:

29 986,56 € : 100 % · (100 % − 15 %) = 29 986,56 € : 100 % · 85 % ≈ 25 488,58 €

Brutto-Rechnungsbetrag einschließlich Umsatzsteuer:

25 488,58 € : 100 % · (100 % + 19 %) = 25 488,58 € : 100 % · 119 % = 30 331,41 €

9.1.3 Übungsaufgaben zu Abschnitt 9.1

1. Eine Spiegelreflexkamera kostet laut Großhandelspreisliste 1960,00 €. Berechnen Sie bitte Rabattbetrag (5 %), Umsatzsteuer (19 %), Skontobetrag (2 %) und Zahlungsbetrag.

2. Wie viel ist für Waren zum Listenpreis von 6780,00 € zu zahlen, wenn 14 % Rabatt, 19 % Umsatzsteuer und 3 % Skonto berücksichtigt werden?

3. Welcher Betrag ist für 80 000 Bogen Papier zu zahlen, wenn der Listenpreis für tausend Bogen 64,40 € beträgt und 8 % Rabatt, 19 % Umsatzsteuer sowie 1,5 % Skonto berücksichtigt werden?

4. Eine Lieferung Lebensmittel für die Betriebskantine hat den Gesamt-Listen-preis 4567,00 €. Errechnen Sie bitte den zu zahlenden Betrag unter Berück-sichtigung von 10 % Rabatt, 7 % Umsatzsteuer und 2 % Skonto.

5. Für eine Lieferung Büromaterial wurde 731,21 € gezahlt. Errechnen Sie bitte Skontobetrag (2 %), Umsatzsteuer (19 %), Rabattbetrag (5 %) und Listenpreis.

6. Zur Begleichung einer Rechnung wurde 8604,63 € gezahlt. Errechnen Sie bitte den Großhandels-Listenpreis der berechneten Ware unter Berücksichtigung von 19 % Umsatzsteuer, 8 % Rabatt und 3 % Skonto.

7. Für 500 Blu-ray-Rohlinge waren nach Abzug von 7 % Rabatt und 1,5 % Skonto einschließlich 19 % Umsatzsteuer 294,33 € zu zahlen. Bitte den Listenpreis pro Stück berechnen.

8. Tausend Bogen Karton kosten laut Großhandelspreisliste 280,00 €. Für eine Lieferung wurde nach Abzug von 2 % Skonto 12 277,75 € überwiesen.
a) Wie hoch war der Listenpreis der Lieferung (6 % Rabatt, 19 % USt.)?
b) Wie viele Bogen Karton wurden geliefert?

9. Wie hoch ist jeweils der Rechnungsbetrag einschließlich 19 % Umsatzsteuer? Die angegebenen Millimeterpreise enthalten keine Steuer.
a) Dreispaltige Anzeige, Höhe 60 mm, 5,80 €/mm
b) Zweispaltige Anzeige, Höhe 76 mm, 12,86 €/mm, 15 % Mittlervergütung
c) Acht dreispaltige Anzeigen, Höhe 240 mm, 9,35 €/mm, 5 % Mengenrabatt
d) Zehnmalige Veröffentlichung einer vierspaltigen Anzeige, Höhe 140 mm, Millimeterpreis 27,60 €, 6 % Malrabatt, 15 % Mittlervergütung

10. Bitte die Anzeigenpreise einschließlich 19 % Umsatzsteuer berechnen:
a) Anzeigenformat 258 mm × 162 mm, Millimeterpreis 7,48 €, Spaltenbreite 48 mm, Zwischenschlag 4,5 mm
b) Anzeigenformat 102 mm × 144 mm, Millimeterpreis 15,36 €, Satzspiegel-breite 314 mm, 6 Spalten, Zwischenschlag 4 mm

Erhöhter Schwierigkeitsgrad

11. Für Waren zum Großhandels-Listenpreis von 4800,00 € wurde einschließlich 19 % Umsatzsteuer und nach Abzug von 2 % Skonto 5149,94 € gezahlt. Wie hoch (in Prozent) war der eingeräumte Rabatt?

12. Nachdem ein Lieferant die Preise für Druckplatten zunächst um 4 % und wenig später um weitere 2,5 % erhöht hat, droht ein langjähriger Stammkunde, die benötigten Druckplatten künftig bei einem anderen Großhändler zu beziehen. Welcher Rabatt müsste ihm eingeräumt werden, damit der berechnete Netto-preis genauso hoch ist wie der Listenpreis vor beiden Erhöhungen? Ergebnis bitte auf eine Nachkommastelle runden.

9.2 Zins- und Währungsrechnen

9.2.1 Zinsen

Banken und Sparkassen geben Kredite, überlassen also anderen Unternehmen oder Privatpersonen Geld für einen bestimmten Zeitraum. Sparer*innen überlassen umgekehrt ihr Geld einer Bank oder Sparkasse. Die Entgelte dafür heißen in beiden Fällen Zinsen, überlassene Geldbeträge werden Kapital genannt. Die Höhe der Zinsen wird in Prozent des Kapitals angegeben, üblicherweise bezogen auf ein Jahr (*pro anno*; p. a.). Dieser Prozentsatz heißt Zinssatz oder Zinsfuß. Die folgenden Beispiele gelten unter der Voraussetzung, dass Zinssatz und Kapital während der gesamten Laufzeit unverändert bleiben.

Beispiel 9-7: Jahreszinsen für Spareinlage von 2500,00 € EUR, Zinssatz 0,5 %
$$2500,00 \, € : 100 \, \% \cdot 0,5 \, \% = 12,50 \, €$$

Wenn es um die Zinsen für mehrere volle Jahre geht, wird einfach mit der Anzahl der Jahre multipliziert. Das gilt aber nur, wenn das Kapital unverändert bleibt. Bei üblichen Sparkonten ist das nicht der Fall, weil normalerweise die fälligen Zinsen am Jahresende gutgeschrieben, also dem Kapital zugeschlagen werden (dieser Fall wird im folgenden Abschnitt behandelt).

Beispiel 9-8: Zinsen für drei Jahre, Kapital 34 000,00 €, Zinssatz 0,75 %
$$34\,000,00 \, € : 100 \, \% \cdot 0,75 \, \% \cdot 3 = 765,00 \, €$$

Wird das Kapital nicht für volle Jahre, sondern für „krumme" Zeiträume überlassen, ist zeitanteilig nach Zinstagen zu rechnen. Im folgenden wird mit der 30/360-Methode gerechnet, auch kaufmännische oder deutsche Zinsmethode genannt. Dabei gelten diese Regeln:

▷ Das Jahr hat 360 Zinstage.
▷ Jeder Monat hat 30 Zinstage. Ausnahme: Bei Rückzahlung am letzten Tag des Monats Februar wird mit den tatsächlichen Kalendertagen im Februar gerechnet, also 28 oder 29.
▷ Bei Krediten wird der erste Tag (Tag der Kapitalüberlassung) nicht mitgezählt und der letzte Tag (Rückzahlungstag) mitgezählt. Bei Sparanlagen ist es umgekehrt. Beide Zählweisen führen aber zu gleichen Ergebnissen.

Beispiel 9-9: Kredit über 5000,00 €, 75 Zinstage, Zinssatz (pro Jahr!) 12 %
Zuerst die Zinsen für ein volles Jahr:
$$5000,00 \, € : 100 \, \% \cdot 12 \, \% = 600,00 \, €$$
Zinsen für 75 Zinstage – das Jahr hat 360 Zinstage:
$$600,00 \, € : 360 \cdot 75 = 125,00 \, €$$
Beide Rechenschritte zusammengefasst:
$$\frac{5000,00 \, € \cdot 12 \, \% \cdot 75}{100 \, \% \cdot 360} = 125,00 \, €$$

Wenn anstelle des Zeitraums die Kalenderdaten von Überlassung und Rückzahlung angegeben sind, müssen zuerst die Zinstage ermittelt werden.

Beispiel 9-10: Kredit über 40 000,00 €, Auszahlung am 20. März 2023, Rückzahlung am 15. Juli 2023, Zinssatz 12 % p. a.

Zinstage im März (Auszahlungstag zählt nicht mit):

$$30 - 20 = 10$$

Zinstage April bis Juni (drei volle Monate):

$$3 \cdot 30 = 90$$

Zinstage im Juli (Rückzahlungstag zählt mit):

$$15$$

Zinstage insgesamt:

$$10 + 90 + 15 = 115$$

Berechnung der Zinsen für 115 Zinstage:

$$\frac{40\,000,00\,€ \cdot 12\,\% \cdot 115}{100\,\% \cdot 360} \approx 1533,33\,€$$

Beispiel 9-11: Kredit über 25 000,00 €, Auszahlung am 24. September 2022, Rückzahlung am 28. Februar 2023, Zinssatz 14 % p. a.

Zinstage im September 2022 (Auszahlungstag zählt nicht mit):

$$30 - 24 = 6$$

Zinstage Oktober 2022 bis Januar 2023 (vier volle Monate):

$$4 \cdot 30 = 120$$

Zinstage im Februar 2023 (Rückzahlungstag zählt mit):

$$28$$

Zinstage insgesamt:

$$6 + 120 + 28 = 154$$

Berechnung der Zinsen für 154 Zinstage:

$$\frac{25\,000,00\,€ \cdot 14\,\% \cdot 154}{100\,\% \cdot 360} \approx 1497,22\,€$$

Die Rechenwege als Formeln:

F 9-1
$$z = \frac{k \cdot p\,\% \cdot J}{100\,\%}$$

F 9-2
$$z = \frac{k \cdot p\,\% \cdot T}{100\,\% \cdot 360}$$

z Zinsen k Kapital
J Zinsjahre T Zinstage

Achtung: Bei Verwendung von Formel 9-1 bitte darauf achten, dass tatsächlich volle Zinsjahre vorliegen, also zum Beispiel erster Tag 01. Januar 2023, letzter Tag (Rückzahlungstag) 01. Januar 2024. Bei Rückzahlung am 31. Dezember 2023 ergeben sich nur 359 Zinstage, da entweder erster oder letzter Tag nicht mitgezählt wird.

Neben der in den Beispielen angewandten 30/360-Methode gibt es weitere Zinsmethoden, die hier nur kurz erläutert werden sollen:

▷ Euro-Zinsmethode (französische Zinsmethode, act/360): Zinstage entsprechen Kalendertagen, Monate haben also 28, 29, 30 oder 31 Zinstage, der Teiler für das volle Jahr beträgt jedoch 360 Tage.

▷ Englische Zinsmethode (act/365): Zinstage entsprechen Kalendertagen, der Teiler beträgt 365 (auch in Schaltjahren mit 366 Tagen).

▷ Effektivzinsmethode (taggenaue Zinsmethode, act/act): Zinstage entsprechen Kalendertagen, der Teiler entspricht den tatsächlichen Tagen des Jahres, also 365 oder 366.

9.2.2 Zinseszinsen

Bei Sparkonten und ähnlichen Anlageformen werden die Jahreszinsen normalerweise dem Kapital zugeschlagen; sie erhöhen das Kapital und damit auch die im folgenden Jahr fälligen Zinsen. Werden zum Beispiel 1000 € am Jahresanfang zum Zinssatz 2 % angelegt, so erhöht sich das Kapital am Jahresende durch die Zinsgutschrift auf 1020 € (102 % von 1000 €). Nach dem zweiten Jahr erhöht es sich auf 1040,40 € (102 % von 1020 €), nach dem dritten auf 1061,21 € (102 % von 1040,40 €) und so fort. Das Kapital am Ende des Anlagezeitraums einschließlich Zinsen und Zinseszinsen kann mit dieser Formel berechnet werden:

F 9-3 $k_t = k_0 \cdot \left(1 + \dfrac{p\,\%}{100\,\%}\right)^t$

k_t k_0 Kapital am Ende, Anfang des Anlagezeitraums t Anlagezeitraum

Beispiel 9-12: Ein Kapital von 3000 € verbleibt fünf volle Kalenderjahre auf einem Anlagekonto, Zinssatz 1,8 %. Wie hoch ist es einschließlich Zinsen und Zinseszinsen nach der letzten jährlichen Zinsgutschrift?

$$k_t = 3000,00\,€ \cdot \left(1 + \frac{1,8\,\%}{100\,\%}\right)^5 = 3000,00\,€ \cdot 1,018^5 \approx 3279,90\,€$$

Die Ergebnisse von Berechnungen mithilfe Formel 9-3 können im Einzelfall um einige Cent vom tatsächlichen Guthaben abweichen. Das liegt u. a. daran, dass die jährlichen Zinsgutschriften in der Praxis auf volle Cent gerundet werden. Der Zinseszinseffekt ist etwas stärker, wenn die Zinsen bereits nach kürzeren Zeiträumen, zum Beispiel monatlich oder vierteljährlich, gutgeschrieben werden.

Beispiel 9-13: Kapital 3000 €, fünf volle Kalenderjahre, Zinssatz 1,8 % (wie Beispiel 9-12), monatliche Zinsgutschrift.

Der monatliche Zinssatz beträgt ein Zwölftel des jährlichen:

1,8 % : 12 = 0,15 %

Anzahl der Gutschriften:

5 · 12 = 60

Einsetzen in Formel 9-3 ergibt:

$$k_t = 3000{,}00 \, € \cdot \left(1 + \frac{0{,}15\,\%}{100\,\%}\right)^{60} = 3000{,}00 \, € \cdot 1{,}0015^{60} \approx 3282{,}30 \, €$$

9.2.3 Währungen

In den Ländern der Eurozone geben Wechselkurse im Regelfall an, wie viele Einheiten ausländischer Währung einem Euro entsprechen. Diese Art der Kursangabe wird Mengennotierung *(indirect quotation)* genannt. Die umgekehrte Angabe, also Euro pro Einheit fremder Währung, wird als Preisnotierung *(direct quotation)* bezeichnet.

Für Bargeld gelten Touristen- oder Sortenkurse, für Buchgeld (unbares Geld) Devisenkurse. In beiden Fällen wird wiederum zwischen Verkaufs- und Ankaufskursen der Banken unterschieden (bei Devisen auch Geld- und Briefkurse genannt). In Rechenaufgaben ist natürlich der jeweils richtige Kurs vorgegeben.

In den folgenden Beispielen werden anstelle der Währungssymbole oder Abkürzungen, die in den einzelnen Ländern für die jeweiligen Währungseinheiten üblich sind, die internationalen Währungscodes nach ISO 4217 benutzt. Die Kurse sind in jedem Fall in Mengennotierung angegeben.

Beispiel 9-14: Ein Schweizer Lieferant stellt 5600,00 CHF (Schweizer Franken) in Rechnung. Wie viel Euro entspricht das beim Kurs 0,985?

Der CHF-Betrag wird durch den Kurs dividiert:

5600,00 CHF : 0,985 CHF/EUR ≈ 5685,28 EUR

Beispiel 9-15: Ein dänischer Kunde erhält 500,00 EUR Preisnachlass. Wie viel DKK (Dänischen Kronen) entspricht das beim Euro-Kurs 7,462?

Der EUR-Betrag wird mit dem Kurs multipliziert:

500,00 EUR · 7,462 DKK/EUR = 3731,00 DKK

9.2.4 Übungsaufgaben zu Abschnitt 9.2

1. Errechnen Sie bitte jeweils die Zinsen für ein Jahr.
   a) Sparkapital 2400 €, Zinssatz 0,3 %
   b) Darlehen über 50 000 €, Zinssatz 7,5 %

2. Errechnen Sie bitte die Zinsen für die angegebenen Zeiträume mit der 30/360-Methode.
   a) Sparguthaben 1600 €, Zinssatz 0,5 % p. a., sechs Monate (180 Zinstage)
   b) Termingeld, 2 500 000 €, Zinssatz 0,25 % p. a., 45 Zinstage
   c) Dispositionskredit, 5200 €, Zinssatz 12,5 % p. a., 10 Zinstage

3. Ein kurzzeitiger Kredit über 450 000 €, Zinssatz 7,8 % p. a., wird am 20. März aufgenommen und am 31. August desselben Jahres zurückgezahlt. Bitte die Zinsen nach 30/360-Methode berechnen.

4. Bitte jeweils die Kreditzinsen nach 30/360-Methode berechnen.
   a) 60 000 €, 15. November 2021 bis 20. Januar 2022, 6,5 % p. a.
   b) 270 000 €, 31. Juni 2021 bis 15. Januar 2024, 8,6 % p. a.
   c) 4000 €, 24. Januar 2024 bis 29. Februar 2024, 9,8 % p. a.

5. Errechnen Sie bitte das Kapital einschließlich Zinsen und Zinseszinsen bei jährlicher Zinsgutschrift.
   a) 50 000 €, Zinssatz 2 %, 15 Jahre
   b) 3500 €, Zinssatz 0,5 %, 5 Jahre
   c) 280 000 €, Zinssatz 1,75 %, 10 Jahre

6. Ein Kapital von 40 000 € wird zu 2,4 % p. a. angelegt. Bitte das Kapital einschließlich Zins und Zinseszins nach Ablauf von zehn Jahren berechnen.
   a) jährliche Zinsgutschrift
   b) monatliche Zinsgutschrift
   c) vierteljährliche Zinsgutschrift

7. Bitte in Euro umrechnen.
   a) 3700 CAD (Kanadische Dollar), Kurs 1,348
   b) 17 000 GBP (Britische Pfund), Kurs 0,856
   c) 536 000 CZK (Tschechische Kronen), Kurs 25,472

8. Rechnen Sie bitte die Euro-Beträge in die angegebenen Währungen um.
   a) 27 600 EUR in Japanische Yen (JPY), Kurs 145,240
   b) 3857 EUR in Schwedische Kronen (SEK), Kurs 10,874
   c) 134 800 EUR in Australische Dollar (AUD), Kurs 1,589

Erhöhter Schwierigkeitsgrad

9. Ein polnischer Lieferant gewährt 1500 PLN (Polnische Złoty, Kurs 4,710) Preisnachlass auf eine Lieferung an einen Abnehmer in Deutschland. Um wie viel NOK (Norwegische Kronen, Kurs 10,362) verringert sich der Wiederverkaufspreis, wenn der Preisvorteil zur Hälfte an einen norwegischen Kunden weitergegeben wird?

10. Ein Kapital von ursprünglich 38 000 € wurde durch die Zinsgutschrift nach einem Jahr auf 38 285,00 € erhöht.
   a) Welcher Betrag einschließlich Zinsen und Zinseszinsen ergibt sich, wenn das Kapital für weitere vier Jahre zu gleichen Bedingungen angelegt bleibt?
   b) Wie hoch müsste der Zinssatz sein, wenn das Kapital von 38 000 € innerhalb von fünf Jahren auf 40 000 € anwachsen soll?

11. 80 000 € wurden am 15. Januar 2020 (Schaltjahr) angelegt und am 31. Dezember zurückgezahlt, Zinssatz 1,75 %, Zinsgutschrift bei Rückzahlung. Bitte den Zinsertrag nach 30/360-, act/360-, act/365- sowie act/act-Methode berechnen.

9.3 Fixe und variable Kosten

9.3.1 Gesamtkosten und Stückkosten

Die Kosten der betrieblichen Leistungserstellung sind teils fix, also unabhängig von der produzierten Menge, und teils variabel, also mengenabhängig. Diese Unterscheidung kann sowohl auf den gesamten Betrieb als auch auf einzelne Fertigungslose angewandt werden. Bei gesamtbetrieblicher Betrachtung sind zum Beispiel Kosten für Grundstück und Gebäude fix und Materialkosten variabel. Bei Betrachtung eines einzelnen Fertigungsloses, zum Beispiel Druck einer bestimmten Auflage, sind die auf das Einrichten der Druckmaschine entfallenden Kosten fix und die Fortdruckkosten variabel. In diesem Fall wird der Eindeutigkeit halber von *auflagen*fixen und *auflagen*variablen Kosten gesprochen.

Beispiel 9-16: Vierfarben-Druckmaschine, Einrichtekosten 140,00 €, Fortdruckkosten 22,60 € pro 1000 Druck, Auflage alternativ 20 000, 40 000, 60 000
Berechnung der Gesamtkosten: Auflagenfixe Kosten plus auflagenvariable Kosten pro Tausend mal Auflage in Tausend.

$$140{,}00\,€ + 22{,}60\,€ \cdot 20 = 592{,}00\,€$$
$$140{,}00\,€ + 22{,}60\,€ \cdot 40 = 1044{,}00\,€$$
$$140{,}00\,€ + 22{,}60\,€ \cdot 60 = 1496{,}00\,€$$

Berechnung der Stückkosten (Kosten pro 1000 Druck): Gesamtkosten geteilt durch Auflage in Tausend. Bei steigender Auflage sinken die Stückkosten, weil die auflagenfixen Einrichtekosten auf die höhere Stückzahl verteilt werden.

$$592{,}00\,€ : 20 = 29{,}60\,€$$
$$1044{,}00\,€ : 40 = 26{,}10\,€$$
$$1496{,}00\,€ : 60 \approx 24{,}93\,€$$

Alternativer Weg zur Berechnung der Stückkosten: Auflagenfixe Kosten geteilt durch Auflage in Tausend plus variable Kosten pro Tausend:

$$140{,}00\,€ : 20 + 22{,}60\,€ = 7{,}00\,€ + 22{,}60\,€ = 29{,}60\,€$$
$$140{,}00\,€ : 40 + 22{,}60\,€ = 3{,}50\,€ + 22{,}60\,€ = 26{,}10\,€$$
$$140{,}00\,€ : 60 + 22{,}60\,€ \approx 2{,}33\,€ + 22{,}60\,€ = 24{,}93\,€$$

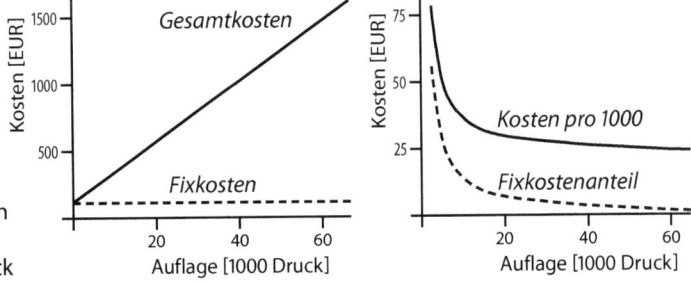

Bild 9-1
Gesamtkosten
und Kosten
pro 1000 Druck

Die Verläufe von Gesamtkosten und Kosten pro Einheit können grafisch dargestellt (Bild 9-1) und als Kostenfunktionen formuliert werden.

F9-4 $\quad K = K_{fix} + k_{var} \cdot m$ $\qquad$ **F9-5** $\quad k = K_{fix} : m + k_{var}$

$K\ K_{fix}$ Gesamtkosten der Auflage, auflagenfixe Kosten
$k\ k_{var}$ Gesamtkosten pro Einheit, auflagenvariable Kosten pro Einheit
$m\quad$ Menge (Auflage, Stückzahl, Anzahl produzierte Einheiten)

9.3.2 Gewinnschwelle (Break-even-Point)

Als Gewinnschwelle oder Break-even-Point wird die Menge (Auflage) bezeichnet,
bei der Kosten und Erlös gleich sind. Bei Auflagen unterhalb der Gewinnschwelle
werden die Kosten nicht vollständig gedeckt, es entsteht Verlust. Bei Auflagen
oberhalb der Gewinnschwelle überschießt der Erlös die Kosten, es entsteht Ge-
winn. Damit überhaupt eine Gewinnschwelle zustande kommt, muss der Erlös
pro Stück höher sein als die auflagenvariablen Kosten pro Stück. Sonst entsteht
in jedem Fall Verlust, der durch Steigerung der Auflage sogar noch erhöht wird.

Beispiel 9-17: Die Verlagskalkulation eines Buchprojekts ergibt auflagenfixe Kosten
von 36 000 € und auflagenvariable Kosten von 4,50 € pro Exemplar; der Erlös wird
mit 16,50 € pro Exemplar kalkuliert.
In diesem Beispiel wird der Einfachheit halber unterstellt, dass die produzierte
Auflage vollständig verkauft wird.
Erlös pro Exemplar minus auflagenvariable Kosten pro Exemplar:
$\qquad$ 16,50 € − 4,50 € = 12,00 €
Jedes Exemplar bringt also einen Beitrag von 12,00 € zur Deckung der auflagenfixen Kosten. Um die Gewinnschwelle zu berechnen, werden die auflagenfixen
Kosten durch diesen Deckungsbeitrag dividiert.
$\qquad$ 36 000 € : 12 € = 3000

Der Rechenweg kann auch als Gleichung entwickelt werden. Gesamterlös E ist
das Produkt aus Erlös e pro Einheit und Menge m.
$$E = e \cdot m$$
Kostenfunktion (Formel 9-4):
$$K = K_{fix} + k_{var} \cdot m$$
Am Break-even-Point m_{be} sind Gesamterlös und -kosten gleich:
$$e \cdot m_{be} = K_{fix} + k_{var} \cdot m_{be} \qquad | -(k_{var} \cdot m_{be})$$
$$e \cdot m_{be} - k_{var} \cdot m_{be} = K_{fix}$$
$$(e - k_{var}) \cdot m_{be} = K_{fix} \qquad | : (e - k_{var})$$

F9-6 $\quad m_{be} = K_{fix} : (e - k_{var})$

m_{be} Break-even-Point (Gewinnschwelle) $\qquad e$ Erlös pro Stück
K_{fix} auflagenfixe Kosten $\qquad k_{var}$ auflagenvariable Kosten pro Stück

9.3.3 Grenzauflage

Grenzauflage ist die Stückzahl, bei der Kostengleichheit zwischen zwei Maschinen oder Produktionsverfahren mit unterschiedlichen Kostenstrukturen besteht. Voraussetzung ist dabei, dass das Verfahren mit den höheren auflagenfixen Kosten geringere variable Stückkosten verursacht als das Verfahren mit den geringeren Fixkosten. Unterhalb der Grenzauflage ist das Verfahren mit den geringeren Fixkosten kostengünstiger, oberhalb der Grenzauflage das Verfahren mit den geringeren variablen Stückkosten.

Beispiel 9-18: Bei teilmanueller Broschürenfertigung entstehen auflagenfixe Kosten von 75,00 € und variable Kosten von 0,38 € pro Exemplar. Bei maschineller Fertigung betragen die fixen Kosten 165,00 € und die variablen 0,20 € pro Exemplar. Differenz der auflagenfixen Kosten (höherer minus geringerer Wert):

$$165,00 \text{ €} - 75,00 \text{ €} = 90,00 \text{ €}$$

Differenz der variablen Kosten pro Exemplar (höherer minus geringerer Wert):

$$0,38 \text{ €} - 0,20 \text{ €} = 0,18 \text{ €}$$

Division der Fixkostendifferenz durch die Differenz der variablen Stückkosten ergibt die gesuchte Stückzahl:

$$90,00 \text{ €} : 0,18 \text{ €} = 500$$

Auch dieser Rechenweg kann als Gleichung entwickelt werden. Ausgangspunkt ist hier die Überlegung, dass bei der Grenzauflage m_g die Gesamtkosten der beiden Verfahren gleich sind.

$$K_{fix1} + m_g \cdot k_{var1} = K_{fix2} + m_g \cdot k_{var2} \quad | \; -(m_g \cdot k_{var2}) \quad -K_{fix1}$$
$$m_g \cdot k_{var1} - m_g \cdot k_{var2} = K_{fix2} - K_{fix1}$$
$$m_g \cdot (k_{var1} - k_{var2}) = K_{fix2} - K_{fix1} \quad | \; : (k_{var1} - k_{var2})$$

$F 9-7$
$$m_g = \frac{K_{fix2} - K_{fix1}}{k_{var1} - k_{var2}}$$

K_{fix1} K_{fix2} auflagenfixe Kosten, Verfahren 1 bzw. 2 m_g Grenzauflage
k_{var1} k_{var2} auflagenvariable Kosten pro Stück, Verfahren 1 bzw. 2

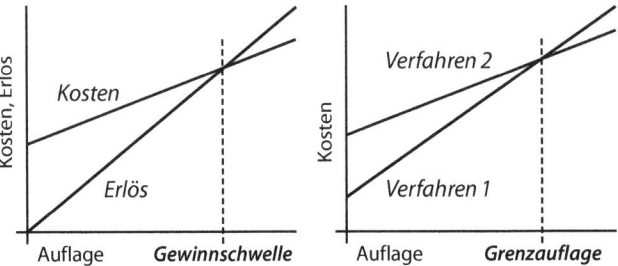

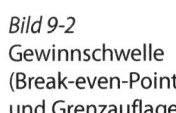

Bild 9-2
Gewinnschwelle
(Break-even-Point)
und Grenzauflage

9.3.4 Übungsaufgaben zu Abschnitt 9.3

1. Berechnen Sie bitte jeweils die Gesamtkosten der Auflage und die Kosten pro Stück bzw. pro Tausend.
   a) Auflagenfixe Kosten 280,00 €, variable Kosten pro Stück 2,40 €, Auflage 800
   b) Auflagenfixe Kosten 96,00 €, variable Kosten 12,80 € pro 1000, Aufl. 50 000
   c) Auflagenfixe Kosten 72,00 €, variable Kosten 16,40 € pro 1000, Aufl. 17 500

2. Bei welcher Stückzahl ist jeweils die Gewinnschwelle erreicht?
   a) Auflagenfixe Kosten 400,00 €, variable Kosten 1,90 €, Erlös 2,70 € pro Stück
   b) Auflagenfixe Kosten 64,80 €, variable Kosten 0,67 €, Erlös 0,75 € pro Stück

3. Bei der Broschürenfertigung entstehen auflagenfixe Kosten von 231,00 € und auflagenvariable Kosten von 356,00 € pro Tausend. Der am Markt realisierbare Erlös beträgt 440,00 € pro Tausend.
   a) Bei welcher Auflage liegt der Break-even-Point?
   b) Wie hoch sind Gesamtkosten und -erlös bei dieser Auflage?

4. Bitte die Grenzauflagen (Stückzahlen bei Kostengleichheit) berechnen.
   a) Verfahren 1: Fixkosten 1250,00 €, variable Kosten 7,50 € pro Stück
   Verfahren 2: Fixkosten 1900,00 €, variable Kosten 6,25 € pro Stück
   b) Verfahren A: Fixkosten 840,00 €, variable Kosten 2,36 € pro Stück
   Verfahren B: Fixkosten 435,00 €, variable Kosten 2,54 € pro Stück

5. Bei Druckmaschine X wird mit Einrichtekosten von 61,70 € und Fortdruckkosten von 12,40 € pro 1000 Druck kalkuliert, bei Maschine Y mit Einrichtekosten von 52,50 € und Fortdruckkosten von 12,72 € pro 1000 Druck.
   a) Bei welcher Auflagenhöhe besteht Kostengleichheit?
   b) Wie hoch sind die Gesamtkosten und die Kosten pro 1000 Druck bei der berechneten Auflage?

6. Ein Energieversorgungsunternehmen liefert Strom zum Arbeitspreis 0,486 € pro Kilowattstunde; die jährliche Grundgebühr beträgt 182,40 €. Ein anderes Versorgungsunternehmen berechnet 0,516 € pro Kilowattstunde, jährliche Grundgebühr 120,00 €. Bei welchem Stromverbrauch lauten die Jahresrechnungen beider Anbieter auf gleiche Gesamtbeträge?

7. Bei der Produktion einer Broschüre im Digitaldruck werden auflagenfixe Kosten von 156,00 € und auflagenvariable Kosten von 3,70 € pro Exemplar kalkuliert. Bei Produktion im Offsetdruck betragen die auflagefixen Kosten 954,00 € und die auflagenvariablen Kosten 1420,00 € pro 1000 Exemplare.
   a) Bitte die Grenzauflage berechnen.
   b) Wie hoch sind die Kosten für ein Exemplar bei dieser Auflage?
   c) Der Erlös beträgt 4,95 € pro Exemplar. Bei welcher Auflage wird im Digitaldruck die Gewinnschwelle erreicht, bei welcher im Offsetdruck?

Erhöhter Schwierigkeitsgrad

8. Bei Fixkosten von 247,50 € und variablen Kosten von 37,60 € pro Tausend wird die Gewinnschwelle bei 25 000 Exemplaren erreicht. Auf welche Auflage verschiebt sich die Gewinnschwelle, wenn der Erlös pro Tausend Exemplare um 10 % geringer ausfällt als zunächst kalkuliert.

9. Bei Produktion nach Verfahren A entstehen Fixkosten von 3764,00 € und variable Stückkosten von 17,60 €. Bei Verfahren B betragen die Fixkosten 4670,00 € und die variablen Stückkosten 17,24 €. Um wie viel Euro müssen die Fixkosten von Verfahren B gesenkt werden, um Kostengleichheit mit Verfahren A bereits bei Produktion von 2000 Stück zu erreichen?

9.4 Kosten- und Leistungsrechnung

9.4.1 Bilanzielle und kalkulatorische Abschreibung

Gegenstände des abnutzbaren Anlagevermögens, also zum Beispiel Maschinen, Geräte oder Fahrzeuge, verlieren im Lauf ihrer Nutzung an Wert. Der Wertverlust wird buchhalterisch als Abschreibung in der Gewinn-und-Verlust-Rechnung ausgewiesen; in der Bilanz stehen die nach Abzug der Abschreibungen verbleibenden Restwerte. Abschreibungen werden auch in der Kostenarten- und Kostenstellenrechnung (Betriebsabrechnungsbogen, BAB) berücksichtigt. In Abgrenzung zur bilanziellen wird hier von kalkulatorischer Abschreibung gesprochen.

Basis für die Berechnung der bilanziellen Abschreibung sind die Anschaffungskosten, für die kalkulatorische Abschreibung dagegen der (geschätzte) Wiederbeschaffungsneuwert (WBNW) am Ende der Nutzungsdauer.

Abgeschrieben wird normalerweise nach der linearen Methode in gleichen Jahresraten. Im ersten Jahr wird allerdings nur dann die volle Jahresrate berücksichtigt, wenn das Wirtschaftsgut im Januar angeschafft wurde; sonst ist zeitanteilig nach Monaten zu rechnen. Im letzten Nutzungsjahr wird entsprechend verfahren.

Beispiel 9-19: Bilanzielle Abschreibung für Druckplattenrecorder, Anschaffung im September 2023, Nutzungsdauer 5 Jahre, Anschaffungskosten 162 000 €
Jährlicher Abschreibungsbetrag für die vier vollen Kalenderjahre (2024 bis 2027): Anschaffungskosten geteilt durch Nutzungsjahre ergibt Abschreibungsbetrag.
$$162\,000\,€ : 5 = 32\,400\,€$$
Im Anschaffungsjahr 2023 wird zeitanteilig nach Monaten gerechnet. Der Anschaffungsmonat wird mitgezählt, sodass hier 4 Monate (September bis Dezember) zu berücksichtigen sind. Der Abschreibungsbetrag für ein volles Jahr wird durch 12 (Monate) geteilt und mit 4 (Monaten) multipliziert:
$$32\,400\,€ : 12 \cdot 4 = 10\,800\,€$$
Für das Jahr 2028 verbleiben noch 8 Monate Nutzungsdauer (Januar bis August):
$$32\,400\,€ : 12 \cdot 8 = 21\,600\,€$$

Beispiel 9-20: Kalkulatorische Abschreibung für Druckplattenrecorder, Anschaffung im September 2023, Nutzungsdauer 5 Jahre (60 Monate), Wiederbeschaffungsneuwert 186 300 €.

Hier kann wie im vorigen Beispiel vorgegangen werden – anstelle der Anschaffungskosten wird einfach der (im Regelfall höhere) Wiederbeschaffungsneuwert eingesetzt. Alternativ kann zunächst der kalkulatorische Abschreibungsbetrag pro Monat berechnet werden, da er in der Kostenrechnung ohnehin für den monatlichen Betriebsabrechnungsbogen benötigt wird.

186 300 € : 60 = 3105 €

Die jährlichen Beträge ergeben sich dann durch Multiplikation des Monatsbetrags mit der Anzahl der Monate im jeweiligen Jahr.

2023	3105 € · 4 = 12 420 €
2024 bis 2027 jew.	3105 € · 12 = 37 260 €
2028	3105 € · 8 = 24 840 €

9.4.2 Kalkulatorische Zinsen

Kosten der Finanzierung des Betriebsvermögens werden in der Kostenrechnung als kalkulatorische Zinsen berücksichtigt. Dabei wird nicht nach Finanzierungsarten (Eigen- oder Fremdfinanzierung) unterschieden, sondern mit einem einheitlichen Zinssatz gerechnet. Bei der Berechnung der kalkulatorischen Zinsen wird zwischen abnutzbaren und nicht abnutzbaren Vermögensgegenständen unterschieden.

▷ Kalkulatorische Zinsen für nicht abnutzbare Vermögensgegenstände, zum Beispiel Grundstücke, werden nach Anschaffungskosten berechnet.

▷ Kalkulatorische Zinsen für abnutzbare Vermögensgegenstände, zum Beispiel Maschinen, werden nach mittleren (durchschnittlichen) kalkulatorischen Restwerten berechnet. Mittlerer kalkulatorischer Restwert ist die Hälfte des Wiederbeschaffungsneuwerts. Am Beginn der Nutzung entspricht der kalkulatorische Restwert dem Wiederbeschaffungsneuwert, am Ende beträgt er null Euro. Arithmetisches Mittel aus Wiederbeschaffungsneuwert und null Euro ist die Hälfte des Wiederbeschaffungsneuwerts.

Beispiel 9-21: Jährliche kalkulatorische Zinsen für Betriebsgrundstück, Anschaffungskosten 960 000 €, Zinssatz 6,5 % p. a.

960 000 € : 100 % · 6,5 % = 62 400 €

Beispiel 9-22: Jährliche kalkulatorische Zinsen für Druckmaschine, Wiederbeschaffungsneuwert 764 000 €, Zinssatz 6,5 %

Mittlerer kalkulatorischer Restwert (Hälfte des Wiederbeschaffungsneuwerts):

764 000 € : 2 = 382 000 €

Kalkulatorische Zinsen pro Jahr:

382 000 € : 100 % · 6,5 % = 24 830 €

9.4.3 Wiederbeschaffungsneuwert

Wiederbeschaffungsneuwert ist der erwartete Preis der Ersatzinvestition am Ende der Nutzungsdauer eines Wirtschaftsguts. Im einfachsten Fall wird die erwartete prozentuale Preissteigerung am Ende der Nutzungsdauer gegenüber dem Zeitpunkt der Anschaffung angegeben.

Beispiel 9-23: Offsetdruckmaschine, Anschaffungskosten 820 000 €; der Wiederbeschaffungsneuwert liegt um 15 % über den Anschaffungskosten
Der Anschaffungswert entspricht 100 %.

$$820\,000\,€ : 100\,\% \cdot (100\,\% + 15\,\%) = 943\,000\,€$$

Bei der Berechnung des Wiederbeschaffungsneuwerts anhand erwarteter jährlicher Preissteigerungsraten wird analog zur Zinseszinsberechnung (Abschnitt 9.2.2, Formel 9-3) vorgegangen. Anstelle des Kapitals an Beginn und Ende des Anlagezeitraums werden Anschaffungskosten und Wiederbeschaffungsneuwert eingesetzt, anstelle des Zinssatzes die Preissteigerungsrate.

F 9-8
$$WBNW = AK \cdot \left(1 + \frac{R\,\%}{100\,\%}\right)^t$$

WBNW AK Wiederbeschaffungsneuwert, Anschaffungskosten
R jährl. Preissteigerungsrate   *t* Nutzungsdauer [Jahre]

Beispiel 9-24: Offsetdruckmaschine, Anschaffungskosten 820 000 €, Nutzungsdauer 8 Jahre, jährliche Preissteigerungsrate 2 %

$$WBNW = 820\,000\,€ \cdot \left(1 + \frac{2\,\%}{100\,\%}\right)^8 = 820\,000\,€ \cdot 1{,}02^8 \approx 960\,761\,€$$

In der Praxis wird häufig auf „glatte" Hunderter oder Tausender gerundet, im Beispiel also auf 960 800 € oder 961 000 €.

9.4.4 Beschäftigungs- und Nutzungsgrad

Beschäftigungs- und Nutzungsgrad sind Kenngrößen für die Ausnutzung von Arbeitsplatzkapazitäten.

▷ Arbeitsplatzkapazität ist die kalendermäßig nach Abzug von arbeitsfreien Samstagen, Sonn- und Feiertagen mögliche Jahresarbeitszeit im Einschichtbetrieb bei tariflicher, gesetzlicher oder betriebsüblicher Normalarbeitszeit.

▷ Fertigungszeiten sind produktionsbedingte Zeiten, die einzelnen Kostenträgern (Produkten, Projekten, Aufträgen) direkt zurechenbar sind.

▷ Hilfszeiten sind produktionsbedingte Zeiten, die für mehrere oder alle Kostenträger gemeinsam anfallen und keinem direkt zurechenbar sind. Sie dienen allgemein der Herbeiführung und Aufrechterhaltung der Betriebsbereitschaft, zum Beispiel Pflege und selbst ausgeführte Instandhaltung von Maschinen und Geräten.

Beschäftigungs- und Nutzungsgrad werden normalerweise prozentual angegeben; übliche Symbole sind $B°$ und $N°$.

F 9-9 $\quad B°\% = \dfrac{Fertigungszeit + Hilfszeit}{Arbeitsplatzkapazität} \cdot 100\%$

F 9-10 $\quad N°\% = \dfrac{Fertigungszeit}{Fertigungszeit + Hilfszeit} \cdot 100\%$

Beispiel 9-25: Arbeitsplatzkapazität 1750 h, Fertigungszeit 1277 h, Hilfszeit 158 h

$$B° = \frac{1277\,h + 158\,h}{1750\,h} \cdot 100\% = 82,0\%$$

$$N° = \frac{1277\,h}{1277\,h + 158\,h} \cdot 100\% \approx 89,0\%$$

Der Beschäftigungsgrad ist erheblich größer als 100 %, wenn in zwei oder drei Schichten gearbeitet wird, denn die Arbeitsplatzkapazität ist immer auf eine Schicht bezogen. Der Nutzungsgrad ist dagegen immer kleiner als 100 %.

Beispiel 9-26: Arbeitsplatzkapazität 1750 h, Fertigungszeit 2348 h, Hilfszeit 382 h

$$B° = \frac{2348\,h + 382\,h}{1750\,h} \cdot 100\% = 156,0\%$$

$$N° = \frac{2348\,h}{2348\,h + 382\,h} \cdot 100\% \approx 86,0\%$$

Umgekehrt kann von Arbeitsplatzkapazität, Beschäftigungs- und Nutzungsgrad auf Fertigungs- und Hilfszeit zurückgeschlossen werden.

Beispiel 9-27: Arbeitsplatzkapazität 1750 h, $B° = 84\%$, $N° = 90\%$
Arbeitsplatzkapazität entspricht 100 %, Summe aus Fertigungszeit und Hilfszeit entspricht Beschäftigungsgrad 84 %.

$\qquad$ 1750 h : 100 % · 84 % = 1470 h

Summe aus Fertigungszeit und Hilfszeit entspricht 100 %, Fertigungszeit entspricht Nutzungsgrad 90 %.

$\qquad$ 1470 h : 100 % · 90 % = 1323 h

Summe aus Fertigungszeit und Hilfszeit minus Fertigungszeit ergibt Hilfszeit.

$\qquad$ 1470 h – 1323 h = 147 h

Wenn nur die Fertigungszeit von Interesse ist, kann anstelle der schrittweisen Berechnung wie im Beispiel mit dieser Formel gearbeitet werden:

F 9-11 $\quad Fertigungszeit = Arbeitsplatzkapazität \cdot \dfrac{B°\%}{100\%} \cdot \dfrac{N°\%}{100\%}$

Berechnung der Fertigungszeit aus Beispiel 9-27 mit der Formel:

$$1750\,h \cdot \frac{84\%}{100\%} \cdot \frac{90\%}{100\%} = 1323\,h$$

9.4.5 Kapazitätsplanung

Bei der Ermittlung und Planung der Kapazitäten von Arbeitsplätzen, Maschinen, Betriebsabteilungen oder des gesamten Betriebs geht es um die Frage, wie viel Stunden pro Jahr insgesamt als Fertigungs- und Hilfszeit zur Verfügung stehen. Ausfallzeiten wegen Auftragsmangels oder aufgrund von Produktionshindernissen (zum Beispiel Ausfall der Energieversorgung) werden dabei nicht berücksichtigt. Soweit keine ganz exakten Daten zur Verfügung stehen, wird auf Durchschnittswerte der vergangenen Jahre oder Erfahrungswerte zurückgegriffen.

▷ **Arbeitsplatzkapazität** ist die kalendermäßig mögliche Arbeitszeit bei einschichtigem Betrieb und tariflicher, gesetzlicher oder betriebsüblicher täglicher Arbeitszeit. Bei 5-Tage-Woche entspricht sie den Kalendertagen abzüglich Samstagen, Sonntagen und arbeitsfreien Feiertagen (soweit sie nicht auf Samstage oder Sonntage fallen), multipliziert mit der täglichen Arbeitszeit.

▷ **Personalkapazität** pro Schicht ist die um Urlaub sowie Krankheitstage und sonstige Fehlzeiten verminderte Arbeitsplatzkapazität.

▷ **Plan-Beschäftigung** (Plan-Kapazität) pro Schicht ist die um Überstunden sowie Arbeitszeit von Springern und Aushilfen erhöhte Personalkapazität.

▷ Bei mehrschichtigem Betrieb wird die Plan-Beschäftigung pro Schicht am Schluss noch mit der Anzahl der Schichten pro Arbeitstag multipliziert. Bei einschichtigem Betrieb entfällt dieser Rechenschritt.

Beispiel 9-28: Kapazitätsberechnung für einen Arbeitsplatz im zweischichtigen Betrieb, Normalarbeitszeit pro Schicht 7 Stunden, 5-Tage-Woche

	Tage (Schichten)	Stunden
Kalendertage	365	2555
– Samstage und Sonntage	104	728
– Feiertage	10	70
= Arbeitsplatzkapazität	251	1757
– Urlaub	30	210
– Krankheitstage	12	84
– Sonstige Fehlzeiten	2	14
= Personalkapazität	207	1449
+ Überstunden	6	42
+ Springer/Aushilfe	15	105
= Plan-Beschäftigung/Schicht	228	1596
× Schichten pro Arbeitstag	2	2
= Plan-Beschäftigung	456	3192

9.4.6 Arbeitsplatzkosten

Arbeitsplatzkosten, kurz Platzkosten genannt, sind die dem jeweiligen Arbeitsplatz direkt oder indirekt (zum Beispiel durch Umlage) zurechenbaren Kosten. Nicht enthalten sind Kosten für Fertigungsmaterial und Vorprodukte, die am Arbeitsplatz (weiter-)verarbeitet werden.

Mithilfe der Arbeitsplatzkostenberechnung werden u. a. Stundensätze für die Auftragskalkulation ermittelt: Division der jährlichen Arbeitsplatzkosten durch Fertigungsstunden pro Jahr ergibt Kosten pro Fertigungsstunde.

Zur Berechnung der Arbeitsplatzkosten können im Detail unterschiedliche, mehr oder minder stark untergliederte Schemata benutzt werden. Beispiele in diesem und Übungsaufgaben im nächsten Abschnitt basieren auf folgendem Schema.

1	Arbeitsentgelt (einschließlich Urlaubsgeld, Jahresleistung usw.)
2	Gesetzliche Sozialkosten (Zuschlag auf Arbeitsentgelt)
3	Tarifliche und freiwillige Sozialkosten (Zuschlag auf Arbeitsentgelt)
4	**Summe Personalkosten** (Zeilen 1 + 2 + 3)
5	Gemeinkostenmaterial (z. B. Reinigungs- u. Schmiermittel, Kleinmaterial)
6	Fremdenergie (Strom, Gas, Wasser)
7	Fremdinstandhaltung
8	**Summe Sachgemeinkosten** (Zeilen 5 + 6 + 7)
9	Raummiete und Heizung
10	Kalkulatorische Abschreibung
11	Kalkulatorische Zinsen
12	Kalkulatorische Wagnisse
13	**Summe Miete und kalkulatorische Kosten** (Zeilen 9 + 10 + 11 + 12)
14	**Summe Primärkosten** (Zeilen 4 + 8 + 13)
15	Verrechnung Fertigungshilfskostenstellen
16	**Summe Fertigungskosten** (Zeilen 14 + 15)
17	Gemeinkostenumlage Arbeitsvorbereitung/Techn. Leitung (Zuschlag auf Fertigungskosten)
18	Gemeinkostenumlage Verwaltung (Zuschlag auf Fertigungsk.)
19	Gemeinkostenumlage Vertrieb (Zuschlag auf Fertigungskosten)
20	**Summe Gemeinkostenumlagen** (Zeilen 17 + 18 + 19)
21	**Arbeitsplatzkosten** (Zeilen 16 + 20)

Sozialkosten (Zeilen 2 und 3) werden als prozentuale Zuschläge auf das Arbeitsentgelt berechnet, Gemeinkostenumlagen (Zeilen 17–19) als prozentuale Zuschläge auf die Fertigungskosten. Sachgemeinkosten (Zeilen 5–7) sowie Miete und kalkulatorische Kosten (Zeilen 9–12) werden, soweit sie nicht direkt erhoben oder berechnet werden können, mit unterschiedlichen Aufteilungs- oder Umlageverfahren zugerechnet.

Bei Berechnung auf Jahresbasis werden üblicherweise alle Beträge auf ganze Euro gerundet; Beträge pro Fertigungsstunde werden auf zwei Nachkommastellen (ganze Cent) gerundet.

Zuerst ein einfaches Beispiel mit teilweise bereits berechneten und zusammengefassten Einzelpositionen. Ein umfangreicheres Beispiel mit allen Einzelpositionen folgt auf der nächsten Seite.

Beispiel 9-29: Arbeitsplatz Bildbearbeitung und Layout; die in Klammern gesetzten Zahlen entsprechen den Zeilennummern des Berechnungsschemas.

Arbeitsentgelt (1)	39 000 €
Zuschlag Sozialkosten (gesetzl., tarifl. und freiwillig) (2, 3)	23 %
Summe Sachgemeinkosten (8)	2 200 €
Summe Miete und kalkulatorische Kosten (13)	8 600 €
Verrechnung Fertigungshilfskostenstellen (15)	2 800 €
Summe Gemeinkostenumlagen (20)	48 %
Fertigungszeit	1 290 h

Zuerst werden die Jahreswerte eingesetzt bzw. berechnet. Um die Kosten pro Fertigungsstunde zu ermitteln, werden die Jahreswerte durch die Anzahl der Fertigungsstunden pro Jahr – hier also durch 1290 – dividiert.

			€/Jahr		€/F.std.
1	Arbeitsentgelt		39 000	: 1290 ≈	30,23
2, 3	Zuschlag Sozialkosten	39 000 : 100 % · 23 % =	8 970	: 1290 ≈	6,95
4	Summe Personalkosten	39 000 + 8 970 =	47 970	: 1290 ≈	37,19
8	Summe Sachgemeinkosten		2 200	: 1290 ≈	1,71
13	Summe Miete u. kalkulatorische Kosten		8 600	: 1290 ≈	6,67
14	Summe Primärkosten	47 970 + 2 200 + 8 600 =	58 770	: 1290 ≈	45,56
15	Verrechnung Fertigungshilfskostenstellen		2 800	: 1290 ≈	2,17
16	Summe Fertigungsk.	58 770 + 2 800 =	61 570	: 1290 ≈	47,73
20	Summe Gmk.umlagen	61 570 : 100 % · 48 % ≈	29 554	: 1290 ≈	22,91
21	Arbeitsplatzkosten	61 570 + 29 554 =	91 124	: 1290 ≈	70,64

Beispiel 9-30: Offsetdruckmaschine, Betrieb in zwei Schichten (Zahlen in Klammern entsprechen den Zeilennummern des Berechnungsschemas)

Arbeitsentgelt (1)	Jahresentgelt pro Schicht	42 500 €
Zuschlag gesetzliche Sozialkosten (2)		21,5 %
Zuschlag tarifliche und freiwillige Sozialkosten (3)		1,5 %
Gemeinkostenmaterial (5)	Gesamtkosten der Abteilung	72 800 €
	Anteil der Maschine	17,5 %

Fremdenergie (6) – Strom, Aufteilung nach Anschlusswerten

Gesamtkosten Drucksaal	42 900 €
Summe Anschlusswerte Drucksaal	165 kW
Anschlusswert der Maschine	32 kW

Fremdinstandhaltung (7)	9 300 €

Raummiete und Heizung (9) – Aufteilung nach Flächenbedarf

Gesamtkosten Drucksaal	42 750 €
Fläche des Drucksaals	450 m²
Flächenbedarf der Maschine	80 m²

Kalkulatorische Abschreibung und Zinsen (10, 11)

Wiederbeschaffungsneuwert	732 000 €
Nutzungsdauer	8 Jahre
Zinssatz	6,5 %

Kalkulatorische Wagnisse (12)		6 400 €
Verrechnung Fertigungshilfskostenstellen (15)		13 600 €
Gemeinkostenumlagen	AV/TL (17)	8,5 %
	Verwaltung (18)	22,0 %
	Vertrieb (19)	17,5 %

Angaben zur Berechnung der Fertigungsstunden:

Arbeitsplatzkapazität	1757 h
Beschäftigungsgrad	176 %
Nutzungsgrad	84 %

Zuerst werden die jährlichen Fertigungsstunden berechnet (vgl. Abschnitt 9.4.4, Formel 9-11):

$$1757\,\text{h} \cdot \frac{176\,\%}{100\,\%} \cdot \frac{84\,\%}{100\,\%} \approx 2597,5\,\text{h}$$

Jetzt kann das Berechnungsschema für die Arbeitsplatzkosten abgearbeitet werden (folgende Seite).

			€/Jahr		€/F.std.
1	Arbeitsentgelt	$42\,500 \cdot 2 =$	85\,000	:2597,5 ≈	32,72
2	Gesetzliche Sozialkosten	$85\,000 : 100\,\% \cdot 21,5\,\% =$	18\,275	:2597,5 ≈	7,04
3	Tarifliche und freiwillige Sozialkosten	$85\,000 : 100\,\% \cdot 1,5\,\% =$	1\,275	:2597,5 ≈	0,49
4	**Summe Personalkosten**	$85\,000 + 18\,275 + 1\,275 =$	104\,550	:2597,5 ≈	40,25
5	Gemeinkostenmaterial	$72\,800 : 100\,\% \cdot 17,5\,\% =$	12\,740	:2597,5 ≈	4,90
6	Fremdenergie	$42\,900 : 165\,kW \cdot 32\,kW =$	8\,320	:2597,5 ≈	3,20
7	Fremdinstandhaltung		9\,300	:2597,5 ≈	3,58
8	**Summe Sachgemeinkosten**	$12\,740 + 8\,320 + 9\,300 =$	30\,360	:2597,5 ≈	11,69
9	Raummiete und Heizung	$42\,750 : 450\,m^2 \cdot 80\,m^2 =$	7\,600	:2597,5 ≈	2,93
10	Kalkulatorische Abschreibung	$732\,000 : 8 =$	91\,500	:2597,5 ≈	35,23
11	Kalkulatorische Zinsen	$732\,000 : 2 : 100\,\% \cdot 6,5\,\% =$	23\,790	:2597,5 ≈	9,16
12	Kalkulatorische Wagnisse		6\,400	:2597,5 ≈	2,46
13	**Summe Miete und kalkulatorische Kosten**	$7\,600 + 91\,500 + 23\,790 + 6\,400 =$	129\,290	:2597,5 ≈	49,77
14	**Summe Primärkosten**	$104\,550 + 30\,360 + 129\,290 =$	264\,200	:2597,5 ≈	101,71
15	Verrechnung Fertigungshilfskostenstellen		13\,600	:2597,5 ≈	5,24
16	**Summe Fertigungskosten**	$264\,200 + 13\,600 =$	277\,800	:2597,5 ≈	106,95
17	Gemeinkostenumlage AV/TL	$277\,800 : 100\,\% \cdot 8,5\,\% =$	23\,613	:2597,5 ≈	9,09
18	Gemeinkostenumlage Verwaltung	$277\,800 : 100\,\% \cdot 22,0\,\% =$	61\,116	:2597,5 ≈	23,53
19	Gemeinkostenumlage Vertrieb	$277\,800 : 100\,\% \cdot 17,5\,\% =$	48\,615	:2597,5 ≈	18,72
20	**Summe Gemeinkostenumlagen**	$23\,613 + 61\,116 + 48\,615 =$	133\,344	:2597,5 ≈	51,34
21	**Arbeitsplatzkosten**	$277\,800 + 133\,344 =$	411\,144	:2597,5 ≈	158,28

9.4.7 Übungsaufgaben zu Abschnitt 9.4

1. Berechnen Sie bitte die jährliche kalkulatorische Abschreibung für eine Druckmaschine, Nutzungsdauer 8 Jahre, Wiederbeschaffungsneuwert 568 000 €.

2. Bitte jeweils den Abschreibungsbetrag für ein volles Kalenderjahr, für das Anschaffungsjahr 2023 und für das letzte Jahr der Nutzung berechnen.
   a) WBNW 1260 €, Nutzungsdauer 3 Jahre, Anschaffung Juli 2023
   b) WBNW 148 500 €, Nutzungsdauer 6 Jahre, Anschaffung März 2023
   c) Anschaffungskosten 96 800 €, Wiederbeschaffungsneuwert 112 % der Anschaffungskosten, Nutzungsdauer 5 Jahre, Anschaffung im Oktober 2023

3. Bitte jeweils die kalkulatorischen Zinsen für ein Jahr berechnen.
   a) Drucker, Wiederbeschaffungsneuwert 2380 €, Zinssatz 6 %
   b) Falzautomat, Anschaffungskosten 69 000 €, Wiederbeschaffungsneuwert 120 % des Anschaffungswerts, Zinssatz 6,5 %
   c) Betriebsgrundstück, Anschaffungskosten 420 000 €, Zinssatz 6,5 %

4. Bitte jeweils den auf ganze Euro gerundeten Wiederbeschaffungsneuwert berechnen; die Anschaffungskosten betragen in beiden Fällen 76 000 €.
   a) Nutzungsdauer 4 Jahre, jährliche Preissteigerungsrate 2 %
   b) Nutzungsdauer 7 Jahre, jährliche Preissteigerungsrate 1,75 %

5. Eine Offsetdruckmaschine, Anschaffungskosten 894 000, soll 8 Jahre genutzt werden. Die jährliche Preissteigerungsrate wird auf 1,5 % geschätzt. Berechnen Sie bitte kalkulatorische Abschreibung und Zinsen (Zinssatz 6 %) für ein Jahr auf Grundlage des auf volle 100 € gerundeten Wiederbeschaffungsneuwerts.

6. Berechnen Sie bitte jeweils Beschäftigungsgrad und Nutzungsgrad.
   a) Arbeitsplatzkapazität 2000 h, Fertigungszeit 1390 h, Hilfszeit 170 h
   b) Arbeitsplatzkapazität 1757 h, Fertigungszeit 2479 h, Hilfszeit 451 h
   c) Arbeitsplatzkapazität 1908 h, Fertigungszeit 1327 h, Hilfszeit 96 h

7. Bitte jeweils Fertigungs- und Hilfszeit berechnen.
   a) Beschäftigungsgrad 72 %, Nutzungsgrad 90 %, Arbeitsplatzkapazität 2000 h
   b) $B°$ 81,5 %, $N°$ 86,5 %, Arbeitsplatzkapazität 1757 h

8. Berechnen Sie bitte jeweils Arbeitsplatzkapazität, Personalkapazität, Plan-Beschäftigung pro Schicht und ggf. Plan-Beschäftigung im Dreischichtbetrieb. Für beide Fälle gilt: 365 Kalendertage, 104 Sams- und Sonntage, 10 Feiertage.
   a) Arbeit in einer Schicht, Normalarbeitszeit 7,5 Stunden/Tag, 28 Urlaubstage, 15 Fehltage wegen Krankheit oder aus anderen Gründen, 60 Überstunden
   b) Arbeit in drei Schichten, Normalarbeitszeit 7 Stunden/Schicht, 30 Urlaubstage, 12 Fehltage wegen Krankheit, 1 Tag sonstige Fehlzeit, 84 Überstunden, Vertretung durch Aushilfe während des gesamten Urlaubs

9. Bitte die jährlichen Arbeitsplatzkosten nach folgenden Angaben berechnen.

Arbeitsentgelt	39 600 €
Sozialkostenzuschlag (gesetzlich und freiwillig)	23,5 %
Summe Sachgemeinkosten	2 750 €
Summe Miete und kalkulatorische Kosten	7 400 €
Verrechnung Fertigungshilfskostenstellen	2 250 €
Gemeinkostenumlagen (Arbeitsvorbereitung/Techn. Leitung, Verwaltung, Vertrieb)	46 %

10. Vervollständigen Sie bitte die Platzkostenrechnung.

Wiederbeschaffungsneuwert	275 800 €
Nutzungsdauer	7 Jahre
Zinssatz	6 %
Fertigungsstunden pro Jahr	1358 h

	€/Jahr	€/Fertigungsstd.
Arbeitsentgelt	41 600	30,63
Gesetzliche Sozialkosten (22 %)		
Tarifliche und freiwillige Sozialkosten (1 %)		
Summe Personalkosten		
Gemeinkostenmaterial	3 200	2,36
Fremdenergie	5 800	4,27
Fremdinstandhaltung	8 400	6,19
Summe Sachgemeinkosten	17 400	12,81
Raummiete und Heizung	9 800	7,22
Kalkulatorische Abschreibung		
Kalkulatorische Zinsen		
Kalkulatorische Wagnisse	2 500	1,84
Summe Miete und kalkulatorische Kosten		
Summe Primärkosten		
Verrechnung Fertigungshilfskostenstellen	4 200	3,09
Summe Fertigungskosten		
Gemeinkostenumlage AV/Techn. Leitung (8 %)		
Gemeinkostenumlage Verwaltung (21 %)		
Gemeinkostenumlage Vertrieb (18 %)		
Summe Gemeinkostenumlagen		
Arbeitsplatzkosten		

11. Bitte die Arbeitsplatzkosten mit allen Einzelpositionen pro Jahr und pro Fertigungsstunde berechnen. Anzahl Fertigungsstunden bitte ganzzahlig runden.

Arbeitsplatzkapazität	1757 h	
Beschäftigungsgrad	83,0 %	
Nutzungsgrad	89,5 %	
Arbeitsentgelt monatlich		3 120 €
Jahresleistung		3 120 €
Zuschlag gesetzliche Sozialkosten		22,0 %
Zuschlag tarifliche und freiwillige Sozialkosten		1,0 %
Gemeinkostenmaterial	Kosten der Betriebsabteilung	2 160 €
	Anteil des Arbeitsplatzes	12,5 %
Fremdenergie	pro Kilowatt Anschlusswert	286 €
	Anschlusswert	1200 W
Fremdinstandhaltung	Kosten der Betriebsabteilung	2 400 €
	Anteil des Arbeitsplatzes	15,0 %
Raummiete und Heizung	Kosten pro Quadratmeter	176 €
	Flächenbedarf des Arbeitplatzes	12 m²
Kalk. Abschreibung u. Zinsen	Wiederbeschaffungsneuwerte	15 000 €
	Nutzungsdauer	4 Jahre
	Zinssatz	6,5 %
Kalkulatorische Wagnisse	Betrieb gesamt	38 000 €
	Anteil des Arbeitsplatzes	2,5 %
Verrechnung Fertigungshilfskostenstellen		2 350 €
Gemeinkostenumlagen	Arbeitsvorbereitung/Techn. Ltg.	8,0 %
	Verwaltung	22,0 %
	Vertrieb	17,5 %

10 Anhang

10.1 Mathematische Zeichen

Zeichen	Bedeutung	Beispiel
$=$	gleich	$x = 5$
$\neq$	ungleich	$3 \neq 7 \quad x \neq 0$
$\approx$	annähernd gleich	$\pi \approx 3{,}141537$
$<$	kleiner	$3 < 5 \quad x < 5 \quad a < b$
$>$	größer	$5 > 3 \quad x > 5 \quad a > b$
$\leq$	kleiner oder gleich	$x \leq 0$
$\geq$	größer oder gleich	$x \geq 0$
$+$	plus (Operations- und Vorzeichen)	$3 + 6 \quad +5$
$-$	minus (Operations- und Vorzeichen)	$3 - 6 \quad -5$
$\pm$	plus oder minus (Operat.- u. Vorzeichen)	$3 \pm 6 \quad \pm 5$
$\cdot$	mal	$9 \cdot 5$
$:$	geteilt durch	$9 : 5$
mod	Modulo (Divisionsrest)	$17 \bmod 5 = 2$
a^x	x-te Potenz von a	$4^5 = 1024 \quad 4^{0,3} \approx 1{,}516$
$\sqrt{a} \quad \sqrt[n]{a}$	Quadratwurzel, n-te Wurzel aus a	$\sqrt{16} = \sqrt[2]{16} = 4 \quad \sqrt[5]{243} = 3$
$\log_b x$	Logarithmus zur Basis b von x	$\log_6 76 \approx 2.417$
$\lg x$	Dekadischer Logarithmus von x	$\lg 2830 \approx 3.452$
antilg y	Dekadischer Antilogarithmus von y	antilg $3.2 = 10^{3,2} \approx 1584{,}9$
sin	Sinus	$\sin 30° = 0{,}5$
cos	Kosinus	$\cos 60° = 0{,}5$
tan	Tangens	$\tan 45° = 1{,}0$
arcsin	Arkussinus	$\arcsin 0{,}5 = 30°, 150°, \ldots$
arccos	Arkuskosinus	$\arccos 0{,}5 = 60°, 300°, \ldots$
arctan	Arkustangens	$\arctan 1{,}0 = 45°, 135°, \ldots$
Arcsin	Hauptwert von Arkussinus	$\text{Arcsin}\, 0{,}5 = 30°$
Arccos	Hauptwert von Arkuskosinus	$\text{Arccos}\, 0{,}5 = 60°$
Arctan	Hauptwert von Arkustangens	$\text{Arctan}\, 1{,}0 = 45°$
Δ	Differenz	$\Delta a = a_2 - a_1$
$\lfloor \ \rfloor$	ganzzahlig abrunden (untere Gaußklammer)	$\lfloor 7{,}5 \rfloor = 7 \quad \lfloor -7{,}5 \rfloor = -8$
$\lceil \ \rceil$	ganzzahlig aufrunden (obere Gaußklammer)	$\lceil 7{,}5 \rceil = 8 \quad \lceil -7{,}5 \rceil = -7$

10.2 Wichtige Rechenregeln

Kommutativgesetz der Addition

$$5 + 9 = 9 + 5 \qquad a + b = b + a$$

Addition und Subtraktion von Variablen durch Addition bzw. Subtraktion der Beizahlen (Koeffizienten)

$$4a + 3a + 5b - 2b = 7a + 3b$$

Addition und Subtraktion von gleichnamigen Brüchen (Brüchen mit gleichen Nennern) durch Addition/Subtraktion der Zähler

$$\frac{2}{5} + \frac{4}{5} + \frac{2}{3} - \frac{1}{3} = \frac{6}{5} + \frac{1}{3}$$

Addition (Subtraktion) einer negativen Zahl

$$4 + (-2) = 4 - 2 \qquad 4 - (-2) = 4 + 2$$

Entfernen von Klammern

$$a + (b + c - d) = a + b + c - d$$
$$a - (b + c - d) = a - b - c + d$$

**Multiplikation
und Division**

Kommutativgesetz der Multiplikation

$$5 \cdot 9 = 9 \cdot 5 \qquad a \cdot b = b \cdot a$$

Vorzeichen bei Produkten (gilt entsprechend für Quotienten)

$$(+a) \cdot (+b) = +ab \qquad (+a) \cdot (-b) = -ab$$
$$(-a) \cdot (-b) = +ab \qquad (-a) \cdot (+b) = -ab$$

Multiplikation einer Summe oder Differenz (Distributivgesetz)

$$a \cdot (b + c - d) = ab + ac - ad$$

Multiplikation von Summen und Differenzen

$$(a + b) \cdot (c - d) = ac - ad + bc - bd$$

Faktorisieren (Ausklammern, vor die Klammer ziehen)

$$ab + ac - a = a \cdot (b + c - 1)$$

Entfernen von Klammern

$$a \cdot (b \cdot c : d) = a \cdot b \cdot c : d$$
$$a : (b \cdot c : d) = a : b : c \cdot d$$

Multiplikation und Division von Brüchen

$$\frac{a}{b} \cdot \frac{c}{d} = \frac{a \cdot c}{b \cdot d} \qquad \frac{a}{b} \cdot c = \frac{a \cdot c}{b}$$

$$\frac{a}{b} : \frac{c}{d} = \frac{a \cdot d}{b \cdot c} \qquad \frac{a}{b} : c = \frac{a}{b \cdot c}$$

Potenzen	Potenzen mit ganzzahligen Exponenten

Potenzen

Potenzen mit ganzzahligen Exponenten
a^n a beliebig reell n ganz ($\ldots, -2, -1, 0, 1, 2, \ldots$)
$a^1 = a$
$a^0 = 1$ $a \neq 0$

Potenzen mit beliebig rationalen Exponenten
a^x $a \geq 0$

Potenzen mit negativen Exponenten
$a^{-n} = 1 : a^n$ $a \neq 0$ $a^{-x} = 1 : a^x$ $a > 0$

Multiplikation und Division von Potenzen
$a^x \cdot a^y = a^{x+y}$ $a^x \cdot b^x = (a \cdot b)^x$
$a^x : a^y = a^{x-y}$ $a^x : b^x = (a : b)^x$

Potenzieren von Produkten und Quotienten
$(a \cdot b)^x = a^x \cdot b^x$ $(a : b)^x = a^x : b^x$

Potenzieren von Potenzen
$(a^x)^y = a^{x \cdot y}$

Wurzeln

$\sqrt[n]{a}$ $a \geq 0$ n positiv, ganz $(1, 2, 3, \ldots)$
$\sqrt[1]{a} = a$ $\sqrt{a} = \sqrt[2]{a}$

Multiplikation, Division von Wurzeln mit gleichen Exponenten
$\sqrt[n]{a} \cdot \sqrt[n]{b} = \sqrt[n]{a \cdot b}$ $\sqrt[n]{a} : \sqrt[n]{b} = \sqrt[n]{a : b}$

Radizieren von Produkten und Quotienten
$\sqrt[n]{a \cdot b} = \sqrt[n]{a} \cdot \sqrt[n]{b}$ $\sqrt[n]{a : b} = \sqrt[n]{a} : \sqrt[n]{b}$

Potenzieren und Radizieren von Wurzeln
$(\sqrt[n]{a})^m = \sqrt[n]{a^m}$ $\sqrt[m]{\sqrt[n]{a}} = \sqrt[n \cdot m]{a}$

Umwandlung in Potenz
$\sqrt[n]{a} = a^{1:n}$ $\sqrt[n]{a^m} = a^{m:n}$

Logarithmen

Logarithmus zur Basis b $\log_b x = u$ $b^u = x$ $x > 0$ $b > 1$
Dekadischer Logarithmus $\lg x = \log_{10} x = v$ $10^v = x$ $x > 0$

Logarithmen von Produkten und Quotienten
$\log_b(x \cdot y) = \log_b x + \log_b y$ $\lg(x \cdot y) = \lg x + \lg y$
$\log_b(x : y) = \log_b x - \log_b y$ $\lg(x : y) = \lg x - \lg y$

Logarithmen von Potenzen
$\log_b x^y = y \cdot \log_b x$ $\lg x^y = y \cdot \lg x$

Umbasieren
$\log_b x = \log_c x : \log_c b$ $\log_b x = \lg x : \lg b$

Reihenfolge der Operationen	1. Ausdrücke in Klammern
	2. Potenz, Wurzel, Logarithmus
	3. Multiplikation, Division
	4. Addition, Subtraktion

Gleichrangige Grundrechenarten (Addition und Subtraktion, Multiplikation und Division): von links nach rechts.

Summen und Differenzen in Zähler und Nenner sowie Produkte und Quotienten im Nenner eines Bruchs sind so zu behandeln, als seien sie eingeklammert. Dasselbe gilt für unter dem Wurzelzeichen oder im Exponenten stehende Ausdrücke. Beispiele: $\sqrt{20+5}$ 10^{2+3}

Quadratische Gleichungen

Rein quadratische Gleichung
$$x^2 = q \qquad x_{1,2} = \pm\sqrt{q} \qquad \text{für } q \geq 0$$

Gemischt quadratische Gleichung ohne Absolutglied
$$x^2 + px = 0 \qquad x \cdot (x+p) = 0 \qquad x_1 = 0 \qquad x_2 = -p$$

Gemischt quadratische Gleichung mit Absolutglied
$$x^2 + px + q = 0 \qquad x_{1,2} = -p:2 \pm \sqrt{(p:2)^2 - q} \qquad \text{für } (p:2)^2 - q \geq 0$$

Verhältnisgleichungen

Proportionales Verhältnis	Antiproportionales Verhältnis
$a_1 : b_1 = a_2 : b_2$	$a_1 \cdot b_1 = a_2 \cdot b_2$

Dreisatzschema

Proportionales Verhältnis
$$b_1 \leftarrow \; : \; \leftarrow a_1$$
$$\cdot \downarrow$$
$$b_2 \rightarrow \; = \; \rightarrow a_2$$

Antiproportionales Verhältnis
$$b_1 \leftarrow \; \cdot \; \leftarrow a_1$$
$$: \downarrow$$
$$b_2 \rightarrow \; = \; \rightarrow a_2$$

10.3 Griechische Buchstaben

α	A	Alpha	η	H	Eta	ν	N	Ny	τ	T	Tau
β	B	Beta	θ	Θ	Theta	ξ	Ξ	Xi	υ	Υ	Ypsilon
γ	Γ	Gamma	ι	I	Jota	o	O	Omikron	φ	Φ	Phi
δ	Δ	Delta	κ	K	Kappa	π	Π	Pi	χ	X	Chi
ε	E	Epsilon	λ	Λ	Lambda	ρ	P	Rho	ψ	Ψ	Psi
ζ	Z	Zeta	μ	M	My	σ	Σ	Sigma	ω	Ω	Omega

Register